国防科技图书出版基金

航空发动机
高空性能分析与试验

**Analysis and Test of Aeroengine
Performance at High Altitude**

朱俊强　徐　纲　卢新根　王保国　著

国防工业出版社

·北京·

图书在版编目（CIP）数据

航空发动机高空性能分析与试验/朱俊强等著. —北京：国防工业出版社，2022.3
　ISBN 978-7-118-10332-8

Ⅰ.①航… Ⅱ.①朱… Ⅲ.①航空发动机—性能试验 Ⅳ.①V23

中国版本图书馆 CIP 数据核字（2022）第 029955 号

※

*国防工业出版社*出版发行
（北京市海淀区紫竹院南路 23 号　邮政编码 100048）
三河市腾飞印务有限公司印刷
新华书店经售

*

开本 710×1000　1/16　印张 35　字数 592 千字
2022 年 3 月第 1 版第 1 次印刷　印数 1—2000 册　定价 188.00 元

（本书如有印装错误，我社负责调换）

| 国防书店：（010）88540777 | 书店传真：（010）88540776 |
| 发行业务：（010）88540717 | 发行传真：（010）88540762 |

国防科技图书出版基金
2020 年度评审委员会组成人员

主 任 委 员 吴有生

副主任委员 郝　刚

秘 书 长 郝　刚

副 秘 书 长 刘　华

委　　员（按姓氏笔画排序）

于登云　王清贤　甘晓华　邢海鹰　巩水利

刘　宏　孙秀冬　芮筱亭　杨　伟　杨德森

吴宏鑫　肖志力　初军田　张良培　陆　军

陈小前　赵万生　赵凤起　郭志强　唐志共

康　锐　韩祖南　魏炳波

致 读 者

本书由中央军委装备发展部**国防科技图书出版基金**资助出版。

为了促进国防科技和武器装备发展，加强社会主义物质文明和精神文明建设，培养优秀科技人才，确保国防科技优秀图书的出版，原国防科工委于1988年初决定每年拨出专款，设立国防科技图书出版基金，成立评审委员会，扶持、审定出版国防科技优秀图书。这是一项具有深远意义的创举。

国防科技图书出版基金资助的对象是：

1. 在国防科学技术领域中，学术水平高，内容有创见，在学科上居领先地位的基础科学理论图书；在工程技术理论方面有突破的应用科学专著。

2. 学术思想新颖，内容具体、实用，对国防科技和武器装备发展具有较大推动作用的专著；密切结合国防现代化和武器装备现代化需要的高新技术内容的专著。

3. 有重要发展前景和有重大开拓使用价值，密切结合国防现代化和武器装备现代化需要的新工艺、新材料内容的专著。

4. 填补目前我国科技领域空白并具有军事应用前景的薄弱学科和边缘学科的科技图书。

国防科技图书出版基金评审委员会在中央军委装备发展部的领导下开展工作，负责掌握出版基金的使用方向，评审受理的图书选题，决定资助的图书选题和资助金额，以及决定中断或取消资助等。经评审给予资助的图书，由中央军委装备发展部国防工业出版社出版发行。

国防科技和武器装备发展已经取得了举世瞩目的成就，国防科技图书承担着记载和弘扬这些成就，积累和传播科技知识的使命。开展好评审工作，使有限的基金发挥出巨大的效能，需要不断摸索、认真总结和及时改进，更需要国防科技和武器装备建设战线广大科技工作者、专家、教授，以及社会各界朋友的热情支持。

让我们携起手来，为祖国昌盛、科技腾飞、出版繁荣而共同奋斗！

国防科技图书出版基金
评审委员会

前　言

这是一部系统研究航空发动机高空性能的理论分析计算与试验方面的学术专著，全书分为四篇共 8 章，其内容包括典型航空发动机共同工作线模型方程的分析、影响高空稳态特性的几种因素以及高空台的试验研究、发动机核心部件高负荷高空性能研究、发动机高空性能的数值计算与实时性能寻优技术。

通常，航空发动机的高空性能是通过发动机共同工作线获取的，但大量的高空飞行数据证实，高空大气条件（如温度、压强、湿度）的变化以及高空、低压低温、低雷诺数的工作条件都会严重影响发动机的性能，而在发动机共同工作线的模型方程中并未对这些因素进行全面考虑，导致由共同工作线获取高空性能时出现较大的误差。因此，从理论上研究航空发动机基本方程组的闭合问题以及可能的调节规律，突破发动机共同工作线模型方程中一系列系数被假设为常数所导致的局限性，就为高空环境下对发动机的性能进行修正提供了理论支撑。因此本书安排前两篇（典型航空发动机共同工作线模型方程的分析以及高空环境下发动机高空性能的修正问题）是非常必要的。本书前两篇包含 4 章的内容为航空发动机高空性能采用工程算法预测提供了理论支撑。另外，在进行上述研究中我们发现：为了使航空发动机所有参数之间保持单值关系，对于任意给定的飞行条件，仍需要补充发动机参数之间的附加关系，才能使描述航空发动机各部件共同工作的方程组达到闭合，这里补充的附加条件便为调节规律。单转子航空发动机，各部件之间所构成的基本方程组含 23 个方程，其中有 27 个未知数，因此这样的方程组不会有确定的解，还需补充 4 个附加关系；对于双转子涡轮喷气发动机，基本方程组中含 34 个方程，其中有 38 个未知数；对于涡轮风扇发动机，基本方程组中含 48 个方程，其中有 52 个未知数。显然，只有在补充 4 个附加关系之后，上述基本方程组才会有确定的解，而这四个附加关系便为航空发动机可能的调节规律提供了理论依据。

随着计算数学和新的测试技术的飞速发展，计算流体力学和新的测试技术在航空发动机气动设计与性能改进上逐渐扮演了重要角色，为了发展高性能、低油耗的航空发动机，并改善其高空性能，书中第三篇针对发动机三大核心部件（压气机、涡轮和燃烧室）气动设计以及高空性能问题展开了较细致的数值方法与试验研究，并且探讨与发展了高负荷和超高负荷设计发动机核心部件的新途径。书中第四篇还针对各自部件在高空工作时的特点分别给出了压气机、高压涡轮、低压涡轮以及发动机燃烧室直接获取较精确的高空性能所应使用的数值方法，并给出了大量算例和计算结果。以第6章和第7章为例，针对压气机高空流动分离问题，为精确计算这类流动给出RANS和LCTM耦合算法，并计算了NASA Rotor 37和Rotor 67两个典型转子部件；针对高负荷高压涡轮气冷叶片的流动与传热问题和高空工作的转捩特点，为精确计算这类复杂流动本书提出了RANS-CHT-AGS算法，书中计算了Mark II高压气冷涡轮和瑞士1.5级高压涡轮；另外，针对高空低雷诺数飞行时低压涡轮吸力面边界层转捩与分离的特点，书中第三篇提出了高负荷（HL）和超高负荷（UHL）涡轮叶型的设计思想并完成了尾迹扫掠的试验研究，这一成果已用于轻型动力设计并得到了工程应用。针对航空发动机燃烧室高空低压低温环境下出现高空熄火、发动机急需高空二次点火的问题，在第5章中进行了详细的理论分析、计算和试验，并且提出了改善高空燃烧稳定性的多级旋流分级燃烧的策略与具体方案，这一成果也已在工程中得到应用。

此外，考虑到广大读者，尤其在校的博士生、硕士生和广大科技工作者希望更多了解计算结果，第5章~第8章中完成了发动机三大核心部件大量数值计算，并给出了大量计算和性能参数表格。毫无疑问，这些计算结果与性能参数表格一方面有力地支持了书中所提出与发展的计算方法，另一方面加深了广大读者对书中内容及上述复杂流场尤其是发动机高空性能的了解。全书共给出了430幅图和82张表格，在一部专著中给出如此多的重要图、表，应该讲是非常少见和宝贵的。

我们认为：航空发动机的设计优化应该具有两层含义，一层是进行航空发动机本身的设计与优化，另一层是对已投入使用和飞行中的发动机要注意挖掘其自身的潜力，要实施实时寻优控制技术，尤其是在高空低雷诺数飞行条件下发动机性能急剧变化时开展实时寻优技术十分必要。为此，本书安排第8章的第8.10节至第8.13节专门研究了这个问题。这里要强调指出，发动机高空实时寻优控制技术对改善发动机高空性能来讲也是非常重要。

四位作者一致认为：为了系统地阐述航空发动机的高空性能，书中从工程计算和理论计算两方面展开研究与讨论，为此本书安排了四篇8章，这对广大读者全面了解与认识航空发动机的高空性能预测与试验研究的全貌是十分有益的。

朱俊强研究员率领的轻型动力团队十几年来一直努力奋斗着，为了进行部件试验和高空试车，在廊坊建立了部件试验台、在青岛建立了高空试车台；为了摸索与积累对涡喷和涡扇发动机的设计经验与计算方法，对一系列小推力发动机进行了设计、加工、车台试车以及装机试飞并成功用于型号上。朱俊强研究员主持的"高性能低成本小型涡喷发动机"于2019年7月荣获青岛市科技进步奖；探索的"极端调节下发动机高稳定性分级分区燃烧技术及应用"于2019年11月荣获山东省科学技术进步一等奖；突破的"高效费比小型涡喷发动机关键技术"于 2020 年 2 月荣获了军队科学技术进步一等奖。正是由于朱俊强研究员在先进轻型航空动力技术研究集体中做出了重要贡献，中国科学院院长白春礼特授朱俊强 2018 年度中国科学院杰出科技成就奖，2020 年获国家科技进步二等奖。另外，朱俊强研究员领导的轻型动力团队作为中国科学院著名的创新团队，中央电视台多次报道了其团队在小型涡喷和涡扇发动机方面所取得的一系列成果。

在上述脚踏实地工作的基础上，2017 年初朱俊强研究员主持并提出了《航空发动机高空性能》一书的主要撰写框架与设想，王保国教授协助从理论上进一步完善了主要框架的丰富内涵。尽管四位作者都是工作在科研与教学第一战线的研究员、教授、首席学术带头人，从事过多种发动机型号的研制工作，但由于航空发动机高空性能预测方面国内外出版的学术专著太少，国内外杂志上发表的相关文章也不多，再加上我们水平有限，仍会在写作上存在一定的局限性和阶段性。虽然本书在朱俊强研究员的率领下同心协力花费了三年时间进行撰写，并对书中构建的四篇 8 章内容进行了 30 多次讨论和 20 多次较大章节的修改，但书中仍难免有不妥与疏漏和错误之处，敬请读者指正。

四位作者万分感谢我国著名航空发动机专家、中国工程院院士陈懋章先生在百忙之中审核了全书目录和部分章节内容之后为申请"国防科技图书出版基金"写了推荐书。他在推荐书中写道："该书填补了我国在航空发动机界预测高空性能方面的空白，为发动机的高空设计和高空性能预测指明了方向。"另外，万分感谢我国著名工程热物理专家、中国科学院院士徐建中先生在百忙中审核了全书目录和部分章节内容之后为申请"国防科技图书出版基金"写了推荐书。此外，中国工程院院士、清华大学航空发动机研究院院长甘晓华院士在百忙中十分细致地审阅了本书，提出了十分宝贵的修改意见，并且给出了十分中肯的修改建议，建议该书由原来的五篇 12 章压缩为四篇 8 章，书名改为《航空发动机高空性能分析与试验》，我们在新稿中完全采纳了甘晓华院士的建议。四位作者万分感谢三位院士的鼎力推荐，这是对我们极大的鼓舞、提携和鞭策。我们会更加努力做好本职工作，为我国航空发动机高空性能的研究与新型航空发动机的发展多做贡献。

作　者

2021 年元旦

目 录

第一篇 典型航空发动机共同工作线模型方程的分析

第1章 航空发动机基本方程组的闭合问题 ……………………………… 3
1.1 单转子发动机基本方程组的闭合及可能的调节规律 …………… 3
1.2 双转子发动机基本方程组的闭合及可能的调节规律 …………… 8
1.3 涡轮风扇发动机基本方程组的闭合及可能的调节规律 ………… 15

第2章 发动机主要部件共同工作的模型方程分析 ……………………… 24
2.1 单转子共同工作线的模型方程及三种状态下的调节规律 ……… 24
2.2 双转子共同工作线的模型方程及最大状态的几种调节规律 …… 39
2.3 涡扇发动机共同工作线的模型方程及调节规律的选择原则 …… 50
2.4 采用不同相似参数对部件特性线的影响 ………………………… 67
2.5 用共同工作线的模型方程预测高空性能的局限性 ……………… 72

第二篇 影响高空稳态特性的几种因素以及高空台的试验研究

第3章 影响发动机高空稳态特性的几种重要因素 ……………………… 77
3.1 反映发动机稳态特性的相关曲线 ………………………………… 77
3.2 设计循环参数对发动机稳态特性的影响 ………………………… 83
3.3 发动机调节规律对稳态特性的影响 ……………………………… 85
3.4 可调几何部件对稳态特性的影响 ………………………………… 89
3.5 大气压强和大气温度对稳态特性的影响 ………………………… 90
3.6 大气湿度对稳态特性的影响 ……………………………………… 90
3.7 高空雷诺数对稳定特性的影响 …………………………………… 92

第4章 高空环境对发动机性能影响的修正方法及高空台的试验研究 … 95
4.1 湿度修正的相似分析方法 ………………………………………… 95
4.2 发动机性能的燃油热值修正方法 ………………………………… 99
4.3 发动机性能的雷诺数修正方法 …………………………………… 100

4.4 扩大性能换算应用范围的雷诺指数综合方法 ………………… 105
4.5 工质热物性变化对发动机性能影响的修正 …………………… 106
4.6 高空台的作用以及发动机的工作包线 ………………………… 110
4.7 航空发动机的整机试验 ………………………………………… 114

第三篇　发动机核心部件高负荷高空性能研究

第 5 章　湍流燃烧火焰面模型及高负荷高空燃烧稳定性 …………… 119
5.1 化学反应流以及湍流燃烧中的 RANS 和 LES 方程 …………… 121
5.2 常用的湍流燃烧模型以及火焰面模型的作用 ………………… 128
5.3 几种典型的火焰面模型及应用范围 …………………………… 134
5.4 高空点火/熄火试验以及 RANS-UFPV 与 LES-UFPV
　　两种耦合算法 …………………………………………………… 145
5.5 用动态增厚火焰模型模拟点火燃烧 …………………………… 179
5.6 改善高空点火/熄火性能的策略：高稳定性多级旋流分级燃烧 … 187

第 6 章　高负荷压气机气动设计策略及其高空性能 ………………… 208
6.1 高负荷压气机气动设计的一般策略与方法 …………………… 208
6.2 Re 与加载分布对高负荷压气机叶型高空性能的影响 ………… 231
6.3 壁面粗糙度对高负荷压气机叶型高空性能的影响 …………… 238
6.4 高负荷、低损失、抗分离叶型的设计与高空流场分析 ……… 247

第 7 章　HL/UHL 涡轮设计策略以及 LPT 边界层流动控制技术 …… 252
7.1 高负荷涡轮气动设计的一般策略及关键技术 ………………… 252
7.2 超高负荷低压涡轮边界层的基本特征及其研究进展 ………… 273
7.3 均匀定常来流时 UHL-LPT 叶栅试验与边界层分析 ………… 277
7.4 单级环境时 UHL-LPT 叶栅边界层演化及流动控制 ………… 306
7.5 尾迹扫掠 UHL-LPT 粗糙叶栅边界层演化与流动控制 ……… 326
7.6 多级环境时 UHL-LPT 非定常流动及多维时序效应 ………… 356

第四篇　发动机高空性能的数值计算与实时性能寻优技术

第 8 章　高空流场的几种典型算法以及实时寻优模型 ……………… 361
8.1 叶轮机械中的两类坐标系以及两类基本方程组 ……………… 361
8.2 可压缩流的数值方法概述及其相关的关键技术 ……………… 367
8.3 雷诺应力张量与亚格子应力张量的数学表达 ………………… 370
8.4 流动转捩问题以及 RANS 和 LCTM 的耦合求解 …………… 375

8.5 Jameson的连续型或离散型伴随算法 ·········· 380
8.6 高空环境下近壁面网格设计的控制技术 ·········· 396
8.7 考虑雷诺数修正的发动机高空性能计算与分析 ·········· 399
8.8 压气机三维算法校核及高空流场计算 ·········· 409
8.9 高压涡轮三维CHT-AGSHT算法的试验校核以及流场分析 ·········· 441
8.10 发动机性能仿真的建模与非线性稳态模型的构建 ·········· 488
8.11 不同精度模型间的数据传递及Zooming技术的实施方法 ·········· 497
8.12 非线性动态性能模型的构建以及主要计算步骤 ·········· 499
8.13 航空发动机性能寻优策略和问题的描述 ·········· 506

后记 ·········· 513
参考文献 ·········· 514

CONTENTS

Section 1 Analysis on Model Equations of the Common Working Line for the Typical Aero-Engine

Chapter 1 Closure of aero-engine basic equations ········· 3
   1.1 Closure of the basic equations and possible regulations of single-spool engine ········· 3
   1.2 Closure of the basic equations and possible regulations of twin-spool engine ········· 8
   1.3 Closure of the basic equations and possible regulations of turbofan engine ········· 15

Chapter 2 Analysis on model equations of the common working line for the major engine components ········· 24
   2.1 Model equations of the single-spool engine common working line and regulations in three states ········· 24
   2.2 Model equations of the twin-spool engine common working line and several regulations for the maximum state ········· 39
   2.3 Model equations of the turbofan engine common working line and the selection principle of the regulation ········· 50
   2.4 Influence of different similar parameters on component characteristic line ········· 67
   2.5 Limitation of predicting high-altitude performance with model equations of common working line ········· 72

Section 2 Several Factors Influencing High-Altitude Steady State Characteristics and Experimental Research on High-Altitude Rig

Chapter 3 Several important factors affecting the steady state characteristics of the engine at high altitude ········· 77
   3.1 Correlation curve reflecting the steady state characteristics of the engine ········· 77

3.2　Influence of design cycle parameters on engine steady state characteristics ⋯ 83
3.3　Influence of engine regulations on steady state characteristics ⋯ 85
3.4　Influence of adjustable geometric components on steady state characteristics ⋯ 89
3.5　Influence of atmospheric pressure and temperature on steady state characteristics ⋯ 90
3.6　Influence of atmospheric humidity on steady state characteristics ⋯ 90
3.7　Influence of high-altitude Reynolds number on steady state characteristics ⋯ 92

Chapter 4　Correction method of influence of high-altitude environment on engine performance and high-altitude rig test research ⋯ 95
4.1　Similarity analysis method for humidity correction ⋯ 95
4.2　Fuel calorific value correction method for engine performance ⋯ 99
4.3　Reynolds number correction method for engine performance ⋯ 100
4.4　Reynolds index comprehensive method to expand the application scope of performance conversion ⋯ 105
4.5　Correction of influence of working fluid's thermophysical property change on engine performance ⋯ 106
4.6　The role of the high-altitude rig and the working envelope of the engine ⋯ 110
4.7　Complete test of aero engine ⋯ 114

Section 3　Research of High-Load and High-Altitude Performance of Aero-Engine Major Components

Chapter 5　Flamelet model of turbulent combustion and high-load high-altitude combustion stability ⋯ 119
5.1　RANS and LES equations in chemical reaction flow and turbulent combustion ⋯ 121
5.2　The roles of widely used turbulent combustion models and flamelet models ⋯ 128
5.3　The typical flamelet models and application range ⋯ 134
5.4　Ignition/blow-out experiments under high altitude condition and coupled algorithms of RANS-UFPV and LES-UFPV ⋯ 145
5.5　The application of dynamic thickened flame model in simulation of ignition process ⋯ 179
5.6　The strategy on improving ignition and blow-out performances at high altitude: Multi-swirl staged combustion for flame anchoring ⋯ 187

Chapter 6　Aerodynamic design strategy and high-altitude performance of high-load compressor ·········· 208
 6.1　General strategy and method of high-load compressor pneumatic design ··· 208
 6.2　Influence of Reynolds number and load distribution on high-altitude performance of high-load compressor ·········· 231
 6.3　Influence of wall roughness on the high-altitude performance of high-load compressor blades ·········· 238
 6.4　High-load low-loss anti-separation blade design and high-altitude flow field analysis ·········· 247

Chapter 7　HL/UHL turbine design strategy and LPT boundary layer flow control technology ·········· 252
 7.1　General strategy and key technology of high-load turbine aerodynamic design ·········· 252
 7.2　Basic characteristics and research progress of the boundary layer of ultra-high-load low pressure turbine ·········· 273
 7.3　UHL-LPT cascade experiment and boundary layer analysis under uniform steady flow ·········· 277
 7.4　Boundary layer evolution and flow control of UHL-LPT cascades in a single stage environment ·········· 306
 7.5　Boundary layer evolution and flow control of UHL-LPT rough cascade with wake sweep ·········· 326
 7.6　UHL-LPT unsteady flow and multi-dimensional timing effects in a multi-stage environment ·········· 356

Section 4　Numerical Calculation of Engine High-Altitude Performance and Real-Time Optimization Technology

Chapter 8　Several typical analysis methods of high-altitude flow field and real-time optimization model ·········· 361
 8.1　Two types of coordinate systems and two types of basic equations in turbomachinery ·········· 361
 8.2　An overview of numerical methods for compressible flow and related key technologies ·········· 367

8.3	Mathematical expression of Reynolds stress tensor and sub-lattices stress tensor	370
8.4	Flow transition problem and the coupled solution of RANS and LCTM	375
8.5	Jameson's continuous or discrete adjoint algorithm	380
8.6	Control technology of near-wall grid in high-altitude environment	396
8.7	Calculation and analysis of engine high-altitude performance considering Reynolds number correction	399
8.8	Three-dimensional algorithm verification of compressor and high-altitude flow field calculation	409
8.9	Experimental verification and flow field analysis of three-dimensional CHT-AGSHT algorithm for high pressure turbine	441
8.10	Modeling issues of aero-engine performance simulation and construction of non-linear steady-state model	488
8.11	Data transfer between different precision models and the implementation method of Zooming technology	497
8.12	Construction of nonlinear dynamic performance model and main calculation steps	499
8.13	Aero-engine performance optimization strategy and problem description	506
Postscript		513
Reference		514

第一篇

典型航空发动机共同工作线模型方程的分析

本篇主要讨论了三类航空发动机（单转子航空燃气涡轮发动机、双转子航空燃气涡轮发动机以及涡轮风扇发动机）各部件协同工作时，航空发动机所遵循的基本方程、这些方程所构成方程组的闭合问题以及所涉及的相关调节规律。它们是研究航空发动机特性和调节规律的理论基础，也是研究与分析航空发动机高空性能采用工程修正方法预测的理论基础。

另外，讨论航空发动机的高空性能时，必然要涉及航空发动机的控制系统和调节规律。航空发动机控制系统的作用是在发动机整个飞行包线工作时，根据外界干扰或油门杆的指令，通过控制器改变可控变量（如供油量、尾喷管截面面积等）大小，以保证发动机被控量（如转速、增压比等）等于常数或者按照预定的规律变化，使得发动机能够安全、可靠、稳定地工作，并且获得最佳的高空飞行性能。

航空发动机是飞机的"心脏"，而控制系统和调节规律是保证这个"心脏"高效、稳定工作的关键因素之一。60多年来，发动机的控制系统已经从简单的开环液压机械系统发展到复杂的闭环液压系统，再发展到今天的高度复杂的闭环、时变、非线性、多功能的计算机电子控制系统；更重要的是，如今发动机的控制系统除了具有强大的控制功能之外，还具有健康管理（Health Management）、自动和精确诊断故障的预测与分析能力。因此，基于数据挖掘（Data Mining，DM）和人工智能（Artificial Intelligence，AI）的发动机预测与健康管理（Prognostics and Health Management，PHM）技术，将会成为未来发动机高空性能分析与故障诊断中不可缺少的必备工具。因篇幅所限，以下仅详细讨论了发动机调节的有关规律，对 PHM 技术未展开讨论。

第 1 章
航空发动机基本方程组的闭合问题

1.1 单转子发动机基本方程组的闭合及可能的调节规律

本节主要讨论单转子航空发动机基本方程组闭合问题以及四种可能的调节方案,虽然目前较少用这种原型的发动机作为航空动力装置,但它涉及的相关原理是航空发动机基本原理的理论分析基础。

1.1.1 单转子发动机的基本方程

单转子涡轮喷气发动机通常由进气道、压气机、燃烧室、涡轮和尾喷管五大部件组成,图 1.1 给出了该类航空发动机各部件特征截面的划分符号。发动机在稳定状态下工作时,各个部件之间是相互制约、互相影响、协同工作的[1-5],在非设计点状态下发动机各部件共同工作的条件可用 16 个字概括:流量连续,压力平衡,功率相等,转速相同。

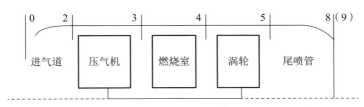

图 1.1 单转子航空发动机各部件特征截面的划分符号

1. 各特征面上的流量连续

为便于分析,这里忽略了由冷却气、冷却后回气和燃料的流量所引起的各特征截面上的流量变化,即假定沿流程的工质的质量流量不变。这里必须要说明的是,在实际计算中是不能做这样的假设的。按照上述假设,通过压气机进口、涡轮导向器出口和尾喷管临界截面上的质量流量相等,便得到以下三个方程:

(1) 压气机进口

$$\frac{\dot{m}\sqrt{T_{t2}}}{p_{t2}} = KA_2 q(\lambda_2) \quad (1.1)$$

(2) 涡轮导向器出口

$$\frac{\dot{m}\sqrt{T_{t4}}}{p_{tnb}} = K_g A_{nb} q(\lambda_{nb}) \quad (1.2)$$

(3) 尾喷管喉道截面，如果是收敛喷管，即为出口截面

$$\frac{\dot{m}\sqrt{T_{t9}}}{p_{t9}} = K_g A_9 q(\lambda_9) \tag{1.3}$$

出口截面的速度，对于收敛型尾喷管，如果达到临界状态，则 $q(\lambda_9) = 1$；否则，与外界大气压强 p_0 有关，即

$$q(\lambda_9) = \lambda_9 \left[\frac{\gamma_g + 1}{2}\left(1 - \frac{\gamma_g - 1}{\gamma_g + 1}\lambda_9^2\right)\right]^{\frac{1}{\gamma_g - 1}} \tag{1.4}$$

并且有

$$\lambda_9 = \sqrt{\frac{\gamma_g + 1}{\gamma_g - 1}\left[1 - \left(\frac{p_0}{p_{t9}}\right)^{\frac{\gamma_g - 1}{\gamma_g}}\right]} \tag{1.5}$$

在上述五个式子中：K、K_g 分别为常数；γ、γ_g 分别为空气和燃气的比热比；$q(\lambda_{nb})$、$q(\lambda_9)$ 分别为涡轮导向器喉道处和尾喷管出口处的 $q(\lambda)$；A_2、A_{nb} 和 A_9 分别为压气机进口截面积、涡轮导向器喉道截面积和尾喷管出口截面积；T_{t2}、T_{t4} 和 T_{t9} 分别为压气机进口总温、涡轮进口总温和尾喷管出口总温；p_{t2}、p_{tnb} 分别为压气机进口总压和涡轮导向器喉道总压，根据压力平衡关系可得

$$p_{tnb} = \sigma_b \sigma_{nb} p_{t3} \tag{1.6}$$

其中：σ_b、σ_{nb} 分别为燃烧室总压恢复系数和涡轮导向器进口至导向器喉部的总压恢复系数；p_{t3} 为压气机出口总压。

2. 各特征截面上的能量平衡（以总温比来表示）

(1) 在压气机进口前（进气道）为绝热过程，有

$$\frac{T_{t2}}{T_{t0}} = 1 \tag{1.7}$$

(2) 压气机出口

$$\frac{T_{t3}}{T_{t2}} = 1 + \frac{e_c - 1}{\eta_c} \tag{1.8a}$$

式中

$$e_c \equiv \pi_c^{\frac{\gamma - 1}{\gamma}} \tag{1.8b}$$

(3) 涡轮前，根据功的平衡，有

$$\frac{T_{t4}}{T_{t2}} = \frac{1}{\eta_c \eta_T \eta_m} \frac{c_p(e_c - 1)}{c_{pg}\left(1 - \dfrac{1}{e_T}\right)} \tag{1.9a}$$

式中：η_m 为机械效率；e_T 为

$$e_T \equiv (\pi_T)^{\frac{K_g - 1}{K_g}} \tag{1.9b}$$

（4）涡轮后，根据涡轮中的焓降，有

$$\frac{T_{t5}}{T_{t2}} = \frac{T_{t4}}{T_{t2}}\left[1-\left(1-\frac{1}{e_T}\right)\eta_T\right] \quad (1.10)$$

（5）尾喷管出口截面，有

$$\frac{T_{t9}}{T_{t2}} = \frac{T_{t5}}{T_{t2}} \quad (1.11)$$

3. 各特征截面上的压力平衡

（1）压气机前，在进气装置中，有

$$\frac{p_{t2}}{p_{t0}} = \sigma_i \quad (1.12)$$

（2）压气机

$$\frac{p_{t3}}{p_{t2}} = \pi_c \quad (1.13)$$

（3）燃烧室

$$\frac{p_{t4}}{p_{t3}} = \sigma_b \quad (1.14)$$

（4）涡轮

$$\frac{p_{t5}}{p_{t4}} = \frac{1}{\pi_T} \quad (1.15)$$

（5）喷管

$$\frac{p_{t9}}{p_{t5}} = \sigma_e \quad (1.16)$$

4. 压气机和涡轮的转速相等，由两部件的转速相等，有

$$\frac{n}{\sqrt{T_{t4}}} = \frac{n}{\sqrt{T_{t2}}}\sqrt{\frac{T_{t2}}{T_{t4}}}$$

上面 16 个方程就是单转子航空发动机各部件共同工作应满足的条件。另外，发动机各部件的 7 个特性曲线如下：

（1）进气道特性

$$\sigma_i = f_1\left(\frac{\dot{m}\sqrt{T_{t2}}}{p_{t2}}, Ma_0\right) \quad (1.17)$$

式中：Ma_0 为飞行马赫数；在已知外界大气条件下，与 T_{t0} 和 p_{t0} 有一定的关系。

（2）压气机特性

$$\pi_c = f_2\left(\frac{n}{\sqrt{T_{t2}}}, \frac{\dot{m}\sqrt{T_{t2}}}{p_{t2}}\right) \quad (1.18)$$

$$\eta_c = f_3\left(\frac{n}{\sqrt{T_{t2}}}, \frac{\dot{m}\sqrt{T_{t2}}}{p_{t2}}\right) \tag{1.19}$$

（3）燃烧室特性

$$\sigma_b = f_4\left(\frac{\dot{m}\sqrt{T_{t3}}}{p_{t3}}\right) \tag{1.20}$$

（4）涡轮特性

$$\pi_T = f_5\left(\frac{n}{\sqrt{T_{t4}}}, \frac{\dot{m}\sqrt{T_{t4}}}{p_{t4}}\right) \tag{1.21}$$

$$\eta_T = f_6\left(\frac{n}{\sqrt{T_{t4}}}, \frac{\dot{m}\sqrt{T_{t4}}}{p_{t4}}\right) \tag{1.22}$$

（5）尾喷管特性

$$\sigma_e = f_7\left(\frac{\dot{m}\sqrt{T_{t9}}}{p_{t9}}\right) \tag{1.23}$$

上面 23 个方程是单转子发动机性能分析的基本方程。

1.1.2 方程组闭合问题的基本分析

为便于分析，在式（1.1）~式（1.16）中，参数 A_2、A_{nb}、A_9、σ_{nb} 和 η_m 可视为常数；另外，式中 c_p、c_{pg}、K 和 K_g 也可视为常数。

在式（1.1）~式（1.23）中共包括 27 个未知参数，分别为 $q(\lambda_2)$、$q(\lambda_{nb})$、$q(\lambda_9)$、λ_9、T_{t0}、T_{t2}、T_{t3}、T_{t4}、T_{t5}、T_{t9}、p_0、p_{t0}、p_{t2}、p_{t3}、p_{tnb}、p_{t4}、p_{t5}、p_{t9}、σ_i、σ_b、σ_e、η_c、η_T、π_c、π_T、$\dot{m}$ 和 n。这里 23 个方程 27 个未知数，显然这样的方程组不会有确定的解。理论上只要任意给定 4 个参数，其他未知参数便能确定。

从航空发动机的实际情况出发，与外界条件密切相关的 4 个参数是 p_{t0}、T_{t0}、p_0 和 n，由于 p_0、p_{t0} 和 T_{t0} 与给定的飞行高度和速度密切相关，对于任何一个给定的飞行条件（高度 H 和飞行马赫数 Ma_0），有

$$p_{t0} = p_0\left(1 + \frac{\gamma-1}{2}Ma_0^2\right)^{\frac{\gamma}{\gamma-1}} \tag{1.24}$$

$$T_{t0} = T_0\left(1 + \frac{\gamma-1}{2}Ma_0^2\right) \tag{1.25}$$

为了使得发动机所有参数之间保持单值关系，对于任一给定的飞行条件仍需要补充发动机参数之间的附加关系，才能使描述航空发动机各部件共同工作的方程组成为闭合方程组，这里补充的附加条件即成为发动机的调节规律。换句话说，对于任一给定的飞行条件，再加上给定的调节规律，单转子航空发动机的基本方程（式（1.1）~式（1.23））才有唯一确定的解。

1.1.3 稳态特性的基本内容及单转子发动机的可能调节规律

1. 发动机稳态特性的基本内容

发动机的高度特性是指在给定的调节规律和发动机状态下,当飞行速度(或马赫数)不变时,发动机的推力和耗油率等参数随着飞行高度的变化规律。

发动机的速度特性是指在给定的油门杆位置、飞行高度、大气条件和调节规律下,推力和耗油率等参数随飞行马赫数的变化规律。

发动机的转速特性是指当飞行高度和飞行速度都不变化时,在给定的调节规律下,随着转速 n 的变化(通过主动改变供油量),从而引起发动机性能变化的规律。换句话说,转速特性也可以定义为在给定的飞行高度、大气条件和调节规律下,推力和耗油率等参数随着油门杆位置的变化关系。另外,在大部分不加力状态工作时,发动机的转速与油门杆的位置有着对应关系,因此转速特性也称为发动机的节流特性。

通常,发动机特性包括稳态特性和过渡态特性[1-5],最基本的稳态特性应包括速度特性、高度特性和节流特性,它们分别反映了速度、飞行高度和油门位置对推力和耗油率的影响,是评价发动机性能优劣的重要依据之一。

2. 单转子发动机四种可能的调节规律

发动机在非设计状态工作时,为了适应使用条件变化和满足飞机对发动机性能的要求,必须要调节供给发动机的燃油流量和发动机可调节的几何部位,以确保发动机能在安全可靠的工作下尽可能发挥性能潜力[1-10]。

1) 方案一: $n=n_d$,允许 T_{t4} 变化

对于几何尺寸不变的发动机,当飞行条件变化时,可通过燃油供油量的改变,使得发动机转速保持一定,而允许 T_{t4} 变化。其调节规律为

$$\dot{m}_f \rightarrow n = n_d \tag{1.26}$$

式中: $\dot{m}_f$ 为燃油供油量,它为调节作用量; n_d 为设计转速,它为被调参数。

2) 方案二: $T_{t4}=T_{t4d}$,允许转速 n 变化

对于几何尺寸不变的发动机,当飞行条件变化时,通过调节燃油供油量使得涡轮前燃气温度 T_{t4} 保持不变,而允许转速 n 有所改变。其调节规律为

$$\dot{m}_f \rightarrow T_{t4} = T_{t4d} \tag{1.27}$$

式中: $\dot{m}_f$ 为燃油供油量,它为调节作用量; T_{t4d} 为设计点的 T_{t4} 值,它为被调参数。

3) 方案三: $n=n_d$, $T_{t4}=T_{t4d}$, A_8 可调

对于尾喷管临界截面面积 A_8 可调的发动机,当飞行条件变化时,可通过改变供油量使得转速不变;当 T_{t4} 有变化时,再通过改变 A_8 使得 T_{t4} 也保持一定。其调节规律为

$$\begin{cases} \dot{m}_f \rightarrow n = n_d \\ A_8 \rightarrow T_{t4} = T_{t4d} \end{cases} \tag{1.28}$$

式中：$\dot{m}_\mathrm{f}$、A_8 为调节作用量；n、T_{t4} 为被调参数。

4）方案四：组合调节规律

在飞行速度和飞行高度变化范围很大时，可在不同的飞行阶段采用不同的调节规律，例如可以根据发动机进口总温 T_{t2} 值的大小，在不同值域采用不同的调节规律：当 $T_{t2}<288\mathrm{K}$ 时，采用相对换算转速 $\bar{n}_\mathrm{cor}=\mathrm{const}$ 的调节规律；在中等的 T_{t2} 值时，采用 $n=\mathrm{const}$、$T_{t4}=\mathrm{const}$ 的调节规律；在高的 T_{t2} 值时，采用 $n=\mathrm{const}$、T_{t4} 随 T_{t2} 的增加而下降的调节规律。

对于上述 4 种调节规律，文献 [1-10] 中有一些讨论，这里略作概述：在上述 4 种调节方案中，实际采用最多的是方案一，其原因：①转速是结构强度和发动机推力的敏感参数，应力随着转速的变化呈平方关系，一般是不允许超转的。而发动机推力随转速的变化一般呈立方关系，转速低了将严重影响推力，同样也是不希望的。因此，为了获得最大推力，必须要精确地保证转速一定，它是必调的参数。②如果以 T_{t4} 作为被调参数，必须要有能够长期可靠使用的敏感元件，而且能够具有及时、正确感受温度变化的能力。显然，制造这类敏感元件并不是容易的事。再加上温度场的不均匀，使得第二种和第三种方案目前很少采用。③在发动机不开加力时，尾喷管临界截面面积采用连续可调，将会增加结构上的复杂性。

目前，实际使用的情况表明：对于单转子涡轮喷气发动机，当压气机的增压比在 7 左右时，采取第一种调节方案，当飞机的飞行条件变化时，T_{t4} 变化是不大的，一般不会影响发动机工作的可靠性。

1.2　双转子发动机基本方程组的闭合及可能的调节规律

1.2.1　双转子涡轮喷气发动机的基本方程

双转子涡轮喷气发动机通常由进气道、低压压气机、高压压气机、主燃烧室、高压涡轮、低压涡轮、加力燃烧室和尾喷管 8 大部件组成，图 1.2 给出了这类航空发动机各部件特征截面的划分标号。为便于与 1.1 节单转子发动机的基本方程相比较，本节仅讨论没有加力装置的双转子涡喷发动机，图 1.3 给出了它各部件特征截面划分标号的示意图。另外，为便于分析，这里还忽略了冷却引气、冷却后回气和燃料的流量所引起的各特征截面上流量的变化，即假定了沿流程的流量不变。但应注意的是，在实际计算中是不能做这样假设的。

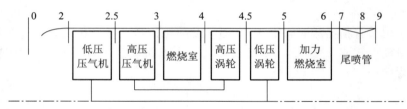

图 1.2　带加力的双转子涡喷发动机特征截面的划分符号

第1章 航空发动机基本方程组的闭合问题

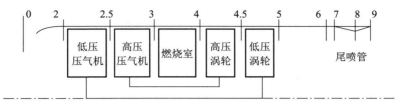

图 1.3 不带加力的双转子涡喷发动机特征截面的划分符号

1. 各特征面上的流量连续

（1）低压压气机进口

$$\frac{\dot{m}\sqrt{T_{t2}}}{p_{t2}}=KA_2 q(\lambda_2) \qquad (1.29)$$

（2）高压压气机进口

$$\frac{\dot{m}\sqrt{T_{t2.5}}}{p_{t2.5}}=KA_{2.5} q(\lambda_{2.5}) \qquad (1.30)$$

（3）高压涡轮导向器出口

$$\frac{\dot{m}\sqrt{T_{t4}}}{p_{tnb,H}}=K_g A_{nb,H} q(\lambda_{nb,H}) \qquad (1.31)$$

并且有

$$p_{tnb,H}=\sigma_b \sigma_{nb,H} p_{t3} \qquad (1.32)$$

式中：$A_{nb,H}$、$\sigma_{nb,H}$ 分别为高压涡轮转子导向器出口截面面积和高压涡轮导向器的总压恢复系数。

（4）低压涡轮导向器出口

$$\frac{\dot{m}\sqrt{T_{t4.5}}}{p_{t4.5}}=K_g A_{nb,L} \sigma_{nb,L} q(\lambda_{nb,L}) \qquad (1.33)$$

式中：$A_{nb,L}$、$\sigma_{nb,L}$ 分别为低压涡轮导向器出口截面面积和低压涡轮导向器的总压恢复系数。

（5）尾喷管喉道截面，如果是收敛喷管，即为出口截面

$$\frac{\dot{m}\sqrt{T_{t9}}}{p_{t9}}=K_g A_9 q(\lambda_9) \qquad (1.34)$$

并且有

$$q(\lambda_9)=\lambda_9 \left[\frac{\gamma_g+1}{2}\left(1-\frac{\gamma_g-1}{\gamma_g+1}\lambda_9^2\right)\right]^{\frac{1}{\gamma_g-1}} \qquad (1.35)$$

$$\lambda_9=\sqrt{\frac{\gamma_g+1}{\gamma_g-1}\left[1-\left(\frac{p_0}{p_{tq}}\right)^{\frac{\gamma_g-1}{\gamma_g}}\right]} \qquad (1.36)$$

2. 各特征截面上的能量平衡（用总温比来表示）

（1）压气机进口前为绝热过程，有

$$\frac{T_{t2}}{T_{t0}} = 1 \tag{1.37}$$

（2）低压压气机

$$\frac{T_{t2.5}}{T_{t2}} = 1 + \frac{e_{c,L} - 1}{\eta_{c,L}} \tag{1.38}$$

式中：$e_{c,L} = (\pi_{c,L})^{\frac{\gamma-1}{\gamma}}$。

（3）高压压气机

$$\frac{T_{t3}}{T_{t2.5}} = 1 + \frac{e_{c,H} - 1}{\eta_{c,H}} \tag{1.39}$$

（4）高压涡轮

$$\frac{T_{t4}}{T_{t2.5}} = \frac{1}{\eta_{c,H} \eta_{T,H} \eta_{m,H}} \frac{c_p(e_{c,H} - 1)}{c_{pg}\left(1 - \dfrac{1}{e_{T,H}}\right)} \tag{1.40}$$

式中：$\eta_{m,H}$ 为高压转子的机械效率；$e_{T,H}$ 为

$$e_{T,H} \equiv (\pi_{T,H})^{\frac{\gamma_g - 1}{\gamma_g}}$$

（5）高压涡轮出口

$$\frac{T_{t4.5}}{T_{t4}} = 1 - \left(1 - \frac{1}{e_{T,H}}\right)\eta_{T,H} \tag{1.41}$$

（6）低压涡轮

$$\frac{T_{t4.5}}{T_{t2}} = \frac{1}{\eta_{c,L} \eta_{T,L} \eta_{m,L}} \frac{c_p(e_{c,L} - 1)}{c_{pg}\left(1 - \dfrac{1}{e_{T,L}}\right)} \tag{1.42}$$

（7）低压涡轮出口

$$\frac{T_{t5}}{T_{t4.5}} = 1 - \left(1 - \frac{1}{e_{T,L}}\right)\eta_{T,L} \tag{1.43}$$

（8）尾喷管出口

$$\frac{T_{t9}}{T_{t2}} = \frac{T_{t5}}{T_{t2}} \tag{1.44}$$

3. 各特征截面上的压力平衡

（1）压气机前，在进气装置中，有

$$\frac{p_{t2}}{p_{t0}} = \sigma_i \tag{1.45}$$

(2) 低压压气机

$$\frac{p_{t2.5}}{p_{t2}} = \sigma_{c,L} \qquad (1.46)$$

(3) 高压压气机

$$\frac{p_{t3}}{p_{t2.5}} = \pi_{c,H} \qquad (1.47)$$

(4) 燃烧室

$$\frac{p_{t4}}{p_{t3}} = \sigma_b \qquad (1.48)$$

(5) 高压涡轮

$$\frac{p_{t4.5}}{p_{t4}} = \frac{1}{\pi_{T,H}} \qquad (1.49)$$

(6) 低压涡轮

$$\frac{p_{t5}}{p_{t4.5}} = \frac{1}{\pi_{T,L}} \qquad (1.50)$$

(7) 尾喷管

$$\frac{p_{t9}}{p_{t5}} = \sigma_e \qquad (1.51)$$

4. 转速平衡

高、低压转子的相似转速关系：

$$\frac{n_H}{\sqrt{T_{t4}}} = \sqrt{\frac{T_{t2.5}}{T_{t4.5}}} \frac{n_H}{\sqrt{T_{t2.5}}}$$

$$\frac{n_L}{\sqrt{T_{t4.5}}} = \sqrt{\frac{T_{t2}}{T_{t4.5}}} \frac{n_L}{\sqrt{T_{t2}}}$$

5. 各部件的特性曲线

(1) 进气道特性

$$\sigma_i = f_1\left(\frac{\dot{m}\sqrt{T_{t2}}}{p_{t2}}, Ma_0\right) \qquad (1.52)$$

(2) 低压压气机特性

$$\pi_{c,L} = f_2\left(\frac{n_L}{\sqrt{T_{t2}}}, \frac{\dot{m}\sqrt{T_{t2}}}{p_{t2}}\right) \qquad (1.53)$$

$$\eta_{c,L} = f_3\left(\frac{n_L}{\sqrt{T_{t2}}}, \frac{\dot{m}\sqrt{T_{t2}}}{p_{t2}}\right) \qquad (1.54)$$

(3) 高压压气机特性

$$\pi_{c,H} = f_4\left(\frac{n_H}{\sqrt{T_{t2.5}}}, \frac{\dot{m}\sqrt{T_{t2.5}}}{p_{t2.5}}\right) \quad (1.55)$$

$$\eta_{c,H} = f_5\left(\frac{n_H}{\sqrt{T_{t2.5}}}, \frac{\dot{m}\sqrt{T_{t2.5}}}{p_{t2.5}}\right) \quad (1.56)$$

(4) 主燃烧室特性

$$\sigma_b = f_6\left(\frac{\dot{m}\sqrt{T_{t3}}}{p_{t3}}\right) \quad (1.57)$$

(5) 高压涡轮特性

$$\pi_{T,H} = f_7\left(\frac{n_H}{\sqrt{T_{t4}}}, \frac{\dot{m}\sqrt{T_{t4}}}{p_{t4}}\right) \quad (1.58)$$

$$\pi_{T,H} = f_8\left(\frac{n_H}{\sqrt{T_{t4}}}, \frac{\dot{m}\sqrt{T_{t4}}}{p_{t4}}\right) \quad (1.59)$$

(6) 低压涡轮特性

$$\pi_{T,L} = f_9\left(\frac{n_L}{\sqrt{T_{t4.5}}}, \frac{\dot{m}\sqrt{T_{t4.5}}}{p_{t4.5}}\right) \quad (1.60)$$

$$\eta_{c,L} = f_{10}\left(\frac{n_L}{\sqrt{T_{t4.5}}}, \frac{\dot{m}\sqrt{T_{t4.5}}}{p_{t4.5}}\right) \quad (1.61)$$

(7) 尾喷管特性

$$\sigma_e = f_{11}\left(\frac{\dot{m}\sqrt{T_{t9}}}{p_{t9}}\right) \quad (1.62)$$

式(1.29)~式(1.62)给出了双转子涡轮喷气发动机性能分析的基本方程。

1.2.2 双转子方程组闭合问题的基本分析

仿照单转子发动机闭合问题的推导思路，为便于分析，在式(1.29)~式(1.51)中，将参数 A_2、$A_{2.5}$、$A_{nb,H}$、$A_{nb,L}$、A_9、$\eta_{m,H}$、$\eta_{m,L}$、$\sigma_{nb,H}$、$\sigma_{nb,L}$ 视作常数；另外，式中 c_p、c_{pg}、K 和 K_g 也视为常数。

在式(1.29)~式(1.62)中共包括38个未知参数，分别为 $q(\lambda_2)$、$q(\lambda_{2.5})$、$q(\lambda_{nb,H})$、$q(\lambda_{nb,L})$、$q(\lambda_9)$、λ_9、T_{t0}、T_{t2}、$T_{t2.5}$、T_{t3}、T_{t4}、$T_{t4.5}$、T_{t5}、T_{t9}、p_0、p_{t0}、p_{t2}、$p_{t2.5}$、p_{t3}、p_{t4}、p_{tnb}、p_{t5}、p_{t9}、$p_{t4.5}$、σ_i、σ_b、σ_e、$\eta_{c,H}$、$\eta_{c,L}$、$\eta_{T,H}$、$\eta_{T,L}$、$\pi_{c,H}$、$\pi_{c,L}$、$\pi_{T,H}$、$\pi_{T,L}$、$\dot{m}$、n_L 和 n_H。这里有34个方程38个未知数，显然这样的方程组不会有确定的解。理论上，只要任意给定4个参数之后，其他值便能确定。

类似于单转子涡轮喷气发动机,作为外界条件的影响,首先变化的可以认为是 p_0、p_{t0}、T_{t0} 和转速(n_L 或 n_H)。在双转子发动机中,高压转子与低压转子之间存在气动上的联系。也正是这种气动上的联系才保证了在给定的调节规律下,两个转子参数之间的单值对应关系。另外,从自动控制的观点上看,与单转子涡轮喷气发动机相比,双转子涡轮喷气发动机并没有增加它的自由度。

从双转子涡轮喷气发动机的实际情况出发,类似单转子发动机的分析,与外界条件密切相关的 4 个参数仍然是 p_0、p_{t0}、T_{t0} 以及转速(n_L 或 n_H)。由于 p_0、p_{t0}、T_{t0} 与给定的飞行高度和密度密切相关,对于任何一个给定的飞行条件(高度 H 和飞行马赫数 Ma_0),有

$$p_{t0} = p_0 \left(1 + \frac{\gamma-1}{2} Ma_0^2\right)^{\frac{\gamma}{\gamma-1}} \tag{1.63}$$

$$T_{t0} = T_0 \left(1 + \frac{\gamma-1}{2} Ma_0^2\right) \tag{1.64}$$

因此,对于任一给定的飞行条件,再加上给定的有关调节规律,双转子航空发动机的基本方程式(1.29)~式(1.62)有唯一确定的解。

1.2.3 双转子涡喷发动机五种可能的调节规律

这里仅讨论尾喷管临界面积不可调时双转子发动机的可能调节规律,由于这时调节作用量只有一个,即燃油供油量 $\dot{m}_f$,因此可能的调节规律可有如下四种:

1. $\dot{m}_f \rightarrow n_L = n_{Lmax} = \text{const}$,$A_9 = \text{const}$

上述调节规律是指:当飞机的飞行条件变化时,调节系统通过调节燃油量 $\dot{m}_f$ 去控制低压转子的转速 n_L,使其保持最大值不变。在这种调节规律下,随着 T_{t2} 的增加,低压转子的换算转速 $n_{cor,L}$ 下降时,压气机也会有"前重后轻"的现象,即前面低压压气机的功相对增加,后面高压压气机的功相对减少,为了保持物理转速 $n_L = \text{const}$,就必须增加主燃烧室出口的总温 T_{t4},以增加低压涡轮进口的总温 $T_{t4.5}$,使低压涡轮的功增加。T_{t4} 增加,使高压涡轮功增加,高压压气机功是减小的,因此高压转子的物理转速 n_H 增加。对于单转子涡喷发动机,T_{t2} 的增加导致压气机前面级的攻角加大,功增加;后面级的攻角减小,功减小。对于双转子涡喷发动机,T_{t2} 增加时,高压转子的物理转速 n_H 增加,于是使其每级进口相对气流的攻角偏离设计点的程度减轻,与单转子相比缓和了前面级(低压压气机)和后面级(高压压气机)不协调的矛盾。

2. $\dot{m}_f \rightarrow n_H = n_{Hmax} = \text{const}$,$A_9 = \text{const}$

上述调节规律是指:当飞行条件变化时,调节系统通过调节燃油的供油量 $\dot{m}_f$ 去控制高压转子的物理转速 n_H,使其保持最大值不变。高压压气机相当于单转子压气机的后面级,所以当飞行条件变化使得发动机进口总温 T_{t2} 加大时,高压压气机功减小。为了保持 n_H 不变,就需要减小主燃烧室的燃油供油量,以减

小主燃烧室出口总温 T_{t4}, 使高压涡轮功减小。由于高压涡轮膨胀比不变, T_{t4} 减小,则其出口处的总温 $T_{t4.5}$ 减小,使低压涡轮功减小,这就导致低压转子物理转速 n_L 减小。转速比 n_H/n_L 随着 T_{t2} 的增加而增加,它缓和了高低压转子在非设计工况下的不协调。

3. $\dot{m}_f \to T_{t4} = T_{t4max} = $ const, $A_9 = $ const

上述调节规律是指:当飞行条件变化时,调节系统通过调节燃油供油量 $\dot{m}_f$ 去控制高压涡轮进口总温 T_{t4}, 使其保持最大值不变。这种调节方式是介于上面两种调节规律之间的调节规律。随着飞行马赫数的增加, 在 $T_{t4} = $ const 时, 高压涡轮和低压涡轮的膨胀比不变, 相应的高低压涡轮功不变。在 T_{t2} 增大时, 低压压气机需要的功增大, 低压涡轮功就显得不够, 因此低压转子的转速 n_L 下降; 高压压气机需要的功减小, 高压涡轮功就显得太大, 故高压转子的转速 n_H 升高, 转子的转速比 n_H/n_L 增加。这类调节规律的主要优点是发动机始终处于所允许的最大热负荷条件下工作, 发动机的推力也较大。

4. $\dot{m}_f \to $ EPR $= $ const, $A_9 = $ const

上述调节规律是指:在尾喷管出口面积不可调且飞行条件变化时,调节系统通过调节燃油供油量 $\dot{m}_f$ 去控制发动机压力比(EPR), 使它保持为常数。发动机压力比定义为

$$\text{EPR} \equiv \frac{p_{t5}}{p_{t2}} \quad (1.65)$$

这里需要指出的是:采用 EPR $=$ const 调节规律的发动机, 其 n_L、n_H 及 T_{t4} 都会随着 T_{t2} 的变化而改变。为了保证发动机在全飞行范围内不出现超转、超温等超负荷状态, 需要转速和 T_{t4} 有最大值的限制系统。

5. 发动机几何尺寸不可调时, 按 T_{t2} 值划分成几个区域, 采用组合调节规律

在宽广的飞行范围内,图 1.4 给出了组合调节规律下双转子发动机的控制方案。图 1.4 示出了按 T_{t2} 值的大小分成四个区域,在不同的区域采取不同的调节规律,例如:①当 $T_{t2} \leq 288$K 时, 在该区域内采用低压转子换算转速 $n_{Lcor} = $ const 的调节规律;②当 288K$< T_{t2} \leq T_{t2a}$ 时, 在该区域采用低压转子的物理转速 $n_L = n_H = $ const 的调节规律;③当 $T_{t2a} < T_{t2} \leq T_{t2b}$ 时, 在该区域采用涡轮前总温 T_{t4} 达到最大允许值时, 在该区域采用 $T_{t4} = T_{t4max} = $ const 的调节规律;④当高压转子的物理转速 n_H 达到最大

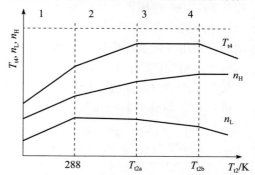

图 1.4 组合调节规律下双转子发动机 T_{t4}、n_L、n_H 随 T_{t2} 的变化曲线

值时，在该区域采用 $n_H = n_{Hmax} = \text{const}$ 的调节规律。

现在对上述五种调节规律略做扼要分析：由于采用不同的调节规律，发动机推力的变化规律是不同的，显然采取 $n_L = \text{const}$ 的调节规律较为有利。当飞行马赫数上升时，可获得较大的推力，但这要在涡轮叶片强度所允许的条件下才行。对于歼击机，大都采用 $n_L = \text{const}$ 的调节规律。但应注意，随着飞行马赫数的增加，使得 n_H 增加过多，这是涡轮叶片强度不允许的，应对 n_H 加以强制。对于一般民航飞机或者军用运输机，为改善高空特性，它们的发动机大都采用 $n_H = \text{const}$ 的调节规律。但应注意的是，随着飞行高度的增加，使得转速增加过多，这是叶片强度不允许的，应对 n_L 加以限制。对于 $T_{t4} = \text{const}$ 的调节规律，随着 T_{t2} 的变化，高压和低压转子的转速变化都少一些，T_{t4} 又不变，显然这种调节规律对可靠工作是有利的。但是，由于直接感受存在着难以准确实现的困难，因此与单转子中一样，这种调节规律一般不采用。对于 EPR = const 的调节规律，在高涵道比的涡扇发动机中采用较多。当压气机进口总温 T_{t2} 变化时，T_{t4} 将成比例地随之变化，因此当 T_{t2} 较低时，T_{t4} 也较低。为了能充分发挥发动机推力的潜力，应该使 $\text{EPR}(p_{t5}/p_{t2})$ 随 T_{t2} 的变化保持在不同的数值上，使得 T_{t4} 值既不至于过低，也不至于超过限制的值。

尽管上面讨论的按 T_{t2} 值分成四个区域的组合调节规律有许多优点，但是在调节系统方面增加了复杂性。综上所述，双转子发动机的调节规律会有多种可能的调节方案，需要根据发动机的用途并权衡每种方案的利弊后而定。

1.3 涡轮风扇发动机基本方程组的闭合及可能的调节规律

对于热机，在发动机内获得的机械能一定时，把这个能量传给工质，工质的质量流量越大，即参加推进的质量越多，则发动机的推力越大。这种增推的原理称为喷气发动机的质量附加原理。涡轮风扇喷气发动机（简称涡扇发动机）就是基于上述原理提出的。

常见的涡扇发动机有三种，分别是混合排气带加力涡扇发动机、混合排气不带加力涡扇发动机和分别排气的涡扇发动机。图1.5~图1.7分别给出了上述三种发动机特征截面符号划分。

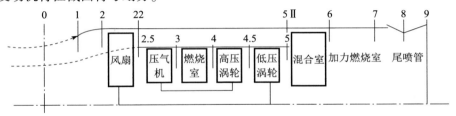

图 1.5　混合排气带加力涡扇发动机特征截面的划分符号

第一篇 典型航空发动机共同工作线模型方程的分析

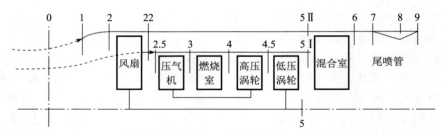

图 1.6 混合排气不带加力涡扇发动机特征截面的划分符号

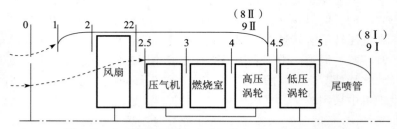

图 1.7 分别排气的涡扇发动机特征截面的划分符号

本节仅讨论混合排气不带加力涡扇发动机基本方程组的闭合问题，以及几种可能的调节规律。

1.3.1 混合排气不带加力涡轮风扇喷气发动机的基本方程

混合排气不带加力涡扇发动机特征截面符号如图 1.6 所示，在下面讨论各部件的共同工作方程时，暂时不考虑气流由于冷却、向座舱引气和燃油加入等因素所引起的沿流程流量的变化。

1. 各特征面上的流量连续

（1）风扇进口

$$\frac{\dot{m}\sqrt{T_{t2}}}{p_{t2}} = KA_2 q(\lambda_2) \tag{1.66}$$

式中：$\dot{m}$ 为总的流量。

（2）高压压气机进口

$$\frac{\dot{m}}{1+B}\frac{\sqrt{T_{t2.5}}}{p_{t2.5}} = KA_{2.5} q(\lambda_{2.5}) \tag{1.67}$$

式中：B 为涵道比。

（3）高压涡轮导向器出口

$$\frac{\dot{m}}{1+B}\frac{\sqrt{T_{t4}}}{p_{tnb,H}} = K_g A_{nb,H} q(\lambda_{nb,H}) \tag{1.68}$$

并且有 $p_{tnb,H} = \sigma_b \sigma_{nb,H} p_{t3}$。 $\tag{1.69}$

式中：$A_{nb,H}$、$\sigma_{nb,H}$ 分别为高压压气机涡轮导向器出口截面面积和高压涡轮导向器的总压恢复系数；σ_b 为燃烧室的总压恢复系数。

（4）低压涡轮导向器出口

$$\frac{\dot{m}}{1+B}\frac{\sqrt{T_{t4.5}}}{p_{t4.5}}=K_g A_{nb,L}\sigma_{nb,L}q(\lambda_{nb,L}) \tag{1.70}$$

式中：$A_{nb,L}$、$\sigma_{nb,L}$ 分别为低压涡轮导向器出口截面面积和低压涡轮导向器的总压恢复系数。

（5）涡轮后，混合器前 5Ⅰ 截面，即内涵出口

$$\frac{\dot{m}}{1+B}\frac{\sqrt{T_{t5}}}{p_{t5}}=K_g A_{5\text{Ⅰ}}\sigma_{5\text{Ⅰ}}q(\lambda_{5\text{Ⅰ}}) \tag{1.71}$$

式中：$\lambda_{5\text{Ⅰ}}$ 为内涵进入混合器前 5Ⅰ 截面处的 λ 数；$A_{5\text{Ⅰ}}$ 为内涵进入混合器前 5Ⅰ 处的截面面积；$\sigma_{5\text{Ⅰ}}$ 为低压涡轮后混合器前 5Ⅰ 截面处的总压恢复系数。

（6）外涵道，混合器前 5Ⅱ 截面处

$$\frac{B\dot{m}}{1+B}\frac{\sqrt{T_{t2\text{Ⅱ}}}}{p_{t2\text{Ⅱ}}}=K A_{5\text{Ⅱ}}\sigma_{5\text{Ⅱ}}q(\lambda_{5\text{Ⅱ}}) \tag{1.72}$$

式中：$\sigma_{5\text{Ⅱ}}$ 为风扇后至 5Ⅱ 截面的总压恢复系数。

（7）尾喷管喉道截面，如果是收敛喷管，即为出口截面

$$\frac{\dot{m}\sqrt{T_{t9}}}{p_{t9}}=K_g A_9 q(\lambda_9) \tag{1.73}$$

并且有

$$q(\lambda_9)=\lambda_9\left[\frac{\gamma_g+1}{2}\left(1-\frac{\gamma_g-1}{\gamma_g+1}\lambda_9^2\right)\right]^{\frac{1}{\gamma_g-1}} \tag{1.74}$$

$$\lambda_9=\sqrt{\frac{\gamma_g+1}{\gamma_g-1}\left[1-\left(\frac{p_0}{p_{t9}}\right)^{\frac{\gamma_g-1}{\gamma_g}}\right]} \tag{1.75}$$

2. 各特征截面上的能量平衡（用总温比来表示）

（1）由进气道至低压压气机（即风扇）前，绝热过程

$$\frac{T_{t2}}{T_{t0}}=1 \tag{1.76}$$

（2）外涵风扇

$$\frac{T_{t2\text{Ⅱ}}}{T_{t2}}=1+\frac{e_{c,\text{Ⅱ}}-1}{\eta_{c,\text{Ⅱ}}} \tag{1.77}$$

并且有 $e_{c,\text{Ⅱ}}=(\pi_{c,\text{Ⅱ}})^{\frac{\gamma-1}{\gamma}}$。

第一篇 典型航空发动机共同工作线模型方程的分析

(3) 低压压气机

$$\frac{T_{t2.5}}{T_{t2}} = 1 + \frac{e_{c,L} - 1}{\eta_{c,L}} \tag{1.78}$$

并且有 $e_{c,L} = (\pi_{c,L})^{\frac{\gamma-1}{\gamma}}$。

(4) 高压压气机

$$\frac{T_{t3}}{T_{t2.5}} = 1 + \frac{e_{c,H} - 1}{\eta_{c,H}} \tag{1.79}$$

并且有 $e_{c,H} = (\pi_{c,H})^{\frac{\gamma-1}{\gamma}}$。

(5) 涡轮前的温度,由高压转子的能量平衡可得

$$\frac{T_{t4}}{T_{t2.5}} = \frac{1}{\eta_{c,H}\eta_{T,H}\eta_{m,H}} \frac{c_p(e_{c,H}-1)}{c_{pg}\left(1 - \dfrac{1}{e_{T,H}}\right)} \tag{1.80}$$

并且有 $e_{T,H} = (\pi_{T,H})^{\frac{\gamma_g-1}{\gamma_g}}$。

式中:$\eta_{m,H}$ 为高压转子的机械效率。

(6) 高压涡轮出口

$$\frac{T_{t4.5}}{T_{t4}} = 1 - \left(1 - \frac{1}{e_{T,H}}\right)\eta_{T,H} \tag{1.81}$$

(7) 低压涡轮出口

$$\frac{T_{t5}}{T_{t4.5}} = 1 - \left(1 - \frac{1}{e_{T,L}}\right)\eta_{T,L} \tag{1.82}$$

并且有 $e_{T,L} = (\pi_{T,L})^{\frac{\gamma_g-1}{\gamma_g}}$。

(8) 由低压转子能量平衡可得

$$\frac{T_{t5}}{T_{t4.5}} = 1 - \frac{\Delta T_t}{T_{t4.5}} = 1 - \frac{Bc_p \Delta T_{tcII} + c_p \Delta T_{tcL}}{c_{pg} T_{t4.5} \eta_{m,L}}$$

$$= 1 - \frac{BT_{t2}c_p(e_{cII}-1)/\eta_{cII} + T_{t2}c_p(e_{c,L}-1)\eta_{c,L}}{c_{pg} T_{t4.5} \eta_{m,L}} \tag{1.83}$$

(9) 不开加力时,混合器后的总温

$$T_{t6} = \frac{Bc_p T_{t2II} + c_{pg} T_{t5}}{Bc_p + c_{pg}} \tag{1.84}$$

(10) 尾喷管排气总温

$$\frac{T_{t9}}{T_{t6}} = 1 \tag{1.85}$$

3. 各特征截面上的压力平衡

（1）进气道

$$\frac{p_{t2}}{p_{t0}} = \sigma_i \tag{1.86}$$

（2）风扇外涵道

$$\frac{p_{tII}}{p_{t2}} = \pi_{cII} \tag{1.87}$$

（3）低压压气机

$$\frac{p_{t2.5}}{p_{t2}} = \pi_{c,L} \tag{1.88}$$

（4）高压压气机

$$\frac{p_{t3}}{p_{t2.5}} = \pi_{c,H} \tag{1.89}$$

（5）燃烧室总压恢复系数

$$\frac{p_{t4}}{p_{t3}} = \sigma_b \tag{1.90}$$

（6）高压涡轮

$$\frac{p_{t4.5}}{p_{t4}} = \frac{1}{\pi_{T,H}} \tag{1.91}$$

（7）低压涡轮

$$\frac{p_{t5}}{p_{t4.5}} = \frac{1}{\pi_{T,L}} \tag{1.92}$$

（8）混合器前截面处的静压相等。进入混合器的两股气流都是亚声速气流，所以它们的静压应该相等。于是有：

对内涵道

$$q(\lambda_{5I}) = \lambda_{5I} \left[\frac{\gamma_g + 1}{2} \left(1 - \frac{\gamma_g - 1}{\gamma_g + 1} \lambda_{5I}^2 \right) \right]^{\frac{1}{\gamma_g - 1}} \tag{1.93}$$

并且有

$$\lambda_{5I} = \sqrt{\frac{\gamma_g + 1}{\gamma_g - 1} \left[1 - \left(\frac{p_{5I}}{p_{t5}\sigma_{5I}} \right)^{\frac{\gamma_g - 1}{\gamma_g}} \right]} \tag{1.94}$$

对外涵道

$$q(\lambda_{5II}) = \lambda_{5II} \left[\frac{\gamma + 1}{2} \left(1 - \frac{\gamma - 1}{\gamma + 1} \lambda_{5II}^2 \right) \right]^{\frac{1}{\gamma - 1}} \tag{1.95}$$

第一篇 典型航空发动机共同工作线模型方程的分析

并且有

$$\lambda_{5\mathrm{II}} = \sqrt{\frac{\gamma+1}{\gamma-1}\left[1-\left(\frac{p_{5\mathrm{II}}}{p_{t2\mathrm{II}}\sigma_{5\mathrm{II}}}\right)^{\frac{\gamma-1}{\gamma}}\right]} \tag{1.96}$$

另外，还有

$$p_{5\mathrm{I}} = p_{5\mathrm{II}} \tag{1.97}$$

（9）混合器后总压

$$p_{t6} = \frac{Bp_{t2\mathrm{II}}\sigma_{5\mathrm{II}} + p_{t5}\sigma_{5\mathrm{I}}}{1+B}\sigma_m \tag{1.98}$$

式中：σ_m 为内外涵道气流混合过程中的总压恢复系数。

（10）尾喷管出口截面的总压

$$\frac{p_{t9}}{p_{t6}} = \sigma_e \tag{1.99}$$

式中：σ_e 为尾喷管的总压恢复系数。

4. 转速平衡

$$\frac{n_L}{\sqrt{T_{t4.5}}} = \frac{n_L}{\sqrt{T_{t2}}}\sqrt{\frac{T_{t2}}{T_{t4.5}}}$$

$$\frac{n_H}{\sqrt{T_{t4}}} = \frac{n_H}{\sqrt{T_{t2.5}}}\sqrt{\frac{T_{t2.5}}{T_{t4}}}$$

5. 各部件的特性曲线

（1）进气道特性

$$\sigma_i = f_1\left(\frac{\dot{m}\sqrt{T_{t2}}}{p_{t2}}, Ma_0\right) \tag{1.100}$$

（2）风扇外涵道特性

$$\pi_{c\mathrm{II}} = f_2\left(\frac{n_L}{\sqrt{T_{t2}}}, \frac{\dot{m}_\mathrm{II}\sqrt{T_{t2}}}{p_{t2}}\right) \tag{1.101}$$

$$\eta_{c\mathrm{II}} = f_3\left(\frac{n_L}{\sqrt{T_{t2}}}, \frac{\dot{m}_\mathrm{II}\sqrt{T_{t2}}}{p_{t2}}\right) \tag{1.102}$$

（3）低压压气机特性

$$\pi_{c,L} = f_4\left(\frac{n_L}{\sqrt{T_{t2}}}, \frac{\dot{m}_\mathrm{I}\sqrt{T_{t2}}}{p_{t2}}\right) \tag{1.103}$$

$$\eta_{c,L} = f_5\left(\frac{n_L}{\sqrt{T_{t2}}}, \frac{\dot{m}_\mathrm{I}\sqrt{T_{t2}}}{p_{t2}}\right) \tag{1.104}$$

并且有

$$\dot{m}_\text{I} = \frac{\dot{m}}{1+B}, \quad \dot{m}_\text{II} = \frac{B}{1+B}\dot{m}$$

（4）高压压气机特性

$$\pi_{c,\text{H}} = f_6\left(\frac{n_\text{H}}{\sqrt{T_{t2.5}}}, \frac{\dot{m}_\text{I}\sqrt{T_{t2.5}}}{p_{t2.5}}\right) \quad (1.105)$$

$$\eta_{c,\text{H}} = f_7\left(\frac{n_\text{H}}{\sqrt{T_{t2.5}}}, \frac{\dot{m}_\text{I}\sqrt{T_{t2.5}}}{p_{t2.5}}\right) \quad (1.106)$$

（5）主燃烧室特性

$$\sigma_b = f_8\left(\frac{\dot{m}_\text{I}\sqrt{T_{t3}}}{p_{t3}}\right) \quad (1.107)$$

（6）高压涡轮特性

$$\pi_{T,\text{H}} = f_9\left(\frac{n_\text{H}}{\sqrt{T_{t4}}}, \frac{\dot{m}_\text{I}\sqrt{T_{t4}}}{p_{t4}}\right) \quad (1.108)$$

$$\eta_{T,\text{H}} = f_{10}\left(\frac{n_\text{H}}{\sqrt{T_{t4}}}, \frac{\dot{m}_\text{I}\sqrt{T_{t4}}}{p_{t4}}\right) \quad (1.109)$$

（7）低压涡轮特性

$$\pi_{T,\text{L}} = f_{11}\left(\frac{n_\text{L}}{\sqrt{T_{t4.5}}}, \frac{\dot{m}_\text{I}\sqrt{T_{t4}}}{p_{t4}}\right) \quad (1.110)$$

$$\eta_{T,\text{L}} = f_{12}\left(\frac{n_\text{L}}{\sqrt{T_{t4.5}}}, \frac{\dot{m}_\text{I}\sqrt{T_{t4}}}{p_{t4}}\right) \quad (1.111)$$

（8）混合器的特性

$$\sigma_m = f_{13}(\text{内、外涵道两股气流相汇合流经混合器}) \quad (1.112)$$

（9）尾喷管特性

$$\sigma_e = f_{14}\left(\frac{\dot{m}\sqrt{T_{t9}}}{p_{t9}}\right) \quad (1.113)$$

式（1.66）~式（1.113）给出了混合排气式涡轮风扇发动机性能分析的基本方程。

这里应指出的是，在上面所列的方程中，将风扇分成了内、外涵道两个部分，并视为独立部件，即分为外涵道风扇和低压压气机，如图1.8所示。随着飞

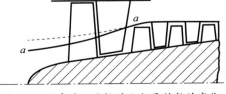

图1.8 风扇进口流场随飞行马赫数的变化

行马赫数的变化，边界流线 a-a 是变化的。当然，边界流线 a-a 变化时，内外涵道两部分的特性也要发生变化。在进行计算时，如果忽略这部分变化，则认为是一种近似的处理。

1.3.2 混合排气式不带加力燃烧室的涡轮风扇发动机方程组闭合问题的基本分析

仿照双转子发动机方程组闭合问题的推导思路，为便于分析，在式（1.66）~式（1.113）中，将有关参数分为四类：

（1）将决定燃气或空气热力性质的参数，如 γ、γ_g、c_p、c_{pg}、K、K_g 等视为常数。

（2）对于确定的发动机，发动机流程各截面的面积视为已知参数。

（3）$\sigma_{nb,L}$、$\sigma_{nb,H}$、$\sigma_{5\mathrm{I}}$、$\sigma_{5\mathrm{II}}$、$\eta_{m,L}$、$\eta_{m,H}$ 视为常数。

（4）其他为未知数。

在式（1.66）~式（1.113）中共包括 52 个未知参数，分别为 B、$\dot{m}$、$q(\lambda_2)$、$q(\lambda_{2.5})$、$q(\lambda_{nb,H})$、$q(\lambda_{nb,L})$、$q(\lambda_{5\mathrm{I}})$、$\lambda_{5\mathrm{I}}$、$q(\lambda_{5\mathrm{II}})$、$\lambda_{5\mathrm{II}}$、$q(\lambda_9)$、$\lambda_9$、$T_{t0}$、$T_{t2}$、$T_{t2\mathrm{II}}$、$T_{t2.5}$、$T_{t3}$、$T_{t4}$、$T_{t4.5}$、$T_{t5}$、$T_{t6}$、$T_{t9}$、$p_{t0}$、$p_0$、$p_{t2}$、$p_{t2\mathrm{II}}$、$p_{t2.5}$、$p_{t3}$、$p_{t4}$、$p_{t4.5}$、$p_{t5}$、$p_{tnb,H}$、$p_{5\mathrm{I}}$、$p_{5\mathrm{II}}$、$p_{t6}$、$p_{t9}$、$\sigma_i$、$\sigma_b$、$\sigma_m$、$\sigma_e$、$\pi_{c\mathrm{II}}$、$\pi_{c,L}$、$\pi_{c,H}$、$\pi_{T,H}$、$\pi_{T,L}$、$\eta_{c,H}$、$\eta_{c,L}$、$\eta_{T,H}$、$\eta_{T,L}$、$\eta_{c\mathrm{II}}$、$n_L$ 和 n_H。这里有 48 个方程 52 个未知数，显然这样的方程组不会有确定的解，理论上，只要任意给定四个参数之后，其他值便能确定。

类似于单转子发动机和双转子发动机方程组闭合问题的分析，p_0、T_{t0} 和 p_{t0} 是由发动机工作的外界条件和飞机飞行的马赫数所确定的。因此，对于任意给定的飞行条件，再加上给定的调节规律，则混合排式不带加力涡扇航空发动机的基本方程（式（1.66）~式（1.113））才有唯一确定的解。

1.3.3 双转子涡轮风扇发动机可能使用的调节规律

涡轮风扇发动机在稳定状态时的调节规律的选择与涡轮喷气发动机一样，应保证在最大状态时能达到最大推力，巡航状态时经济性最好，并且能够保证发动机各部件稳定工作且能防止发动机各零件的过载。另外，当发动机尾喷管面积不可调时，调节量只有燃油的供油量。在一般情况下，涡轮风扇发动机的被控量可以在 n_L、n_H 和 EPR 等参数中选择，几何不可调的风扇发动机，只能选择其中的一个参数作为被调节量。

在大多数情况下，涡轮前燃气温度 T_{t4} 与高压压气机转速的平方成正比，因此在规定的工作状态下，$n_H = \mathrm{const}$ 的调节规律能保持发动机的机械负荷与热负荷状态不变。正是这个原因，大多数涵道比不很高的涡扇发动机选取 n_H 作为被调节量，其调节规律为

第 1 章 航空发动机基本方程组的闭合问题

$$\dot{m}_\mathrm{f} \to n_\mathrm{H} = \mathrm{const}, \quad A_9 = \mathrm{const} \tag{1.114}$$

对于高涵道比的涡扇发动机，大部分推力是由外涵产生的，外涵产生的推力主要取决于通过外涵的空气流量，而风扇转速 n_L 决定外涵的空气流量。因此，对高涵道比的涡扇发动机，调节 n_L 比调节 n_H 对推力的影响更有效。例如，高涵道比的 CF6、CFM56 发动机选取 n_L 作为被调节量。

由于发动机的转速是强度和推力的敏感参数，如应力与转速呈平方关系，因此通常是不允许超转的；而推力与转速呈立方关系，转速低了将严重影响推力，这也是不希望的。为了获得最大的推力，必须要精确地保证转速一定，因此很多涡轮发动机选取 n_L 作为被调节量，其调节规律为

$$\dot{m}_\mathrm{f} \to n_\mathrm{L} = \mathrm{const}, \quad A_9 = \mathrm{const} \tag{1.115}$$

EPR 虽然不能反映发动机的受力及热状况，但它是发动机过程的一个重要参数，对发动机推力和耗油率有直接影响。另外，用它作为被调节量对保证调节精度和降低调节装置成本是有利的。对于高涵道比的涡扇发动机，如 PW4000 系列发动机选取 EPR 作为被调节量，其调节规律为

$$\dot{m}_\mathrm{f} \to \mathrm{EPR} = \mathrm{const}, \quad A_9 = \mathrm{const} \tag{1.116}$$

采用 EPR = const 的调节规律，n_L、n_H 和 T_{t4} 将会随着 T_{t2} 的变化而改变。为了保证发动机在全飞行范围内不出现超转、超温等超负荷状态，需要备有转速和 $T_{t4\max}$ 的限制系统。类似地，对采用 n_L = const 调节规律的发动机，也需要备有高压转速和 $T_{t4\max}$ 的限制系统。例如，P&W 和 R-R 公司的发动机在采用 $\dot{m}_\mathrm{f} \to$ EPR = const 的调节规律后，还把 n_L 作为备用被调节量；又如，GE 公司的发动机在采用 $\dot{m}_\mathrm{f} \to n_\mathrm{L}$ = const 的调节规律后，也需要备有 n_H 和 $T_{t4\max}$ 的限制系统。

综合上述的一些分析，在几何不可调的情况下，混合排气式涡扇发动机常采用组合调节规律。图 1.9 给出了该条件下的一种组合调节规律。图中 A 为设计点，对应 T_{t2} = 288K。图中所示的组合调节规律划分成三个区域：

Ⅰ 区：$T_{t2} < 288\mathrm{K}$，采用 $\dot{m}_\mathrm{f} \to n_{\mathrm{L,cor}} = \mathrm{const}$ 的调节规律。在此区域内，$n_{\mathrm{H,cor}} = \mathrm{const}$，$T_{t4}/T_{t2} = \mathrm{const}$，而 n_L、n_H 和 T_{t4} 有增加。

Ⅱ 区：$288\mathrm{K} < T_{t2} < T_{td}$，采用 $\dot{m}_\mathrm{f} \to T_{t4} = T_{t4\max} = \mathrm{const}$。

Ⅲ 区：$T_{t2} > T_{td}$，采用 $\dot{m}_\mathrm{f} \to T_{t3} = T_{t3\max} = \mathrm{const}$。在此区域内，随着 T_{t2} 的增加，T_{t4}/T_{t2} 下降，$n_{\mathrm{L,cor}}$ 也下降。

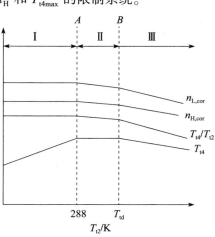

图 1.9 $A_9 = \mathrm{const}$ 时混合排气涡扇发动机的一种组合调节规律

第 2 章

发动机主要部件共同工作的模型方程分析

本章主要阐述几种典型航空发动机主要部件共同工作线模型方程的构建以及几种状态下的调节规律。同时,还针对传统压气机特性图中特性线斜率变化较大,以及各等转速线的变化规律区别也很大的情况,在 2.4 节专门讨论采用不同相似参数对发动机部件特性线的影响问题,这对高转速状态时压气机特性采用外推算法计算精度的提高是极为有益的。另外,2.5 节扼要说明了使用共同工作线的模型方程预测发动机高空性能时的局限性,进而对在第 3 章中考虑大气温度、大气压、湿度、高空雷诺数等因素的影响,以修改由共同工作线模型预测高空性能所产生的偏差奠定理论基础。

2.1 单转子共同工作线的模型方程及三种状态下的调节规律

2.1.1 单转子共同工作线的模型方程及尾喷管面积的调整

单转子涡喷发动机各部件相互制约、共同工作的详细分析和基本方程已在 1.1 节中给出。本节为了讨论共同工作的概念,对上述基本方程做一些简化,得到单转子涡喷发动机部件共同工作的模型方程。下面主要针对稳定状态下从压气机流量与涡轮流量相等、压气机功与涡轮功相等、通过涡轮与尾喷管流量相等的条件出发,分析各部件之间的相互制约关系。

1. 压气机流量与涡轮流量相等

由压气机进口流量与涡轮导向器出口流量相等的条件可得

$$\dot{m}_g = \dot{m}_a + \dot{m}_f - \dot{m}_{col}$$

式中:$\dot{m}_g$ 为涡轮导向器进口燃气的质量流量;$\dot{m}_a$ 为压气机进口空气的质量流量;$\dot{m}_f$ 为燃油流量;$\dot{m}_{col}$ 为涡轮冷却空气的质量流量。

因为 $\dot{m}_f$ 和 $\dot{m}_{col}$ 相对于 $\dot{m}_a$ 与 $\dot{m}_g$ 均为小量,为简化起见,略去不计,于是上式简化为

$$\dot{m}_g = \dot{m}_a \tag{2.1}$$

用气动函数 $q(\lambda)$ 表示上式流量,可得

$$A_{nb} K_g \frac{\sigma_b \sigma_{nb} p_{t3} q(\lambda_{nb})}{\sqrt{T_{t4}}} = A_2 K \frac{p_{t2}}{\sqrt{T_{t2}}} q(\lambda_2)$$

将上式整理后,可得

第 2 章 发动机主要部件共同工作的模型方程分析

$$\pi_c = C_1 q(\lambda_2) \sqrt{\frac{T_{t4}}{T_{t2}}} \tag{2.2}$$

式中

$$C_1 \equiv \frac{K}{K_g} \frac{A_2}{A_{nb}} \frac{1}{\sigma_b \sigma_{nb} q(\lambda_{nb})} \tag{2.3}$$

式（2.2）给出了压气机流量和涡轮流量相等的制约关系。显然，当 $C_1 =$ const，并且 $T_{t4}/T_{t2} =$ const 时，式（2.2）在压气机特性图上呈一束直线，如图 2.1 所示。

在图 2.1 中 $\bar{n}_{L,cor} =$ const 线上，$T_{t4}/T_{t2} =$ const 的值越大，则越靠近喘振边界。

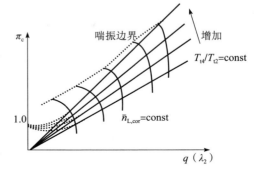

图 2.1 将式（2.2）表示在压气机特性图上

2. 压气机功与涡轮功相等

在稳定工作时，引入式（2.1）的简化，由涡轮功与压气机功相等条件可得

$$\frac{T_{t4}}{T_{t2}} = C_2 \frac{e_c - 1}{\eta_c} \frac{1}{\left(1 - \dfrac{1}{e_T}\right) \eta_T} \tag{2.4}$$

式中

$$e_c = (\pi_c)^{\frac{\gamma-1}{\gamma}}, \quad e_T = (\pi_T)^{\frac{\gamma_g-1}{\gamma_g}} \tag{2.5}$$

$$C_2 = \frac{c_p}{c_{pg}} \tag{2.6}$$

另外，第一级涡轮导向器截面流量与尾喷管截面流量相等，即

$$A_{nb} \frac{p_{t4} \sigma_{nb}}{\sqrt{T_4}} q(\lambda_{nb}) = A_{cr} \frac{p_{t5} \sigma_{cr}}{\sqrt{T_{t5}}} q(\lambda_{cr})$$

式中：A_{nb}、A_{cr} 分别为涡轮导向器临界截面积和尾喷管临界截面面积。

在 $q(\lambda_{nb}) = q(\lambda_{cr}) = 1$，并且假定 σ_{nb} 和 σ_{cr} 为常数时，上式可写为

$$\frac{p_{t4}}{p_{t5}} \sqrt{\frac{T_{t5}}{T_{t4}}} = C_3 \tag{2.7}$$

$$C_3 = \frac{A_{cr} \sigma_{cr} q(\lambda_{cr})}{A_{nb} \sigma_{nb} q(\lambda_{nb})} \tag{2.8}$$

假定涡轮膨胀的多变指数为 n_T，则有

$$\frac{T_{t5}}{T_{t4}} = \left(\frac{p_{t5}}{p_{t4}}\right)^{\frac{n_T-1}{n_T}}$$

将上式代入式（2.7），可得

$$\pi_T = (C_3)^{\frac{2n_T}{n_T+1}} \equiv C_4 \tag{2.9}$$

在假设 n_T、σ_{cr}、σ_{nb} 为常数，并且涡轮导向器和尾喷管处于临界与超临界时，C_4 为常数，即这时涡轮的落压比 π_T 等于常数。另外，在燃气轮发动机中，涡轮效率 η_T 变化也不大，故可认为 $\eta_T = \text{const}$。于是，式（2.4）可写为

$$\frac{T_{t4}}{T_{t2}} = C_2 C_5 \frac{e_c - 1}{\eta_c} \tag{2.10}$$

式中

$$C_5 = \frac{1}{\left(1 - \dfrac{1}{e_T}\right)\eta_T} \tag{2.11}$$

式（2.10）给出了涡轮功与压气机功平衡的制约关系。

3. 涡轮与压气机共同工作线的模型方程

发动机部件的共同工作必须同时满足式（2.2）和式（2.10），由这两式消去 T_{t4}/T_{t2} 后，可得

$$\frac{q(\lambda_2)}{\pi_c} \sqrt{\frac{e_c - 1}{\eta_c}} = C_6 \tag{2.12}$$

或者

$$\frac{1}{\pi_c} \frac{\dot{m}_a \sqrt{T_{t2}}}{p_{t2}} \sqrt{\frac{e_c - 1}{\eta_c}} = C_7 \tag{2.13}$$

式中：$\dot{m}_a$ 为压气机进口截面的质量流量；C_6、C_7 分别为

$$C_6 = \frac{1}{C_1 \sqrt{C_2 C_5}}, \quad C_7 = KA_2 C_6 \tag{2.14}$$

式（2.12）或式（2.13）体现了单轴涡喷发动机中，涡轮与压气机的相互制约关系，因此它也称为单轴涡喷发动机中涡轮与压气机共同工作线的模型方程。这个方程是在几何不可调并且涡轮导向器和尾喷管截面处于临界或超临界状态时，单轴涡轮喷气发动机共同工作的模型方程。由于该方程中包含的参数都是在压气机特性图上的参数，因此可以把式（2.12）表示在压气机特性图上，如图 2.2 中的 $dABCE$ 线便为共同工作线。

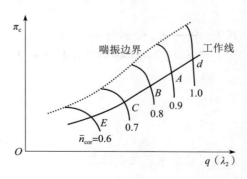

图 2.2 将式（2.12）表示在压气机特性图上

4. 调节尾喷管喉部截面面积 A_{cr} 对共同工作线的影响

假定调小 A_{cr}，使涡轮后反压增加，由式（2.8）和式（2.9）可知，这时涡轮落压比 π_T 下降，涡轮功与压气机功不能平衡，即涡轮发出的功小于压气机所需要的功，使发动机转速开始下降。与此同时，燃油自动调节器感受到发动机转速的下降，自动增加供油量，提高涡轮前的燃气温度，使发动机转速恢复到原来的值。这时，对于压气机来讲，虽然恢复到了原来的转速，主燃烧室中供油量已经增加，提高了涡轮前燃气温度 T_{t4}，但是由于燃烧室出口燃气温度的增加，使得通过涡轮导向器的燃气流量减小，因此涡轮前 T_{t4} 的提高对压气机起了关小节气门的作用，使压气机在特性图上的工作沿着等转速线向喘振边界移动，如图 2.3 所示。

压气机增压比 π_c 提高，而空气流量 $\dot{m}_a$ 有所下降，在这个新的工作状态下，压气机转速虽然没有变化，但 π_c 的提高使得压气机消耗的功率加大；涡轮的转速没有变化，但涡轮前燃气温度 T_{t4} 提高的程度必须满足涡轮功与压气机功相等的条件，即下式成立：

$$L_c = L_T = c_{pg} T_{t4} \left(1 - \frac{1}{e_T}\right) \eta_T \quad (2.15)$$

发动机在这样一个新的稳定状态工作时，由于压气机增压比 π_c 和涡轮前燃气温度 T_{t4} 都提高了，使得发动机的单位推力 F_s 加大，尽管这时通过发动机的空气流量 $\dot{m}_a$ 有所下降，但是

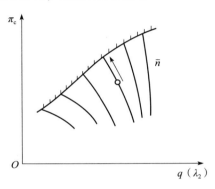

图 2.3 调小 A_{cr} 值，使压气机工作点移向喘振边界

发动机的推力 F 还是由于 F_s 的增大而增加。图 2.4 给出了调小 A_{cr} 时，单转子发动机各部件工作状态变化的框图。同理，如果将 A_{cr} 调大，则工作线下移，如图 2.5 所示。

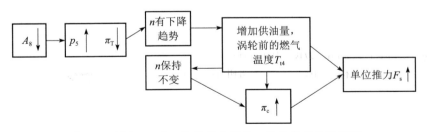

图 2.4 调小 A_{cr} 时，单转子各部件工作状态变化的框图

2.1.2 单转子发动机最大状态的三种调节规律

1. 选择转速 n 或者涡前总温 T_{t4} 作为被控参数

当发动机几何尺寸不可调时，由于只有燃油供油量作为控制量（调节中介），故只能有一个被控参数。其基本原则是：被控参数一方面应能反映发动机

推力大小、热负荷和机械负荷的情况；另一方面便于测量，有利于自动控制器的实施。被控参数一般选择转速 n 和涡前总温 T_{t4}。对于最大状态的调节规律，常选择为

$$\dot{m}_f \rightarrow n = n_{\max} = \text{const} \quad (2.16)$$

式（2.16）的含义是：当油门杆置于最大位置不动，飞行高度、飞行速度和大气条件变化时，燃油调节器自动改变供油量 $\dot{m}_f$，使发动机的物理转速保持最大值不变，即 $n = n_{\max} = \text{const}$。

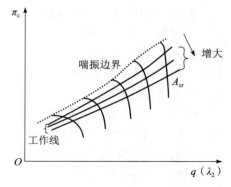

图 2.5　调大 A_{cr} 时，对单轴涡喷发动机工作线的影响

在选择式（2.16）作调节规律且给定飞行条件和大气条件时，便易计算出 T_{t2}，也可得到转速的相似参数 $n/\sqrt{T_{t2}}$，于是在由式（2.12）所决定的单转子发动机共同工作线上能够确定出发动机共同工作点的位置。

在发动机几何尺寸不可调时，选用 T_{t4} 作为被控参数，其调节规律为

$$\dot{m}_f \rightarrow T_{t4} = T_{t4\max} = \text{const} \quad (2.17)$$

式（2.17）的含义是：当油门杆置于最大位置不动，飞行高度、飞行速度和大气条件变化时，燃油调节器自动改变供油量 $\dot{m}_f$，使涡前总温 T_{t4} 保持最大值不变，即 $T_{t4} = T_{t4\max} = \text{const}$。

当选择了式（2.17）作为调节规律且给定飞行条件和大气条件时，易计算出 T_{t2}，也易得到 $T_{t4}/T_{t2} = T_{t4\max}/T_{t2}$ 值，于是在由式（2.12）所决定的单转子发动机共同工作线上可方便地确定出发动机共同工作点的位置。

这里应指出的是：对于几何尺寸不可调的单转子涡喷发动机，在推导它的共同工作线模型方程式（2.12）时并没有限制发动机采用何种调节规律，因此当分别采用式（2.16）和式（2.17）作为调节规律时，发动机的共同工作线是相同的；但是，采用不同的调节规律时，发动机共同工作点的位置是随着飞行条件的变化而有所不同，并且发动机参数的变化也不相同。图 2.6 给出了压气机三种设计增压比分别为 3、6、12 条件下单转子涡喷发动机采用 $n = \text{const}$ 的调节规律时，压气机进口的相对密流 $\bar{q}(\lambda_2)$、压气机功相对值 $\bar{L}_c$ 和压气机相对稳定裕度 $\overline{\Delta \text{SM}}$ 随相对换算速度 $\bar{n}_{cor}$ 的变化。

在物理转速 $n = \text{const}$ 的条件下，随着飞行马赫数的增加，T_{t2} 增加，相对换算速度 $\bar{n}_{cor}$ 减小，$\bar{q}(\lambda_2)$ 随着 $\bar{n}_{cor}$ 的减小而减小；但是，对于压气机设计增压比 π_{cd} 不同的单轴涡喷发动机来讲，减小的程度存在着差异。另外，通常约定：对单轴压气机，设计增压比为 10 左右的称为高增压比，设计增压比为 6 左右的称

中增压比,设计增压比为4左右的称为低增加比。因此,由图2.6(b)和(c)可以看出,对于高增压比、中增压比和低增压比,随着 $\bar{n}_{cor}$ 的减小对于 $\bar{L}_c$ 和 $\Delta\overline{SM}$ 来讲,它们的变化规律是大不相同的。$\bar{q}(\lambda_2)$、相对换算速度 $\bar{n}_{cor}$、压气机的相对功 $\bar{L}_c$ 和压气机的相对稳定裕度 $\Delta\overline{SM}$ 的定义式如下:

$$\bar{q}(\lambda_2) = \frac{q(\lambda_2)}{[q(\lambda_2)]_d} \quad (2.18)$$

$$\bar{n}_{cor} = \frac{n\sqrt{\frac{288.15}{T_{t2}}}}{\left[n\sqrt{\frac{288.15}{T_{t2}}}\right]_d} \quad (2.19)$$

$$\bar{L}_c = \frac{L_c}{L_{cd}} \quad (2.20)$$

$$\Delta\overline{SM} = \frac{\Delta SM}{(\Delta SM)_d} \quad (2.21)$$

式中:下角标"d"表示设计点的取值。

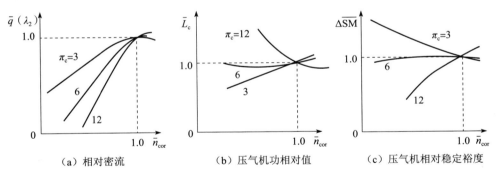

(a)相对密流 (b)压气机功相对值 (c)压气机相对稳定裕度

图 2.6 单转子涡喷发动机工作线上参数随 $\bar{n}_{cor}$ 的变化(n=const)

2. 发动机几何不可调时的组合调节规律

图2.7(a)和(b)分别给出了单转子涡喷发动机几何不可调时,针对压气机高设计增压比和低设计增压比不同情况,并根据 T_{t2} 的不同范围而采用不同的调节规律,即组合调节规律。这里着重讨论将单转子涡喷发动机涡轮前燃气温度 T_{t4} 作为被调节参数时,要使燃油自动调节器直接感受 T_{t4} 是困难的。因为涡轮前燃气温度的分布极不均匀,热电偶长期在高温下工作很容易损坏,而且热电偶测量温度时,反应较迟缓,其时间常数较大。目前,常用的是一种间接测量方法,即通过燃油自动调节器感受燃烧室内的压力 p_b,并且燃油自动调节器能够准确地根据 p_b 值的大小按一定的比例供给燃烧室燃油量 $\dot{m}_f$,可以保持涡轮前温度 T_{t4} 为

某一个数值不变。其原因如下：

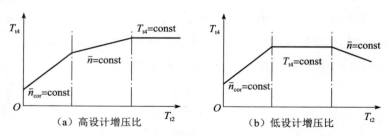

图 2.7 单轴涡喷发动机在组合调节规律下 T_{t4} 随 T_{t2} 的变化

通过涡轮第一级导向器最小截面的流量为

$$\frac{\dot{m}_a \sqrt{T_{t4}}}{p_{t4}} = K_g A_T q(\lambda_T) \tag{2.22}$$

式中：A_T 为涡轮第一级导向器最小截面的面积；λ_T 为涡轮第一级导向器最小截面处的速度系数。

在发动机最大状态时，可假设 $q(\lambda_T)=1$，并认为 p_{t4} 与燃烧室内的压力 p_b 十分接近，且成正比；另外，A_T 也为常数。于是，在这些假定条件下，式（2.22）可以改写为

$$T_{t4} = f_1\left(\frac{p_b}{\dot{m}_a}\right) \tag{2.23}$$

式（2.23）表示，从燃气通过涡轮导向器最小截面的角度上看，涡轮前燃气温度 T_{t4} 仅仅是油气比 $\dfrac{\dot{m}_f}{\dot{m}_a}$ 的函数，即

$$T_{t4} = f_2\left(\frac{\dot{m}_f}{\dot{m}_a}\right) \tag{2.24}$$

在式（2.23）和式（2.24）中共有三个变量，即 T_{t4}、$\dfrac{p_b}{\dot{m}_a}$ 和 $\dfrac{\dot{m}_f}{\dot{m}_a}$，因此燃油自动调节器能准确地根据 p_b 的大小按一定的比例供给燃烧室燃油量 $\dot{m}_f$，也就是说 $\dfrac{p_b}{\dot{m}_a}$ 与 $\dfrac{\dot{m}_f}{\dot{m}_a}$ 之间建立联系，即

$$f_3\left(\frac{p_b}{\dot{m}_a}, \frac{\dot{m}_f}{\dot{m}_a}\right) = 0 \tag{2.25}$$

于是，由式（2.23）~式（2.25）三个方程、三个变量，便能唯一确定 T_{t4}。当油门杆改变位置时，发动机将在不同的涡轮前燃气温度 T_{t4} 下工作。

由压气机流量和涡轮流量相等的条件可推出

$$\frac{1}{\pi_c} \cdot \frac{\dot{m}_a \sqrt{T_{t2}}}{p_{t2}} \cdot \sqrt{\frac{T_{t4}}{T_{t2}}} = K_g \sigma_b \sigma_t A_T q(\lambda_T) \tag{2.26}$$

式中：σ_t、A_T 分别为涡轮导向器的总压恢复系数和涡轮导向器出口的面积。

利用换算转速 n_{cor} 的定义，式（2.26）可写为

$$\frac{1}{\pi_c} \cdot \frac{\dot{m}_a \sqrt{T_{t2}}}{p_{t2}} \cdot n_{cor} = K_g \frac{n\sqrt{288.15}\sigma_b \sigma_t A_T q(\lambda_T)}{\sqrt{T_{t4}}} \tag{2.27}$$

在发动机几何不可调、涡轮导向器处于临界或超临界工作状态，并且采用 $n = n_{\max} = \text{const}$ 和 $T_{t4} = T_{t4\max} = \text{const}$ 的调节规律时，则式（2.27）等号右端项为常数，记为 C_8，即

$$C_8 \equiv K_g \sigma_b \sigma_t A_T \sqrt{288.15} \frac{n}{\sqrt{T_{t4}}} q(\lambda_T) \tag{2.28}$$

故式（2.27）可简记为

$$\frac{1}{\pi_c} \cdot \frac{\dot{m}_a \sqrt{T_{t2}}}{p_{t2}} \cdot n_{cor} = C_8 \tag{2.29}$$

或

$$\frac{1}{\pi_c} \cdot \frac{\dot{m}_a \sqrt{T_{t2}}}{p_{t2}} \cdot \bar{n}_{cor} = \frac{C_8}{\left[\frac{n\sqrt{288.15}}{\sqrt{T_{t2}}}\right]_d} = C_9 \tag{2.30}$$

式中

$$C_9 \equiv \frac{C_8}{[n_{cor}]_d} = \frac{C_8}{\left[\frac{n\sqrt{288.15}}{\sqrt{T_{t2}}}\right]_d} \tag{2.31}$$

式（2.29）和式（2.30）的等号左边只与压气机的参数相关，当发动机的设计点确定后，由式（2.29）或者式（2.30）可在原压气机特性图上得到单轴发动机的共同工作线，如图2.8所示。上述讨论发动机最大状态的调节规律时，是基于只有一个被调参数 $\dot{m}_f$ 并且发动机几何不变为前提，其调节规律为

$$\dot{m}_f \rightarrow n = n_{\max} = \text{const} \tag{2.32}$$

或

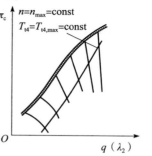

图 2.8 在 $n = n_{\max} = \text{const}$ 和 $T_{t4} = T_{t4\max} = \text{const}$ 调节规律下，压气机特性图上的共同工作线

$$\dot{m}_\mathrm{f} \to T_{t4} = T_{t4\max} = \mathrm{const} \tag{2.33}$$

这种调节规律的最大特点是调节系统简单，其缺点是有些状况下不能充分发挥发动机的潜力。下面讨论两个或三个调节量的情况。

3. 两个或三个调节量时，调节规律和共同工作线方程

1) 两个调节量时，单轴发动机的调节规律和共同工作线方程

最大状态的调节规律，最好同时保持转速 n 和涡轮前燃气温度 T_{t4} 均为最大值不变，发动机产生的推力才最大。为此，需要两个调节量，一个是供油量 $\dot{m}_\mathrm{f}$，另一个是尾喷管的临界面积 A_cr。于是，调节规律为

$$\begin{cases} \dot{m}_\mathrm{f} \to n = n_{\max} = \mathrm{const} \\ A_\mathrm{cr} \to T_{t4} = T_{t4\max} = \mathrm{const} \end{cases} \tag{2.34}$$

下面扼要推导在采取式（2.34）的调节规律下，单轴发动机的共同工作线。由压气机进口流量与涡轮导向器喉部流量平衡，便有式（2.2）成立，即

$$\pi_\mathrm{c} = C_1 \cdot q(\lambda_2) \sqrt{\frac{T_{t4}}{T_{t2}}}$$

因为 $T_{t4} = T_{t4\max} = \mathrm{const}$，于是将两个常数合并为 C_{10}，上式可写为

$$\pi_\mathrm{c} = C_{10} \frac{1}{\sqrt{T_{t2}}} q(\lambda_2) \tag{2.35}$$

式中

$$C_{10} = C_1 \cdot \sqrt{T_{t4}} \tag{2.36}$$

在飞行条件改变时，要维持物理转速 n 不变，必须要满足压气机功 L_c 和涡轮功 L_T 相等，即

$$L_\mathrm{c} = L_\mathrm{T} = c_{pg} T_{t4} \left(1 - \frac{1}{e_\mathrm{T}}\right) \eta_\mathrm{T} \tag{2.37}$$

因为随着飞行条件的变化，压气机功 L_c 是变化的，所以涡轮功 L_T 也必须跟随 L_c 变化而变化。改变 L_T 有两条途径：一个是改变 T_{t4}，不符合这里采用的调节规律的要求；另一个是改变 π_T，在 $T_{t4} = \mathrm{const}$ 的情况下只有改变涡轮落压比 π_T 才能保持式（2.37）的成立。由通过涡轮导向器流量与尾喷管流量相等，可推出

$$\pi_\mathrm{T} = \left[\frac{A_\mathrm{cr} \sigma_\mathrm{cr} q(\lambda_\mathrm{cr})}{A_\mathrm{nb} \sigma_\mathrm{nb} q(\lambda_\mathrm{nb})}\right]^{\frac{2\gamma_\mathrm{T}}{\gamma_\mathrm{T}+1}} \tag{2.38}$$

式中：A_nb、A_cr 分别为涡轮导向器喉部面积和尾喷管喉部面积。

当涡轮导向器和尾喷管喉部截面都处于临界或者超临界状态，并假定 γ_T、σ_cr、σ_nb 为常数且 A_nb 不变时，式（2.38）可写为

$$\pi_\mathrm{T} = C_{11} (A_\mathrm{cr})^{\frac{2\gamma_\mathrm{T}}{\gamma_\mathrm{T}+1}} \tag{2.39}$$

式中

$$C_{11} = \left[\frac{\sigma_{cr} q(\lambda_{cr})}{A_{nb} \sigma_{nb} q(\lambda_{nb})}\right]^{\frac{2\gamma_T}{\gamma_T+1}} = \left[\frac{\sigma_{cr}}{A_{nb} \sigma_{nb}}\right]^{\frac{2\gamma_T}{\gamma_T+1}} \quad (2.40)$$

式（2.39）表明，在上述假设条件下，通过调整 A_{cr} 可以改变落压比 π_T 的值。对于高设计增压比的单轴涡喷发动机，当 T_{t2} 的增加，使 n_{cor} 下降时，由图2.6可知，压气机功 L_c 增加，实现式（2.34）的调节律，只有使 A_{cr} 变大，才能使 π_T 增加，并使涡轮功 L_T 增加。对于低设计增压比的单轴涡喷发动机，当 T_{t2} 增加时，由图2.6可知，L_c 减小，只有使 A_{cr} 变小时，才能减小 π_T，使得涡轮功 L_T 减小。

又因为 $n = n_{max} = \text{const}$，于是 n 与式（2.35）中的 C_{10} 归并得 C_{12}，式（2.35）可写为

$$\pi_c = C_{12} \frac{n}{\sqrt{T_{t2}}} q(\lambda_2) \quad (2.41)$$

式中

$$C_{12} = \frac{C_{10}}{n} \quad (2.42)$$

同理，仿照式（2.30）的推导过程，引入常数 C_{13}，于是式（2.41）可写为

$$\pi_c = C_{13} \bar{n}_{cor} q(\lambda_2) \quad (2.43)$$

为节约本节篇幅，这里常数 C_{13} 的表达式不再给出。

式（2.43）就是在式（2.34）给定的调节规律下，单轴涡喷发动机的共同工作线方程（如图2.9中的 $abde$ 线所示），它同时满足了压气机和涡轮的流量平衡和功平衡。

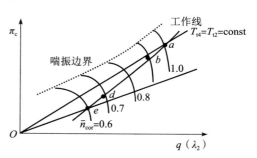

图 2.9 在式（2.34）给出的调节规律下，单轴涡喷发动机的共同工作线

2）三个调节量时，单轴发动机的调节规律和共同工作线方程

式（2.34）所给定的调节规律能够使得飞机在任何飞行条件下发动机可以产生最大可能的推力。但是，对于高设计增压比的单轴涡喷发动机，其共同工作线的走向比较平缓，当 T_{t2} 较高，使得 n_{cor} 较小时，共同工作点接近压气机的喘振边界，难以满足飞行中对发动机稳定工作裕度的要求。如果尾喷管临界面积和涡轮导向器的临界面积都可调，再加上供油量共三个被控参数，使得可调规律为

$$\begin{cases} \dot{m}_f \rightarrow n = n_{max} = \text{const} \\ A_{cr} \rightarrow T_{t4} = T_{t4max} = \text{const} \\ A_{nb} \rightarrow \Delta SM = \text{const} \end{cases} \quad (2.44)$$

式（2.44）的调节规律表示：当油门杆置于最大状态位置不变，而飞行条件变化时，通过调节发动机燃油调节器供油量 $\dot{m}_f$，以保持物理转速 n 为最大值不变；通过调节尾喷管临界截面积 A_{cr}，以保持涡轮前总温 T_{t4} 最大值不变；通过调节涡轮导向器临界面积 A_{nb}，以保持压气机的稳定裕度 ΔSM 为常数不变。

首先，由压气机进口和涡轮导向器出口的流量平衡，在假定 $q(\lambda_{nb})=1.0$，$T_{t4}=T_{t4max}=\text{const}$，以及 σ_b、σ_{nb}、A_2 为常数的情况下，可以推出

$$A_{nb} = C_{14} \cdot \frac{q(\lambda_2)}{\pi_c \sqrt{T_{t2}}} \tag{2.45}$$

或

$$A_{nb} = C_{15} \cdot \frac{q(\lambda_2)}{\pi_c} \bar{n}_{cor} \tag{2.46}$$

式中：C_{14}、C_{15} 均为常数。

采用式（2.44）的调节规律时，单轴发动机的共同工作线可用如下三个步骤获得：

（1）计算设计点上的 ΔSM 值。由稳定裕度的定义：

$$\Delta SM \equiv \left[\frac{(\pi_c/q(\lambda_2))_s}{(\pi_c/q(\lambda_2))_o} - 1\right] \times 100\% \tag{2.47}$$

式中：$(\cdot)_s$ 和 $(\cdot)_o$ 分别表示同一条 $\bar{n}_{cor}$ 线上的喘振点和发动机共同工作点的压气机增压比与压气机进口相对密流的比值。由式（2.47）计算出设计点上的 ΔSM 值。

（2）任意选取一条 $\bar{n}_{cor}=\text{const}$ 线，在此曲线上的共同工作点应该具有与设计点同样的稳定裕度 ΔSM。从压气机特性图上查出喘振边界上的 $(\pi_c/q(\lambda_2))_s$ 值，然后由式（2.47）求出共同工作点的 $(\pi_c/q(\lambda_2))_o$ 值，便获得该相对换算转速 $\bar{n}_{cor}$ 下的工作点。

（3）连接各个 $\bar{n}_{cor}=\text{const}$ 线上的工作点，得到单轴涡喷发动机的共同工作线。

当飞行条件变化，使得 $\bar{n}_{cor}$ 变化时，发动机的共同工作点将在共同工作线上移动。这时涡轮导向器临界截面面积 A_{nb} 由自动调节系统调节变化。在给定了 $\bar{n}_{cor}$ 之后，$\bar{n}_{cor}=\text{const}$ 的曲线与共同工作线的交点就是该飞行条件下的共同工作点，因此，式（2.46）等号右边的 π_c 和 $q(\lambda_2)$ 便可查到，而式中的 C_{15} 可由设计点的 A_{nb}、$\bar{n}_{cor}$ 和 $q(\lambda_2)$ 计算获得。至此，便获得了借助于式（2.46）$\bar{n}_{cor}$ 值下的 A_{nb} 值。

采用式（2.44）的调节规律，它可以保证压气机的稳定裕度不变，但是需要调节涡轮导向器的临界截面面积，而且要对高温工作时的涡轮导向器进行调节，这不是一件容易的事。因此，为保证低换算转速下的稳定裕度问题，常采用可调

压气机导叶、可调静子叶片以及采用组合调节规律等措施,对此本节不再赘述。

2.1.3 单转子发动机巡航状态的调节规律

与最大状态调节规律的目的不同,在发动机的巡航状态时,总是希望在给定的飞行条件下发动机有尽可能小的单位燃油消耗率(耗油率),而且在寿命期内连续使用的时间不限。首先讨论在给定某一个飞行条件下,如何得到最经济的巡航工作线。在给定了飞行条件(马赫数 Ma_0,飞行高度 H)、转速 n 和几何不变(A_{cr}=const)后,就可以得到发动机的共同工作点;由共同工作点,便可计算出供油量 $\dot{m}_f$ 等参数。另外,给定飞行条件(Ma_0,H)以及给定 $\dot{m}_f$ 和尾喷管临界面积 A_{cr} 后,也同样可以得到发动机的共同工作点,并且由此计算出相应的转速 n 和推力 F 等参数。给定飞行条件(Ma_0,H)、某一个不变的供油量($\dot{m}_f$=const)以及一系列不同尾喷管临界面积 A_{cr} 等参数,可获得一条给定某一个不变供油量的发动机推力 F 与转速 n 的变化曲线,如图 2.10(a)所示。同理,当给定不同的不变供油量时,可得到相应类似的曲线。由图 2.10(a)可以看到,当取定一条 $\dot{m}_f$=const 线(如等 $\dot{m}_{f1}$ 线)时,推力 F 随着转速 n 在变化着,在某个转速 n 值时推力 F 最大,即耗油率最低(图 2.10(a)中等 $\dot{m}_{f1}$ 线的 b 点)。如果取不同的等 $\dot{m}_f$ 线,并将这些线上的耗油率最低点连接起来,就得到了发动机最小耗油率的工作线(又称为最经济巡航曲线),如图 2.10(a)所示的 $abcef$ 线。另外,沿着最经济巡航工作线又可得到 $\dot{m}_f$、A_{cr} 和 T_{t4} 随转速 n 的变化曲线,如图 2.10(b)所示。

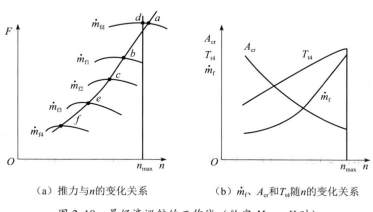

(a)推力与 n 的变化关系 (b)$\dot{m}_f$、A_{cr} 和 T_{t4} 随 n 的变化关系

图 2.10 最经济巡航的工作线(给定 Ma_0、H 时)

这里强调指出:对于某一飞行条件下的最经济巡航工作线,在其他飞行条件下,一般不一定是最佳(耗油率最小)状态。要获得在任意飞行条件下都是最佳巡航状态,就必须使巡航时的调节规律随着飞行条件变化。显然,要实现这样的调节规律是非常复杂的。

为了简化调节系统,单轴涡喷发动机通常采用如下巡航状态调节规律:

$$\begin{cases} \dot{m}_f \rightarrow n = \text{const} \\ A_{cr} = \text{const} \end{cases} \quad (2.48)$$

这就是说，巡航飞行时，将油门杆固定在巡航工作状态位置，发动机转速一般小于最大状态的转速，通过调节燃油供油量控制该转速不变，而尾喷管最小截面面积不调节。另外，为了方便调节，也可以采用尾喷管截面 A_{cr} 分级可调的办法。这样，可通过操纵机构改变转速的同时改变尾喷管截面的面积 A_{cr}，而不需要专门的尾喷管最小截面调节器；同时，又能使发动机在接近最经济的巡航状态下工作。

2.1.4 单转子发动机加力状态的四种调节规律

加力状态主要用于紧急起飞、爬升、突破声障以及超声速飞行与作战等。发动机从最大状态过渡到加力状态时，希望加力燃烧室之前的参数及发动机的转速仍然保持着最大状态不变，以便在最大推力的基础上进一步增加推力。为此，在接通加力时需相应地放大尾喷管最小截面面积，以保证涡轮落压比 π_T 不变，并且使得涡轮与压气机的共同工作线不受影响。

为了简化下面的讨论，在建立涡轮导向器临界截面和尾喷管临界截面的流量平衡时，忽略了这两个截面之间的加力燃烧室的供油量 $\dot{m}_{f,ab}$，于是两个截面处的流量平衡方程为

不加力时 $\quad A_{nb}\sigma_{nb}\dfrac{p_{t4}}{\sqrt{T_{t4}}}q(\lambda_{nb}) = A_b \sigma_{ab} \sigma_e \dfrac{p_{t5}}{\sqrt{T_{t5}}}q(\lambda_8) \quad (2.49)$

加力时 $\quad A_{nb}\sigma_{nb}\dfrac{p_{t4}}{\sqrt{T_{t4}}}q(\lambda_{nb}) = A_{8ab} \sigma_{ab} \sigma_e \dfrac{p_{t5}}{\sqrt{T_{tab}}}q(\lambda_8) \quad (2.50)$

式中：A_{nb}、A_{8ab} 和 A_8 分别为涡轮导向器的临界截面面积、加力以及不加力时尾喷管的临界截面面积；σ_{nb}、σ_{ab} 和 σ_e 分别为涡轮导向器、加力燃烧室和尾喷管的总压恢复系数，并且假定它们为常数。

如果加力和不加力时加力燃烧室之前的参数都不变，那么式（2.49）与式（2.50）两式等号左边应相同，因此有

$$\dfrac{A_{8ab}}{A_8} = \sqrt{\dfrac{T_{tab}}{T_{t5}}} \quad (2.51)$$

式（2.51）表明，接通加力后，尾喷管进口的总温由 T_{t5} 提高到 T_{tab}，而且燃气的比热容增加，尾喷管最小截面面积由 A_8 放大到 A_{8ab}，这是加力状态一个重要的物理与几何结构上的特点。

加力状态常用的四种调节规律如下：

（1）当发动机几何不可调（$A_{8ab} = \text{const}$）时，调节规律为

$$\begin{cases} \dot{m}_f \rightarrow n = n_{max} = \text{const} \\ \dot{m}_{fab} \rightarrow \pi_T = \text{const} \end{cases} \quad (2.52)$$

第 2 章　发动机主要部件共同工作的模型方程分析

上述调节常称为涡轮落压比 $\pi_T = \text{const}$ 的调节规律。式（2.52）所表达的调节过程是：在发动机几何尺寸不变的情况下，当飞行条件（Ma_0，H）变化时，发动机的控制系统通过调节对主燃烧室的供油量 $\dot{m}_f$ 控制转速保持最大值不变；通过调节对加力燃烧室的供油量 $\dot{m}_{fab}$，控制涡轮落压比 $\pi_T = \text{const}$。

这种调节规律的最大特点有两点：

① 加力时，涡轮落压比 $\pi_T = \text{const}$，并且发动机（压气机—涡轮）的共同工作线不变。

② 加力温度 T_{tab} 随着飞行条件的变化而变化。其原因说明如下：

由压气机功与涡轮功相等，可得

$$L_c = L_T = c_{pg} T_{t4} \left(1 - \frac{1}{e_T}\right) \eta_T \tag{2.53}$$

式中：$\pi_T = \text{const}$；涡轮效率 η_T 近似认为不变。

于是，由式（2.53）可推出

$$\frac{L_c}{T_{t4}} = \text{const} \tag{2.54}$$

式（2.54）表明，在式（2.52）所给定的调节规律下，涡轮前总温 T_{t4} 与压气机功 L_c 成正比。随着飞行条件的变化，压气机功 L_c 在变化，因此涡轮前总温 T_{t4} 也在变化。另外，由于涡轮落压比 π_T 和涡轮效率 η_T 都为常数，因此涡轮出口与进口的总温比不变，即

$$\frac{T_{t5}}{T_{t4}} = \text{const} \tag{2.55}$$

又由于 A_{8ab} 不变，由式（2.51）可得

$$\frac{T_{tab}}{T_{t5}} = \text{const} \tag{2.56}$$

由式（2.55）和式（2.56）可得

$$\frac{T_{tab}}{T_{t4}} = \text{const} \tag{2.57}$$

式（2.57）表明，随着飞行条件的变化，T_{t4} 在变化，T_{tab} 也相应地在变化。

（2）当发动机几何不可调（$A_{8ab} = \text{const}$）时，调节规律为

$$\begin{cases} \dot{m}_f \rightarrow n = n_{\max} = \text{const} \\ \dot{m}_{fab} \rightarrow \pi_T = \text{const}, \quad \alpha > 1.12 \\ \dot{m}_{fab} \rightarrow \dfrac{\dot{m}_{fab}}{p_{t3}} = \text{const}, \quad \alpha \leq 1.12 \end{cases} \tag{2.58}$$

式中：α 为加力燃烧室的余气系数；p_{t3} 为主燃烧室进口截面的总压。

式（2.58）所表达的调节过程是：在发动机几何尺寸不变的情况下，采用对主燃烧室供油量 $\dot{m}_f$ 去控制发动机转速保持最大值不变；当加力燃烧室的余气系数 $\alpha > 1.12$ 时，通过对加力燃烧室供油量 $\dot{m}_f$ 去控制涡轮落压比 π_T 为常数；当加力燃烧室的余气系数 $\alpha \leqslant 1.12$ 时，通过 $\dot{m}_f$ 去控制 $\dot{m}_{fab}/p_{t3}$ 为常数。显然，这里最后一种调节方式会导致飞行条件变化时涡轮落压比 π_T 的变化，因此这时主发动机（压气机与涡轮的）共同工作线将受到加力的影响。这是式（2.58）组合调节规律带来的新问题。

（3）在加力时尾喷管临界截面积 A_{8ab} 可调的情况下，采用 $T_{tab} = \text{const}$ 的调节规律为

$$\begin{cases} \dot{m}_f \rightarrow n = n_{\max} = \text{const} \\ A_{8ab} \rightarrow T_{t4} = T_{t4,\max} = \text{const} \\ \dot{m}_{fab} \rightarrow T_{tab} = \text{const} \end{cases} \quad (2.59)$$

式（2.59）给出的调节规律具有如下三个特点：

①由于加力燃烧室之前的涡轮与压气机的共同工作始终在 $n = n_{\max} = \text{const}$ 和 $T_{t4} = T_{t4,\max} = \text{const}$ 的调节规律控制下，因此发动机的共同工作线不受加力的影响。

②压气机与涡轮的功平衡，即

$$L_c = L_T = c_{pg} T_{t4} \left(1 - \frac{1}{e_T}\right) \eta_T$$

由于 $T_{t4} = \text{const}$，因此由上式可知，L_c 随着 π_T 变化。又由于随着飞行条件的变化，压气机的功 L_c 变化，因此在式（2.59）的调节规律下，涡轮落压比 π_T 也必然变化。

③由于这里采用了 $T_{tab} = \text{const}$ 的调节规律，因此使得加力燃烧室不能充分地增大推力。其原因说明如下：

令 q_Σ 代表主燃烧室和加力燃烧室加给 1 kg 工质的热量总和，并且 q_Σ 与温度差 $T_{tab} - T_{t2}$ 成正比，即

$$q_\Sigma = \text{const} \cdot (T_{tab} - T_{t2}) \quad (2.60)$$

令 α_Σ 为总的余气系数，它与发动机总的加热量 q_Σ 的关系为

$$\alpha_\Sigma \equiv \frac{H_u}{q_\Sigma L_0} = \frac{\text{const}}{T_{tab} - T_{t2}} \quad (2.61)$$

式中：H_u、L_0 分别为燃油低热值和 1 kg 燃油完全燃烧所需的理论空气流量；T_{tab}、T_{t2} 分别为加力燃烧室出口总温和压气机进口总温。

由式（2.61）可以看出，当飞行马赫数 Ma_0 增加时，T_{t2} 增加，α_Σ 也增加。总余气系数 α_Σ 增加，意味着加力燃烧室内的油气比减少，加力温度没有达到其最大可能值，使得加力燃烧室增大推力的潜力无法充分发挥，也正是基于这一考虑，带

加力燃烧室的发动机控制也可以采用下面将要讨论的 $\alpha_\Sigma = \text{const}$ 的调节规律。

（4）在加力时 A_{8ab} 可调的情况下，采用的调节规律为

$$\begin{cases} \dot{m}_f \rightarrow n = n_{\max} = \text{const} \\ A_{8ab} \rightarrow T_{t4} = T_{t4,\max} = \text{const} \\ \dot{m}_{fab} \rightarrow \alpha_\Sigma = \text{const} \end{cases} \quad (2.62)$$

式（2.62）所表达的调节过程是：采用对主燃烧室供油量 $\dot{m}_f$ 去控制发动机转速保持最大值不变；利用尾喷管临界截面面积 A_{8ab} 去控制涡轮前总温 T_{t4} 保持其最大值不变；用加力燃烧室的供油量 $\dot{m}_{fab}$ 去控制发动机的总余气系数 $\alpha_\Sigma = \text{const}$ 的调节规律。

式（2.62）所给出的调节规律主要特点有两个：①发动机加力时，主发动机的工作状态不受加力的影响；②在任何飞行条件下都可获得最大的加力推力。式（2.62）所给出的调节规律，要实现 $\alpha_\Sigma = \text{const}$ 的调节规律，必须要有测量总余气系数 α_Σ 的传感器。由于加力燃烧室中燃油分布很不均匀，因此要准确地测量 α_Σ 值是困难的。另外，在实际飞行中通常也不进行发动机空气流量的测量，所以难以实现对总余气系数 α_Σ 的直接控制。在现实中，多通过对某组合参数去间接地实现对总余气系数 α_Σ 的调节与控制。

2.2 双转子共同工作线的模型方程及最大状态的几种调节规律

2.2.1 高压转子共同工作线的模型方程

1. 高压压气机与高压涡轮的流量连续

由高压压气机进口与高压涡轮导向器喉道截面质量连续可得

$$\dot{m}_{a2.5} - \dot{m}_{cal} + \dot{m}_f = \dot{m}_{gnb,H} \quad (2.63)$$

式中：$\dot{m}_{a2.5}$、$\dot{m}_{gnb,H}$ 分别为高压压气机进口的空气质量流量和通过高压涡轮导向器喉部截面的燃气质量流量；$\dot{m}_{cal}$、$\dot{m}_f$ 分别为高压涡轮冷却的空气的质量流量和燃油的质量流量。

由于 $\dot{m}_{cal}$ 和 $\dot{m}_f$ 为相对小量，因此为简化起见，忽略不计，这对讨论发动机的共同工作概念没有影响。于是，式（2.63）可以近似为

$$\dot{m}_{a2.5} = \dot{m}_{gnb,H} \quad (2.64)$$

式中

$$\dot{m}_{a2.5} = KA_{2.5} \frac{p_{t2.5}}{\sqrt{T_{t2.5}}} q(\lambda_{2.5}) \quad (2.65)$$

$$\dot{m}_{gnb,H} = K_g A_{nb,H} \frac{p_{t4} \sigma_{nb,H}}{\sqrt{T_{t4}}} q(\lambda_{nb,H}) \quad (2.66)$$

式中：$A_{nb,H}$ 为高压涡轮导向器喉道截面面积。

注意到 $p_{t4}=p_{t3}\sigma_b$，$\pi_{c,H}=\dfrac{p_{t3}}{p_{t2.5}}$，高压涡轮导向器通常处于临界或者超临界状态，即 $q(\lambda_{nb,H})=1$，并且令

$$C_{16}\equiv\frac{1}{K_g A_{nb,H}\sigma_b\sigma_{nb,H}} \tag{2.67}$$

于是，式（2.64）可整理为

$$\pi_{c,H}=C_{16}\sqrt{\frac{T_{t4}}{T_{t2.5}}}\frac{\dot{m}_{a2.5}\sqrt{T_{t2.5}}}{p_{t2.5}} \tag{2.68}$$

令

$$\theta_{2.5}\equiv\frac{T_{t2.5}}{288.15},\quad \delta_{2.5}\equiv\frac{p_{t2.5}}{101325} \tag{2.69}$$

$$C_{17}\equiv\frac{C_{16}\sqrt{288.15}}{101325},\quad \dot{m}_{a2.5,cor}\equiv\frac{\dot{m}_{a2.5}\sqrt{\theta_{2.5}}}{\delta_{2.5}} \tag{2.70}$$

则式（2.68）可改写为

$$\pi_{c,H}=C_{17}\frac{\dot{m}_{a2.5}\sqrt{\theta_{2.5}}}{\delta_{2.5}}\sqrt{\frac{T_{t4}}{T_{t2.5}}}=C_{17}\dot{m}_{a2.5,cor}\sqrt{\frac{T_{t4}}{T_{t2.5}}} \tag{2.71}$$

图 2.11 给出了等 $\dfrac{T_{t4}}{T_{t2.5}}$ 值线在高压压气机特性线上的表示。

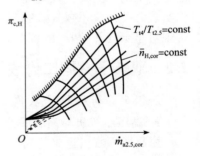

图 2.11 等 $\dfrac{T_{t4}}{T_{t2.5}}$ 值线在高压压气机特性线上的表示

2. 高压涡轮与高压压气机的功率平衡

在稳定工作时，高压涡轮与高压压气机满足功平衡的条件，当省略了空气与燃气质量流量的差别时，高压压气机与高压涡轮的功平衡方程为

$$L_{c,H}=L_{T,H}\eta_{m,H}=c_{pg}T_{t4}\left(1-\frac{1}{e_{T,H}}\right)\eta_{m,H}\eta_{T,H} \tag{2.72}$$

或

$$c_p T_{t2.5}\left(\frac{e_{c,H}-1}{\eta_{c,H}}\right)=c_{pg}T_{t4}\left(1-\frac{1}{e_{T,H}}\right)\eta_{m,H}\eta_{T,H} \tag{2.73}$$

或

$$\frac{T_{t4}}{T_{t2.5}}=C_{18}\frac{e_{c,H}-1}{\eta_{c,H}} \tag{2.74}$$

式中

第 2 章　发动机主要部件共同工作的模型方程分析

$$e_{T,H} \equiv (\pi_{T,H})^{\frac{\gamma_g-1}{\gamma_g}}, e_{c,H} \equiv (\pi_c)^{\frac{\gamma-1}{\gamma}} \tag{2.75}$$

$$C_{18} \equiv \frac{c_p}{c_{pg}\left(1-\dfrac{1}{e_{T,H}}\right)\eta_{T,H}} \tag{2.76}$$

在假定高压涡轮第一级导向器与低压涡轮第一级导向器喉部均处于临界或超临界状态时，由高压涡轮导向器喉部截面与低压涡轮导向器喉部截面的流量连续可得

$$K_g A_{nb,H} \frac{p_{t4}\sigma_{nb,H}}{\sqrt{T_{t4}}} q(\lambda_{nb,H}) = K_g A_{nb,L} \frac{p_{t4.5}\sigma_{nb,L}}{\sqrt{T_{t4.5}}} q(\lambda_{nb,L}) \tag{2.77}$$

取涡轮膨胀过程的多变指数为 n_T，于是有

$$\frac{T_{t4.5}}{T_{t4}} = \left(\frac{p_{t4.5}}{p_{t4}}\right)^{\frac{n_T-1}{n_T}} \tag{2.78}$$

由式（2.77）与式（2.78）中消去 $\dfrac{T_{t4.5}}{T_{t4}}$，可得

$$\pi_{T,H} \equiv \frac{p_{t4}}{p_{t4.5}} = C_{19} \tag{2.79}$$

式中

$$C_{19} \equiv \left[\frac{A_{nb,L}\sigma_{nb,L}q(\lambda_{nb,L})}{A_{nb,H}\sigma_{nb,H}q(\lambda_{nb,H})}\right]^{\frac{2n_T}{n_T+1}} \tag{2.80}$$

对于发动机几何固定，高、低压涡轮导向器喉道面积 $A_{nb,H}$ 和 $A_{nb,L}$ 分别为常数；高低压涡轮导向器叶栅通道的总压恢复系数 $\sigma_{nb,H}$ 和 $\sigma_{nb,L}$ 可近似视为常数，如果高低压第一级涡轮导向器分别处于临界或者超临界状态，则 $q(\lambda_{nb,H}) = q(\lambda_{nb,L}) = 1$，于是式（2.79）中等号左端的 C_{19} 为常数。在上述各条件下，高压涡轮的落压比 $\pi_{T,H}$ 为常数。

如果高压涡轮的效率 $\eta_{T,H}$ 也近似视为常数，则式（2.76）中的 C_{18} 也为常数。

3. 高压转子的共同工作线方程

将式（2.71）和式（2.74）合并，消去总温比 $\dfrac{T_{t4}}{T_{t2.5}}$，可得

$$\frac{\dot{m}_{a2.5,cor}}{\pi_{c,H}} \sqrt{\frac{e_{c,H}-1}{\eta_{c,H}}} = C_{20} \tag{2.81}$$

式中

$$C_{20} \equiv \frac{101325 K_g \sigma_b \sigma_{nb,H} A_{nb,H}}{\sqrt{288.15} K A_{2.5}} \sqrt{\frac{c_{pg}}{c_p}\left(1-\frac{1}{e_{T,H}}\right)\eta_{m,H}\eta_{T,H}} \tag{2.82}$$

式 (2.81) 就是高压转子共同工作线的模型方程，又被称为高压涡轮落压比 $\pi_{T,H}$ 为常数时高压转子共同工作线的模型方程。图 2.12 给出了高压转子在高压压气机的特性图上绘制的共同工作线，即 $dABCDE$ 线。这里应说明的是，在上述求高压转子的共同工作线时，并没有涉及发动机的被调节参数与调节规律。事实上，随着发动机使用条件的变化，不同的调节规律仅仅是影响共同工作点在发动机高压转子工作线上落点与移动情况的不同。对于发动机几何不可调时，共同工作线在高压压气机特性图上的位置是不变的，只有当尾喷管最小截面

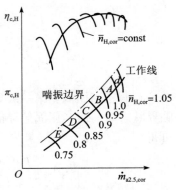

图 2.12　高压转子共同工作线

$A_8(A_{cr})$ 变大或变小，高压涡轮导向器喉道面积 $A_{nb,H}$ 变大或变小，以及低压涡轮导向器喉道面积变大或变小时，高压转子的共同工作线的位置才发生变化。

2.2.2　低压转子共同工作线的模型方程及确定方法

1. 低压压气机与低压涡轮流量的连续

当忽略了主燃烧室燃油流量和涡轮冷却气量时，低压压气机进口截面的空气流量与高压涡轮导向器喉部界面处的燃气流量近似相等，即

$$\dot{m}_{a2} \approx \dot{m}_{gnb,H} \tag{2.83}$$

令

$$\theta_2 \equiv \frac{T_{t2}}{288.15}, \quad \delta_2 \equiv \frac{p_{t2}}{101325} \tag{2.84}$$

并注意

$$\frac{p_{t4}}{p_{t2}} = \frac{p_{t4}}{p_{t3}} \frac{p_{t3}}{p_{t2.5}} \frac{p_{t2.5}}{p_{t2}} = \sigma_b \pi_{c,H} \pi_{c,L} \tag{2.85}$$

另外，如果高压涡轮导向器处于临界或超临界工作状态 ($q(\lambda_{nb,H}) = 1$)，那么通过式 (2.84) 和式 (2.85) 可将式 (2.83) 整理为

$$\pi_{c,L} \pi_{c,H} = C_{21} \dot{m}_{a2,cor} \sqrt{\frac{T_{t4}}{T_{t2}}} \tag{2.86}$$

式中

$$C_{21} = \frac{\sqrt{288.15}}{101325 K_g A_{nb,H} \sigma_b \sigma_{nb,H}} \tag{2.87}$$

2. 低压转子的功率平衡及其共同工作线模型方程的推导

由低压压气机与低压涡轮的功率平衡可得

$$\dot{m}_{a2} L_{c,L} = \dot{m}_{g4.5} L_{T,L} \eta_{m,L} \tag{2.88}$$

第 2 章 发动机主要部件共同工作的模型方程分析

在忽略了主燃烧室的燃油流量与涡轮冷却器气以后,式(2.88)可以整理为

$$\frac{T_{t4.5}}{T_{t2}} = \frac{c_p(e_{c,L}-1)}{c_{pg}\left(1-\dfrac{1}{e_{T,L}}\right)\eta_{m,L}\eta_{c,L}\eta_{T,L}} \tag{2.89}$$

此外,高压涡轮进口气流的总温 T_{t4} 和低压涡轮进口气流的总温 $T_{t4.5}$ 存在如下关系:

$$T_{t4.5} = T_{t4}\left[1-\left(1-\frac{1}{e_{T,H}}\right)\eta_{T,H}\right] \tag{2.90}$$

由式(2.89)和式(2.90)消去 $T_{t4.5}$,可得

$$\frac{T_{t4}}{T_{t2}} = \frac{c_p(e_{c,L}-1)}{c_{pg}\left[1-\left(1-\dfrac{1}{e_{T,H}}\right)\eta_{T,H}\right]\left(1-\dfrac{1}{e_{T,L}}\right)\eta_{m,L}\eta_{c,L}\eta_{T,L}} \tag{2.91}$$

由式(2.86)和式(2.91)消去 $\dfrac{T_{t4}}{T_{t2}}$,可得

$$\frac{\dot{m}_{a2,\text{cor}}}{\pi_{c,L}\pi_{c,H}}\sqrt{\frac{e_{c,L}-1}{\eta_{c,L}}} = C_{22} \tag{2.92}$$

式中

$$C_{22} = \frac{1}{C_{21}}\sqrt{\frac{c_{pg}}{c_p}\left[1-\left(1-\frac{1}{e_{T,H}}\right)\eta_{T,H}\right]\left(1-\frac{1}{e_{T,L}}\right)\eta_{m,L}\eta_{T,L}} \tag{2.93}$$

对于式(2.93)含在 $e_{T,L}$ 中的 $\pi_{T,L}$,可以通过低压涡轮导向器喉部截面与尾喷管喉部截面处的流量连续的关系式,在假定 $\dot{m}_{gnb,L} \approx \dot{m}_{g8}$ 的条件下导出

$$\pi_{T,L} = \left[\frac{\sigma_e A_8 q(\lambda_8)}{\sigma_{nb,L}A_{nb,L}q(\lambda_{nb,L})}\right]^{\frac{2n_T}{n_T+1}} \tag{2.94}$$

式中:n_T 为低压涡轮膨胀过程中的多变指数。

式(2.94)表明,当双转子涡喷发动机的几何不可调,并且低压涡轮进口导向器喉部与尾喷管喉部均处在临界或超临界状态($\lambda_8=1$,$\lambda_{nb,L}=1$),而且忽略 σ_e 与 $\sigma_{nb,L}$ 的变化时,低压涡轮的落压比 $\pi_{T,L}$ 近似保持不变。换句话说,在上述的假定条件下,有下式成立:

$$\pi_{T,L} = C_{23} \tag{2.95}$$

式中

$$C_{23} = \left(\frac{\sigma_e A_8}{\sigma_{nb,L}A_{nb,L}}\right)^{\frac{2n_T}{n_T+1}} \tag{2.96}$$

在上述假设的条件下,C_{23} 为常数。

综上所述，对于几何尺寸不可调的双转子发动机的低压转子，式（2.92）就是它的共同工作线模型方程。它与高压转子的共同工作线模型方程相比，在式（2.92）中除了含有低压压气机的参数之外，还含有高压转子共同工作线上的参数 $\pi_{\mathrm{C,H}}$。这是低压转子共同工作线模型方程的一个重要特点。

3. 低压转子共同工作线的确定方法

发动机低压转子共同工作线的确定主要步骤如下：

（1）利用式（2.92）的左端项以及发动机低压压气机与高压压气机的设计点参数，计算出 C_{22} 的值：

$$C_{22} = \left(\frac{\dot{m}_{\mathrm{a2,cor}}}{\pi_{\mathrm{c,L}} \pi_{\mathrm{c,H}}} \sqrt{\frac{e_{\mathrm{c,L}} - 1}{\eta_{\mathrm{c,L}}}} \right)_{\mathrm{d}} \quad (2.97)$$

（2）在低压压气机的特征线上，任选一条等 $\bar{n}_{\mathrm{L,cor}}$ 直线。

（3）在所选的等 $\bar{n}_{\mathrm{L,cor}}$ 直线上任取一点 A，并由图 2.13（a）上查出 A 点所对应的 $\dot{m}_{\mathrm{a2,cor}}$、$\pi_{\mathrm{c,L}}$ 和 $\eta_{\mathrm{c,L}}$ 值。

（4）由于高、低压压气机流量连续，因此 $\dot{m}_{\mathrm{a2}} = \dot{m}_{\mathrm{a2.5}}$，并做如下恒等变形：

$$\dot{m}_{\mathrm{a2.5,cor}} \equiv \frac{\dot{m}_{\mathrm{a2.5}} \sqrt{\frac{T_{\mathrm{t}}}{288.15}}}{\frac{p_{\mathrm{t}}}{101325}} = \frac{\dot{m}_{\mathrm{a2}} \sqrt{\frac{T_{\mathrm{t2}}}{288.15}}}{\frac{p_{\mathrm{t2}}}{101325}} \cdot \frac{\sqrt{T_{\mathrm{t2.5}}}}{\sqrt{T_{\mathrm{t2}}}} \cdot \frac{p_{\mathrm{t2}}}{p_{\mathrm{t2.5}}}$$

$$= \dot{m}_{\mathrm{a2.5,cor}} \cdot \frac{1}{\pi_{\mathrm{c,L}}} \sqrt{1 + \frac{e_{\mathrm{c,L}} - 1}{\eta_{\mathrm{c,L}}}} \quad (2.98)$$

（5）按照由式（2.98）计算得到的 $\dot{m}_{\mathrm{a2.5,cor}}$，从已有的高压压气机共同工作线上得到点 A'，如图 2.13（b）所示。查出 A' 点所对应的 $\pi_{\mathrm{c,H}}$ 与 $\eta_{\mathrm{c,H}}$ 值。将点 A 与点 A' 的相关参数值代入式（2.92）的左端项后得到的值记作 $(C_{22})_A$。

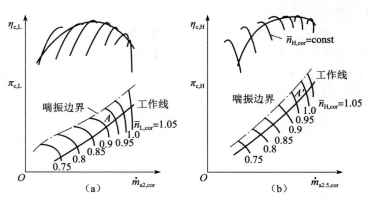

图 2.13　高、低压压气机特性图上的共同工作线

第2章 发动机主要部件共同工作的模型方程分析

(6) 将 $(C_{22})_A$ 与步骤 (1) 中由设计点参数得到的 C_{22} 相比较，并令 $\Delta C_{22} = (C_{22})_A - C_{22}$，如果 ΔC_{22} 不满足一定允差，则返回步骤 (3) 重新在等 $\bar{n}_{L,cor}$ 直线上选取另一点作为 A 点，重复步骤 (3)~(5)，直至满足所要求的迭代允差为止。如果两者之差 ΔC_{22} 足够小，满足规定的迭代允差，则此时在等 $\bar{n}_{L,cor}$ 直线上的点 A 是低压转子共同工作线上的一个共同工作点。

(7) 在低压压气机特征线上，另选一条等 $\bar{n}_{L,cor}$ 直线，并重复步骤 (3)~(5)，以得到低压转子共同工作线上的另一个工作点，如此重复进行，将得到的共同工作点连成线，便得到了低压转子的共同工作线。

4. 双转子共同工作线的重要特点

(1) 对于几何尺寸不可调的双转子涡喷发动机，当高、低压涡轮导向器和尾喷管都处在临界或者超临界工作时，高压转子与低压转子分别在高压压气机的特性图上与低压压气机的特性图上有一条共同工作线。由于在求共同工作线的过程中，并不涉及进气道的总压恢复系数 σ_i，因此共同工作线与 σ_i 无关。

(2) 当飞行高度与飞行马赫数变化时，发动机的共同工作点在共同工作线上移动。高压转子与低压转子的共同工作点有一一对应的关系，而不能够独立，这种对应关系体现了高、低压压气机流量的连续性条件。

(3) 发动机的几何不可调时，在高压与低压压气机的特性图上，其共同工作线的位置保持不变，这是由于在求共同工作线时并不涉及发动机的被控参数与调节规律。但是，不同的飞行条件和不同的调节规律共同工作点在共同工作线上的落点与移动是大不相同的。

2.2.3 几何尺寸可调时双转子发动机共同工作线的变化

在双转子涡喷发动机的使用过程中，调节高、低压第一级涡轮导向器的喉部截面 $A_{nb,H}$、$A_{nb,L}$ 和尾喷管的喉部面积 A_8 对双转子发动机共同工作线的影响很大。为方便以下的讨论，做如下约定：

(1) 涡轮导向器的喉部面积 $A_{nb,H}$ 和 $A_{nb,L}$ 以及尾喷管的喉部面积 A_8 均处在临界或者超临界的工作状态下。

(2) 假设低压转子的物理实际转速 n_L 保持不变。

首先讨论调节尾喷管喉部截面 A_8、涡轮导向器喉部面积 $A_{nb,H}$ 与 $A_{nb,L}$ 对高、低压涡轮落压比的影响，然后从以下三个方面分析各种面积变化对发动机共同工作线带来的影响：

①讨论对涡轮落压比的影响，由式 (2.79) 可知，高压涡轮的落压比 $\pi_{T,H}$ 与 $A_{nb,L}$ 成正比，它与 $A_{nb,H}$ 成反比，并且 $\pi_{T,H}$ 的值与 A_8 并无直接关系。

②从三个方面分析各种面积调节对共同工作线的影响：

a. 调整 $A_8(A_{cr})$ 对共同工作线的影响。假定高压涡轮和低压导向器都处于临界或超临界的状态，这时调整尾喷管喉部面积 A_8，对高压涡轮的落压比并不会带来影响，即 $\pi_{T,H}$ 保持不变。正是由于此时 $\pi_{T,H}$ 保持不变，因此调整 A_8 对高压转子的共同工作线的影响并不大。调整 A_8 主要体现在对低压转子的共同工作线的影响，如图 2.14 所示。对于给定的飞行高度 H 和飞行马赫数 Ma_0，发动机的压气机进口总温 T_{t2} 一定，如果低压转子的真实物理转速 n_L 不变，那么低压转子的相对换算转速 $\bar{n}_{L,cor}$ 保持不变。假定在低压压气机等 $\bar{n}_{L,cor}$ 直线上的 d 点为调整前的工作点（图 2.14），对应

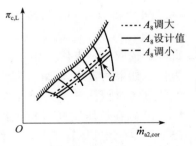

图 2.14 调整 A_8 对低压转子共同工作线的影响

着尾喷管喉道面积 A_8 为设计值。如果将 A_8 调大，则低压涡轮的 $\pi_{T,L}$ 变大，低压涡轮功 $L_{T,L}$ 将增大而大于低压压气机功 $L_{c,L}$，低压转子的物理转速 n_L 有增大的趋势。为了保持低压转子的 n_L 不变，必须要降低低压涡轮前温度 $T_{t4.5}$，以保持低压涡轮功 $L_{T,L}$ 与低压压气机功 $L_{c,L}$ 相平衡。又由于高压涡轮的落压比 $\pi_{T,H}$ 保持不变，因此降低 $T_{t4.5}$ 就意味着降低高压涡轮的进口温度 T_{t4}，这样就导致了高压涡轮功 $L_{T,H}$ 的减小，高压转子速度 n_H 下降，使得高压压气机的增压比 $\pi_{c,H}$ 和进口的换算流量 $\dot{m}_{a2.5}$ 均减小。$\dot{m}_{a2.5}$ 减小使得高压压气机的抽吸能力下降，于是低压压气机出口的流动不畅通，导致低压压气机的换算流量 $\dot{m}_{a2,cor}$ 减小。因此，在同一个等 $\bar{n}_{L,cor}$ 线上，低压压气机换算流量 $\dot{m}_{a2,cor}$ 减小意味着低压转子工作点沿着等 $\bar{n}_{L,cor}$ 值线上移。同理，对于每一条等换算转速线上都有着上述同样的结果，所以 A_8 变大时，低压转子的共同工作线上移。总之，在给定的飞行条件和低压转子物理转速的条件下，当 A_8 调大时，$\dot{m}_{a2.5,cor}$ 降低，并使得 $\dot{m}_{a2,cor}$ 减小，导致低压转子的工作点沿着等换算转速线上移以及共同工作线上移。依照类似的分析，当 A_8 调小时，导致了低压转子的共同工作线下移。

b. 调整 $A_{nb,H}$ 对共同工作线的影响。在低压涡轮导向器喉部面积 $A_{nb,L}$ 和尾喷管喉部面积 A_8 保持不变，并且低压涡轮导向器和尾喷管都处于临界或超临界的状态时，低压涡轮的落压比 $\pi_{T,L}$ 保持不变。如果调大 $A_{nb,H}$，则由式（2.79）可知，$\pi_{T,H}$ 减小，高压涡轮功 $L_{T,H}$ 减小，高压转子的转速降低，高压转子的工作点将移至更低的转速线上工作，如图 2.15（b）所示，从点 A 移至点 B。又因为高压涡轮导向器 $A_{nb,H}$ 调大，高压压气机出口背压降低，高压压气机的增压比 $\pi_{c,H}$ 下降，所以高压转子的共同工作线下移，如图 2.15（b）所示。

下面分析调大 $A_{nb,H}$ 时，对低压转子共同工作线的影响。由于 $A_{nb,L}$ 和 A_8 保持不变，并且低压涡轮导向器与尾喷管都处于临界或超临界的状态，所以低压涡轮的落压比 $\pi_{T,L}$ 不变，因 $A_{nb,H}$ 调大以后，$L_{T,H}$ 减小，高压转子的转速下降，高压压气机抽吸能力下降，低压压气机出口的流动不畅通，背压增加使得低压转子共同工作

线上移，靠近喘振边界，如图 2.15（a）所示。当低压转子的物理转速 n_L 不变时，调大 $A_{nb,H}$ 后，高压与低压压气机的共同工作点由调节前的点 A 移至点 B。

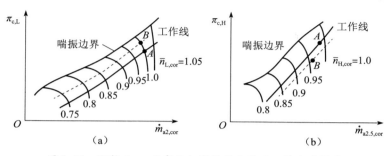

图 2.15　调整 $A_{nb,H}$ 时高压与低压转子共同工作线的影响

c. 调整 $A_{nb,L}$ 对共同工作线的影响。假设 $A_{nb,H}$ 和 A_8 都保持不变，并且假定高压与低压涡轮导向器及尾喷管的喉部都处于临界或超临界状态。如果将 $A_{nb,L}$ 增大，由式（2.79）知，$\pi_{T,H}$ 也变大；另外，由式（2.95）可知，$A_{nb,L}$ 调大，则 $\pi_{T,L}$ 变小。而 $\pi_{T,L}$ 减小，即低压涡轮功 $L_{T,L}$ 减小，为维持低压转子的功率平衡，保持低压转子的物理转速不变，需要提高涡轮前总温 T_{t4} 值。而低压涡轮功 $L_{T,L}$ 和涡轮前总温 T_{t4} 的增加会导致高压涡轮功 $L_{T,H}$ 增加，高压转子的物理转速增加，高压转子的工作点将在更高的转速线上工作，如图 2.16（a）所示。另外，又由于低压涡轮导向器的 $A_{nb,L}$ 值调大，使得高压涡轮出口的背压减小，高压涡轮的落压比 $\pi_{T,H}$ 变大，高压转子共同工作线下移。由于 $A_{nb,L}$ 调大以后，高压转子转速增加，使得高压压气机的抽吸能力增强，因此低压压气机出口的背压降低，低压转子的共同工作线下移，远离低压压气机的喘振边界，如图 2.16（b）所示。换句话说，当低压转子的物理转速 n_L 不变时，调大低压涡轮导向器喉部面积 $A_{nb,L}$ 后，高压与低压压气机的共同工作点由调节前的点 A 移至点 B。

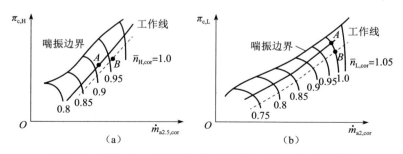

图 2.16　调整 $A_{nb,L}$ 时高压与低压压气机共同工作线的影响

2.2.4　双转子涡喷发动机最大状态的几种调节规律

与单转子涡喷发动机相比，虽然双转子涡喷发动机有两个转子，但是由于高压

第一篇　典型航空发动机共同工作线模型方程的分析

与低压转子之间存在着流量连续的制约条件，使得两个转子的共同工作点有对应的关系而不是独立变化。所以，从自动调节的观点上讲，它与单转子涡喷发动机相比并没有增加自由度。例如，当不加力且发动机尺寸不可调时，只有主燃烧室供油量一个控制量，所以只能有一个被控量，对于加力发动机的加力工作状态，这时有两个被控量，即主燃烧室的供油量和加力燃烧室的供油量，对应的有两个被控量。

以下仅讨论双转子涡喷发动机最大状态时三类不同的调节规律。

1. 双转子发动机几何不可调时常用的调节规律

第一类：双转子发动机几何不可调时常用的三种调节方式。

(1) $$\dot{m}_\mathrm{f} \rightarrow n_\mathrm{L} = n_\mathrm{L,max} = \mathrm{const} \tag{2.99}$$

上述调节规律的含义是：随着飞行条件的变化，调节系统通过调节主燃烧室燃油的供油量 $\dot{m}_\mathrm{f}$ 去控制低压转子的物理转速 n_L，并保持其最大值不变。采用这种调节规律时，发动机的主要参数变化情况：随着 T_t2 的增加，低压转子的换算转速 $n_\mathrm{L,cor}$ 下降，低压压气机功增加，为保持低压转子的物理转速 $n_\mathrm{L}=\mathrm{const}$，必须增加燃烧室出口的总温 T_t4 以便增加低压涡轮进口总温 $T_\mathrm{t4.5}$，使得低压涡轮功增加。另外，T_t4 增加使高压涡轮功增加，而高压压气机功是减小的，因此高压转子的物理转速 n_H 增加，在单转子发动机中，T_t2 的增加会引起压气机前几级的攻角加大，压气机功增加，而后几级的攻角减小，压气机功减小。对于双转子涡喷发动机而言，T_t2 增加时高压转子的转速 n_H 增加，这样就使得每一级进口的气流攻角偏离设计点的程度减轻，因此与单转子发动机相比，双转子发动机缓和了压气机前面几级与后面几级不协调的矛盾。

(2) $$\dot{m}_\mathrm{f} \rightarrow n_\mathrm{H} = n_\mathrm{H,max} = \mathrm{const} \tag{2.100}$$

上述调节规律的含义是：当飞行条件变化时，通过调节主燃烧室燃油的供油量 $\dot{m}_\mathrm{f}$ 去控制高压转子的物理转速 n_H，并使其保持最大值不变。采用这种调节规律时，发动机的主要参数变化情况：双转子高压压气机相当于单转子压气机的后面几级，当飞行条件变化使发动机压气机进口总温 T_t2 加大后，高压压气机功 $L_\mathrm{c,H}$ 减小。为了保持高压转子物理转速 n_H 不变，需要减少主燃烧室的供油量 $\dot{m}_\mathrm{f}$ 以降低燃烧室出口总温 T_t4，从而使得高压涡轮功 $L_\mathrm{T,H}$ 减小。另外，由于高压压气机涡轮落压比 $\pi_\mathrm{T,H}$ 保持不变，于是 T_t4 的降低会带来高压压气机出口总温 $T_\mathrm{t4.5}$ 也随之下降，从而导致低压涡轮功 $L_\mathrm{T,L}$ 减小，于是低压转子的物理转速 n_L 减小，转速比 $n_\mathrm{H}/n_\mathrm{L}$ 随 T_t2 的增加而增加，这同样也缓和了高压、低压压气机在非设计状态下的不协调情况。

(3) $$\dot{m}_\mathrm{f} \rightarrow T_\mathrm{t4} = T_\mathrm{t4,max} = \mathrm{const} \tag{2.101}$$

上述调节规律的含义是：当飞行条件变化时，通过调节供油量 $\dot{m}_\mathrm{f}$ 去控制高压涡轮进口总温 T_t4 使其保持最大值不变。采用这种调节规律时，发动机的主要参数变化情况：当飞行马赫数增加时，发动机低压压气机进口的总温 T_t2 变大，低压压气机的功增加,高压压气机的功减小,而高压和低压涡轮的落压比保持不变,并且 $T_{t4} = T_{t4,\max} = \text{const}$,因此导致低压转子的物理转速 n_L 减小,而高压转子的物理转速 n_H 变大,两转子的转速比 n_H/n_L 增高。

综上所述,上面三种调节规律都是通过燃油供应量的变化,分别去控制 n_L、n_H 和 T_{t4} 值的大小。图 2.17 给出了双转子涡喷发动机几何不可调时采用了上述三种调节规律下 n_L、n_H 和 T_{t4} 随 T_{t2} 的变化关系,这里假设设计点发动机低压压气机进口总温 $T_{t2} = 288.15\text{K}$。

图 2.17 双转子几何不可调时三种调节规律下,n_L、n_H 和 T_{t4} 随 T_{t2} 变化曲线

图 2.18 给出了上述三种调节规律下,双转子涡喷发动机的相对推力 $\bar{F}$ 随飞行马赫数 Ma_0 的变化曲线。由图可以看出:采用 $n_L = \text{const}$ 时,在大马赫数 Ma_0 飞行时,推力较高;采用 $n_H = \text{const}$ 时,在小马赫数 Ma_0 飞行时推力较高;而采用 $T_{t4} = \text{const}$ 时,所产生的推力介于上述两种情况之间。应该指出,这些变化规律对深刻认识上述三种调节规律极为有益。

2. 按 T_{t2} 值分区域进行的组合调节规律

第二类:双转子发动机几何不可调的组合调节规律。

为了保证双转子涡喷发动机在宽广的飞行范围内安全可靠地工作并且有良好的发动机最大状态性能,采用以低压压气机进口总温 T_{t2} 值作为分区调节标准的组合调节方式往往是可取的。图 2.19 给出了按 T_{t2} 的大小分四个区域调节的组合调节方式:

(1) 第一区域:当 $T_{t2} \leqslant 288\text{K}$ 时,采用 $n_{L,\text{cor}} = \text{const}$ 的调节规律。

在这个区域内,由于采用 $n_{L,\text{cor}} = \text{const}$ 的调节规律,因此低压转子的共同工作点不变(图 2.19),而且随着 T_{t2} 的增加,物理转速 n_L 和 n_H 都增高,高压涡轮前总温 T_{t4} 也增加。

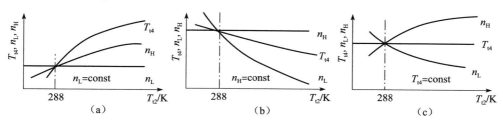

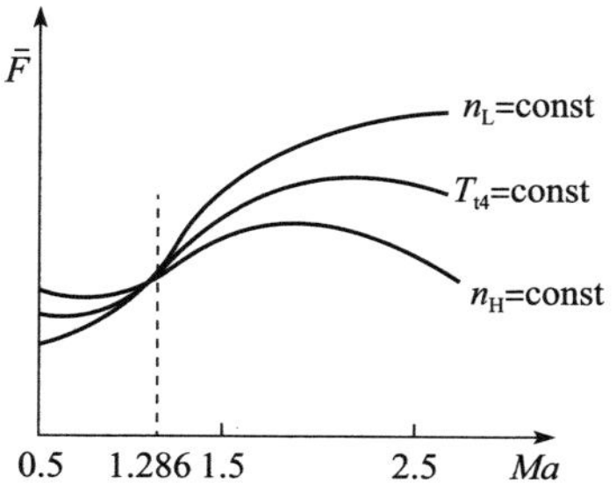

图 2.18 双转子几何不可调时三种调节规律下,$\bar{F}$ 随 Ma_0 的变化关系

(2) 第二区域:当 $288\text{K} \leqslant T_{t2} \leqslant T_{t2a}$ 时,采用物理转速 $n_L = n_{L\max} = \text{const}$ 的调节规律。

在这个区域中,随着 T_{t2} 的增加,由于低压压气机"加重",为了保持 $n_L = \mathrm{const}$,就必须增加 T_{t4},以便增加低压涡轮进口的总温 $T_{t4.5}$,使低压涡轮功 $L_{T,L}$ 增加。由于 T_{t4} 增加,高压涡轮功 $L_{T,H}$ 增加,而高压压气机的功减小,因此 n_H 增加,如图 2.19 所示。

(3) 第三区域:当 $T_{t2a} \leqslant T_{t2} \leqslant T_{t2b}$ 时,采用 $T_{t4} = T_{t4\max} = \mathrm{const}$ 调节规律。

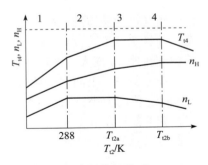

图 2.19 组合调节规律下,n_L、n_H 和 T_{t4} 随 T_{t2} 的变化规律

在这个区域中,随着 T_{t2} 的增加,低压压气机"加重",高压压气机"减轻",而高压与低压涡轮的功不变,因此导致低压转子的物理转速 n_L 下降、高压转子的物理转速 n_H 增加的变化规律。

(4) 第四区域:当 $T_{t2b} \leqslant T_{t2}$ 时,采用 $n_H = n_{H\max} = \mathrm{const}$ 的调节规律。

在这个区域中,随着 T_{t2} 的增加,高压压气机"减轻",为保持 $n_H = \mathrm{const}$,就必须减小高压涡轮前总温 T_{t4},以便减小高压涡轮功。由于 T_{t4} 较小,$T_{t4.5}$ 也随之减小,使低压涡轮功减小,而低压压气机"加重",因此低压涡轮的物理转速 n_L 下降,如图 2.19 所示。

3. A_8 可调时最大状态采用两个控制量的控制规律。

第三类:当 $T_{t2} \geqslant 288\mathrm{K}$ 并且尾喷管喉部面积可调时,最大状态采用如下调节规律,即

$$\begin{cases} \dot{m}_f \rightarrow T_{t4} = T_{t4,\max} = \mathrm{const} \\ A_8 \rightarrow n_L = n_{L,\max} = \mathrm{const} \end{cases} \quad (2.102)$$

上述调节规律的含义是:当飞行条件变化时,通过调节主燃烧室燃油的供油量 $\dot{m}_f$ 去控制高压涡轮前总温 T_{t4},使其保持最大值不变;通过调节 A_8 去调节低压转子的物理转速 n_L 使其保证最大值不变。在这种调节规律下,当 T_{t2} 增加时,低压压气机功要增加,因此必须调大 A_8 以提高低压涡轮的落压比从而提高低压涡轮功,以保证 $n_L = \mathrm{const}$ 的调节规律。这种调节的优点是,在宽广的飞行条件范围内,能较好地发挥发动机的潜力;其缺点是,在 T_{t2} 增加时,A_8 增大会使低压转子的共同工作线向喘振边界移动,对压气机的安全工作造成威胁。

2.3 涡扇发动机共同工作线的模型方程及调节规律的选择原则

2.3.1 分别排气涡扇共同工作线的模型方程及共同工作线的求法

分别排气涡扇发动机(以下简称分排涡扇发动机)的特征截面符号的示意图如图 1.7 所示。首先分别讨论高压转子和低压转子的共同工作线方程。

第2章 发动机主要部件共同工作的模型方程分析

1. 分排涡扇发动机高压转子共同工作线的模型方程

分排涡扇发动机高压转子的共同工作线与双转子涡喷发动机的高压转子是完全相同的,双转子涡喷发动机的高压转子的共同工作线模型方程详细推导过程已在 2.2.1 节中给出。对于分排涡扇发动机高压转子来讲,共同工作线的模型方程与式(2.81)相同,即

$$\frac{\dot{m}_{a2.5,\text{cor}}}{\pi_{c,H}}\sqrt{\frac{e_{c,H}-1}{\eta_{c,H}}}=C_{20} \qquad (2.103)$$

或

$$\frac{q(\lambda_{2.5})}{\pi_{c,H}}\sqrt{\frac{e_{c,H}-1}{\eta_{c,H}}}=C_{24} \qquad (2.104)$$

式中

$$C_{24} \equiv \frac{C_{20}}{KA_{2.5}p_{t2.5}}\sqrt{T_{t2.5}} \qquad (2.105)$$

式(2.103)或式(2.104)便是分排涡扇发动机高压转子共同工作线的模型方程。由式(2.103)或者式(2.104)容易作出高压转子的共同工作线,由式(2.104)可作出高压转子共同工作线如图 2.20 所示。

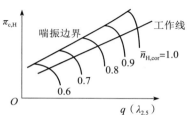

图 2.20 分排涡扇发动机高压转子的共同工作线

2. 分排涡扇发动机低压转子共同工作线的模型方程

低压转子由风扇的内涵道部分和低压涡轮组成,如图 2.21 所示。气流流入风扇后,流入外涵道的空气量 $\dot{m}_{a\text{II}}$ 与流入内涵道的空气量 $\dot{m}_{a\text{I}}$ 之比定义为涵道比,即

$$B = \dot{m}_{a\text{II}}/\dot{m}_{a\text{I}} \qquad (2.106)$$

通过内涵道的气流 $\dot{m}_{a\text{I}}$ 可用高压压气机进口的参数表达,即

$$\dot{m}_{a\text{I}} = \frac{KA_{2.5}p_{t2.5}}{\sqrt{T_{t2.5}}}q(\lambda_{2.5}) \qquad (2.107)$$

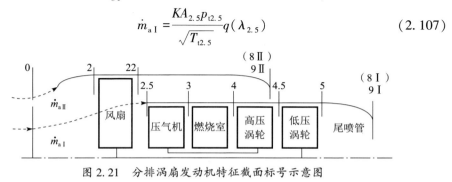

图 2.21 分排涡扇发动机特征截面标号示意图

通过外涵道的气流 $\dot{m}_{a\text{II}}$ 可用流过外涵道尾喷管最小截面 $A_{8\text{II}}$ 处的流量来表达,即

第一篇 典型航空发动机共同工作线模型方程的分析

$$\dot{m}_{aII} = \frac{KA_{8II}\sigma_{II}p_{t22}}{\sqrt{T_{t22}}}q(\lambda_{8II}) \tag{2.108}$$

式中：σ_{II} 为由外涵道进口至外涵道尾喷管最小截面处的总压恢复系数。这里令高压压气机进口的总压 $p_{t2.5}$ 和总温 $T_{t2.5}$ 分别等于气流经过风扇后的总压 p_{t22} 和总温 T_{t22}，即

$$p_{t2.5} = p_{t22}, \quad T_{t2.5} = T_{t22} \tag{2.109}$$

将式（2.107）~式（2.109）代入式（2.106），可得

$$B = \frac{C_{25}q(\lambda_{8II})}{q(\lambda_{2.5})} \tag{2.110}$$

式中

$$C_{25} \equiv \frac{A_{8II}}{A_{2.5}}\sigma_{II} \tag{2.111}$$

由于风扇出口到高压压气机进口有一定的距离，因此可以假设风扇出口截面22上的气流是均匀的，$q(\lambda_{22})$ 与 $q(\lambda_{2.5})$ 通常是不相等的。由22截面与2.5截面处的流量连续，有

$$A_{22}\frac{p_{t22}}{\sqrt{T_{t22}}}q(\lambda_{22}) = A_{2.5}\frac{p_{t2.5}}{\sqrt{T_{t2.5}}}q(\lambda_{2.5})(1+B) \tag{2.112}$$

并注意到

$$T_{t22} = T_{t2.5}, \quad p_{t22} \approx p_{t2.5} \tag{2.113}$$

于是，借助于式（2.113），则式（2.112）变为

$$q(\lambda_{22}) = C_{26}q(\lambda_{2.5})(1+B) \tag{2.114}$$

式中

$$C_{26} \equiv \frac{A_{2.5}}{A_{22}} \tag{2.115}$$

如果用低压涡轮导向器的喉部截面 $A_{nb,L}$ 处的流量表达 $\dot{m}_{a4.5}$，于是有

$$\dot{m}_{a4.5} = \frac{C_{27}p_{t3}}{\sqrt{T_{t4.5}}} \tag{2.116}$$

式中

$$C_{27} = K_g A_{4.5}\sigma_{nb,L}\sigma_b q(\lambda_{nb,L}) \tag{2.117}$$

如果用风扇进口2截面的参数表达 $\dot{m}_{a2}$，并且注意到

$$\dot{m}_{a2} = \dot{m}_{aI} + \dot{m}_{aII} = \dot{m}_{a4.5}(1+B) \tag{2.118}$$

$$\dot{m}_{a2} = C_{28}\left(\frac{p_{t2}}{\sqrt{T_{t2}}}\right)q(\lambda_2) \tag{2.119}$$

式中

第 2 章　发动机主要部件共同工作的模型方程分析

$$C_{28} \equiv KA_2 \tag{2.120}$$

将式（2.119）和式（2.116）代入式（2.118），并注意到 $\dfrac{p_{t3}}{p_{t2}}=\pi_{c,L}\pi_{c,H}$ 后，可得

$$\pi_{c,L}\pi_{c,H}=\dfrac{C_{29}}{1+B}q(\lambda_2)\sqrt{\dfrac{T_{t4.5}}{T_{t2}}} \tag{2.121}$$

式中：$\pi_{c,L}$ 为低压压气机的增压比（由风扇进口至高压压气机进口的增压比）；C_{29} 为

$$C_{29} \equiv \dfrac{C_{28}}{C_{27}} \tag{2.122}$$

此外，由低压转子的功率平衡，即

$$\dot{m}_{aI}(1+B)L_{c,L}=\dot{m}_{aI}L_{T,L}$$

或

$$L_{T,L}=(1+B)L_{c,L} \tag{2.123}$$

式中

$$L_{T,L}=c_{pg}T_{t4.5}\left(1-\dfrac{1}{e_{T,L}}\right)\eta_{T,L} \approx C_{30}T_{4.5} \tag{2.124}$$

$$C_{30} \equiv c_{pg}\left(1-\dfrac{1}{e_{T,L}}\right)\eta_{T,L} \tag{2.125}$$

$$L_{c,L}=c_p T_{t2}\left(\dfrac{e_{c,L}-1}{\eta_{c,L}}\right) \tag{2.126}$$

将式（2.124）和式（2.126）代入式（2.123），可得

$$\dfrac{T_{t4.5}}{T_{t2}}=C_{31}(1+B)\left(\dfrac{e_{c,L}-1}{\eta_{c,L}}\right) \tag{2.127}$$

式中

$$C_{31} \equiv \dfrac{c_P}{C_{30}} \tag{2.128}$$

将式（2.127）代入式（2.121）后，得

$$\dfrac{q(\lambda_2)}{\pi_{c,L}\pi_{c,H}}\sqrt{\dfrac{(e_{c,L}-1)}{\eta_{c,L}(1+B)}}=C_{32} \tag{2.129}$$

式中

$$C_{32} \equiv \dfrac{1}{C_{29}\sqrt{C_{31}}} \tag{2.130}$$

式（2.129）是分排涡扇发动机低压压气机共同工作线的模型方程。由于在非设计工作条件下涵道比 B 是变化的，因此使低压转子共同工作线的求作方法较

双转子涡喷发动机低压转子共同工作线的求法变得更加复杂。如果 $B=0$，则式（2.129）变成与式（2.92）等价的表达式，即变成了双转子涡喷发动机低压转子的共同工作线方程。

3. 分排涡扇发动机低压转子共同工作线的确定方法

分排涡扇发动机低压转子共同工作线可由如下步骤确定：

（1）在高压压气机特性图上确定出高压转子的共同工作线，如图 2.20 所示。

（2）在风扇特性图上任取一条 $\bar{n}_{L,cor}=$ const 线，并在该曲线上任取一点 A，查出该点的风扇参数如 $\pi_{c,L}$、$q(\lambda_2)$ 和 $\eta_{c,L}$ 等，如图 2.22 所示。

（3）由风扇进口和出口的流量相等，并注意到 T_{t22} 与 T_{t2} 之间的关系，可得

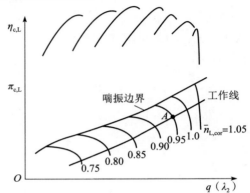

图 2.22　风扇特性图上低压转子的共同工作线

$$q(\lambda_2) = C_{33} \pi_{c,L} q(\lambda_{22}) \left[1 + \frac{e_{c,L}-1}{\eta_{c,L}}\right]^{-1} \quad (2.131)$$

式中

$$C_{33} \equiv \frac{A_{22}}{A_2}, \quad \pi_{c,L} = \frac{p_{t22}}{p_{t2}} \quad (2.132)$$

于是由式（2.131）可计算出 $q(\lambda_{22})$。

（4）假定外涵道尾喷管处于临界或超临界状态，这时式（2.110）变为

$$q(\lambda_{2.5}) = \frac{C_{25}}{B} \quad (2.133)$$

于是，联立式（2.114）和式（2.133）便可解出 B 和 $q(\lambda_{2.5})$ 值。

（5）由 $q(\lambda_{2.5})$ 值在高压转子共同工作线上得到高压转子共同工作点，并查出高压压气机的增压比 $\pi_{c,H}$ 和效率 $\eta_{c,H}$ 值。而后将 $q(\lambda_2)$、$\pi_{c,L}$、$\eta_{c,L}$、B 和 $\pi_{c,H}$ 值代入式（2.129）等号的左端，计算出左边的值。

（6）将步骤（5）计算出的值与式（2.129）右端的 C_{32} 值比较（这里 C_{32} 值可由设计点的有关参数计算得到）；如满足一定的允差，则表示在步骤（2）选的 A 点为低压转子的共同工作点；否则，在 $\bar{n}_{L,cor}=$ const 的线上重新选择一点，直到找出共同工作点。

（7）再另选一条 $\bar{n}_{L,cor}=$ const 线，并重复步骤（2）～（6）的工作。

（8）将不同的 $\bar{n}_{L,cor}=$ const 线上的共同工作点连接起来便得到低压转子的共同工作线。

4. 分排涡扇发动机共同工作线的重要特点

这里仅讨论发动机几何不可调时，分排涡扇发动机共同工作线的三个特点：

（1）对于几何尺寸不可调的分排涡扇发动机，当尾喷管和涡轮导向器的喉部截面处于临界或超临界时，分排涡扇发动机的低压转子在风扇特性图和高压转子在高压压气机特性图上各有一条共同工作线。当外界条件变化时，发动机的共同工作点在共同工作线上移动。

（2）分排涡扇发动机低压转子共同工作线比双转子涡喷发动机低压转子共同工作线更陡一些，如图 2.23 所示。

对分排涡扇发动机来讲，发动机进口总温 T_{t2} 增加时，涵道比 B 增加。这意味着，当核心机的流通能力下降时，有部分气流流入外涵道，这相当于双转子发动机的低压压气机出口放气，因此涡扇发动机的低压转子共同工作线比较陡。

（3）当外涵道尾喷管处于亚临界状态工作时，随着飞机飞行马赫数 Ma_0 的增加，$q(\lambda_{8\text{Ⅱ}})$ 增加，涵道比 B 增加，因此共同工作线远离喘振边界方向移动。

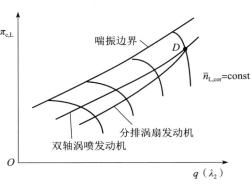

图 2.23 分排涡扇发动机低压转子与双转子涡喷发动机低压转子共同工作线的比较

2.3.2 混合排气涡扇发动机共同工作线的模型方程及低压转子共同工作线的特点

混合排气涡轮风扇发动机（简称混排涡扇发动机）特征截面标号如图 1.6 所示。

1. 混排涡扇发动机高压转子共同工作线的模型方程

混排涡扇发动机高压转子共同工作线模型方程的推导过程与分排涡扇发动机高压转子共同工作线的模型方程相同，可写为

$$\frac{\dot{m}_{a2.5,\text{cor}}}{\pi_{c,H}}\sqrt{\frac{e_{c,H}-1}{\eta_{c,H}}}=C_{20} \tag{2.134}$$

或

$$\frac{q(\lambda_{2.5})}{\pi_{c,H}}\sqrt{\frac{e_{c,H}-1}{\eta_{c,H}}}=C_{24} \tag{2.135}$$

式中：C_{20} 和 C_{24} 的定义分别同式（2.103）和式（2.104）。

2. 混排涡扇发动机低压转子共同工作线的模型方程

在混排涡扇发动机中，由于混合室处于低压涡轮的后面，因此即使涡轮导向

第一篇　典型航空发动机共同工作线模型方程的分析

器和内涵道尾喷管的喉部截面处于临界或超临界状态，也不可能像分排涡扇发动机那样能够保持低压涡轮的落压比不变。正是由于混合室的存在，低压涡轮后的总压要受到外涵道气流的影响。以下分四点概要讨论与推导低压转子共同工作线模型方程相关的问题。

1）涵道比 B 的表达式

涵道比的定义式为

$$B = \frac{\dot{m}_{aⅡ}}{\dot{m}_{aⅠ}} \tag{2.136}$$

$\dot{m}_{aⅡ}$ 可用混合室进口截面外涵气流的参数式表达，即

$$\dot{m}_{aⅡ} = \frac{KA_{5Ⅱ}\sigma_{Ⅱ}p_{t22}}{\sqrt{T_{t5Ⅱ}}}q(\lambda_{5Ⅱ}) = \frac{C_{34}p_{t22}}{\sqrt{T_{t22}}}q(\lambda_{5Ⅱ}) \tag{2.137}$$

式中：$A_{5Ⅱ}$ 为外涵道气流在混合室进口的截面积；$T_{t5Ⅱ} = T_{t22}$；$\sigma_{Ⅱ}$ 为外涵道的总压恢复系数；C_{34} 为

$$C_{34} \equiv K\sigma_{Ⅱ}A_{5Ⅱ} \tag{2.138}$$

$\dot{m}_{aⅠ}$ 可用高压压气机进口参数表达，即

$$\dot{m}_{aⅠ} = \frac{KA_{2.5}p_{t2.5}}{\sqrt{T_{t2.5}}}q(\lambda_{2.5}) = \frac{C_{35}p_{t2.5}}{\sqrt{T_{t2.5}}}q(\lambda_{2.5}) \tag{2.139}$$

式中

$$T_{t2.5} = T_{t22}, \quad p_{t2.5} = p_{t22}$$
$$C_{35} \equiv KA_{2.5} \tag{2.140}$$

将式（2.137）和式（2.139）代入式（2.136），可得

$$B = \frac{C_{36}q(\lambda_{5Ⅱ})}{q(\lambda_{2.5})} \tag{2.141}$$

式中

$$C_{36} \equiv \frac{C_{34}}{C_{35}} \tag{2.142}$$

2）$q(\lambda_{22})$ 与 $q(\lambda_{2.5})$ 之间的关系式

风扇出口的 $q(\lambda_{22})$ 和高压压气机进口 $q(\lambda_{2.5})$ 的关系式与分排涡扇发动机时的推导完全相类似，其表达式已由式（2.114）给出，即

$$q(\lambda_{22}) = C_{26}q(\lambda_{2.5})(1+B) \tag{2.143}$$

3）风扇进口与低压涡轮进口的流量平衡

式（2.121）给出了上述流量的平衡关系，即

$$\pi_{c,L}\pi_{c,H} = \frac{C_{29}}{1+B}q(\lambda_2)\sqrt{\frac{T_{t4.5}}{T_{t2}}} \tag{2.144}$$

4) 低压转子共同工作线的模型方程

由低压风扇压气机与低压涡轮的功率平衡并在忽略燃油流量时，有

$$\dot{m}_{a2}L_f = \dot{m}_{a4.5}L_{T,L}\eta_{m,L} \approx \dot{m}_{a2.5}L_{T,L}\eta_{m,L} \qquad (2.145)$$

或

$$\frac{c_p(1+B)T_{t2}(e_F-1)}{\eta_F} = c_{pg}T_{t4.5}[1-\tilde{e}_{T,L}] \qquad (2.146)$$

式中

$$\tilde{e}_{T,L} \equiv 1/e_{T,L} \qquad (2.147)$$

在图 1.6 所示的结构下，式（2.146）又可写为

$$\frac{c_p(1+B)T_{t2}(e_{c,L}-1)}{\eta_{c,L}} = c_{pg}T_{t4.5}[1-\tilde{e}_{T,L}]\eta_{T,L}\eta_{m,L} \qquad (2.148)$$

或

$$\frac{T_{t4.5}}{T_{t2}} = C_{37}\frac{(e_{c,L}-1)}{\eta_{c,L}}\frac{1+B}{[1-\tilde{e}_{T,L}]\eta_{T,L}} \qquad (2.149)$$

式中

$$C_{37} \equiv c_p/(c_{pg}\eta_{m,L}) \qquad (2.150)$$

由式（2.121）和式（2.149）消去 $T_{t4.5}/T_{t2}$，可得

$$\pi_{c,L}\pi_{c,H} = \frac{C_{38}q(\lambda_2)}{\sqrt{(1+B)}}\sqrt{\frac{(e_{c,L}-1)}{\eta_{c,L}}} \cdot \sqrt{\frac{1}{Q}} \qquad (2.151)$$

式中

$$C_{38} \equiv C_{29}\sqrt{C_{37}} \qquad (2.152a)$$

$$Q = \left(1-\frac{1}{e_{T,L}}\right)\eta_{T,L} \qquad (2.152b)$$

式（2.151）是混排涡扇发动机低压转子共同工作线的模型方程。如果低压涡轮的落压比 $\pi_{T,L}$ = const 和效率 $\eta_{T,L}$ = const，式（2.151）就退化为分排涡扇发动机低压转子共同工作线的模型方程，即式（2.129）。

3. 混排涡扇发动机低压转子共同工作线的确定方法

确定低压转子共同工作线的步骤如下：

（1）在高压压气机特性图上作出高压转子的共同工作线，如图 2.24（b）所示。

（2）在风扇特性图上取一条的 $\bar{n}_{L,cor}$ = const 线。

（3）进入外迭代。在风扇特性图上，对已取的等 $\bar{n}_{L,cor}$ 线在其上任取一点 A，查出该点的风扇参数 $\pi_{c,L}$、$\eta_{c,L}$ 和 $q(\lambda_2)$ 的值。

（4）由风扇进口和出口截面的流量相等，即式（2.131）计算出 $q(\lambda_{22})$ 以及 λ_{22} 值。

第一篇 典型航空发动机共同工作线模型方程的分析

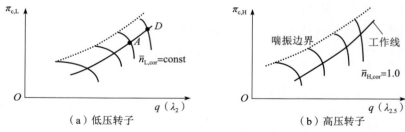

图 2.24 混排涡扇发动机的共同工作线

（5）进入内迭代：

第 1 步：初选涵道比 B 值。

第 2 步：由式（2.114）和式（2.141）求出 $\lambda_{2.5}$ 和 $\lambda_{5\mathrm{II}}$ 值。而后，由 $q(\lambda_{2.5})$ 值在高压转子共同工作线上确定共同工作点，并查出高压压气机的 $\pi_{c,H}$ 和 $\eta_{c,H}$ 值。

第 3 步：对于混合室进口内、外涵道两股气流相汇截面，由于这里两股气流均是亚声速气流，因此静压必然相等，即

$$p_{5\mathrm{II}} = p_{5\mathrm{I}} \tag{2.153}$$

另外，假设忽略从低压涡轮出口截面 5 到混合器内涵道进口截面 5 I 气流流动的总压损失，即

$$p_{t5} = p_{t5\mathrm{I}} \tag{2.154}$$

此外，还假设风扇出口内、外涵道气流的总压相等，即

$$p_{t2.5} = p_{t22} \tag{2.155}$$

于是，由式（2.153）可得

$$p_{t22} \sigma_{\mathrm{BP}} \pi(\lambda_{5\mathrm{II}}) = p_{t5\mathrm{I}} \pi(\lambda_{5\mathrm{I}}) \tag{2.156}$$

又

$$p_{t5} = p_{t2.5} \sigma_{\mathrm{LH}} \pi_{c,H} \sigma_{b} / (\pi_{T,H} \pi_{T,L}) \tag{2.157}$$

式（2.156）与式（2.157）中：σ_{BP} 为气流在外涵道的总压损失系数；σ_{LH} 为从低压压气机出口到高压压气机进口过渡段的总压恢复系数；$\pi(\lambda_{5\mathrm{I}})$、$\pi(\lambda_{5\mathrm{II}})$ 分别为气动函数。

借助于式（2.154）、式（2.155）与式（2.157），式（2.156）又可写为

$$\pi_{T,L} = \frac{\sigma_{\mathrm{LH}}}{\sigma_{\mathrm{BP}}} \cdot \frac{\sigma_{b} \pi_{c,H}}{\pi_{T,H}} \cdot \frac{\pi(\lambda_{5\mathrm{I}})}{\pi(\lambda_{5\mathrm{II}})} \tag{2.158}$$

式中：$\dfrac{\sigma_{b} \pi_{c,H}}{\pi_{T,H}}$ 为高压转子部件（又称为燃气发生器）的增压比，用符号 π_{GAS} 表示，即

$$\pi_{\mathrm{GAS}} \equiv \frac{\sigma_{b} \pi_{c,H}}{\pi_{T,H}} \tag{2.159}$$

式（2.158）代表了燃气发生器、低压涡轮和混合器之间的相互制约关系。

另外，式（2.158）也表明低压涡轮落压比 $\pi_{T,L}$ 与高压转子部件的增压比 π_{GAS} 以及气动函数 $\pi(\lambda_{5I})$、$\pi(\lambda_{5II})$ 密切相关。式（2.158）又可写为

$$\pi(\lambda_{5II}) = C_{39} \frac{\pi_{c,H}}{\pi_{T,L}} \pi(\lambda_{5I}) \tag{2.160}$$

式中

$$C_{39} \equiv \frac{\sigma_{L,H} \sigma_b}{\sigma_{BP} \pi_{T,H}} \tag{2.161}$$

此外，由低压涡轮进口和混合器内涵道进口的流量平衡可得

$$K_g A_{4.5} \frac{\sigma_{nb} p_{t4.5}}{\sqrt{T_{t4.5}}} q(\lambda_{nb,L}) = K_g A_{5I} \frac{p_{t5I}}{\sqrt{T_{t5I}}} q(\lambda_{5I}) \tag{2.162}$$

注意到

$$\frac{T_{t5}}{T_{t4.5}} = 1 - (1 - \widetilde{e}_{T,L}) \eta_{T,L} \tag{2.163}$$

于是，式（2.162）又可写为

$$q(\lambda_{5I}) = C_{40} \pi_{T,L} \sqrt{1 - (1 - \widetilde{e}_{T,L}) \eta_{T,L}} \tag{2.164}$$

式中

$$C_{40} \equiv \sigma_{nb} q(\lambda_{nb,L}) \frac{A_{4.5}}{A_{5I}} \tag{2.165}$$

因此，式（2.160）和式（2.164）联立求出 $\pi(\lambda_{5I})$ 和 $\pi_{T,L}$ 值，并由气动函数 $\pi(\lambda_{5I})$ 计算出 λ_{5I} 值。

第 4 步：由混合室进口与出口的能量守恒（并省略空气 c_p 与燃气 c_{pg} 间的差别）可得

$$\frac{T_{t6}}{T_{t5I}} = \frac{1 + B \dfrac{T_{t5II}}{T_{t5I}}}{1 + B} \tag{2.166}$$

并注意到

$$\frac{T_{t5}}{T_{t2}} = \frac{c_p(1+B)}{c_{pg} \eta_{m,L} \eta_{c,L} \eta_{T,L}} \cdot \frac{e_{e,L} - 1}{1 - \widetilde{e}_{T,L}} \cdot [1 - (1 - \widetilde{e}_{T,L}) \eta_{T,L}] \tag{2.167}$$

$$\frac{T_{t22}}{T_{t2}} = 1 + \frac{e_{c,L} - 1}{\eta_{c,L}} \tag{2.168}$$

$$\frac{T_{t5II}}{T_{t5I}} = C_{41} \frac{1 - \widetilde{e}_{T,L}}{e_{c,L} - 1} \cdot \left(1 + \frac{e_{c,L} - 1}{\eta_{c,L}}\right) \cdot \frac{1}{[1 - (1 - \widetilde{e}_{T,L}) \eta_{T,L}]} \tag{2.169}$$

式中

$$C_{41} \equiv \frac{c_{pg} \eta_{m,L} \eta_{c,L} \eta_{T,L}}{c_p (1 + B)} \tag{2.170}$$

由式（2.169）和式（2.166）可求出 $\dfrac{T_{t6}}{T_{t5\,I}}$ 值。

第 5 步：定义 σ_m 为混合器出口总压 p_{t6} 与混合器进口总压的质量平均 $p_{t,av}$ 之比，称其为混合器的总压恢复系数，并认为 $\sigma_m = \text{const}$，通常取为 0.97。于是 σ_m 为

$$\sigma_m \equiv \dfrac{p_{t6}}{p_{t,av}} \tag{2.171}$$

并且有

$$\dfrac{p_{t,av}}{p_{t5\,I}} = \dfrac{1 + B\dfrac{p_{t5\,II}}{p_{t5\,I}}}{1 + B} \tag{2.172}$$

另外，内、外涵道总压关系为

$$\dfrac{p_{t5\,II}}{p_{t5\,I}} = C_{42}\dfrac{\pi_{T,L}}{\pi_{c,H}} \tag{2.173}$$

式中

$$C_{42} \equiv \dfrac{\sigma_{BP}\pi_{T,H}}{\sigma_b} \tag{2.174}$$

由式（2.171）和式（2.172）可得

$$\dfrac{p_{t6}}{p_{t5\,I}} = \sigma_m \dfrac{1 + B\dfrac{p_{t5\,II}}{p_{t5\,I}}}{1 + B} \tag{2.175}$$

于是，由式（2.173）与式（2.175）可求出 $\dfrac{p_{t6}}{p_{t5\,I}}$ 值。

第 6 步：混合器进出口的流量平衡。

假设混合器为圆形等截面管道，进口内、外涵道的流量应等于出口的气流流量，于是有

$$q(\lambda_{5\,I}) + \dfrac{KA_{5\,II}}{K_g A_{5\,I}} \times \dfrac{p_{t5\,II}}{p_{t5\,I}} \times \sqrt{\dfrac{T_{t5\,I}}{T_{t5\,II}}} q(\lambda_{5\,II}) = \left(1 + \dfrac{A_{5\,II}}{A_{5\,I}}\right)\dfrac{p_{t6}}{p_{t5\,I}}\sqrt{\dfrac{T_{t5\,I}}{T_{t6}}} q(\lambda_6) \tag{2.176}$$

由式（2.176）可计算出 $q(\lambda_6)$，并可得到 λ_6 值。

第 7 步：假设尾喷管处于临界或超临界状态，由混合器出口截面 6 与尾喷管喉道截面 8 的流量相等，可得：

当不加力时，有

$$A_6 \dfrac{p_{t6}}{\sqrt{T_{t6}}} q(\lambda_6) = A_8 \dfrac{p_{t8}}{\sqrt{T_{t8}}} q(\lambda_8) \tag{2.177}$$

注意到

$$q(\lambda_8) = 1.0, \quad p_{t8} = \sigma'_{ab}\sigma_c p_{t6}, \quad T_{t6} = T_{t8} \tag{2.178}$$

式中：σ'_{ab}、σ_c 分别为加力燃烧室冷态时的总压恢复系数和尾喷管收敛段的总压恢复系数。

于是，式（2.177）可写为

$$q(\lambda_6) = C_{43} \tag{2.179}$$

另外，有

式中

$$C_{43} \equiv \frac{\sigma'_{ab}\sigma_c A_8}{A_6} \tag{2.180}$$

于是，由式（2.179）得到 $q(\lambda_6)$ 和相应的 λ_6 值。

加力时，一般应放大 A_8，以保持加力燃烧室之前的气流参数不变。对于加力问题较细的分析，还会在 2.3.3 节中进一步讨论。

第 8 步：比较第 6 步和第 7 步所得到的 λ_6 值，如果满足一定允差，则所选 B 值正确；否则，重选 B 值并重复内层迭代中第 1 步~第 7 步的计算一直到收敛为止，这时便表明内层迭代成功。

（6）将上述步骤中求得的 $\pi_{c,L}$、$\pi_{c,H}$、$\eta_{c,L}$、B 以及 $\pi_{T,L}$ 等参数代入低压转子共同工作线模型方程式（2.151）中，而该式中右边的 C_{38} 值可由设计点的参数值求得。如果式（2.151）两边近似相等之差满足所要求的允差要求，则步骤（3）假设的 A 点便为共同工作点；否则，重选一点并重复步骤（3）~步骤（5）的计算，直到求得共同工作点，这时便表明外层迭代成功。

（7）在风扇特性图上选一条 $\bar{n}_{L,cor} = \text{const}$ 的线，用同样的方法可确定其共同工作点。

（8）将若干个共同工作点加起来，便构成了混排涡扇发动机低压转子共同工作线，如图 2.24 所示。

4. 混排涡扇发动机共同工作线的重要特点

（1）与具有相同设计点参数的分排涡扇发动机以及同参数的双转子涡喷发动机相比，混排涡扇发动机低压转子共同工作线最陡，即当飞行条件变化使得 T_{t2} 增加，低压转子相对换算转速 $\bar{n}_{L,cor}$ 下降时，随着 T_{t2} 的增加而涵道比 B 增加；在内涵道的流通能力下降时，外涵道的流通能力相对变大，在风扇出口，内涵道气流部分地流入外涵道，故其共同工作线最为平坦，共同工作线离喘振边界最远，如图 2.25 所示。

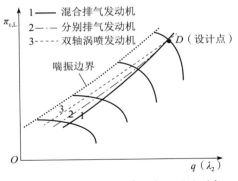

图 2.25 三种设计点参数相同的发动机低压转子共同工作线的比较

（2）在发动机几何尺寸不可调且涡轮导向器与尾喷管喉部截面均处于临界和超临界状态时，高压压气机和风扇特性图上高压转子和低压转子各有一条共同工作线。当飞行条件、大气条件和油门杆位置变化时，共同工作点在共同工作线上移动。共同工作线以及工作点与进气道的总压恢复系数无关。

（3）假设尾喷管最小截面积 A_8 处于临界与超临界状态工作，于是混合器出口与尾喷管喉部截面 A_8 满足

$$q(\lambda_6) = C_{43} \tag{2.181}$$

式中

$$C_{43} \equiv \sigma_{ab}\sigma_c \frac{A_8}{A_6} \tag{2.182}$$

调大 A_8，使 λ_6 增加，混合器进口的 $\lambda_{5\text{I}}$ 和 $\lambda_{5\text{II}}$ 相应增加。$\lambda_{5\text{II}}$ 增加，由式（2.141）可知 B 增加；$\lambda_{5\text{I}}$ 增加将引起低压涡轮落压比 $\pi_{\text{T,L}}$ 增大，而 $\pi_{\text{T,L}}$ 的变大使低压转子共同工作线上移。另外，涵道比 B 增加，表示风扇流通能力增加，共同工作线朝远离喘振边界方向移动。最终工作线移动取决于设计点涵道比的大小，以下分两种情况进行讨论：

①设计点涵道比 $B > 0.4 \sim 0.5$ 时，当 A_8 增大时，涵道比变化所带来的影响起主要作用，即 A_8 变大，共同工作线向下移动；

②设计点涵道比 $B < 0.4 \sim 0.5$ 时，当 A_8 减小时，共同工作线向上移动。

2.3.3 双转子加力涡喷发动机以及加力混排涡扇发动机的工作特点

1. 双转子加力涡喷发动机开加力放尾喷管的机理

双转子涡喷发动机不加力时，由低压涡轮和尾喷管流量连续性的关系可获得式（2.94），即

$$\pi_{\text{T,L}} = \left[\frac{\sigma_e A_8 q(\lambda_8)}{\sigma_{\text{nb,L}} A_{\text{nb,L}} q(\lambda_{\text{nb,L}})} \right]^{\frac{2n_\text{T}}{n_\text{T}+1}} \tag{2.183}$$

式中：n_T 为低压涡轮膨胀过程中的多变指数。

当双转子涡喷发动机几何不可调，且低压涡轮导向器喉部与尾喷管喉部都处于临界或超临界状态时，低压涡轮的落压比近似保持不变。

令 σ_{ab} 为加力燃烧室的总压恢复系数，σ_e 为喷管收缩段的总压恢复系数，并且有

$$p_{t7} = \sigma_{ab} p_{t5}, \quad p_{t8} = \sigma_e p_{t7} \tag{2.184}$$

另外，对于双转子涡喷发动机（图 1.2）低压涡轮的落压比 $\pi_{\text{T,L}}$ 和加力燃烧室的加热比 Δ_{ab} 定义分别为

$$\pi_{\text{T,L}} = \frac{p_{t4.5}}{p_{t5}}, \quad \Delta_{ab} \equiv \frac{T_{t7,ab}}{T_{t5}} \tag{2.185}$$

第 2 章 发动机主要部件共同工作的模型方程分析

对于双转子加力涡喷发动机来讲,由于在低压涡轮和尾喷管之间增加了加力燃烧室(图 1.2),因此加力时如果尾喷管的喉道面积不放大,是无法保证开加力时低压涡轮的落压比不变的。下面扼要说明在双转子加力涡喷发动机加力状态与不加力状态时,尾喷管喉道面积比和加力燃烧室加热比 Δ_{ab} 之间的关系。

首先建立低压涡轮出口截面(截面 5,如图 1.2 所示)与尾喷管喉部截面(截面 8)的流量连续,在省略加力燃油量以及燃气比容变化的情况下,可得

$$\pi_{T,L} = \left[\frac{\sigma_e \sigma_{ab} A_{8,ab} q(\lambda_{8,ab})}{\sigma_{nb,L} A_{nb,L} q(\lambda_{nb,L}) \sqrt{\Delta_{ab}}} \right]^{\frac{2n_{T,L}}{n_{T,L}+1}} \quad (2.186)$$

在低压涡轮导向器喉部和尾喷管喉部截面均处于加力状态时,为了保持高、低压转子在接通加力主机工作参数与不加力时一致,就要求加力要将尾喷管喉部面积 A_8 放大,因此有

$$\frac{A_{8,ab}}{A_8} = \sqrt{\Delta_{ab}} \quad (2.187)$$

式(2.187)表明,当双转子涡喷发动机开加力时,必须要放大尾喷管喉部的面积。事实上,当发动机接通加力后,尾喷管进口的总温由 T_{t5} 提高到 $T_{t7,ab}$,如果尾喷管喉部面积没有及时相应放大,则必然引起加力燃烧室内燃气质量的堆积,涡轮出口背压增加,导致低压涡轮落压比 $\pi_{T,L}$ 减小,引起主机各部件共同工作关系发生变化,结果会使发动机难以维持原有的工作转速或者导致涡轮前温度增加,造成热端部件超温、压气机喘振等危险情况。因此,为保证在接通加力时加力燃烧室前各部件参数不变,高、低压转子的共同工作线位置不因接通加力而发生变化,必须要保持低压涡轮的落压比不变。当推油门从中间状态到小加力状态,再到最大加力状态时,加热比 Δ_{ab} 增大,尾喷管喉道面积 $A_{8,ab}$ 也要放大。

2. 影响加力混排涡扇发动机混合器流通能力的几个因素

加力混排涡扇发动机的加力燃烧室位于混合器和尾喷管之间(图 1.5),当接通加力时将导致混合器出口背压的变化,这种变化不仅会影响到低压涡轮的落压比 $\pi_{T,L}$,而且会通过外涵道直接影响到风扇外涵道的工作。因此,与加力涡喷发动机相类似,为了保证加力燃烧室前各部件的共同工作不因接通加力而受到影响,在接通加力的同时应该相应地放大尾喷管喉部的面积。

加力涡扇发动机的 σ_{ab} 和 Δ_{ab} 分别定义为

$$\sigma_{ab} \equiv \frac{p_{t7}}{p_{t6}}, \quad \Delta_{ab} \equiv \frac{T_{t7,ab}}{T_{t6}}, \quad p_{t8} = \sigma_c p_{t7} \quad (2.188)$$

令 f_{ab} 为加力燃烧室的油气比,于是分析混合器出口截面与尾喷管喉部截面的流量时,有

$$\dot{m}_{g6}(1+f_{ab}) = \dot{m}_{g8} \quad (2.189)$$

或者

$$(1+f_{ab})K_g \frac{A_6 q(\lambda_6)}{\sqrt{T_{t6}}} = K_g \frac{A_8 q(\lambda_8)\sigma_{ab}\sigma_c}{\sqrt{T_{t8}}} \quad (2.190)$$

将式（2.190）进一步化简，可得

$$q(\lambda_6) = \frac{\sigma_c \sigma_{ab} A_8 q(\lambda_8)}{(1+f_{ab})A_6 \sqrt{\Delta_{ab}}} \quad (2.191)$$

将加力时的式（2.191）与不接通加力时的式（2.179）相比较可以看出：加力时影响 $q(\lambda_6)$ 的因素增加了三个方面，即加热比 Δ_{ab}、油气比 f_{ab} 和加力时加力燃烧室的总压恢复系数 σ_{ab}，这些因素将影响混合器的流通能力。因此，即使不改变 A_8 的面积，只要改变加力燃烧室的供油量也会影响 $q(\lambda_6)$ 值的变化。

2.3.4 发动机调节规律的选择原则以及加力涡扇发动机的调节规律

1. 调节规律选择的一般原则以及被控参数的选取

发动机的调节控制系统十分重要，选择合适的发动机调节规律是进行发动机总体性能设计的重要内容之一，这里扼要给出调节规律的选择原则：

（1）使发动机能够具有最鲁棒的性能，要使推力和耗油率能满足飞行任务和战术技术指标的要求。

（2）使发动机能够具有很好的过渡态性能，能够迅速响应驾驶员的操作指令。

（3）保证发动机的工作安全，要避免超温、超转、推力摆动、风扇和压气机喘振、加力燃烧室振荡燃烧等。

（4）调节系统要易于实现，并且调节系统工作可靠。

对于加力涡扇发动机稳态性能的调节规律可分如下四种：

（1）最大状态（全加力）调节规律，即在不同的飞行条件下，油门杆置于最大状态位置时，被控参数按给定的调节规律变化。

（2）中间状态调节规律（不加力最大），即在不同的飞行条件下，油门杆置于中间状态时，被控参数按给定的调节规律变化。

（3）加力节流状态调节规律，即在给定的飞行高度和飞行马赫数下，被控参数随油门杆位置（在加力域内）的变化规律。

（4）节流状态的调节规律，即在给定的飞行高度和飞行马赫数下，被控参数随油门杆位置（在不加力域内）的变化规律。

对于不接通加力且几何不可调的发动机，这时控制量只有一个，即主燃烧室的供油量，因此被控参数也只能是一个，如低压转子转速，或高压转子转速，或涡轮前总温或涡轮后总温，或压气机出口压强等。一旦选定了某个对于几何可调的发动机，每增加一个可调几何位置（例如调节收扩尾喷管面积，调节风扇导流叶片和调节压气机静子叶片安装角，调节涡轮导向器喉部截面面积，调节涡轮叶尖间隙，进行压气机级间放气，调节内涵道与外涵道的面积，进行反推力控制等），就可增加一个被控参数。

对于接通加力的发动机状态，这时除主燃烧室燃油供油量作为控制量之外，还增加了另一个控制量——对加力燃烧室加力供油量，这样就有两个控制量，对应地有两个被控参数。除了可以选择上述转速或者温度作为被控参数之外，在加力状态时又可选择加力燃烧室出口总温或者总余气系数 α_{ab} 作为被控参数。

2. 大涵道比涡扇发动机的调节规律

大涵道比涡扇发动机主要考虑的是满足不同飞行航段飞机对发动机性能的要求，因此常选择风扇转速或者发动机压比（它常定义为涡轮出口截面气流总压 p_{t5} 与风扇进口截面总压 p_{t2} 之比，即 EPR）作为被控参数。

（1）控制风扇转速的调节规律。如果选择低压风扇转速作为被控参数，飞行条件变化时，调节系统通过调节主燃烧室的供油量去达到控制低压风扇转子转速的目的，如 CF6、CFM56 发动机等都选择这种调节方案。

（2）控制发动机压比的调节规律。

发动机的推力是随发动机压比的增加而增加的，因此控制发动机压比便可以准确地控制发动机的推力，因此大涵道比分排涡扇发动机如 PW4000 系列发动机选择这种调节方案。

3. 混排加力涡扇发动机的调节规律

混排加力涡扇发动机多用于战斗机。现代军用加力涡扇发动机的稳定性能调节规律也分为四种，即全加力最大推力状态调节规律、最小加力推力状态调节规律、加力节流状态调节规律和中间状态调节规律。被控参数可在 n_L、n_H、T_{t4}、或 T_{t5}、$T_{t,ab}$、p_{t6}/p_{t2}（这里混合器出口压强和风扇进口压强之比也称为发动机压比）等参数中进行选择。可调几何参数通常包括风扇进口导流叶片角度 α_F、高压压气机静子叶片角度 $\alpha_{c,H}$、尾喷管喉道面积等。因篇幅所限，以下主要讨论中间状态调节规律和全加力最大推力状态调节规律。

1）中间状态调节规律

对于复燃加力式发动机，中间状态是指在不接通加力时产生最大推力的状态；对于无复燃加力的发动机，中间状态是指产生最大推力的工作状态。中间状态多用于起飞、短时间爬升、加速和超声速巡航等。这里仅讨论中间状态一类简单情况的调节规律。令发动机不接通加力，并且发动机几何参数不可调，可控量只有一个，单变量可调节规律可以是如下几种形式中的一种：

$$n_L = n_{L,\max} = \text{const} \tag{2.192}$$

$$n_H = n_{H,\max} = \text{const} \tag{2.193}$$

$$T_{t4} = n_{t4,\max} = \text{const} \tag{2.194}$$

$$n_{L,\text{cor}} = \text{const} \tag{2.195}$$

为了实现上述调节规律,可以将主燃烧室供油量作为可控变量,通过调节燃油量达到控制被控参数按照给定规律进行变化。另外,为了适应超声速飞机在宽广范围内飞行的需要,也常采用组合调节规律,因篇幅所限对此不展开讨论。

2) 全加力最大推力状态调节规律

混排加力涡扇发动机的最大推力状态即全加力状态,其可控量除主燃烧室的供油量之外,又增加了一个可控量,即加力燃烧室的燃油流量,于是又增加了一个被控参数。例如,可采用的调节规律如下:

(1) 调节 A_{8ab} 去控制风扇转速 $n_L = n_{L,\max} = \text{const}$;
(2) 调节主燃烧室的供油量 $\dot{m}_f$ 去控制涡轮前温度 $T_{t4} = T_{t4,\max} = \text{const}$;
(3) 调节加力燃烧室的供油量 $\dot{m}_{f,ab}$ 去控制总余气系数 $\alpha_{ab} = \alpha_{ab,\min} = \text{const}$。

最小总余气系数 $\alpha_{ab,\min}$ 一般为 1.15 左右,太小,难以保持稳定燃烧。对于加力涡扇发动机来讲,总余气系数为

$$\alpha_{ab} = \frac{\dot{m}_{aI} + \dot{m}_{aII}}{(\dot{m}_f + \dot{m}_{f,ab}) L_0} \tag{2.196}$$

式中:L_0 为理论空气量,即 1 kg 燃油完全燃烧在理论上需要的空气量。

在实际飞行中,总余气系数 α_{ab} 是不易测量的,实践中多通过对组合参数 $\dfrac{\dot{m}_{f,ab}}{p_{t3}}$ 间的关系进行控制。因为

$$\alpha_{ab} = \frac{1+B}{\left(f + \dfrac{\dot{m}_{f,ab}}{\dot{m}_{aI}}\right) L_0} \tag{2.197}$$

式中:f 为主燃烧室的油气比。

又因为

$$\dot{m}_{aI} = C_{44} \cdot \frac{p_{t3}}{\sqrt{T_{t4}}} \tag{2.198}$$

式中

$$C_{44} \equiv \sigma_b \sigma_{nb,H} K A_4 q(\lambda_{ab,H}) \tag{2.199}$$

将式(2.198)代入式(2.197)可得

$$\alpha_{ab} = \frac{1}{\left(\dfrac{f}{1+B} + \dfrac{\dot{m}_{f,ab}\sqrt{T_{t4}}}{C_{44} p_{t3}(1+B)}\right) L_0} \tag{2.200}$$

由式(2.200)表明,影响 α_{ab} 的主要因素为 $\tilde{\alpha}_{ab}$,称为组合参数,定义为

$$\tilde{\alpha}_{ab} \equiv \frac{\dot{m}_{f,ab}\sqrt{T_{t4}}}{(1+B) p_{t3}} \tag{2.201}$$

因此，随着飞行条件的变化，只要保证组合参数 $\widetilde{\alpha}_{ab}$ 不变，就可以保证总的余气系数 $\alpha_{ab}=\mathrm{const}$。式（2.201）又可改写为

$$\frac{\dot{m}_{\mathrm{f,ab}}}{p_{\mathrm{t3}}}=\frac{C_{45}(1+B)}{\sqrt{T_{\mathrm{t4}}}} \qquad (2.202)$$

式中

$$C_{45} \equiv \widetilde{\alpha}_{ab} \qquad (2.203)$$

通常，在给定油门杆位置时，涡轮前温度 T_{t4} 和涵道比 B 都是发动机进口总温 T_{t2} 的函数，因此控制总余气系数 α_{ab} 保持常数的加力供油量调节规律便可用如下形式给出：

$$\frac{\dot{m}_{\mathrm{f,ab}}}{p_{\mathrm{t3}}}=f(T_{\mathrm{t2}}) \qquad (2.204)$$

2.4 采用不同相似参数对部件特性线的影响

本小节主要讨论采用不同相似参数时对部件特性线的影响以及航空发动机性能的预测问题。针对传统的压气机特性图出现各等转速线的变化没有太多规律可循的现象，提出了一种改进措施以方便特性线的插值计算。另外，将机器学习理论中十分有效的支持向量机技术用于航空发动机性能样本数据的训练和预测，并且将小波尺度函数与 SV（Support Vector）算法相结合，发展了 WSK-SV（Wavelet Scaling Kernel-Support Vector）新算法，典型算例显示了这种新算法的可行性与通用性。

2.4.1 以 $\dot{m}_{3,\mathrm{cor}}$ 和 n_{cor} 为参变量的压气机特性图

通常，压气机的特性图多以 $\dot{m}_{2,\mathrm{cor}}$ 和 n_{cor} 为参变量，例如

$$\pi_{\mathrm{c}}=f_1(\dot{m}_{2,\mathrm{cor}},n_{\mathrm{cor}}) \qquad (2.205)$$

$$\eta_{\mathrm{c}}=f_2(\dot{m}_{2,\mathrm{cor}},n_{\mathrm{cor}}) \qquad (2.206)$$

式中：$\dot{m}_{2,\mathrm{cor}}$、n_{cor} 分别为压气机进口的换算流量和换算转速。

由文献［11］可得

$$\dot{m}_{3,\mathrm{cor}}=\dot{m}_{2,\mathrm{cor}}\frac{1}{\pi_{\mathrm{c}}}\sqrt{\frac{T_{\mathrm{t3}}}{T_{\mathrm{t2}}}} \qquad (2.207)$$

式中：π_{c} 为压气机的增压比，即

$$\pi_{\mathrm{c}}=\frac{p_{\mathrm{t3}}}{p_{\mathrm{t2}}} \qquad (2.208)$$

另外，令 M_{c} 为压气机的扭矩，ω、N_{c} 分别为转子的转动角速度和压气机的功率，于是有

$$N_{\mathrm{c}}=\dot{m}_2 L_{\mathrm{c}}=c_{\mathrm{p}} T_{\mathrm{t2}} \dot{m}_2 \left(\frac{e_{\mathrm{c}}-1}{\eta_{\mathrm{c}}}\right) \qquad (2.209)$$

第一篇　典型航空发动机共同工作线模型方程的分析

$$L_c = c_p T_{t2} \frac{e_c - 1}{\eta_c} \tag{2.210}$$

$$e_c = (\pi_c)^{\frac{\gamma-1}{\gamma}} \tag{2.211}$$

$$M_c = \frac{N_c}{\omega} \tag{2.212}$$

此外，N_c、M_c 和 L_c 的相似参数分别为[11]

$$\frac{N_c}{p_{t2}\sqrt{T_{t2}}} = \text{const} \tag{2.213}$$

$$\frac{M_c}{\dot{m}_2\sqrt{T_{t2}}} = \text{const} \tag{2.214}$$

$$\frac{L_c}{T_{t2}} = \text{const} \tag{2.215}$$

由式（2.212）以及式（2.213）~式（2.215）可得[11]

$$M_{c,\text{cor}} = \frac{30}{\pi}\pi_c \dot{m}_{3,\text{cor}} \cdot \frac{L_{c,\text{cor}}}{n_{\text{cor}}} \sqrt{\frac{T_{t2}}{T_{t3}}} \tag{2.216}$$

式中：π 为圆周率。

仿照式（2.205）与式（2.206）的推导思路，可得

$$\pi_c = f_3(\dot{m}_{3,\text{cor}}, n_{\text{cor}}) \tag{2.217}$$

$$M_{c,\text{cor}} = f_4(\dot{m}_{3,\text{cor}}, n_{\text{cor}}) \tag{2.218}$$

因此，由式（2.205）、式（2.217）、式（2.206）和式（2.218）可以绘出某型压气机的特性图，如图 2.26~图 2.29 所示。

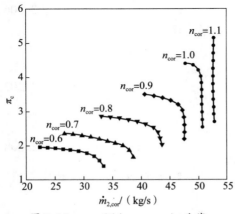

图 2.26　$\pi_c = f_1(\dot{m}_{2,\text{cor}}, n_{\text{cor}})$ 曲线

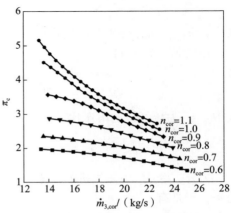

图 2.27　$\pi_c = f_3(\dot{m}_{3,\text{cor}}, n_{\text{cor}})$ 曲线

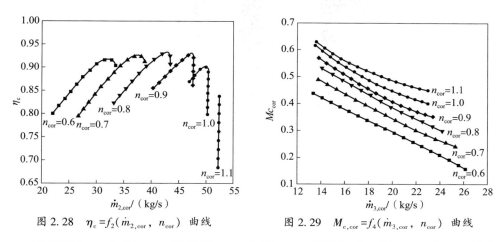

图 2.28 $\eta_c = f_2(\dot{m}_{2,cor}, n_{cor})$ 曲线   图 2.29 $M_{c,cor} = f_4(\dot{m}_{3,cor}, n_{cor})$ 曲线

比较图 2.26 与图 2.27 以及图 2.28 与图 2.29 可以发现：用 $\dot{m}_{3,cor}$ 和 n_{cor} 所表达的 π_c 曲线和 $M_{c,cor}$ 曲线变得很有规律，其等转速线 n_{cor} 几乎都接近于直线，这给特性线的插值带来极大方便。

2.4.2 小波尺度核函数以及 WSK-SV 算法

1. 尺度函数和尺度核函数

小波分析理论是近 20 年来发展起来的一种新的数学分析方法，是继傅里叶变换以来又一个重大的理论突破[12]。虽然，人们常遇到的小波有许多种（这里仅列举 10 种，分别为 Mexican Hat 小波、Morlet 小波、Haar 小波、Shannon 小波、Gauss 小波、Meyer 小波、Franklin 小波、Battle-Lemarie 小波、Daubechies 小波、Coiflets 小波），但并不是所有的小波系都具有多分辨分析（Multi-Resolution Analysis，MRA）。令 $\psi(x)$ 与 $\varphi(x)$ 分别代表小波函数与它的尺度函数，并且有

$$\psi(x) = \sum_n [g_n \varphi(2x-n)] \qquad (2.219)$$

$$\varphi(x) = \sum_n [h_n \varphi(2x-n)] \qquad (2.220)$$

由上述 g_n 和 h_n 便可以组成数列 $\{g_n\}$ 和 $\{h_n\}$，它们分别称为高通小波滤波器系数和低通小波滤波器系数。以 Daubechies 小波为例，它是紧支集的正交小波，它的尺度函数也为紧支集的正交尺度函数，也就是说数列 $\{h_n\}$ 与 $\{g_n\}$ 分别仅含有限个非零元素[12-14]。文献 [15] 给出了尺度核函数 $K(x, x')$，其表达式为

$$K(x, x') = \prod_{i=1}^{n} \varphi(x_i - x'_i) \qquad (2.221)$$

于是，可以得到 SV 算法的决策函数 $g(x)$，其具体表达式不再给出，感兴趣读者

可以参阅文献［16］。

2. WSK-SV 算法及其基本结构

令 $S=\{(x_1,y_1),(x_2,y_2),\cdots,(x_l,y_l)\}\in(\mathbf{R}^n\times\mathbf{R}^l)$ 为训练集，在所有输入向量中，假定支持向量有 N 个，它们分别为 $SV_1,SV_2,\cdots,SV_N$，借助于小波变换，便可以得到对应的满足 Mercer 条件的小波尺度函数 $\varphi(x_1),\varphi(x_2),\cdots,\varphi(x_N)$ 以及小波框架 $\psi(x_1),\psi(x_2),\cdots,\psi(x_N)$，于是由式（2.221）可求出相应的核函数，进而获得相应的决策函数 $g(x)$。图 2.30 给出了 WSK-SV 算法及其基本结构简图。

2.4.3 WSK-SV 算法的典型算例以及多维小波概述

算例 1：用 WSK-SV 算法逼近曲率复杂变化的曲线。

在闭区间［-10,10］上均匀地选取 300 个点作为训练数据，其相应的输出量为

$$y_i = 2\sin(-3cx_i)\exp(-0.1x_i^2)-\sin(cx_i)-0.002x_i \qquad (2.222)$$

取惩罚因子 $c=100$；这里分别采用 WSK-SV 算法与人工神经网络（ANN）进行了计算，得到逼近误差分别为 0.0022 与 0.034，显然 WSK-SV 的精度比 ANN 的高。图 2.31 给出了 WSK-SV 算法所逼近的结果，计算时采用了 Daubechies 小波的尺度核函数。

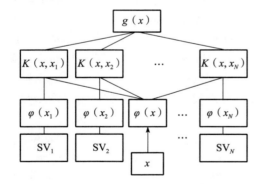

图 2.30　WSK-SV 算法及其基本结构简图

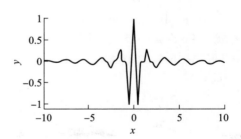

图 2.31　用 WSK-SV 算法逼近复杂曲线

算例 2：用 WSK-SV 算法逼近复杂曲面。

在闭区间［-2,2］×［-2,2］上均匀选取 400 个输入点，其相应的输出量为

$$z_i = (x_i^2-y_i^2)(\cos x_i+\sin y_i) \qquad (2.223)$$

这里采用 WSK-SV 算法进行了计算。在计算中，核函数分别取 Daubechies 小波的尺度核函数以及 Gauss 径向基（RBF）核函数。RBF 核函数的表达式为

$$K(x,x') = \exp\left\{-\frac{|x-x'|^2}{\sigma^2}\right\} \qquad (2.224)$$

计算时，$\sigma=2.63$。图 2.32 给出了采用 WSK-SV 算法得到的曲面。在这两种计算中，所得的支持向量个数分别为 83（采用 Daubechies 尺度核函数时）与 106（采用 RBF 核函数时），计算误差分别为 0.00033（采用 Daubechies 时）与 0.00082（采用 RBF 时）。显然 WSK-SV 算法不仅有较高的回归精度，而且减少了支持向量的数目。

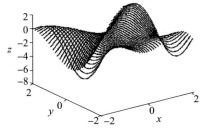

图 2.32 用 WSK-SV 算法逼近复杂曲面的算例

算例 3：超声速射流元件流场性能的预测。

超声速射流元件的结构形状如图 2.33 所示，这类元件多用于飞行器的飞行控制，文献 [17] 的表 1 与表 2 给出了 21 个样本；为进一步考核 WSK-SV 算法在多个设计变量下的预测能力，这里又增加了 243 个样本（原则上按每个设计变量增加 3 个），于是这时的训练集为 264 个样本。显然，这里 $n=5$，$l=264$，并且输出量有 3 个，它们充分反映了该问题三维流场的性能。为了进一步考查在 WSK-SV 算法中的尺度核函数的通用性，本算例选用了 Shannon 小波的尺度函数作为 WSK-SV 算法中所使用的核函数。Shannon 小波是正交小波，在时域中是支集无限的（不具有紧支集）；它的尺度函数具有平移正交性，而且在时间上衰减较快（但它不是严格的局域函数）。Shannon 小波尺度函数的表达式为

$$\varphi(x)=\frac{\sin(\pi x)}{\pi x} \tag{2.225}$$

图 2.34 给出了 Shannon 小波尺度函数的图形，它的尺度核函数为

$$K(x,x')=\prod_{i=1}^{n}\frac{\sin[\pi(x_i-x'_i)]}{\pi(x_i-x'_i)} \tag{2.226}$$

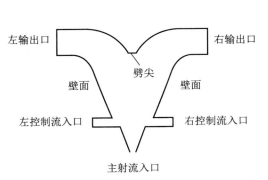

图 2.33 超声速射流元件的结构示意图

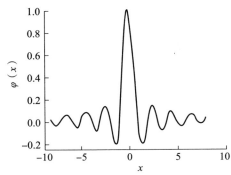

图 2.34 Shannon 小波的尺度函数

如果超声速射流元件的控制口离喉部的距离 $D=0.019721\mathrm{m}$，劈尖半径 $R=$

0.007816m，输出通道宽度 $H=0.0198364$m，位差 $S=0.0063408$m，控制口宽度 $L=0.0067981$m 时，于是以式（2.226）为核函数，采用 WSK-SV 算法预测出的流场推力为 11572N，而采用响应面法以及小波神经网络法得到的分别为 11633N 与 11599N，由三维 Navier-Stokes 方程计算出的流场合推力为 11526N，显然本节由 WSK-SV 算法所预测的合推力更贴近于期望值（三维流场的计算结果）。

这里将上述三个算例进行小结，其主要看法如下：

（1）本节给出了三个典型算例，从一维、二维和三维问题的不同侧面初步显示了本节所提出的 WSK-SV 新算法是可行的与有效的。算例 2（二维问题）与算例 3（三维流动问题）分别采用了 Daubechies 小波的尺度核函数与 Shannon 小波的尺度核函数，前者为正交紧支小波，后者虽不是紧支的但它是正交小波，而且尺度函数有显式的数学表达式，它们都能成功地用于本小节的 WSK-SV 算法中，从而进一步显示了 WSK-SV 算法的可行性与通用性。

（2）该算法所预测出的流场性能要比响应面法以及小波神经网络法更贴近于期望值并且精度也较高。但应该指出的是，从计算所占用的时间上看，响应面法最少，而 WSK-SV 算法与小波神经网络算法所用的时间大体上相当，它们与响应面方法相比时间要长许多，因此进一步探讨 WSK-SV 的高效算法乃是今后一个很好的研究方向。

目前，有关小波应用的国内发表文献所使用的小波多属于一维小波。事实上，对于多尺度复杂流场的计算需要二维和三维小波[18]。在二维和三维欧几里得空间中进行多分辨分析（MRA）时，需要在尺度空间与小波空间分别引进尺度基与小波基。在二维问题时，尺度基与小波基的基底由 1 个尺度函数和 3 个小波函数组成，在三维问题时，尺度基与小波基的基底由 1 个尺度函数和 7 个小波函数组成，多维小波问题的上述基本概念十分重要[16]。

2.4.4 三点结论

（1）采用 $\dot{m}_{3,\text{cor}}$ 和 n_{cor} 作为参变量表达航空发动机的性能，所得等转速曲线变得很有规律，这对航空发动机特性线插值十分有益。

（2）WSK-SV 算法是机器学习中一类优秀的算法，它具有很好的收敛性以及泛化能力，它能够有效地提高机器的学习与预测能力。

（3）对于流场中多尺度问题，应注意展开二维张量积小波和三位张量积小波问题的多分辨分析研究工作。正是这个原因，对于二维与三维问题使用尺度核函数（如式（2.221）所示）是方便的。

2.5 用共同工作线的模型方程预测高空性能的局限性

以单转子发动机为例，在非设计工况下发动机的参数不随时间变化的稳定状态时，发动机的三大部件（压气机、燃烧室和涡轮）必须满足以下相互制约的关系，即共同工作条件：

(1) 通过压气机与涡轮的气体其质量流量连续；
(2) 压力平衡；
(3) 压气机与涡轮的功率平衡；
(4) 压气机与涡轮安装在同一转轴上，其物理转速相等。

由此可以推出核心机的共同工作线方程，例如单转子时的式 (2.43)。值得注意的是，在推导该式时对许多热力学参数都假设为常数。

另外，在推导式 (2.43) 时，并没有考虑大气温度、湿度对发动机工质热物性 (如比定压热容、比定容热容、比热比、气体常数 R) 的影响；此外，在使用发动机性能换算公式，将非标准条件下获得的性能数据换算成标准条件相应值的过程中，忽略了燃油热值变化所造成的影响。同样，在使用相似理论的假设时，将许多相似参数均假设为常数，这也是造成误差的根源之一。

大量的试验数据已经证明：只考虑干空气的热力性质和物性参数，不考虑含湿量对部件性能的影响，也是造成误差的另一个根源。

第 3 章和第 4 章将详细讨论航空发动机试车中使用的换算公式以及相似参数，这一系列的换算公式和相似参数都是在许多假设下才能获得的，而所引用的一些假设和相似参数 (如空气质量流量的相似参数、燃油质量流量的相似参数、转速相似参数、推力相似参数以及压力比、温度比等) 在有些情况下恰恰是造成误差的根源。

2.5.1 高空低雷诺问题

高空低雷诺数 (Re) 问题是发动机性能计算时必须要关注的问题。Re 是惯性力与黏性力之比，当 Re 小于某一定值 (第一临界值) 后，流动状态与流速分布均相似，这时与 Re 的大小不再有关。小于第一临界的 Re 范围称为第一自模化区；当 Re 从第一临界值开始增大时，黏性力相对地减小，流动的紊乱程度变大，惯性力大大超过黏性力，流动趋于湍流状态。当 Re 继续再增大到大于某一定值 (第二临界值) 时，流体的流动状态和流速分布又都与 Re 无关，这时流体的流动进入第二自模状态。大于第二临界值的 Re 范围称为第二自模化区。在第一或第二自模化区内，流动相似与 Re 无关；在其他范围，则要求流动的 Re 相等，才能满足相似条件。对于涡轮喷气发动机来讲，它处在地面和低空高速飞行的飞行器环境工作时，以叶片弦长为特殊尺寸的 Re 一般大于第二临界值 ($(2.0 \sim 3.5) \times 10^5$)，燃烧室以等效直径为特征尺寸的 Re 一般也大于第二临界值 (大约 2.0×10^5 量级)，在这种情况下，可以略去 Re 的影响。但是当发动机进口压强低到一定程度后，如高空低速飞行时，则不能略去 Re 的影响，第 3 章和第 4 章专门讨论了高空低速飞行时压气机与涡轮部件性能的工程修正方法，第 8 章还详细讨论了三维流场的直接精确算法。

2.5.2 性能换算常用相似参数应用的限制问题

在航空发动机试车中，利用相似原理所推出的相似参数都是在引入一些假设之下得到的，因此它们的应用是有限制的：

（1）发动机性能分析常用的相似参数是对同一种工质、温度相近的情况下，并且以满足流动相似的马赫准则为基础而得到的。因此，对于不同工质且温度相差较大的状态，理应进行适当修正。

（2）即使在发动机流动相似的情况下，燃烧室的物理化学过程和热力过程的相似条件仍没有得到满足，而且对热相似的条件没有考虑，因此按传统的燃油质量流量相似参数进行发动机性能参数换算所引起的误差较大，应予以修正。

（3）在地面大气温度和湿度变化的范围内，按马赫准则或欧拉准则导出的相似参数差别不大，其间的相对差别在工程允许的范围之内。

（4）当发动机进口压强低于 7.0×10^4 Pa 时，要使发动机流动相似，除了应该满足雷诺准则之外，采用雷诺数指数（RNI）去评价发动机高空性能是高空台试验中常用的方法。

（5）以传统相似参数为基础的发动机共同工作线方法，用于高空低速飞行问题时会产生误差，从理论上讲产生这类误差是必然的，因此相应的修正也是非常必要的。

第二篇

影响高空稳态特性的几种因素以及高空台的试验研究

第 3 章

影响发动机高空稳态特性的几种重要因素

3.1 反映发动机稳态特性的相关曲线

航空发动机通常在宽广的范围内工作,当发动机在工作过程中使用条件偏离设计条件时所表现出的性能称为特性。通常将发动机性能参数随飞行条件、大气条件和发动机油门位置的变化关系称为发动机特性。当发动机处于平衡工作状态,参数不随工作时间变化,这时所表现出的特性称为稳态特性;从一个稳态快速过渡到另一个稳态时所表现出的特性称为过渡态特性。本章主要讨论影响稳态特性的几种重要因素。

航空发动机的稳态特性又称为稳态性能,主要包括速度特性、高度特性和节流特性,这是通常有关航空发动机文献中所关注的内容[19-27]。速度特性是指在给定的飞行高度、发动机工作状态(油门杆位置不变)和调节规律下,发动机推力和耗油率随飞行马赫数(或工作速度)的变化规律。高度特性是指在给定的发动机状态(油门杆位置不变)调节规律下,当飞行速度(或马赫数)不变时,发动机推力和耗油率随飞行马赫数的变化规律。节流特性是指在给定的飞行马赫数、飞行高度、大气条件和调节规律下,发动机推力和耗油率随油门杆位置的变化规律。此外,对于不同类型的发动机又常设有几个规定的工作状态,以超声速飞机小涵道比涡扇发动机为例,常用的工作状态有全加力最大推力状态、最小加力推力状态、中间状态、最大连续状态(或额定状态)、巡航状态和慢车状态。驾驶员可通过操纵油门杆去改变发动机的工作状态。

3.1.1 反映速度特性的有关曲线

本节以涡扇发动机为例,为便于讨论所选择的调节规律为

$$n_L = n_{L,max} = \text{const} \tag{3.1}$$

$$T_{t4} = T_{t4,max} = \text{const} \tag{3.2}$$

在给定的飞行高度下,随着飞行马赫数的增加,发动机进口的总压 p_{t2} 和总温 T_{t2} 将随之增高,并服从关系

$$p_{t2} = \sigma_i p_{t0} = \sigma_i p_{s0}\left(1 + \frac{\gamma-1}{2}Ma_0^2\right)^{\frac{\gamma}{\gamma-1}} \tag{3.3}$$

$$T_{t2} = T_{t0} = T_{s0}\left(1 + \frac{\gamma-1}{2}Ma_0^2\right) \qquad (3.4)$$

式中：p_{s0}、T_{s0} 分别为远前方未受扰动 0 截面处的静压与静温。

发动机的空气流量 $\dot{m}_a$ 取决于高压涡轮的流通能力，而通过高压涡轮的流量又与其进口的总压 p_{t4} 密切相关。p_{t4} 与 p_{s0} 的关系为

$$\frac{p_{t4}}{p_{s0}} = \sigma_i \pi_c \sigma_b \left(1 + \frac{\gamma-1}{2}Ma_0^2\right)^{\frac{\gamma}{\gamma-1}} \qquad (3.5)$$

随着飞行马赫数 Ma_0 的增加，p_{t4} 值增大，总空气量 $\dot{m}_a$ 也就随 Ma_0 的增加而增大，如图 3.1 所示。

在给定的调节规律（式（3.1）和式（3.2））下，随着飞行马赫数的增加，总温 T_{t2} 增加，于是低压转子的换算转速 $n_{L,cor}$ 减小，高压、低压转子的共同工作点沿着各自的共同工作线向左下方移动。由于涡扇发动机的内涵道是一个设计增压比较高的压缩部件，因此随着换算转速的变小，内涵道换算流量的下降比外涵道更快，所以随着飞行马赫数 Ma_0 的增加，发动机的涵道比 B 加大，如图 3.2 所示。

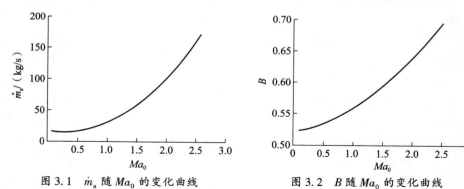

图 3.1 $\dot{m}_a$ 随 Ma_0 的变化曲线   图 3.2 B 随 Ma_0 的变化曲线

随着飞行马赫数的变大，发动机进口气流总压 p_{t2} 增加，这使得尾喷管进口气流总压增大，喷管压比增加，导致尾喷管出口的排气速度增大。

混排涡扇发动机非安装推力为

$$F = (\dot{m}_{g5} + \dot{m}_{a\mathrm{II}})V_9 + (p_{s9} - p_{s0})A_9 - (\dot{m}_{a\mathrm{I}} + \dot{m}_{a\mathrm{II}})V_0 \qquad (3.6)$$

式中：$\dot{m}_{g5}$ 为涡轮出口燃气的流量。

单位推力 F_s 为 F 与空气流量 $\dot{m}_a$ 之比，即

$$F_s = \frac{F}{\dot{m}_a} \qquad (3.7)$$

尽管随着 p_{t2} 的增加，导致了尾喷管出口的排气速度增大，但由于排气速度 V_9 的增加程度赶不上进气速度 V_0 的增加程度，再加之发动机的涵道比变大，更

第3章 影响发动机高空稳态特性的几种重要因素

使得排气速度 V_9 与进气速度 V_0 之差随飞行马赫数的增加而迅速减小,因此单位推力 F_s 随飞行马赫数的变大而快速减小,如图3.3所示,变化曲线呈单调下降。

由式(3.6)可知,发动机的推力 F 取决于 F_s 与 $\dot{m}_a$ 之积,随着飞行马赫数的增加,小涵道比涡扇发动机的推力 F 随飞行马赫数的变化是先增后减的趋势,如图3.4(a)所示。

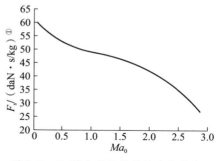

图3.3 F_s 随飞行马赫数的变化曲线

如果用 sfc 代表耗油率,并且采用 $kg/(N \cdot h)$ 为单位,f_a 和 F_s 分别为油气比和单位推力,于是有

$$\text{sfc} = \frac{3600 f_a}{F_s} \qquad (3.8)$$

耗油率的变化主要受 F_s 的影响,由于 F_s 随飞行马赫数 Ma_0 单调下降,因此耗油率 sfc 呈单调增加的趋势,如图3.4(b)所示。

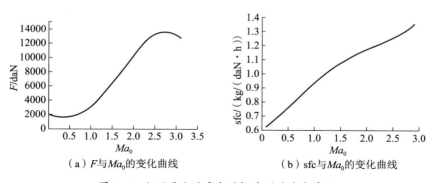

(a) F 与 Ma_0 的变化曲线 (b) sfc 与 Ma_0 的变化曲线

图3.4 小涵道比涡扇发动机典型的速度特性

发动机总效率通常定义为发动机产生的推进功 $F_s V_0$ 与燃油完全燃烧产生的热能 $f_a H_f$ 之比,即

$$\eta_0 = \frac{F_s V_0}{f_a H_f} = \eta_{\text{th}} \eta_p = \frac{3600 V_0}{\text{sfc} \cdot H_f} = \frac{3600 a_0 Ma_0}{\text{sfc} \cdot H_f} \qquad (3.9)$$

式中:V_0 为飞机的飞行速度;a_0 为发动机远前方截面0处的声速;η_{th} 和 η_p 分别代表循环热效率和推进效率;H_f 为燃油低热值;F_s、f_a 以及 sfc 的含义同式(3.8)。

图3.5给出了发动机的 η_0、η_{th} 和 η_p 随飞行马赫数 Ma_0 的变化曲线。由图中 η_{th} 与 Ma_0 之间的关系曲线可以看出:在低飞行马赫数的范围内,循环热效率 η_{th}

---

① 1daN=10N。

随 Ma_0 的增大而增加；而 $Ma_0>3$ 时，η_{th} 随 Ma_0 的增大而减小。另外，推进效率 η_p 随 Ma_0 的增大而增加。此外，发动机的总效率 η_0 在低马赫数 Ma_0 飞行时，η_0 随 Ma_0 的增大而增高；而在高马赫数 Ma_0 飞行时，η_0 随 Ma_0 的增大而降低。当飞行马赫数在 2.5~3.5 内时，小涵道比涡扇发动机具有较高的总效率 η_0，也就是说在这个马赫数范围内，涡扇发动机具有良好的经济性。

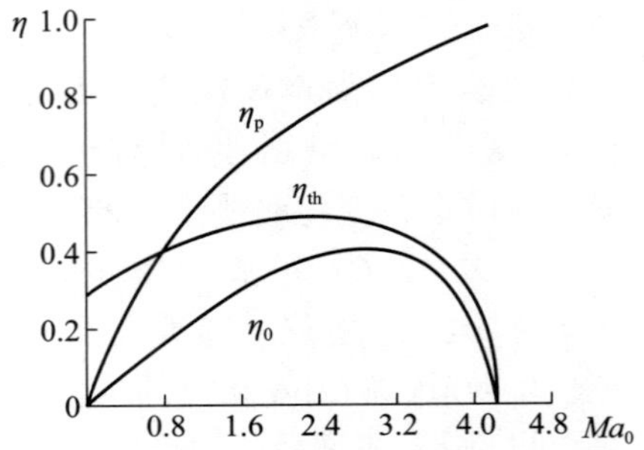

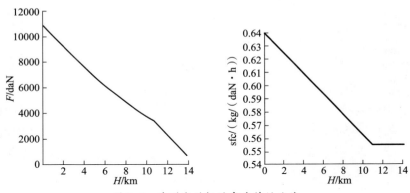

图 3.5 η_0、η_{th} 和 η_p 随飞行马赫数 Ma_0 的变化曲线

3.1.2 反映高度特性的有关曲线

高度特性是飞机选择动力装置的重要依据之一，对于选定的发动机，每种工作状态都有对应的高度特性。图 3.6 给出发动机在中间状态工作时典型的高度特性曲线。由图可知，随着飞机飞行高度的增加，推力 F 下降，耗油率 sfc 也下降，但在平流层（高于 11km 且低于 24km）时，如果不考虑雷诺数的影响，则耗油率将保持不变。

图 3.6 某型发动机的高度特性曲线

以下仍以双转子涡扇发动机为例，讨论发动机的中间工作状态，选用式（3.1）和式（3.2）给出的控制律。图 3.7 给出了大气压强 p_{s0} 和大气温度 T_{s0} 随高度的变化曲线。当飞行高度低于 11km 时，随着飞行高度的增大，进气总压 p_{t2} 和进气总温 T_{t2} 均下降。T_{t2} 下降，使得发动机转子的换算转速增加，发动机共同工作点沿着共同工作线向右上方移动，发动机的换算流量和增压比都增大。

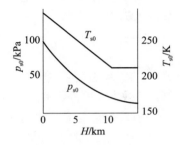

图 3.7 p_{s0} 和 T_{s0} 随飞行高度的变化曲线

正是由于 p_{t2} 随飞行高度的增加而减小，导致

了沿发动机流道各截面上总压的减小，高压涡轮进口总压 p_{t4} 下降便成为发动机总空气进气流量 $\dot{m}_a$ 变化的决定性因素，因此 $\dot{m}_a$ 随飞行高度的增加而迅速下降，如图 3.8 所示。另外，随着飞行高度的增加，换算转速增大，共同工作点沿共同工作线向右上方移动，使压缩部件的增压比增加，而大气压的减小，使尾喷管压比 p_{t9}/p_{s0} 变大，这就导致发动机排气速度 V_9 增大；而在相同的飞行马赫数下，随飞行高度的增加、大气温度 T_{s0} 下降使 V_0 变小，这就导致发动机排气速度与进气速度之差增大，使得 F_s 随飞行高度的增加而增大，如图 3.9 所示。此外，随着飞行高度的增加，发动机的增压比变大，这就改善了循环热效率，使得发动机总效率 η_0 得到提高，于是耗油率下降。

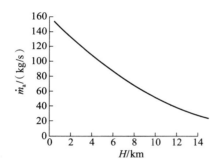

图 3.8 $\dot{m}_a$ 随飞行高度的变化曲线

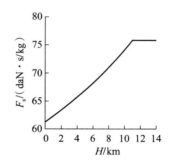

图 3.9 F_s 飞行高度的变化曲线

3.1.3 两种涵道比涡扇发动机的速度—高度特性曲线

速度—高度特性是指对于给定的发动机工作状态和控制规律下，发动机推力 F 和耗油率 sfc 随飞行高度和飞行马赫数的变化关系曲线，图 3.10 和图 3.11 分别给出了小涵道比和大涵道比涡扇发动机的速度—高度特性曲线。对于发动机的每种工作状态都有对应的速度—高度特性，它是全面评价发动机性能的重要基础数据。

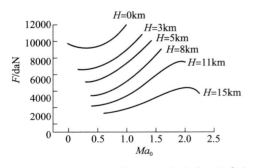

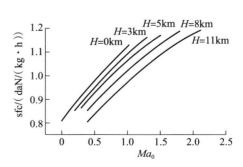

图 3.10 小涵道比涡扇发动机的速度—高度特性曲线

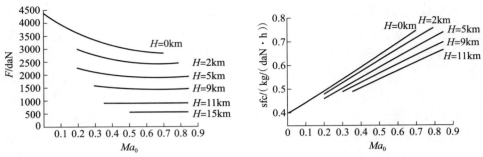

图 3.11 大涵道比涡扇发动机的速度—高度特性曲线

3.1.4 反映节流特性的有关曲线

发动机在不加力状态工作时，通常发动机的转速和油门有对应的关系，因此节流特性也常称为转速特性。图 3.12 给出了不接通加力时双转子涡扇发动机的节流特性。在不加力时，随着油门变小，供油量 $\dot{m}_\mathrm{f}$ 下降，高、低压转子的转速都降低，发动机共同工作点沿共同工作线朝低换算转速方向移动，风扇与压气机的增压比均要降低，这就导致压气机后各截面上的总压下降，发动机总的进气量 $\dot{m}_\mathrm{a}$ 和尾喷管总压 p_{t9} 都下降。另外，内、外涵道的流量均随着转速的降低而减小，并且内涵道减小的更加严重一些，于是随着转速的降低发动机涵道比 B 增加，如图 3.13 所示。此外，从图 3.12 可知，随着发动机从最大转速开始减少供油量时，涡轮前燃气总温 T_{t4} 随之下降并呈现出先降低后很快升高的变化趋势，之所以如此，是由于在低转速范围内，各部件的工作状态远离设计状态，各部件的效率会大大下降，必须靠提高 T_{t4} 来维持低转速条件下的功率平衡。因此，慢车工作状态对应的发动机热端部件的工作温度较高，对发动机慢车工作状态的连续工作时间进行限制是必要的。

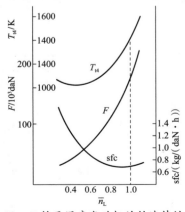

图 3.12 双转子涡扇发动机的转速特性曲线

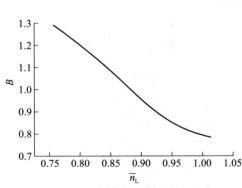

图 3.13 B 随转子转速的变化曲线

第3章 影响发动机高空稳态特性的几种重要因素

接通发动机的加力时，还应有加力节流特性。在加力状态下，增大油门可使加力供油量增加，使加力温度提高、加力推力和加力耗油率加大。复燃加力发动机不加力时的节流特性与不加力式发动机的节流特性相类似，图3.14给出了复燃加力发动机的节流特性，包括加力节流和不加力节流。图3.14（a）给出了马赫数和推力之间的关系。图3.14（b）分别给出了转速与相对推力和相对耗油率之间的关系。另外，从飞行控制的角度上看，希望不加力的中间状态推力与最小加力状态推力之差尽可能小（图3.14（b）），但这种要求是无法实现的，因为加力燃烧室的耗油流量太小时将无法组织加力燃烧室的稳定燃烧。

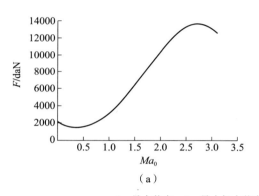 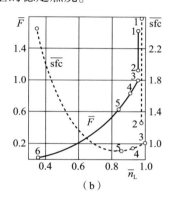

1—最大状态；2—最小加力状态；3—中间状态；
4—最大连续状态；5—巡航状态；6—慢车状态。

图3.14 复燃加力发动机的节流特性曲线（$H=0$，$Ma_0=0$）

3.2 设计循环参数对发动机稳态特性的影响

涡扇发动机的设计循环参数包括涡轮前燃气总温T_{t4}、压缩部件内涵的总增压比π_c、涵道比B以及复燃加力涡扇发动机的加力燃烧室出口处气流的总温T_{tab}，设计参数取值不同将对发动机的稳态特性产生影响。

3.2.1 T_{t4d}和π_{cd}对小涵道比涡扇速度特性的影响

T_{t4d}、π_{cd}分别为涡轮前燃气总温的设计值和压缩部件内涵道总增压比的设计值。图3.15给出了不同T_{t4d}值时推力F、单位推力F_s和耗油率随飞行马赫数的变化曲线。由图可以看出，高涡轮前燃气总温设计值的发动机在所有的飞行马赫数范围内具有较高的推力；但其耗油率也较高，只有在飞行马赫数很高之后，高涡轮前燃气总温设计值的发动机才有较低的耗油率。

图3.16给出了π_{cd}对小涵道涡扇发动机速度特性的影响曲线。由图可以看出，高π_{cd}的发动机在低马赫数飞行时具有较高的推力F和较低的耗油率sfc，而较低π_{cd}的发动机在高马赫数飞行时表现出较好的速度特性。

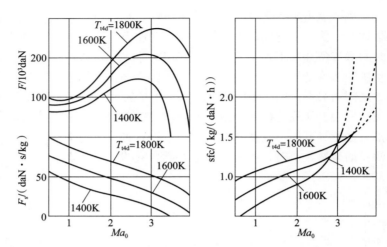

图 3.15 T_{t4d} 对小涵道涡扇发动机速度特性的影响曲线

3.2.2 $T_{tab,d}$ 对复燃加力发动机速度特性的影响

$T_{tab,d}$ 为复燃加力发动机加力燃烧室加力总温的设计值，图 3.17 给出了 $T_{tab,d}$ 对复燃加力发动机速度特性的影响曲线。由图可以看出，在所有的飞行马赫数范围内，复燃加力发动机的推力都大于不加力的；在飞行马赫数低于 3 的范围内，复燃加力发动机的加力耗油率都高于不加力的，而且 $T_{tab,d}$ 越高，复燃加力发动机的推力越大，加力的耗油率越高。

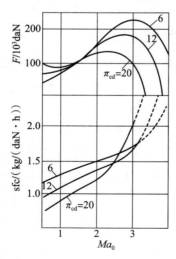

图 3.16 π_{cd} 对小涵道涡扇发动机速度特性的影响曲线

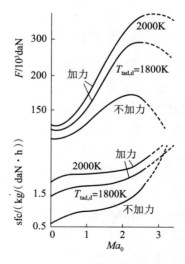

图 3.17 $T_{tab,d}$ 对复燃加力发动机速度特性的影响曲线

3.2.3 涵道比对涡扇发动机速度特性的影响

B_d 为涡扇发动机涵道比的设计值，图 3.18 给出了 B_d 为 0、1、5、8 时涡扇发动机的速度特性曲线。由图可以看出，大涵道比涡扇发动机推力随飞行马赫数的变化趋势与小涵道比的有较大差别。涵道比设计值增大，随飞行马赫数的增大，发动机推力迅速降低。另外，涵道比设计值越大，排气速度越低，推进效率越高，因此大涵道比涡扇发动机在亚声速范围内发动机的耗油率低于小涵道比的涡扇发动机，这时它具有优良的经济性。大涵道比涡扇发动机多用于民用客机和亚声速运输机，小涵道比涡扇发动机多用于现代超声速战斗机。

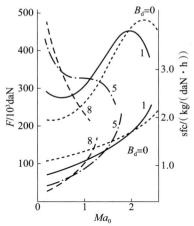

图 3.18 不同 B_d 值涡扇发动机的速度特性曲线

3.3 发动机调节规律对稳态特性的影响

为简单起见，下面以几何不可调双转子涡喷发动机为例进行介绍。在这种情况下，几何不可调的双转子涡喷发动机被控参数只有一个。在讨论中，选取典型的中间状态并给出两种调节规律，分别为 $n_L = \text{const}$ 和 $n_H = \text{const}$。

3.3.1 调节规律对高度特性的影响

图 3.19 分别给出了上述两种调节规律对几何不可调双转子涡喷发动机高度特性影响的比较曲线，这里比较的前提是两种调节规律都对应于相同的 $T_{t4,\max}$ 值。由图可知，在低于 11km 的范围内，随着高度的增加，大气温度的降低使得发动机的换算转速变大，高压压气机所消耗的功相对增加，当采用 $n_H = \text{const}$ 调节规律时，

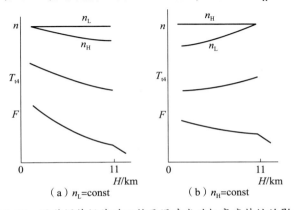

图 3.19 两种调节规律对双转子涡喷发动机高度特性的影响

为了维持高压转子转速，就必须提高涡轮前的总温以增加高压涡轮功，低压涡轮功也因此增加，由图 3.19（b）可以看出，推力 F 随着高度的增加，与图 3.19（a）相比下降得相对缓慢，说明这种调节规律具有较好的高空特性。

3.3.2 两种调节规律对速度特性的影响

图 3.20 给出了上述两种调节规律对双转子涡喷发动机速度特性的影响，这里比较的前提仍是两种调节规律都对应于相同的 $T_{t4,max}$ 值。由图可知，随着飞行马赫数的增加，遵照 $n_L = const$ 调节规律将使得高压转子速度和涡轮前总温均随着飞行马赫数的变大而增加，它具有较好的高速性能；$n_L = const$ 调节规律在最大飞行马赫数时达到涡轮前总温的最高值，因此飞机起飞时对应的涡轮前总温较低、推力也较小。随着飞行马赫数的增加，采用 $n_H = const$ 调节规律使低压转子速度和涡轮前总温均下降，在低速时达到涡轮前总温的最高值，因此低速飞行时推力相对较高。

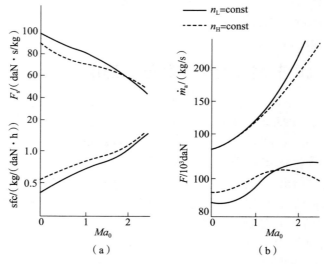

图 3.20　两种调节规律对双转子涡喷发动机速度特性的影响

3.3.3 调节规律对速度—高度特性的影响

首先给出几种发动机加力状态时常用的调节规律。单转子涡喷发动机加力状态时，其可能的调节规律有许多种，例如：

$$\begin{cases} \dot{m}_f \to n = n_{max} = const \\ A_{8,ab} \to T_{t4} = T_{t4,max} = const \\ \dot{m}_{f,ab} \to T_{t,ab} = const \end{cases} \quad (3.10)$$

式中：$\dot{m}_f$、$\dot{m}_{f,ab}$ 分别为对主燃烧室和加力燃烧室的供油量；$\dot{m}_f$、$A_{8,ab}$ 和 $\dot{m}_{f,ab}$ 均为调节量，n、T_{t4} 和 $T_{t,ab}$ 均为被调节量。

对于双转子涡喷发动机，它虽有两个转子，但由于高压转子与低压转子间有

第 3 章 影响发动机高空稳态特性的几种重要因素

气动上的联系,使得两个转子的共同工作点有对应的关系而不独立变化,因此从自动调节的观点上看,双转子涡喷发动机较单转子并没有增加自由度。

对于复燃混排涡轮发动机,它的最大状态是全加力状态,其主机的调节规律可与中间状态(对复燃加力发动机,其中间状态指不接通加力时产生最大推力的状态;对无复燃加力的发动机,其中间状态指产生最大推力的工作状态)控制规律相同;另外,加力燃烧室的供油燃油量 $\dot{m}_{f,ab}$ 可作为调节量,因此增加了一个被控参数。对于复燃加力混排涡扇发动机,它的调节规律也有许多种,例如:

$$\begin{cases} \dot{m}_f \to n_L = n_{L,max} = \text{const} \\ A_{8,ab} \to T_{t4} = T_{t4,max} = \text{const} \\ \dot{m}_{f,ab} \to \alpha_{ab} = \alpha_{ab,min} = \text{const} \end{cases} \quad (3.11)$$

式中:α_{ab} 为加力燃烧室中的总余气系数,最小总余气系数 $\alpha_{ab,min}$ 通常为 1.15 左右,如取得太小,则难以保持加力燃烧室的稳定燃烧。

图 3.21 和图 3.22 分别给出了两种调节规律下复燃加力涡扇发动机处于中间状态和该发动机处于全加力状态时速度—高度特性曲线图,这里采用的是如下两种调节规律:

$$\begin{cases} n_L = \text{const} \\ A_8 = \text{const} \end{cases} \quad (3.12)$$

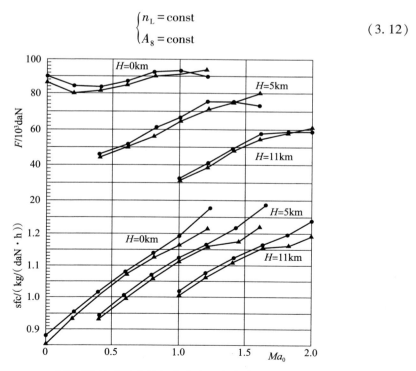

图 3.21　两种调节规律下中间状态速度—高度特性曲线的比较

$$\begin{cases} n_L = \text{const} \\ A_8 = f(\text{EPR}) \end{cases} \quad (3.13)$$

式中：$A_8 = f(\text{EPR})$ 为尾喷管喉部面积，由给定 EPR 的函数关系确定，EPR 为发动机压比，即低压涡轮出口气流总压 p_{t5} 与风扇进口气流总压 p_{t2} 之比，其表达式为

$$\text{EPR} = \frac{p_{t5}}{p_{t2}} \quad (3.14)$$

上式调节规律中，对复燃加力涡扇发动机处于全加力状态时调节规律省略了对加力燃烧室中 $\dot{m}_{f,ab}$ 的调节。

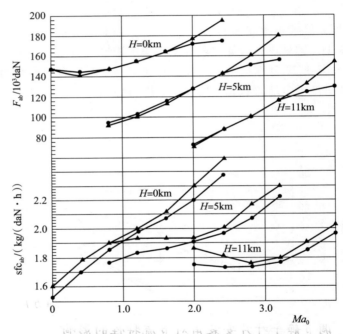

图 3.22　两种调节规律下全加力状态时速度—高度特性曲线的比较

在图 3.21 和图 3.22 中，圆点符号表示 $n_L = \text{const}$，$A_8 = \text{const}$ 调节规律得到的特性结果，三角符号表示 $n_L = \text{const}$，$A_8 = f(\text{EPR})$ 调节规律得到的特性结果。由图 3.21 和图 3.22 可以看出，采用 $n_L = \text{const}$，$A_8 = f(\text{EPR})$ 调节规律后可以得到较低的不加力耗油率。另外，当发动机排气温度一定时，发动机的推力取决于尾喷管进口的总压，也就是说发动机的推力随 EPR 的增加而变大，因此调节 EPR 也可达到准确控制推力的目的。

3.4 可调几何部件对稳态特性的影响

在现代航空发动机中,利用可调节几何部件来改进发动机特性的措施有许多种,如压气机的中间级放气、可调导流叶片的风扇和可调静子叶片的压气机、可调喉道截面以及可调出口面积的尾喷管等。以下仅以尾喷管喉道面积可调以及压气机或风扇静子叶片安装角可调为例,简略说明这些调节对发动机稳态特性所产生的影响。

3.4.1 调节尾喷管喉道面积对稳态特性的影响

图 3.23 给出了混排涡扇发动机尾喷管喉道面积 A_8 调节时对风扇转子共同工作线的影响。由图可以看出,放大尾喷管喉道面积 A_8,使共同工作线下移,增大了风扇的喘振裕度。在低转速条件下放大 A_8 还有利于改善发动机的起动与加速性能。由图 3.24 可知,放大尾喷管喉道面积 A_8 使发动机推力 F 降低,其主要原因是 A_8 放大后涡轮后反压降低、低压涡轮膨胀比变大,维持低压转子功率平衡所需涡轮前的总温降低。另外,尾喷管排气的总压与总温均下降,导致排气速度变小。

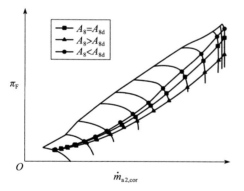
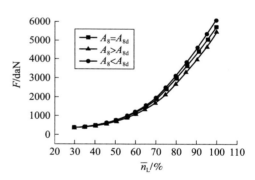

图 3.23 混排涡扇发动机 A_8 调节对风扇转子共同工作线的影响

图 3.24 混排涡扇发动机 A_8 调节对发动机推力 F 的影响

3.4.2 调节静子叶片安装角对节流特性的影响

风扇或压气机的可调节静子叶片通常随风扇或压气机换算转速变化而调节,图 3.25 给出压气机可调静子叶片调节对共同工作线所产生的影响,其中虚线代表静子叶片的安装角朝着叶片转动方向旋转后所得的共同工作线。由图可以看出,静子叶片的上述调节增大了压气机在低换算转速条件下工作时的喘振裕度,并且使得压气机的效率提高、换算流量减少。图 3.26 给出了调节静子叶片对节流特性(又称为转速特性)的影响,图中虚线与实线分别表示调节后与未调节时相对变化的结果,由图可以看出,调节使相对推力 $\overline{F}$ 降低,使相对耗油率 $\overline{\text{sfc}}$ 变大。

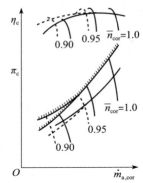
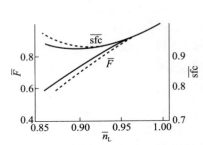

图 3.25 调节压气机静子叶片对共同工作线的影响　　图 3.26 调节静子叶片对节流特性的影响

3.5 大气压强和大气温度对稳态特性的影响

图 3.27 给出了大气压强 p_{s0} 的变化对节流特性的影响，图中 1、2 和 3 分别代表大气压强为 780mmHg、760mmHg 和 730mmHg；对于同样的发动机转速，若 p_{s0} 下降则空气密度下降、流量减少，发动机推力降低，而耗油率不变。

图 3.28 给出了大气温度 T_{s0} 对节流特性的影响。对于同样的发动机转速，大气温度 T_{s0} 增加使得压气机的换算转速下降，压气机增压比和空气流量减小，发动机推力降低和耗油率增加。因此，对于航空发动机的设计，必须要考虑在炎热高温的夏季和高原机场低气压条件下飞机起飞时对推力的要求。

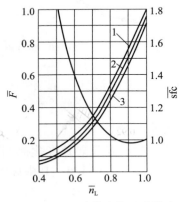
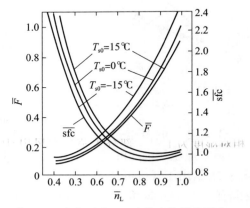

图 3.27 p_{s0} 对节流特性的影响　　图 3.28 大气温度 T_{s0} 对节流特性的影响

3.6 大气湿度对稳态特性的影响

湿度常用含湿量 d 和相对湿度 Ψ 计量，$\Psi=0$ 为干空气，$\Psi=1$ 为饱和湿空气。当相对湿度位于 0~1 之间时，为水蒸气和干空气的混合气体，于是由工程

第3章 影响发动机高空稳态特性的几种重要因素

热力学中混合气体定理便可计算出湿空气的气体常数 R_h、比热比 γ_h 和比定压热容 c_{ph},这里下标 h 表示湿空气。湿空气的气体常数可由下式表达：

$$R_h = \frac{R_a + R_{sd}}{1+d} \quad (3.15)$$

式中：R_a 和 R_s 的下标"a"和"s"分别代表干空气和饱和湿空气,两个气体常数 R_a 和 R_s 分别为 0.287053 和 0.461534。

干空气的比热比为

$$\gamma_a = \frac{c_{pa}}{c_{pa} - R_a} \quad (3.16)$$

式中

$$c_{pa} = -6.7880568 \times 10^{-11} \times T^3 + 1.6579858 \times 10^{-7} \times T^2 \\ + 6.7895023 \times 10^{-5} \times T + 9.7036255 \times 10^{-1} \quad (3.17)$$

式中：T 为空气温度。

由于湿度使气体常数和比热比都发生变化,因此压气机进口截面 2 处的临界声速为

$$a_{2,cr} = \sqrt{\frac{2\gamma}{\gamma+1} R T_{t2}} \quad (3.18)$$

压气机叶片周向速度系数为圆周速度 U_2 与临界声速 $a_{2,cr}$ 之比,即

$$\lambda_u = \frac{U_2}{a_{2,cr}} \quad (3.19)$$

它们都会因为湿度而发生变化,造成风扇/压气机特性的等换算转速线朝着换算流量和增压比较小的方向移动,如图 3.29 所示。图中"空心圆点"代表由于湿空气导致压气机特性线变化后的位置。

由图 3.29 可以看出,湿空气可能引起压气机/风扇喘振边界线产生移动,该图是相对湿度位于 0~1 之间的情况。当相对湿度为 1 时,部分水蒸气在风扇/压气机前凝结,凝结放热使风扇/压气机进口气流总温高于发动机前进口气流总温,使前几级的换算转速下降,而后几级的压缩过程与图 3.29 所述的类似。表 3.1 给出了发动机主要参数随空气湿度的变化趋势。其余更多讨论,这里就不再赘述。

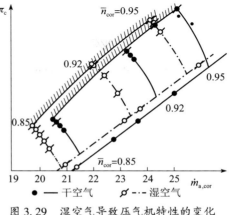

图 3.29 湿空气导致压气机特性的变化

表 3.1　发动机主要参数随空气湿度的变化趋势

参数	相对变化	
	给定低压转子转速	给定推力
低压转子转速	—	增加
高压转子转速	—	增加
空气流量	下降	下降
燃油流量	下降	增加
推力	下降	—
耗油率	增加	增加

3.7　高空雷诺数对稳定特性的影响

3.7.1　雷诺数对压缩部件特性的影响

随着飞行高度的增加，大气密度下降，使 Re 降低。当雷诺数小于临界雷诺数时，叶片表面的边界层加厚，流动损失增加，发动机的流通能力下降，使得压缩部件和涡轮效率下降。雷诺数的减小伴随着压气机与涡轮共同工作线朝稳定边界方向移动，因此压气机的稳定裕度在高空飞行时明显减小，在高空低速飞行时，应该考虑雷诺数降低对发动机性能所产生的影响。

图 3.30 给出了雷诺数对压缩部件特性影响的示意图。图中虚线表示当雷诺数低于临界雷诺数时压缩部件特性线的变化，雷诺数下降使压缩部件特性线上的等换算转速线移动，效率降低，换算流量移向更低换算流量的方向，这对风扇/压气机特性都造成不利影响。在不同的压气机以及压气机的不同工作状态中，雷诺数的临界值可能在一个广泛的范围内变化：压气机叶栅的临界雷诺数与压气机级的临界雷诺数大致在 $(3 \sim 4) \times 10^5$ 的范围。另外，在多级压气机中，各个不同级之间的雷诺数会有很大差别，并且由于气流的温度、密度以及相应的气流运动黏度都会随着转速的变化而改变，各级之间的雷诺数比值也会随着转速的变化而变化。因此，很难确定哪一个部件的雷诺数可以代表对压气机影响最主要的因子。

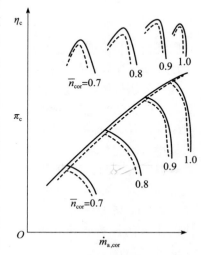

图 3.30　Re 低于临界值时对压缩部件特性的影响

3.7.2　雷诺数对低压涡轮特性的影响

对于常见的叶轮机械，由于雷诺数足够高（大多高于自模化雷诺数），此时

第3章 影响发动机高空稳态特性的几种重要因素

可以认为边界层处于湍流流动，而不用考虑层流和转捩的过程。然而实际情况是，航空发动机在高空状态工作时，由于来流密度的降低使得低压涡轮部件的特征雷诺数可能远低于自模化雷诺数，这种情况在高空无人机所用的小尺寸航空发动机低压涡轮的末级更为常见。由于雷诺数低，叶片表面的边界层将在很大范围内保持层流状态，因此层流边界层的转捩、分离及再附等行为特征便成为决定低压涡轮流动性能的关键因素。叶片工作在很低雷诺数的情况下，边界层保持层流状态，这时虽然摩擦损失很小，但其抗分离能力弱，在逆压梯度作用下容易发生层流大面积分离，导致分离损失急剧上升。由于边界层损失在低压涡轮中占据主导地位，而且如何控制低雷诺数下低压涡轮叶片吸力面边界层的发展一直是业内学者研究的重要方向之一。在低于自模化雷诺数的情况下，雷诺数对低压涡轮的气动性能（其中包括流通能力、气动效率等）影响显著：对大推力、大涵道比民用涡扇发动机从起飞到巡航高度，其低压涡轮效率通常会下降2%；对较小推力的航空发动机，低雷诺数的效应会更显著。图3.31给出了涡扇PW545发动机低压涡轮相对流量和效率随雷诺数的变化，据相关试验与数值计算研究表明：在18288m高空的雷诺数工作时，其效率将会下降6%左右。图3.32给出低雷诺数对PW545发动机推力和耗功率的影响。

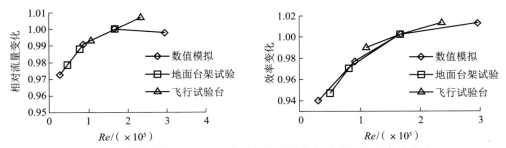

图3.31 低雷诺数对PW545发动机低压涡轮相对流量与效率的影响

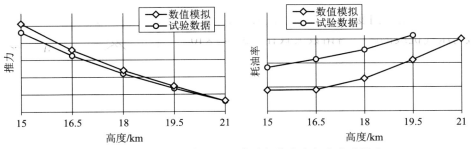

图3.32 低雷诺数对PW545发动机推力和耗油率的影响

德国的MTU和Stuttgart大学ILA实验室对两级低压涡轮在试验台上进行了低雷诺数影响的详细测量与数值计算研究，得到了雷诺数的影响规律，如图3.33

所示。试验结果表明：在所测试的雷诺数在 $(0.4\sim1.8)\times10^5$ 范围内，工作于设计和非设计状态的涡轮部件的流量分别下降约 2.9% 和 3.7%，而且这种流通能力下降幅度的差异是在雷诺数低于 0.75×10^5 之后才明显表现出来的，而在雷诺数高于这个值的范围内，设计状态和非设计状态涡轮部件流通能力的变化幅度是基本一致的。在气动效率方面，试验测试结果表明：工作于设计状态的涡轮部件在低雷诺数条件下等熵效率下降约 3.9%，而非设计状态时下降达到 4.6%。

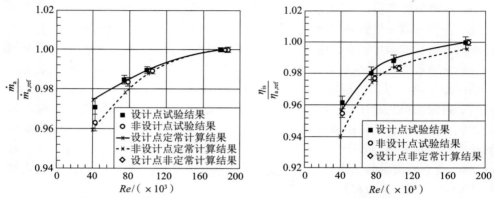

图 3.33 国外两级低压涡轮流通能力和气动效率随雷诺数的变化

第 4 章

高空环境对发动机性能影响的修正方法及高空台的试验研究

本章主要讨论影响发动机高空性能的工程修正方法,其中包括高空大气的温度、湿度、高空雷诺数、工质热物性变化等对发动机性能所产生的影响。这种工程方法的理论基础是相似分析方法和小偏差方法。它所依赖的经验曲线是在发动机试车台获得大量试验数据的基础上通过归纳与回归得出的经验公式。然而,现有的工程修正方法多针对压气机与涡轮部件的性能,而对燃烧室性能尤其是点火与熄火性能分析的数据极少。飞机在高空飞行时,发动机处于低温、低压、低雷诺数下工作,熄火现象可能会经常发生,它直接要威胁到发动机与飞机工作的安全。另外,熄火后在高空如何保证重新点火成功,对于这方面发表的分析资料更少。为此,在第 5 章中的第 5.4 节至第 5.6 节专门详细地从数值计算和工程试验两个侧面研究了点火与熄火的全过程,并给出了有利于高空点火过程的燃烧室设计策略。

4.1 湿度修正的相似分析方法

4.1.1 常用的几个相似准则

任何两个被研究的对象(如两台发动机),只有在几何相似和物理相似的条件下,才能获得相似的物理现象和相似的工作状态。几何相似是指两个被研究对象对应部件的任意尺寸比例都相等。物理相似通常包括运动相似、动力相似和热相似。从流体力学的三维非定常 N-S 方程可以导出 5 个流体动力相似准则:

(1) 马赫数(Ma)准则,Ma 表示气流惯性力与弹性力之比,它等于气流速度与当地声速之比,即

$$Ma = \frac{v}{a} \tag{4.1}$$

(2) 雷诺数(Re)准则,Re 表示惯性力与黏性力之比,即

$$Re = \frac{\rho v L}{\mu} \tag{4.2}$$

(3) 泊松数(v)准则,v 表示比定压热容和比定容热容之比,即

$$v = \frac{c_p}{c_v} \tag{4.3}$$

(4) 弗劳德数（Fr）准则，Fr 表示惯性力与重力之比，即

$$Fr = \frac{v}{\sqrt{gl}} \tag{4.4}$$

(5) 斯特劳哈尔数（Sr）准则，Sr 表示局部惯性力与迁移惯性力之比，即

$$Sr = \frac{l}{v_0 t_0} \tag{4.5}$$

另外，由能量方程又可导出如下热相似的两个准则，即

(1) 普朗特数（Pr）准则，Pr 表示运动黏性系数与热扩散系数之比，即

$$Pr = \frac{c_p \mu}{\lambda} \tag{4.6}$$

(2) 傅里叶数（Fo）准则，Fo 表示非定常热过程的无量纲时间特性，即

$$Fo = \frac{\tilde{a} \cdot t}{l^2} \tag{4.7}$$

式中：$\tilde{a}$ 为导温系数。

4.1.2 转速的相似换算

在几何相似的前提下，压气机进口气流的轴向马赫数 Ma_a 和工作轮圆周方向的马赫数 Ma_u 分别保持为常数时，即

$$Ma_a = \text{const} \quad Ma_u = \text{const} \tag{4.8}$$

这是工作状态相似的充分必要条件。令 u_i、D_i 分别为压气机第一级叶片叶尖的切向速度和压气机第一级叶片的外径，如果转速 n 的单位为 r/min，则 n 的表达式为

$$n = \frac{60 u_i}{\pi D_i} \tag{4.9}$$

或者

$$n = \frac{60 Ma_{u2}}{\pi D_i} \cdot \sqrt{\gamma R T_2} = \frac{60 Ma_{u2}}{\pi D_i} \cdot \sqrt{\gamma R T_{t2}} \cdot \sqrt{\frac{T_2}{T_{t2}}} \tag{4.10}$$

当发动机在相似状态下工作时，$Ma_{u2} = \text{const}$，并且 $T_2/T_{t2} = \text{const}$，于是有

$$\frac{n}{\sqrt{\gamma R T_{t2}}} = \text{const} \tag{4.11}$$

由于进气道内气流为绝热流动，因此有 $T_{t2} = T_{t0}$，于是式（4.11）变为

$$\frac{n}{\sqrt{\gamma R T_{t0}}} = \text{const} \tag{4.12}$$

如果认为 γ 和 R 为常数，则式（4.12）可简化为只与总温 T_{t0} 有关的转速相似参数，即

$$\frac{n}{\sqrt{T_{t0}}} = \text{const} \tag{4.13}$$

4.1.3 空气流量的相似换算

空气流量为

$$\dot{m}_a = \rho_0 v_0 A_0 \tag{4.14}$$

式中：A_0 为发动机远前方进口的流量截面积。

或者

$$\dot{m}_a = A_0 \sqrt{\frac{\gamma}{R}} \cdot \frac{\dfrac{p_0}{p_{t0}}}{\sqrt{\dfrac{T_0}{T_{t0}}}} \cdot \frac{p_{t0}}{\sqrt{T_{t0}}} \cdot Ma_0 \tag{4.15}$$

当发动机在相似状态下工作时，Ma_0、$\dfrac{p_0}{p_{t0}}$ 和 $\dfrac{T_0}{T_{t0}}$ 保持不变，于是有

$$\dot{m}_a \sqrt{\frac{R}{\gamma}} \cdot \frac{\sqrt{T_{t0}}}{p_{t0}} = \text{const} \tag{4.16}$$

在同一种工质且温度相近的情况下，γ 和 R 也可视为常数，于是式（4.16）可以简化为只与温度、压强相关空气质量流量相似参数，即

$$\dot{m}_a \frac{\sqrt{T_{t0}}}{p_{t0}} = \text{const} \tag{4.17}$$

4.1.4 发动机推力的相似换算

发动机推力的表达式为

$$F = \dot{m}_{g9} V_9 - \dot{m}_a V_0 + (p_9 - p_0) A_9 \tag{4.18}$$

对于地面台架状态，$V_0 = 0$，$p_9 = p_0$，于是式（4.18）可转换为

$$F = \dot{m}_{g9} V_9 = \frac{\dot{m}_{g9} \sqrt{T_{t9}}}{p_{t9}} \cdot \sqrt{\frac{T_9}{T_{t9}}} \cdot \frac{p_{t9}}{p_9} \cdot \sqrt{\frac{R_9}{\gamma_9}} \cdot \gamma_9 p_{t0} \cdot \left(\frac{p_9}{p_{t0}}\right) \cdot \frac{V_9}{\sqrt{\gamma_9 R_9 T_9}} \tag{4.19}$$

在相似工作状态下，$\dfrac{T_9}{T_{t9}}$、$\dfrac{p_{t9}}{p_9}$、$\sqrt{\dfrac{R_9}{\gamma_9}}$、$\dfrac{p_9}{p_{t0}}$、$\dfrac{V_9}{\sqrt{\gamma_9 R_9 T_9}}$ 和 $\dfrac{\dot{m}_{g9} \sqrt{T_{t9}}}{p_{t9}}$ 都保持不变，于是有

$$\frac{F}{\gamma_9 p_{t0}} = \text{const} \tag{4.20}$$

如果 γ_9 也视为常数，则式（4.20）可以简化为常用的只与 p_{t0} 有关的推力相似参数。

4.1.5 燃油流量 $\dot{m}_f$ 的相似换算

主燃烧室简化的能量方程为

$$\xi_b H_u \dot{m}_f = \dot{m}_a \overline{c_p}(T_{t4} - T_{t3}) \tag{4.21}$$

式中：ξ_b 为主燃烧室完全燃烧系数；H_u 为燃油的低热值；$\overline{c_p}$ 为主燃烧室由进口到出口的平均定压比热容。

在相似工作状态下，有

$$\dot{m}_a = \text{const} \cdot \sqrt{\frac{\gamma}{R}} \cdot \frac{p_{t0}}{\sqrt{T_{t0}}} \tag{4.22}$$

借助于式（4.22），将式（4.21）整理为

$$\dot{m}_a = \text{const} \cdot \sqrt{\frac{\gamma}{R}} \cdot \frac{\overline{c_p} p_{t0} \sqrt{T_{t0}}}{\xi_b H_u} \left(\frac{T_{t4}}{T_{t0}} - \frac{T_{t3}}{T_{t0}} \right) \tag{4.23}$$

假如使用相同的燃料，则 $H_u = \text{const}$，燃烧效率 ξ_b 变化不大，假定它为常数，当发动机在相似条件下工作时，$\frac{T_{t4}}{T_{t0}}$、$\frac{T_{t3}}{T_{t0}}$ 保持不变并且 $Ma = \text{const}$，于是有

$$\frac{\dot{m}_f}{p_{t0}\sqrt{T_{t0}}} \cdot \frac{1}{\overline{c_p}} \cdot \sqrt{\frac{R}{\gamma}} = \text{const} \tag{4.24}$$

如果认为 $\overline{c_p}$、R 和 γ 为常数，则式（4.24）简化为常用的燃油流量的相似参数，即

$$\frac{\dot{m}_f}{p_{t0}\sqrt{T_{t0}}} = \text{const} \tag{4.25}$$

4.1.6 耗油率的相似换算

由耗油率的定义

$$\text{sfc} = \frac{\dot{m}_f}{F} \tag{4.26}$$

在相似工作状态下，

$$F = \text{const} \cdot \gamma_9 \cdot p_{t0} \tag{4.27}$$

$$\dot{m}_f = \text{const} \cdot \sqrt{\frac{\gamma T_{t0}}{R}} \cdot p_{t0} \overline{c_p} \tag{4.28}$$

于是有

$$\frac{\text{sfc} \cdot \gamma_9}{\overline{c_p} \sqrt{T_{t0}}} \cdot \sqrt{\frac{R}{\gamma}} = \text{const} \tag{4.29}$$

假设 R、γ、γ_9 和 $\overline{c_p}$ 为常数，则式（4.29）可简化为通常的耗油率相似参数，即

$$\frac{\text{sfc}}{\sqrt{T_{t0}}} = \text{const} \tag{4.30}$$

4.2 发动机性能的燃油热值修正方法

将式（4.21）改为

$$\dot{m}_f = \frac{\dot{m}_a \sqrt{T_{t0}}}{p_{t0}} \cdot \frac{\overline{c_p}}{H_u \xi_b} \cdot \sqrt{T_{t0}} \cdot p_{t0} \cdot \left(\frac{T_{t4} - T_{t3}}{T_{t0}} \right) \quad (4.31)$$

由相似理论，当发动机处于相似状态时，式（4.31）中 $\overline{c_p}$、ξ_b、$\dfrac{T_{t4}}{T_{t0}}$、$\dfrac{T_{t3}}{T_{t0}}$ 以及 $\dfrac{\dot{m}_a \sqrt{T_{t0}}}{p_{t0}}$ 均保持不变，于是有

$$\frac{\dot{m}_f H_u}{p_{t0} \sqrt{T_{t0}}} = \text{const} \quad (4.32)$$

即

$$\left(\frac{\dot{m}_f H_u}{p_{t0} \sqrt{T_{t0}}} \right)_c = \left(\frac{\dot{m}_f H_u}{p_{t0} \sqrt{T_{t0}}} \right)_u \quad (4.33)$$

式中：下标 c 表示基准的燃油热值；u 表示实际应用的燃油热值。

因此燃油流量的燃油热值修正系数为

$$\text{CQ}_{\dot{m}_f} = \frac{\left(\dfrac{\dot{m}_f}{p_{t0} \sqrt{T_{t0}}} \right)_c}{\left(\dfrac{\dot{m}_f}{p_{t0} \sqrt{T_{t0}}} \right)_u} = \frac{H_{u,u}}{H_{u,c}} \quad (4.34)$$

同理，对于燃油消耗率可推出

$$\frac{\text{sfc} \cdot H_u}{\sqrt{T_{t0}}} = \text{const} \quad (4.35)$$

即

$$\left(\frac{\text{sfc} \cdot H_u}{\sqrt{T_{t0}}} \right)_c = \left(\frac{\text{sfc} \cdot H_u}{\sqrt{T_{t0}}} \right)_u \quad (4.36)$$

所以，燃油消耗率的燃油热值修正系数为

$$\text{CQ}_{\text{sfc}} = \frac{\left(\dfrac{\text{sfc}}{\sqrt{T_{t0}}} \right)_c}{\left(\dfrac{\text{sfc}}{\sqrt{T_{t0}}} \right)_u} = \frac{H_{u,u}}{H_{u,c}} \quad (4.37)$$

燃油热值的变化对发动机性能的影响，实际上仅限于燃油流量及耗油率。由于不同的燃油热值只引起燃气流量极小的变化（通常不超过 0.1%），因此对推

力的影响可以忽略不计。

4.3 发动机性能的雷诺数修正方法

随着航空涡轮发动机使用工作范围的不断增大,特别是在高空低雷诺数下工作,雷诺数处于非自模区时,发动机零件表面边界层增厚,流动损失增加,发动机流通能力下降,尤其是使发动机的压缩部件效率和涡轮效率下降严重。对此,在3.7节中已进行详细讨论,本节则从整台试验数据统计的侧面去量化雷诺数所产生的影响。

4.3.1 对压气机性能的雷诺数修正

大量整台压气机的试验数据表明,当压气机流道上各零件的雷诺数低于临界雷诺数 Re_{cr} 时,叶片表面流动条件恶化,损失变大。在多级压气机中,如果有某几级工作失调,则雷诺数减小后,对压气机的工作状态会更加不利。压气机的 Re,这里采用第一级工作叶轮进口处的气体相对运动参数进行度量,即

$$Re_c = \frac{w_1 b_{cp1}}{\mu} \cdot \frac{p_1}{RT_1} \tag{4.38}$$

式中:μ、b_{cp1} 分别为动力黏性系数和叶片平均半径处的叶片弦长;w_1 为相对速度,即

$$w_1 = \frac{v_{1a}}{\sin\beta_1} \tag{4.39a}$$

并且有

$$\tan\beta_1 = \frac{\lambda_{1a}}{\lambda_{1u} - \dfrac{\lambda_{1a}}{\tan\alpha_1}} \tag{4.39b}$$

式中:β_1、α_1 分别为进口的两个角度,如图4.1所示。

在式(4.39a)中,静温 T_1 由能量方程

$$H_1 = h_1 + \frac{1}{2}\left(\frac{v_{1a}}{\sin\alpha_1}\right)^2 \tag{4.40}$$

求出,这里 H_1 与 h_1 分别表示进口的总焓和静焓。

在式(4.38)中,静压 p_1 由下式求出,即

$$p_1 = \frac{p_{t1}}{\exp\left(\dfrac{s(T_{t1}) - s(T_1)}{R}\right)} \tag{4.41}$$

在本小节下面的讨论中,为便于书写,在不造成误会时,省略了进口的下标"1"。图4.2给出了涡喷发动机相对值 $\overline{\lambda_a}$ 随 Re_c 变化的通用关系曲线,它可表示为

$$\overline{\lambda_a} = f(Re_c, \overline{\lambda_u}) \tag{4.42}$$

第 4 章 高空环境对发动机性能影响的修正方法及高空台的试验研究

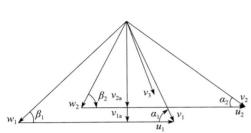

图 4.1 压气机的基元级速度三角形

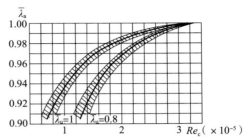

图 4.2 涡喷发动机相对值 $\overline{\lambda}_a$ 随 Re_c 变化的通用关系曲线

用它可以计算流量特性的变化,这些由大量试验数据归纳与整理获取的曲线可以近似地写成如下两个关系式:

当 $\overline{\lambda}_u = 1$ 时,有

$$\overline{\lambda}_a = 0.799 + 0.208 Re_c^* - 0.0784 (Re_c^*)^2 + 0.0104 (Re_c^*)^3 \tag{4.43}$$

当 $\overline{\lambda}_u = 0.8$ 时,有

$$\overline{\lambda}_a = 0.66 + 0.288 Re_c^* - 0.0836 (Re_c^*)^2 + 0.0083 (Re_c^*)^3 \tag{4.44}$$

式中

$$\overline{\lambda}_u = \frac{\lambda_u}{\lambda_{u0}}, \quad \overline{\lambda}_a = \frac{\lambda_a}{\lambda_{a0}}, \quad Re_c^* = Re_c / 10^5 \tag{4.45}$$

式中:λ_u、λ_a 分别为圆周方向和轴向的速度系数;λ_{u0}、λ_{a0} 分别为当 $Re_c \geq 3.5 \times 10^5$ 时的 λ_u 和 λ_a 的值;λ_u、λ_a 分别为 $Re_c \leq 3.5 \times 10^5$ 时的 λ_u 和 λ_a 的瞬时值。

图 4.3 给出了涡喷发动机相对值 $\overline{\eta}_c$ 随 Re_c 变化的通用关系曲线。这些由大量试验数据归纳和整理获取的两组曲线可以近似地写成如下两个关系式:

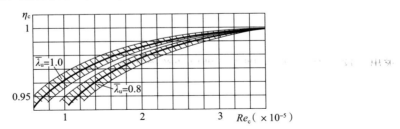

图 4.3 涡喷发动机相对值 $\overline{\eta}_c$ 随 Re_c 变化的通用关系曲线

当 $\overline{\lambda}_u = 1$ 时,有

$$\overline{\eta}_c = 0.8997 + 0.0873 Re_c^* - 0.0287 (Re_c^*)^2 + 0.0034 (Re_c^*)^3 \tag{4.46}$$

当 $\overline{\lambda}_u = 0.8$ 时,有

$$\overline{\eta_c} = 0.8539 + 0.1165Re_c^* - 0.034(Re_c^*)^2 + 0.0036(Re_c^*)^3 \quad (4.47)$$

式中

$$\overline{\eta_c} = \frac{\eta_c}{\eta_{c0}} \quad (4.48)$$

其中：η_{c0} 为 $Re_c \geq 3.5 \times 10^5$ 时压气机的效率；η_c 为 $Re_c \leq 3.5 \times 10^5$ 时压气机的效率瞬时值。

对于可调部件的压气机来讲，随着 Re 的减小，流量特性和压气机的效率 η_c 都将变化，其值可以由试验数据计算获得。在 $\overline{\lambda_u} = 0.8 \sim 1$ 的范围内，可以统一成仅仅关于 Re_c 的曲线，即

$$\overline{\lambda_a} = f(Re_c), \quad \overline{\eta_c} = f(Re_c) \quad (4.49)$$

基于大量试验数据的归纳和整理，上述两式也可近似地写成如下两个关系式：

$$\overline{\lambda_a} = 0.655 + 0.5763Re_c - 0.342Re_c^2 + 0.07Re_c^3 \quad (4.50)$$

$$\overline{\eta_c} = 0.898 + 0.14Re_c - 0.0705Re_c^2 + 0.013Re_c^3 \quad (4.51)$$

式中

$$\overline{\lambda_a} = \frac{\lambda_a}{\lambda_{a0}}, \quad \overline{\eta_c} = \frac{\eta_c}{\eta_{c0}} \quad (4.52)$$

其中：λ_{a0}、η_{c0} 分别为 $Re_c \geq 2 \times 10^5$ 时稳态状态下系数 λ_a 和 η_c 的值；λ_a、η_c 分别为 $Re_c \geq 2 \times 10^5$ 时稳态状态下系数 λ_a 和 η_c 的瞬时值。

4.3.2 对涡轮性能的雷诺数修正

图 4.4 给出了涡轮基元级的速度三角形，截面 1-1 为涡轮导向器出口截面或者涡轮动叶的进口截面，于是有

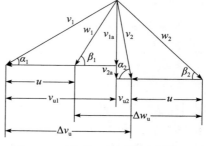

图 4.4 涡轮基元级的速度三角形

$$\dot{m}_g = K\frac{p_{t1}}{\sqrt{T_{t1}}}A_1 q(\lambda_1)\sin\alpha_1, \quad K = \left[\frac{\gamma}{R}\left(\frac{2}{\gamma+1}\right)^{\frac{\gamma+1}{\gamma-1}}\right]^{\frac{1}{2}} \quad (4.53)$$

令

$$B_T = \frac{\dot{m}_g \sqrt{T_{t1}}}{p_{t1}} \quad (4.54)$$

于是，涡轮的特性可以表示为

$$\pi_T = f_1(B_T, \lambda_{1u})$$
$$\eta_T = f_2(B_T, \lambda_{1u}) \quad (4.55)$$

或者

$$B_T = f_3(\pi_T, \lambda_{1u})$$

$$\eta_T = f_4(\pi_T, \lambda_{1u}) \tag{4.56}$$

图 4.5 给出了用式（4.56）表达的涡轮特性曲线，图中 λ_{1u} 分别取 0.3、0.4、0.5、0.6、0.7 和 0.8。随着飞行高度的升高，涡轮中 Re 减小，并且使得涡轮的损失逐渐增大，效率逐渐降低。在 Re 的自行模化区域内，航空发动机涡轮效率的差别很小，通常不超过 3%~5%。

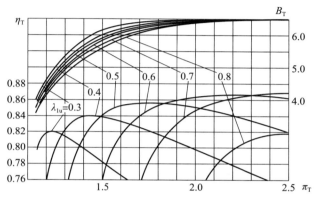

图 4.5 用 π_T 和 λ_{1u} 表达的涡轮特性曲线

图 4.6 给出了基于大量试验数据归纳总结出的涡轮效率 η_T 随 $\widetilde{Re}_T$ 变化的关系曲线。这里雷诺数 $\widetilde{Re}_T$ 由下式定义：

$$\widetilde{Re}_T = \frac{\dot{m}_g b_{cp}}{A_{cp} \mu_T} \tag{4.57}$$

式中：b_{cp} 为涡轮工作轮叶片的平均弦长；A_{cp} 为涡轮进、出口处的轴向平均面积；μ_T 为燃气的平均动力黏性系数。

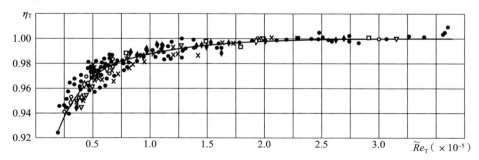

●—A 型加力式涡轮喷气发动机；◇—B 型加力式涡轮喷气发动机；×—B 型加力式涡轮喷气发动机；
□—Д 型加力式涡轮喷气发动机；○—加力式双转子涡轮喷气发动机；▽—涡轮风扇喷气发动机；
■—1 号涡轮螺桨发动机；◆—1 号涡轮螺桨发动机；∅—2 号涡轮螺桨发动机。

图 4.6 η_T 随 $\widetilde{Re}_T$ 的变化关系曲线

相对雷诺数定义为

$$\overline{Re}_\mathrm{T} = \frac{\widetilde{Re}_\mathrm{T}}{Re_\mathrm{Tcr}} \quad (4.58)$$

式中：Re_Tcr 为涡轮的临界雷诺数，它通常小于 2×10^5。

在实际应用中，常将图 4.6 给出的曲线近似地用下列关系给出：

$$\eta_\mathrm{T} = 0.907 + 0.387\overline{Re}_\mathrm{T} - 0.55\overline{Re}_\mathrm{T}^2 + 0.257\overline{Re}_\mathrm{T}^3 \quad (4.59)$$

全尺寸涡轮喷气发动机的试验数据还表明，当涡轮导向器气流的特征 Re 减小到 $Re_\mathrm{nb} = 1.5\times10^5$ 时，流经涡轮的燃气换算流量 $\dot{m}_\mathrm{gcor}$ 和导向器的流量系数 φ_nb^* 实际上保持不变。在 $Re_\mathrm{nb} < 1.5\times10^5$ 的范围内时，Re_nb 减小的同时，导向器的流量系数 φ_nb^* 值也减小。高空飞行问题计算高度速度特性时，必须要考虑这一点。这时，涡轮导向器的 Re_nb 为

$$Re_\mathrm{nb} = \frac{\dot{m}_\mathrm{g} b_\mathrm{nb}}{A_\mathrm{nb} \mu_\mathrm{T}} \quad (4.60)$$

式中：b_nb 为涡轮导向器叶片的平均弦长；A_nb 为涡轮导向器的喉道面积；$\dot{m}_\mathrm{g}$、μ_T 同式（4.57）的含义。

图 4.7 给出了涡轮流通能力的相对改变量 δB_T 随 Re_nb 变化的试验曲线。图中分别给出三台涡喷发动机和两台小尺寸燃气涡轮发动机的试验数据，由 Re_nb 值可以得到相对改变量 δB_T 值。

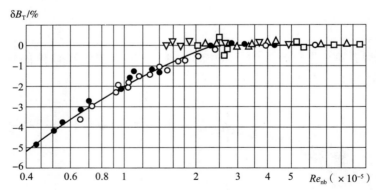

▽、□、△—涡轮喷气发动机；○、●—小尺寸燃气涡轮发动机。

图 4.7　δB_T 随 Re_nb 的变化试验曲线

当雷诺数改变时，导向器流量系数发生变化，这里用 $\overline{\varphi_\mathrm{nb}^*}$ 代表导向器流量系数的相对值，即

$$\overline{\varphi_\mathrm{nb}^*} = \frac{\varphi_\mathrm{nb}^*}{\varphi_\mathrm{nb0}^*} = f(Re_\mathrm{nb}^*) \quad (4.61)$$

式中：φ_{nb0}^* 为 $Re_{nb} \geqslant 2.5 \times 10^5$ 时的 φ_{nb}^* 的值；φ_{nb}^* 为 $Re_{nb} < 2.5 \times 10^5$ 时导向器流量系数的瞬时值。

式（4.61）中的函数表达式 $f(Re_{nb}^*)$ 是由大量试验数据归纳整理后得到的，它可以用 Re_{nb}^* 近似表达为

$$\overline{\varphi_{nb}^*} = 0.905 + 0.146 Re_{nb}^* - 0.0917 (Re_{nb}^*)^2 + 0.0206 (Re_{nb}^*)^3 \tag{4.62}$$

式中

$$Re_{nb}^* \equiv \frac{Re_{nb}}{10^5} \tag{4.63}$$

使用式（4.62）可以得到涡轮导向器的流量系数值。

4.4 扩大性能换算应用范围的雷诺指数综合方法

由于发动机在高空飞行状态下的性能与地面状态大不相同，采用传统的相似原理和相似换算方法，相似条件得不到满足，导致误差变得很大，甚至不能使用。因此在飞机飞行时常引入一个量纲为1的雷诺数指数（RNI），定义为

$$\text{RNI} = \frac{\sigma}{\psi\sqrt{\theta}} \tag{4.64}$$

式中：σ 为高空飞行状态下发动机进口气流总压与海平面标准大气压强之比；θ 为高空飞行状态下发动机进口气流总温与海平面标准大气温度之比；ψ 为高空飞行状态下，发动机进口气流总温条件下动力黏度与海平面标准状态下大气的动力黏度之比。

如果用 p_0 与 T_0 分别代表当地总压（Pa）与总温（K）时，则式（4.64）又可表示为

$$\text{RNI} = 0.002056092 p_0 (T_0 + 110.4)/T_0^2 \tag{4.65}$$

式（4.65）表明，雷诺数指数 RNI 是当地气流总温 T_0 和当地气流总压 p_0 的函数。大量的航空发动机高空模拟试验证实：在雷诺数指数 RNI 相等的线上，用传统的发动机性能换算公式可以较好地综合发动机的性能参数。图 4.8 为雷诺数指数 RNI 与飞行高度 H 和飞行马赫数 Ma 的关系曲线。图 4.9 给出了不同雷诺数指数时典型涡喷发动机的节流特性。目前，在评价航空发动机稳态性能时，仍广泛地使用雷诺数指数。

虽然采用雷诺数指数 RNI 相等的条件，可以扩大传统的发动机性能换算公式的应用范围，但是当涉及燃烧过程有关的参数时，采用雷诺数指数 RNI 所预测出的值，其综合误差也较大，这时仍然不适宜使用。另外，变比热容的航空发动机性能计算程序也要通过高空试验才能进行验证和修正，发动机的工作稳定性也必须依靠模拟高空飞行条件下的相关试验进行广泛的调试与检验。

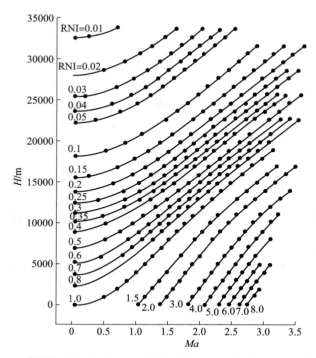

图4.8 雷诺数指数 RNI 与飞行高度 H 和飞行马赫数 Ma 的关系曲线

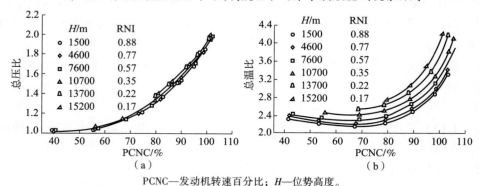

PCNC—发动机转速百分比；H—位势高度。

图4.9 不同雷诺数指数 RNI 时典型涡喷发动机的节流特性

4.5 工质热物性变化对发动机性能影响的修正

4.5.1 工质热物性变化对压气机特性的影响

令 γ 和 R 分别为工质的比热比和气体常数，由于飞行条件的改变，引起 γ 和 R 的变化，对发动机主要部件性能所产生的影响，可以用小偏差法进行估算。令 $\dot{m}_a$ 为压气机进口处空气的流量，即

第4章 高空环境对发动机性能影响的修正方法及高空台的试验研究

$$B_c = \frac{\dot{m}_a \sqrt{T_{t2}}}{p_{t2}} = A\lambda \left(1 - \frac{\gamma-1}{\gamma+1}\lambda_2^2\right)^{\frac{1}{\gamma-1}} \cdot \sqrt{\frac{2\gamma}{R(\gamma+1)}} \qquad (4.66)$$

或者

$$\delta B_c = -\frac{1}{2}\delta R - \left\{ \frac{\gamma}{(\gamma-1)^2}\ln\left(1 - \frac{\gamma-1}{\gamma+1}\lambda_2^2\right) + \frac{\frac{\gamma+1}{\gamma-1}\lambda_2^2 - 1}{2[\gamma+1-(\gamma-1)\lambda_2^2]} \right\}\delta\gamma \qquad (4.67)$$

令 π_c 为压气机的增压比，σ_c 为压气机内气体在压缩过程中的总压恢复系数，于是有

$$\pi_c = \sigma_c \left(\frac{T_{t3}}{T_{t2}}\right)^{\frac{\gamma}{\gamma-1}} \qquad (4.68)$$

$$\sigma_c = \frac{\pi_c}{\left[1 + (e_c - 1)\frac{1}{\eta_c}\right]^{\frac{\gamma}{\gamma-1}}} \qquad (4.69)$$

$$e_c = (\pi_c)^{\frac{\gamma-1}{\gamma}} \qquad (4.70)$$

用小偏差法由式（4.68）~式（4.70）推出如下结果[5]：

$$\delta\pi_c = \left\{ \frac{4\gamma^2}{(\gamma-1)^2(\gamma+1)} \cdot \frac{(e_c-1)\frac{1}{\eta_c}}{2+(e_c-1)\frac{1}{\eta_c}} - \frac{\gamma}{(\gamma-1)^2}\ln\left[1+(e_c-1)\frac{1}{\eta_c}\right] - \frac{\left[1+(e_c-1)\frac{1}{\eta_c}\right]^{\frac{\gamma-1}{\gamma}} - \pi_c}{(\gamma+1)\pi_c} \right\}\delta\gamma$$

$$(4.71)$$

$$\delta\left(\frac{T_{t3}}{T_{t2}}\right) = \frac{4\gamma}{\gamma^2 - 1} \cdot \frac{(e_c-1)\frac{1}{\eta_c}}{2+(e_c-1)\frac{1}{\eta_c}}\delta\gamma \qquad (4.72)$$

压气机效率为

$$\eta_c = \frac{e_c - 1}{\frac{T_{t3}}{T_{t2}} - 1} \qquad (4.73)$$

将上式进行小偏差计算，并将式（4.71）和式（4.72）代入后，可得

$$\delta\eta_c = \left\{ \frac{e_c}{e_c-1}\ln\frac{\pi_c^{\frac{1}{\gamma}}}{\left[1+(e_c-1)\frac{1}{\eta_c}\right]^{\frac{\gamma}{\gamma-1}}} + \frac{4\gamma}{\gamma^2-1} \cdot \frac{1-\eta_c}{2\eta_c + e_c - 1} - \frac{\gamma-1}{\gamma(\gamma+1)} \cdot \frac{\left[1+(e-1)\frac{1}{\eta_c}\right]^{\frac{\gamma}{\gamma-1}} - \pi_c}{\pi_c^{\frac{1}{\gamma}}(e_c-1)} \right\}\delta\gamma$$

$$(4.74)$$

由式（4.67）、式（4.71）和式（4.74）获得 δB_c、$\delta \pi_c$ 和 $\delta \eta_c$ 值，又知道了压气机的初始特性，因此可求出工质热物性 γ 和 R 变化时压气机的特性。图 4.10 给出了比热比 γ 改变 -1%、气体常数改变 $+1\%$ 时，某台涡扇发动机低压压气机特性线增压曲线的位移。从图 4.10 可以看出：在 $n/\sqrt{T_{t2}} = \mathrm{const}$ 状态，B_c 值不变时，γ 值减小 1%，会使 π_c 减小 1.8%；在 $\lambda_{1u} = \mathrm{const}$ 时，则减小 0.48%。在 $n/\sqrt{T_{t2}} = \mathrm{const}$ 状态，B_c 值不变时，气体常数 R 增加 1%，会使 π_c 增加 1.87%，而在 $\lambda_{1u} = \mathrm{const}$ 状态，则使 η_c 减小 0.88%。因此，随着工质热物性的改变，所导致的压气机特性线的位移应该考虑。

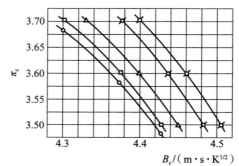

△— $\bar{n}_{\mathrm{cor}} = 0.926$（$\lambda_u = a$，$\gamma = 1.4$）；○— $\bar{n}_{\mathrm{cor}} = 0.926$（$\delta\gamma = -1\%$）；
□— $\bar{n}_{\mathrm{cor}} = 0.924$（$\lambda_u = b$，$\gamma = 1.4$）；⟡— $\bar{n}_{\mathrm{cor}} = 0.926$（$\lambda_u = d$，$\delta R = +1\%$）；◇— $\bar{n}_{\mathrm{cor}} = 0.9306$（$\lambda_u = d$）。

图 4.10　工质绝热指数 γ 改变 -1%（○、□）、气体常数 R
改变 1%（⟡、◇）时压气机特性线增压曲线的位移

4.5.2　工质热物性变化对涡轮特性的影响

令 λ_{1a}、λ_{1u} 分别为涡轮导向器出口轴向与周向的速度系数，并且令符号 B_T 和 e_T 分别为

$$B_T = \frac{\dot{m}_g \sqrt{T_{t4}}}{p_{t4}}, \quad e_T = \left(\frac{p_{t4}}{p_{t5}}\right)^{\frac{\gamma-1}{\gamma}} \tag{4.75}$$

式中：下标"4"和"5"分别表示"涡轮前"和"涡轮后"。

涡轮效率为

$$\eta_T = \frac{1 - \dfrac{T_{t5}}{T_{t4}}}{1 - \dfrac{1}{e_T}} \tag{4.76}$$

涡轮特性曲线通常可以表示为

$$B_T = f_3(\pi_T, \lambda_{1u}) \tag{4.77}$$

$$\eta_T = f_4(\pi_T, \lambda_{1u}) \tag{4.78}$$

令 σ、φ 分别为总压恢复系数和速度损失系数，λ、λ_i 分别为实际流动过程和等熵流动过程出口处的速度系数，并且有

$$\varphi = \lambda/\lambda_i \tag{4.79}$$

$$\sigma = \left[\frac{1-\dfrac{\gamma-1}{\gamma+1}\lambda_i^2}{1-\dfrac{\gamma-1}{\gamma+1}(\varphi\lambda_i)^2}\right]^{\frac{\gamma}{\gamma-1}} = \frac{\pi(\lambda/\varphi)}{\pi(\lambda)} \tag{4.80}$$

以涡轮导向器为例，φ 的取值范围为 0.96~0.98；而在工作轮中，φ 的取值范围为 0.95~0.97；于是由式（4.80）可得

$$\delta\sigma = \left\{\frac{2\gamma^2\lambda_i^2}{\gamma^2-1}\frac{\varphi^2-1}{[\gamma+1-(\gamma-1)\lambda_i^2\varphi^2][\gamma+1-(\gamma-1)\lambda_i^2]} - \frac{\gamma}{(\gamma-1)^2}\ln\frac{1-\dfrac{\gamma-1}{\gamma+1}\lambda_i^2}{1-\dfrac{\gamma-1}{\gamma+1}\lambda_i^2\varphi^2}\right\}\delta\gamma \tag{4.81}$$

取 $\gamma = 1.33$，$\lambda_i = 1$，$\varphi = 0.98$ 时，由式（4.81）可得 $\delta\sigma = -0.036\delta\gamma$。图 4.11 给出了 φ 分别取 0.96、0.99 时 $\delta\sigma/\delta\gamma$ 随 λ_i 的变化曲线。

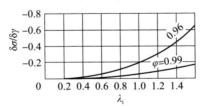

图 4.11 不同 φ 时 $\delta\sigma/\delta\gamma$ 随 λ_i 的变化曲线

令流过涡轮燃气的流量为 $\dot{m}_g$，于是式（4.75）可以写为

$$B_T = \frac{\dot{m}_g\sqrt{T_{t4}}}{p_{t4}} = A_{nb}\lambda_{nb}\sigma_{nb}\left(1-\frac{\gamma-1}{\gamma+1}\lambda_{nb}^2\right)^{\frac{1}{\gamma-1}}\sqrt{\frac{2\gamma}{R(\gamma+1)}} \tag{4.82}$$

或者

$$\delta B_T = \frac{1}{2}\delta R - \left\{\frac{\gamma}{(\gamma-1)^2}\ln\left(1-\frac{\gamma-1}{\gamma+1}\lambda_{nb}^2\right) + \frac{\dfrac{\gamma+1}{\gamma-1}\lambda_{nb}^2-1}{2[\gamma+1-(\gamma-1)\lambda_{nb}^2]}\right\}\delta\gamma \tag{4.83}$$

图 4.12 给出了 $\delta B_T/\delta\gamma$ 随 λ_{nb} 的变化关系曲线。当 $\gamma = 1.33$ 和 $\lambda_{nb} = 0.98$ 时，则有 $\delta B_T = 0.348\delta\gamma$；如果考虑 $\delta\sigma_{nb}$ 的值，则有 $\delta B_T = 0.318\delta\gamma$。因此，在通常情况下，可以忽略 $\delta\sigma_{nb}$ 带来的影响。

令

$$\theta_T = \frac{T_{t5}}{T_{t4}} \quad (4.84)$$

于是，涡轮功为

$$L_T = \frac{\gamma}{\gamma-1} R(T_{t4} - T_{t5}) = \frac{\gamma R}{\gamma-1} T_{t4}(1-\theta_T) \quad (4.85)$$

令 σ_T 为涡轮内气体在膨胀过程中的总压恢复系数，于是 θ_T 与 π_T、σ_T 有如下关系：

$$\theta_T = \frac{1}{(\pi_T \sigma_T)^{\frac{\gamma-1}{\gamma}}} \quad (4.86)$$

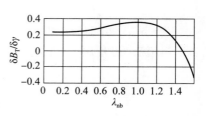

图 4.12 $\delta B_T/\delta\gamma$ 随 λ_{nb} 的变化关系曲线

另外，仿照压气机中式（4.72）和式（4.71）的推导思路，对涡轮前有如下的两个关系式：

$$\delta\pi_T = \frac{\gamma}{(\gamma-1)^2}\left(\ln\theta_T + \frac{4\gamma}{\gamma+1}\cdot\frac{1-\theta_T}{1+\theta_T}\right)\delta\gamma \quad (4.87)$$

$$\delta\theta_T = \frac{-4\gamma}{\gamma^2-1}\cdot\frac{1-\theta_T}{1+\theta_T}\delta\gamma \quad (4.88)$$

由涡轮中绝热效率的定义可得

$$\eta_T = \frac{1-\theta_T}{1-\dfrac{1}{e_T}} \quad (4.89)$$

式中：θ_T 是关于 π_T 与 σ_T 的函数，并由式（4.86）给出。

类似于压气机中式（4.74）的推导思路，对涡轮中有如下的关系式：

$$\delta\eta_T = \left\{\frac{2\gamma}{\gamma^2-1} - \frac{1}{\gamma(e_T-1)}\left[\ln\pi_T + \frac{\gamma}{\gamma-1}\left(\ln\theta_T + \frac{4\gamma}{\gamma+1}\frac{1-\theta_T}{1+\theta_T}\right)\right]\right\}\delta\gamma + \frac{\gamma-1}{\gamma(e_T-1)}\delta\sigma_T \quad (4.90)$$

当 $\gamma = 1.33$，$\theta_T = 0.825$ 和 $\pi_T = 2.4$ 时，由式（4.90）可求得

$$\delta\eta_T = 0.41\delta\gamma + 1.02\delta\sigma_T \quad (4.91)$$

4.6 高空台的作用以及发动机的工作包线

航空发动机高空模拟试验是现代航空发动机研制中必备的调试手段。航空发动机的工作包线（高度、速度范围）非常宽广与复杂，如图4.13所示。整个包线大致可划分为五个区域，即高空低速区、高温区、大气动负荷区、高空低压区和中空中速区。现代超声速飞机用的涡喷发动机或涡扇发动机，飞行高度达25～30km，最大飞行速度达2.5～3.5倍声速，而最小飞行表速只有180km/h左右。对于如此宽广的飞行范围，发动机工作参数变化的幅度相当大，如压强和空气

(燃气)的质量流量等参数的变化,通常达数十倍甚至上百倍,温度变化可能达到数百摄氏度。这些变化对发动机内部各部件的特性及其工作稳定性,发动机各系统的工作,以及发动机的推力和耗油率等性能都有很大的影响。

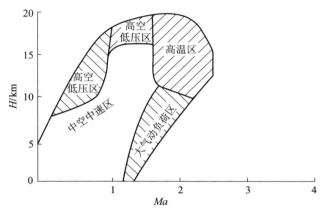

图 4.13 航空发动机的工作包线

航空发动机在高空飞行状态下的性能不同于地面状态,而且试车通用规范还规定,在海平面试车台和高空试车台中均要求准确地测定发动机的推力、燃油消耗率、空气流量等航空发动机的重要参数,以评价发动机的使用性能。但是,由于受外界环境和设备条件等多因素的影响,试验中往往很难准确地直接测量这些数据,因此 20 世纪 50 年代以来,美国、苏联、英国、法国等国家都相继开展了对高空试车台所测试数据的修正工作,其中包括对大气湿度修正、大气温度修正、燃油低热值修正、几何尺寸因素修正、进气道冷凝修正、试车间动量修正、进气损失修正和高空台试验数据漂移("舱效应")修正等。我国在 1987—1989 年分别对大气湿度[28]、大气温度[29]、燃油低热值及高空模拟试验性修正[30] 等也颁布了相应的修正规范。

正如 4.4 节所讨论的,采用雷诺数指数 RNI 相等的条件的确大大扩大了传统的发动机性能换算公式的使用范围,然而一旦涉及燃烧过程的有关参数时会产生较大的误差。

到目前为止,燃烧相似理论还不太完善,很难用缩小尺寸的模型方式去研究高性能的主燃烧室和加力燃烧室,因此研究与设计主燃烧室和加力燃烧室时必须要进行全尺寸的试验。这里尤其要强调的是,加力燃烧室研究的主要问题是在高空而不是在地面。由于燃烧稳定性问题主要发生在高空低速区,燃烧振荡问题也主要发生在高空高速区以及少部分发生在高空低速区和低空高速区域,因此加力燃烧室要求试验研究的范围几乎与发动机在高空飞行的工作范围相当。图 4.14 给出加力燃烧室研究的试验范围,图中的起飞爬高试验区是由飞机的典型飞行路

第二篇 影响高空稳态特性的几种因素以及高空台的试验研究

线决定；高空加速试验区（图示箭头区域）同样也是由飞机的典型飞行路线决定；燃烧稳定试验区主要指高空低速区，它是加力燃烧室重点试验的区域，如点火起动边界的测定、稳定燃烧边界的确定及振荡燃烧等都要在这个区域中做大量的试验与调试工作；高空高速试验区主要研究加力燃烧室的振荡燃烧问题；低空高速试验区主要研究加力燃烧室的冷却系统和结构完整性，有时也可能进行高压振荡燃烧问题的研究。国外的研制经验表明：要成功地研制一台高性能的加力燃烧室，一般在高空飞行状态下要进行2000h左右的全尺寸加力燃烧室的试验。

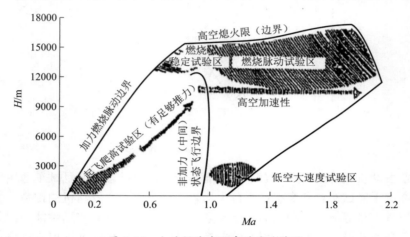

图4.14 加力燃烧室研究的试验范围

航空发动机的稳定性是评价发动机气动性能的前提，同时它又对发动机的结构完整性和可靠性产生极其重要的影响。如今美国、英国、俄罗斯等航空工业强国已将发动机的稳定性作为当代先进航空发动机的三项战术指标（性能、可靠性、稳定性）之一加以校核，稳定性评定已成为贯穿发动机全寿命周期的重要内容。为此，美国机车工程师学会（SAE）专门成立了S-16技术委员会，在1978—2002年的24年间，S-16技术委员会就颁布了有关燃气涡轮发动机进口总压和总温畸变研究与评定方法的五个文件，即ARP-1420、AIR-1419、ARD-50015、ARP-1420B和AIR-1419B。美国在1995年颁布的JSGS-87231A《航空涡喷、涡扇、涡轴、涡桨发动机通用规范》已将进口畸变指南ARP-1420B和进口总压畸变评审方法AIR-1419的内容纳入该规范中。我国航空界对进气总压畸变和总温畸变问题也进行了一些相关的研究[31]。

此外，由于影响发动机结构完整性的最恶劣气动负荷和热负荷不是在海平面的静止状态而是在中、低空大速度区域，发动机机匣和附件的振动最大值也是发生在高空飞行状态，转子和静子叶片的振动应力也随着发动机的工作高度和飞行速度而变化，发动机转子的轴向力也随着飞行高度和飞行速度发生着变化，因

第4章 高空环境对发动机性能影响的修正方法及高空台的试验研究

此,在现代航空发动机的结构和强度的研制过程中,必须要在宽广的飞行高度和飞行速度范围内进行大量的、重复的振动和应力测量试验,以便发现故障或机械的薄弱环节,进一步修改与改进发动机的设计。

随着压气机和风扇增压比的变大,涡轮前工作温度的升高,对发动机内部冷却系统和润滑系统的要求也越来越苛刻。因此,除了进行必要的系统冷却和润滑设计计算及系统单独试验外,还进行整机试车,并在整机试验时去发现与调试是解决系统存在问题的最好办法。因为这些系统最恶劣的工作条件是在高空飞行状态,所以要在高空试车台上进行大量的、反复的调试,必要时还应进行相应的修改,如此反复才能使发动机的部件与整机设计逐渐完善与可靠。

飞行高度与飞行速度的变化对发动机燃油供给和自动控制系统的工作也有很大影响。例如,随着飞行高度增加,气压不断下降,这时燃油泵性能逐渐恶化;高速飞行时,燃油温度升高,这不仅使燃油泵性能变坏,而且会影响控制系统的工作;低速飞行时,燃油温度降低,使燃烧室性能变坏;高空低速飞行时,燃油消耗量少,这时很难精确地控制燃油量。另外,起动供油控制、加速供油控制、加力燃油控制等也一定要在空中飞行状态下反复调整才能投入使用。

由此可见,航空发动机高空模拟试验,特别是直接连接式高空模拟试验,是现代航空发动机研制的理想调试和鉴定手段。正是基于上述原因,目前凡是有能力研制超声速飞机与发动机的国家都在创建高空模拟试验台,以便进行航空发动机的高空状态调试和定型鉴定试验工作。以日本为例,日本曾投资 500 亿日元建造航空发动机试验基地,其中 200 亿日元花费在航空发动机高空模拟试验设备的建设上。对于发动机高空模拟试验台在发动机研制中所发挥作用的更多介绍,这里因篇幅所限不多赘述,感兴趣者可参阅相关文献。

图 4.15 给出了亚声速民用涡扇发动机和超声速民用运输机两种机型的典型飞行包线。在图中飞行包线上均标注了飞行时发动机所能承受的自由来流温度以及压强的极值。

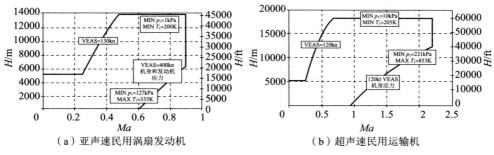

(a) 亚声速民用涡扇发动机　　(b) 超声速民用运输机

图 4.15　两种机型的飞行包线 (1ft = 0.3048m)

图 4.16 给出了某涡扇发动机的工作包线。工作包线一般用飞行高度和飞行

马赫数表示，也可以用发动机进口空气的总压和总温表示。航空涡喷和涡扇发动机飞行包线中包含空中起动包线、推力瞬变正常工作边界、加力燃烧室接通边界、主燃烧室和加力燃烧室稳定工作边界、压气机或风扇稳定工作边界、最大气动负荷边界和压气机出口压强限制边界、最小进气压强限制边界、涡轮出口温度限制边界和最大热负荷边界。显然，上述这些限制边界线直接涉及发动机的工作安全性和稳定性。因此，为了调试和检验航空发动机在上述这些高空飞行条件下的各种工作特性与限制边界，高空台的试验是绝对不可缺少的。

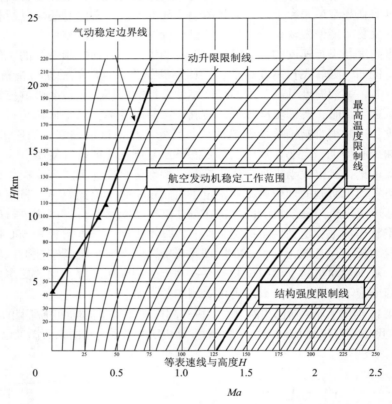

图 4.16　某涡扇发动机的工作包线

4.7　航空发动机的整机试验

按照文献［32-34］，整机试验有五大类，图 4.17 为航空涡轮喷气发动机的主要试验内容，其中研究性试验有 10 项、地面状态试验有 7 项、高空模拟试验有 12 项。按照文献［33］和文献［34］的规定，直接连接式高空模拟试验应完成如下鉴定试验任务：

（1）高空性能试验。

第4章 高空环境对发动机性能影响的修正方法及高空台的试验研究

（2）功能试验。
（3）推力和流量瞬变试验。
（4）起动和再起动试验。
（5）高空风车旋转试验。
（6）发动机进口空气增压和加温持久试车。
（7）进气畸变试验。
（8）发动机整个飞行工作包线中的整机振动测量。

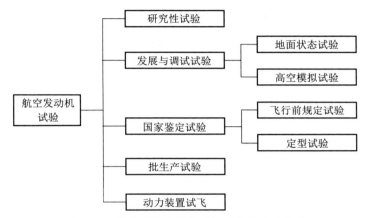

图 4.17　航空涡轮喷气发动机的主要试验内容

在通用规范中还有以下鉴定试验项目可通过直接连接式高空模拟试验来完成：
（1）振动与应力测量试验。
（2）高低温起动和加速试验。
（3）环境结冰试验。
（4）吞入大气中液态水试验。
（5）修正系数的验证。
（6）发动机进口压强和温度瞬变试验。

总之，在航空发动机的研制与发展中，整机的地面台架试验、高空模拟试验和装机外场飞行试验是三个重要的调试工具，试验的内容不断变化，所用的设备也不断发展[35-37]。近年来，随着高性能战斗机发展的需求，又发展了由直连式高空模拟试验台进行航空发动机反推力和矢量推力这两项功能性的试验。

地面台架试验、高空模拟试验、装机外场飞行试验与航空发动机的 CFD 优化计算四者相互配合、相互补充，大大提高了航空发动机设计的质量，缩短了航空发动机的研制周期，减少了飞机和发动机的研制费用。它已成为当今世界各航空工业强国在研制先进的航空发动机时所普遍采用的十分有效的方法。

第三篇

发动机核心部件高负荷高空性能研究

通常，航空发动机由五大部件（即进气道、压气机、燃烧室、涡轮和尾喷管）组成。工程界常将高压压气机、主燃烧室和高压涡轮称作航空发动机核心机，而本篇（即第5~7章）将压气机（包括低压与高压）、燃烧室（包括主燃烧室与加力）和涡轮（包括高压与低压）特称作航空发动机主要核心部件，并简称为发动机核心部件。

第 5 章

湍流燃烧火焰面模型及高负荷高空燃烧稳定性

航空发动机燃烧室是航空发动机的三大核心部件之一。回顾几十年来,航空发动机燃烧室由单管到环管、再由环形燃烧室到短环形燃烧室的发展历程中,燃烧室的压强由不到 10atm(1atm = 101.325kPa) 发展到 20atm,再发展到 30atm,现在正向 50atm 迈进,下一步还要提高到 70atm。另外,燃烧室油气比从不到 0.02 提高到 0.03,而后提高到 0.046,下一步的发展态势可能超过 0.06。总的来讲,未来发动机燃烧室正朝着高温升、低污染和宽工作范围的方向发展。航空发动机燃烧室的燃烧组织方式也发生了巨大的变化,图 5.1(a)给出了主燃烧

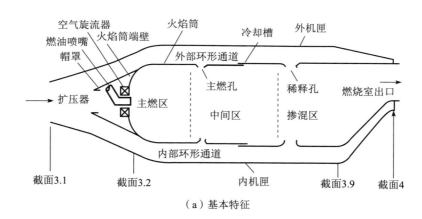

(a)基本特征

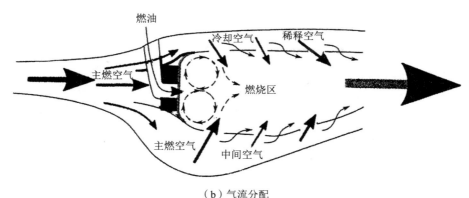

(b)气流分配

图 5.1 燃烧室的基本特征及气流分配示意图

室的基本特征，表 5.1 给出了主燃区油气比对性能的影响。对于设计者来讲，应根据飞机（如战斗机或民用飞机）的技术要求去选定主燃区油气比的具体数值，例如战斗机要突出火焰稳定，因此往往要选用接近化学恰当比的主燃区，而民用机则应有较高的燃烧效率和低的排气污染，因此宜选取偏贫油的主燃区。图 5.1（b）给出了燃烧室气流分配的示意图，图 5.2 和图 5.3 分别给出了燃烧室稳定工作的范围和在某一个起动转速下典型燃烧室点火包线。当前国际上先进水平的高空再点火的高度为 8~12km。

表 5.1 主燃区油气比对性能的影响

	优点	缺点
富油主燃区	①速度低，稳定性好。 ②容易点火	①燃烧"不干净"： a. 产生烟； b. 产生发光火焰； c. 产生碳沉积物。 ②出口温度分布一般不好
化学恰当比主燃区	①燃烧效率高。 ②释热率高。 ③燃烧干净： a. 几乎没有烟； b. 非发光火焰； c. 无碳沉积物	火焰温度高，因此对壁面的换热率高
贫油主燃区	①燃烧非常干净： a. 无烟； b. 非发光火焰； c. 无碳沉积物。 ②火焰温度低，因此换热率低。 ③有良好的出口温度分布	气流速度高，对稳定性和点火性能有不利影响

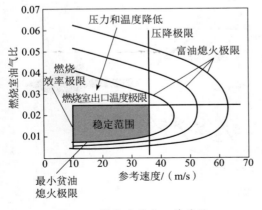

图 5.2 燃烧室稳定工作范围

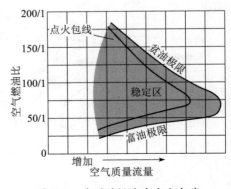

图 5.3 典型的燃烧室点火包线

第 5 章 湍流燃烧火焰面模型及高负荷高空燃烧稳定性

目前国内外已研制出多种燃烧组织方式,如贫油预混预蒸发(Lean Premixed Prevaporized,LPP)燃烧、富油燃烧-猝熄-贫油(Rich Burn-Quench-Lean,RQL)燃烧、贫油直接喷射(Lean Direct Injection,LDI)燃烧、驻涡燃烧室(Trapped Vortex Combustor,TVC)和双环预混旋流燃烧(Twin Annular Premixing Swirler,TAPS)等。在航空发动机燃烧室中采用的燃料为航空煤油,它是典型的大分子碳氢燃料,其真实的两相燃烧过程可能包含上千步中间反应,燃烧过程非常复杂[38]。对于这样复杂的化学反应过程,化学反应与湍流之间的相互作用的细节至今还弄不清楚,燃烧过程的数值模拟工作仍需深入研究与发展。在航空发动机燃烧过程的数值模拟中,如点火过程、熄火过程、火焰稳定和火焰传播过程的数值模拟,平衡态和非平衡态化学反应动力学过程的数值模拟,湍流流动与燃烧间相互作用的数值模拟等都有大量的研究工作有待深入开展。在数值计算中,有些算法成本太高,不适于解决工程实际问题。另外,在燃烧室中考虑两相湍流燃烧时,还会涉及液体燃料的喷射、雾化、蒸发和混合过程的数值模拟问题,这对燃烧室的燃烧计算又增添了新的难度。综上所述,航空发动机燃烧的计算至今仍缺乏成熟有力的计算方法与高效处理的手段,因此航空发动机燃烧室的气动设计仍建立在单头部燃烧室、多头部直线排列燃烧室、多头部旋流喷嘴组成的扇区燃烧室以及全尺寸燃烧室试验的基础上,而如何有效地减少试验的次数、降低燃烧计算的成本已成为学术界最为关注的热点问题与主攻方向。也正是在这种工程背景下,湍流燃烧火焰面模型与增厚火焰模型的提出便具有更大的学术意义和工程应用的价值。本节围绕湍流燃烧火焰面模型,针对高空点火试验和局部熄火问题分六个小问题展开了讨论,并根据现代航空发动机燃烧室普遍存在的预混燃烧、扩散燃烧(又称为非预混燃烧)和部分预混燃烧问题分别讨论了相应的火焰面模型方法。另外,给出了 SLFM、SFPV 和 UFPV 典型的三类方法在计算 Sandia、Owen 和 Cabra 三种著名火焰算例时计算结果的比较。此外,为了改善高空、低温、低压下燃烧室的性能,采用了多级旋流分级燃烧的策略。

5.1 化学反应流以及湍流燃烧中的 RANS 和 LES 方程

1. 化学反应流基本方程组

多组分反应流体力学比经典的流体力学问题要复杂得多,由于有化学反应,因此组分质量守恒方程和能量方程中要增加质量源项和热源项。令 V 为混合气体的运动速度,U_i 和 V_i 分别代表组分(又称为组元)i 的扩散速度和运动速度,于是有

$$V_i = V + U_i \tag{5.1}$$

组分 i 的连续方程和总的连续方程分别为

$$\frac{\partial}{\partial t}\rho_i + \nabla \cdot (\rho_i \boldsymbol{V}_i) = \dot{\omega}_i \tag{5.2}$$

$$\frac{\partial}{\partial t}\rho + \nabla \cdot (\rho \boldsymbol{V}) = 0 \tag{5.3}$$

式(5.2)中：$\dot{\omega}_i$ 为组分 i 的质量生成率。

引入组分 i 的质量分数 Y_i，可得

$$Y_i = \frac{\rho_i}{\rho} \tag{5.4}$$

这时式(5.2)又可写为

$$\rho \frac{\mathrm{d}}{\mathrm{d}t} Y_i + \nabla \cdot (\rho_i \boldsymbol{U}_i) = \dot{\omega}_i$$

或者

$$\frac{\partial}{\partial t}\rho_i + \nabla \cdot (\rho_i \boldsymbol{V}) - \nabla \cdot (\rho D_{ij} \nabla Y_i) = \dot{\omega}_i \tag{5.5}$$

式中：D_{ij} 为双组分扩散系数。

令组分 i 的扩散质量流 $\boldsymbol{J}_i = \rho_i \boldsymbol{U}_i$，由 Fick 定律可得

$$\boldsymbol{J}_i = -\rho D_{ij} \nabla Y_i \tag{5.6}$$

则动量方程为

$$\frac{\partial}{\partial t}(\rho \boldsymbol{V}) + \nabla \cdot (\rho \boldsymbol{V} \boldsymbol{V}) = \nabla \cdot \boldsymbol{\Pi} - \nabla p + \rho \boldsymbol{f} \tag{5.7}$$

式中：$\boldsymbol{\Pi}$、$\boldsymbol{f}$ 分别为黏性应力张量与体积力。

令 e_t 和 e' 分别为单位质量气体所具有的广义内能和单位体积所具有的广义内能，并且有

$$e_t = e + \frac{1}{2}V^2 \tag{5.8}$$

$$e' = \rho e_t \tag{5.9}$$

式中：e 为热力学狭义内能。

于是，能量方程为

$$\frac{\partial}{\partial t}e' + \nabla \cdot [(e'+p)\boldsymbol{V}] = \nabla \cdot (\boldsymbol{\Pi} \cdot \boldsymbol{V}) - \nabla \cdot \boldsymbol{q} + \rho \boldsymbol{f} \cdot \boldsymbol{V} \tag{5.10}$$

式中：$\boldsymbol{q}$ 为热通矢量，并且有

$$\boldsymbol{q} = \boldsymbol{q}_c + \boldsymbol{q}_D + \boldsymbol{q}_R \tag{5.11}$$

$$\boldsymbol{q}_c = -\lambda \nabla T \tag{5.12}$$

其中：$\boldsymbol{q}_D$ 与 $\boldsymbol{q}_R$ 分别为由于扩散传热和辐射传热引入的热通矢量。

式(5.12)称为傅里叶导热定律。将组分 i 的连续方程式(5.5)、动量方程

式（5.7）和能量方程式（5.10）写为如下弱守恒的形式：

$$\frac{\partial U}{\partial t} + \frac{\partial (E-E_v)}{\partial x} + \frac{\partial (F-F_v)}{\partial y} + \frac{\partial (G-G_v)}{\partial z} = S \tag{5.13}$$

式中

$$U = [\rho_1, \rho_2, \cdots, \rho_n, \rho u, \rho v, \rho w, e']^T \tag{5.14}$$

$$E = [\rho_1 u, \rho_2 u, \cdots, \rho_n u, \rho u^2 + p, \rho uv, \rho uw, (e'+p)u]^T \tag{5.15}$$

$$F = [\rho_1 v, \rho_2 v, \cdots, \rho_n v, \rho uv, \rho v^2 + p, \rho vw, (e'+p)v]^T \tag{5.16}$$

$$G = [\rho_1 w, \rho_2 w, \cdots, \rho_n w, \rho uw, \rho vw, \rho w^2 + p, (e'+p)w]^T \tag{5.17}$$

$$E_v = \left[\rho D_{1k}\frac{\partial Y_1}{\partial x}, \rho D_{2k}\frac{\partial Y_2}{\partial x}, \cdots, \rho D_{nk}\frac{\partial Y_n}{\partial x}, \tau_{xx}, \tau_{xy}, \tau_{xz}, a_1\right]^T \tag{5.18}$$

$$F_v = \left[\rho D_{1k}\frac{\partial Y_1}{\partial y}, \rho D_{2k}\frac{\partial Y_2}{\partial y}, \cdots, \rho D_{nk}\frac{\partial Y_n}{\partial y}, \tau_{yx}, \tau_{yy}, \tau_{yz}, a_2\right]^T \tag{5.19}$$

$$G_v = \left[\rho D_{1k}\frac{\partial Y_1}{\partial z}, \rho D_{2k}\frac{\partial Y_2}{\partial z}, \cdots, \rho D_{nk}\frac{\partial Y_n}{\partial z}, \tau_{zx}, \tau_{zy}, \tau_{zz}, a_3\right]^T \tag{5.20}$$

$$\begin{bmatrix} a_1 \\ a_2 \\ a_3 \end{bmatrix} = \begin{bmatrix} \tau_{xx} & \tau_{xy} & \tau_{xz} & \lambda \partial T/\partial x \\ \tau_{yx} & \tau_{yy} & \tau_{yz} & \lambda \partial T/\partial y \\ \tau_{zx} & \tau_{zy} & \tau_{zz} & \lambda \partial T/\partial z \end{bmatrix} \begin{bmatrix} u \\ v \\ w \\ 1 \end{bmatrix} \tag{5.21}$$

$$S = [\dot{\omega}_1, \dot{\omega}_2, \cdots, \dot{\omega}_n, 0, 0, 0, 0]^T \tag{5.22}$$

其中：n 表示混合气的组分有 n 个。

组分方程的个数取决于具体的燃烧化学反应机理。反应机理可能包含几个基元反应，也可以包含多达几百个的基元反应，因此如何选择最少量的基元反应去描述一个特定的复杂反应是一个值得关注的问题。

这里讨论一个由 n 个化学组分且有 r 个基元反应组成的一个反应系统，其反应方程为

$$\sum_{i=1}^{n} \nu'_{i,j} Z_i \underset{k_b}{\overset{k_f}{\rightleftharpoons}} \sum_{i=1}^{n} \nu''_{i,j} Z_i, \quad j=1,2,\cdots,r \tag{5.23}$$

则组分 i 的质量生成率为

$$\dot{\omega}_i = \frac{d\rho_i}{dt} = \rho \frac{dY_i}{dt} = M_i \frac{d[Z_i]}{dt} \tag{5.24a}$$

式中：$[Z_i]$ 为组分 Z_i 的摩尔密度，并且 $\dfrac{d[Z_i]}{dt}$ 为

$$\frac{d[Z_i]}{dt} = \sum_{j=1}^{r} \left[(\nu''_{i,j} - \nu'_{i,j}) \left(k_{f,j} \prod_{i=1}^{n} [Z_i]^{\nu'_{i,j}} - k_{b,j} \prod_{i=1}^{n} [Z_i]^{\nu''_{i,j}} \right) \right]_j \quad j=1,2,\cdots,r \tag{5.25}$$

其中：$k_{f,j}$、$k_{b,j}$ 分别为第 j 个基元反应的正反应速率常数和逆反应速率常数。

或者将式（5.24a）写为

$$\dot{\omega}_i = M_i \sum_{j=1}^{r} (\nu''_{i,j} - \nu'_{i,j}) R_j \tag{5.24b}$$

式中：R_j 为第 j 个基元反应的反应进行率，对二元反应，有

$$R_j = k_{f,j} \prod_{i=1}^{n} \left(\frac{\rho_i}{M_i}\right)^{\nu'_{i,j}} - k_{b,j} \prod_{i=1}^{n} \left(\frac{\rho_i}{M_i}\right)^{\nu''_{i,j}} \tag{5.26}$$

如果含有第三体的基元反应，其反应进行率还应加入第三体的影响因子，这时 R_j 为

$$R_j = \left\{ \sum_{i=1}^{n} \left(\alpha_{i,j} \frac{\rho_i}{M_i}\right) \right\} \left\{ k_{f,j} \prod_{i=1}^{n} \left(\frac{\rho_i}{M_i}\right)^{\nu'_{i,j}} - k_{b,j} \prod_{i=1}^{n} \left(\frac{\rho_i}{M_i}\right)^{\nu''_{i,j}} \right\} \tag{5.27}$$

式中：$\alpha_{i,j}$ 为第 j 个基元反应中，第 i 种组分对应的第三体影响因子。

正反应速率常数可写为

$$k_{f,j} = A_j T^{B_j} \exp\left(\frac{-E_j^*}{R_u T}\right) \tag{5.28}$$

式中：E_j^* 为活化能；A_j 为频率因子；B_j 为经验常数；R_u 为通用气体常数，R_u = 8.314J/(mol·K)。

此外，认为多组分气相混合物遵守理想气体的状态方程，满足局部热力学平衡的假设。对应的逆反应速率常数 $k_{b,j}$ 可利用反应平衡常数 K_{eq} 得到，即

$$k_{b,j} = \frac{k_{f,j}}{K_{eq}^j} \tag{5.29}$$

2. 多组分反应流弱守恒方程的通用形式

多组分反应流弱守恒方程组主要由如下方程组成：

总的连续方程

$$\frac{\partial}{\partial t}\rho + \nabla \cdot (\rho \boldsymbol{V}) = 0 \tag{5.30a}$$

动量方程

$$\frac{\partial}{\partial t}(\rho \boldsymbol{V}) + \nabla \cdot (\rho \boldsymbol{VV} - \boldsymbol{\pi}) = \rho \boldsymbol{f} = \rho \sum_{i=1}^{n} \boldsymbol{f}_i Y_i \tag{5.30b}$$

能量方程

$$\frac{\partial}{\partial t}e' + \nabla \cdot [(e'+p)\boldsymbol{V} - \boldsymbol{\Pi} \cdot \boldsymbol{V} + \boldsymbol{q}] = \rho \boldsymbol{f} \cdot \boldsymbol{V} \tag{5.30c}$$

组分守恒方程

$$\frac{\partial}{\partial t}(\rho Y_i) + \nabla \cdot [\rho Y_i(\boldsymbol{V} + \boldsymbol{U}_i)] = \dot{\omega}_i \tag{5.30d}$$

第 5 章 湍流燃烧火焰面模型及高负荷高空燃烧稳定性

式中：U_i 为组分 i 的扩散速度。

对于常见的燃烧装置，燃烧室中气流的马赫数不高，体积力影响不大，并且混合气各组分比热假定相等的情况下，式（5.30a）~式（5.30d）可简化为

$$\frac{\partial}{\partial t}\rho + \nabla \cdot (\rho V) = 0 \tag{5.31a}$$

$$\frac{\partial}{\partial t}(\rho V) + \nabla \cdot (\rho VV) = \nabla \cdot \boldsymbol{\Pi} - \nabla p \tag{5.31b}$$

$$\frac{\partial}{\partial t}(\rho h) - \frac{\partial}{\partial t}p + \nabla \cdot \left[\rho h V - \rho \sum_{i=1}^{n}(h_i D_{ij} \nabla Y_i) - \lambda \nabla T\right] = 0 \tag{5.31c}$$

$$\frac{\partial}{\partial t}\rho_i + (\nabla \cdot \rho V Y_i - \rho D_{ij} \nabla Y_i) = \dot{\omega}_i \tag{5.31d}$$

引入通用符号 ϕ、Γ 和 S_ϕ，则式（5.31a）~式（5.31d）可写为如下通用的形式：

$$\frac{\partial}{\partial t}(\rho \phi) + \nabla \cdot [\rho V \phi - \Gamma \nabla \phi] = S_\phi \tag{5.32a}$$

表 5.2、表 5.3 分别给出了三维笛卡儿坐标系和圆柱坐标系中，弱守恒方程组式（5.31a）~式（5.31d）中通用符号 ϕ、Γ 和 S_ϕ 所代表的具体含义。

表 5.2 三维笛卡儿坐标系中的弱守恒基本方程组

方程	变量 ϕ	Γ	S_ϕ
连续方程	1	0	0
x 方向动量方程	u	μ	S_x
y 方向动量方程	v	μ	S_y
z 方向动量方程	w	μ	S_z
组分守恒方程	Y_i	D	RR_i
能量方程	T	λ	$RR\Delta H_R$

表 5.3 三维圆柱坐标系中的弱守恒基本方程组

方程	变量 ϕ	Γ	S_ϕ
连续方程	1	0	0
z 方向动量方程	u	μ	S_z
r 方向动量方程	v	μ	S_r
θ 方向动量方程	w	μ	S_θ
组分守恒方程	Y_i	D	RR_i
能量方程	T	λ	$RR\Delta H_R$

在表 5.2 所示的笛卡儿坐标系中,令 (x, y, z) 构成右手系,沿三个坐标轴的单位矢量分别为 i、j、k,并且有

$$V = ui + vj + wk \tag{5.32b}$$

令 S_x、S_y 和 S_z 分别为

$$S_x = -\frac{\partial p}{\partial x} - \frac{2}{3}\frac{\partial}{\partial x}\left[\mu\left(\frac{\partial u}{\partial x} + \frac{\partial v}{\partial y} + \frac{\partial w}{\partial z}\right)\right] + \frac{\partial}{\partial x}\left(\mu\frac{\partial u}{\partial x}\right) + \frac{\partial}{\partial y}\left(\mu\frac{\partial v}{\partial x}\right) + \frac{\partial}{\partial z}\left(\mu\frac{\partial w}{\partial x}\right) \tag{5.32c}$$

$$S_y = -\frac{\partial p}{\partial y} - \frac{2}{3}\frac{\partial}{\partial y}\left[\mu\left(\frac{\partial u}{\partial x} + \frac{\partial v}{\partial y} + \frac{\partial w}{\partial z}\right)\right] + \frac{\partial}{\partial x}\left(\mu\frac{\partial u}{\partial y}\right) + \frac{\partial}{\partial y}\left(\mu\frac{\partial v}{\partial y}\right) + \frac{\partial}{\partial z}\left(\mu\frac{\partial w}{\partial y}\right) \tag{5.32d}$$

$$S_z = -\frac{\partial p}{\partial z} - \frac{2}{3}\frac{\partial}{\partial z}\left[\mu\left(\frac{\partial u}{\partial x} + \frac{\partial v}{\partial y} + \frac{\partial w}{\partial z}\right)\right] + \frac{\partial}{\partial x}\left(\mu\frac{\partial u}{\partial z}\right) + \frac{\partial}{\partial y}\left(\mu\frac{\partial v}{\partial z}\right) + \frac{\partial}{\partial z}\left(\mu\frac{\partial w}{\partial z}\right) \tag{5.32e}$$

在表 5.3 所示的圆柱坐标系中,令 (z, r, θ) 构成右手系,沿圆柱坐标系的三个单位基矢量分别为 i_z、i_r、i_θ,并且有

$$V = ui_z + vi_r + wi_\theta \tag{5.32f}$$

令 S_z、S_r 和 S_θ 分别为方程式(5.32a)的右端项,以下仅给出 S_z 和 S_θ 的表达式:

$$S_z = -\frac{\partial p}{\partial z} - \frac{2}{3}\frac{\partial}{\partial z}\left[\mu\left(\frac{\partial u}{\partial z} + \frac{\partial(rv)}{r\partial r} + \frac{\partial w}{r\partial \theta}\right)\right] + \frac{\partial}{\partial z}\left(\mu\frac{\partial u}{\partial z}\right) + \frac{\partial}{r\partial \theta}\left(\mu\frac{\partial w}{\partial z}\right) + \frac{\partial}{r\partial r}\left(\mu r\frac{\partial v}{\partial z}\right) \tag{5.32g}$$

$$S_\theta = -\frac{\partial p}{r\partial \theta} - \frac{2}{3}\frac{\partial}{r\partial \theta}\left[\mu\left(\frac{\partial u}{\partial z} + \frac{\partial(rv)}{r\partial r} + \frac{\partial w}{r\partial \theta}\right)\right] + \frac{\partial}{\partial z}\left(\frac{\mu}{r}\frac{\partial u}{\partial \theta}\right) + \frac{\partial}{r\partial r}\left[\mu r\left(\frac{\partial v}{r\partial \theta} - \frac{w}{r}\right)\right]$$
$$+ \frac{\partial}{r\partial \theta}\left[\frac{\mu}{r}\left(\frac{\partial w}{\partial \theta} + 2v\right)\right] - \frac{\rho vw}{r} + \frac{\mu}{r}\left(\frac{\partial w}{\partial r} + \frac{\partial v}{r\partial \theta} - \frac{w}{r}\right) \tag{5.32h}$$

这里要强调的是,在式 (5.32f) 中 u、v、w 是速度 V 的物理分速度,而不是速度 V 的协变分速度。

1972 年,英国帝国理工大学 D. B. Spalding 教授和他的学生 Patankar 以式 (5.32a) 为基本形式,提出了以压力为基础的算法,通过连续方程求压力,由状态方程求密度的半隐式 SIMPLE (Semi-Implicit Method For Pressure-Linked Equations) 方法。研制出能够模拟传热、流动、化学反应及燃烧等问题的大型通用软件 (PHOENICS),可以用来求解一维、二维、三维、稳态、非稳态、黏性、非黏性、可压、不可压、层流、湍流、单相、多相等各种流动、传热及燃烧领域的问题。

实际航空发动机燃烧室中的流动多是湍流流动。在燃烧过程中,密度的变化很大,密度与其他量的脉动关联项不能忽略。燃烧计算常采用 Favre 平均,对基本方程组求 Favre 平均后,可得

$$\frac{\partial}{\partial t}\bar{\rho} + \nabla \cdot (\bar{\rho}\widetilde{V}) = 0 \tag{5.33a}$$

$$\frac{\partial}{\partial t}(\bar{\rho}\widetilde{V}) + \nabla \cdot (\bar{\rho}\widetilde{V}\widetilde{V}) = -\nabla \bar{p} + \nabla \cdot (\overline{\boldsymbol{\Pi}} - \overline{\rho V''V''}) \qquad (5.33b)$$

$$\frac{\partial}{\partial t}(\bar{\rho}\widetilde{\phi}) + \nabla \cdot (\bar{\rho}\widetilde{V}\widetilde{\phi}) = -\nabla \cdot \widetilde{J}_\phi + S_\phi \qquad (5.33c)$$

式（5.33a）~式（5.33c）的详细表达将在式（8.65）~式（8.68）中给出，这里不再赘述。

另外，也可将滤波函数应用于 N-S 方程，可得到大涡模拟的控制方程（参见式（8.75）~式（8.77）），这里也不再给出。

3. 湍流燃烧问题中 RANS 与 LES 的适用性

对于湍流燃烧问题，经常会采用 RANS 方法，即通过对瞬时量的控制方程做雷诺平均或者 Favre 平均后将所获得的平均量方程进行求解，便得到了燃烧物理量平均值的分布。但是，平均量的控制方程需要湍流模型和燃烧模型去封闭，这时对于问题所涉及的全部尺度都要用单一的模型去模拟。因为航空发动机的燃烧室几何结构复杂，当大尺度逆序结构存在并且对混合过程有很大影响时，采用 RANS 方法的全尺度平均办法就不太合理。事实上，许多燃烧问题的精细研究在 RANS 的框架下是很难进行的。在湍流流场中，动量、质量、能量以及其他标量的输运主要是受大尺度湍流涡结构的影响。大尺度涡受几何以及边界条件的影响，而且各个大尺度涡的结构也互不相同，大尺度涡与所求解的问题密切相关；而小尺度涡趋于各向同性，其运动具有共性，几乎不受几何边界的影响。因此，在湍流的数值模拟时，一个可行的策略是：放弃对全尺度范围上涡结构瞬时运动的模拟，只将比网格尺度大的湍流运动通过瞬时 N-S 方程直接计算出来，而小尺度涡对大尺度涡运动的影响通过类似于雷诺平均模拟中的建模办法，于是便产生了大涡模型的想法。湍流的大涡模拟主要有两个重要环节：①建立空间滤波函数，从湍流的瞬时运动方程中将小尺度涡结构滤掉，从而分解出只含大尺度涡的运动方程，而被滤掉的小尺度涡对流场的影响通过在控制方程中引入附加的应力即亚格子应力去体现。②对亚格子应力建模，这一数学模型称为亚格子尺度（Subgrid-Scale，SGS）模型，亚格子应力常记作 τ^{sgs}，它是两阶张量。

湍流燃烧依赖于湍流掺混、分子扩散和化学反应等几个完全不同的物理过程，而且这些过程作用的时间和空间尺度又相差很大：湍流掺混的尺度覆盖了从宏观尺度直到 Kolmogorov 尺度，而分子扩散仅作用于流动中的最小尺度上，湍流掺混与分子扩散的共同作用将反应物分子输运到一起发生反应。另外，在湍流流动中，小尺度结构所起的作用主要是能量耗散机制，所以在流体力学中小尺度结构的湍流动量输运可以用各种形式的涡黏性模型来模拟；在湍流燃烧中，小尺度结构涡的行为还极大地影响着湍流混合与化学反应的进行，简单地套用涡黏性模型模拟湍流燃烧中亚格子尺度上的行为是不行的。因此，如何准确地模化小尺度上湍流混合、分子扩散和化学反应之间的相互作用是建立湍流燃烧亚格子模型的关键技术。

对于湍流燃烧来讲，除了对流动项的非线性高阶矩建模之外，化学反应标量输运方程中的反应源项非线性更强，在进行平均或滤波后同样存在着高阶矩的建模问题，当反应流体变为湍流时，温度 T、密度 ρ 和组分 Y_i 的当地值将随时间与空间迅速脉动，这将给湍流反应流的模拟带来新的问题。以双分子的基元不可逆反应为例

$$A_1 + A_2 \rightarrow A_3 + A_4 \tag{5.34}$$

组分 A_1 的瞬时消耗速率为

$$\dot{\omega}_1 = \frac{1}{M_1 M_2} B T^{B_j} \rho^2 Y_1 Y_2 \exp\left(\frac{-E_j^*}{R_u T}\right) \tag{5.35}$$

瞬时的 T、Y_1、Y_2 和 ρ 经过平均或滤波后可分解为

$$T = \widetilde{T} + T'', \quad Y_1 = \widetilde{Y}_1 + Y_1'', \quad Y_2 = \widetilde{Y}_2 + Y_2'', \quad \rho = \bar{\rho} + \rho' \tag{5.36}$$

式（5.35）可变为

$$\dot{\omega}_1 = \frac{1}{M_1 M_2} B (\bar{\rho} + \rho')^2 (\widetilde{T} + T'')^{B_j} (\widetilde{Y}_1 + Y_1'')(\widetilde{Y}_2 + Y_2'') \exp\left[\frac{-E_j^*}{R_u (\widetilde{T} + T'')}\right] \tag{5.37}$$

对上式进行泰勒展开后，再对方程两边取平均或者滤波，并忽略 3 阶以上小量，可得

$$\overline{\dot{\omega}}_1 = \frac{1}{M_1 M_2} B [(\bar{\rho})^2 + (\rho')^2] \widetilde{T}^{B_j} \widetilde{Y}_1 \widetilde{Y}_2 \exp\left(\frac{-E_j^*}{R_u \widetilde{T}}\right)$$
$$\times \left[1 + \frac{\widetilde{Y_1'' Y_2''}}{\widetilde{Y}_1 \widetilde{Y}_2} + (P_1 + Q_1)\left(\frac{\widetilde{Y_1'' T''}}{\widetilde{Y}_1 \widetilde{T}} + \frac{\widetilde{Y_2'' T''}}{\widetilde{Y}_2 \widetilde{T}}\right) + (P_2 + Q_2 + P_1 Q_1)\left(\frac{\widetilde{T''^2 Y_1''}}{\widetilde{T}^2 \widetilde{Y}_1} + \frac{\widetilde{T''^2 Y_2''}}{\widetilde{T}^2 \widetilde{Y}_2}\right) \right]$$
$$\tag{5.38}$$

式中：P_n、Q_n ($n=1$, 2) 是与 $\widetilde{T}$ 有关的项，其中 P_n 为

$$P_n = \sum_{k=1}^{n} (-1)^{n-k} \frac{(n-1)!}{(n-k)![(n-1)!]^2 k} \left(\frac{E_j^*}{R_u \widetilde{T}}\right)^k \tag{5.39}$$

显然，在考虑多组分计算时，$\overline{\dot{\omega}}$ 的表达式比式（5.38）还要复杂。

5.2 常用的湍流燃烧模型以及火焰面模型的作用

1. 常用的湍流燃烧模型

由式（5.37）可以看出，由于湍流脉动对燃烧过程的作用，反应速率的平均或滤波都将带来脉动参数的高阶非线性关联项[38]。对于大涡模拟，目前可选作燃烧亚格子模型的通常有以下几种：

（1）涡破碎（Eddy Breakup, EBU）模型、涡耗散（Eddy Dissipation Concept, EDC）模型，这是 Spalding 于 1971 年提出的。这类模型的基本思想是：对

第 5 章 湍流燃烧火焰面模型及高负荷高空燃烧稳定性

于预混火焰，湍流燃烧区中的已燃气体和未燃气体都以大小不等并且做随机运动的涡团形式存在着，化学反应主要在这些涡团的交界面上发生。化学反应速率取决于未燃气体涡团在湍流作用下破碎成更小涡团的速率，而此破碎速率正比于湍流能量耗散率 ε。该模型湍流燃烧燃料的平均反应速率为

$$\overline{\omega}_F = -\rho c_{EBU} \frac{\varepsilon}{k} (\overline{Y''^2_F})^{1/2} \tag{5.40}$$

式中：$\overline{Y''^2_F}$ 为燃料质量分数脉动的均方值；c_{EBU} 为模型参数，常取为 0.35~0.4。

由于该模型忽略了化学反应动力学的影响，表征的仅仅是快速化学反应的极限情况，因此它只能用于高雷诺数的湍流燃烧现象。对于温度不高的慢反应区，EBU 模型不适用。

(2) 条件统计矩 (Conditional Moment Closure, CMC) 模型，这是 Klimenko 于 1990 年和 Bilger 于 1993 年各自独立提出的。在一个系综中，因为湍流组分质量分数和温度都有很强的脉动，使得平均化学反应速率的计算变得很困难。但经验表明，在许多情况下组分质量分数和温度的大部分脉动都能与某个标量的脉动关联起来（例如，扩散燃烧中的混合分数，预混燃烧中的反应进度）。因此，在对湍流随机量进行统计平均时，如果限定该关键标量取某一特定值，即对随机量取条件平均，则有条件的脉动均方值将远小于无条件的平均值。而且，相对于雷诺平均或 Favre 平均，条件平均所得出的条件脉动值要远小于条件平均值。这意味着湍流脉动被大大削弱，从而可将化学动力学与湍流分开处理，即实现了二者的解耦。

条件统计矩模型在理论上是很严格的，其基本方程的导出没有引入额外的简化假设，因而适用于各种湍流燃烧过程。该模型能够有效地将反应动力学和流动的非均匀性解耦，同时保持了标量耗散率即微尺度混合的影响，它可以模拟相当复杂的化学反应动力学问题。

(3) 线性涡模型 (Linear Eddy Model, LEM) 是 Kerstein 于 1988 年研究湍流流动混合过程时为描述湍流标量混合与扩散的一种随机混合模型时提出的。Kerstein 于 1999 年又提出了一维湍流 (One Dimension Turbulence, ODT) 模型。ODT 模型是一个自包含模型，该模型并不依赖经验参数，对于流场的求解完全根据流场的瞬时状态，因此它能真实地捕捉到一些典型的湍流现象，如能量级串。同时，由于它能够完全求解精细尺度的量，因而能描述湍流化学反应的耦合。但是，该模型一维的本质又限制了 ODT 模型的使用范围。

(4) 概率密度函数 (Probability Density Function, PDF) 方法源于 1975 年 Dopazo 和 1976 年 Pope 等的开创性工作。精确的 PDF 输运方程是由 N-S 方程组推导出来的[39]，在该方程中化学反应源项是封闭的，无须引入模型，因此能模拟任何详细的化学动力学过程，适用于预混、非预混和部分预混的任何燃烧问题。另外，PDF 方法也已成功地与 LES 相结合并得到了初步的应用。但是，压力

脉动梯度项以及分子黏性和分子扩散引起的 PDF 分子输运项是不封闭的，需要引入模型加以封闭。用于模拟分子扩散方程的模型称为小尺度混合模型，模拟脉动压力梯度和分子黏性引起的 PDF 不仅在速度空间上输运的模型称为随机速度模型。PDF 方法对于求解有限反应速率的燃烧过程时具有很强的优势；PDF 不仅对于任意复杂的化学反应机理可以进行精确计算，而且能对熄火等湍流燃烧问题进行有效的研究，因此 PDF 方法在学术界颇受青睐。详细的化学反应机理常常包含几十种和上百种组分与几百个甚至上千个基元反应，不同的基元反应时间尺度也常常相差若干个数量级；化学反应速率方程具有强非线性和强刚性的特点，而蒙特卡罗方法本身为减小统计误差，需要大量的样本以满足精度上的要求。通过直接积分化学反应速率方程的方法计算每个样本的化学热力学参数，这就使得 PDF 方法的计算量通常十分巨大。此外，当组分较多时，PDF 输运方程的维数也相当高。为了降低计算耗费，理论上希望降低组分空间的维数。低维流形（Low-Dimensional Manifold，LDM）方法[40]认为化学组分在组分空间中分布于某一低维流形附近，即组分质量分数可以由少数几个代表组分的函数近似表示，从而降低组分空间维数，实际计算时仅求解代表组分的输运方程，因此这种方法可以明显降低计算量，具有很强的应用前景。

（5）湍流燃烧的火焰面模型是 Peters 于 1984 年在层流扩散火焰研究的基础上提出的[41]，随后发展到湍流扩散、预混、部分预混火焰的研究领域。另外，S. B. Pope 还认为，火焰面模型也是一种基于组分空间降维处理的有效的低维反应—扩散流形方法。针对湍流与化学反应的强相互作用，局部特征火焰面（RIF）概念的引入获得学术界的普遍重视（例如 1996 年 Peters 和 2014 年 Kundu 等人的文章）。近年来一种动态分区可调整的 RIF 模型简称 DZFM（Dynamic Zone Flamelet Model）已用于最小湍流尺度为微米量级的燃烧问题，并且在湍流与化学反应相互作用的 Borghi 图上，燃烧处于以扩散控制为主的火焰面模型区域。

2. 火焰面问题中的特征尺度

为方便讨论火焰面（Flamelets）的概念以及定性分析影响火焰面假设是否成立的因素，需要用到无量纲参数 Re、Da、Ka 和 Ka_δ，而为了讲清楚这些参数应首先要给出湍流流动特征尺度的计算方法。湍流流动特征尺度是以不同尺度涡的长度和时间尺度去定义的。湍流中存在着大尺度范围的三维涡结构，定义最大涡的长度尺度 l_0，速度尺度 $u(l_0)$、时间尺度 $\tau_0 \equiv l_0/u(l_0)$；最小涡即 Kolmogorov 涡，其长度、速度和时间尺度分别为 η、$u_\eta = u(\eta)$ 和 $\tau_\eta \equiv \eta/u_\eta$。

长度为 l 的涡的雷诺数为 Re_l，它可以表示惯性力与黏性力的相对大小，即

$$Re_l = \frac{u(l)l}{\nu} \tag{5.41}$$

式中：ν 为层流分子黏性系数。

对于雷诺数远大于 1 的涡，由于惯性力远大于黏性力，根据湍流不稳定性理论，这时的涡是不稳定的，将会逐步破裂成更小尺度的涡，直至惯性力与黏性力达到平衡。再根据湍流能量串级理论，湍流能量耗散率 ε 完全由初始能量以及从最大尺度涡向最小尺度涡传递的速度决定[39]，因此有

$$\varepsilon \sim \frac{u(l_0)^3}{l_0} \tag{5.42}$$

由 Kolmogorov 第二相似假设，当雷诺数相当大时，尺寸为 l 的湍流涡具有相同的统计特征，该特征仅与湍流能量耗散率 ε 有关，而与运动黏性系数 ν 无关，因此有

$$\varepsilon \sim \frac{u(l)^3}{l} \tag{5.43}$$

由 Kolmogorov 第一相似假设，当雷诺数相当大时，湍流中所有小尺度运动具有相同的统计特征[38]，可得

$$\frac{u(l)}{u(l_0)} \sim \left(\frac{l}{l_0}\right)^{1/3} \tag{5.44}$$

$$\frac{\tau(l)}{\tau(l_0)} \sim \left(\frac{l}{l_0}\right)^{2/3} \tag{5.45}$$

$$Re_l = \frac{u(l)l}{\nu} \sim Re_{l_0}\left(\frac{l}{l_0}\right)^{4/3} \tag{5.46}$$

由式（5.46）可以发现，随着涡尺寸 l 的减小，相应的雷诺数 Re_l 也减小。当 Re 减小到 1 时，相应的涡不会再破裂，此即耗散涡。于是耗散涡的尺寸 η 为

$$\eta \sim l_0 (Re_{l_0})^{-3/4} \tag{5.47}$$

由式（5.44）和式（5.45），便可得到耗散涡的速度尺度 $u(\eta)$ 和时间尺度 $\tau(\eta)$，即

$$u(\eta) \sim u(l_0)^{-1/4} \tag{5.48}$$

$$\tau(\eta) \sim \tau(l_0)(Re_{l_0})^{-1/2} \tag{5.49}$$

对于给定的燃料/空气混合物来讲，还有层流火焰速度 S_L 和层流火焰厚度 δ_L 两个重要的特征尺度。令层流火焰前锋厚度为 l_F，由量纲分析可得

$$l_F \sim \sqrt{\frac{D}{\Omega}}, \quad S_L \sim \sqrt{D\Omega} \tag{5.50}$$

式中：D、Ω 分别为质量扩散系数与组分生成率。

相应地，化学反应时间尺度为

$$\tau_F = \frac{l_F}{S_L} \tag{5.51}$$

令火焰面内化学反应区厚度为 l_δ，燃料消耗的时间尺度为 τ_δ，则有[40]

$$l_\delta = \sqrt{\tau_\delta D} \tag{5.52}$$

为了表示与定性分析湍流发展的程度以及湍流与燃烧之间的相互作用,定义以下几个无量纲参数:

(1) 大尺度雷诺数(Re_{l_0}):用于检验燃烧发生的流场区域是否为充分发展的湍流区。Re_{l_0}表达式为

$$Re_{l_0} = \frac{u(l_0)l_0}{\nu} = \frac{u(l_0)l_0}{S_L l_F} \tag{5.53}$$

(2) Damköhler 数(Da):定义为湍流中最大尺度涡的时间尺度$\tau(l_0)$与火焰面的时间尺度τ_F之比,即

$$Da = \frac{\tau(l_0)}{\tau_F} = \frac{l_0 S_L}{l_F u(l_0)} = \frac{l_0^2 S_L l_F}{l_F^2 u(l_0) l_0} \sim \frac{l_0^2}{l_F^2 Re_{l_0}} \tag{5.54}$$

当$Da>1$时,因湍流流场中$Re_{l_0} \gg 1$,由式(5.54)得$l_0 \gg l_F$,即湍流流场中大尺度的涡的尺度远大于火焰前锋的厚度。这表明,大尺度的涡不能进入到火焰前锋内部,只能对整个火焰面进行随机输运。

(3) Karlovitz 数(Ka):定义为火焰面的时间尺度τ_F与湍流中 Kolmogorov 涡时间尺度$\tau(\eta)$之比,即

$$Ka = \frac{\tau_F}{\tau(\eta)} = \frac{l_F u(\eta)}{\eta S_L} \tag{5.55}$$

由湍流能量串级过程,当湍流尺度达到 Kolmogorov 涡尺度时,惯性力与黏性力平衡,即

$$Re_\eta = \frac{u(\eta)\eta}{\nu} = 1 \Rightarrow u(\eta)\eta = \nu \tag{5.56}$$

另外,由式(5.50)和式(5.56)可得

$$S_L l_F \sim D \sim \nu = u(\eta)\eta \tag{5.57a}$$

或者

$$\frac{l_F}{\eta} \sim \frac{u(\eta)}{S_L} \tag{5.57b}$$

将式(5.57b)代入式(5.55)中,可得

$$Ka \sim \left[\frac{u(\eta)}{S_L}\right]^2 \sim \left(\frac{l_F}{\eta}\right)^2 \tag{5.58}$$

式(5.58)表明,Karlovitz 数表征了火焰面前锋厚度l_F与湍流中 Kolmogorov 涡尺度η的相对大小;当$Ka<1$时,有$l_F<\eta$,即火焰前锋厚度l_F小于 Kolmogorov 涡尺度。这表明,湍流中最小尺度的涡不能进入火焰面内部,因此湍流的脉动对整个火焰面内部的结构无影响。换句话说,火焰面内部的化学动力学过程与层流中

相同条件下的化学动力学过程相似,火焰面模型假设成立。

(4) 第二 Karlovitz 数 (Ka_δ): 定义为 τ_δ 与 $\tau(\eta)$ 之比,即

$$Ka_\delta = \frac{\tau_\delta}{\tau(\eta)} = \frac{\tau_\delta}{\tau_F} \cdot Ka = \left(\frac{l_\delta}{l_F}\right)^2 \cdot Ka \sim \left(\frac{l_\delta}{\eta}\right)^2 \tag{5.59}$$

在常压下,化学反应区厚度 l_δ 与火焰前锋厚度 l_F 大约为 0.1,因此式 (5.59) 可近似为

$$Ka_\delta \sim 10^{-2} Ka \sim \left(\frac{l_\delta}{\eta}\right)^2 \tag{5.60}$$

由式 (5.60) 可知,当 $Ka_\delta<1$ 时,有 $l_\delta<\eta$,$1<Ka<100$,即 $l_\delta<\eta<l_F$。这表明,最小尺度涡可以进入到火焰前锋的预热区,但不能进入到反应区,此时也可近似认为满足火焰面模型假设。

另外,由式 (5.49) 并结合 Damköhler 数和 Karlovitz 数的定义,可得

$$Ka^2 \cdot Da^2 = Re_{l_0} \tag{5.61}$$

由式 (5.53)、式 (5.54) 和式 (5.61) 消去 Re_{l_0} 和 Da 后,可得

$$\frac{u(l_0)}{S_L} \sim (Ka)^{2/3} \left(\frac{l_0}{l_F}\right)^{1/3} \tag{5.62}$$

以 $\frac{l_0}{l_F}$、$\frac{u(l_0)}{S_L}$ 为横坐标和纵坐标参量,图 5.4 给出了湍流预混火焰分区的示意图。在图中,$Re_{l_0}=1$,$u(l_0)=S_L$,$Da=1$,$Ka=1$ 和 $Ka_\delta=1$ 这五条直线将坐标

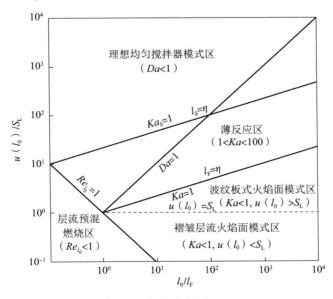

图 5.4 湍流预混火焰分区

平面分成了层流预混燃烧区、褶皱层流火焰面模式区、波纹板式火焰面模式区、薄反应区和理想均匀搅拌器模式区五个区域。因篇幅所限，对这五个区的分析不再赘述。

3. 火焰面模型的作用

火焰面模型的一个最显著的特点是它能够将非线性和刚性都很强的化学反应计算与流场的计算解耦。在将火焰面模型应用于燃烧问题 CFD 中，一般不再需要求解每个组分的控制方程，而仅仅需要求解若干个数目不多的参数输运方程，如 G 方程、C 方程、Z 方程，火焰面密度的输运方程等（G 为瞬时火焰面与平均火焰面之间的距离，C 为反应进度变量，Z 为混合物分数）。

另外，火焰面模型将湍流燃烧火焰看成一系列层流火焰面的系综，因此湍流流场中的平均化学热力学参数可由层流火焰面系综做统计平均得到。火焰面模型在湍流燃烧中是一个非常有用的模型。

5.3 几种典型的火焰面模型及应用范围

1. 湍流扩散燃烧火焰面模型

1）湍流扩散火焰面方程

当燃烧的 Damköhler 数足够大，火焰厚度小于湍流的 Kolmogorov 尺度时，可以认为湍流火焰面的每一个微元都是一个拉伸的层流火焰面。以下首先讨论层流非预混火焰面。

混合物分数 Z 是空间 x 和时间 t 的函数，燃烧在由下式确定的一个等值面附近的一个薄层内进行：

$$Z(x,t) = Z_{st} \tag{5.63}$$

引入一个附着于当量混合物分数表面的坐标系（x_1, x_2, x_3）并假定 x_1 垂直于这个表面，并定义 $Z=Z_1=x_1$，而与火焰面相切的两个方向分别定义为 $Z_2=x_2$，$Z_3=x_3$。

做 Crocco 变换，有

$$\begin{cases} \dfrac{\partial}{\partial t} = \dfrac{\partial}{\partial \tau} + \dfrac{\partial Z}{\partial t}\dfrac{\partial}{\partial Z}, & \dfrac{\partial}{\partial x_1} = \dfrac{\partial Z}{\partial x_1}\dfrac{\partial}{\partial Z} \\ \dfrac{\partial}{\partial x_m} = \dfrac{\partial}{\partial Z_m} + \dfrac{\partial Z}{\partial x_m}\dfrac{\partial}{\partial Z}, & m=2,3 \end{cases} \tag{5.64}$$

假设燃烧系统中，所有组分的扩散系数都相等，即 $D_i=D$，则混合分数 Z 的输运方程为

$$\rho\dfrac{\partial Z}{\partial t} + \rho V \cdot \nabla Z = \nabla \cdot (\rho D \nabla Z) \tag{5.65}$$

其边界条件是：燃料侧 $Z=1$，氧化剂侧 $Z=0$；在混合分数方程中，由于组分的扩散系数 D_{ij} 与热扩散系数 $\hat{\beta}$ 相等，即 Lewis 数等于 1。这里路易斯（Lewis）

数定义为

$$Le = \frac{\hat{\beta}}{D} = \frac{\lambda}{\rho D_{ij} c_p} = \frac{Sc}{Pr} \tag{5.66}$$

火焰面内部的反应—扩散结构满足

$$\rho \frac{\partial Y_i}{\partial t} + \rho u_j \frac{\partial Y_i}{\partial x_j} = \frac{\partial}{\partial x_j}\left(\rho D \frac{\partial Y_i}{\partial x_j}\right) + \dot{\omega}_i \tag{5.67}$$

$$\rho c_p \frac{\partial T}{\partial t} + \rho c_p u_j \frac{\partial T}{\partial x_j} = \frac{\partial}{\partial x_j}\left(\rho c_p D \frac{\partial T}{\partial x_j}\right) - \sum_{i=1}^{n} h_i \dot{\omega}_i + q_R + \frac{\partial p}{\partial t} \tag{5.68}$$

式中：h_i 为组分 i 的焓；q_R 为辐射热损失；由于火焰面在 Z 方向上很薄，并且有

$$\frac{\partial}{\partial Z} \gg \frac{\partial}{\partial Z_2}, \quad \frac{\partial}{\partial Z} \gg \frac{\partial}{\partial Z_3}, \quad \frac{\partial}{\partial Z_2} \sim \frac{\partial}{\partial Z_3} \tag{5.69}$$

引入 Crocco 变换便得到混合分数空间的组分方程为

$$\rho \frac{\partial Y_i}{\partial \tau} - \frac{\rho}{Le_i} D_t (\nabla Z)^2 \frac{\partial^2 Y_i}{\partial Z^2} = \dot{\omega}_i \tag{5.70}$$

将 Crocco 变换代入到温度输运方程式（5.68）中，并注意式（5.69），则式（5.68）可简化为

$$\rho c_p \frac{\partial T}{\partial \tau} - \rho c_p \frac{\chi}{2} \frac{\partial^2 T}{\partial Z^2} = -\sum_{i=1}^{n} h_i \dot{\omega}_i + q_R + \frac{\partial p}{\partial \tau} \tag{5.71}$$

式中：χ 为标量耗散率，其定义为

$$\chi = 2D |\nabla Z|^2 \tag{5.72}$$

式（5.70）和式（5.71）是混合分数空间的火焰面方程，它们都不含对流项，形式很简单。求解火焰面方程式（5.70）和式（5.71）便得到火焰面方程的解，它表征了层流扩散火焰的化学热力学状态。在层流对撞扩散火焰中，标量耗散率 χ 与混合分数 Z 之间有如下关系：

$$\chi = f(Z) = \frac{a_s}{\pi} \exp\{-2[\text{erfc}^{-1}(2Z)]^2\} \tag{5.73}$$

式中：a_s 为火焰应变率；erfc^{-1} 为补余误差函数的反函数。

将式（5.73）代入式（5.70）和式（5.71），并在给定相应边界条件之后，可得火焰面方程的解，即

$$\phi = \phi(t, Z, a_s) \tag{5.74}$$

式中：ϕ 代表流场中的化学热力学状态，如组分、温度等。

将式（5.73）应用于当量条件并结合式（5.73），有

$$\chi_Z = \chi_{st} \frac{f(Z)}{f(Z_{st})} = \chi_{st} \frac{\exp\{-2[\text{erfc}^{-1}(2Z)]^2\}}{\exp\{-2[\text{erfc}^{-1}(2Z_{st})]^2\}} \tag{5.75}$$

由式（5.75），则式（5.74）可写为

$$\phi = \phi(t, Z, \chi_{st}) \tag{5.76}$$

式 (5.74) 与式 (5.76) 是火焰面方程的解。通常，并不直接使用火焰面方程的解，而是按一定准则把火焰面方程的解做成火焰面数据库。使用时只需要查询和插值，所以效率很高。

对于工程实际中的湍流燃烧过程，常采用设定型概率密度函数（PDF）方法模拟湍流扩散火焰。将式 (5.65) 进行 Favre 平均，由于分子的扩散系数 D 远小于湍流扩散系数 D_t，因此分子扩散项可忽略，得

$$\bar{\rho}\frac{\partial \widetilde{Z}}{\partial t} + \bar{\rho}\widetilde{\boldsymbol{u}} \cdot \nabla \widetilde{Z} = -\nabla \cdot (\overline{\rho \boldsymbol{u}''Z''}) \tag{5.77}$$

式中

$$\widetilde{\boldsymbol{u}''Z''} = -D_t \nabla \widetilde{Z} \tag{5.78}$$

另外，混合分数均方差的输运方程并结合式 (5.78) 可得

$$\bar{\rho}\frac{\partial}{\partial t}\widetilde{Z''^2} + \bar{\rho}\widetilde{\boldsymbol{u}} \cdot \nabla \widetilde{Z''^2} = -\nabla \cdot (\overline{\rho \boldsymbol{u}''Z''^2}) + 2\bar{\rho}D_t(\nabla \widetilde{Z})^2 - \bar{\rho}\widetilde{\chi} \tag{5.79}$$

式中

$$\widetilde{\boldsymbol{u}''Z''^2} = -D_t \nabla \widetilde{Z''^2} \tag{5.80}$$

式 (5.79) 中 $\widetilde{\chi}$ 为 Favre 平均标量耗散率，其定义为

$$\widetilde{\chi} = 2D\widetilde{|\nabla Z''|} \tag{5.81}$$

且可简化为

$$\widetilde{\chi} = c_\chi \frac{\widetilde{\varepsilon}}{\widetilde{k}}\widetilde{Z''^2} \tag{5.82}$$

式中：c_χ 为流动时间尺度与积分时间尺度之比，通常取为 2.0。

2) 湍流燃烧稳定火焰面数据库的生成

湍流扩散火焰中的平均热力学参数可由层流火焰面系综作统计平均得到，即

$$\widetilde{\phi} = \iint \phi(Z, \chi_{st})P(Z, \chi_{st})\mathrm{d}Z\mathrm{d}\chi_{st} \tag{5.83}$$

式中：$\widetilde{\phi}$ 为湍流火焰中的平均标量值；$P(Z, \chi_{st})$ 为混合分数和标量耗散率的联合概率密度函数；$\phi(Z, \chi_{st})$ 为计算得到的层流火焰面数据库中对应的标量值。

在实际应用中，通常假定混合分数和标量耗散率在统计上互相独立，于是有

$$P(Z, \chi_{st}) = P(Z)P(\chi_{st}) \tag{5.84}$$

通常有两种方法得到 Z 和 χ_{st} 的边缘概率密度函数：一种是预先假定概率密度函数的分布；另一种是采用概率密度函数输运方程来求解混合分数与标量耗散率的联合概率密度函数。因篇幅所限，这两种方法不做冗述，感兴趣者可参阅相

关文章。这里仅给出由层流火焰面数据库生成湍流燃烧火焰面数据库的流程，如图 5.5 所示，由式（5.83）计算得到的湍流火焰中的化学热力学状态值 $\tilde{\phi}$ 可以建成以 Z、Z'' 和 χ_{st} 为参量的三维数据库。

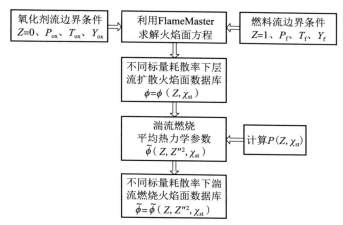

图 5.5　湍流燃烧火焰面数据库生成流程图

2. 湍流预混燃烧火焰面模型

1) G 方程预混火焰面模型

在预混燃烧火焰面模型中，为了追踪火焰面的位置，需要求解 Level Set 方法中的 G 或反应进度变量 C 的输运方程。另外，火焰面模型将湍流燃烧火焰看成一系列层流火焰的系综，于是湍流流场中的平均化学热力学参数可由层流火焰面系综作统计平均得到。在预混燃烧中，常见的 G 方程为

$$\frac{\partial G}{\partial t}+\boldsymbol{u}\cdot\nabla G=s_{\mathrm{L}}|\nabla G| \tag{5.85}$$

式中：s_{L} 为火焰传播速度。

令 Markstein 长度为 L，未拉伸火焰的燃烧速度为 s_{L}^0，应变率为 S，火焰曲率为 $\hat{k}$，于是有

$$\hat{k}=\nabla\cdot\boldsymbol{n}=\nabla\cdot\left(\frac{-\nabla G}{|\nabla G|}\right) \tag{5.86}$$

$$S=-\boldsymbol{n}\cdot\nabla\boldsymbol{u}\cdot\boldsymbol{n} \tag{5.87}$$

$$s_{\mathrm{L}}=s_{\mathrm{L}}^0-\hat{k}Ls_{\mathrm{L}}^0-LS \tag{5.88}$$

利用上述定义与关系式，则式（5.85）可写为

$$\frac{\partial}{\partial t}G+\boldsymbol{u}\cdot\nabla G=s_{\mathrm{L}}^0|\nabla G|-\hat{k}D_{\mathrm{L}}|\nabla G|-LS|\nabla G| \tag{5.89}$$

式中

$$D_L = Ls_L^0 \tag{5.90}$$

由于 L 与火焰面厚度为同一个量级，因此 LS 项可忽略。此时，式 (5.89) 可写为

$$\rho \frac{\partial}{\partial t} G + \rho \boldsymbol{u} \cdot \nabla G = \sigma \rho s_L^0 - \hat{k} \sigma \rho D \tag{5.91}$$

式中：D 为扩散系数；σ 为

$$\sigma = |\nabla G| \tag{5.92}$$

将标量 G 和流场速度作 Favre 平均并代入式 (5.91)，可得

$$\bar{\rho} \frac{\partial}{\partial t} \widetilde{G} + \bar{\rho} \widetilde{\boldsymbol{u}} \cdot \nabla \widetilde{G} + \nabla \cdot (\overline{\rho \boldsymbol{u}'' G''}) = \overline{\sigma \rho s_L^0} - \overline{\hat{k} \sigma \rho D} \tag{5.93}$$

方差 $\widetilde{G''^2}$ 代表了湍流火焰面的厚度，可得到如下方程：

$$\bar{\rho} \frac{\partial}{\partial t} \widetilde{G''^2} + \bar{\rho} \widetilde{\boldsymbol{u}} \cdot \nabla \widetilde{G''^2} + \nabla \cdot (\overline{\rho \boldsymbol{u}'' G''^2}) = -2\overline{\rho \boldsymbol{u}'' G''} \cdot \nabla \widetilde{G} - \bar{\rho} \widetilde{\omega} - \bar{\rho} \widetilde{\chi} - \overline{\hat{k} \sigma (\rho D)} \tag{5.94}$$

式中：$\widetilde{\omega}$、$\widetilde{\chi}$ 分别为平均湍动能耗散项与平均标量耗散率，其定义分别为

$$\widetilde{\omega} = \frac{-2(\rho s_L^0) \overline{G'' \sigma}}{\bar{\rho}} \tag{5.95}$$

$$\widetilde{\chi} = \frac{-2(\rho D) \overline{(\nabla G'')^2}}{\bar{\rho}} \tag{5.96}$$

式 (5.94) 右边最后一项 $\overline{\hat{k} \sigma (\rho D)}$ 为曲率项，因为该项与分子扩散率成比例，在大雷诺数条件下相对于方程其他项很小，可以忽略。另外，$\widetilde{\omega}$ 与 $\widetilde{\chi}$ 的和要进行建模为

$$\widetilde{\omega} + \widetilde{\chi} = c_s \frac{\widetilde{\varepsilon}}{\widetilde{k}} \widetilde{G''^2} \tag{5.97}$$

式中：c_s 为模型常数，通常取 $c_s = 2.0$。

在式 (5.93) 与式 (5.94) 中，出现关联项 $\widetilde{\boldsymbol{u}'' G''}$，它需要建模：

$$\nabla \cdot (\overline{\rho \boldsymbol{u}'' G''}) = \bar{\rho} D_t \widetilde{\hat{k}} |\nabla \widetilde{G}| \tag{5.98}$$

对于式 (5.94) 中湍流生成项，可用传统的梯度输运模型，即

$$-\widetilde{\boldsymbol{u}'' G''} \cdot \nabla \widetilde{G} = D_t (\nabla \widetilde{G})^2 \tag{5.99}$$

对于式 (5.94) 中的湍流输运项，如果按传统的梯度近似，将导致 $\widetilde{G}$ 方程为椭圆性质的方程，这与 $\widetilde{G}$ 方程原有的数学性质不协调，可以将湍流输运项这时仅在切向方向用梯度输运近似建模，即

$$-\nabla \cdot (\overline{\rho \boldsymbol{u}'' G''^2}) = \nabla_\parallel \cdot (\bar{\rho} D_t \nabla_\parallel \widetilde{G''^2}) \tag{5.100}$$

综上所述，式（5.93）和式（5.94）可写为[35]

$$\frac{\partial}{\partial t}(\bar{\rho}\widetilde{G})+\bar{\rho}\widetilde{\boldsymbol{u}}\cdot\nabla\widetilde{G}=(\bar{\rho}s_T^0)|\nabla\widetilde{G}|-\bar{\rho}\widetilde{k}\,D_t|\nabla\widetilde{G}| \quad (5.101)$$

$$\bar{\rho}\frac{\partial}{\partial t}\widetilde{G''^2}+\bar{\rho}\widetilde{\boldsymbol{u}}\cdot\nabla\widetilde{G''^2}=\nabla_\parallel\cdot(\bar{\rho}D_t\nabla_\parallel\widetilde{G''^2})+2\bar{\rho}D_t(\nabla\widetilde{G})^2-\bar{\rho}c_s\frac{\widetilde{\varepsilon}}{\widetilde{k}}\widetilde{G''^2} \quad (5.102)$$

另外，对于预混火焰面需要建立以到火焰面距离 G 为参量的数据库。对于褶皱火焰面模型，Kolmogrov 涡的尺度大于火焰面厚度，即 $\eta>l_F$，整个瞬时火焰嵌入最小涡内，火焰内部可以看成准层流。化学反应标量方程可写为

$$\rho\frac{\partial}{\partial t}Y_i+(\rho s_L)\sigma\frac{\partial Y_i}{\partial G}=\frac{\partial}{\partial G}\left(\rho D_t\sigma^2\frac{\partial Y_i}{\partial G}\right)+\dot{\omega}_i \quad (5.103)$$

式中：s_L 为燃烧速度；D_t 为湍流扩散系数；$\sigma=|\nabla G|$。

为了求解式（5.103），必须要给定边界条件。在火焰面模型区，可给 $G=\pm\infty$ 时的边界条件，因此求解式（5.103）便给出了层流预混火焰的火焰面数据库。而后假设火焰面的概率密度函数 $P(G,x,t)$ 服从高斯型概率密度函数：

$$P(G;x,t)=\frac{1}{(2\pi\widetilde{G''^2})^{1/2}}\exp\left[\frac{-(G-\widetilde{G(x,t)})}{2\widetilde{G''^2}}\right] \quad (5.104)$$

于是，采用统计方法便可得到化学反应标量的时均分布，即

$$\widetilde{Y}_i(x,t)=\int_{-\infty}^{+\infty}Y_i(G,t)P(G;x,t)\mathrm{d}G \quad (5.105)$$

实际上，式（5.103）和式（5.105）的求解替代了对能量方程与组分方程的求解，其过程可概括成如下三个步骤：

（1）将 N-S 方程和 G 方程耦合，求出其平均值 $\widetilde{G}$（平均火焰面位置）与脉动值 $\widetilde{G''^2}$，并由式（5.104）计算火焰面的概率密度函数 $P(G;x,t)$。

（2）利用预先生成的火焰面数据库插值得到反应标量沿火焰面垂直方向的分布 $Y_i(G,t)$。

（3）由式（5.105）积分出 $Y_i(x,t)$ 值。

2) C 方程预混火焰面模型

在预混燃烧过程中，反应进度变量 $C(x,t)$ 可以有多种定义方法，如用温度形式定义 $C(x,t)$ 为

$$C=\frac{T-T_u}{T_b-T_u} \quad (5.106)$$

式中：T_u、T_b 分别为未燃气体的温度与已燃气体的温度。

再如，用燃料质量分数的形式定义 $C(x,t)$ 为

$$C(x,t) = \frac{Y_{F,0} - Y_F(x,t)}{Y_{F,0} - Y_{F,eq}(x,t)} \tag{5.107}$$

式中：$Y_{F,0}$ 为新鲜气体的燃料质量分数；$Y_{F,eq}(x, t)$ 为平衡状态下燃料质量分数。

燃料的组分输运方程为

$$\frac{\partial}{\partial t}(\rho Y_F) + \nabla \cdot (\rho \boldsymbol{u} Y_F) = \nabla \cdot [\nabla(\rho D Y_F)] + \dot{\omega}_F \tag{5.108}$$

由进度变量 C 的定义并结合燃料输运方程，则 C 方程推导为

$$\frac{\partial}{\partial t}(\rho C) + \nabla \cdot (\rho \boldsymbol{u} C) = \nabla \cdot [\nabla(\rho D C)] + \dot{\omega}_C \tag{5.109}$$

用 Favre 平均的反应进度变量方程为

$$\frac{\partial}{\partial t}(\bar{\rho}\widetilde{C}) + \frac{\partial}{\partial x_i}(\bar{\rho}\widetilde{u}_i \widetilde{C}) = \overline{\dot{\omega}_C} + \frac{\partial}{\partial x_i}\left(\overline{\rho D_C \frac{\partial}{\partial x_i} C}\right) - \frac{\partial}{\partial x_i}\left(\overline{\rho u_i'' C''}\right) \tag{5.110}$$

式中，分子混合项已被省略。上述方程需对平均反应项 $\overline{\dot{\omega}_C}$ 和湍流输运项 $\overline{\rho u_i'' C''}$ 进行建模。通常用梯度输运假设，即认为

$$\overline{\rho u_i'' C''} = -\bar{\rho} D_t \frac{\partial}{\partial x_i}\widetilde{C} \tag{5.111}$$

研究表明，式（5.111）不完全适用，这是由于火焰表面上的气体膨胀效应将引起逆向梯度扩散。另外，对湍流预混火焰的平均反应速率要与火焰表面密度 (Flame Surface Density，FSD) 的关联来建模。

$\overline{\omega}_F$ 可表示为

$$\overline{\omega}_F \approx \rho_u S_L Y_{F,u} \Sigma \tag{5.112}$$

式中：下标 u 代表未燃状态；S_L 为层流火焰速度；Σ 为火焰表面密度，即单位体积内火焰面的总面积。

预混火焰 Favre 平均的 C 方程为

$$\frac{\partial}{\partial t}(\bar{\rho}\widetilde{C}) + \frac{\partial}{\partial x_i}(\bar{\rho}\widetilde{u}_i\widetilde{C}) = \frac{\partial}{\partial x_i}\left(\frac{\mu_t}{Sc_t}\frac{\partial}{\partial x_i}\widetilde{C}\right) + \bar{\rho}_u S_L \Sigma \tag{5.113}$$

式中：μ_t 为湍流黏性系数；Sc_t 为湍流施密特数；$\bar{\rho}_u$、S_L 分别为平均未燃烧气体密度与层流火焰速度。

另外，在式（5.113）中，Σ 需要进行建模。目前已有许多对 Σ 建模的办法，其中 Peters 建议用火焰面密度输运方程建模[41]：

$$\frac{\partial}{\partial t}\Sigma + \nabla \cdot (\boldsymbol{u}\Sigma) = -(\boldsymbol{nn}:\nabla\boldsymbol{u})\Sigma - \boldsymbol{n} \cdot \nabla(S_L \Sigma) \tag{5.114}$$

式中：$\boldsymbol{n}$ 代表垂直于火焰面，并指向未燃气体的方向，它是单位矢量，其表达式为

$$\boldsymbol{n} = -\frac{\nabla C}{|\nabla C|} \tag{5.115}$$

3. 湍流部分预混燃烧火焰面模型

从混合的角度来讲,燃烧有两种极限情况:一种是燃料与氧化剂在进入燃烧室前已经完全混合的预混燃烧,这种火焰存在着稳定的火焰前锋;另一种是燃料与氧化剂独立地进入燃烧室的扩散燃烧,其火焰产生在燃料与氧化剂的交界面上,这时不存在火焰传播的问题。但在实际工程应用中,燃烧火焰常常是处于上述两种极限情况之间,由于速度的不均匀或者湍流作用,燃料与氧化剂进入燃烧室后在局部区域中得到部分混合并发生燃烧,这就是人们常称的部分预混燃烧。

三岔火焰(triple-flame)结构是部分预混燃烧常出现的火焰结构,如图 5.6 所示,图中 A 代表空气,P 代表生成物,F 代表燃料。并非所有的部分预混射流火焰都表现为完整的三岔火焰结构,有的可能只具有三岔火焰中的两个火焰分支,呈现为双火焰结构。研究表明,三岔火焰存在于低剪切率的情况,在高剪切率时演变为双层火焰结构。图 5.6 给出了非均匀混合物内的三岔火焰图,图中曲线是流场反应速率等值线的数值计算结果。从图中可以发现:化学恰当当量比等值线两侧分布有两个传播方向相反的贫燃和富燃预混火焰前锋(图中箭头所示);在预混火焰峰面之间一条扩散火焰沿着化学恰当当量比分布,预混火焰平行于扩散火焰向贫燃区和富燃区传播;一旦与扩散火焰分离,预混火焰尾部就变弱并最终消失。研究结果还表明:三岔火焰相对扩散火焰来讲,具有更强的稳定性,而且对流场中的湍流结构具有自适应能力,可以调整火焰结构以克服旋涡结构的影响。总之,在预混燃烧火焰的稳定机制研究中,三岔火焰的稳焰机制一直被学术界所关注。

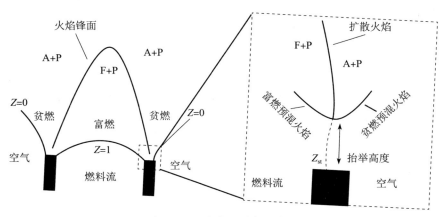

图 5.6 三岔火焰结构示意图

1)基于 G 方程与 Z 方程的部分预混火焰面模型

在经典的稳态火焰面模型中,对于扩散火焰来讲,由于仅采用了 S 曲线的稳态燃烧分支,因此由标量耗散率 χ 可定出火焰状态,如图 5.7 所示。但是,如果处理燃烧流场中的局部点火与熄火问题时采用火焰面/进度变量模型,那么在这个模型中稳态燃烧分支和非稳态燃烧分支均被采用。由图 5.7 可看出,除临界点外,在给定的 χ 值时,稳态燃烧分支与非稳态燃烧分支上各存在一个火焰状态与之对应,为解决这个问题便引入了进度变量 C 代替标量耗散率来描述 S 曲线上的火焰状态。因此,对于给定的 C 值,包含完整解分支的 S 曲线上存在唯一的火焰状态与之对应。另外,计算中还发现,基于混合分数 Z 和标量耗散率 χ 的火焰面模型可以较

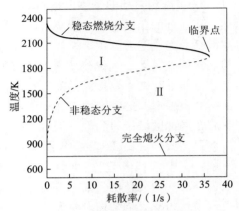

图 5.7 火焰面方程解的 S 曲线

准确地预测扩散火焰结构,但对部分预混火焰,仅能对火焰结构中的扩散火焰分支予以准确预测,而无法预测部分预混火焰的前锋,因此必须引入第二个标量来标识火焰前锋的位置,G 方程与 Z 方程耦合便成为一种描述部分预混火焰面的方法。

考虑大涡模拟的控制方程,滤波后的混合分数 Z 输运方程为

$$\frac{\partial}{\partial t}(\bar{\rho}\widetilde{Z}) + \frac{\partial}{\partial x_j}(\bar{\rho}\widetilde{u}_j\widetilde{Z}) = \frac{\partial}{\partial x_j}\left(\bar{\rho}D\frac{\partial \widetilde{Z}}{\partial x_j}\right) + \frac{\partial}{\partial x_j}\left(\bar{\rho}D_t\frac{\partial}{\partial x_j}\widetilde{Z}\right) \tag{5.116}$$

式中:D_t 为湍流扩散系数;等号右边最后一项为滤波后的亚格子湍流扩散项。

滤波后的密度、温度、组分质量分数的值可以由层流火焰面数据库以及假定的概率密度 $P(Z,\chi;x,t)$ 求得,即

$$\bar{\rho}(x,t) = \left[\iint \frac{P(Z,\chi;x,t)}{\rho_L(Z,\chi)}\mathrm{d}Z\mathrm{d}\chi\right]^{-1} \tag{5.117}$$

$$\widetilde{Y}_i(x,t) = \iint Y_{i,L}(Z,\chi)P(Z,\chi;x,t)\mathrm{d}Z\mathrm{d}\chi \tag{5.118}$$

$$\widetilde{T}(x,t) = \iint T_L(Z,\chi)P(Z,\chi;x,t)\mathrm{d}Z\mathrm{d}\chi \tag{5.119}$$

式中:下标 L 代表在层流火焰面数据库的值。

在部分预混时,火焰前锋的位置是通过 G 方程得到的,G 方程为

$$\frac{\partial}{\partial t}(\rho G) + \nabla \cdot (\rho \boldsymbol{u} G) = (\rho S_{L,P})|\nabla G| - (\rho D)\hat{k}|\nabla G| \tag{5.120}$$

式中:$S_{L,P}=S_L(Z)$,它代表预混系统中层流燃烧速度;$\hat{k}$ 为预混火焰锋面的曲率。虽然 G 方程模型可以捕捉到大尺度结构与预混火焰锋面的相互作用,但并不能够描述燃料的浓度分布带来的影响。在部分预混燃烧计算中,$G=0$ 的面仅能用来确定火焰前锋可能的位置,其数据库不能直接调用。在火焰锋面内 $G>0$ 时,

第 5 章　湍流燃烧火焰面模型及高负荷高空燃烧稳定性

流场参数应该通过当地混合分数 Z 和标量耗散率 χ 获得。滤波后的 G 方程、混合分数方差 $\widetilde{Z''^2}$ 方程以及 G 的方差 $\widetilde{G''^2}$ 方程分别为

$$\frac{\partial}{\partial t}(\bar{\rho}\widetilde{G}) + \nabla\cdot(\bar{\rho}\widetilde{\boldsymbol{u}}\widetilde{G}) = \bar{\rho}S_{\mathrm{T,P}}|\nabla\widetilde{G}| - \bar{\rho}D_\mathrm{t}\hat{k}|\nabla\widetilde{G}| \qquad (5.121)$$

$$\frac{\partial}{\partial t}(\bar{\rho}\widetilde{Z''^2}) + \nabla\cdot(\bar{\rho}\widetilde{\boldsymbol{u}}\widetilde{Z''^2}) = \nabla\cdot\left(\frac{\mu_\mathrm{t}}{Sc_1}\nabla\widetilde{Z''^2}\right) + \frac{2\mu_\mathrm{t}}{Sc_1}(\nabla\widetilde{Z})^2 - \bar{\rho}\widetilde{\chi} \qquad (5.122)$$

$$\frac{\partial}{\partial t}(\bar{\rho}\widetilde{G''^2}) + \nabla\cdot(\bar{\rho}\widetilde{\boldsymbol{u}}\widetilde{G''^2}) = \nabla_\parallel\cdot(\bar{\rho}D_\mathrm{t}\nabla_\parallel\widetilde{G''^2}) + 2\bar{\rho}D_\mathrm{t}(\nabla\widetilde{G})^2 - c_\mathrm{s}\bar{\rho}\frac{\widetilde{\varepsilon}}{\widetilde{k}}\widetilde{G''^2} \qquad (5.123)$$

式中：Sc_1 为与 $\widetilde{Z''^2}$ 相对应的施密特数；$S_{\mathrm{T,P}}$ 为部分预混时湍流火焰的速度，这个参数的确定需要建模，它与预混湍流火焰中不同，由于在部分预混火焰中混合分数 Z 的非均匀性，因此 $S_{\mathrm{T,P}}$ 建模时要考虑当地 Z 的影响。

对于 $G>0$ 的燃烧火焰区，组分的质量分数 $Y_{i,\mathrm{b}}$（下标 b 代表已燃气体）是通过以混合分数 Z 和当量标量耗散率 χ_{st} 为参数的稳态火焰面数据库并且结合假定的联合概率密度函数 $P(Z,\chi_{\mathrm{st}})$ 计算获得。在未燃气体中，除了燃料与氧化剂外的所有质量分数都为零。在湍流火焰内，平均质量分数 $\widetilde{Y}_i$ 由已燃区和未燃区加权得到，即

$$\widetilde{Y}_i = p_\mathrm{b}\widetilde{Y}_{i,\mathrm{b}} + (1-p_\mathrm{b})\widetilde{Y}_{i,\mathrm{u}} \qquad (5.124)$$

式中：下标 b 与 u 分别代表已燃区气体与未燃区气体；p_b 为出现已燃气体的概率，其表达式为

$$p_\mathrm{b} = p_\mathrm{b}(G>G_0) = \int_{G=G_0}^{\infty}\frac{1}{(2\pi\widetilde{G''^2})^{1/2}}\exp\left[\frac{-(G-\widetilde{G})^2}{2\widetilde{G''^2}}\right]\mathrm{d}G \qquad (5.125)$$

2）基于 C 方程和 Z 方程的部分预混湍流燃烧火焰面模型

与纯扩散火焰类似，部分预混湍流燃烧火焰也是通过混合分数 Z 和进度变量 C 对火焰进行系综的，即

$$Y_i(x,t) = Y_i(C(x,t),Z(x,t)) \qquad (5.126)$$

这里进度变量 C 是通过混合分数 $Z(x,t)$ 和某一组分质量分数 $Y_i(x,t)$ 定义的。

首先进行坐标变换，将物理空间 (x,t) 的方程变换到 $(Z(x,t), C(x,t), e(x,t), \tau)$ 空间，在这个新空间中 e 分别与 Z 和 C 的方向都垂直，而且沿 e 方向梯度的变化可以忽略；τ 为与时间相似的坐标。由式（5.126）可得

$$\frac{\partial Y_i}{\partial t} = \frac{\partial Y_i}{\partial Z}\frac{\partial Z}{\partial t} + \frac{\partial Y_i}{\partial C}\frac{\partial C}{\partial t} \qquad (5.127\mathrm{a})$$

$$\nabla Y_i = \frac{\partial Y_i}{\partial Z}\nabla Z + \frac{\partial Y_i}{\partial C}\nabla C \qquad (5.127\mathrm{b})$$

$$\nabla^2 Y_i = \frac{\partial^2 Y_i}{\partial Z^2}|\nabla Z|^2 + \frac{\partial Y_i}{\partial Z}\nabla^2 Z + \frac{\partial^2 Y_i}{\partial C^2}|\nabla C|^2 + \frac{\partial Y_i}{\partial C}\nabla^2 C + 2\frac{\partial^2 Y_i}{\partial Z \partial C}(\nabla Z)\cdot(\nabla C)$$
(5.127c)

将式（5.127a）~式（5.127c）代入组分方程：

$$\frac{\partial}{\partial t}(\rho Y_i) + \frac{\partial}{\partial x_j}[\rho Y_i(u_j + U_{j,i})] = \dot{\omega}_i \quad (5.128)$$

并注意到：

$$\rho\frac{\partial}{\partial t}Z + \rho\boldsymbol{u}\cdot\nabla Z = \nabla\cdot(\rho D\nabla Z) \quad (5.129)$$

于是得到关于 $C(x, t)$ 的输运方程

$$\rho\frac{\partial}{\partial t}C + \nabla\cdot(\rho\boldsymbol{u}C) = \nabla\cdot(\rho D\nabla C) + \frac{1}{2}\frac{1}{\partial Y_i/\partial C}\left(2\dot{\omega}_i + \frac{\partial^2 Y_i}{\partial C^2}\rho\chi_C + \frac{\partial^2 Y_i}{\partial Z^2}\rho\chi_Z + 2\frac{\partial^2 Y_i}{\partial Z\partial C}\rho\chi_{Z,C}\right)$$
(5.130)

式中

$$\chi_Z = 2D(\nabla Z)\cdot(\nabla Z) \quad (5.131a)$$
$$\chi_C = 2D(\nabla C)\cdot(\nabla C) \quad (5.131b)$$
$$\chi_{Z,C} = 2D(\nabla Z)\cdot(\nabla C) \quad (5.131c)$$

由于 C 的输运方程式（5.130）完全是由方程式（5.128）和式（5.129）推出的，它不含任何模型假设，因此该方程适用于所有的燃烧模式，即具有通用性。

引入火焰索引函数 ξ_p，其定义为

$$\xi_p = \frac{1}{2}\left(1 - \frac{\chi_{F,0}}{|\chi_{F,0}|}\right) \quad (5.132)$$

式中：$\chi_{F,0}$ 为组分交叉标量耗散率[35]。

显然，当 $\xi_p = 1$ 时，对应于完全预混燃烧；当 $\xi_p = 0$ 时，对应于扩散燃烧。在进行部分预混燃烧流场计算时，应该分别建立基于混合分数 Z 的扩散火焰面模型和基于反应进度 C 的预混火焰面模型，并且滤波后的组分质量分数要通过滤波后的火焰索引 $\bar{\xi}_p$ 加权得到，即

$$\widetilde{Y}_i = \bar{\xi}_p \widetilde{Y}_{i,p} + (1 - \bar{\xi}_p)\widetilde{Y}_{i,d} \quad (5.133)$$

式中：$\widetilde{Y}_{i,p}$、$\widetilde{Y}_{i,d}$ 分别为滤波后预混火焰分支和扩散火焰分支的组分质量分数。

以下简要说明它们的确定过程：

对于部分预混燃烧问题中的预混火焰分支，式（5.130）可简化为

$$\frac{\partial}{\partial t}(\rho C) + \nabla\cdot(\rho\boldsymbol{u}C) = \nabla\cdot(\rho D\nabla C) + \frac{\dot{\omega}_i}{\partial Y_i/\partial C} \quad (5.134)$$

方程式（5.134）与预混燃烧火焰面模型的方程有点类似，但不同的是在部分预

混火焰中，预混火焰分支是处在不同的混合分数范围内，在建立预混火焰数据库时必须要根据混合分数建立不同当量比的预混火焰面。预混火焰分支的组分质量分数 $\tilde{Y}_{i,p}$ 要通过 Z 与 C 的联合概率密度函数 $\tilde{P}(Z^*,C^*)$ 积分得到，即

$$\tilde{Y}_{i,p} = \iint_{ZC} Y_{i,p}(Z^*,C^*)\tilde{P}(Z^*,C^*)\mathrm{d}Z^*\mathrm{d}C^* \tag{5.135}$$

式中：$\tilde{P}(Z^*,C^*)$ 为 C 关于 Z 的条件概率密度，即

$$\tilde{P}(Z^*,C^*) = \tilde{P}(C^*|Z^*)\tilde{P}(Z^*),\tilde{P}(C^*|Z^*) \tag{5.136}$$

可认为是在特定当量比火焰面内进度变量 C 的概率密度。

对于部分预混燃烧问题中的扩散火焰也需要另建立相应的火焰面模型求解，即建立相应的扩散火焰面数据库，滤波后的扩散火焰热力学参数可通过层流火焰面统计平均得到，即

$$\tilde{Y}_{i,d} = \iint Y_{i,d}(Z^*,\chi_{\mathrm{st}})P(Z^*,\chi_{\mathrm{st}})\mathrm{d}Z^*\mathrm{d}\chi_{\mathrm{st}} \tag{5.137}$$

3）基于 G 方程、Z 方程和 C 方程结合的部分预混湍流燃烧火焰面模型

在前面介绍火焰面进度变量模型时已讨论过，当混合分数 Z 与进度变量 C 的联合概率密度函数 $\tilde{P}(Z,C)$ 已知时，流场中与反应相关的变量 ϕ_i 可表示为

$$\tilde{\phi}_i = \iint_{ZC}\phi_i(Z,C)\tilde{P}(Z;\tilde{Z},\tilde{Z}''^2)\tilde{P}(C|Z;\tilde{C})\mathrm{d}Z\mathrm{d}C \tag{5.138}$$

反应进度变量模型可以用来描述预混与非预混的 $\tilde{\phi}_i$，但当进度变量模型应用到预混燃烧模式时，在火焰锋附近 $\tilde{C}$ 场会出现大的梯度，并可能引起较大的数值误差。为此，国外学者引入了 G 方程修改了式（5.138）中的 $\phi_i(Z,C)$ 项，感兴趣者可参阅相关文献，这里不再赘述。

5.4 高空点火/熄火试验以及 RANS-UFPV 与 LES-UFPV 两种耦合算法

航空发动机高空、低压、低温环境下工作，有时会出现高空熄火、进入风车状态，这时发动机要重新起动、进入高空二次点火程序。航空发动机高空熄火是关系到飞行安全的大事，深入研究与分析高空熄火问题意义重大。为了用较少篇幅讨论这个重大问题所涉及的燃烧理论和计算燃烧学中的火焰面模型理论问题，以下结合相关试验与计算分析给出了五个小问题：第一个小问题主要讨论中国科学院工程热物理研究所朱俊强团队在廊坊基地燃烧台完成的五头部旋流杯模型燃烧室在 0km、4km、5km、6km、7km、8km、9km、10km、11km 和 12km 高度下进行的点火试验以及采用 RANS 与增厚火焰模型（Thickened Flame Model，TFM）方法完成的计算与分析。为便于下面讨论这个小问题简称问题一。第二个小问题主要针对悉尼大学钝体燃烧器的两个试验（无反应射流和有反应时）产生的火焰为研究对象，采用

大涡模拟与 FPV（Flamelet/ProgressVariable）燃烧模型计算与分析，给出了强制点火过程四个阶段详细计算与试验的比较。这个小问题简称问题二。第三个小问题主要针对稳态火焰面方法在描述瞬态过程中捕捉非稳定现象和细节上的不足，探讨非稳态火焰面在局部熄火、完全熄火、重新点火等问题中的应用。这个小问题简称问题三。第四个小问题主要讨论在装有双头部旋流燃烧室的高空试验设备上完成的 2km、4km、6km、8km 和 10km 燃烧室熄火特性试验以及观察到的高空熄火过程中所发生的现象。这个小问题简称问题四。第五个小问题是用大涡模拟与火焰面/反应进度燃烧模型计算局部熄火现象。这个小问题简称问题五。

5.4.1 问题一

航空发动机燃烧室的瞬态点火过程是一个非常复杂的物理和化学过程。航空发动机燃烧室通常为电火花点火，通过点火装置在可燃油气混合物中注入大量能量引燃周围可燃气体。根据最小点火能量模型，初始火核的尺寸和温度与点火能量分布有关。初始火核达到了一定临界尺寸（至少要大于层流火焰厚度），就可以形成能够自维持的初始火核。此时的初始火核还是层流火核，然后逐渐生长并与湍流流动发生相互作用发展成为湍流火核。A. H. Lefebrre 认为，环形燃烧室的周向点火过程可分为三个阶段：第一阶段初始火核的形成。点火装置引燃可燃气体，当初始火核达到一定尺寸和温度便形成可以扩展的初始火核。第二阶段初始火核形成后逐步发展为临近喷嘴处的旋流火焰。在这一阶段点火概率、混合方式、旋流数、气流分配等都是应关注的问题。第三阶段周向联焰（light-round）过程，即火焰面沿着周向传播依次点燃所有旋流喷嘴。这一阶段主要关注火焰传播、点火方式、点火不确定性、头部间干涉、气液燃料以及燃烧室与涡轮的耦合等。燃烧室点火过程中任何一个阶段的失效都会导致发动机起动失败。

直接在全尺度的航空发动机燃烧室上进行点火试验，是非常昂贵的，而且试验测量也很困难。所以，燃烧室点火机理的研究多用实验室尺度的燃烧室模型。实验室尺度的燃烧室模型经历了从单头部燃烧室，到多头部直线排列燃烧室模型和多头部旋流喷嘴组成的扇区燃烧室，再到环形燃烧室的发展过程。多头部燃烧室比较常见的有三头部、四头部、五头部燃烧室等，这种试验装置可研究头部间干涉对火焰传播过程的影响。当喷嘴间距小于 150mm 时，火焰为展向传播模式；当喷嘴间距增大至 160mm 时，火焰不仅沿着展向传播，而且沿着喷嘴轴向向下游传播；当喷嘴间距大于 180mm 时，火焰主要沿轴向传播。

直线排列的多头部燃烧室模型可以用来研究头部流场干涉条件下火焰的传播问题以及头部间联焰机理的研究，但不能反映环形燃烧室真实几何曲率作用下火焰传播特性。多头部扇形燃烧室可在一定程度上反映燃烧室曲率的特征。由于扇区燃烧室的两端面受到边界限制，因此它不能准确地反映环形燃烧室全环流场的流动特性，也无法研究周向火焰传播的合焰过程。因此，在工业设计中往往还是采用全环燃烧室进行点火试验。

在燃烧装置设计中,喷嘴的设计十分重要[42],它直接关系到燃油的雾化、粒径分布和燃烧效率等。

这里选用的喷嘴为压力雾化喷嘴,其喷嘴的具体结构不再给出。

为更加深入地研究燃烧室高空点火特性,我们设计了单头部点火试验并进行了数值模拟;另外,还对线性排列的五头部燃烧室进行低温低压点火试验研究,分析温度、压力对点火边界、点火延迟及火焰传播的作用机制。目前,取得了一些进展。概括如下:

(1) 采用钝体燃烧室对数值模拟方法进行验证,结果表明在冷态模拟中,RANS 具有一定的工程意义,LES 结果能够捕捉到更细小的涡;在热态模拟中,采用增厚火焰模型得到的火焰传播结果与试验具有一定的一致性,即验证了增厚火焰模型在点火过程模拟的可靠性。

(2) 采用数值模拟的方法对具有不同旋流器角度的燃烧室进行冷态模拟,从而确定了最佳旋流器结构。

(3) 常温低压下,对于相同旋流器压降,随着空气压力的降低,最小点火当量比及点火延迟时间均增大,主要为燃油蒸发及化学延迟过程;在相同的空气压力下,随着旋流器压降的增大,最小点火当量比减小,点火延迟时间增大,主要为物理延迟时间。

(4) 在不同海拔高度下,随着高度的增加,最小点火当量比及点火延迟时间均增加,海拔越高,高度的变化对点火极限的影响越大;在同一高度下,随着旋流器压降的增大,最小点火当量比减小。

(5) 在同一高度下,随着进气温度的降低,点火当量比及点火延迟时间增加,低温对点火延迟的影响主要表现在燃油的蒸发及化学延迟过程,其中对燃油蒸发的影响更为显著。

(6) 高空低温低压条件对点火过程的影响主要表现在点火延迟及初始火焰传播(由单头部向三头部的联焰过程),由于随着燃烧室中引燃区域的增加,燃烧室温度升高,低温低压对燃油雾化蒸发的影响逐渐被燃烧室高温所改善,因此后续火焰的传播过程差异较小。对比火焰形状发现,低温下火焰长度较长,这表明燃烧在燃烧室内并未完成,而是随着气流在远场继续燃烧,室温下火焰可以稳定在喷嘴附近,但是低温下的火焰明显出现抬升现象,并没有固定在喷嘴位置。

文献 [43] 给出了朱俊强团队较为详细的高空点火试验与分析方法的内容,可供感兴趣者参考。

5.4.2 问题二

钝体燃烧器作为一种模型燃烧器常用来研究点火的瞬态过程。这里研究悉尼大学钝体燃烧器无反应(Non-Reacting Bluff-Body,NRBB)射流和有反应火焰

(HM1E)两个著名算例,其中NRBB的中心射流和钝体外围都以空气为流动介质,而HM1E算例燃料射流为常温的天然气(CH$_4$含量为90%)和氢气混合物(体积比为1∶1),外围伴流为空气。图5.8给出了钝体燃烧器结构,圆柱状燃烧器置于150mm×150mm的空气伴流风槽里,自由来流有约2%的湍流度;燃烧器的中心为燃料射流,喷口直径D_j=3.6mm,钝体表面直径为$D=D_b$=50mm,并覆盖抗热的陶瓷涂层。另外,表5.4给出了两个算例所取的参数值。

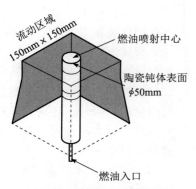

图 5.8 钝体燃烧器结构

表 5.4 两个算例的取值

算例	U_{jet}/(m/s)	U_{air}/(m/s)	燃料	Z_{st}
NRBB	61	20	空气	—
HM1E	108	35	CH$_4$/H$_2$	0.05

注:U_{jet} 和 U_{air} 为入口平均轴向速度,Z_{st} 为当量混合分数。

首先将基于FPV燃烧模型的反应流控制方程进行滤波,可得大涡模拟方程为

$$\frac{\partial}{\partial t}\bar{\rho}+\nabla\cdot(\bar{\rho}\tilde{u})=0 \tag{5.139}$$

$$\frac{\partial}{\partial t}(\bar{\rho}\tilde{u})+\nabla\cdot(\bar{\rho}\tilde{u}\tilde{u})=-\nabla\bar{p}+\nabla\cdot\tilde{\sigma}+\nabla\cdot\tilde{\tau}_u^{SGS} \tag{5.140}$$

$$\frac{\partial}{\partial t}(\bar{\rho}\tilde{Z})+\nabla\cdot(\bar{\rho}\tilde{u}\tilde{Z})=\nabla(\bar{\rho}\alpha_Z\nabla\tilde{Z})+\nabla\cdot\tilde{\tau}_Z^{SGS} \tag{5.141}$$

$$\frac{\partial}{\partial t}(\bar{\rho}\widetilde{Z''})+\nabla\cdot(\bar{\rho}\tilde{u}\widetilde{Z''})=\nabla\cdot(\bar{\rho}\alpha_{Z''}\nabla\widetilde{Z''})+\nabla\cdot\tilde{\tau}_{Z''}^{SGS} \tag{5.142}$$

$$\frac{\partial}{\partial t}(\bar{\rho}\tilde{C})+\nabla\cdot(\bar{\rho}\tilde{u}\tilde{C})=\nabla\cdot(\bar{\rho}\alpha_C\nabla\tilde{C})+\nabla\cdot\tilde{\tau}_C^{SGS}+\bar{\rho}\widetilde{\dot{\omega}}_C \tag{5.143}$$

式中:$\tilde{\sigma}$为黏性应力张量;α_φ为与φ相对应的扩散系数;$\tilde{\tau}_\varphi^{SGS}$为与$\varphi$相对应的残余应力。它们的表达式分别为

$$\tilde{\sigma}=\mu[(\nabla\tilde{u})+(\nabla\tilde{u})^T-\frac{2}{3}\tilde{I}(\nabla\cdot\tilde{u})] \tag{5.144}$$

$$\tilde{\tau}_u^{SGS}=\bar{\rho}(\tilde{u}\tilde{u}-\widetilde{uu}) \tag{5.145}$$

第 5 章　湍流燃烧火焰面模型及高负荷高空燃烧稳定性

$$\tilde{\tau}_\varphi^{\mathrm{SGS}} = \bar{\rho}(\widetilde{u\varphi} - \tilde{u}\tilde{\varphi}) \tag{5.146}$$

另外，亚格子模型采用 Moin 提出的动力学模型。

在 FPV 模型中，假定所有的化学热力学变量都只与 Z 和 C 有关，层流火焰数据库可记为

$$\varphi(Z,C) = G_\varphi(Z,C) \tag{5.147}$$

式中：φ 为所有的化学热力学变量，包括温度、密度、分子黏性系数、分子扩散系数以及各组分的质量分数。

反应进度 C 可以取为反应产物的线性叠加。假定 Z 和 C 在统计上相互独立，并且对于没有反应源项的守恒标量，其概率密度分布常采用 β 分布描述，而具有反应源项的则采用 δ 分布，因此这里对 Z 假设为 β 分布；对 C 假设为 δ 分布。对层流火焰数据库进行积分可得

$$\tilde{\varphi}(\tilde{Z}, \widetilde{Z''^2}, \tilde{C}) = \iint \varphi(Z,C) P_\beta(\tilde{Z}, \widetilde{Z''^2}) P_\delta(\tilde{C}) \mathrm{d}Z \mathrm{d}C \tag{5.148}$$

于是得到湍流火焰数据库 $\tilde{\varphi}(\tilde{Z}, \widetilde{Z''^2}, \tilde{C})$。建立了湍流火焰数据库也就得到了化学热力学变量与 Z、C 的对应关系。另外，通过求解大涡模拟控制方程得到了燃烧场不同位置的 Z 与 C，然后返回到湍流火焰数据库找到当地的化学热力学变量。

数值计算非定常的湍流燃烧方程组（式（5.139）~式（5.143）），采用三维圆柱坐标系，轴向 x、径向 r 和周向 θ 的取值范围分别是（$0, 80D_j$）、（$0, 24D_j$）以及（$0, 2\pi$）；中心湍流射流由充分发展的管流剖面数据给出；外围同向空气流直接给定柱塞流的速度剖面，湍流脉动为 2%；出口边界使用对流边界条件；固壁边界速度取无滑移边界条件，其余边界标量使用 Neumann 边界条件。另外，为计算出湍动能以及捕捉到关键物理过程，计算域三个方向的网格数分别为 256、165 和 64；此外，对径向钝体下游内、外剪切层处还进行了网格加密，因此整个网格数达 270 万，使用了国家超级计算天津中心（NSCC-TJ）的 16 个 CPU 计算机，计算了约 2 周的时间。中国科学院力学研究所非线性力学国家重点实验室团队完成了上述两个著名算例中的数值计算，并且获得了钝体火焰强制点火的精细过程。

1. 钝体火焰的强制点火过程

为方便描述点火过程，定义点火时间 T_i，用于表示施加点火源后的时刻，施加点火源的时刻为零时刻，即 $T_i = 0$。图 5.9 给出了点火过程中 6 个时刻的 OH 质量分数和温度的分布云图（$\theta = 0°$ 的纵剖面）。为了方便同时观察，每一时刻图中上下两部分图像互为镜像，并分别表示 OH 质量分数和温度的分布。其中，实线代表化学当量比的混合分数 Z_{st} 等值线。

在 $T_i = 0\mathrm{ms}$ 时，施加点火源，表现为集中的高温区和集中的 OH 质量分数高值区。当 $T_i = 0.2\mathrm{ms}$ 时，集中的高温区变小，高温区和 OH 高值区与 Z_{st} 等值线分

离。在 $T_i = 0.3$ ms 时,高温区和 OH 高值区聚集在 Z_{st} 等值线上,此时化学反应加剧,开始点火,表现为温度的最大值开始增加。在 $T_i = 0.6$ ms 时,已形成明显的点火核,OH 和温度的最大值都集中在 Z_{st} 等值线上。在 $T_i = 1.3$ ms 时,温度的最大值在富燃区出现,偏离 Z_{st} 等值线,高温区明显变大,点火对流动的影响开始显现,表现为 Z_{st} 等值线围成的区域变大。在 $T_i = 3.3$ ms 时,已经形成一定长度的火焰,并向下游传播,点火对流动的影响更加明显。

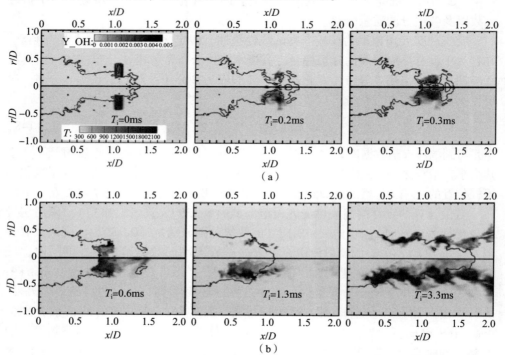

图 5.9 钝体射流强制点火后瞬态 OH 质量分数(上半图)和温度(下半图)的云图

图 5.9 中展示了点火过程,通过温度、OH 质量分数和 CH_2O 质量分数的峰值随时间的变化对其进一步分析。图 5.10(a)、(b)和(c)分别表示温度、OH 和 CH_2O 质量分数的峰值随时间的变化曲线。图 5.10(a)中的 6 个黑圆点依次对应图 5.9 中的 6 个瞬时。

根据温度、OH 和 CH_2O 质量分数的峰值变化特征,这里将强制点火过程分为四个阶段:

(1)强制点火源的衰减。该阶段对应的时间 $T_i = 0 \sim 0.2$ ms,其特征是最大温度逐渐降低,OH 质量分数的最大值逐渐降低,点火源的能量在逐渐衰减;而 CH_2O 质量分数的最大值维持不变,这说明还没有形成明显的点火氛围。如果这一阶段持续下去,最终就会导致点火失败。

第5章　湍流燃烧火焰面模型及高负荷高空燃烧稳定性

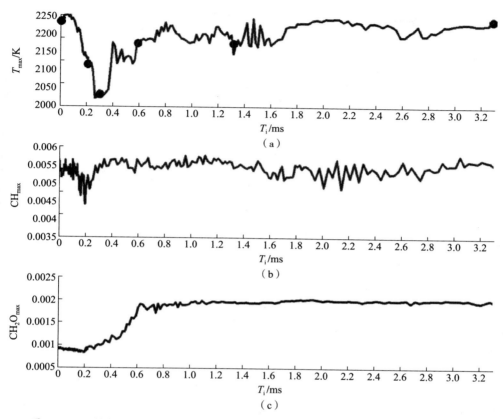

图 5.10　强制点火后温度、OH 质量分数和 CH_2O 质量分数的最大值随时间变化情况

(2) 点火触发。在 $T_i = 0.2 \sim 0.3$ ms 时,最高温度仍然降低,但是 OH 峰值开始增加,同时 CH_2O 峰值也开始增加。说明吸热反应已经开始,并释放 OH 和 CH_2O 等活性物质,形成了必要的着火氛围。

(3) 点火核的生成。在 $T_i = 0.3 \sim 0.6$ ms 时,最高温度迅速升高,并达到一个平台。这时 OH 峰值已经达到一个平台,CH_2O 峰值仍然不断增加。此阶段有剧烈化学反应发生,导致热量迅速释放,表明点火核开始生成。

(4) 点火成功。在 $T_i > 0.6$ ms 时,温度、羟基 OH 质量分数和 CH_2O 质量分数的峰值都达到了平台,化学反应趋于稳定。这些特征的出现说明点火已经成功,火焰沿着当量等值线开始传播,最终形成稳定火焰。

在强制点火过程中,通常点火源的体积较小,点火源的热量释放对冷态流场的影响很小。点火核的生成位置主要与点火源的位置和冷态流场的回流区结构有关。在图 5.11 中,采用 OH 质量分数标记点火核的位置,在图中叠加了冷态流场的稳态回流区结构，观察点火核生成阶段点火核的空间位置分布特点。

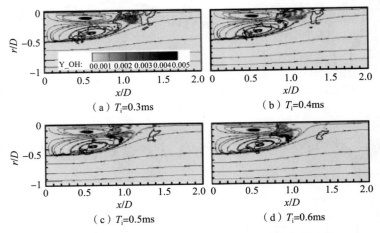

图 5.11　0.3～0.6ms OH 质量分数云图及平均流线分布

在点火核生成的初期 $T_i = 0.3$ms，点火核的位置与点火源位置非常接近。随着时间推移，在 $T_i = 0.4$ms 时，外侧涡的尾部回流位置也开始出现了集中的 OH 高质量分数区；在 $T_i = 0.5\sim0.6$ms 时，OH 质量分数高值区的位置相对稳定，在外侧涡的尾部回流位置形成了一段时间的驻留。从这个位置开始，火焰逐渐发展到点火成功阶段。

由上述观察可以发现，在点火核生成初期，点火核的位置与强制点火的位置密切相关，但是没有形成驻留；而点火核生成后期，点火核的位置与点火源位置的关系较小，主要与冷态流场的回流区结构有关，并且有一段时间的稳定驻留，这是帮助火焰顺利发展到点火成功阶段的关键之点。

2. 几点初步认识

通过 NRBB 和 HM1E 两个算例的数值模拟表明，上述算法能够较准确地预测到回流区内大尺度的流动结构和混合特性以及钝体射流火焰的结构。在此基础上，对钝体非预混火焰的强制点火过程进行了较细致的分析，可以得到以下三点主要认识：

（1）这里采用的强制点火过程可以由四个阶段来描述，分别是点火源衰减、点火触发、点火核生成和点火成功。

（2）点火过程的四个阶段可以用温度峰值、OH 和 CH_2O 的质量分数峰值随时间的变化来表征。

（3）点火核的驻留位置位于冷态流场外侧涡的尾部回流区域附近，有一段时间的稳定驻留对获得成功点火极为关键。

5.4.3 问题三

火焰面模型经历了从稳态层流火焰面到非稳态火焰面的发展历程。1984 年，Peters 提出了稳态层流火焰面模型（Steady Laminar Flamelet Model，SLFM）；2001 年，Pierce 创建了火焰面/反应进度变量（Steady Flamelet/Progress Variable，SFPV）方法；2005 年，Pitsch 和 Ihme 发现稳态的火焰面数据库不能准确捕捉到火焰的非稳态结构，于是提出了非稳态火焰面/反应进度变量（Unsteady Flamelet/Progress Variable，UFPV）模型。

1. 基于 LES 的三种火焰面方法

1) 混合分数 Z 和反应进度变量 C 分别满足的输运方程

令混合分数为 Z，Z 的方差为 Z''，反应进度变量为 C，则相应的输运方程分别为

$$\frac{\partial}{\partial t}(\bar{\rho}\widetilde{Z}) + \nabla \cdot (\bar{\rho}\widetilde{\boldsymbol{u}}\widetilde{Z}) = \nabla \cdot \left[\left(\bar{\rho}D + \frac{\mu_t}{\sigma_Z}\right)\nabla \widetilde{Z}\right] \tag{5.149}$$

$$\frac{\partial}{\partial t}(\bar{\rho}\widetilde{Z''^2}) + \nabla \cdot (\bar{\rho}\widetilde{\boldsymbol{u}}\widetilde{Z''^2}) = \nabla \cdot \left[\left(\bar{\rho}D + \frac{\mu_t}{\sigma_Z}\right)\nabla \widetilde{Z''^2}\right] + 2\frac{\mu_t}{\sigma_Z}[(\nabla \widetilde{Z}) \cdot (\nabla \widetilde{Z})] - \bar{\rho}\widetilde{\chi} \tag{5.150}$$

$$\frac{\partial}{\partial t}(\bar{\rho}\widetilde{C}) + \nabla \cdot (\bar{\rho}\widetilde{\boldsymbol{u}}\widetilde{C}) = \nabla \cdot \left(\bar{\rho}D + \frac{\mu_t}{\sigma_C}\right)\nabla \widetilde{C} + \bar{\rho}\widetilde{\dot{\omega}}_C \tag{5.151}$$

式中：D 为标量对应的分子扩散系数；σ_Z、σ_C 为模型常数。

令 D_C 为

$$D_C = D + \frac{\mu_t}{\rho\sigma_C} \tag{5.152}$$

通常取 $D_C = 0.7$。在式（5.151）中，$\widetilde{\dot{\omega}}_C$ 是通过相应的混合分数均值、混合分数方差、反应进度变量和当量标量耗散率进行查表求得。

2) 火焰面方程和相应的湍流火焰面数据库

利用 Crocco 坐标变换，可得到火焰面组分方程和能量方程分别为

$$\rho\frac{\partial}{\partial t}Y_i = \frac{\rho\chi}{2Le_i}\frac{\partial^2}{\partial Z^2}Y_i + \rho\dot{\omega}_i \tag{5.153}$$

$$\rho c_p \frac{\partial}{\partial t}T = \frac{1}{2}\rho c_p \chi \frac{\partial^2}{\partial Z^2}T + \sum_i (h_i\rho\dot{\omega}_i) + q_R + \frac{\partial}{\partial t}p \tag{5.154}$$

式中：Le_i 为组分 i 的路易斯数；χ 为标量的瞬时耗散率，其表达式为

$$\chi = 2D\left(\frac{\partial}{\partial x_1}Z\right)^2 \tag{5.155}$$

在不考虑 $\frac{\partial p}{\partial t}$ 和 q_R 项并令 $Le_i = 1$ 的情况下，求解火焰面方程式（5.153）和

式(5.154),再结合详细的化学反应机理,便可得到层流火焰面数据库。这里要说明的是:SLFM 和 SFPV 模型均求解的是稳态的火焰面方程,而 UFPV 模型求解的是瞬态火焰面方程。对 SLFM 模型得到层流火焰面的形式为 $\varphi=\varphi(Z,\chi)$,对 SFPV 模型为 $\varphi=\varphi(Z,C)$,对 UFPV 模型为 $\varphi=\varphi(Z,C,\chi_{st})$。从表面形式看,好像是 UFPV 模型的层流火焰面数据比其他两种模型多了一维数据,而 SFPV 模型则仅仅是采用了反应进度变量 C 取代了 SLFM 模型中的标量耗散率 χ,其实 UFPV 与 SLFM 有本质上的区别,这里因篇幅所限不予展开讨论。

湍流火焰面数据库是通过层流火焰面数据库进行概率密度函数统计积分获得的,其表达式分别为

$$\widetilde{\varphi}_{SLFM}=\iint \varphi(Z,\chi)\widetilde{P}(Z,\chi)\mathrm{d}Z\mathrm{d}\chi \tag{5.156}$$

$$\widetilde{\varphi}_{SFPV}=\iint \varphi(Z,C)\widetilde{P}(Z,C)\mathrm{d}Z\mathrm{d}C \tag{5.157}$$

$$\widetilde{\varphi}_{UFPV}=\iiint \varphi(Z,C,\chi_{st})\widetilde{P}(Z,C,\chi_{st})\mathrm{d}Z\mathrm{d}C\mathrm{d}\chi_{st} \tag{5.158}$$

式中:"~"表示对湍流流场中热力学标量值进行滤波;$\widetilde{\varphi}_{SLFM}$、$\widetilde{\varphi}_{SFPV}$ 和 $\widetilde{\varphi}_{UFPV}$ 分别为

$$\widetilde{\varphi}_{SLFM} \equiv \widetilde{\varphi}(\widetilde{Z},\widetilde{Z''^2},\widetilde{\chi}) \tag{5.159}$$

$$\widetilde{\varphi}_{SFPV} \equiv \widetilde{\varphi}(\widetilde{Z},\widetilde{Z''^2},\widetilde{C}) \tag{5.160}$$

$$\widetilde{\varphi}_{UFPV} \equiv \widetilde{\varphi}(\widetilde{Z},\widetilde{Z''^2},\widetilde{C},\widetilde{\chi}_{st}) \tag{5.161}$$

假定上面的湍流火焰面数据库中的混合分数 Z、反应进度变量 C 和当量耗散率 χ_{st} 之间相互统计独立,则有

$$\widetilde{P}(Z,\chi)=\widetilde{P}(Z)\widetilde{P}(\chi) \tag{5.162}$$

$$\widetilde{P}(Z,C)=\widetilde{P}(Z)\widetilde{P}(C) \tag{5.163}$$

$$\widetilde{P}(Z,C,\chi_{st})=\widetilde{P}(Z)\widetilde{P}(C)\widetilde{P}(\chi_{st}) \tag{5.164}$$

并假定 Z 服从 β 函数分布,C 和 χ_{st} 均服从 δ 函数分布时,可利用式(5.162)~式(5.164)去积分式(5.156)~式(5.158),得到湍流火焰面数据库的最终函数表达形式,即式(5.159)~式(5.161)。三种火焰面模型对应的湍流火焰面数据库大小如表 5.5 所列。

表 5.5 三个湍流火焰面数据库大小

SLFM	100×50×20
SFPV	100×50×30
UFPV	100×50×20×20

2. 三个典型算例及 S 型曲线

以下要讨论的 HM1 纯扩散无抬举火焰、Owen 扩散抬举火焰和 Cabra 部分预混抬举火焰是国际上学术界常用来核验算法和程序的典型标准火焰,其火焰构型

第5章 湍流燃烧火焰面模型及高负荷高空燃烧稳定性

（图 5.12 给出的 Owen 扩散抬举火焰构型）已清晰，因此选用它们比较三种火焰面模型在不同算例中所表现出的能力。这里先给出 HM1、Owen 和 Cabra 三种典型火焰计算的来流边界条件（表 5.6~表 5.8），根据来流边界条件生成火焰面数据库，并给出

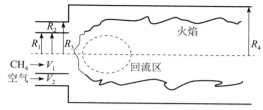

图 5.12 Owen 扩散抬举火焰构型

生成火焰面数据库时最大温度随当量标量耗散率之间变化的 S 型曲线图（图 5.13~图 5.15）。在一定的条件下生成火焰面数据库时，S 型曲线十分重要。图 5.16 给出了采用 UFPV 模型时最大温度随当量标量耗散率变化的 S 型曲线。该图中实线和菱形实点，每一个实点对应于一个瞬态的层流火焰面。在该图中，上段实线为稳定燃烧段，是 SLFM 方法建库的过程，该曲线的拐点大致位于 χ_{st} = 2650/(1/s)，也就是说该状态下的熄火标量耗散率为 2650/(1/s)；中间实线为不稳定燃烧段。稳定燃烧段和部分熄火不稳定燃烧段一起为生成 SFPV 稳定火焰面数据库的过程。图中下面的实线为纯混合状态，也称为完全熄火状态。换言之，每一个落在稳定燃烧段上的实点均是稳定燃烧的火焰面，这些面可用来生成 SLFM 模型火焰面数据库；相应地，每一个落在部分熄火非稳定燃烧段上的实点均是非稳定燃烧的火焰面，于是 SLFM 模型中的稳定燃烧火焰面和非稳定燃烧段上的火焰面一起生成了 SFPV 模型火焰面数据库。另外，从图 5.16 中所有从完全熄火（纯混合状态）到部分熄火非稳定燃烧以及再到稳定燃烧之间所有的实点一起用来生成 UFPV 模型火焰面数据库。从表面上看，UFPV 模型的火焰面数据库包含了更多的火焰面，并且其生成的火焰面数据库比另外两种燃烧模型的更大，但由于火焰面方法是预先建立火焰面数据库的，通过流场求解所得参数进行插值而获得流场中的热力学标量，因此采用 UFPV 模型求解仍能够达到较高的计算效率。

表 5.6 HM1 火焰计算的边界条件

	直径/m	射流速度/(m/s)	温度/K
燃料入口	0.0036	118	300
氧化剂入口	0.075	40	300

表 5.7 Owen 扩散抬举几何尺寸及边界条件

	半径/m	速度/(m/s)	温度/K
燃料入口	0.03157	0.9287	300
氧化剂入口	0.04685	20.63	750

表 5.8　Cabra 火焰几何尺寸及边界条件

	燃料入口	氧化剂伴流入口
直径/mm	4.57	210
速度/(m/s)	100	5.4
温度/K	310	1355
氧气的摩尔浓度	0.15	0.12
氮气的摩尔浓度	0.52	0.73
水的摩尔浓度	—	0.15
甲烷的摩尔浓度	0.33	—
当量混合分数	0.17	

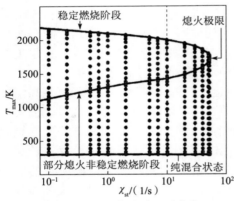

图 5.13　HM1 火焰的 S 型曲线

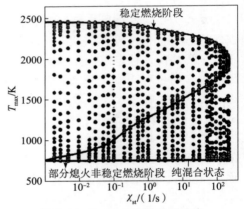

图 5.14　Owen 火焰的 S 型曲线

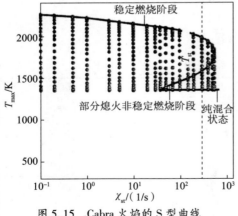

图 5.15　Cabra 火焰的 S 型曲线

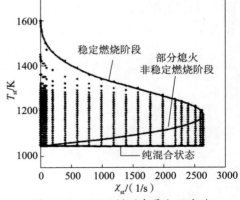

图 5.16　UFPV 模型中最大温度随 χ_{st} 变化的 S 型曲线

3. UFPV 模型与 LES 耦合求解的总框架

在火焰面模型理论中,对 N-S 方程组只求解连续方程与动量方程,而关于温度的能量方程和关于组分的连续方程是不直接求解的,温度 T 和组分 Y_i 是通过湍流火焰面数据库插值获得的。对连续方程和动量方程作滤波处理,则 LES 时连续方程和动量方程可写为

$$\frac{\partial}{\partial t}\bar{\rho}+\frac{\partial}{\partial x_i}(\bar{\rho}\widetilde{u}_i)=0 \tag{5.165}$$

$$\frac{\partial}{\partial t}(\bar{\rho}\widetilde{\boldsymbol{u}})+\nabla\cdot(\bar{\rho}\widetilde{\boldsymbol{u}}\widetilde{\boldsymbol{u}})=-\nabla\bar{p}+\nabla\cdot\bar{\boldsymbol{\tau}}-\nabla\cdot(\widetilde{\bar{\rho}\boldsymbol{u}''\boldsymbol{u}''}) \tag{5.166}$$

式中:$\bar{\boldsymbol{\tau}}$ 为黏性应力张量;$-\bar{\rho}\widetilde{\boldsymbol{u}''\boldsymbol{u}''}$ 为雷诺应力张量,它常被模化为

$$-\bar{\rho}\widetilde{\boldsymbol{u}''\boldsymbol{u}''}=\bar{\rho}\nu_t\left[2\widetilde{\boldsymbol{S}}-\frac{2}{3}\widetilde{\boldsymbol{I}}(\nabla\cdot\widetilde{\boldsymbol{u}})\right]-\frac{2}{3}\widetilde{\boldsymbol{I}}\bar{\rho}k \tag{5.167}$$

其中:ν_t 为湍流的运动黏性系数,它与湍动能 $\widetilde{k}$ 和耗散率 $\widetilde{\varepsilon}$ 之间的关系由后面的式(5.169)给出;$\boldsymbol{I}$ 为单位张量;k 为湍动能,其表达式为

$$k=\frac{1}{2}\widetilde{\boldsymbol{u}''\cdot\boldsymbol{u}''} \tag{5.168}$$

耗散函数 $\widetilde{\varepsilon}$ 为

$$\widetilde{\varepsilon}=c_\mu\frac{k^2}{\nu_t},\quad c_\mu=0.09 \tag{5.169}$$

或者

$$\widetilde{\varepsilon}=\nu\overline{[\nabla\boldsymbol{u}'+(\nabla\boldsymbol{u}')^\mathrm{T}]:\nabla\boldsymbol{u}'} \tag{5.170}$$

另外,k 方程和 ε 方程在滤波后的输运方程可分别表示为

$$\bar{\rho}\frac{\partial}{\partial t}k+\bar{\rho}\widetilde{\boldsymbol{u}}\cdot\nabla k=\nabla\cdot\left(\frac{\bar{\rho}\nu_t}{\sigma_k}\nabla k\right)-\bar{\rho}\widetilde{\boldsymbol{u}''\boldsymbol{u}''}:\nabla\widetilde{\boldsymbol{u}}-\bar{\rho}\varepsilon \tag{5.171}$$

$$\bar{\rho}\frac{\partial}{\partial t}\varepsilon+\bar{\rho}\widetilde{\boldsymbol{u}}\cdot\nabla\varepsilon=\nabla\cdot\left(\bar{\rho}\frac{\nu_t}{\sigma_\varepsilon}\nabla\varepsilon\right)-c_{\varepsilon 1}\bar{\rho}\frac{\varepsilon}{k}\widetilde{\boldsymbol{u}''\boldsymbol{u}''}:\nabla\widetilde{\boldsymbol{u}}-c_{\varepsilon 2}\bar{\rho}\frac{\varepsilon^2}{k} \tag{5.172}$$

式中

$$\sigma_k=1.0,\quad \sigma_\varepsilon=1.3,\quad c_{\varepsilon 1}=1.44,\quad c_{\varepsilon 2}=1.92 \tag{5.173}$$

UFPV 模型与使用 LES 求解流场的耦合方法,其总体框架由图 5.17 给出。

其具体步骤如下:

(1)给出计算的边界条件,包括给定燃料入口和氧化剂入口的温度、组分质量分数以及流场压强等参数。

(2)由给定的边界条件及化学反应机理求解非稳态火焰面方程式(5.153)和式(5.154),求得 UFPV 模型的层流火焰面数据库 $\varphi=\varphi(Z,C,\chi_{\mathrm{st}})$。

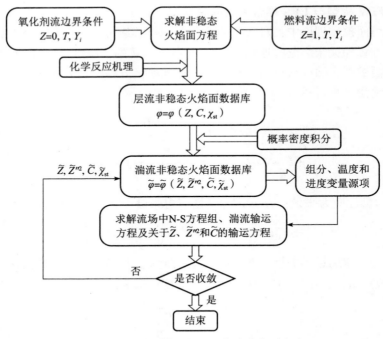

图 5.17 UFPV 模型与 LES 耦合求解总框架

（3）给定联合概率密度函数，并对层流火焰面数据库进行统计积分，由式（5.158）得到湍流火焰面的数据库 $\widetilde{\varphi}_{\text{UFPV}} \equiv \widetilde{\varphi}(\widetilde{Z}, \widetilde{Z}''^2, \widetilde{C}, \widetilde{\chi}_{\text{st}})$。

（4）求解式（5.149）、式（5.150）、湍流 k-ε 输运方程（式（5.171）和式（5.172））、反应进度变量 C 的输运方程式（5.151）、流场滤波后的 N-S 方程组（式（5.165）和式（5.166）），得到流场参数、混合分数的均值与方差，反应进度变量以及标量耗散率。另外，标量耗散率 $\widetilde{\chi}$ 与 $\dfrac{\varepsilon}{k}$ 之间还有如下关系：

$$\widetilde{\chi} = C_\chi \frac{\varepsilon}{k} \widetilde{Z}''^2 \tag{5.174}$$

式中：$C_\chi = 2.0$。

此外，$\widetilde{\chi}$ 与当量标量耗散率之间有如下关系：

$$\widetilde{\chi} = \widetilde{\chi}_{\text{st}} F(\widetilde{Z}) / F(\widetilde{Z}_{\text{st}}) \tag{5.175}$$

式中：$F(\widetilde{Z})$ 为与对撞射流扩散相关的函数。

（5）由流场每个网格点处的混合分数均值 $\widetilde{Z}$、方差 $\widetilde{Z}''^2$、反应进度变量 $\widetilde{C}$ 和当量标量耗散率 $\widetilde{\chi}_{\text{st}}$，通过查表插值的方式求得燃油流场中的热力学标量如温度、组分以及反应进度变量的源项等在流场的分布。

（6）用新得到的温度、组分以及反应进度变量的源项等更新流场原来的温度、组分以及反应进度变量的源项等。

(7) 重复步骤 (4)~(6),直到流场收敛。

4. C 的不同定义对计算产生的影响

以 Owen 扩散抬举火焰为例,定义三种反应进度变量 C_1、C_2 和 C_3 并用 UFPV 模型进行计算,详细比较不同反应进度变量对计算结果产生的影响。C_1、C_2 和 C_3 分别定义为

$$C_1 = Y_{CO_2} + Y_{H_2O} + Y_{H_2} + Y_{CO} \quad (5.176)$$

$$C_2 = Y_{CO_2} + Y_{H_2O} \quad (5.177)$$

$$C_3 = Y_{H_2O} + Y_{H_2} \quad (5.178)$$

在求解反应进度变量的输运方程时,其源项相应的分别定义为

$$\dot{\omega}_{C_1} = \dot{\omega}_{CO_2} + \dot{\omega}_{H_2O} + \dot{\omega}_{H_2} + \dot{\omega}_{CO} \quad (5.179)$$

$$\dot{\omega}_{C_2} = \dot{\omega}_{CO_2} + \dot{\omega}_{H_2O} \quad (5.180)$$

$$\dot{\omega}_{C_3} = \dot{\omega}_{H_2O} + \dot{\omega}_{H_2} \quad (5.181)$$

在下面的讨论中,为便于叙述,将三种不同反应进度变量的 UFPV 模型分别写为 UFPV-C_1、UFPV-C_2 和 UFPV-C_3,并使用这三种 UFPV 模型计算 Owen 火焰。计算结果表明:对于轴向速度分布,三种以不同 C 定义的 UFPV 模型,其计算的结果基本上无差异;对于流场中湍流混合分数的影响也不大。由三种 UFPV 模型计算的主要燃烧产物质量分数 Y_{pr} 在不同轴向位置的径向分布情况可以发现:这三种 UFPV 模型均能够捕捉到火焰抬举现象,而且三种方法计算出的燃烧产物总体上与试验值吻合较好,这里 Y_{pr} 表示燃烧产物(仍然指的是 CO_2 和 H_2O)的质量分数之和。另外,三种反应进度变量的 UFPV 模型在计算燃烧产物时仍存在着差别:以 UFPV-C_2 计算结果与试验值吻合最好,其次是 UFPV-C_3,UFPV-C_1 略差些。由三种 UFPV 模型计算得到的中间燃烧产物一氧化碳质量分数在不同轴向位置沿径向的分布情况可以发现:除第一截面处有较大偏差外,UFPV 模型都能较好地计算出 CO 的分布。相对而言,UFPV-C_1 最好,其次是 UFPV-C_2,最后是 UFPV-C_3。

5. 不同化学反应机理对计算的影响

图 5.18 给出了使用 UFPV 模型并且选择了三种不同的化学反应机理时对混合分数分布的影响。在火焰面方法中,混合分数的准确求解是获得流场其他参数准确性的关键,因为其他热力学参数是通过流场的混合分数进行插值查表得到的。图 5.18 中使用了三种不同的化学反应机理:详细化学反应机理 Gri-Mech 2.11,包含 277 个基元反应和 49 个组分;Gri-Mech 3.0,包含 325 个基元反应和 53 个组分;简化机理,包含 28 个组分和 72 步基元反应。为便于叙述,将使用 UFPV 并结合简化化学机理的计算称为 UFPV-SIM,使用 VFPV 并结合 Gri-Mech 2.11 的计算为 UFPV-2.11,用 UFPV 并结合 Gri-Mech 3.0 的计算为 UFPV-3.0,

由图 5.18 可以看出,采用这三种化学反应机理计算出的结果基本一致,都与试验测量值吻合得较好。

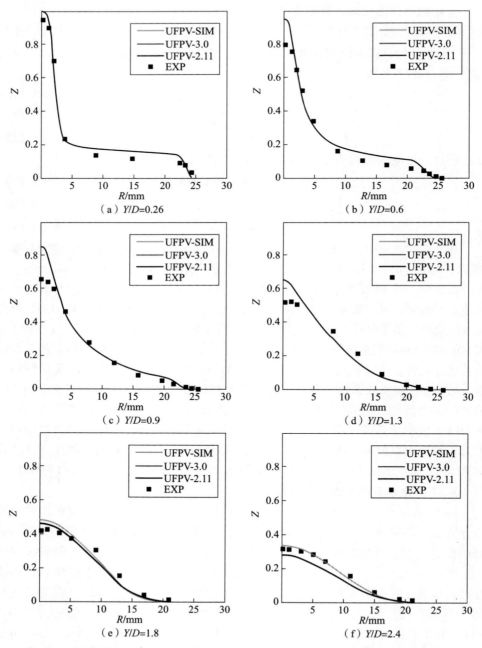

图 5.18 三种不同化学反应机理的 UFPV 模型计算出的混合分数分布(HM1 火焰)

图 5.19 给出了采用 UFPV 模型并选择了三种化学反应机理时,不同轴向位置沿径向 CO 质量分数的分布。从图可以发现,使用详细化学反应机理计算的火

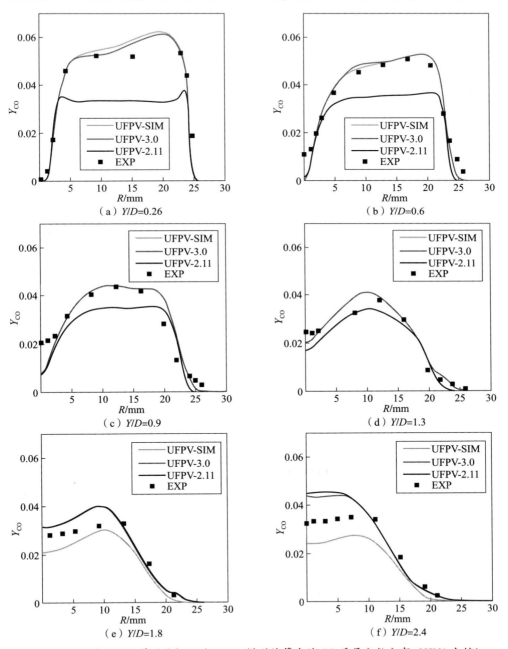

图 5.19 三种不同化学反应机理的 UFPV 模型计算出的 CO 质量分数分布(HM1 火焰)

焰中心位置的 CO 质量分数值与试验值整体上吻合，而且随着与火焰入口距离的增加，计算值和试验值吻合的程度也在逐渐增加。

由采用三种化学反应机理的 UFPV 模型计算，便可以得到羟基质量分数的分布。羟基是燃烧中重要的中间产物，试验中常采用测量流场的羟基分布来捕捉流场火焰的位置。总体上来看，采用三种化学反应机理所得到的计算值与试验结果吻合较好。三种分布相比之下，SIM 机理计算出中间产物羟基的精度不如详细机理好。

综上所述，Gri-Mech 2.11 和 Gri-Mech 3.0 两种详细机理的计算结果很接近，除了少数截面之外，其他位置均没有大的区别。因此可以认为，采用 UFPV 模型和 Gri-Mech 2.11 详细化学反应机理也能够满足实际工程精度需求的，选择 UFPV 结合 Gri-Mech 2.11 是一种高效的计算方案。

6. 部分预混抬举火焰的数值计算以及结果的初步分析

Cabra 火焰是一个典型的部分预混抬举火焰，其试验构型如图 5.20 所示。

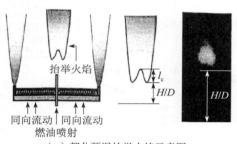 

（a）部分预混抬举火焰示意图　　　　（b）部分预混抬举火焰试验测量实物图

图 5.20　Carba 火焰的试验构型图

采用了两类求解流场的方法：一类是基于 RANS 的 UFPV 模型来计算该火焰，采用的湍流模型是标准的 k-ε 双方程模型，简称 RANS-UFPV 方法；另一类是基于 LES 的 UFPV 模型计算这个火焰，简称 LES-UFPV 方法。在 RANS-UFPV 方法中，选择了两种定义反应进度变量的形式，即

$$C_1 = Y_{CO_2} + Y_{H_2O} + Y_{H_2} + Y_{CO} \qquad (5.182a)$$

$$C_2 = Y_{CO_2} + Y_{CO} \qquad (5.182b)$$

相应地，针对反应进度变量的输运方程，其源项分别定义为

$$\dot{\omega}_{C_1} = \dot{\omega}_{CO_2} + \dot{\omega}_{H_2O} + \dot{\omega}_{H_2} + \dot{\omega}_{CO} \qquad (5.183a)$$

$$\dot{\omega}_{C_2} = \dot{\omega}_{CO_2} + \dot{\omega}_{CO} \qquad (5.183b)$$

在 LES-UFPV 方法中，仅给出一种定义化学反应进度变量的形式，即

$$C = Y_{CO_2} + Y_{CO} \qquad (5.184)$$

相应地，$\dot{\omega}_C$ 为

$$\dot{\omega}_C = \dot{\omega}_{CO_2} + \dot{\omega}_{CO} \tag{5.185}$$

1) 用 RANS-UFPV 方法计算 Cabra 火焰

图 5.21 给出了使用 SLFM、SFPV 和 UFPV 三种燃烧模型计算 Cabra 火焰时所得到的温度分布云图。SLFM 模型在燃料和氧化剂刚到进口区便产生强烈的化学燃烧反应,火焰没有发生抬举;SFPV 和 UFPV 模型计算出的火焰均有抬举,SFPV 模型抬举为 $H/D=10$,UFPV 模型抬举为 $H/D=32$,而实测为 $H/D=35$,误差仅为 8%。

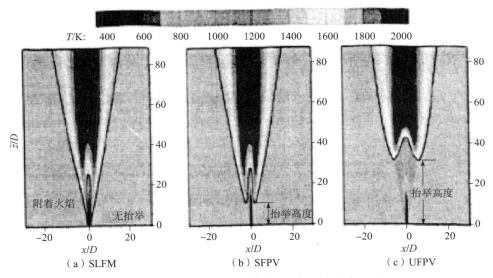

图 5.21 三种燃烧模型计算出的流场温度分布云图

(1) 部分预混中三岔火焰形成的分析。

图 5.22 给出了采用 RANS-UFPV 方法计算出的温度分布云图及局部放大图。在局部放大图中能看到火焰最前端形成了一个三岔点。在该三岔点靠近燃料一侧为富燃预混火焰,靠近氧化剂流一侧为贫燃预混火焰。从该三岔点到燃料入口之间的距离为火焰抬举高度。在抬举高度的区域内并没有发生化学燃烧反应,那里仅仅是两股流动的混合过程,而在到达三岔点时发生自点火现象,温度剧烈升高。

(2) 捕捉燃烧中非稳态效应能力的分析。

从 SLFM、SFPV 和 UFPV 三种火焰面模型计算部分预混抬举火焰的计算结果来看,由于 UFPV 模型在建立火焰面数据库时考虑了燃烧的非稳态特性,包含了从燃烧状态为完全熄火到部分熄火非稳定状态以及到稳定燃烧之间的所有中间瞬态火焰面,因此在计算部分预混抬举火焰这种具有局部熄火、自点火和部分熄火

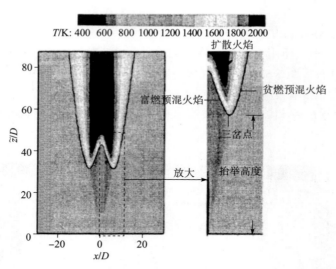

图 5.22 RANS-UFPV 方法计算出的三岔火焰（Cabra 火焰）

的强烈非稳态效应的燃烧时具有较高的精度。由于 SFPV 模型在建立火焰面数据库时包含了稳定燃烧的火焰面和处于部分熄火非稳定燃烧状态的火焰面，因此能在一定程度上计算出燃烧的非稳态效应，也能捕捉到抬举火焰的现象，但计算出的抬举高度与实测值有很大误差。由于 SLFM 模型在建立火焰面数据库时仅仅包含了处于稳定燃烧的火焰面，无法捕捉燃烧中的非稳态效应，它根本不能捕捉到火焰的抬举现象，因此在计算部分预混抬举火焰时，选择 UFPV 模型是正确的。

（3）C 的不同定义形式对计算结果的影响。

选用式（5.182a）和式（5.182b）定义的 C_1 和 C_2，选用式（5.183a）和式（5.183b）定义的 $\dot{\omega}_{C_1}$ 和 $\dot{\omega}_{C_2}$，并完成 RANS-UFPV 方法对 Cabra 火焰的计算，图 5.23 给出了采用 C_1 和 C_2 时计算出的流场温度分布云图（Cabra 火焰）。由图可以看出，两种 UFPV 模型都能较准确地计算出火焰内部燃料与氧化剂之间的湍流混合过程，与试验吻合较好。从总体上看 UFPV-C_2 的计算比 UFPV-C_1 略好些。

由采用 UFPV-C_1 与 UFPV-C_2 时计算得到混合分数分布（Cabra 火焰）情况可以发现，这两种不同化学反应进度变量的 UFPV 模型都能够较精确地描述火焰内部燃料与氧化剂之间组分的混合。

图 5.24 分别给出了不同轴向位置处沿径向温度的分布，因为 UFPV-C_1 计算出的火焰抬举高度仅为 $20D$，因此在小于 $20D$ 的轴向位置 $\tilde{z}/D = 15$ 处，两种 UFPV 模型均与试验结果吻合较好；在 $\tilde{z}/D = 30$ 处，UFPV-C_1 的结果显示此轴向位置已经发生了剧烈的化学燃烧反应，对应的温度最大值达到 2000K，远远高于

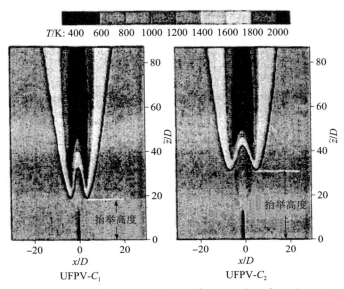

图 5.23 采用 UFPV-C_1 与 UFPV-C_2 时计算出的温度分布云图（Cabra 火焰）

空气的伴流温度 1355K；而 UFPV-C_2 计算出的火焰抬举高度为 $32D$，此位置应该是两股不同温度气流的物理混合处；在位置 $\tilde{z}/D = 40$ 处时，燃料已经开始燃烧，但由于 UFPV-C_2 计算出的火焰抬举高度比试验测量值低 8%，这就意味着燃料的点火燃烧过程提前，导致在该轴向位置处计算出的温度比实测值要高；在轴向位置 $\tilde{z}/D = 70$ 处时，该处燃烧已经处于稳定燃烧状态，因此采用两种 UFPV 模型的计算值与试验测量值都吻合得较好。

2）用 LES-UFPV 方法计算 Cabra 火焰

与 RASN 方法相比，LES 能够直接求解大尺度涡的湍流流动，而小尺度的涡需要模拟，这有利于更精确地描述大尺度涡的混合过程。因此，采取 LES 与 UFPV 相结合的求解策略，对解决湍流燃烧中的非稳态现象是十分有效的。

在 LES 方法中，滤波后反应进度变量 $\tilde{C}$ 的输运方程可写为

$$\frac{\partial}{\partial t}(\bar{\rho}\tilde{C}) + \nabla \cdot (\bar{\rho}\tilde{\boldsymbol{u}}\tilde{C}) = \nabla \cdot [\bar{\rho}(\widetilde{K}_c + \widetilde{K}_t)\nabla \tilde{C}] + \bar{\rho}\tilde{\dot{\omega}}_C \tag{5.186}$$

式中：$\widetilde{K}_c$ 和 $\widetilde{K}_t$ 分别为反应进度变量对应的分子扩散系数和湍流扩散系数；$\tilde{\dot{\omega}}_C$ 为利用求解时上一步的混合分数、反应进度变量和标量耗散率等通过火焰面数据库查表插值得到的值。

在 LES 方法中，滤波后混合分数 $\tilde{Z}$ 的输运方程为

$$\frac{\partial}{\partial t}(\bar{\rho}\tilde{Z}) + \nabla \cdot (\bar{\rho}\tilde{\boldsymbol{u}}\tilde{Z}) = \nabla \cdot [\bar{\rho}(\tilde{\alpha}_Z + \tilde{\alpha}_t)\nabla \tilde{Z}] \tag{5.187}$$

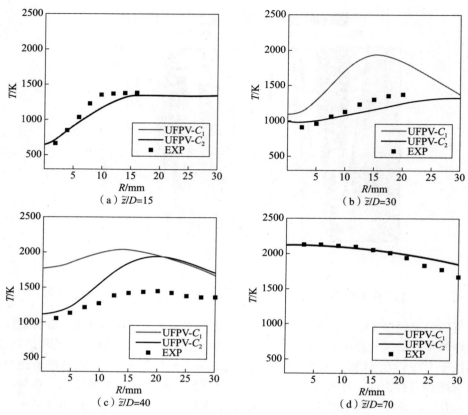

图 5.24 采用 UFPV-C_1 与 UFPV-C_2 时计算出的各轴向
截面处沿径向温度的分布曲线（Cabra 火焰）

在 LES 方法中，滤波后的方差 $\widetilde{Z}''^2$ 为

$$\widetilde{Z}''^2 = c_Z \Delta^2 |\nabla \widetilde{Z}|^2 \tag{5.188}$$

式中：c_Z 取为 0.065；Δ 为滤波宽度。

在 LES 方法中，滤波后的标量耗散率为

$$\widetilde{\chi} = (\widetilde{K}_m + \widetilde{K}_t) |\nabla \widetilde{Z}|^2 \tag{5.189}$$

式中：$\widetilde{K}_m$、$\widetilde{K}_t$ 分别为分子扩散系数和湍流扩散系数。

另外，在引入 k-ε 双方程后，则标量耗散率 χ 与湍动能 k、湍流耗散率 ε 之间有如下关系：

$$\widetilde{\chi} = c_\chi \frac{\varepsilon}{k} \widetilde{Z}''^2 \tag{5.190}$$

湍流黏性系数 μ_t 与湍动能 k、湍流耗散系数 ε 之间有如下关系[44]：

第5章 湍流燃烧火焰面模型及高负荷高空燃烧稳定性

$$\mu_t = \rho c_\mu \frac{k^2}{\varepsilon} \tag{5.191}$$

采用 LES-UFPV 方法可以得到的流场温度随时间变化的瞬态变化情况，可以发现：燃料进入流场后不断与周围空气伴流混合、点燃并形成典型的三岔火焰，随着时间的推进所形成的火焰逐渐向下游推举，在 $\tilde{z} = 35D$ 附近的区域，三岔点稳定在该位置上并且随着时间的推进不再向下游移动。

(1) 热力学标量在不同轴向位置的分布。

图 5.25 (a)、(b) 分别给出了混合分数和温度在 $x/D=0$ 处沿轴向的分布曲线，$x/D=0$ 指的是火焰中心轴线的位置。由图 5.25 (a)、(b) 可以看出：总体上，计算与试验测量值吻合较好。

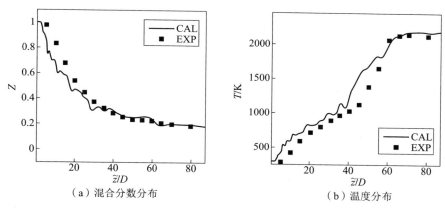

图 5.25　LES-UFPV 计算的混合分数与温度分布曲线 ($x/D=0$)

图 5.26 给出了 CO 在不同轴向位置沿径向的分布曲线，在 $\tilde{z}/D=30$ 处燃烧处于未燃状态，在 $\tilde{z}/D=40$ 处燃料已经燃烧但处于非稳定燃烧的状态，在 $\tilde{z}/D=70$ 处燃烧处于稳定燃烧状态，显然，这里给出的上述三个轴向位置很具有代表性[45]。

(2) 计算对非稳态燃烧效应的捕捉。

图 5.27 和图 5.28 分别给出了采用 LES-UFPV 方法计算获得的温度和 CO 的质量分数在混合分数空间的散点分布统计图，这里两图的横坐标为混合分数 Z。首先分析图 5.27，因为采用 LES-UFPV 方法计算出的火焰抬举高度 $H=35D$，这与试验测量值基本相同，所以在第一个轴向位置截面 $\tilde{z}/D=30$ 处，仅仅是两股气流的物理混合过程，并没有发生化学反应，因此温度最大值仅能为两股气流的最大温度值 1355K。在第二个轴向位置截面 $\tilde{z}/D=40$ 处，燃料已经开始燃烧，但根据试验测量结果，此位置燃烧并不稳定，试验测量的散点分布表示在该位置有相当数量的燃烧处于熄火状态和稳定燃烧状态，处于稳定燃烧和完全熄火之间的中

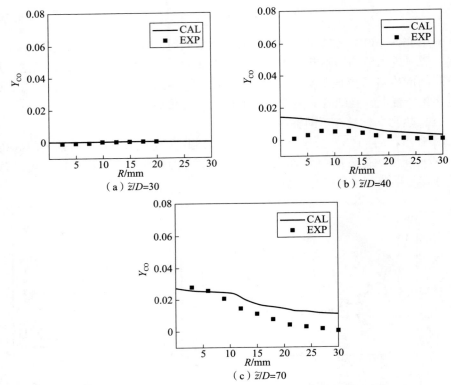

图 5.26　LES-UFPV 计算的 CO 在不同轴向位置处沿径向分布

间状态的火焰面很少；而计算得到的火焰没有完全熄灭状态的火焰面，绝大部分的火焰处于稳态燃烧与熄火之间的中间非稳定燃烧状态。在最后一个轴向位置 $\tilde{z}/D=70$ 时，燃烧已经处于稳定状态，从图中可以看出，计算的散点分布和试验测量的散点分布基本上一致。对于图 5.28，给出的是中间燃烧产物 CO 的质量分数在混合分布空间散点的分布统计图，因篇幅所限，这里不再赘述。

7. 几点初步认识

为了探讨 UFPV 模型在计算非稳态火焰燃烧特征方面的能力，与 SLFM 模型、SFPV 模型作对比并分别计算了 HM1 纯扩散无抬举火焰、Owen 扩散抬举火焰和 Cabra 部分预混抬举火焰，并与试验测量数据做了对比。数值计算表明：

（1）SLFM 燃烧模型能够较好地模拟纯扩散火焰，但它无法捕捉火焰的非稳态特性；SFPV 燃烧模型能够较好地模拟纯扩散火焰和非稳态燃烧特性不太强烈的扩散抬举火焰，但是无法捕捉非稳态特性强烈的部分预混抬举火焰；UFPV 模型可以较好地模拟纯扩散、扩散抬举和部分预混抬举火焰，可以捕捉到火焰强烈的非稳态特性。

第 5 章 湍流燃烧火焰面模型及高负荷高空燃烧稳定性

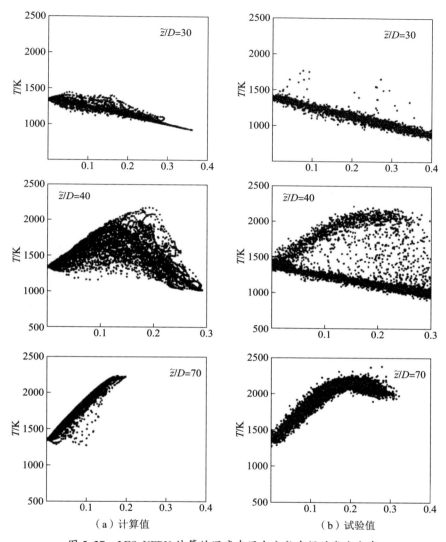

(a) 计算值　　　　　　　　　　　(b) 试验值

图 5.27　LES-UFPV 计算的温度在混合分数空间的散点分布

(2) 对于具有比较强的非稳态特征的燃烧流动，应该采用非稳态的燃烧模型，否则会引起较大的计算误差。

(3) 化学反应进度变量的定义形式对计算结果产生较大的影响。当预测某种组分在流场中的分布时，应该将该组分纳入反应进度变量的定义中，使其在反应进度变量中占有较大的比重；另外，当反应物中某化学组分质量分数较高时，在定义反应进度变量时不能将其纳入反应进度变量中，以免造成模拟的燃烧位置靠前，导致较大的计算误差。

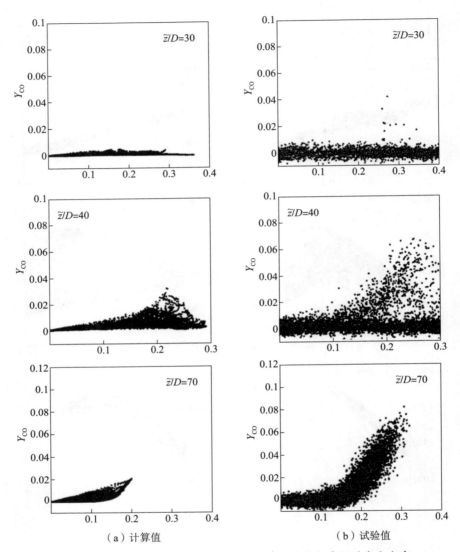

图 5.28 LES-UFPV 计算的 CO 质量分数在混合分数空间的散点分布

(4) 详细和简化化学反应机理对燃烧流场的混合分数、温度、主要组分 H_2O 等的质量分数影响较小，但对燃烧的中间产物（如 CO 和羟基等）影响较大，采用详细机理计算中间产物的精度高于简化机理。

(5) 比较 RANS-UFPV 方法和 LES-UFPV 方法，计算部分预混燃烧时后者较前者具有较高的精度，能更准确地计算出部分预混抬举火焰的抬举高度和热力学标量在空间位置的分布，同时计算出的热力学标量在混合分数空间的分布能够更好地反映火焰在不同轴向位置的燃烧状态，能够较好地预测部分预混燃烧中的非稳态燃烧特征，的确是解决预混抬举火焰的很好方法。但限于目前计算机的计算能力以及航空发动机燃烧室的复杂性，将 LES-UFPV 方法直接用来计算真实的航空发动机燃烧室时还会存在一定的困难。而相比而言，对于工程计算来讲，采用 RANS-UFPV 方法可能比 LES-UFPV 方法会更现实一些。清华大学周力行教授于 2006 年在《工程热物理学报》第 27 卷第 2 期上发表"湍流燃烧大涡模拟的最近研究进展"中指出：在当前计算机配置的情况下，"由于 RANS 模拟仍然是工程应用的主要手段，用大涡模拟结果检验 RANS 模拟燃烧封闭模型，应当是 LES 研究的重要目的。"对此，我们完全赞同。事实上，早在 2012 年朱俊强团队就发表了采用 RANS 与基于 FGM（Flamelet Generated Manifolds）方法相结合求解部分预混燃烧方面的文章[46]。在计算中，引入了详细化学反应机理。另外，还通过 PP-DF（Presumed Probality Density Function）方法考虑湍流与化学反应之间的相互作用，生成用于部分预混湍流燃烧计算的湍流 FGM 查询表计算有关部分预混燃烧问题。数值结果显示：这样做也可以较好地模拟燃烧流场主要组分和次要组分质量分数的分布，并且与试验值吻合较好。然而对于非稳定性特性较强的燃烧流动问题，UFPV 方法是不可缺少的。

5.4.4 问题四

航空发动机高空熄火严重威胁飞行安全，严重时可导致飞机坠毁，因此弄清高空熄火的机理，摸清不同飞行高度下的熄火边界，对航空动力的研制与发展具有重大意义。

1. 不同高度下的熄火边界

采用模拟高空的试验设备，模拟地面状态以及海拔高度 2km、4km、6km、8km 和 10km 高空条件进行燃烧室熄火特性的研究，得到了不同高度条件下熄火边界，如图 5.29 所示。由图可知，随着模拟高度的增加，进口的温度和压强条件逐渐降低，贫油熄火极限油气比也在不断增大，地面状态的贫油熄火油气比为 0.016，到了高度 10km 时熄火油气比变为 0.071，增大 3 倍以上。高度在 0~2km 时，熄火油气比几乎不变；高度在 4km 以上时，熄火油气比呈指数上升。

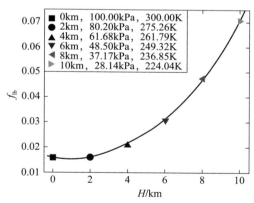

图 5.29 不同高度模拟条件下熄火边界

著名发动机燃烧室专家 A. H. Lefebvre 分析了大量燃气涡轮发动机的燃烧室贫油吹熄试验数据，得到了贫油吹熄油气比（Lean Blowout Fuel/Air Ratio，LBO）公式：

$$f_{\text{lb}} = \left[\frac{A}{V_{\text{pz}}}\right]\left[\frac{\dot{m}_{\text{A}}}{p_3^{1.3}\exp\left(\dfrac{T_3}{300}\right)}\right]\left[\frac{D_{\text{r}}^2}{\lambda_{\text{r}} H_{\text{r}}}\right] \quad (5.192)$$

式中：V_{pz} 为主燃区体积；$\dot{m}_{\text{A}}$、T_3、p_3 分别为燃烧室进口的质量流量、温度和压强；H_{r} 为航空煤油的低热值；D_{r} 为煤油喷雾的平均液滴直径；λ_{r} 为航空煤油的有效蒸发常数；A 为与燃烧室几何特征相关的常数。

在式（5.192）等号右边第一项代表燃烧室内的燃烧体积，第二项代表燃烧室的进口参数。进口温度和压强的降低都会导致贫油熄火油气比 f_{lb} 的上升，这种上升的趋势呈指数增加，即进口处温度与压强越低，则贫油熄火油气比上升越快，这与试验获得的变化规律基本上一致。第三项代表航空煤油的特性，包括平均液滴直径、有效蒸发常数和燃料热值。另外，在高空极端条件下，煤油特性同样会受到影响，在低温、低压下煤油的黏度增加，喷雾恶化，液滴直径变大，有效蒸发常数和热值都下降，因此导致了贫油熄火油气比迅速增大。

2. 不同高度下燃烧火焰状态的变化

为了获得高空极端条件下燃烧室的点熄火特性，以及等离子体对点熄火的作用规律，对燃烧室点熄火过程进行 CH* 自发光信号诊断。通常，在燃烧化学反应的过程中产生了许多高能级 CH 自由基，这些自由基不稳定且寿命极短（低于 100ns）。它们向低能级跃迁时会发出特定波长的光子，这些特定波长的发光信号就是 CH* 化学自发光信号。这个发光信号常用于判断火焰锋面的位置、界定燃烧释放热量的区域范围以及强度趋势。当燃烧室处于稳定燃烧状态时，CH* 自发光信号可以由图像增强器和 CCD 相机捕捉，相机曝光时间为 3ms、频率为 10Hz，镜头前装有 CH* 带通滤波片。通过对 100 张图片进行平均处理，便获得了该状态下平均的 CH* 自发光信号。

为了进一步研究低温、低压环境时对点熄火边界的影响，空军工程大学航空工程学院研究团队在地面以及模拟 2km、4km、6km、8km 和 10km 的高空条件下，对双头部旋流燃烧室 CH* 平均发光信号进行测量。在地面起动状态下，CH* 范围和强度较高的火焰区、释热区集中在主燃区，而靠近喷嘴头部区域和燃烧室出口区域强度相对较弱。主燃区的主要功能是稳定火焰，并且提供足够的时间、温度以及湍流度，以实现油气混合物的完全燃烧。主燃区能够建立旋涡反向气流，将一部分热的燃烧气体卷吸回流，为不断进入的空气和燃气提供连续点火。随着燃烧室内油气比的下降，CH* 信号强度降低，火焰区和释热区域朝着喷嘴方向移动，临近熄火边界（油气比 $f_{\text{a}} = 0.016$）时，CH* 信号集中在喷嘴头部附近。

通常，当燃烧区域发生燃烧化学反应释放的热量不足以将新鲜的油气混合物加热到反应所需要的温度时发生熄火。先出现局部熄火，随着熄火频率的增大，局部熄火的比例增加，进而出现火焰面整体断裂，全局熄火。在高空低温、低压且贫油条件下，燃烧化学反应速率降低，释热率下降，高空低温来流加剧了辐射和湍流耗散的损失热量，同时燃油喷雾质量恶化，这一切因素均加剧了低压环境下局部熄火频率大幅度的增加，并最终导致全局熄火。

为了对比不同高空条件下的燃烧状态，试验中维持供油流量为 2.5g/s 不变，确保供油条件基本一致。表 5.9 给出了模拟高空时试验台的进口参数。在上述进口参数条件下，获得了地面状态以及模拟海拔高度 2km、4km、6km、8km 和 10km 时双头部旋流燃烧室 CH^* 平均发光信号的测量。由试验与测量可知，随着模拟海拔高度的增加，进口空气流量降低，燃油供给流量不变，于是全域油气比不断增大。另外，受到低温、低压环境的影响，燃油喷雾质量恶化，蒸发速率下降，主燃区有效的油气比下降；此外，低温来流造成热量损失，提高了火焰猝熄的概率。因此，随着模拟高度的增加，火焰锋面位置不断退缩，燃烧释放热量的区域范围不断缩小到燃油喷嘴头部附近，CH^* 发光强度也不断地减小。

表 5.9 模拟高空时试验台进口参数

海拔高度/km	p/kPa	T/K	w/(g/s)
地面	100	300	100
2	79.5	275.15	83.01
4	61.66	262.15	65.96
6	47.2	249.15	51.79
8	35.6	236.15	40.12
10	26.4	223.15	30.61

采用数码相机获取了不同高度下燃烧室稳定燃烧状态的照片（曝光时间为 0.5ms），从这些照片中可以很直观地看到：在地面状态时，火焰呈现明亮的黄白色并占据燃烧室大部分区域，强度较高，燃烧充分。随着模拟高度的增加，燃烧室进口温度和压强下降，在 4km 时火焰转为淡蓝色，覆盖区也在逐渐缩小；在 10km 高度时，燃烧室内基本为淡蓝色火焰，明亮的黄色火焰仅仅维持在一小块区域，火焰状态趋于不稳定。对于熄火现象较为细致的分析，将在下面问题五中给出，这里不再赘述。

5.4.5 问题五

问题四讨论用模拟高空试验台和测量 CH^* 自发光信号的办法研究发动机燃烧室的熄火特性以及随高度变化的规律。问题五是用数值计算的方法研究局部熄火和重新点燃现象，探讨标量耗散率 χ、混合分数 Z 与局部熄火和重新点燃之间的联系。这里，计算所选的算例是著名的 Sandia 湍流值班射流火焰 E，所用的计算方法是 LES-FPV。

1. Sandia 火焰 E 和湍流火焰面数据库

值班射流火焰是 Sandia 系列火焰的重要组成部分，也是验证非预混燃烧模型最重要的标准火焰之一。值班射流火焰包括火焰 C、D、E 和 F，一方面是用于研究湍流与化学反应的相互耦合，另一方面是为了研究火焰的局部熄火和重新点燃现象。Sandia 系列火焰 C、D、E 和 F，其火焰中心射流速度是逐步增大的，雷诺数也相应地增加。其中：火焰 C 为层流火焰；火焰 D 已经发展为完全湍流，但熄火现象很少；火焰 E 有明显的熄火现象；火焰 F 由于速度很大，局部熄火很严重，接近于吹熄。目前，已有许多方法可以成功地进行火焰 D 的数值计算，但是只有输运概率密度函数（Transported Probability Density Function，TPDF）方法和条件矩封闭（Conditional Moment Closure，CMC）模型能够成功地应用于火焰 E 与 F 的数值模拟，但这两种方法的计算代价都非常大。

火焰面/反应进度（Flamelet/Progress Variable，FPV）模型是 2001 年 C. D. Pierce 在斯坦福大学完成他的博士论文时提出的。在 FPV 模型中，用化学反应标量代替了原来的标量耗散率，所有的化学热力学变量都用混合分数和反应标量来表示，而反应标量通常选用反应进度 C。因此，在这个模型中，同样是通过求解稳态火焰面方程得到的结果来建立火焰面数据库，不同的是这里用反应进度代替了稳态火焰面模型中的标量耗散率。用 Z 与 C（并认为两者统计独立）引入数据库作为不同状态火焰面的标识，这使得预测熄火和重燃现象有了可能。在 FPV 模型中，层流火焰面数据库 φ 和湍流火焰面数据库 $\widetilde{\varphi}$ 可分别写为

$$\varphi = \varphi_1(Z, C) \tag{5.193a}$$

$$\widetilde{\varphi} = \widetilde{\varphi}_2(\widetilde{Z}, \widetilde{Z''^2}, \widetilde{C}) \tag{5.193b}$$

式中：φ、$\widetilde{\varphi}$ 分别为层流和湍流火焰面数据库中所有的化学热力学变量，其中包括温度、密度、分子黏性系数、分子扩散系数、湍流黏性系数、湍流扩散系数以及各组分的质量分数等。

反应进度变量 C 可定义为反应产物质量分数的线性叠加，例如

$$C = Y_{CO} + Y_{CO_2} + Y_{H_2} + Y_{H_2O} \tag{5.194}$$

假定 Z 和 C 在统计上相互独立；另外，对于没有反应源项的守恒标量（如 Z）通常采用 β 分布描述；对有反应源项的（如 C）采用 δ 分布描述较为简单。于是对层流火焰面数据库 φ 进行积分，便得到湍流火焰面数据库 $\widetilde{\varphi}$，其表达式为

$$\widetilde{\varphi} = \widetilde{\varphi}_2(\widetilde{Z}, \widetilde{Z''^2}, \widetilde{C}) = \iint \varphi_1(Z, C) P_\beta(Z; \widetilde{Z}, \widetilde{Z''^2}) P_\delta(C; \widetilde{C}) \mathrm{d}Z \mathrm{d}C \tag{5.195}$$

通过求解大涡模拟控制方程，得到燃烧场不同位置的混合分数与反应进度变量，而后由湍流火焰数据库查表得到当地的化学热力学变量。

第5章 湍流燃烧火焰面模型及高负荷高空燃烧稳定性

Sandia 火焰 E 由三股气流组成，分别是中心燃料射流、环形值班燃烧产物射流和外围空气伴流。中心燃料射流喷嘴内径 D = 7.2mm，外径 D' = 7.7mm，出口速度 U_{fuel} = 74.4m/s；采用甲烷与干燥空气按体积比 1∶3 组成混合物，温度为 294K。环形值班燃烧产物外环内径 d = 18.2mm，外径 d' = 18.9mm，出口速度 U_{coflow} = 17.1m/s，采用当量比 φ = 0.77 的 C_2H_2、H_2 和空气完全燃烧后的燃烧产物，该燃烧产物与中心燃料射流具有同样的碳氢比和焓值，温度为 1880K。外围空气伴流出口速度 U_{air} = 0.9m/s，温度为 291K；中心燃料射流雷诺数 Re = 3.36×10^4；当量混合分数 Z_{st} = 0.351；计算时采用圆柱坐标系，计算域在轴向、径向和周向分别为 60D、26.5D 和 2π；三个方向的网格分别为 256、222 和 32；网格划分采用轴向非均匀且沿流动方向逐渐稀疏；径向网格也是非均匀的，且在中心射流和值班射流位置加密，最小网格间距为 0.05mm；周向划分为均匀网格。计算采用 SIMPLE 算法，扩散项采用二阶中心差分、对流源采用动能守恒的二阶中心差分，时间导数采用二阶半隐式的离散方法，离散后的差分方程采用牛顿迭代求解。另外，计算时 CFL 数取为 0.3；计算域出口和周向边界均采用远场对流边界条件。此外，化学反应机理采用 Gri-Mech3.0；湍流火焰面数据库的大小为 $\widetilde{Z} \times \widetilde{Z''^2} \times \widetilde{C}$ = 80×80×60。

2. 计算结果的初步分析以及局部熄火现象的捕捉

应用上述方法，可以计算出轴向速度、混合物分数、温度、部分组分浓度的平均值和方差沿轴向分布。

图 5.30 给出了混合分数、温度、主要组分浓度的平均值在不同轴向位置上沿径向的分布曲线。总体上说，计算结果与试验值符合较好。

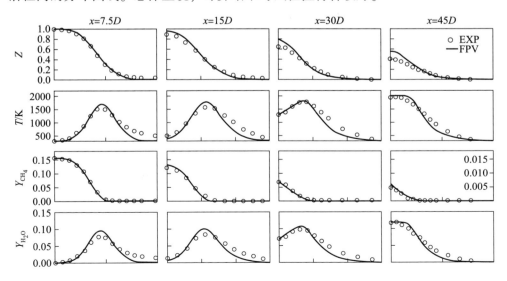

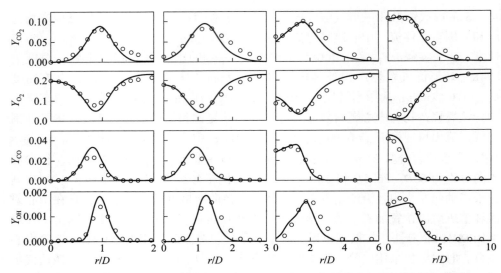

图 5.30 Z、T 和主要组分浓度在不同轴向位置处沿径向的分布以及与试验值的比较

高雷诺数下湍流扩散火焰最显著的特征是流场与化学反应强烈耦合而导致了燃烧不稳定,具体表现为火焰的局部熄火和重新点燃。Sandia 火焰 E 雷诺数较高,局部熄火现象明显,因此是考查 FPV 方法对火焰不稳定性预测可靠性的重要方面。图 5.31~图 5.33 分别给出了温度 T、CO_2 和 OH 浓度在混合分数空间的散点分布以及与试验值的比较。

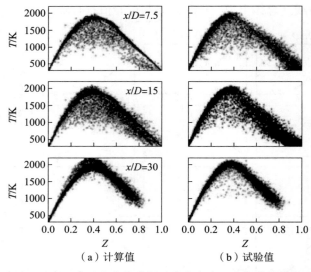

(a)计算值　　　　　(b)试验值

图 5.31　温度 T 在混合分数空间的散点分布以及与试验值的比较

第5章 湍流燃烧火焰面模型及高负荷高空燃烧稳定性

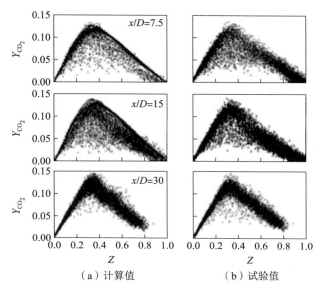

图 5.32 CO_2 浓度在混合分数空间的散点分布以及与试验值的比较

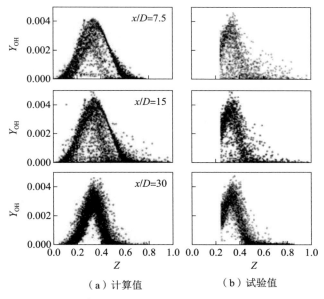

图 5.33 OH 浓度在混合分数空间的散点分布以及与试验值的比较

在数值计算中，散点的统计方法：当计算达到统计定常后，在不同的截面随机选取一个 Flowtime（Flowtime 定义为流场特征长度与特征速度之比）内 20 个不同时刻，共计 1.4 万个样本进行散点统计，用状态点的散点分布来描述火焰结构是否有局部熄火。由图 5.31 可以看出：在数值结果中大量统计散点温度低于最高温度，说明在该位置火焰具有明显的局部熄火现象。并且可以发现，贫燃侧和富燃侧的熄火概率都低于试验值，这说明采用 FPV 方法低估了 $x=7.5D$ 截面处的局部熄火现象。在下游 $x=15D$ 位置处熄火概率比 $x=7.5D$ 处有所增加，数值结果能很好地捕捉到局部熄火现象，并且与试验结果吻合很好。另外，在下游 $x=30D$ 位置处，火焰的熄火概率已经大大减少，几乎接近于稳态燃烧，这里数值结果得到的熄火概率同样略低于试验结果。

CO_2 是燃烧后的大组分产物，用 CO_2 浓度的散点分布研究火焰的局部熄火意义较大。如图 5.32 所示，其散点分布与温度相似，这里就不再赘述。另外，许多研究抬举火焰的文章指出：通常，OH 在火焰点燃之前的浓度是很低的，火焰点燃之后 OH 的浓度迅速升高，因此 OH 可以作为判断火焰抬举高度的一项依据。从图 5.33 中可以发现：$x=7.5D$ 和 $x=15D$ 处，OH 浓度在当量混合分数 $Z_{st}=0.351$ 附近的状态点分布比较分散，偏离稳态燃烧较严重；在 $x=30D$ 处，OH 偏离稳态燃烧的概率很少。因此，使用 FPV 方法所得到 OH 浓度的散点分布能够反映出火焰由局部熄火到重新点燃这一物理现象的变化过程。

另外，还可以计算出温度在当量比 ϕ 空间的状态分布。由计算结果可以发现：在局部熄火的 $x=7.5D$ 和 $x=15D$ 的截面处，状态点更多分布在 $\phi>1$ 处，即富燃的状态；$\phi>1$，燃料部分燃烧，大量状态点的温度低于完全燃烧时所对应的温度；当 ϕ 值很大时，容易导致熄火的发生；这里需要说明的是，$x=15D$ 截面比 $x=7.5D$ 截面的 $0<\phi<1$ 的状态点少，部分燃烧的情况更显著。在 $x=30D$ 截面处，状态点集中于贫燃侧，局部熄火的现象基本消失。

此外，还可以计算出标量耗散率 χ 在四个轴向截面处散点的分布，这里耗散率定义为

$$\chi = 2D(\nabla Z) \cdot (\nabla Z) \tag{5.196}$$

3. 初步结果

（1）基于大涡模拟的 LES-FPV 方法能够较准确地预测 Sandia 火焰 E，可以得到与试验值较吻合的数值结果。

（2）使用 LES-FPV 方法预测的 Sandia 火焰 E，在 $x/D=7.5$ 至 $x/D=15$ 的位置之间火焰 E 发生显著的局部熄火现象。在 $x/D=30$ 以后重新点燃。另外，熄火易发生在标量耗散率较大的地方，而火焰重新点燃的发生主要由混合过程控制，燃烧处于贫燃状态时混合分数和当量比减小，火焰重新点燃。

在结束这段讨论时，这里应该扼要说明中国科学技术大学陈义良率领团队的工作。陈义良以及他的团队在湍流理论、湍流燃烧，特别是在湍流扩散火焰、预混火焰以及部分预混燃烧方面都进行了大量研究，所得的数值结果与国外著名火焰的试验测量结果吻合得较好。陈义良早在 1987 年就与范维澄院士等共同编写

了《计算燃烧学》,他与国际著名湍流与燃烧专家 S. B. Pope 共同撰写的学术论文早在 1990 年就发表在 Physics of Fluids 杂志上。陈义良所率领的湍流与燃烧团队在点火、熄火、射流抬举火焰以及火焰面研究等方面都做了大量工作、发表了大量论文,对此感兴趣者可参阅他们的相关文章与著作。

5.5 用动态增厚火焰模型模拟点火燃烧

本小节主要讨论增厚火焰模型和动态增厚火焰(Dynamically Thickened Flame, DTF)模型。这个模型物理含义比较明确,而且较前面讨论过的湍流燃烧火焰面模式方法更易于操作和计算。为了探讨与摸索 DTF 模型方法解决实际问题的能力,本小节以中心分级燃烧室为研究对象,通过使用 DTF 模型方法进行数值计算,并与试验结果进行了对比。研究不同点火位置对火焰传播的影响机制,进而为进行燃烧室点火位置的设计提供理论上的指导。

1. 试验系统及数值计算方法

1)试验系统与测量方法

试验系统主要包括供气系统、供油系统及测量系统,如图 5.34 所示。供气系统采用容积式螺杆压缩机并配有干燥装置,最大压力为 1.2MPa,最大流量为 0.2kg/s,采用电动调节阀进行气量调节,同时采用孔板流量计测量空气流量;供油系统由变频电机、油泵及电动调节阀等组成,采用质量流量计测量燃油流量,测量误差为±0.1%;试验采用高速相机监测点火及火焰传播过程,相机分辨率为 880×776,采样频率为 10kHz。

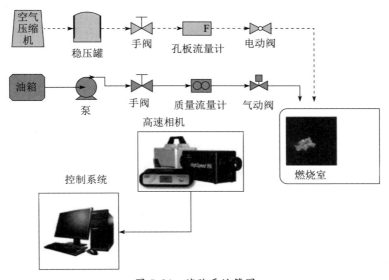

图 5.34 试验系统简图

本节所采用的中心分级模型燃烧室及旋流器结构如图 5.35 所示，几何原点位于旋流器出口截面的中心位置。头部采用三级旋流器结构，第一级为斜切孔旋流器，第二级和第三级采用径向旋流器。点火时只有预燃级供油（RP-3 煤油），点火器选用航空发动机专用高能点火器 DHZ22，点火能量为 2~3J。试验所采用的边界条件：当量比为 0.29，燃油质量流量为 0.56g/s，空气质量流量为 0.0282kg/s，燃料及空气温度均为 293.15K，压力为 101kPa。点火位置位于回流区边缘的中心位置。

图 5.35 旋流器结构及模型燃烧室结构

2）LES-DTF 模型方法以及基本方程组

计算采用 LES-DTF 模型方法：首先采用 RANS 方法获取燃烧室的冷态时均流场，压力及速度采用 Couple 算法进行耦合，组分、能量方程采用二阶迎风格式离散；在 RANS 基础上通过 LES 获取点火前的冷态瞬时流场，湍流亚格子模型采用考虑到壁面黏性对流动影响的 WALE 模型；由于点火过程较为复杂，在湍流流动与化学反应的相互作用下存在多种燃烧方式共存的情况，这里选用动态增厚火焰模型对火焰传播过程进行模拟。点火模式采用模拟火花放电的形式来实现，点火能量为 6J，火花持续时间为 3ms，火核半径为 5mm。

增厚火焰模型是 Butler 和 O'Rourke 于 1977 年提出的，1997 年 Veynante 将这种方法引入大涡模拟方法中，其基本思想是将火焰进行人工增厚，使得数值计算可以在较粗的网格上对湍流燃烧问题进行求解。根据 Williams 的层流预混火焰的理论，预混层流火焰的厚度 δ_L^0 和传播速度 s_L^0，与热扩散系数 β 和 Arrhenius 公式中的反应指前常数 B 有关，即

$$s_L^0 \propto \sqrt{\beta B}, \quad \delta_L^0 \propto \sqrt{\frac{\beta}{B}} \qquad (5.197)$$

引入增厚因子 F，如果将扩散系数按增厚因子 F 增大，而同时将反应的指前常数按增厚因子 F 缩小，这样就可以在增大火焰厚度的情况下，保持火焰传播速度不变。之所以保持火焰传播速度不变，是因为大多数燃烧问题对火焰传播速度非常敏感。但是，火焰增厚后，火焰与流动的相互作用改变了，因为 Damköhler 数 Da 改变了，所以为了考虑亚格子尺度流动对火焰的作用，2000 年 Colin 对增厚火焰

模型进行了完善，引入了效率函数 E 来考虑小尺度湍流对火焰面褶皱作用。实际上，因为增厚火焰模型引入了增厚因子 F，使得在没有化学反应发生的区域，组分扩散也发生了改变。为了克服这个问题，2000 年 Legier 提出了 DTF 模型，并给出了二维测试算例。该模型只在火焰区域引入增厚因子 $F>1$，而在火焰面之外保持 $F=1$（不增厚）。另外，基于 Arrhenius 化学反应速率表达公式，给出了如下火焰面探测函数：

$$\Omega = Y_F^a Y_O^b \exp\left(-\Gamma \frac{E_a}{RT}\right) \quad (5.198)$$

式中：Y_F、Y_O 分别为燃料和氧化剂的质量分数；E_a 为化学反应活化能；a、b 为指数因子；Γ 为调整活化能的系数，一般取 $\Gamma<1$，这样探测函数 Ω 捕捉到的反应区将会更大一些。

通过 Ω 可以控制增厚因子 F：

$$F = 1 + (F_{\max} - 1)\theta \quad (5.199)$$

式中：θ 为与组分和温度有关的激活函数，即

$$\theta = \tanh\left(C_F \frac{\Omega}{\Omega_{\max}}\right) \quad (5.200)$$

其中：C_F 为控制增厚区域和非增厚区域之间过渡区大小的参数；$\Omega_{\max}$ 为火焰探测函数的最大值。

$F_{\max}$ 定义为

$$F_{\max} = \max\left(\frac{n\Delta_{\mathrm{mesh}}}{\delta_l}, 1\right) \quad (5.201)$$

式中：n 为网格节点数，这里取为 10；Δ_{mesh} 为网格尺度。

由于火焰厚度增加，小尺度脉动的作用会减弱，因此引入效率函数来进行平衡：

$$E = \frac{\Xi_\Delta(\delta_l^0)}{\Xi_\Delta(\delta_l^1)} \quad (5.202)$$

式中：Ξ_Δ 为褶皱系数，即

$$\Xi_\Delta = 1 + \alpha \Gamma_1\left(\frac{n\Delta_{\mathrm{mesh}}}{\delta_l}, \frac{u'_\Delta}{s_l}\right)\frac{u'_\Delta}{s_l} \quad (5.203)$$

采用动态增厚火焰模型的组分方程可写为

$$\frac{\partial}{\partial t}(\bar{\rho}\widetilde{Y}_j) + \frac{\partial}{\partial x_i}(\bar{\rho}\widetilde{u}_i\widetilde{Y}_j) = -\frac{\partial}{\partial x_i}(EF\bar{J}_{i,j} + \bar{J}_{i,j}^{\mathrm{sgs}}) + \frac{E}{F}\dot{\bar{\omega}}_j \quad (5.204)$$

式中：$\bar{J}_{i,j}$ 为第 j 种组分在 i 方向的扩散；$\bar{J}_{i,j}^{\mathrm{sgs}}$ 为第 j 种组分在 i 方向亚格子扩散项；E、F 分别为效率函数与增厚因子。

因此，对动量方程、能量方程和组分方程分别进行滤波后并注意使用 DTF

模型，可得

$$\frac{\partial}{\partial t}\overline{W}+\nabla\cdot\overline{H}=\overline{S} \qquad (5.205)$$

式中

$$\overline{H}=i_1(E^{(\mathrm{I})}+E^{(\mathrm{V})}+E^{(\mathrm{sgs})})+i_2(F^{(\mathrm{I})}+F^{(\mathrm{V})}+F^{(\mathrm{sgs})}) \qquad (5.206\mathrm{a})$$

$$+i_3(G^{(\mathrm{I})}+G^{(\mathrm{V})}+G^{(\mathrm{sgs})})$$

$$\overline{W}=[\bar{\rho}\widetilde{u},\bar{\rho}\widetilde{v},\bar{\rho}\widetilde{w},\bar{\rho}\widetilde{e},\bar{\rho}\widetilde{Y}_j]^{\mathrm{T}} \qquad (5.206\mathrm{b})$$

$$\overline{S}=\left[0,0,0,\frac{E}{F}\dot{\overline{\omega}}_{\mathrm{t}},\frac{E}{F}\dot{\overline{\omega}}_j\right]^{\mathrm{T}} \qquad (5.206\mathrm{c})$$

或者，写为分量的形式，即

$$\frac{\partial}{\partial t}(\bar{\rho}\widetilde{u}_j)+\frac{\partial}{\partial x_i}(\bar{\rho}\widetilde{u}_j\widetilde{u}_i+\bar{p}\delta_{ij})=\frac{\partial}{\partial x_i}(\widetilde{\tau}_{ij}+\tau^{\mathrm{sgs}}_{ij}) \qquad (5.207\mathrm{a})$$

$$\frac{\partial}{\partial t}(\bar{\rho}\widetilde{e})+\frac{\partial}{\partial x_i}(\bar{\rho}\widetilde{H}\widetilde{u}_i)=\frac{\partial}{\partial x_i}[\widetilde{u}_j(\widetilde{\tau}_{ij}+\tau^{\mathrm{sgs}}_{ij})-(\widetilde{q}_i+Q^{\mathrm{sgs}}_i)] \qquad (5.207\mathrm{b})$$

$$\frac{\partial}{\partial t}(\bar{\rho}\widetilde{Y}_j)+\frac{\partial}{\partial x_i}(\bar{\rho}\widetilde{u}_i\widetilde{Y}_j)=-\frac{\partial}{\partial x_i}(EF\overline{J}_{i,j}+\overline{J}^{\mathrm{sgs}}_{i,j})+\frac{E}{F}\dot{\overline{\omega}}_j \qquad (5.207\mathrm{c})$$

上面几个式中：物理量符号上面的"−"代表空间滤波；"∼"代表 Favre 平均的空间滤波；$\widetilde{e}$ 为单位质量气体采用 Favre 空间滤波后所具有的广义内能；τ^{sgs} 为总的亚格子应力张量，其表达式为

$$\tau^{\mathrm{sgs}}_{ij}=\bar{\rho}(\widetilde{u_i u_j}-\widetilde{u}_i\widetilde{u}_j) \qquad (5.208\mathrm{a})$$

$$=-2\bar{\rho}\nu_{\mathrm{t}}\left(\widetilde{s}_{ij}-\frac{1}{3}\widetilde{s}_{kk}\delta_{ij}\right)+\frac{2}{3}\bar{\rho}k^{\mathrm{sgs}}\delta_{ij} \qquad (5.208\mathrm{b})$$

式中：ν_{t} 为亚格子涡黏性系数；k^{sgs} 为亚格子湍动能。

由式（5.208b）可知，为了完成亚格子应力的封闭，需要确定亚格子涡黏性 ν_{t} 以及亚格子湍动能 k^{sgs}。亚格子湍动能定义为

$$k^{\mathrm{sgs}}=\frac{1}{2}(\widetilde{u_i u_i}-\widetilde{u}_i\widetilde{u}_i) \qquad (5.208\mathrm{c})$$

它所满足的输运方程为

$$\frac{\partial}{\partial t}(\bar{\rho}k^{\mathrm{sgs}})+\frac{\partial}{\partial x_j}(\bar{\rho}\widetilde{u}_j k^{\mathrm{sgs}})=\frac{\partial}{\partial x_j}\left[\bar{\rho}\left(\frac{\nu}{Pr}+\frac{\nu_{\mathrm{t}}}{Pr_{\mathrm{t}}}\right)\frac{\partial}{\partial x_j}k^{\mathrm{sgs}}\right]+P^{\mathrm{sgs}}_k-D^{\mathrm{sgs}} \qquad (5.209\mathrm{a})$$

式中：P^{sgs}_k、D^{sgs} 分别为亚格子湍动能的产生项和耗散项，其表达式分别为

$$P^{\mathrm{sgs}}_k=-\tau^{\mathrm{sgs}}_{ij}\frac{\partial}{\partial x_j}\widetilde{u}_j \qquad (5.209\mathrm{b})$$

$$D^{\mathrm{sgs}}=\frac{\partial}{\partial x_i}(\widetilde{u}_j\tau^{\mathrm{sgs}}_{ij}) \qquad (5.209\mathrm{c})$$

第5章　湍流燃烧火焰面模型及高负荷高空燃烧稳定性

3）网格处理

对燃烧室进行网格划分，网格由四面体及六面体组成，为了验证网格精度是否达到要求，对不同网格数（180万，280万，480万）的燃烧室进行冷态模拟，图5.36为轴向速度在旋流器下游35mm（$X=35$mm）截面处的速度分布。可以看出，280万网格所计算的流场与480万网格得到的结果较为接近，因此为了保证结果准确性及减少计算量，这里选取了280万网格进行数值模拟计算。

2. 数值结果和分析

1）冷态流场分析

图5.37为采用数值模拟得到的燃烧室中心截面流场结果。由图可以看出，由于外侧旋流器的作用，在距离旋流器出口存在较大的主回流区，同时在喷嘴出口附近及燃烧室角位置分别存在较小的唇口回流区及角回流区，此结果与试验结果较为一致。

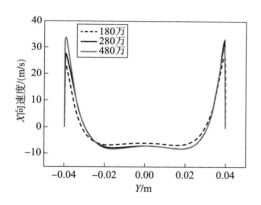

图5.36　$X=35$mm 截面轴向速度分布

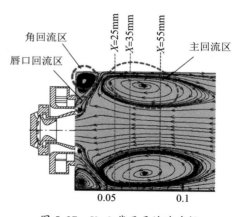

图5.37　$Y=0$ 截面平均速度场

图5.38为不同位置的轴向速度分布，可以看出 $X=25$mm 及 $X=35$mm 的回流区宽度相差不大，前者的轴向负速度小于后者，$X=55$mm 的回流区宽度较窄，轴向负速度较大。

2）点火过程分析

试验选择的点火位置位于主回流区边界中心（35mm，0mm，−35mm），采用高速相机对火焰传播过程进行拍摄，同时采用动态增厚火焰模型对该过程进行数值模拟，边界条件与试验工况相一

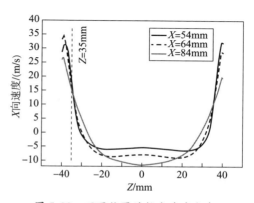

图5.38　不同位置的轴向速度分布

致,将模拟结果与试验结果进行比较确定数值模拟的准确性。

图 5.39 给出了过点火位置(35mm,0mm,-35mm)中心截面的火焰扩散过程的二维图。图 5.39(a)给出了基于动态增厚模型得到的 9 个瞬时模拟结果,图 5.39(b)是采用高速相机记录的火焰发展过程。由数值模拟结果可以看出,火花放电后,火核沿轴向逐渐被拉伸,在点火 3ms 后,火焰传播至燃烧室的中心附近(35mm,0mm,0mm);4ms 后传播至与点火位置相对的一侧(35mm,0mm,35mm)并向燃烧室头部传播;在点火 7ms 后,靠近燃烧室头部中心的温度开始升高并逐渐向周围扩散;在点火 12ms 后,火焰引燃燃烧室头部并逐渐向下游传播。火焰在传播过程中呈锥形,满足火焰稳定的余弦定理,在点火 16ms 之后,火焰基本上充满整个回流区,最终点火成功。可以看出,动态增厚火焰模型得到的火焰传播路径与试验结果较为一致,火焰大小也基本吻合,仅在火焰形状与试验结果有所差别(这可能是由于燃油分布的细微差距引起的),即动态增厚火焰模型可以相对准确地模拟火焰传播过程。

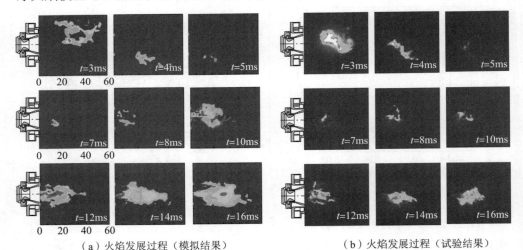

(a)火焰发展过程(模拟结果)   (b)火焰发展过程(试验结果)

图 5.39 点火过程火焰发展

3)点火位置的研究

(1)点火位置的选择。

点火位置的选择是决定点火能否成功的关键因素之一,航空发动机燃烧室中心温度较高,为防止点火器被烧蚀,点火位置径向位置变化范围不大(一般设计在距离燃烧室壁面 2~5mm 范围内),而轴向位置变化较大,因此有必要开展点火器轴向位置变化对点火过程影响的研究,从而得到不同点火位置的火焰传播机制,为燃烧室点火位置设计提供理论指导。采用动态增厚火焰模型研究了不同点火位置的火焰传播过程,点火位置分别位于主回流区边界上游(A)、回流区边界中游（B）、回流区边界下游（C）及燃烧室中心位置（回流区下游 D），如图 5.40 所示，点火结果如表 5.10 所列。

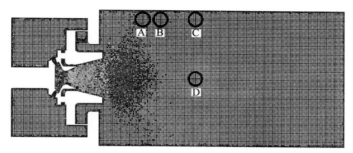

图 5.40　点火位置示意图

表 5.10　点火参数及点火结果

点火位置	点火持续时间/ms	点火能/J	火核半径/mm	点火结果
A(25mm，0mm，-35mm)	3	6	5	成功
B(35mm，0mm，-35mm)	3	6	5	成功
C(55mm，0mm，-35mm)	3	6	5	失败
D(55mm，0mm，0mm)	3	6	5	成功

（2）火焰传播过程分析。

分析位置 A 的火焰传播过程，由于点火位置位于主回流区上游，燃油浓度相对较高，在流场的作用下，高温燃气向下游 25mm 及 35mm 截面运动，同时沿两截面周向传播，点火 5ms 后，25mm 截面中心附近温度逐渐升高，但是 64mm 截面温度逐渐降低，这是由于该截面燃油浓度相对较低，气流速度相对较大，热对流产生的热损失高于燃油热释放量导致火焰温度逐渐降低；点火 6ms 后，25mm 截面中心高温区逐渐增大，同时火焰传播至唇口回流区及角回流区附近，由于回流区内部的高温气体能够提供煤油燃烧所需的热量，在点火 8ms 后，火焰传播到燃烧室头部并向下游传播，在 10ms 后火焰基本稳定在燃烧室头部。可以得出火焰传播路径：点火初始时刻，火核在流场的作用下先向下游传播，同时火焰在各截面沿周向运动，并逐渐被气流卷吸至截面中心，运动到回流区的火焰逐渐向周围扩散，并在轴向负速度的作用下向头部传播，最终达到稳定燃烧。

分析位置 B 的火焰传播过程，可以看出在点火 3ms 后，35mm 截面火焰已经到达中心位置，即火焰传播到中心位置所需的时间低于点火位置 A 所需要的时间，这主要是由于点火位置位于回流区边缘的中心位置，该位置的卷吸能力高于回流区上游位置，点火 5ms 后，在流场的作用下，35mm 截面中心温度升高，其高温区域高于点火位置 A 的高温区，这是由于点火位置靠近回流区中心时，缩短了火焰向下游的传播时间，从而火焰传播到 35mm 截面的时间小于 5ms，随后火焰在该截面扩散使得高温区域高于点火位置 A 所对应的高温区。点火 6ms 后，火焰传播到主回流区，并有部分火焰到达了燃烧室头部的中心位置，此区域燃油浓度较高，点火 8ms 后，火焰迅速地传播至燃烧室头部，其高温区高于点火位置 A 所对应的面积，这主要是由于位于燃烧室中心具有较大的轴向负速度，火焰在流场的作用下快速地运动至燃烧室头部造成的；对于 35mm 截面，火焰由边缘卷吸至中心后熄灭，这是由于传播至该截面的火焰使得液滴热释放量低于热对流产生的热损失，点火 8ms 后，该截面燃油被头部传下来的火焰引燃，这是由于头部传播的火焰能量较高足以引燃周围的燃油。

分析位置 C 的点火过程，火核位于回流区下游，随着火花能量的堆积，燃油蒸发并开始燃烧。点火 3ms 后，在气流的作用下，25mm 及 35mm 截面火焰沿燃烧室周向运动，在回流的作用下被卷吸进入燃烧室中心，但是温度较低，这是因为点火位置（−5mm, 0mm, −35mm）所对应的回流区宽度较窄，当火焰达到 $X=55$mm 截面时消耗过多的热量，该截面温度较低，另外火焰在较大的轴向负速度作用下向燃烧室上游传播，使得热量进一步降低。在点火 5ms 后，火焰到达燃油浓度较高的燃烧室头部附近时，火焰温度较低不足以引燃周围燃油，因此点火失败。

为了进一步研究回流区下游点火成功的关键，选取燃烧室中心位置（回流区下游）进行点火研究，分析点火位置 D 的点火过程（图 5.41），点火位置位于燃烧室的中心位置。点火 3ms 后，火焰在轴向负速度的作用下迅速向上游传播并到达 55mm 截面；点火 5ms 后，火焰已经到达燃烧室头部并稳定燃烧。与点火位置 C 相比，点火位置 D 位于燃烧室中心时，该截面的燃油热释放量较大，火焰在气流的作用下向头部传播，尽管存在热量损失，但是传播到燃烧室上游位置的温度

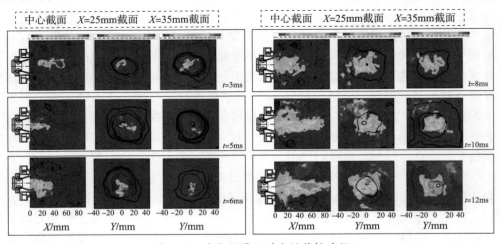

图 5.41　点火位置 D 的火焰传播过程

仍较高，从而点火成功。因此，认为点火位置位于回流区下游时，火焰传播到燃烧室中心截面并具有较大的热释放率是点火成功的关键。

对比四个点火位置的火焰传播过程可以发现：火焰传播主要依赖于流场的作用，火焰在气流的作用下向下游传播，同时沿截面进行周向传播，运动到燃烧室中心的火焰在轴向负速度的作用下向燃烧室头部传播，并最终达到稳定燃烧。不同点火位置的火焰传播路径相差不大，但是达到稳定燃烧所需要的时间有所差距。当点火位置靠近回流区边缘中心时，火焰向下游的传播时间较短，从而缩短了火焰在燃烧室头部稳定所需要的时间，其点火成功的关键是高温火焰传播到燃烧室头部富油区；当点火位置位于回流区下游时，点火成功的关键是火焰传播到该截面中心位置并具有较高的温度[47]。

3. 几点初步认知

首先对中心分级燃烧室的点火过程进行试验研究，同时采用 LES‐DTF 方法对该工况下的冷态流场及点火过程进行数值模拟，从而验证该模型预测流场及火焰传播的准确性。最后采用数值模拟的方法研究不同点火位置的火焰传播过程，获得了如下初步认知：

（1）冷态流场的模拟结果表明，在流场中存在主回流区、唇口回流区及角回流区，这些结构对火焰传播具有不同的作用。

（2）采用动态增厚火焰模型计算得到的模拟结果表明，在流场的作用下，火核首先在燃油浓度较高的周向进行传播，同时沿轴向向下游传播，当运动到回流区尾部时开始向头部传播，最终火焰稳定在燃烧室头部，火焰传播路径及火焰形状与试验结果吻合较好。

（3）采用动态增厚火焰模型对不同点火位置的火焰传播过程进行模拟，结果表明，运动至燃烧室中心的火焰在轴向负速度的作用下可以快速地传播至头部，点火位置位于回流区边缘中游时，可以缩短火焰传播至燃烧室头部的时间，其点火成功的关键是高温火焰传播到燃烧室头部富油区，当点火位置位于回流区下游时，点火成功的关键是火焰传播到该截面中心位置并具有较高的温度。

采用 LES‐DTF 模型计算中心分级燃烧室的数值计算与试验比较表明，动态增厚火焰模型在湍流燃烧大涡模拟中具有很好的模拟瞬态点火的功能。据相关文献报道，该方法已成功用于单头部旋流燃烧室（2006 年）、线性多头部燃烧室（2011 年）、VESTA 全环燃烧室以及 MICCA 环形燃烧室（2013 年）燃烧场的计算中，计算结果与试验数据吻合较好。

5.6　改善高空点火/熄火性能的策略：高稳定性多级旋流分级燃烧

燃烧室点火/熄火（Ignition and Lean Blow‐Out，ILBO）性能直接决定着航空发动机的稳定工作范围。目前,飞机在高空、低温、低压下低速飞行时所凸显的燃烧室贫油燃烧稳定边界不足问题,已经成为制约航空发动机发展的瓶颈。尤其是军用战机当飞行高度大于15km或高空小表速飞行时,发动机燃烧室容易熄火,并且高空再点火困难。高空条件下燃烧稳定性之所以变差,粗略地可用如下四点说明:

（1）高空条件下燃烧室进气条件恶劣,再点火困难。

发动机高空熄火后,进入高空风车状态,发动机转速迅速降低,相关研究表明,发动机高空熄火60s后,压气机增压比降为正常工作时的20%左右,当地高空的温度和压强随着高度而变化,高空的温度比地面低约40℃,相应地压强降低为地面的1/3,如图5.42所示。因此,发动机高空再点火状态下燃烧室内温度和压强较低,不利于燃油雾化和燃烧组织,导致高空再点火困难。

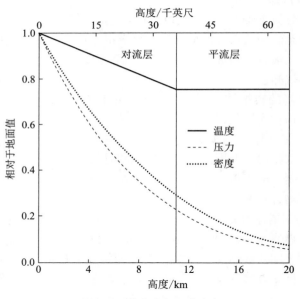

图 5.42 高空空气状态参数

（2）高空条件下韦伯数 We 降低,导致燃油雾化质量恶化。

高空低温低压条件下,燃油喷嘴雾化质量恶化,一方面,液滴尺寸大幅增加,高空条件下液滴最大尺寸约是慢车状态下的3倍,液滴最大直径可达300μm左右;另一方面,高空风车状态下,燃烧室进气动能降低,使有利于液滴输运的空气动量和加速油气混合的湍流强度降低,不利于燃油液滴在燃烧室内的分布和油气混合。燃油喷嘴雾化过程中液膜与空气相互作用强度通过 We 来表征,如图5.43所示。通常在地面点火状态下,We 大于500,在高空再点火状态下,We 降低到30~40范围内,燃油雾化进入到多种模式的混合破碎过程。

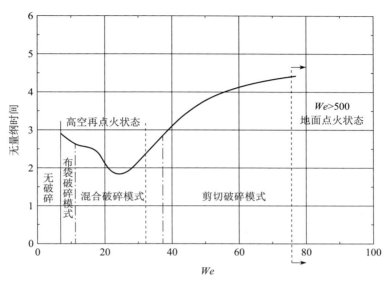

图 5.43　燃烧室进气参数对液滴破碎过程的影响

(3) 高空条件下燃烧效率降低和 Da 数减小，导致燃烧室容易熄火。

燃烧效率（η_b）是燃烧室负荷系数（$\Omega = \dot{m}_3 / (P_3^{1.8} e^{T_3/300} V^*)$，其中 V^* 表示燃烧室体积）的函数，并且 η_b 随 Ω 增加而降低，而 Ω 是燃烧室进口总压、进口总温、几何尺寸和空气流量的函数；在高空 2 万 m 左右时，燃烧室热负荷系数 Ω 约是地面的 19 倍（见图 5.44），燃烧效率甚至低于 80%（见图 5.45）。高空左边界慢车点的熄火特性与燃烧室内的 Damköhler（$Da = \tau_f / \tau_c$，τ_f 和 τ_c 分别代表掺

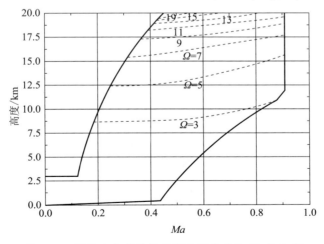

图 5.44　燃烧室负荷系数 Ω 随飞行高度和 Ma 的分布

混时间与化学反应时间）数密切相关。由于高空左边界下燃烧室的停留时间显著减小，化学反应特征时间增加，导致燃烧室内的 Da 数减小，火焰稳定性变差。因此，发动机燃烧室在高空时燃烧效率降低，高空左边界易熄火。

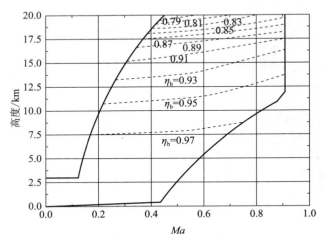

图 5.45　燃烧效率 η_b 随飞行高度和 Ma 的分布

（4）新型燃烧室头部进气量的大幅增加导致点火困难。

无论贫燃低排放燃烧室，还是高油气比燃烧室，目前其燃烧组织都普遍采用分区分级燃烧技术，燃烧室头部空气由传统燃烧室的 10%～25%增加到 70%以上，如图 5.46 所示，使燃烧室内特征速度增加。对于传统燃烧室，点火器与燃油喷嘴距离较短，并且点火器到燃油喷嘴之间具有较富的油气混合物，容易点火。新型分区分级燃烧室点火器与燃油喷嘴之间距离相对较长，并且点火器附近油气混合物处于贫油状态，点火器附近空气速度大，发动机起动时，在点火器附近形成的火核，需要穿过高速主燃级空气，然后稳定在预燃区，这便更加剧了高空条件下点火的难度。

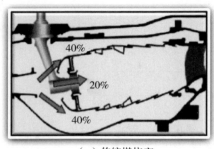
（a）传统燃烧室

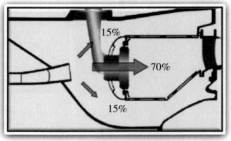
（b）新型分区分级燃烧室

图 5.46　燃烧室头部进气量对比

第5章 湍流燃烧火焰面模型及高负荷高空燃烧稳定性

另外，为了满足燃烧室低排放、高温升发展的需求，进一步缩短燃烧室长度、改善燃烧室出口温度分布的性能已成为航空发动机燃烧室设计的基本要求，因此多级旋流分级燃烧成为改善高空点火和熄火性能的重要策略。下面以朱俊强团队近几年在燃烧室设计中发展与改进的多级旋流分级燃烧室为研究对象、以改善 ILBO 性能为目标，从数值计算、设计优化以及与机理方面做一些分析。下面分三个小问题进行讨论。

5.6.1 多级旋流分级燃烧室试验与数值计算方法

1. 多级旋流分级燃烧室的设计

1) 燃烧室头部设计应具备的特征

多级旋流分级燃烧室为了在达到较高燃烧性能的同时，保证慢车及以下工况的燃烧稳定性，其设计通常具备以下主要技术特征：

（1）头部燃油和空气分级形成预燃级和主燃级，相应火焰在燃烧室内空间分区分别形成预燃区和主燃区。在低负荷工况，预燃级火焰单独工作，从而保证预燃区的燃油当量比和燃烧稳定性；在起飞、爬升和巡航等大功率工况，两级火焰同时工作，通过提高油气掺混程度，降低主燃区温度分布不均匀性和污染物排放。

（2）头部一般采用多级旋流（3~5级）来组织燃烧室流场结构，通过调节各级旋流流量分配比例和旋流强度来实现对燃烧室流场的精确调控。头部进气量较大，一般达到40%以上，因此一般取消主燃孔设计，将其全部流量改由头部进入燃烧室。

（3）预燃级燃油以压力雾化或空气雾化方式完成雾化和掺混，以扩散燃烧方式完成燃烧；主燃级燃油以空气雾化方式进行雾化，以部分预混方式完成燃烧，从而降低燃烧室的污染物排放、提高燃烧效率。

图5.47给出了多级旋流分级燃烧室头部结构。燃烧室分为预燃级和主燃级两部分。与大多数分级燃烧室预燃级采用压力雾化喷嘴不同，这里给出的预燃级由两级轴向旋流器匹配预膜式空气雾化喷嘴组成，供应到预燃级的燃油在预膜喷嘴尾缘处形成燃油液膜，并在两级反向旋流空气的剪切作用下雾化，在燃烧室头部中心区域形成扩散燃烧区域。预燃级采用预膜喷嘴的优势是能够降低小负荷工况下雾化特性对供油压力的依赖，从而提高预燃级喷嘴调节比，有助于改善预燃级的贫油火焰稳定特性。

主燃级空气通过两级反向旋转的旋流器进入燃烧室，其中主燃级内级为轴向旋流器，主燃级外级为径向旋流器。主燃级内级与预燃级外级旋流器同向旋转，从而产生足够的逆压梯度，保证形成一定径向尺度和轴向长度的回流区。主燃级两级旋流反向旋转是为了实现对主燃级旋流强度灵活调控，从而更加精细地控制流场结构特征。主燃级燃油通过主燃级内级空气通道内壁上的多点喷射孔喷入旋流空气通道内，一部分燃油在横向旋流空气作用下直接破碎成细小液滴，另一部

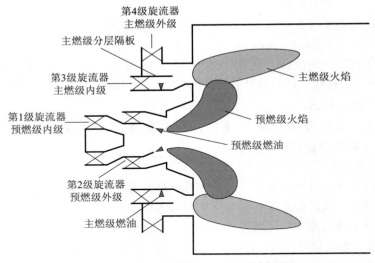

图 5.47　多级旋流分级燃烧室头部结构

分喷射到主燃级两级之间的分层隔板上,并在其尾缘形成液膜,在主燃级两级反向旋流空气的作用下完成雾化和掺混。

由于预燃级火焰一般稳定在预燃级后侧扩张段以内,预燃级燃油来不及与预燃级空气进行有效掺混就已经着火燃烧,因此其燃烧方式接近扩散燃烧方式。主燃级火焰一般位于预燃级火焰外围下游,燃油液膜在与两级空气接触以后,还有一定距离与主燃级空气进行掺混,并且两级旋流反向旋转能够有效提高流场湍流强度,改善空气和燃油的掺混效果,因此主燃级进行的是部分预混燃烧。在燃烧室低负荷工况(如点火、近熄火和慢车),只有预燃级供油燃烧,能够显著提高中心区域燃油当量比,扩展燃烧室稳定工作范围;在燃烧室高负荷工况,预燃级和主燃级共同供油工作,预燃级火焰对主燃级火焰具有稳定作用。

表 5.11 给出了头部空气流量分配、燃油分配比例和旋流器的设计参数。预燃级空气流量比例为 13.3%,主燃级空气比例 86.7%。之所以预燃级空气分配比例较小,是因为在点火和熄火等临界状态,全部燃油都从预燃级喷入燃烧室,预燃级空气流量小有助于在预燃区局部形成富油燃烧区域,拓宽燃烧室的贫油工作极限;另外,绝大多数空气经过主燃级旋流器进入燃烧室,有助于增加主燃级油气的预混程度,从而保证主燃级火焰为部分预混火焰。在设计工作状态,预燃级和主燃级燃油分配比例为 1∶4,此时预燃区和主燃区的平均当量比分别为 1.2 和 0.74。表 5.11 同时给出了头部基准设计方案四级旋流器的旋流叶片角度和旋流数,其中第 3 级旋流器和第 4 级旋流器旋流数分别为 0.905 和 -1.658,为强旋设计(旋流数大于 0.6),但由于两级旋流反旋,切向动量相互剪切削弱,因此主

燃级总旋流强度相对削弱。预燃级外级旋流与内级旋流气量比例为 7∶3，且外级旋流强度大于内级，保证预燃区流场基本由外级旋流主导。

表 5.11　多级旋流分级燃烧室基准方案设计参数

旋流器		空气比例/%	设计燃油分级比例/%	旋流角度/(°)	旋流数
预燃级	第 1 级	4.0	20	−20	−0.275
	第 2 级	9.3		+40	+0.676
主燃级	第 3 级	26.7	80	+45	+0.905
	第 4 级	60.0		−45	−1.658

2）优化设计时的重要参数

影响多级旋流分级燃烧室性能的设计参数有很多，这里仅考虑涉及预燃级和主燃级的 8 个关键设计参数，它们对点火和熄火有重要的影响，如表 5.12 所示，其中，预燃级设计参数包括预燃级两级旋流旋向、预燃级两级旋流强度和预燃级两级空气分配比例，主燃级设计参数包括主燃级两级旋流强度、主燃级两级气量分配比例和主燃级分层隔板长度。表 5.12 中还给出了参数化研究时设计变量的取值，分层隔板长度 H 采用旋流器直径 D 进行了无量纲化。

表 5.12　头部设计所涉及的重要参数

分级	设计参数	参数取值
预燃级	第 1 级旋流强度	−20°、−35°
	第 2 级旋流强度	+25°、+40°、+55°
	两级旋流旋向	同向和反向
	两级气量分配比例	2∶8、3∶7、4∶6
主燃级	第 3 级旋流强度	+30°、+45°
	第 4 级旋流强度	−32°、−45°
	两级气量分配比例	3∶7、5∶5
	分层隔板长度 H/旋流器直径 D	0.065、0.16、0.215

2. 试验系统和测试方法

1）试验系统和试验件

试验是在中国科学院工程热物理研究所廊坊基地燃烧试验平台上进行的，试验台由供油系统、供气系统、控制及数据采集系统、试验件和光学测试系统组成，如图 5.48 所示。试验台包括三个试验段，本试验安排在第一个试验段。试验台采用一台额定压力 10atm、流量 2.5kg/s 的空气压缩机供气，采用最大供油压力 10MPa、最大燃油流量 200g/s 的柱塞泵供油。进气可以通过排气回热器和电加热器加热后提高燃烧室进口温度。燃烧室出口的背压调节阀可以调节燃烧室工作压力，出口喷水装置可以降低燃烧室排气温度。空气流量采用孔板式流量计测量，燃油流量采用科氏力流量计测量，燃烧室压力和压差采用 PSI 压力测量模块测量，三个物理量的测量不确定度分别为 ±0.63%、±0.1% 和 ±0.05%。

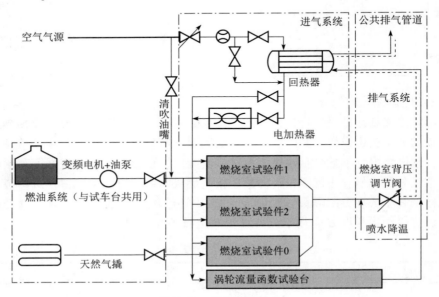

图 5.48　试验系统组成

试验采用了多级旋流分级燃烧室单头部光学可视试验件，如图 5.49 所示。燃烧室头部两级燃油分别独立供应和调节，参与燃烧的空气全部从头部旋流器进入燃烧室。单头部矩形火焰筒安装在机匣内部，在火焰筒和机匣之间供有掺混空

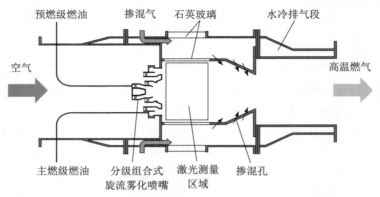

图 5.49　多级旋流分级燃烧室单头部光学可视试验件

气，用于对燃烧后的高温空气掺混降温和对后侧金属火焰筒的冷却，其流量和压力可以独立于主流空气调节，从而保证火焰筒不承受压差。在燃烧室头部下游垂直的两个侧面开有石英玻璃观察窗，用于燃烧状态火焰形态的观察和点火/熄火的判别，也可以用于冷态流场和燃油分布的光学测量。在进行光学测量时，上侧窗口用于投射片状光源，侧面窗口用于拍摄图像。窗口拍摄区域大小为80mm×124mm。

2）冷态流场测试方法

模型燃烧室的冷态流场采用粒子图像测速（PIV）技术测量，PIV 测试系统主要由光路系统、图像采集系统、控制和图像处理系统组成。光路系统由 Nd：YAG 双腔激光器、激光导光臂、片光源成型部件组成。图像采集系统包括 2 台 CCD 相机和对应的数据采集卡。控制系统主要包括 PC 机和同步控制器（PTU）。同步控制器分别给激光器和 CCD 相机发射 TTL 脉冲信号，保证激光器和相机同步。PIV 测试采用的激光波长为 532nm，脉冲能量为 200mJ，最大脉冲频率为 15Hz，脉冲宽度为 6~8ns。在测试之前需要对激光器片光源进行调节，使得片光能量分布均匀，位置与测量平面重合。采用 CCD 相机进行图像采集时，在相机前加装（532±10）nm 带通滤波片，并调节相机位置和焦距，使相机拍摄范围与设定区域一致，且图像足够清晰。在测试之前采用标定杆或标定板进行标定，确定图像绝对位移。图像处理的结果不仅包括每个瞬时的速度结果，而且可以有统计平均的时均速度场图像。

3）燃油浓度测试方法

本研究采用燃油-平面激光诱导荧光（PLIF）技术测量分层部分预混燃烧室的燃油浓度分布，其基本原理是采用特定波长的平面激光去激发燃油里含有的荧光物质，并认为产生的荧光信号强度与燃油浓度成正比。

燃油-平面激光诱导荧光系统（图 5.50）组成与 PIV 类似，燃油-平面激光诱导荧光测量时，激光器产生单脉冲能量为 25mJ、波长为 266nm 的激光，经过片光源成型部件形成片光，片光沿着过雾锥轴线的平面竖直投射下去，从而激发航空煤油中的双环芳香烃化合物，产生荧光信号。CCD 相机沿垂直于测量平面的方向拍摄荧光图像，由于航空煤油中的荧光组分发出的荧光波长为 270~420nm，增强型 CCD 相机采集图像时在紫外镜头前部安装 266nm 的长通滤波片，使波长为 266nm 的米散射信号不能进入相机，CCD 相机只采集荧光信号。试验过程中通过调节图像增强器的快门打开时间和时间长度使采集到的荧光信号最强。与 PIV 测试类似，图像采集和处理系统既能够获得瞬态燃油分布结果，也能通过统计平均获得时均浓度场结果。遗憾的是，燃油-平面激光诱导荧光测量图像较难定量标定得到绝对燃油浓度，因此其数值只能反映燃油浓度的相对高低。

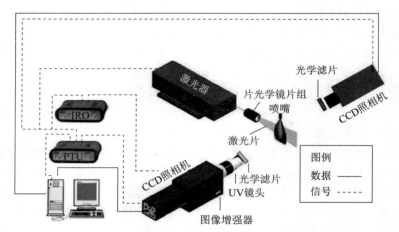

图 5.50 燃油-平面激光诱导荧光系统组成

4) 燃烧室点火和熄火性能测试方法

分层部分预混燃烧室的点火和熄火试验在单头部光学可视模型燃烧室上开展，为了分析点火和熄火性能差异，开展了冷态流场和燃油分布的光学测试。点火试验时，首先打开燃油开关阀，然后打开点火器，若在 10s 内能够成功点燃并且关闭点火器后火焰能够稳定燃烧，则认为点火成功。逐渐降低燃油流量，直至不能成功点燃，则认为此时为点火临界点。在点火临界点状态，重复进行两次点火试验，若结果均一致，则认为此状态为点火边界。进行熄火试验时，从火焰稳定燃烧的状态缓慢降低燃油流量，直至发生全局熄火。在同一燃烧状态重复两次熄火试验，熄火油气比取三次试验结果的平均值。改变燃烧室压降或流量，则可以得到常压状态燃烧室的点火和熄火边界曲线。

3. 数值计算方法及其验证

为了对多级旋流分级燃烧室的流场结构形成机制、燃油浓度详细分布及其对点火和熄火性能的影响机理开展深入的量化分析，在采用粒子图像测速法与平面激光诱导荧光技术分别获得模型燃烧室纵截面的速度分布和燃油浓度分布的基础上，进一步用冷态流场和燃油离散相数值计算获得了整个模型燃烧室内的流场和浓度场数据。数值计算采用了 RANS 方法，进口边界为流量入口边界，出口边界为压力出口，如果不考虑气液两相流，仅考虑气相，则所求解的 RANS 方程为

$$\frac{\partial}{\partial t}\bar{\rho}+\frac{\partial}{\partial x_j}(\bar{\rho}\widetilde{u_j})=0 \qquad (5.210a)$$

$$\frac{\partial}{\partial t}(\bar{\rho}\widetilde{u}_i)+\frac{\partial}{\partial x_j}(\bar{\rho}\widetilde{u}_i\widetilde{u}_j+\bar{p}\delta_{ij})=\frac{\partial}{\partial x_j}(\bar{\tau}_{ij}+\tau_{ij}^{RANS}) \qquad (5.210b)$$

$$\frac{\partial}{\partial t}(\bar{\rho}\ \widetilde{e})+\frac{\partial}{\partial x_j}(\bar{\rho}\widetilde{H}\widetilde{u_j})=\frac{\partial}{\partial x_j}[\widetilde{u_i}(\bar{\tau}_{ij}+\tau_{ij}^{RANS})-(\bar{q}_j+Q_j^{RANS})] \qquad (5.210c)$$

假如 RANS 采用 Menter 的 k-ω SST 模型进行封闭,则其控制方程为

$$\frac{\partial}{\partial t}(\bar{\rho}k)+\frac{\partial}{\partial x_j}(\overline{\rho u_j}k)=\frac{\partial}{\partial x_j}\left[(\mu_l+\sigma_k\mu_t^{\text{RANS}})\frac{\partial}{\partial x_j}k\right]+\bar{P}_k-\beta_k\bar{\rho}\omega k \quad (5.210\text{d})$$

$$\frac{\partial}{\partial t}(\bar{\rho}\omega)+\frac{\partial}{\partial x_j}(\overline{\rho u_j}\omega)=\frac{\partial}{\partial x_j}\left[(\mu_l+\sigma_\omega\mu_t^{\text{RANS}})\frac{\partial}{\partial x_j}\omega\right]+\bar{P}_\omega-\beta_\omega\bar{\rho}\omega^2+\frac{2(1-F_1)}{\omega}\bar{\rho}\sigma_{\omega^2}\frac{\partial k}{\partial x_j}\frac{\partial \omega}{\partial x_j}$$
$$(5.210\text{e})$$

气相求解用 SIMPLE 算法;动量方程扩散项采用二阶中心差分,对流项采用动能守恒的二阶中心差分格式;时间导数项都采用二阶半隐式 CN 格式,用牛顿迭代进行求解。

如果采用欧拉-拉格朗日框架下雷诺平均(RANS)和颗粒轨道模型,则这时对气相(低马赫数和变密度条件下)的控制方程为

$$\frac{\partial}{\partial t}\bar{\rho}_g+\frac{\partial}{\partial x_j}(\bar{\rho}_g\tilde{u}_j)=\bar{S}_m \quad (5.211\text{a})$$

$$\frac{\partial}{\partial t}(\bar{\rho}_g\tilde{u}_i)+\frac{\partial}{\partial x_j}(\bar{\rho}_g\tilde{u}_i\tilde{u}_j)=-\frac{\partial}{\partial x_i}\bar{p}+\frac{\partial}{\partial x_j}(2\mu\tilde{s}_{ij})-\frac{\partial}{\partial x_j}\tau_{ij}+\bar{S}_i \quad (5.211\text{b})$$

$$\frac{\partial}{\partial t}(\bar{\rho}_g\tilde{Y})+\frac{\partial}{\partial x_j}(\bar{\rho}_g\tilde{u}_j\tilde{Y})=\frac{\partial}{\partial x_j}(\bar{\rho}_g D\frac{\partial}{\partial x_j}\tilde{Y})+\bar{S}_m \quad (5.211\text{c})$$

$$\frac{\partial}{\partial t}(\bar{\rho}_g\tilde{h})+\frac{\partial}{\partial x_j}(\bar{\rho}_g\tilde{u}_j\tilde{h})=\frac{\partial}{\partial x_j}(\bar{\rho}_g\alpha_h\frac{\partial}{\partial x_j}\tilde{h})+\bar{S}_h \quad (5.211\text{d})$$

式中:α_h 为热扩散系数;$\tilde{Y}$ 为燃料蒸气的质量分数;$\bar{S}_m$、$\bar{S}_i$ 和 $\bar{S}_h$ 分布为相间作用的源项,其表达式分别为

$$\bar{S}_m=-\frac{1}{\Delta V}\sum_N\frac{\text{d}}{\text{d}t}m_d \quad (5.211\text{e})$$

$$\bar{S}_i=-\frac{1}{\Delta V}\sum_N\frac{\text{d}}{\text{d}t}(m_d u_{d,i}) \quad (5.211\text{f})$$

$$\bar{S}_h=-\frac{1}{\Delta V}\sum_N\frac{\text{d}}{\text{d}t}(c_p m_d T_d) \quad (5.211\text{g})$$

其中:m_d、u_d 和 c_p 分别是液滴的质量、速度和比定压热容;ΔV 为液滴所在网格单元的体积;$\sum$ 为对同一个单元内所有液滴求和。在式(5.211b)中 $\tilde{s}_{ij}$ 为变形率张量,其表达式为

$$\tilde{s}_{ij}=\frac{1}{2}\left(\frac{\partial}{\partial x_j}\tilde{u}_i+\frac{\partial}{\partial x_i}\tilde{u}_j\right)-\frac{1}{3}\delta_{ij}\frac{\partial}{\partial x_k}\tilde{u}_k \quad (5.211\text{h})$$

液相的拉格朗日控制方程为

$$\frac{\text{d}}{\text{d}t}x_{d,i}=u_{d,i} \quad (5.212\text{a})$$

$$\frac{\mathrm{d}}{\mathrm{d}t}u_{\mathrm{d},i} = \frac{f_1}{\tau_\mathrm{d}}(\widetilde{u}_i - u_{\mathrm{d},i}) \tag{5.212b}$$

$$\frac{\mathrm{d}}{\mathrm{d}t}T_\mathrm{d} = \frac{Nu}{3Pr}\left(\frac{f_2}{\tau_\mathrm{d}}\right)\left(\frac{c_{\mathrm{p},\mathrm{g}}}{c_\mathrm{p}}\right)(\widetilde{T}_\mathrm{g} - T_\mathrm{d}) + \frac{L_\mathrm{v}}{c_\mathrm{p}}\frac{\dot{m}_\mathrm{d}}{m_\mathrm{d}} \tag{5.212c}$$

$$\frac{\mathrm{d}}{\mathrm{d}t}m_\mathrm{d} = -\frac{m_\mathrm{d}}{\tau_\mathrm{d}}\left(\frac{Sh}{3Sc}\right)\ln(1+B_\mathrm{M}) \tag{5.212d}$$

式中：Nu、Pr、Sh、Sc 和 B_M 分别为努塞尔数、普朗特数、舍伍德数、施密特数和传质数；x_d、T_d、L_v、$\dot{m}_\mathrm{d}$ 和 c_p 分别为液滴位置、温度、燃料蒸发潜热、液滴质量的变化率和定压比热容；T_g 和 $c_{\mathrm{p},\mathrm{g}}$ 分别为气相温度和定压比热容；τ_d 为液滴响应时间；f_1、f_2 为修正系数。

对液相，时间推进采用二阶龙格-库塔（Runge-Kutta）算法。液相时间步采用液滴蒸发时间尺度、液滴加热时间尺度和气相时间步尺度的最小值；当液滴尺寸小于 1μm 时，取消该液滴并把相应质量、动量和能量加到气相方程中。为了验证数值模型及网格的合理性，采用测量获得的试验数据对数值计算模型和网格独立性进行验证。

多级旋流分级燃烧室计算模型如图 5.51 所示，燃烧进口设置一定长度的进口稳流段，保证各级旋流器入口气流条件均匀，火焰筒长高比为 1.53，燃烧室出口设置收敛段，使气流加速流出计算域。

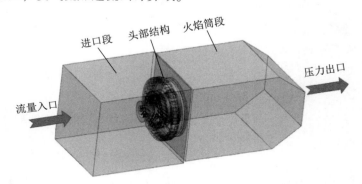

图 5.51　多级旋流分级燃烧室计算模型

在进行详细的数值计算分析之前，首先对计算中采用的网格、湍流模型和燃油浓度计算方法进行了试验验证。为了分析点火失败的原因，还测量了其冷态流场和燃油浓度场数据，另外，在 L 分别为 10mm、20mm、30mm、43.5mm（对应点火器位置，L 为距离旋流器出口的轴向距离）和中心线位置提取了数据用于计算验证或后续结果分析。由初始试验可知，主燃级出口存在高速扩张流动区域，中心形成了较为对称的回流区，同时在旋流器出口角区存在角涡，这与相关文献中类似结构分级燃烧室的测量结果一致。此外,由相对燃油浓度测量结果可知,初始头部设计方案在燃烧室内形成了空心雾锥,雾锥位于预燃级与主燃级之间的台阶区域,锥角略大于预燃级出口扩张角,雾锥中心存在大面积燃油浓度较低的区域,这也是导致该方案点火失败的主要原因。在初始头部方案的基础上,针对流场和燃油浓度分布存在的问题进行了修改,得到了表 5.11 用于参数化研究的基准头部方案。

为了验证计算结果对网格数量的独立性,生成了三种不同数量的网格,网格总数分别为 $3.6×10^6$、$5.3×10^6$、$7.8×10^6$。网格数量为 $3.6×10^6$ 时,平均网格尺寸为 2mm,最小网格尺寸为 1.0mm;网格数量为 $7.8×10^6$ 时,平均网格尺寸为 1.5mm,最小网格尺寸为 0.8mm。湍流模型采用 realizable k-ε 模型。另外,提取了 L 分别为 10mm、20mm、30mm 和中心轴线的轴向速度分布,并与试验结果进行了对比。对比结果表明,随着网格数量的增加,计算结果有了较大程度的改善,网格数量为 $7.8×10^6$ 时计算结果与 PIV 数据符合最好,因此后续计算选取了它。

燃油浓度分布采用离散相模型进行计算,该模型基于欧拉(Euler)算法计算连续介质流场,基于拉格朗日(Lagrange)随机轨道算法计算离散相轨迹和分布。采用了预膜式空气雾化喷嘴,研究了不同喷嘴模型参数对计算结果的影响,如粒径大小及分布、雾锥锥角、燃油旋流强度等。结果表明:雾锥锥角和燃油旋流强度对计算结果影响较小,粒径大小对计算结果影响较大,利用了试验测量结果给定粒径,其分布采用对数 Rosin-Rammler 分布。最终喷雾初始锥角给定为 0°,喷雾旋流分数给定为-0.5(与第 1 级旋流器同旋),最小、平均和最大粒径分别给定为 30μm、50μm 和 70μm。分别提取了 L 为 10mm、20mm 和 30mm 处的相对燃油浓度分布,并与试验结果进行了对比,如图 5.52 所示。由于试验结果只能得到燃油浓度的相对值,因此计算和试验结果都用其最大值进行了无量纲化。对比结果表明,计算得到的燃油浓度分布和峰值位置都与试验结果符合较好。

5.6.2 预燃级设计参数对 ILBO 性能的影响与分析

这里主要研究预燃级两级旋流旋向、两级旋流强度和气量分配比例的影响,获得了不同设计参数头部结构的冷态流场、燃油浓度分布和点熄火极限。在此基础上,在靠近点火/熄火边界的工况进行了冷态流场和燃油分布的数值模拟,得到了点火和熄火特性。最后归纳出对预燃级为预膜喷嘴的多级旋流分级燃烧室燃烧稳定性有主要影响的几种物理机制。

1. 设计参数对预燃级性能影响的试验

1)预燃级主要设计参数以及对流场的影响

多级旋流分级燃烧室的预燃级包括两级轴向旋流器和预膜式空气雾化喷嘴。该分级燃烧室的预燃级关键设计参数主要包括两级旋流器的旋向、旋流强度和流量分配比例,如表 5.13 所列。

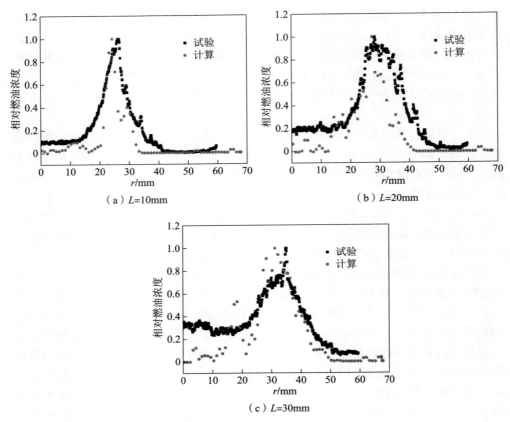

图 5.52 燃油分布的离散相模型验证

表 5.13 预燃级参数化设计方案

工况	预燃级内、外级气量比例	预燃级内级角度/(°)	预燃级外级角度/(°)	说明
1	3:7	−20	+40	−20°/+40°,3~7,基准方案
2	3:7	+20	+40	+20°/+40°
3	3:7	−35	+40	−35°/+40°
4	3:7	−20	+25	−20°/+25°
5	3:7	−20	+55	−20°/+55°
6	2:8	−20	+40	2~8
7	4:6	−20	+40	4~6

在改变预燃级内级旋流设计参数时,只变化第 1 级旋流器的旋流叶片角度,并保证其有效通流面积前后一致,其他各级旋流器设计参数不变,预燃级内级旋流器

角度参数化为-20°/+20°/-35°，对应的旋流数分别为-0.275/+0.275/-0.532。

在改变预燃级外级旋流器旋流强度时，其余各级旋流器设计参数保持不变，同时调整第2级旋流器的叶片角度和叶片高度，保证第2级旋流器流通面积和气量分配与原型设计一致。针对外级旋流器旋流强度，设计了三种头部方案，分别对应叶片角度为+25°、+40°和+55°。

在以上改变两级旋流器旋流叶片角度的基础上，进一步研究了预燃级两级旋流器气量分配比例（Pilot stage Air Split Ratio，PASR）的影响。这里研究了预燃级两级空气流量分配比例分别为2∶8、3∶7和4∶6三种情况，在改变气量分配比例的时候，旋流器旋流叶片角度保持不变[48]。

因篇幅所限，相关试验的详细过程不予列出，下文仅在"对于预燃级的初步认知"一节中给出有关试验的结论。

2. 设计参数对预燃级性能影响的数值分析

同样，因篇幅所限，设计参数对预燃级性能影响的数值计算结果与分析，这里不再列出。为下文讨论方便，这里仅对 Karlovitz 数相关的概念讨论如下：

为了对预燃级火焰的熄火稳定性进行对比分析，这里采用基于 Karlovitz（Ka）无量纲数的方法对预燃级火焰进行评估，Ka 定义为流场局部拉伸率 κ_{hydro} 和熄火拉伸率 κ_{ESR} 的比值。为了计算火焰根部区域的流场拉伸率，首先对火焰根部位置进行了定义。M. Stöhr 等对甲烷旋流火焰的研究表明，非稳态火焰一般能在旋流器出口旋进涡核中心稳定，但旋流火焰的最根本的锚定位置位于旋流器出口气流与回流区回流气流形成的滞止区域。基于这一认识，这里进一步假设在稳态流场中，火焰锚定位置位于靠近旋流器出口的轴向速度滞止线附近。在此基础上，通过提取速度滞止线上的燃油浓度、速度梯度等参数，计算得到火焰根部的流场拉伸率和熄火拉伸率。其中，局部流场拉伸率 κ_{hydro} 计算依据 S. J. Shanbhogue 等的方法，如式（5.214）所示，该计算方法并不能准确计算瞬态流场的局部拉伸率，但其代表了该位置所承受拉伸率的最大估计。

对于熄火拉伸率，Kumar 等在常压、进口温度为400K工况下测量了当量比对喷气燃料与 $N_2/(N_2+O_2)=0.84$ 的气体混合物火焰熄火拉伸率的影响。之所以不用空气而用 $N_2/(N_2+O_2)=0.84$ 的混合物作为氧化剂，是为了将熄火拉伸率调节到试验可实现范围内。从图5.53可以看出，熄火拉伸率在当量比为1.43的富油侧达到最大，这是由于富油燃烧时，$Le<1$，混合物反应活性增大，使得火焰能够在更高的拉伸率下不熄火。尽管上述结果不是在常温常压下测得，氧化剂也不是空气，但其只会影响熄火拉伸率的绝对数值，对其随当量比的变化规律影响较小，能够满足本研究计算 Ka 相对大小的需要。

$$Ka = \frac{\kappa_{hydro}}{\kappa_{ESR}} \tag{5.213}$$

$$\kappa_{\text{hydro}} = \left| \frac{\partial Ux}{\partial x} \right| + \left| \frac{\partial Ur}{\partial x} + \frac{Ux}{r} + \frac{\partial Ux}{\partial r} \right| + \left| \frac{Ur}{r} + \frac{\partial Ur}{\partial r} \right| \tag{5.214}$$

采用上述 Ka 的计算方法对火焰根部（预燃级出口轴向速度滞止线）的 Ka 分布进行了计算，Ka 沿径向的分布如图 5.54 所示。从图中可以看出，对于反旋方案，在 $r<10\text{mm}$ 的中心区域存在 Ka 较小的火焰锚点位置，火焰可以在此位

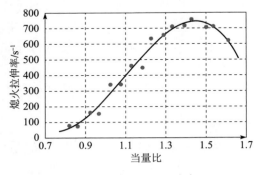

图 5.53 航空煤油熄火拉伸率 κ_{ESR} 随当量比的变化

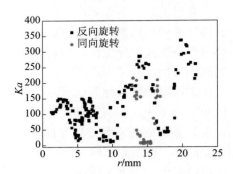

图 5.54 同旋和反旋头部方案火焰根部 Ka 分布

置稳定。而对于预燃级同旋头部方案，预燃级出口 $r<10\text{mm}$ 的中心区域不存在火焰能够稳定的位置，在 $12.5<r<17.5$ 的区域才存在火焰锚点位置，然而该区域对火焰稳定的作用有限。

为了对点火过程的火焰稳定阶段和熄火过程做定量分析，计算了预燃级内级火焰根部位置的 Ka 沿径向的分布，如图 5.55 所示。从图中可知，两种头部方案在 $r<10\text{mm}$ 区域内都存在 Ka 较小的火焰锚点位置，而且（-35°/+40°）头部方案的火焰锚点 Ka 更小，但该方案火焰锚点主要分布在 $r>5\text{mm}$ 的范围内，这限制了该方案的头部火焰稳定特性。鉴于基准头部方案在 $0<r<10\text{mm}$ 范围内都存在火焰锚点，而（-35°/+40°）方案的火焰锚点分布在

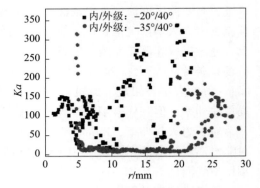

图 5.55 增强预燃级内级旋流强度对火焰根部 Ka 的影响

$r>5\text{mm}$ 的范围内，但其平均 Ka 较低，因此两种头部方案的火焰稳定和熄火特性较为接近。

为了分析预燃级外级旋流强度变化对火焰根部稳定性的影响，计算得到了三种头部方案火焰根部 Ka 沿径向的分布，如图 5.56 所示。从图中可知，相对基准

方案，（-20°/+55°）方案的火焰锚点分布范围较窄，且比较靠近外围，因此火焰稳定特性相对变差；对于（-20°/+25°）头部方案，尽管其 Ka 较小，且分布范围较广，但由于其中心流动结构为正向射流，导致火焰稳定位置被压迫到远离头部的燃烧室中心区域，对于火焰的稳定不利，因此其火焰稳定和熄火特性最差。

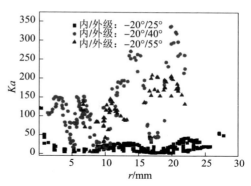

图 5.56 外级旋流强度变化对火焰根部 Ka 分布的影响

为了阐明预燃级空气流量分配与模型燃烧室燃烧稳定性的关联机制，分别开展了流场和燃油离散相冷态数值模拟。从点火和熄火极限试验结果来看，在低压降范围内，PASR = 4:6 时燃烧稳定性优于 PASR = 3:7，而高压降工况下 PASR = 3:7 的点火和熄火油气比更低。为了分析这种变化趋势，分别在低压降和高压降工况开展了数值研究。低压降数值模拟选择的工况条件为 $\Delta p_{sw}/p_{3t}$ = 2%，f_a = 0.008，高压降状态对应 $\Delta p_{sw}/p_{3t}$ = 4%，f_a = 0.007。

为了定量分析燃油分布对于点火过程的影响，基于假定的火焰传播路径，提取了火核径向传播路径和轴向传播路径上的燃油浓度，以反映传播路径上的油气混合状态，如图 5.57 所示。由于燃油以离散相的形式分布在燃烧室内[49]，因此其沿火核传播路径的分布并不连续。从图 5.57 可以看出，三种头部方案点火器附近的燃油浓度较为类似，这表明三个方案点火性能的差异不是由火核生成过程导致的。考虑火核的传播过程，PASR = 4:6 时，沿火核的径向和轴向传播路径的燃油浓度较高，这有利于点火火核向头部的传播。正如前面流场分析的结论，该方案的中心正向射流导致头部火焰的抬升，这对于火焰稳定过程不利。该方案的最终点火性能是由火核传播路径上的燃油分布有利因素与火焰稳定过程的流场不利因素共同决定的。在低头部压降工况下，PASR = 4:6 头部方案的点火特性优于其余两方案，证明燃油分布的有利作用主导了点火过程。比较 PASR 为 2:8 和 3:7 火核传播路径上的当量比，可知 PASR = 3:7 时火核传播沿程燃油浓度更大，这有利于火核顺利到达头部火焰稳定区域。

对于火焰稳定和熄火特性，计算火焰根部区域的 Ka，如图 5.58 所示。PASR = 2:8 方案的平均 Ka 与基准方案均类似，但其火焰锚点分布范围不如基准方案大，这导致其熄火特性相对基准方案变差；对于 PASR = 4:6 方案，尽管其分布范围与 PASR = 2:8 方案类似，但其平均 Ka 相对于基准方案有所降低，使得其熄火特性优于基准方案。

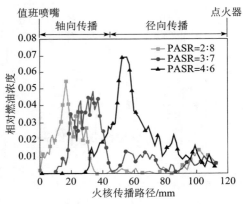

图 5.57 预燃级两级气量分配对火核传播路径上燃油浓度的影响（$\Delta p_{sw}/p_{3t}=2\%$）

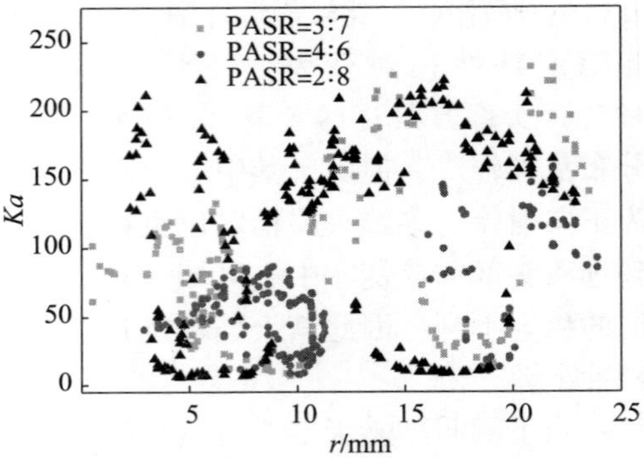

图 5.58 预燃级两级气量分配对火焰根部 Ka 的影响（$\Delta p_{sw}/p_{3t}=2\%$）

火核传播路径上的燃油浓度如图5.59所示，对于PASR为2∶8和3∶7的头部方案，两者的火核传播路径上燃油浓度分布相当，但PASR＝2∶8时其火焰稳定区域的燃油浓度更大，这对于火焰在头部的锚定过程有利，但其火焰根部燃烧稳定性还需结合火焰稳定区域 Ka 进行分析。

从图5.60来看，PASR＝2∶8方案火焰锚点分布范围和平均 Ka 均相对基准方案有所改善，因此两者之间的点火和熄火特性差距减小。PASR＝4∶6时，火核传播路径上的燃油浓度高于其余两种头部方案，而火焰根部的平均 Ka 和分布范围也相对基准方案改善，但火焰根部位置向燃烧室下游移动，导致火焰稳定特性有所恶化，使得点火和熄火特性相对基准方案有所变差。

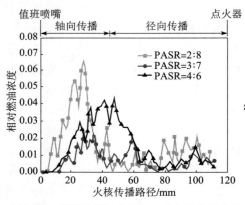
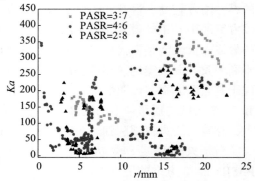

图 5.59 预燃级两级流量分配对火核传播路径燃油浓度的影响（$\Delta p_{sw}/p_{3t}=4\%$）

图 5.60 预燃级两级流量分配对火焰根部 Ka 的影响（$\Delta p_{sw}/p_{3t}=4\%$）

3. 对于预燃级的初步认知

针对分层部分预混燃烧室预燃级设计参数对点火和熄火性能的影响进行了试

验研究,并借助于数值模拟分析了导致点火和熄火性能差异的内在机理。通过对预燃级两级旋流旋向、两级旋流强度和气量分配对点火和熄火性能的影响的试验与数值计算可以得到如下初步认知:

(1) 旋流器旋向的改变主要是影响燃烧室内燃油浓度分布,空心燃油分布雾锥结构不利于火焰向回流区的传播,也不利于火焰在头部稳定,因此恶化了模型燃烧室的点火和熄火特性。另外,预燃级内级旋流增强的影响与旋流器同旋的影响类似,降低了径向传播路径和轴向传播路径上的当量比,从而降低了火核成功传到头部的概率,恶化了点火和熄火特性。

(2) 预燃级外级旋流强度的影响包括两个层次:当外级旋流强度减小后,流场结构发生了剧烈变化,流场中心区域流动方向由负向变为正向,使得头部火焰无法获得稳定的高温回流燃气作为点火源,恶化了火焰稳定条件,同时火焰轴向传播路径上燃油浓度极低,两者共同决定了点火和熄火特性变差;外级旋流强度增大时,流场结构没有改变,火焰传播路径上的燃油浓度与基准方案接近,中心燃油浓度基本不变,火焰传播和稳定条件与基准方案一致,因此点火和熄火特性与基准方案相当。另外,预燃级空气流量分配的影响也包括两个层次:低压降工况时,对于 PASR=4:6 的方案,其火核传播路径上的燃油浓度较高,而其火焰稳定区域的流场特征不利,前者的影响大于后者,导致此时该方案的点火和熄火特性较优;对于 PASR 为 3:7 和 2:8,前者火核传播路径上的燃油浓度大于后者,且其火焰根部局部流场特征更有利于火焰稳定,因此前者的点火和熄火特性均优于后者。高压降工况时,PASR=4:6 的流场结构的不利作用大于火核传播路径上燃油浓度的有利作用,从而使此时的点火和熄火特性恶化;对于 PASR 为 3:7 和 2:8,火焰根部局部流动环境的影响与火核传播路径上燃油浓度的影响相互抵消,导致两者点火和熄火特性差异减小。

5.6.3 主燃级设计参数对 ILBO 性能的影响与分析

主燃级设计参数包括主燃级分层隔板长度、主燃级两级空气流量分配以及主燃级两级旋流强度。对于每一个设计变量,首先通过试验研究获得了头部参数化设计下的燃烧室冷态流场、燃油浓度分布和点火/熄火边界,然后采用数值模拟详细分析点火和熄火性能差异的内在机理,最后总结出主导点火和熄火物理过程的主要物理机制,为基于流场结构和燃油浓度图谱预测点火和熄火特性奠定基础。

1. 主燃级的设计变量以及几种设计方案

主燃级设计变量包括:

(1) 主燃级分层隔板长度。分层隔板(图 5.61)

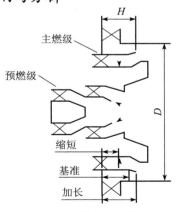

图 5.61 分层隔板长度定义

定义为主燃级两级反向旋流之间的隔板,其长度将直接影响两级旋流的掺混位置和掺混距离,从而对模型燃烧室流场结构产生影响。

设计了三种不同长度的分层隔板,如表5.14所列,其无量纲长度 H/D 分别为0.065、0.16、0.215,D 为旋流器出口直径,以上三种具有不同分层隔板长度的头部分别命名为隔板缩短方案、基准方案、隔板加长方案。

表5.14 不同主燃级方案设计参数

工况	主燃级内、外级气量比例	分层隔板长度 H/D	内级旋流角度 /(°)	外级旋流角度 /(°)	说明
8	3∶7	0.065	+45	−45	隔板缩短方案
9	3∶7	0.16	+45	−45	3∶7,+45°/−45°,基准方案
10	3∶7	0.215	+45	−45	隔板加长方案
11	5∶5	0.16	+45	−45	MASR=5∶5
12	3∶7	0.16	+30	−45	+30°/−45°
13	3∶7	0.16	+45	−32	+45°/−32°

(2) 主燃级两级旋流气量分配比例(Main stage Air Split Ratio,MASR)的影响。在本研究中,主燃级内级与外级旋流气量分配比例分别设计为3∶7和5∶5,其中MASR=3∶7为基准设计方案,MASR从3∶7改变至5∶5,相当于增加了主燃级内级气量分配,这将影响到主燃级综合旋流强度,进而影响流场回流区和火焰稳定性。

(3) 主燃级两级旋流强度的影响。通过改变两级旋流器叶片设计角度来调节两级旋流强度。对于主燃级内级旋流器,叶片角度分别设计为(+45°/−45°)和(+30°/−45°),前者为基准设计方案。针对主燃级外级旋流器,通过将外级旋流叶片角度由45°降低为32°,形成基准设计方案(+45°/−45°)和对比设计方案(+45°/−32°),研究减小外级旋流强度的影响。从5.6.2小节的研究可以看出,预燃级旋流设计决定了主回流区内边界,而外级旋流组织主要影响回流区外边界,因此可以预计,主燃级旋流组织的改变将影响回流区的尺度,进而对点火物理过程和火焰稳定机制产生影响。

针对多级旋流分级燃烧室主燃级参数化设计方案,这里分别开展了冷态PIV、燃油-PLIF和点火/熄火特性试验,试验工况参数如表5.15所列。所有试验都是在常温常压进气条件下开展,其中PIV和燃油-PLIF试验分别在空气流量为0.12kg/s、0.145kg/s和0.17kg/s的工况下开展,对应旋流器压降为2%、3%和4%。对于点火和熄火试验,在空气流量0.1~0.2kg/s的范围内进行了试验,以获得相对较宽工况范围内的燃烧稳定性数据。

表 5.15　多级旋流分级燃烧室试验工况条件

工况	测试手段	m_a/(kg/s)	m_{fp}/(kg/h)	m_{fm}/(kg/h)
1	PIV	0.12，0.145，0.17	0	0
2	PLIF	0.12，0.145，0.17	8，18	0
3	Ignition & LBO	0.1~0.2	根据试验确定	0

2. 对于主燃级的初步认知

这里采用试验和数值模拟方法对主燃级设计参数的影响进行了研究，从流场结构、燃油分布与点火和熄火特性之间的相关性角度进行了分析，得到了以下初步认知：

（1）主燃级设计参数改变主要影响回流区外边界形态，而对回流区内边界和燃油分布图谱影响较小。另外，影响点火特性的因素包括回流区尺度和火焰传播路径上的燃油浓度，其对点火特性的影响需要综合考虑分析；此外，影响熄火特性的因素包括火焰根部的平均 Ka 和回流区径向尺度，其影响效果也需要综合考虑。

（2）主燃级分层隔板长度增加会导致回流区轴向和径向尺度增大，而对燃油分布影响较小，此时点火特性差异主要是由流场结构主导；分层隔板长度较小时，回流区由外级旋流主导，随着分层隔板长度的增加，回流区逐渐演变为"两级主导外级占优"。另外，主燃级内级旋流气量分配比例增大后，对回流区尺度影响并不大，但会大大增加主燃级流动的不稳定性，产生频繁的涡卷起和涡脱落，严重影响点火的火焰传播过程，造成点火性能恶化；随着主燃级内级气量比例增加，回流区逐渐由外级占优的两级旋流主导方式过渡到内级占优的两级旋流主导方式。

（3）主燃级旋流强度变化对点火特性的影响需要综合考虑各个影响因素。内级旋流强度减小时，回流区尺度稍微增大，但火焰传播路径上的有利和不利因素相互抵消，使得点火特性变化较小；外级旋流强度减小时，尽管回流区尺度有所减小，但火焰传播路径上的燃油浓度增加并且主导了点火过程，使得点火性能改善。内级旋流强度减小时，回流区主导机制始终为"两级主导外级占优"；外级旋流强度减小时，回流区主导机制逐渐由"两级主导外级占优"演变为"两级主导内级占优"。

（4）对熄火性能变化的影响，随着主燃级分层隔板长度的增加，回流区尺度增大，且火焰根部的平均 Ka 减小，导致熄火特性不断改善；两级气量分配比例变化时，回流区尺度变化不大，但火焰根部的平均 Ka 主导了熄火特性的变化；内级旋流强度减小时，回流区尺度增大和平均 Ka 减小都有利于熄火特性的改善，外级旋流强度减小时，回流区尺度变化产生的不利影响和平均 Ka 变化产生的有利影响相互抵消，使得熄火油气比基本相当。

第 6 章
高负荷压气机气动设计策略及其高空性能

高负荷压气机和涡轮的气动设计,是航空发动机气动设计的关键技术之一。虽然在地面常温下,压气机和涡轮相对于燃烧室而言,已经探索出一套较满意的设计理念与策略,但它们在高负荷下的高空性能仍存在着一系列需要探讨与解决的难题。本篇针对压气机与涡轮在高空工作环境下的气动特征,用两章(第 6 和第 7 章)分别给出了相应的气动设计策略,并且详细讨论了叶型表面不同加载方式、壁面粗糙度分布、尾迹扫掠、沿叶高不同的弯掠方式以及多级环境时对压气机或者涡轮叶型与叶片高空性能的影响。本篇给出了大量叶栅试验曲线以及计算分析的结果,可以看出:无论是压气机还是涡轮,其高空与地面性能都有很大的差异,尤其是压气机或涡轮在高空、低压低温和低马赫数工作环境时更是如此。

6.1 高负荷压气机气动设计的一般策略与方法

高负荷压气机气动设计是压气机设计中最重要的关键技术之一,本节从基元叶型设计、叶片基元的展向匹配以及排间缘线匹配三个层面进行了较细致的研究,以下分 5 个小问题讨论。

6.1.1 风扇/压气机气动设计体系发展的三个阶段

半个多世纪以来,航空发动机得到了飞速发展,其发展趋势始终为高推重比、低油耗、长寿命和高可靠性,而涡轮沿着高进口温度、高速度和高效率的方向不断发展。发动机的推力已由最初的 200~300daN 发展到现在的 570kN,几乎增大了 200 倍,油耗率由最初的大于 0.1kg/(N·h) 降到 0.035kg/(N·h),降低了约 2/3;发动机的寿命由最初的几十小时发展到了 2 万~3 万小时;推重比则由最初的小于 1 发展到了大于 10。另外,风扇/压气机的总增压比已从 20 世纪 40 年代初的 3~4 发展到现在的 25~52。涡轮的进气温度从 40 年代初的 1073K 发展到现在的 1900~2000K,而且还出现了超声速的涡轮级。表 6.1 给出了现代部分航空发动机的主要参数,图 6.1 给出了航空发动机推重比的发展趋势,图 6.2 给出了罗尔斯·罗伊斯公司(简称罗·罗公司)高压压气机多变效率的发展,罗·罗公司的发展表明,压气机效率的发展已达到很高的水平。

第6章 高负荷压气机气动设计策略及其高空性能

表 6.1 现代部分航空发动机的主要参数

飞机	发动机	发动机形式	压气机 总增压比	级数 风扇	级数 压气机	平均级增压比	涡轮 涡轮前温度/K	级数
F-111	TF30	涡扇	17.0	3	12	1.208		1+3
F-15、F-16	F100	涡扇	23.0	3	10	1.273	1590	2+2
F-18	F404	涡扇	25.0	3	7	1.380	1650	1+1
B-52	J57	涡喷	14.3		9+7	1.181		1+2
B 747	JT9D	涡扇	22.0	1	3+11	1.229	1422	2+4
"幻影"	M53	涡扇	8.5	3	5	1.307	1473	1+1
	M88-3	涡扇	27.7	3	6	1.446	1850	1+1
"狂风"	RB199	涡扇	24.0	3	3+6	1.303	1530	1+1+2
米格-29	RD-33	涡扇	23.4	4	9	1.274		
SU-27	AL-31F	涡扇	22.9	4	9	1.272	1650	1+1
	AL-41F	涡扇	29.4				1910	
EF-2000	EJ200	涡扇	26.0	3	5	1.503	1803	1+1
F-22	F119	涡扇	26.0	3	6	1.436	1973	1+1
B 777	GE90	涡扇	46.0	1+3	10	1.313		2+6
	Trent800	涡扇	39.3	1	8+6	1.277		1+1+5
B 787	GEnx-1B	涡扇	49.0	1+4	10	1.296		2+7
B 747	GEnx-2B	涡扇	52.0	1+3	10	1.326		2+6

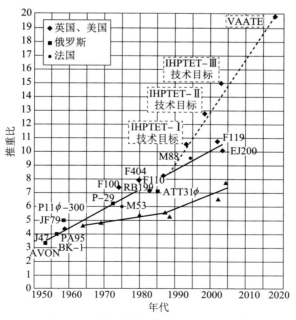

图 6.1 航空发动机推重比的发展趋势

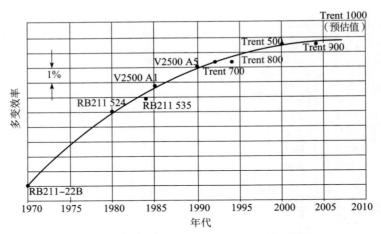

图 6.2 罗·罗公司高压压气机多变效率的发展

图 6.3 给出了多级轴流压气机平均级压比的发展趋势,从历史的发展来看,多级轴流压气机平均级压比在 20 世纪 70 年代后期有了较大的发展,其重要原因是 Wennerstrom 发展的小展弦比(又称为宽弦设计)、弯掠叶片设计思想的指导,Wennerstrom 首次成功地设计了前掠静子,从而有效地降低了静叶根部的法向马赫数,避免了前缘产生的激波,既降低了根部流动损失,也提高了通流能力,且改善了根部的二次

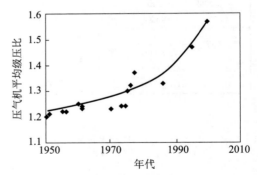

图 6.3 多级轴流压气机平均级压比的发展趋势

流。正是由于前掠静子的设计成功,有效地解决了高负荷跨声速压气机静子设计的难题。试验结果表明,Wennerstrom 设计的上述高负荷单级跨声速压气机的压比达到了 2.02,而且压气机的效率高达 0.88 以上。试验结果还表明,大前掠转子的设计在达到设计压比的同时,还获得了较高的效率。另外,其失速裕度也高达 24%,显示了采取转子前掠设计的跨声速压气机具有很强的抗进口畸变能力。

回顾航空发动机轴流压气机气动设计体系的形成,它经历了几十年的发展过程,概括起来可归纳为三个发展阶段:

第一个阶段(20 世纪 40—50 年代),主要采用简单径向平衡方程以及试验得到的经验关系。叶型设计采用标准系列叶型,与基元叶栅进出口的参数关联,不考虑叶栅通道内部的流动。这类设计方法适用于级压比 1.2~1.3 的压气机设计,转子叶尖的相对马赫数不超过 1.2。由于当时压气机的级负荷低,子午流道收缩不明显。

第二个阶段（20世纪60年代中期—80年代），随着压气机级负荷的提高，子午流道收缩更加明显，开始采用完全径向平衡方程，压气机气动设计技术从二维发展到准三维设计系统。压气机叶型研究获得了长足的发展，先后发展了双圆弧/多圆弧叶型、J型跨声速叶型、由任意中弧线及厚度分布组成的叶型、可控扩散叶型（Controlled Diffusion Airfoil，CDA）设计技术，使得压气机的性能进一步提高，促使了第三代战斗机发动机和大涵道比涡扇发动机各类高性能压气机的问世，其中RB211、F100和F110等发动机的压气机就是典型范例。

第三个阶段（20世纪90年代至今），随着三维黏性分析算法的使用，对压气机内部流场的复杂流动有了深入的认识。另外，三维气动造型技术成为进一步提高压气机性能的主要技术途径。此外，机匣处理、轮毂修型技术的出现，大大降低了压气机的端区损失，使得多级压气机的性能明显提高，同时也促使了多级压气机的设计迈进了全三维设计的新阶段，其中F119、Trent800、AL-41F等就是典型范例。表6.2给出了几种国外军用航空发动机的主要参数以及所装备的飞机。

表6.2 几种军用航空发动机的主要参数及所装备的飞机

	发动机	主要特点	装备飞机
第三代	涡扇发动机，如F100、F110、RB199、AL-31F	推重比7~8，总压比22~32，涡轮前温度1600~170K，涵道比0.3~1.1	F-15、F-16、F-18、米格-29、苏-27、"幻影"2000、"狂风"
第四代	涡扇发动机，如F119、EJ200、AL-41F、M88	推重比9.5~10，总压比25~35，涡轮前温度1850~1950K，涵道比0.3~1.1	F-22、JSF、EF2000、I-42、Cy-37/54
第五代	变循环发动机	推重比15~25，总压比25~40，涡轮前温度2100~2300K，涵道比0.15~0.35，变循环	待定

这里需要强调的是，当前CFD方法并不太成熟，还有许多内在的缺陷，因此在轴流压气机的设计中，速度三角形和叶型的设计仍然要依靠传统的通流计算和叶片造型方法，而后再辅以定常的或者非定常CFD数值计算以便进行必要的设计调整与优化。虽然CFD技术可以降低研发的风险与周期，有助于获得较高的压气机性能，但它目前还远不能代替试验研究以及试验验证，尤其是对于高负荷压气机和多级压气机。

6.1.2 压气机的Smith图

高负荷轴流压气机的设计，应该是在负荷系数、扩散因子（又称为D因子）、级压比的基础上加入效率、裕度、噪声及振动性能指标的约束，它并不表征为一个具体的数值或者不等式，它反映的也不是单一的负荷系数，而应该体现为各性能参数加权的综合性能水平,是一种体现以提高"可用、可实现的负荷"为主线的先进设计理念。美国 1988 年启动的"综合高性能涡轮发动机技术"(IHPTET)计划、2003 年启动的"先进可承受通用的涡轮发动机"(VAATE)计划以及 NASA 1999 年启动的"超高效发动机技术"(UEET)计划等都聚焦在发动机的高性能、高可靠性、低成本以及与环保性能并重的发展方向上,而高负荷压气机的设计始终是追求的关键技术和重要的设计理念。以下着重讨论压气机的 Smith 图,它是多级压气机或单级压气机进行顶层方案设计时所关注的重要问题。为此下面先分四点介绍相关概念:

1. 流量系数 ϕ、反力度 Ω

流量系数 ϕ 定义为基元级轴向速度与圆周速度之比,它表征了叶栅的流通能力。轴流式压气机级的流量系数 ϕ 一般为 0.3~0.9。基元级中的反力度 Ω 有两种:一种是能量反力度(又称热力反力度)Ω_T,它反映了转子中气体等熵焓增占整个级中气体等熵焓增的百分数;另一种是运动反力度 Ω_K,它代表了气体在动叶基元中的实际静焓增占轮缘功的比例。尽管 Ω_T 和 Ω_K 在概念上有差别,而且使用的场合也不尽相同,但 Ω_T 和 Ω_K 在数值上很接近。

2. D 因子、de Haller 数以及 D_{loc} 因子

Lieblein 给出了评估叶栅负荷的最重要参数——D 因子,其表达式为

$$D = \left[1 - \frac{v_2}{v_1}\right] + \left[\frac{\Delta v_u}{2\tau v_1}\right] \tag{6.1}$$

式中:第一个中括号代表气流在叶栅中的减速增压;第二个中括号代表气流在叶栅中的折转;τ 为稠度。

试验结果和经验数据表明,动叶叶尖的 D 因子应不大于 0.4,否则会导致较大的损失;动叶沿叶高的其他部位和静叶的 D 因子以不大于 0.6 为宜,否则也会导致基元效率下降。

de Haller 数也是一个常用于度量叶栅负荷水平的无量纲数,其表达式为

$$\text{de Haller} = \frac{v_2}{v_1} \tag{6.2}$$

式中:v_1 与 v_2 为进口与出口的速度。

引入局部 D 因子(D_{loc} 因子),其表达式为

$$D_{loc} = \frac{v_{max} - v_2}{v_{max}} \tag{6.3}$$

式中:v_2 为叶栅出口的气流速度;v_{max} 为叶栅吸力面的峰值速度。

图 6.4 给出了 DCA、C4、NACA65

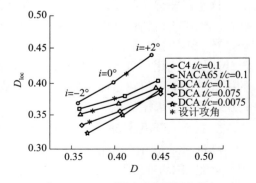

图 6.4 D_{loc} 因子与 D 因子的对比

三种叶型的 D_{loc} 因子与 D 因子的对比。由于 D_{loc} 因子中引入了 v_{max}，即实质上 D_{loc} 因子关联了通道内的扩压过程，而通常的 D 因子并不考虑这一因素，这是造成不同叶型 D_{loc} 因子与 D 因子差异的主要原因。由于 D 因子忽略了叶型的几何参数和气流压缩性的影响，只关联基元叶栅的进、出口参数，并且兼顾了计算的方便性与估算的准确性，因此 D 因子在评价叶栅负荷时获得了迅速推广。

3. 影响压气机级压比的三个重要因素

转子叶尖的切线速度、压气机的级负荷水平以及叶片的展弦比是影响压气机级压比的三个最重要因素。对于反映级负荷水平的参数来讲，前面已对 D 因子和 de Haller 数做过讨论，这里讨论负荷系数以及其他两大因素。表 6.3 给出了 GE 公司研制的高压压气机性能对比，可以看出，几十年来轴流压气机转子叶片叶尖切线速度不断地提高，它已成为单级压比提高的重要方向。

表 6.3　GE 公司研制的高压压气机主要性能数据

型号	总压比	级数	平均级压比	叶尖速度/(m/s)	负荷系数
CJ805/J79	12.5	17	1.162	291	0.257
CF6-50	13.0	14	1.207	360	0.209
CFM56	12.0	9	1.318	396	0.255
E^3	23.0	10	1,368	456	0.244

表 6.4 给出当代典型军用发动机风扇的负荷系数以及切线速度的相关数据，由表中可以看到，军用风扇的叶尖切线速度已提高到 450~500m/s。

表 6.4　现役军用发动机风扇主要性能数据

型号	总压比	级数	平均级压比	叶尖速度/(m/s)	负荷系数
АЛ-31Ф	3.62	4	1.379	470	0.172
РД-33	3.15	4	1.332	430	0.179
WP13	3.34	3	1.495	398	0.316
F110	3.20	3	1.474	440	0.234
F119	4.80	3	1.687	500	0.300

图 6.5 给出了当代典型大涵道比涡扇发动机风扇叶尖切线速度的发展趋势。由于民用飞机对风扇噪声等方面的考虑，大涵道比风扇通常选用较低的切线速度。目前，对于涵道比为 10 的民机发动机，其风扇的叶尖切线速度已经降低到声速左右。

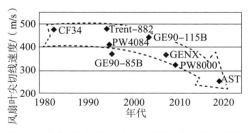

图 6.5　大涵道比风扇叶尖切线速度的变化趋势

负荷系数定义为基元级的轮缘功 l_u 与圆周速度平方 u^2 之比,即

$$\psi = \frac{l_u}{u^2} \approx \frac{\Delta V_u}{u} \tag{6.4}$$

在切线速度一定的条件下,压气机增压比的大小直接取决于其负荷系数 ψ。以表6.4 中的军用发动机风扇为例,第三代军用发动机 F110 和 АЛ-31Φ 风扇的负荷系数在 0.2 左右,而第四代军用发动机 F119 风扇的负荷系数则提高到 0.3 以上。如图 6.6 所示,压气机所能达到的负荷系数还与压气机的效率密切相关,而通常压气机的效率是有约束的,这就很容易解释追求高效率的大涵道比风扇发动机的负荷水平相对军用发动机要低的原因。

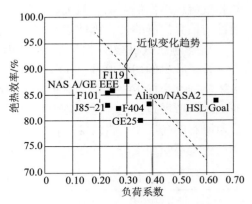

图 6.6 几种压气机进口级负荷系数与绝热效率曲线

压气机叶片的展弦比也会显著地影响压气机的失速裕度,因而要在保证压气机裕度的前提下选用合适的展弦比以便有效地提高压气机的单级压比。20 世纪 70 年代,美国启动 HTFC 计划,从事小展弦比、高负荷、高通流风扇相关技术的研发。由于通常叶片的高度变化不大,展弦比的降低是通过增加弦长来实现的,因此小展弦比设计又称作宽弦设计。1976 年,美国 Wright-Patterson 空军基地的压气机实验室对 HTFC 计划的基准转子进行了试验测试,表 6.5 给出 HTFC 计划基准转子与第三代风扇代表 Rotor 67 转子特性的对比。由表中可以看出,基准转子在叶尖进口的相对马赫数和负荷系数都明显高于 Rotor 67,分别是 1.675 和 0.339。另外,由于采用了宽弦设计,其展弦比降为 1.32。

表 6.5 基准转子与 Rotor 67 特性的比较

	HTFC 基准转子	Rotor 67
叶尖切线速度/(m/s)	457	427
叶尖相对马赫数	1.675	1.380
总压比	1.964	1.630
负荷系数(基于转子叶尖)	0.339	0.265
单位面积流量/(kg/(s·m²))	192.5	188.6
展弦比	1.320	1.560

4. 稠度 τ 和叶尖间隙 δ 对压气机效率的影响

叶片稠度 τ 的选取既影响到基元叶栅流动的损失,又会影响到 D 因子的大

小。稠度减小会使 D 因子增加，反之则 D 因子下降。另外，如果稠度过小，将导致落后角迅速增加，甚至会导致失速；如果稠度过大，边界层厚度在流道内所占的比例变大，会使流动堵塞加剧、叶型损失增大，效率下降。通常，压气机的稠度取值范围为 1.0～2.5。图 6.7 给出了在同一台压气机上针对不同稠度叶片进行的试验所归纳出的试验曲线[50]，并且得到最佳稠度 τ 与压升系数 C_{pi} 的如下经验关系：

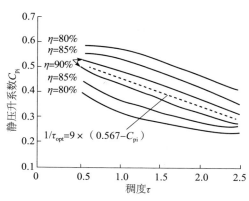

图 6.7 不同效率下稠度与压升系数的变化曲线

$$\left(\frac{1}{\tau}\right)_{opt} = 9(0.567 - C_{pi}) \quad (6.5)$$

在这个最佳稠度下，压气机的效率最高。

对于叶尖间隙对压气机性能的影响，人们已进行过几十年试验的研究（如1958 年 L. H. Smith 的试验研究和 1985 年 D. C. Wisler 的试验研究等），已经对叶尖间隙对压气机性能的影响有了较深入的认识：叶尖间隙的增加通常会导致压气机效率降低，做功能力下降。另外，叶尖间隙的增大，还会导致压气机失速裕度减少，相关的试验曲线与分析可参见文献［51］。此外，Smith 等还对涡轮的级效率也进行了大量试验并整理了数据与曲线，得到了涡轮的 Smith 图[52]。文献［53］等对此还进行了验证性试验，表明了涡轮 Smith 图的有效性。

综上所述，无论对于多级压气机、多级风扇，还是对于单级压气机、单级风扇，在进行压气机的顶层气动设计时首先应考虑设计点负荷系数、流量系数的选取，使压气机各级间能够合理地匹配，发挥其功能，这时压气机的 Smith 图便发挥重要作用。

作为多级压气机的顶层方案设计，以平均半径为基础的一维设计是整体方案成功的关键环节，而一维设计的本质就是确定流量系数 φ、负荷系数 ψ、反力度 Ω 的合理匹配。在确定了 φ、ψ 和 Ω 的条件下，便可确定平均半径上的速度三角形。换句话说，这就基本确定了压气机通道内的扩压过程。于是等熵效率 $\eta_{t,ad}$ 便可在此基础上获得如下结果：

$$\eta_{t,ad} = 1 - \frac{1}{\psi}\left\{\zeta_S\left[\varphi^2 + \left(1-\Omega_K+\frac{\psi}{4}\right)^2\right] + \zeta_R\left[\varphi^2 + \left(\Omega_K+\frac{\psi}{4}\right)^2\right]\right\} \quad (6.6)$$

式中：ζ_S、ζ_R 分别为静叶与动叶的速度损失系数；Ω_K 为压气机基元级的反力度。

这里需指出：式（6.6）是在基元叶型进出口截面径向位置相等的假设下推出的，利用式（6.6）并注意经验修正可以方便地估算出压气机的级效率。

图 6.8 给出了在一个确定的反力度下绘制的效率随流量系数、负荷系数的变化关系,图中的流量系数和负荷系数是基于平均半径的切线速度计算的。另外,图 6.8 中还给出了与此关联的稠度 τ、转子叶片的出气角 β_2。由图中的效率分布图可以看出:当反力度 Ω 和流量系数 φ 分别在 $0.5\sim0.7$ 和 $0.4\sim0.7$ 区域时,压气机级效率较高并且变化较为平坦。

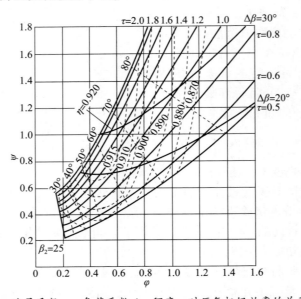

图 6.8 流量系数 φ、负荷系数 ψ、稠度 τ 对压气机级效率的关系曲线

图 6.9 给出了 Wright P. 和 Miller D. 整理的压气机级的 Smith 图,这张图发

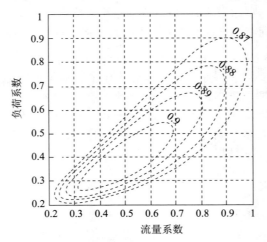

图 6.9 压气机的 Smith 图(反力度为 0.5 时)

表在 1991 年在欧洲举行的燃气轮机会议上,文章编号 C423/028,该图已得到学术界广泛的认可。

6.1.3 由基元叶型层面构建高负荷设计时参考的四大特征

不断提高基元叶型的负荷能力,努力研发低损失、宽裕度的基元叶型是风扇/轴流压气机实现高负荷设计在基元层面的具体体现。尤其是对于静叶根部的亚声速叶型,通过增加气流折转程度进而提高增压能力已成为一个重要方向。

在大折转角高负荷叶型设计方面,公开发表的文献不多,下面将其中的五篇公开文献略作说明。1987 年,文献 [54] 采用双圆弧叶型设计了叶型弯角为 56° 的亚声速叶型,原设计进口马赫数为 0.85,但试验结果显示该叶型仅能在出口马赫数低于 0.80 时获得较佳性能。2003 年,文献 [55-56] 对低雷诺数下如何实现大折转角叶型的设计问题做了较详细的分析与数值计算。2006 年,文献 [57] 采用优化方法设计了弯角为 54° 的静叶根部超临界叶型,该叶型在进口马赫数为 0.83 时仍能获得较好的性能。这里我们研究了某静叶根部叶型,表 6.6 给出了该叶型和叶栅的原始几何参数和叶型设计的几何结果。图 6.10 和图 6.11 分别给出了该叶型的中弧线及叶型厚度沿弦长的分布曲线,图 6.12 和图 6.13 分别给出了叶型叶片角沿弦长的分布以及造型后的形状。设计工况时,该叶型进口马赫数为 0.80,攻角为 0°。图 6.14 给出了设计攻角(0°攻角)时叶栅性能随进口马赫数变化的分布曲线。由该图可以看出,在进口马赫数低于 0.80 的较宽范围内,该叶型均可获得较佳的性能。对于设计叶型弯角达 68.5° 的大折转角叶型,在进口马赫数不高于 0.80 的工况下仍能获得低损失(图 6.14(c))。另外,随着进口马赫数的逐渐增加,叶型的静压升能力在逐步提升,当进口马赫数达到 0.80 时,静压比由 1.05 增到 1.32(图 6.14(b))。此外,由图 6.14 可以看出,当进口马赫数为 0.76 时,叶栅具有最佳性能,其总压损失小、折转能力强,静压比接近最高点,而且有相对较宽的稳定边界,因此在下面的分析中将马赫数为 0.76 作为设计马赫数。图 6.14 归纳了设计攻角下基元叶型进口马赫数特性,它是叶栅基元叶型设计时需要参考的第一个重要特征。图 6.15 和图 6.16 反映了该叶型在进口马赫数取 0.70、0.76、0.80 下的攻角特性,其中图 6.15 反映了总压损失系数随攻角的变化,图 6.16 反映了气流折转角随攻角的变化。如果令总压损失系数为 ω,以设计马赫数下最小总压损失系数的 2 倍作为稳定边界($\omega<0.07$),则进口马赫数为 0.70 时的有效攻角为 -9°~3°(图 6.15);当进口马赫数为 0.76 时,其有效攻角为 -6°~3°;当进口马赫数为 0.80 时,其有效攻角为 -3°~3°。显然,进口马赫数越高,有效攻角范围越窄。另外,由图 6.16 可知,在进口马赫数一定时,随着进口攻角增大,气流折转角增加,直至达到失速状态。综上所

述,图 6.15 和图 6.16 归纳了设计马赫数下攻角特性,它是叶栅基元叶型高负荷设计时需要参考的第二个重要特征。

表 6.6 叶型原始几何参数和叶型设计的几何结果

给定几何条件		设计几何结果	
弦长/m	0.1117	安装角/(°)	10.36
稠度	1.64	前缘半径/m	0.0009
弯度/(°)	68.5	尾缘半径/m	0.0008
进口构造角/(°)	52.0	最大厚度相对位置	0.3574
最大相对厚度	0.0904		
轴向密流比	1.0		

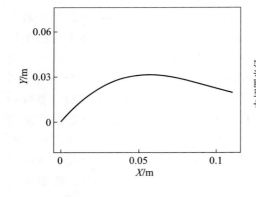

图 6.10 叶型中弧线沿弦长的分布　　图 6.11 叶型厚度沿弦长的分布

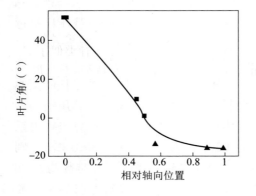
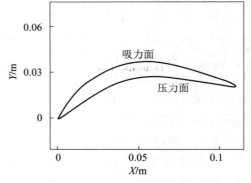

图 6.12 叶型叶片角沿弦长的分布　　图 6.13 造型后的叶型

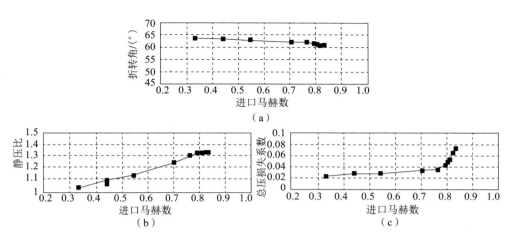

图 6.14 设计攻角时叶栅性能随进口马赫数变化的分布曲线

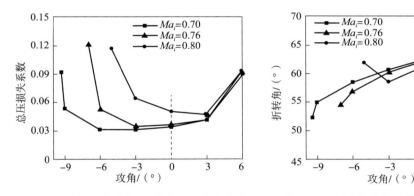

图 6.15 总压损失系数 ω 随攻角的变化曲线　　图 6.16 气流折转角随攻角的变化曲线

图 6.17 给出设计攻角下进口马赫数为 0.54、0.70、0.76、0.83 时叶片表面等熵马赫数的分布。随着叶型出口背压的降低，进口马赫数不断提高，吸力面上的峰值马赫数逐渐增加。总体上讲，该叶片表面等熵马赫数的分布具有类似于如图 6.18 所示可控扩散叶型（Controlled Diffusion Airfoil，CDA）的特征：流动在叶片吸力面前缘持续加速，使得边界层一直保持层流状态并且避免层流边界层过早分离或转捩；控制吸力面马赫数峰值低于 1.3；然后流动开始迅速减速，促使边界层发生转捩；在流动减速的过程中，开始快、后来慢，从吸力面峰值到尾缘的马赫数分布呈负曲率分布，以推迟或避免附面层分离。在叶片压力面速度尽量保持不变，叶面上的马赫数变化梯度较小，并尽量能保持层流流动状态。另外，在设计马赫数下，吸力面气流从前缘持续加速到 10% 轴向位置处达到峰值马赫数 1.2 左右，在槽道激波作用下减速，而后在 16%~20% 轴向位置处保持很小的压力梯度，然后从 20% 轴向位置处再次减速，并以负曲率的形式分布至尾缘

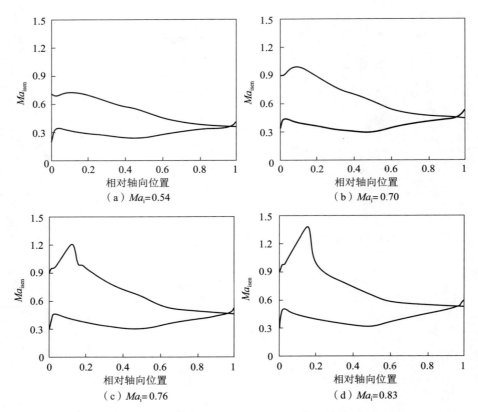

图 6.17 设计攻角下几种进口马赫数时叶片表面等熵马赫数分布

（图 6.17）。显然，在 16%~20%轴向位置上的小压力梯度对吸力面上的气流扩散起到了缓冲作用，它壁面产生更强的逆压梯度，减小了激波强度，从而保证吸力面上没有出现因激波/边界层相互作用所导致的边界层分离，降低了叶型损失。从这个意义上说，图 6.17 归纳了设计攻角工况时几种进口马赫数下，叶面等熵马赫数分布的曲线，它类似于 CDA 叶面等熵马赫数的分布（图 6.18），是叶栅基元叶型高负荷设计时需要参考的第三个重要特征。

借助于 N-S 方程组的数值计算，可以有效地分析叶栅流场的内部流动结构。例如，在进口马赫数为 0.54 工况下，叶栅通道内为完全

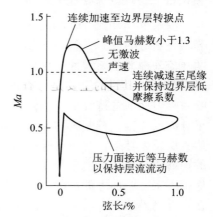

图 6.18 可控扩散叶型表面设计马赫数分布

的亚声速流动，流场中虽无激波但由于吸力面存在着较大的逆压梯度，很容易在吸力面尾缘附近出现小区域的分离涡，导致边界层变厚，黏性损失增加。又如，进口马赫数为0.83的工况，槽道内激波强度急剧增强，激波损失会大幅度提高，再加上激波与边界层的相互作用，导致激波后的边界层迅速增厚，使得叶片的后半部分出现分离，使叶型损失变大。综上所述，上面两种工况：当进口马赫数较低（如进口马赫数为0.54工况）时，叶栅通道内的损失主要由叶片吸力面上的黏性损失决定；而当进口马赫数增大到一定程度时，激波损失急剧增大，此时激波损失便占总损失的主导地位。再如，堵塞工况（此时攻角为-7°，进口马赫数为0.76），这时整个叶栅通道被一道强槽道激波贯穿，流道被堵塞，激波后吸力面上出现严重的边界层分离，致使叶栅损失急剧增大。再如，失速工况（攻角为6°，进口马赫数为0.76）时，槽道激波已被推出叶片通道区，移至吸力面叶片的前缘附近，这时激波后吸力面出现较大范围的附面层分离，不仅激波与边界层相互干扰造成分离，而且过大的攻角也加剧了边界层的分离并导致了边界层的高损失。

综上所述，借助于N-S方程的数值计算，可以较细致地获取叶栅通道内的流场结构，得到槽道内的激波结构、激波损失、边界层损失、涡系结果，从而获取有关叶型损失及总压损失的详细数据。从这个意义上讲，对叶栅通道进行数值计算、分析叶栅通道内的激波与涡系结构，是引进叶栅基元叶型高负荷设计时所需参考的第四个重要特征图像。

6.1.4 叶片基元的展向匹配以及叶片掠弯设计策略

风扇/轴流压气机高负荷设计的展向匹配层面，主要涉及叶片基元叶型积叠线的形状、叶片前后缘的形状，以及叶片的掠弯问题等，应该讲这仍是一个目前没有彻底解决的难题，因此这里仅给出叶片掠弯设计的大致方向与策略。

早在20世纪70年代，美国空军喷气推进实验室进行了一系列小展弦比、高负荷、高通流风扇（HTFC的研究），旨在研制出高性能高负荷的跨声速压气机。美国空军基地和GE公司在HTFC的基础上，设计了10个具有相同性能参数的高负荷转子，其目的主要是考查前缘几何形状的改变对转子三维流场及性能的影响，并最终摸索到了具有较高效率和足够失速裕度的设计高负荷跨声速压气机的经验。

从表面上看，跨声速压气机的弯掠气动布局是通过控制叶片前缘曲线的空间几何形状来控制转子流场中三维激波结构和激波强度，而其深层内涵是如何通过包括叶片前缘曲线形状、叶型、叶片通道的几何形状等参数在内的全三维优化造型。下面举两个例子扼要说明高负荷跨声速压气机叶片三维气动造型的内在机理。20世纪70年代，在HTFC研究中，由于转子负荷的大幅度提高，使得静子根部的来流速度在声速附近，采用常规设计必然导致静子根部出现强烈的分离，这样会导致效率低下、流量堵塞，从而导致压气机设计的失败。因此，Wennerstrom 首先成功设计了前掠静子，它可以有效地降低静叶根部的法向马赫数，避免了前缘产生的激波，而且提高了通流能力，改善了根部的二次流。试验结果表明，Wennerstrom 设计的上述高负荷单级跨声速压气机的压比达到 2.02，效率高达 0.88 以上。20 世纪 80—90 年代初，美国空军基地和 GE 公司设计的 10 个具有相同设计指标的单级高负荷跨声速压气机，当时重点是考查掠型、最大厚度等重要几何参数对压气机性能的影响。当时，重点是放在后掠转子的研究，旨在消除激波的大后掠转子设计。但最终的试验结果表明，大后掠不但没有使转子的性能提高，反而导致了整个设计的失败。另外，试验还表明，采用大前掠设计的转子在达到设计压比的同时，还取得了较高的效率。此外，上述试验还获得了 24%的失速裕度，具有很强的抗进口畸变的能力。

20 世纪 90 年代中期，在成功地探索跨声速压气机弯掠设计的推动下，在原有试验成功的基础上，人们开始深入研究和验证高压压气机弯掠三维气动设计的流动机理和设计方法。高压压气机大部分级都在亚声速条件下工作，因此高压压气机叶片弯掠造型并不是跨声速压气机的简单扩展，而研究的重点应该是利用弯掠效应控制压气机端壁处的流动，降低其堵塞与损失，推迟失速，从而提高高压压气机的性能。

下面着重讨论以下三个问题：

（1）叶片加功量的径向分布。在现代叶片的设计中，叶片的扭向规律已经很难用某一种规律（如过去常用的等环量扭向规律、等反力度扭向规律等）来描述，人们更习惯称叶片加功量的径向分布。①等环量扭向规律：应用等环量扭向规律时，如果叶片过长、半径过大，转子叶尖进口相对马赫数和静子叶根进口马赫数易超限。从当前的设计水平上看，转子尖部进入跨声速并不可怕，但对于静子来讲，目前不允许有强激波存在于叶片通道中。另外，在压气机根部半径过小时，反力度将为负值。这时，叶片根部会出现膨胀加速过程，因此等环量扭向规律仅适合于半径变化不大的轴流压气机。②对于等反力度扭向规律，一般用于圆周速度比较高的压气机，特别是压气机的前几级。由于叶尖马赫数能够得到较好的控制，并且进出口气流角沿径向变化比较小，因此这种扭向规律对压气机前几级是有益的。③混合扭向规律，它是上述两种扭向规律的结合，其表达式为

$$\begin{cases} v_{1u} = a_1 r + \dfrac{a_2}{r} \\ v_{2u} = a_3 r + \dfrac{a_4}{r} \end{cases} \tag{6.7}$$

式中：a_1、a_2、a_3、a_4 为常数，通过调整 $a_1 \sim a_4$ 任意常数的取值以达到所希望的 v_{1u}、v_{2u}、马赫数、反力度等参数的径向分布规律。显然，当 $a_1 = a_3 = 0$ 时，便得到

第6章 高负荷压气机气动设计策略及其高空性能

等环量扭向规律；当 $a_1=a_3\neq 0$，且 $a_2=-a_4$，$a_4>0$ 时，就得到等反力度扭向规律。

综上所述，扭向规律是叶轮机械气动设计艺术的体现，设计者必须设计一个扭向规律来实现叶轮机功输入这一目的，而设计结果的好坏要通过车台试验或流场计算去验证。

（2）掠/弯对流动的控制。当前，采用掠、弯、端弯等技术来实现叶片的三维造型。这类弯掠叶型可以降低二次流损失、控制二次流的流动，下面针对掠叶片与弯叶片分别进行说明：

①掠叶片对流动的控制。在介绍掠叶片之前，首先给出掠角示意图，如图 6.19 所示。掠分为子午掠和周向掠，其中：子午掠可以通过考虑叶片的前、后缘，纳入裕度估算；周向掠的影响实际体现为径向力起作用。对于叶片的掠型设计，是借鉴与参考了飞机机翼的设计思想，并应用于组织与控制转子的槽道激波结构、端区叶片负荷的分布、端壁二次流的抑制以及流动径向的迁移等诸多方面，下面分别进行说明。

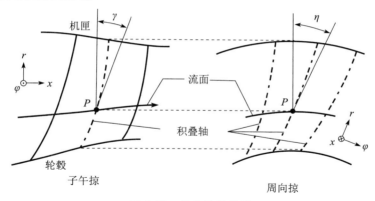

图 6.19 掠角的示意图

a. 掠叶片对三维槽道激波结构的控制。图 6.20 给出了跨声速风扇叶尖的典型激波结构，从堵塞工况到失速，槽道激波逐渐被推出叶片通道。当激波脱体时，溢流产生，风扇进入失速状态。图 6.21 给出了后掠与前掠叶片对激波结构的影响图。由图可以发现，由于端壁边界层内法向压力梯度几乎为零，激波总是被迫与端壁垂直，当叶片前掠时，尖部的激波向下游弯曲，远离叶片前缘，使得槽道激波不容易被推出叶片通道，提高了失速裕度；如果叶片后掠，则与之相反。

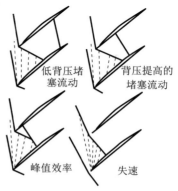

图 6.20 跨声速风扇叶尖的典型激波结构

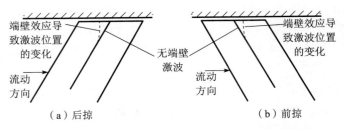

图 6.21 叶片采用后掠或者前掠时对激波结构的影响

b. 掠对端区叶片负荷的分布影响。图 6.22 给出了掠对端区叶片负荷分布的影响图。由于端壁边界层内法向压力梯度为零,即端壁附近垂直端壁方向上的负荷相同。对于叶尖后掠叶片(图 6.22),在前缘附近,较低半径处的气流先进入叶片,叶片对其做功;由于靠近上端壁的叶片负荷和较低半径处的负荷相同,因此机匣附近叶片前缘的负荷增大,而近轮毂处叶片前缘的负荷减小;而对于尾缘,上、下端壁附近的负荷变化与前缘相反。同理,当叶片叶尖前掠时,叶尖前缘处的负荷降低,使得吸力面静压最小值更远离前缘,气流扩压路径减少,扩散损失降低。同时,前缘负荷的降低也使得转子叶尖特性对攻角变化的敏感度降低,叶尖泄漏也得到减弱。

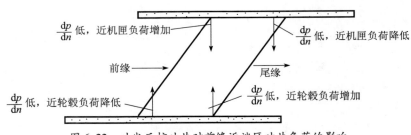

图 6.22 叶尖后掠叶片对前缘近端区叶片负荷的影响

c. 掠对端壁二次流的抑制。图 6.23 给出了掠叶片对端壁二次流旋涡的作用以及复杂的旋涡结构。在均匀来流和叶栅在展向有相同掠角的条件下,气流在流线发生偏移(吸力面向叶根偏移,压力面向叶尖偏移),形成了流面的扭曲,从而产生了一个充满整个通道的旋涡。该旋涡在叶根处与通道涡相反,减弱了轮毂边界层内的周向流动,而对机匣附近的周向流动却有加强作用,因此导致边界层低能流体在叶尖吸力面附近严重堆积,造成该区域气流损失的增加和失速的发生。此外,由于固壁的限制,由掠诱导形成的旋涡从尾缘脱落,这些脱落的旋涡在根部与传统的尾缘旋涡旋向相同,而在叶尖相反。由此可见,掠叶片所诱导的旋涡与常规直叶片相比结构更加复杂,关于这方面更详细的讨论可参见文献[58-59]等。

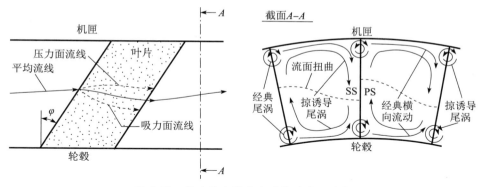

图 6.23 掠叶片在槽道中诱导的旋涡结构

②弯叶片对流动的控制。对于弯叶片的研究，国内外学者都做了大量工作，例如：美国普惠公司在 F119-100 发动机的压气机上采用了拱型静子设计；文献[60] 在对弯叶片影响端壁区的流动做了大量研究后指出，只有在正确的、合适的倾斜角下，才能改善端壁区的流动；文献[61] 的试验也发现，叶片的倾斜和弯曲都可以削弱角区失速分离的进一步发展，但弯角过大将加剧低能流向叶展中部的汇集，中展区域的流动损失增加，抵消甚至会超过端区损失减小的量，而导致弯叶片总损失的增加。国内王仲奇在弯叶片方面也做过大量的工作，他针对弯叶片问题曾提出过边界层的迁移理论[62]。对于弯叶片对流动控制的机理研究，研究者从不同的角度给出了不同的解释，而上述这些最终可以归结于流体受力的平衡问题，可以用如下完全径向平衡方程式给予解释（图 6.24）。完全径向平衡方程式[63-64]：

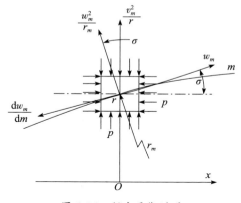

图 6.24 径向平衡说明

$$\frac{1}{\rho}\frac{\partial \bar{p}}{\partial r} = \frac{v_u^2}{r} + \frac{w_m^2}{r_m}\cos\sigma - w_m\frac{\mathrm{d}w_m}{\mathrm{d}m}\sin\sigma + F_r \tag{6.8}$$

$$\boldsymbol{F} = -\frac{1}{n_u}\frac{1}{\rho}\frac{\partial p}{r\partial \varphi}\boldsymbol{n} \tag{6.9}$$

$$F_r = -F_u \tan\gamma \tag{6.10}$$

$$F_u = -\frac{1}{\rho}\frac{\partial p}{r\partial \varphi} \tag{6.11}$$

式中：$\overline{\dfrac{\partial}{\partial r}}$ 为沿 r 方向的流面偏导数；σ、γ 分别为子午流线的倾角和 S_2 流面的径向流面角；$\boldsymbol{F}$ 为流片力，F_r 为 $\boldsymbol{F}$ 在 r 方向分量。显然，当采取常规直叶片时，径向流面角 γ 接近于零，因此 F_r 也接近于零，因此对径向流动的平衡关系所做的贡献很小。如采用弯叶片，F_r 的作用将会凸显出来，可使端壁区域低能流体产生迁移，达到新的流动平衡。

（3）叶片三维造型的快速高效数值方法。尽管数值求解三维 N-S 的方法很多，但用于快速高效构建叶片三维高负荷造型的算法并不多见，这里仅着重讨论两类流面迭代构建方法。两类流面迭代构建方法，通常是通过构建 S_1 和 S_2 流面来实现的。对于 S_2 流面，首先，在子午面上采用非正交曲线坐标系 (x^1, x^2)，在这样的坐标系下轮毂线以及各列叶片的前后缘在子午面上的投影均可取为 x^1 线或者 x^2 线。对于动叶，取随动叶以角度 ω 旋转的动坐标系 (x^1, x^2, φ)，对静叶则取 (x^1, x^2, θ)，在绝热、稳定的假设下，S_2 流面上流动所遵循的连续方程为[65-66]

$$\overline{\dfrac{\partial}{\partial x^1}}(\widetilde{\tau}\rho W^1 \sqrt{a_{22}}\sin\theta_{12}) + \overline{\dfrac{\partial}{\partial x^2}}(\widetilde{\tau}\rho W^2 \sqrt{a_{11}}\sin\theta_{12}) = 0 \tag{6.12}$$

式中：$\widetilde{\tau}$ 为 S_2 流面的流片厚度。

在 S_2 流面上，沿 x^1 方向上的运动方程为

$$\dfrac{W^2}{\sqrt{a_{22}}}\left[\overline{\dfrac{\partial(W_2\sqrt{a_{22}})}{\partial x^1}} - \overline{\dfrac{\partial(W_1\sqrt{a_{11}})}{\partial x^2}}\right] + \dfrac{W_\varphi}{r}\overline{\dfrac{\partial(V_\theta r)}{\partial x^1}} = \overline{\dfrac{\partial I}{\partial x^1}} - T\overline{\dfrac{\partial S}{\partial x^1}} - f_1 \tag{6.13}$$

在 S_2 流面上，沿 x^2 方向上的运动方程为

$$\dfrac{W_\varphi}{r}\overline{\dfrac{\partial(V_\theta r)}{\partial x^2}} - \dfrac{W^1}{\sqrt{a_{11}}}\left[\overline{\dfrac{\partial(\sqrt{a_{22}}W_2)}{\partial x^1}} - \overline{\dfrac{\partial(\sqrt{a_{11}}W_1)}{\partial x^2}}\right] = \overline{\dfrac{\partial I}{\partial x^2}} - T\overline{\dfrac{\partial S}{\partial x^2}} - f_2 \tag{6.14}$$

能量方程为

$$\dfrac{\mathrm{d}I}{\mathrm{d}t} = 0 \tag{6.15}$$

叶片力为

$$\boldsymbol{F} = -\left(\dfrac{1}{n_\varphi\rho}\dfrac{\partial p}{\partial\varphi}\right)\boldsymbol{n} = f_i\boldsymbol{e}^i = F_i\boldsymbol{u}^i \tag{6.16}$$

在上述式中：令 $\{\boldsymbol{e}_i\}$ 为协变基矢量时，则 $\{\boldsymbol{e}^i\}$ 为其互易基矢量；$\{\boldsymbol{u}^i\}$ 为互易基的单位矢量；I 和 S 分别为气流的滞止转子焓和熵；其他符号同文献 [64-65]。

由式 (6.12)，引入流函数 ψ，可将

第 6 章 高负荷压气机气动设计策略及其高空性能

$$\frac{\overline{\partial \psi}}{\partial x^2} = \tau \rho W^1 \sqrt{a_{22}} \sin\theta_{12}$$

$$\frac{\overline{\partial \psi}}{\partial x^1} = -\tau \rho W^2 \sqrt{a_{11}} \sin\theta_{12}$$

(6.17)

于是,式(6.14)可写为

$$A_1 \frac{\overline{\partial^2 \psi}}{\partial (x^2)^2} + A_2 \frac{\overline{\partial^2 \psi}}{\partial x^1 \partial x^2} + A_3 \frac{\overline{\partial^2 \psi}}{\partial (x^1)^2} + A_4 \frac{\overline{\partial \psi}}{\partial x^2} + A_5 \frac{\overline{\partial \psi}}{\partial x^1} = A_6 + A_7 \quad (6.18)$$

式中:$A_1 \sim A_7$ 项可由文献[65]中得到。

这里要说明的是,中心 S_2 流面的计算,通常是将计算平面设置在子午面上,而求解的量是 S_2 流面上的量。在进行中心 S_2 流面(简记为 S_{2m})的计算之前,由于流道以及加功量的径向分布等均未确定,因此还需要先进行简化径向平衡计算。其表达式为

$$\frac{\partial p}{\rho \partial r} = \frac{C_\theta^2}{r} \quad (6.19)$$

或者

$$-\frac{C_\theta}{r} \frac{\partial (C_\theta r)}{\partial r} - C_z \frac{\partial C_z}{\partial r} = -\frac{\partial H}{\partial r} + T \frac{\partial S}{\partial r} \quad (6.20)$$

而完全径向平衡方程,即

$$\frac{\mathrm{d}C_r}{\mathrm{d}t} - \frac{C_\theta^2}{r} = -\frac{\partial p}{\rho \partial r} \quad (6.21)$$

或者

$$\frac{\partial p}{\rho \partial r} = \frac{C_\theta^2}{r} + \frac{C_m^2}{r_m} \cos\sigma - \frac{\mathrm{d}C_m}{\mathrm{d}t} \sin\sigma \quad (6.22)$$

式中:等号右边的第二项式表流线的曲率项;第三项代表流线的斜率。当 C_m 和轴向的夹角 σ 为零时,流线就沿圆柱表面流动。

为了进行简化径向计算,可以选取级压比、加功规律、转子和静子的内径与外径七个因素,每个因素取三个水平,用正交设计表,按表头 $L_{27}(3^{13})$ 进行 27 次简化径向计算,从而得到流道内、外半径的最佳值范围,使 S_{2m} 计算方案比较集中。

S_1 回转流面的计算与 S_{2m} 流面不同,它是在预先规定的曲面上进行的,这里曲线坐标(x^1,x^2)是张在 S_1 流面上,而 x^3 垂直于 S_1 流面,其 S_1 回转流面求解的流函数主方程为[64,67-69]

$$\frac{1}{a_{11}} \frac{\partial^2 \psi}{(\partial x^1)^2} - \frac{2\cos\theta_{12}}{\sqrt{a_{11}a_{22}}} \frac{\partial^2 \psi}{\partial x^1 \partial x^2} + \frac{1}{a_{22}} \frac{\partial^2 \psi}{(\partial x^2)^2} + \frac{J}{\sqrt{a_{11}}} \frac{\partial \psi}{\partial x^1} + \frac{K}{\sqrt{a_{22}}} \frac{\partial \psi}{\partial x^2} = M \quad (6.23)$$

式中：J、K、M 的含义与文献［70］相同。

S_1 回转流面上连续方程为

$$\frac{\partial}{\partial x^1}(\rho\tau\sqrt{a_{22}}W^1\sin\theta_{12}) + \frac{\partial}{\partial x^2}(\rho\tau\sqrt{a_{11}}W^2\sin\theta_{12}) = 0 \tag{6.24}$$

式中：τ 为 S_1 流面的流片厚度[64,69]。

通过 S_1 流面的计算，可得到中心流线上的 $V_\theta r$、$\Delta S/R$ 等参数，这些数据可作为中心 S_{2m} 流面计算时所需的输入数据[71~79]。另外，还能得到 S_{2m} 流面的形状以及 S_{2m} 计算时所需要的流片厚度，这里将该流片厚度记为 $\tau^{(2)}$。此外，通过比较不同叶型和不同攻角造型的结果，选择、调整和修改叶型，使得流动损失尽可能小。

S_{2m} 流面的计算，可得到静子和转子进/出口的气流角、静子和转子的扩散因子、总压比、总温比、静压比、进口马赫数等。另外，还可以给出各条流线的形状，以便为 S_1 流面提供子午形状[65-66,80]。

使用 S_1 与 S_2 迭代去构建高负荷三维叶片方法直观、快速、高效[63,65,77,78]。这是因为三维叶片的前、后缘型线可直接投影在 S_2 子午面上，它就是 x^1 与 x^2 坐标线，因此很直观并且求解 S_{2m} 流函数方程时边界条件的处理很方便；另外，S_{2m} 流面的计算可直接得到静子与转子的进气角和出气角，得到扩散因子等一系列叶栅造型的基本数据，从而为 S_1 流面正问题流场的计算准备好必要的基本数据。而 S_1 流面的计算可得到中心流线的形状以及中心流线上的 $V_\theta r$、$\Delta S/R$ 等参数分布，从而为完成中心 S_2 流面流场的计算奠定必要条件。如今，求解单个 S_1 与单个 S_2 流场所用计算机时间是非常短的，求解的效率要比求一个三维 N-S 方程高出两个数量级，因此用 S_1 与 S_2 迭代具有快捷特征，并且在这一迭代的过程中可以逐渐构建出人们所需要的高负荷三维叶型。此外，关于两类流面迭代的详细过程这里不再给出，感兴趣者可参见文献［65-66］。

叶轮机械的优化设计，从问题求解层面上讲可分为反问题设计和正问题优化。反问题设计是给定叶型表面的等熵马赫数或压力分布，或者是叶型的负荷分布，通过求解以叶型几何为直接或间接因变量的控制方程，或者通过求解正问题流场的控制方程，然后依据某一定的法则修正叶型几何的方法。目前，在反问题求解的优化方法中，主要采用 Jameson 提出的共轭方程方法。正问题优化方法是一个从初始设计出发，以某气动性能参数或综合性能参数作为优化目标，在给定的约束条件下，利用优化理论寻找最优设计的方法。目前，基于 CFD 的优化主要是用于叶型的优化设计，也可以用于端壁优化等方面。正问题优化通常包括优化目标的确定，几何形状的参数化定义方法、优化算法以及 CFD 流场的求解器等几个关键部分。对于优化算法总体上可分为局部寻优方法和全局寻优方法两类。在局部寻优方法中，使用较多的是梯度类算法和复合形法等。Jameson 提出的共轭方程方法属于梯度类算法,该方法最大优点是无论设计变量的数目有多少,采用该方法求解梯度所需的计算量是不变的,只需要求解一次流场的控制方程和一个伴随方程即可。正是由于这种优势,使得共轭方程方法(也称为伴随算法)在气动数值优化领域内得到广泛应用。全局寻优方法具备在设计变量空间内进行全局寻优的能力,它克服了某些局部寻优方法易陷入局部极值点的缺点,但是如果直接采用这类寻优算法往往需要对目标函数进行成千上万次的计算,即需要解同样次数的成千上万次流场的 N-S 方程,因此计算成本是非常高的。这里有一个缓解上述问题的方法,即响应面方法[80],将响应面方法与全局寻优算法相结合(图 6.25)大大节省了计算时间。另外,在设计样本在解空间中的分布时,利用正交设计或均匀设计去安排试验设计表头,以保证样本覆盖性好。此外,压气机的优化设计并不是去寻求某个工作点的最优设计,而是要求在整个工作范围内寻找较好的折中方案,这是一个非常重要的优化策略。例如,压气机二维叶型的优化,通常设计者不会接受在单个攻角下的优化结果,而是希望在一定的攻角范围内都具有较好的叶型性能。因此,采用多目标优化策略是必要的。总之,三维叶片的数值优化问题,涉及的相关学术问题较多,鉴于篇幅所限,这里不进一步展开讨论,感兴趣者可参见相关文献。

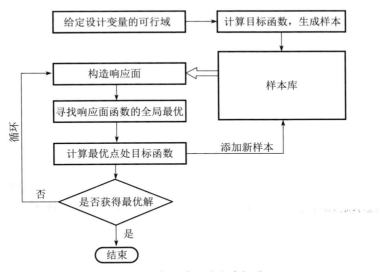

图 6.25 响应面寻优的主要框图

6.1.5 排间缘线匹配策略以及匹配的定常与非定常算法

风扇/轴流压气机的高负荷设计必然要涉及转子/静子叶片排的排间匹配问题。叶片排前、后缘的形状在 S_{2m} 流面计算时已投影到子午面,并作为 S_{2m} 流场计算时一条曲线坐标。另外,静子叶排与转子叶排的轴向间距也反映在 S_{2m} 流场的计算域中。事实上,为了能够较全面反映转子叶片排与静子叶片排匹配效果和性能,需要对由转子与静子叶片排组成的压气机级进行三维非定常 N-S 方程的数值计算。

对于非定常流动问题的数值求解,常用显式的 Runge-Kutta 方法,其时间离散精度可达二阶以上。另外,隐式的常用 Jameson 提出的双时间步方法,例如非定常计算时,时间精确模拟将一个物理周期分为 40 个物理时间步,在每一个物理时间步内又设置了 40 个虚拟时间迭代步。收敛判断建立在对流量、效率、压比等总性能参数监测的基础上。一般经过 15~20 个物理周期后,上述总性能参数会显现明显周期性。为了便于比较,采用 20 个物理周期共计 800 个时间步的计算结果进行分析。以单转子 Rotor 67 为例(图 6.26),网格合计 321896 个,离壁面第一层网格 Y^+<30。边界条件:在进口给定总温、总压以及气流角沿展向分布,出口给定某一点的背压(静压),出口截面上其他点的静压由径向平衡方程求出。对于交界面,如进行定常计算,则采用 Denton 提出的掺混面方法;如进行非定常计算,则使用滑移界面方法。固壁边界则给定无滑移、绝热壁条件。

排间匹配由放置在上游区域的进口导叶模型和下游转动的 Rotor 67 构成,如图 6.26 所示。变换进口导叶的尾缘形状便可以改变缘线形状,图 6.27 给出了 8 种导叶出口的缘线形状(图中第①~⑧种)与 Rotor 67 前缘(图中第⑨种)的投影,用 6.28 给出了 8 种缘线匹配下,采用掺混面方法时得到的进口导叶下游的 S_3 截面总压分布等值线(截面位于 IGV 尾缘与转静界面之间)。图 6.29 分别给出了第⑦种缘线与第⑨种匹配时以及第⑧种缘线与第⑨种匹配时,用定常与非定常两种算法计算出的流量与轴向力的特征。图 6.30 给出了上述情况下相应的流量与扭矩特性图。由图 6.29 和图 6.30 可明显地看出,各缘线匹配时采用掺混面方法获得的定常解与非定常方法得到时间精确解的时均特性解之间表现出很明显的差异,因此多级叶片排的缘线匹配问题应该采用非定常算法。

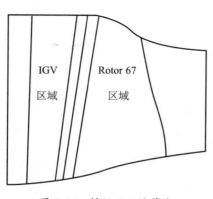

图 6.26 排间匹配计算域

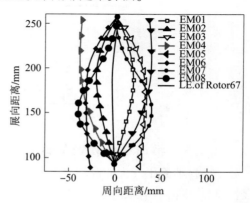

图 6.27 9 种缘线的投影图

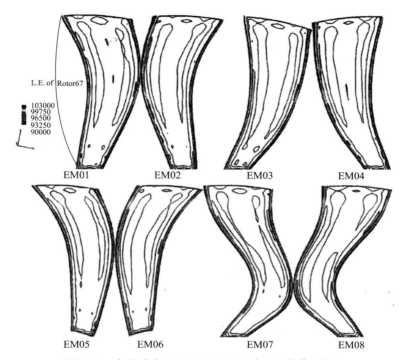

图 6.28　各种缘线匹配下 IGV 下游总压分布等值线图

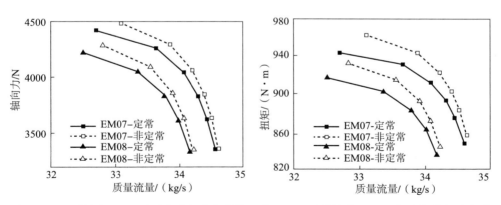

图 6.29　两种缘线匹配下采用定常与非定常计算获得的流量与轴向力的特征曲线

图 6.30　两种缘线匹配下采用定常与非定常计算时获得的流量与扭矩特征曲线

6.2　Re 与加载分布对高负荷压气机叶型高空性能的影响

飞机在高空飞行时,由于发动机入口气流压强和密度的降低,使得表征压缩系统雷诺数的叶弦雷诺数 Re 处在较低水平,压气机叶片表面将以分离泡的形式实现从层流向湍流的转捩，同时叶型损失增加、扩压能力下降；当闭式分离泡随着 Re 进一步降低而转化为开式大分离时，压气机叶栅通道逐步丧失其应有的流动特征，流动损失急剧上升，流场特性也大大偏离设计状态，导致压缩系统效率和稳定裕度下降。

为了减小低 Re 下压气机叶型流动损失，削弱低 Re 效应对叶型性能的不利影响，国内外研究人员开展了低 Re 下压气机叶型流动损失机理研究。文献［81］认为在低 Re 条件下，即使来流湍流度较高，叶片表面依然会出现较大的层流区，叶型低损失攻角范围也明显减小；文献［82］针对 NACA65 系列的三种不同叶型，在低速叶栅风洞中进行大量吹风试验之后，发现随着 Re 降低，叶片表面分离泡长度逐渐增加直至破裂；文献［83］认为压气机叶型流动性能与叶片表面分离泡尺寸密切相关，分离泡增大导致落后角和尾迹损失相应增加。文献［84］通过叶型尖前缘设计，粗糙度控制等方式抑制分离泡增长，提升了低 Re 下压气机叶型的气动性能。文献［85］系统总结了叶轮机械领域的流动转捩现象，认为来流 Re、湍流度 Tu、粗糙度、周期性尾迹等都会改变分离泡结构，进而影响叶片表面转捩过程和流动损失。文献［86］研究了低 Re 效应对某可控扩散叶型性能的影响，表明随着 Re 降低，叶型总压损失不断上升，低损失攻角范围减小；文献［87-88］认为低 Re 条件下，靠近叶型尾缘处的分离区有所扩大，并伴有较多的分离涡脱落。文献［89］针对亚声速扩压平面叶栅，通过试验手段详细探究了其流动性能，认为低 Re 条件下吸力面的流动分离是引起叶栅尾迹特性改变和流动损失迅速增大的主要原因。

总体来看，目前国内外对低 Re 下压气机叶型流动损失的研究主要集中在不可压流动范围，而对高亚声速叶型的研究较少。本小节以某高亚声速压气机叶型为研究对象，采用数值模拟方法分析了不同 Re 下压气机叶片表面分离、再附规律，基于 Denton 叶型损失模型，揭示了低 Re 下压气机叶型性能降低的机理。在此基础上调整原始叶型载荷分布，获得前加载（Front-Loaded）和后加载（After-Loaded）两种叶型。通过详细对比不同载荷分布下叶片表面分离泡结构和流动损失大小，探讨高空低 Re 下高亚声速压气机叶型设计的途径。

6.2.1 基础原始叶型与绕流计算校核

这里选取高亚声速压气机叶栅 V103 作为研究时的基础叶型[90]，该叶栅进口 $Ma = 0.67$，采用 NACA 65 系列叶型厚度分布，弦长为 180mm，叶型弯角为 48°。图 6.31 为该叶栅基元示意图，图中 β_1 和 β_2 分别为进、出口气流角，β_s 为叶栅安装角，C_{ax} 为轴向弦长，S 为栅距。表 6.7 给出了该叶栅部分几何参数和气动参数。

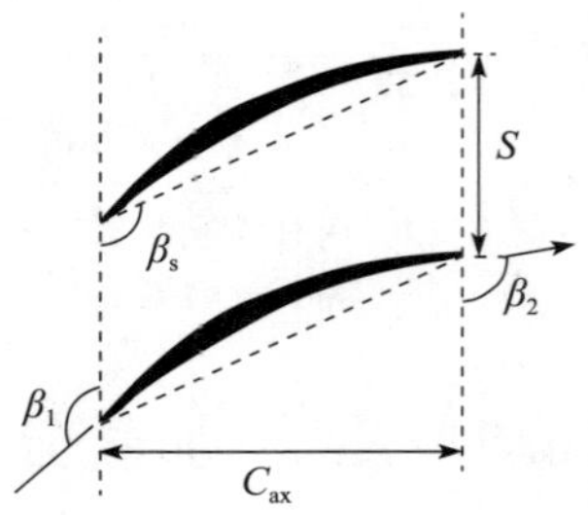

图 6.31 V103 叶栅主要几何参数

表 6.7　V103 叶栅的主要参数

设计参数	参数值
弦长/mm	180
轴向弦长/mm	166.3
稠度	1.82
进气角/(°)	132
出气角/(°)	96
安装角/(°)	112.5
扩散因子	0.42
进口马赫数	0.67
进口雷诺数	$(1.5 \sim 12) \times 10^5$

数值计算采用求解三维、定常、雷诺平均的 N-S 方程，采用 Jameson 的多步 Runge-Kutta 方法对方程进行离散。针对低 Re 条件下压气机叶片表面的分离、转捩流动特性，湍流模型选择 SST k-ω 模型，采用基于局部变量的经验转捩模型（γ-Re_θ 模型）捕捉转捩现象。计算域进口距叶片前缘 1.5 倍轴向弦长，出口距叶片尾缘 2 倍轴向弦长，网格划分采用结构化网格，为准确俘获黏性流动现象，对叶片表面进行加密处理，使得壁面第一层网格尺度满足 $Y^+ \leqslant 1$，单层网格数约 4.4 万时即可满足网格无关性要求。针对该叶栅高亚声速来流条件，数值计算时进口条件给定总温、总压和气流角，出口条件给定平均静压。叶片表面采用了绝热无滑移壁面条件，计算域的进口区与出口区周向设置为周期性边界条件。为了研究不同 Re 对压气机叶型流动损失的影响，数值计算时采用了保证进口总温和进口 Ma 不变，通过调节进口总压和出口静压来改变 Re 大小的办法。

为了验证这里数值计算方法的可靠性，对 V103 叶栅进行了如下详细的数值模拟，并与试验数据进行对比。计算和试验获得的不同 Re 下叶片表面静压系数 C_p 分布如图 6.32 所示，C_p 定义如下：

$$C_p = \frac{p_s - p_1}{p_{01} - p_1} \qquad (6.25)$$

式中：p_s 为当地静压；p_1 为进口静压；p_{01} 为进口总压。

可以看出，不同 Re 下计算获得的 C_p 分布和试验结果吻合较好，采用耦合 γ-Re_θ 转捩模型的 SST k-ω 湍流模型准确捕捉到了"平台式"载荷分布，这是叶片表面存在分离泡时典型的载荷分布特征。这表明，本节选择的数值计算方法可以较好地捕捉压气机叶片表面的分离、转捩流动现象，其计算精度满足低 Re 条件下压气机叶型流动特性预测与机理分析的要求。

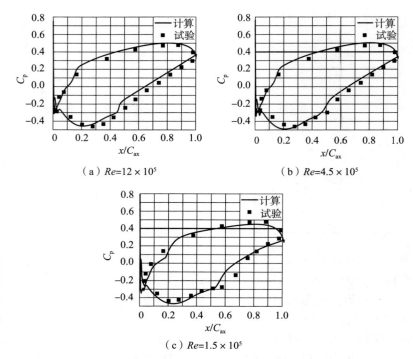

图 6.32 不同 Re 下数值计算与试验的比较

6.2.2 Re 对高亚声速压气机叶型流动损失的影响

在高空环境下,压气机进口 Re 急剧降低,以 20km 高空为例,基于叶片弦长的 Re 已接近 $1×10^5$。这里以高亚声速压气机叶栅 V103 为研究对象,在进口 $Ma=0.67$、湍流度 $Tu=3.8\%$ 条件下,详细探讨了 Re 对压气机叶型流动损失的影响。图 6.33 给出数值计算和试验结果得到的叶栅总压损失系数 ω 随 Re 的变化趋势,ω 定义如下:

$$\omega = \frac{p_{01} - p_{02}}{p_{01} - p_1} \quad (6.26)$$

式中:p_0、p 分别为总压与静压;下标 1、2 分别表示进口和出口。

可以看出,当 Re 较大但仍在自模区以内时,ω 随 Re 变化很小,当 Re 降低到 $2×10^5$ 以下时,ω 对 Re 变化较为敏感,随着 Re 进一步降低,ω 急剧增加,流动性能恶化[91]。

图 6.34 给出了 Re 为 $12×10^5$、$8.0×10^5$、$4.5×10^5$、$1.5×10^5$、$0.6×10^5$ 时叶片表面静压系数 C_p 的分布曲线。在上述所有 Re 条件下,叶片吸力面和压力面均出现了"平台式"载荷分布,可知叶片表面存在层流分离泡(LSB)。文献[92]认为,短分离泡仅仅改变其附近的载荷分布,而长分离泡对应的"平台

区"较长，对载荷分布的影响范围较广。

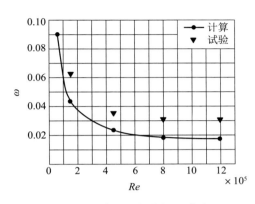

图 6.33　总压损失系数 ω 值随 Re 的变化曲线

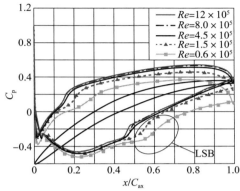

图 6.34　不同 Re 叶面静压系数 C_p 的分布曲线

图 6.35 给出了 Re 为 12×10^5、8.0×10^5、1.5×10^5 时叶片吸力面壁面摩擦系数 C_f 分布，由此确定层流分离点 x_s 和湍流再附点 x_r 位置，结果如表 6.8 所列。可以看出，层流分离点位置几乎不随 Re 变化，而湍流再附点随着 Re 降低逐渐向叶片尾缘移动。当 Re 从 12×10^5 降低到 1.5×10^5 时，吸力面分离泡长度增加 11.2% 轴向弦长。随着 Re 降低，叶片表面分离泡逐渐增大，不仅载荷分布出现明显改变，叶型损失也会受到较大影响。

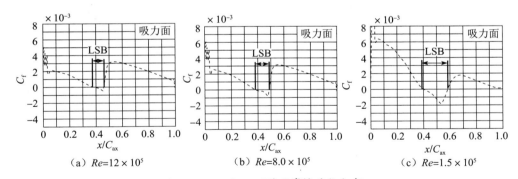

图 6.35　不同 Re 下壁面摩擦系数分布

表 6.8　不同 Re 数下叶面 LSB 的结构参数

Re	$x_s/C_{ax}/\%$	$x_r/C_{ax}/\%$	LSB($\%C_{ax}$) 的长度
12×10^5	38.5	46.0	7.5
8.0×10^5	38.2	48.1	9.9
1.5×10^5	39.6	58.3	18.7

针对该高亚声速压气机叶型,不考虑端壁效应和间隙泄漏流的影响,全流场又均处在亚声速状态,则叶型损失主要包括尾迹损失(在叶片尾缘处由于尾迹掺混所引起的损失)和边界层损失。另外,分析三种 Re 下叶片吸力面近壁面速度场。可以看出,三种 Re 下叶片吸力面都存在一个"楔形"分离泡,且边界层位移厚度 δ^* 和分离泡厚度分布呈现良好的一致性,流动分离之前,δ^* 平缓增长;当出现流动分离时,δ^* 急剧增加,在分离泡最大厚度处,δ^* 出现局部极值,即分离泡的"位移效应"。随着 Re 降低,分离泡厚度和长度逐渐增大,使得分离泡最大厚度下游的边界层迅速增厚,尾缘堆积大量低能流体。

对于三种 Re 下,形状因子和动量厚度沿轴向的分布和不同轴向位置处边界层的速度剖面以及不同 Re 下边界层总损失系数的分布曲线图,因篇幅所限就不再给出;三种 Re 条件下数值计算出的分离点处 H_{12} 值与文献[93-94]给出的准则基本一致。另外,在计算叶型损失时采用了 Denton 的叶型损失模型[95]。

6.2.3 载荷分布对高亚声速压气机叶型流动损失的影响

低 Re 条件下,分离泡强烈的"位移效应"造成压气机叶片表面边界层急剧增厚,尾缘流动性能恶化。文献[84]指出,任何能够抑制分离泡的措施均能提升低 Re 下压气机叶型的气动性能,而叶型载荷分布对叶片表面分离、转捩过程,进而对分离泡结构以及流动损失均会产生重要影响。至于哪种载荷分布能够有效抑制分离泡,减小低 Re 下压气机叶型流动损失还需要进一步研究。为了分析载荷分布对压气机叶型流动损失的影响,这里在原始叶型 V103 的基础上进行改型设计,在保证稠度、安装角、轴向弦长不变的前提下,通过调整叶型厚度和弯度分布,获得前加载 V103-F 和后加载 V103-A 两种叶型,对比上述三种叶型在不同 Re 下的流动损失大小,便可为低 Re 下高亚声速压气机叶型设计提供理论支撑。

图 6.36 给出了 $Re = 1.5 \times 10^5$ 条件下三种叶型表面静压系数 C_p 分布。对于原始叶型,气流在吸力面持续加速至 22%轴向弦长,之后减速至尾缘;前加载叶型中部厚度略有减小,气流在吸力面前缘加速较快,在 12%轴向弦长处即加速至速

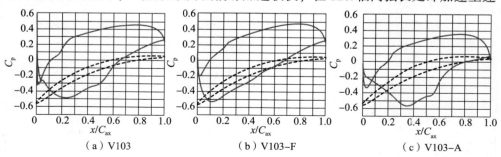

图 6.36 三种叶型静压系数 C_p 的分布

度峰值，载荷前移；而后加载叶型后半部分厚度有一定程度增加，气流在吸力面前缘加速相对缓慢，在37%轴向弦长处达到速度峰值，载荷后移。

从图6.36看出，低Re条件下，原始叶型和后加载叶型的吸力面均出现"平台式"分布，即存在分离泡，而前加载叶型的吸力面未出现典型的分离泡流动特征。另外，对比了$Re=12\times10^5$和$Re=1.5\times10^5$条件下三种叶型吸力面近壁面速度分布。$Re=12\times10^5$时，原始叶型分离泡长度约为7.5%轴向弦长，前加载叶型分离泡长度缩小至6.1%轴向弦长，位置向叶片前缘移动且最大厚度有所减小；而后加载叶型分离泡长度增加至7.7%轴向弦长，位置明显向叶片尾缘移动且最大厚度增加，加剧了尾缘处低能流体堆积；$Re=1.5\times10^5$时，原始叶型分离泡长度约18.7%轴向弦长，而前加载叶型表面未出现分离泡，尽管在90.7%轴向弦长处开始出现湍流分离，然而和原始叶型相比，前加载叶型尾缘处堆积的低能流体减少，所以流动性能有较大幅度提升；对于后加载叶型，在45%轴向弦长处出现流动分离，之后无法湍流再附，分离泡破裂（开式大分离），尾缘处堆积大量低能流体，严重损害压气机叶栅通道的流通性能和扩压能力。总体来看，高Re条件下，载荷分布形式对流场影响较弱，然而低Re条件下，载荷分布对分离泡结构和流动损失影响很大。

为了进一步分析载荷分布对该高亚声速压气机叶型流动损失的影响机理，图6.37对比了Re为12×10^5、1.5×10^5时三种叶型吸力面边界层参数分布。与原始叶型相比，前加载叶型吸力面形状因子H_{12}峰值位置明显前移，这表明转捩提前[96]，层流区缩短，流体抗分离能力增强；同时从载荷分布图看出，对于前加载叶型，吸力面气流在距前缘12%轴向弦长处即达到速度峰值，之后持续减速至尾缘，有效降低了流向逆压梯度，上述因素共同抑制了分离泡的形成和发展，弱化分离泡"位移效应"对尾缘流动的不利影响。因此，高Re条件（$Re=12\times10^5$）下，尽管前加载叶型θ分布和原始叶型基本一致，尾缘处也没有明显差异，但是从H_{12}峰值降低可知分离泡所在区域流动分离减弱，叶型损失因此有一定程度降低；在低Re（$Re=1.5\times10^5$）条件下，前加载叶型吸力面分离泡消失，完全消除了分离泡"位移效应"，所以尾缘处动量厚度θ明显低于原始叶型，流动性能有大幅改善。对于后加载叶型，H_{12}峰值位置明显后移，即转捩延迟，层流分离加剧，分离泡迅速增长且移向下游，强烈的"位移效应"使得叶片尾缘处堆积大量低能流体。图中表明，后加载叶型吸力面转捩之后，θ增长较快，尾缘处θ大于原始叶型，流动损失增加。另外，由于后加载叶型吸力面减速扩压段较短，气流承受较强逆压梯度，在低Re情况下（$Re=1.5\times10^5$），分离泡破裂，叶栅通道丧失正常的扩压能力，性能急剧恶化。综合以上分析可知，相比于原始叶型和后加载叶型，前加载叶型通过抑制分离泡，更能适应Re流动，有效提升低Re条件下叶型的流动性能。

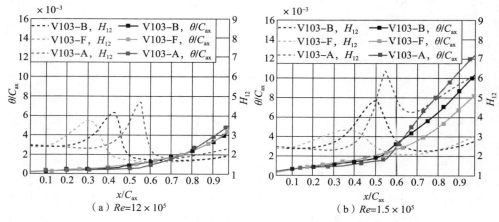

图 6.37 两种 Re 下形状因子和动量厚度沿轴向的分布

综上所述，以上以某一高亚声速压气机叶型为研究对象，研究了叶片表面分离泡结构与边界层发展的内在关联，揭示了低 Re 下压气机叶型性能变化的内因。在此基础上，分析了载荷分布对叶片表面分离泡结构和叶型损失的影响，可归纳出如下三点认知：

（1）当 Re 从 12×10^5 降低到 1.5×10^5，叶片吸力面层流分离点位置基本不变，而湍流再附点移向叶片尾缘，分离泡长度增加 11.2% 轴向弦长；此时叶型边界层损失略有增加，而叶型尾迹损失增加则接近 150%。低 Re 条件下分离泡强烈"位移效应"造成叶型的尾迹损失急剧增大是其流动性能降低的主要原因。

（2）当叶型载荷前移时，在低 $Re(Re=1.5\times10^5)$ 条件下，总压损失比原始叶型降低了 15.7%，而在较高 $Re(Re=(4.5\sim12)\times10^5)$ 条件下，性能改善幅度不大。叶型载荷后移会使得分离泡迅速增长，导致所有 Re 条件下叶型性能均有不同程度的恶化。

（3）前加载叶型能够促使转捩提前发生，同时降低流向逆压梯度，有效抑制分离泡的形成和发展。为了提高低 Re 下高亚声速压气机叶型气动性能，建议采用前加载分布的叶型。

6.3 壁面粗糙度对高负荷压气机叶型高空性能的影响

如何有效地控制叶片表面边界层分离和转捩是开展低 Re 时流动的压气机叶型设计的关键。叶型载荷分布、来流湍流度 Tu、上游尾迹、叶片表面粗糙度等都会影响叶片表面边界层发展状态[97]，相比于抽吸、射流等边界层流动控制方法，表面粗糙度能够在不增加结构复杂性的前提下改变叶片表面分离和转捩过程，进而影响了压气机叶型损失和整级性能。

第6章 高负荷压气机气动设计策略及其高空性能

国内外研究人员通过试验测量和数值模拟等手段对比了不同粗糙度下压气机整级的气动性能[98-101]。同时，作为一种常用的边界层调控手段，粗糙度分布及大小对压气机叶片表面边界层分离、转捩以及叶型损失的影响也取得一定进展。文献［102］等分析了 Re 和粗糙度对某一高负荷压气机叶型性能的影响，在 $Re=3\times10^5$ 时，粗糙度叶片损失略高于光滑叶片，当 Re 增加至 6×10^5 时，粗糙度叶片性能急剧恶化。文献［103］等测量了某一低速压气机叶栅在不同粗糙度大小下的叶型损失和落后角，结果表明随着粗糙度增加，叶型损失和落后角不断增大，尾迹中心向压力面移动。文献［104］在某一低速压气机叶片前缘布置粗糙度，认为 Re 低于 3.8×10^5 时，前缘粗糙度减小了吸力面分离泡尺度，叶型损失因此略微降低。文献［105］等研究发现，相对于光滑叶型，粗糙度促使尾缘附近出现较强湍流分离，导致叶型损失增大，且尾迹沿周向分布不对称。

总体来看，已有的研究主要集中于较高 Re 的情况，此时粗糙度对压气机叶型性能的影响大多是不利的。对低 Re 影响目前研究的较少。这里以某一高亚声速压气机叶型为研究对象，在 $Re=1.5\times10^5$ 条件下，采用数值模拟手段详细研究了不同粗糙度分布及大小对叶片边界层发展过程和叶型损失影响的机制，为用粗糙度的方法去控制来提升低 Re 下压气机叶型性能做些探索性工作。

6.3.1 基础叶栅以及粗糙度参数的设置

研究对象为某一高亚声速压气机叶栅 V103（见文献［90］），如图6.31所示。图中：β_1、β_2 分别为进、出口气流角，β_s 为叶栅安装角，C_{ax} 为轴向弦长，S 为栅距。设计状态下，进口气流角为132°，来流 Ma 为0.67，叶栅通道中流场保持亚声速。该叶栅部分几何参数和气动参数详见表6.9。

表6.9 V103 叶栅的主要参数与进口 Re

设计参数	参数值
弦长/mm	180
轴向弦长 C_{ax}/mm	166.3
稠度	1.82
进气角 β_1/(°)	132
出气角 β_2/(°)	96
安装角 β_s/(°)	112.5
扩散因子	0.42
进口马赫数	0.67
进口雷诺数	4.5×10^5

粗糙度主要通过改变叶片表面边界层发展状态来影响叶型损失。研究表

明[106]，对于湍流边界层，只有当粗糙度值大于当地黏性底层厚度时，粗糙度才对流动有影响。在低 Re 条件下，压气机叶片表面转捩延迟，层流区较大，为了有效地激励转捩，同时尽可能覆盖压气机实际运行过程中的粗糙度量级[103]，在 $Re=1.5×10^5$ 条件下，确定吸力面前缘到转捩点之间的边界层平均厚度 δ_{avg}，通过乘以比例系数 K 对其进行放缩，K 变化范围为 0~2，分别为 0、0.05、0.1、0.2、0.4、0.5、0.6、0.7、0.8、1、1.2、1.4、1.6、1.8、2，共计 15 种，最终得到对应的等效沙砾粗糙度 k_s。文献 [107] 指出，等效沙砾粗糙度 k_s 和几何平均粗糙度 Ra 关系满足 $k_s=6.2Ra$，由此确定几何平均粗糙度 Ra。

为了更直观地反映粗糙度相对大小，引入无量纲粗糙度参数 k^+，定义如下[108]：

$$k^+ = Re\frac{k_s}{C}\sqrt{\frac{C_f}{2}} \tag{6.27}$$

$$C_f = \left[2.87+1.58\lg\frac{C}{k_s}\right]^{-2.5} \tag{6.28}$$

式中：C_f 为壁面剪切应力系数。

由式（6.27），式（6.28）可知，无量纲粗糙度参数 k^+ 为来流雷诺数 Re（基于来流速度和叶片弦长 C）和等效沙砾粗糙度 k_s 的函数。当 $k^+>70$ 时，叶型损失不受 Re 影响，仅与 k_s 有关，这个区域定义为完全粗糙区（Fully Rough，FR）；当 $5<k^+<70$ 时，叶型损失由 Re 和 k_s 决定，这个区域定义为转捩粗糙区（Transitionally Rough，TR）；当 $k^+<5$ 时，粗糙度对叶型损失几乎无影响，这个区域定义为水力光滑区（Hydraulically Smooth，HS）。$Re=1.5×10^5$ 条件下，上述 15 种粗糙度大小对应的几何平均粗糙度 Ra、无量纲粗糙度参数 k^+ 及对应的粗糙度区域如表 6.10 所列。

表 6.10　吸力面粗糙度区域

$Ra/\mu m$	k^+	相应的区域
0	0	—
13	3.5	水力光滑区
26	7.5	转捩粗糙区
52	16.0	
105	35.0	
131	45.5	
157	56.0	
184	66.5	

第6章 高负荷压气机气动设计策略及其高空性能

续表

$Ra/\mu m$	k^+	相应的区域
210	77.5	
262	100.0	
315	123.0	
367	147.0	完全粗糙区
420	171.0	
472	196.0	
525	221.5	

考虑到压力面布置粗糙度对叶型性能影响很小[103]，这里仅在吸力面布置沙砾。共选取了三种粗糙度布置方案：方案一在整个吸力面布置粗糙度，记为ALL，方案二在前缘到转捩点 x_T 之间布置粗糙度，记为L2T。另外，文献 [109] 采用绊线控制超高负荷低压涡轮叶片表面的分离和转捩，结果表明，绊线位于吸力面速度峰值点 x_p 和层流分离点 x_s 之间时叶型性能最优，粗糙度作为类似的控制手段，为验证是否存在相同的结论，方案三在吸力面速度峰值点 x_p 和层流分离点 x_s 之间布置粗糙度，记为P2S。其中方案二、方案三中转捩点、速度峰值点和层流分离点位置均在设计状态下取得，三种粗糙度布置方案如图6.38所示，数值计算时每种方案对应表6.10中的15种粗糙度大小。

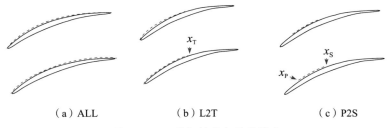

(a) ALL　　　　(b) L2T　　　　(c) P2S

图6.38　三种粗糙度布置的区域

6.3.2　绕流的计算与校核

求解三维、定常、雷诺平均N-S方程采用了有限体积算法。针对高空低 Re 下压气机叶片表面分离、转捩流动特性，数值计算选择耦合 $\gamma\text{-}Re_\theta$ 转捩模型的 SST $k\text{-}\omega$ 湍流模型，转捩模型中加入粗糙度修正项。在进行 S_1 流场的计算时，进口距叶片前缘1.5倍轴向弦长，出口距叶片尾缘2倍轴向弦长。对叶片表面进行加密处理，壁面第一层网格尺度满足 $Y^+<1$。网格无关性验证结果表明，当单层网格数约4.4万时可满足网格无关性要求。进口给定总温、总压和气流角，出口给定平均静压，计算时保证进口 $Ma=0.67$，$Re=1.5\times10^5$。叶片表面给定绝热、无滑移壁面条件，叶片表面进行分块处理，粗糙度覆盖区域设置对应的粗糙度大

小,计算域周向设置为周期性边界条件。

为了验证数值计算方法的可用性,在较低 Re($Re=1.5\times10^5$,$Re=4.5\times10^5$)条件下对 V103 叶栅进行详细数值模拟。图 6.39 对比了两种 Re 下数值计算和试验获得的等熵马赫数 Ma_{isen},可以看到 Ma_{isen} 预测结果和试验吻合较好,耦合 γ-Re_θ 转捩模型的 SST k-ω 湍流模型准确捕捉到了"平台式"载荷分布,这是低 Re 下压气机叶片表面存在分离泡时典型的载荷分布特征。

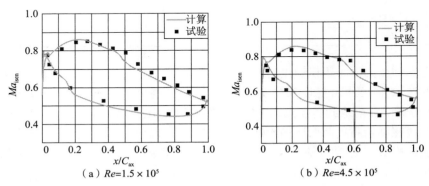

图 6.39 两种 Re 下叶面等熵马赫数分布

图 6.40 给出了叶型总压损失 ω 随 Re 的变化情况,其中 ω 定义如下:

$$\omega=\frac{p_{01}-p_{02}}{p_{01}-p_1}$$

式中:p_0、p 分别为总压与静压;下标 1、2 分别表示进口和出口。

图 6.40 中表明,当 Re 较大,处于自模区以内时,ω 随 Re 变化很小,然而当 Re 降到 2×10^5 以下时,ω 对 Re 变化较为敏感,随着 Re 进一步降低,ω 急剧增加,流动性能恶化。整体来看,ω 数值计算和试验结果呈现良好的一致性,因此本节选用的数值方法能够满足低 Re 下压气机叶型流动特性预测与机理分析要求。

6.3.3 低 Re 下粗糙度大小对压气机叶型性能的影响

低 Re 条件下粗糙度大小及位置均会影响边界层分离、转捩及叶型损失。图 6.41 给出了 $Re=1.5\times10^5$ 时叶型总压损失 ω 随无量纲粗糙度参数 k^+ 的变化趋势。在 ALL、L2T、P2S 三种粗糙度分布下 ω 随 k^+ 变化趋势类似:在水力光滑区($k^+<5$),粗糙度对叶型损失影响很小;在转捩粗糙区($5<k^+<70$),叶型损失随 k^+ 增加大幅降低,在 $k^+=56.0$($Ra=157\mu m$)时,三种粗糙度分布下叶型损失均达到最小,叶型损失最大分别降低 10.16%、16.4%、15.58%;在完全粗糙区($k^+>70$),当 k^+ 大于某一临界值(约为 75)时,叶型损失急剧增加。

第 6 章　高负荷压气机气动设计策略及其高空性能

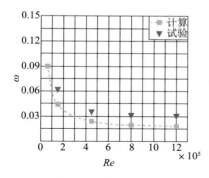
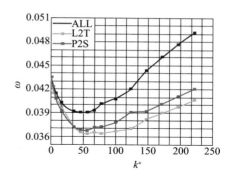

图 6.40　叶面总压损失系数 ω 随 Re 的变化曲线　　　图 6.41　ω 随 k^+ 的变化曲线

为了分析粗糙度大小对叶型损失的影响，在 ALL 粗糙度布置方案中选取 k^+ = 16.0(TR)，k^+ = 56.0(TR)，k^+ = 100.0(FR)，k^+ = 147.0(FR)，k^+ = 221.5(FR) 5 种典型粗糙度大小，和光滑叶型（Smooth）进行对比分析。图 6.42 给出了上述条件下吸力面等熵马赫数 Ma_{isen} 和壁面剪切应力系数 C_f 分布，表 6.11 给出了吸力面气流出现层流分离和湍流再附时的相对轴向位置以及对应分离泡的长度 L_B。图 6.42 显示光滑叶型吸力面存在层流分离泡（Laminar Separation Bubble，LSB），且长度约占 18.7% 轴向弦长，分离泡所在区域出现"平台式"载荷分布。吸力面布置一定大小的粗糙度能够有效延迟甚至消除层流分离，而且粗糙度能够对分离剪切层施加更强扰动，加速转捩过程，上述因素抑制了分离泡的发展。当 k^+ = 16.0 时，层流分离点向下游移动 3.1% 轴向弦长，和光滑叶型相比，分离泡缩短 7.9% 轴向弦长，"平台式"载荷分布区域也有所减小。当 k^+ 增大至 56.0 时，吸力面未出现层流分离，粗糙度完全消除了分离泡，吸力面对应的"平台

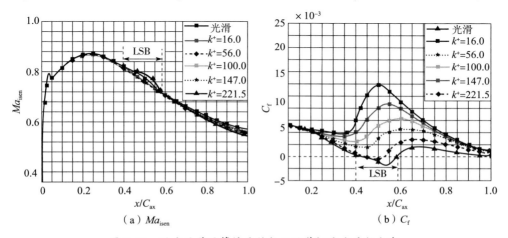

图 6.42　吸力面壁面等熵马赫数以及剪切应力系数分布

式"载荷分布随之消失。随着 k^+ 进一步增加,吸力面前半部分载荷分布不再出现明显变化,但是转捩大幅提前且迅速完成,同时湍流区壁面剪切应力整体处在较高水平。

表 6.11 不同粗糙度下吸力面 LSB 结构

k^+	层流分离 (x/C_{ax})	湍流再附 (x/C_{ax})	LSB 长度 (L_B/C_{ax})
0	39.6%	58.3%	18.7%
16.0	42.7%	53.5%	10.8%
56.0	没有层流分离	—	—
100.0	没有层流分离	—	—
147.0	没有层流分离	—	—
221.5	没有层流分离	—	—

分析流场的数值结果可知,δ^* 分布和分离泡外边界有良好的一致性,在层流分离之前,边界层缓慢增长,发生层流分离后,边界层迅速上扬到分离泡上方,在分离泡最大厚度处,δ^* 也恰好达到局部极值,也即体现分离泡的"位移效应"。低 Re 下压气机叶型性能与分离泡"位移效应"密切相关,原始光滑叶型的吸力面分离泡较大,"位移效应"较强,转捩之后边界层沿流向迅速增长,尾缘堆积较多的低能流体。当 k^+ = 16.0 时,粗糙度的存在使得分离泡发展受到一定抑制,其长度和最大厚度均有所减小,"位移效应"减弱,边界层增长相对缓慢,削弱了叶片尾缘低能流体的堆积程度。当粗糙度值进一步增加至 k^+ = 56.0 时,分离泡消失,完全避免了分离泡"位移效应"对叶型尾缘流动的不利影响,因此叶型损失降至最低,性能有较大幅度提升。在完全粗糙区 (k^+ = 100,k^+ = 147.0,k^+ = 221.5),分离泡被完全抑制之后,尾缘处堆积的低能流体和边界层厚度又有所增加。

6.3.4 低 Re 下粗糙度分布对压气机叶型性能的影响

上边讨论了粗糙度颗粒大小对叶型气动性能的影响,现在讨论粗糙度的影响。其实,粗糙度分布影响叶片表面边界层分离、转捩过程,进而对叶型损失产生重要影响。低 Re 下粗糙度分布对叶型性能的影响与粗糙度大小密切相关,图 6.47 表明,在较小粗糙度条件下(如 k^+ = 3.5),粗糙度分布对叶型损失影响的差异很小。在转捩粗糙区($5<k^+<70$),L2T 和 P2S 粗糙度分布降低叶型损失的效果类似,且明显优于 ALL 方案。在完全粗糙区($k^+>70$),粗糙度分布对叶型损失影响的差异则更为明显,每个粗糙度值下,L2T、P2S、ALL 三种粗糙度分布对应的叶型损失依次增加,尤其是在 $k^+>147$ 时,ALL 方案对应的叶型损失已经高于光滑叶型,而 L2T 和 P2S 方案在一定程度上仍能降低叶型损失。

图 6.43 给出了两种典型粗糙度下(k^+ = 56 和 k^+ = 221.5)吸力面壁面剪切应

力分布，图 6.44 和图 6.45 分别给出了对应的吸力面边界层参数分布。在 $k^+ = 56$ 时，三种粗糙度分布均能有效消除层流分离，且由于此时粗糙度较小，转捩点下游的湍流耗散作用不大，粗糙度抑制分离泡的效果占主导地位，因此叶型损失均低于原始叶型。在层流分离之前，ALL 和 L2T 方案的边界层参数分布无明显差异，且均在 $x/C_{ax} = 45\%$ 附近发生转捩，然而 L2T 方案中湍流区的壁面剪切应力维持在较低水平，湍流耗散作用较小，δ^* 和 θ 增长相对缓慢，因此叶型损失低于 ALL 方案。对于 P2S 方案，虽然在速度峰值点，也即是粗糙度分布的起始点（$x/C_{ax} = 21\%$）对流场施加一定扰动，但是由于扰动较小，转捩并未完成，直至在 $x/C_{ax} = 45\%$ 附近 H_{12} 达到峰值时，才开始逐渐发展为湍流。可以看出，粗糙度较小时，P2S 和 L2T 方案抑制分离，促进转捩的效果类似，且湍流区壁面剪切应力无明显差异，湍流耗散作用相当，边界层参数分布基本重合，故两种方案调控边界层，降低叶型损失效果基本相同。

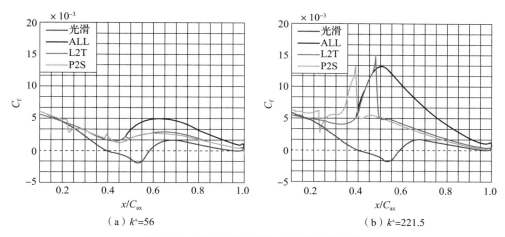

图 6.43 吸力面壁面剪切应力系数的分布

在 $k^+ = 221.5$ 时，ALL 方案虽然消除了层流分离，但是转捩之后壁面剪切应力远高于光滑叶型，湍流耗散作用过强，叶型性能较光滑叶型已经有所恶化。对于 L2T 方案，转捩位置和 ALL 方案基本相同，但湍流区壁面剪切应力维持在较低水平，耗散损失相对较小，避免了转捩之后边界层急剧增厚，叶型损失仍低于光滑叶型。对于 P2S 方案，气流到达速度峰值点（$x/C_{ax} = 21\%$）时，由于该处粗糙度较大，类似绊线结构，直接诱发转捩，边界层从此处开始迅速增长。和 L2T 方案相比，P2S 方案转捩提前，湍流区黏性耗散损失较大，所以降低叶型损失的效果不及 L2T 方案。

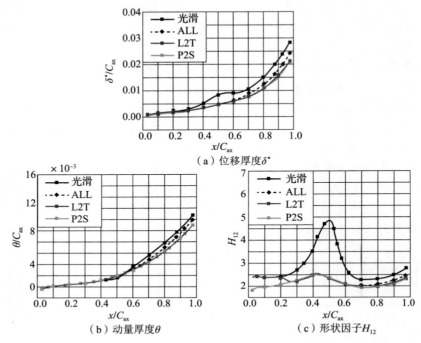

图 6.44　吸力面边界层参数 δ^*、θ 和 H_{12} 的分布曲线（$k^+ = 56$）

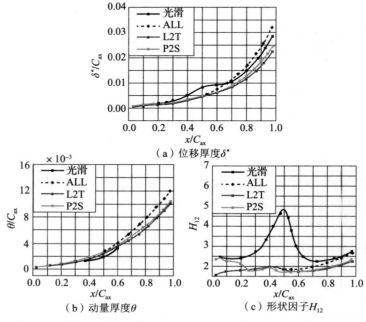

图 6.45　吸力面边界层参数 δ^*、θ 和 H_{12} 的分布曲线（$k^+ = 221.5$）

综合以上分析可知,在整个粗糙度大小范围内,L2T 粗糙度分布方案既能有效消除分离泡强烈"位移效应"对叶型性能的不利影响,又能避免较大的湍流耗散损失,因此在低 Re 下对压气机叶型边界层的发展起到较好的调控作用,降低叶型损失的效果较为明显。

综上所述,以上针对某一高亚声速压气机叶型,在低 Re($Re=1.5\times10^5$)条件下,采用数值模拟手段研究了吸力面粗糙度 Ra 大小及分布(ALL、L2T、P2S)对叶片边界层发展和叶型损失的影响,可获得如下初步结果:

(1)三种粗糙度分布下,叶型损失随粗糙度大小的变化趋势类似。在转捩粗糙区($5<k^+<70$),增加粗糙度大小能够有效抑制乃至消除分离泡强烈的"位移效应"对叶型性能的不利影响,$k^+=56$($Ra=157\mu m$)时,ALL、L2T、P2S 粗糙度分布对应的叶型损失最大分别降低 10.16%、16.4%、15.58%。在完全粗糙区($k^+>70$),随着粗糙度值进一步增加,湍流区壁面剪切应力处在较高水平,湍流耗散作用较强,边界层急剧增厚,叶型性能反而不断下降。

(2)在转捩粗糙区($5<k^+<70$),L2T 和 P2S 粗糙度分布方案降低叶型损失的效果类似,且明显优于 ALL 方案;在完全粗糙区($k^+>70$),粗糙度分布对叶型损失影响的差异更为显著,相同粗糙度大小下,L2T、P2S、ALL 方案对应的叶型损失依次增加。

(3)在低 Re 下采用粗糙度调控压气机叶型边界层发展时,既要尽可能抑制分离泡"位移效应",又要控制湍流耗散损失。在整个粗糙度大小范围内,粗糙度布置在吸力面前缘点到转捩点之间时(L2T 方案)能够较好地兼顾上述两种影响,叶型性能提升效果较为明显。另外,基于粗糙度流动控制的方法能够有效提升低 Re 下压气机叶型的气动特性,这为高空低雷诺数下设计高负荷压气机叶型创造了条件。

6.4　高负荷、低损失、抗分离叶型的设计与高空流场分析

高负荷、低损失、抗分离叶型是构建高空低 Re 下三维叶片优化造型的基础,是研究高性能压气机的核心技术之一。为此,本节选取设计条件:进口马赫数 $Ma_1=0.82$,进气角 $\beta_1=50°$,并取地面 0km 高度的某叶型作为基础叶型(N-01),利用前面所讲的带转捩模型的 SST k-ω 湍流模型进行流场计算,分别计算了地面 0km 和高空 20km 时的叶栅绕流二维流场。分析地面 0km 时的流场可以发现:该工况叶型吸力面边界层较薄,在靠近叶型尾缘处只有轻微的分离,脱落的分离涡较小,尾迹也较窄。图 6.46 给出了地面高度时叶片表面等熵马赫数的分布曲线。可以认为,整个叶型吸力面的流动是较为理想的。当高度上升到 20km 时,叶型吸力面边界层开始增厚,气体黏性造成的叶型损失变大,在靠近叶型尾缘处分离区有所扩大,有较大的分离涡脱落,尾迹区也有所扩展。在 20km 高空

时，整个叶型吸力面上黏性气体的流动性能变坏。图 6.47 给出了 20km，N-01 叶型叶面等熵马赫数的分布。

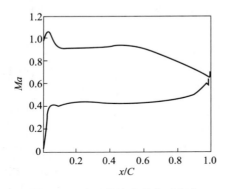

图 6.46　叶面等熵马赫数的分布
（地面 0km，N-01 叶型）

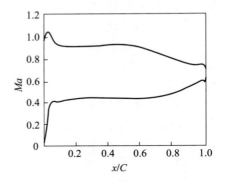

图 6.47　叶面等熵马赫数的分布
（20km，N-01 叶型）

6.4.1　叶型的初步优化

由上面的分析可以看出：在地面 0km 时，叶型吸力表面边界层流动状况较为理想，叶型损失较小而且基本上没有分离发生；当高度上升为 20km 时，在高空低雷诺数条件下，叶栅通道内部和叶型吸力表面边界层流动状态发生了很大的变化，表现为气体的黏性作用增强，影响区域扩大，在靠近叶型尾缘处出现分离，叶型损失增加，也就是说，高空低雷诺数流动时会对叶型的性能产生较大影响。

为了改善高空性能，对该二维叶栅做如下改进：首先，在叶型前半段，尽量维持较长的层流边界层；在峰值后的后半段，控制好气流的扩散程度，避免较大的逆压梯度，使气流不产生分离；当分离无法避免时，要将分离尽量推迟至叶型尾缘附近，这样便能够有效地降低叶型损失。另外，在气体黏性作用增强的背景下，要避免较强的激波以及激波/边界层相互干扰所带来的损失，关键是要控制好峰值马赫数的大小。因此，在给定叶型表面马赫数分布时，叶型前半段维持一段"平顶式"分布，以有利于层流边界层的保持，将吸力面马赫数峰值控制在 1.2 以下，峰值后维持均匀的气流扩散，这样便能够抑制或推迟分离的发生。

按照上述思路，文献 [110] 对地面 0km 条件下设计的 N-01 叶型叶栅（如图 6.48 所示，其进口设计条件为 $Ma_1=0.82$，$\beta_1=50°$），并将修改后的叶型称为 N-02 叶型（如图 6.49 所示，其进口设计条件同样为 $Ma_1=0.82$，$\beta_1=50°$，但高度为 20km）。

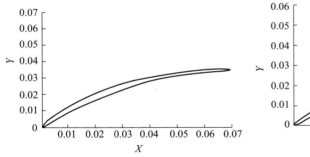

图 6.48 按地面条件设计的 N-01 叶型　　图 6.49 按高空条件改进的 N-02 叶型

6.4.2 两种叶型性能的比较

图 6.50 给出了高度 0km、进口马赫数 0.82、进气角 50°时 N-01 和 N-02 叶栅栅后总压损失系数 $\bar{\omega}$ 对比，图中横坐标为下游距叶型尾缘处的距离（为方便起见表示为栅距 T 的倍数），纵坐标为叶型总压损失系数 $\bar{\omega}$。由图中可以看出，按高空 20km 条件设计的 N-02 叶型叶栅，即使在 0km 条件下，其损失特性也要好于按地面 0km 条件设计的 N-01 叶型叶栅。在尾缘处，$\bar{\omega}_{N-01} = 0.158$，$\bar{\omega}_{N-02} = 0.0944$；在距尾缘 2 个栅距处，$\bar{\omega}_{N-01} = 0.174$，而 $\bar{\omega}_{N-02} = 0.138$。相应地，两个叶栅在 20km 处栅后总压损失系数的对比见图 6.51。由此图可以更明显地看出，N-02 叶栅在高空低雷诺数流动条件下仍保持良好的气动性能，而 N-01 叶栅在高空低雷诺数流动条件下性能趋于恶化，总压损失系数可达 0.20 左右，N-02 叶栅总压损失系数在 0.14 左右，两者间相差近 0.06。

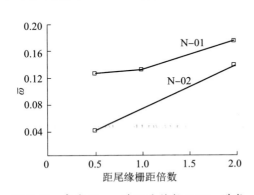 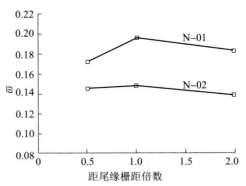

图 6.50 高度 0km，进口马赫数 0.82，进气角 50°时，N-01 和 N-02 叶栅栅后总压损失系数对比

图 6.51 高度 20km，进口马赫数 0.82，进气角 50°时，N-01 和 N-02 叶栅栅后总压损失系数对比

在地面 0km 时，两者的叶型表面马赫数分布如图 6.52 和图 6.53 所示。可以看出，N-01 叶栅表面马赫数分布较差，其吸力面马赫数峰值超过 1.4。另外，由计算

出的流场等马赫线图可以知道：槽道中有较强的激波产生，并导致较强的激波/边界层干扰，峰值后速度扩散梯度较大，易导致严重的分离；相比之下，N-02叶栅表面马赫数分布较为理想，吸力面马赫数峰值控制在1.1以下。由计算出的流场等熵马赫线图可知，这时叶栅槽道内并无较强的激波产生。另外，在叶型前半段维持了一段"平顶式"分布，非常有利于层流边界层的保持，峰值后速度扩散梯度小且平缓。

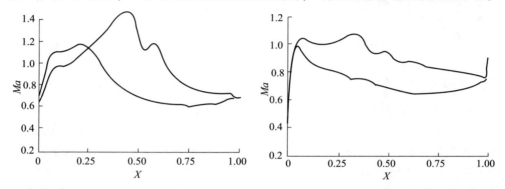

图 6.52　高度 0km、进口马赫数 0.82、进气角 50°时，N-01 叶型表面马赫数分布

图 6.53　高度 0km、进口马赫数 0.82、进气角 50°时，N-02 叶型表面马赫数分布

在高空 20km 时，两者的叶型表面马赫数分布如图 6.54 和图 6.55 所示。同样可以看出，在高空低雷诺数流动条件下，N-01 叶栅表面马赫数分布不理想，其吸力面马赫数峰值虽然控制在 1.2 左右，但槽道中仍有较强的激波产生，峰值后速度扩散梯度较大，会导致边界层分离产生；相比之下，N-02 叶栅表面马赫数分布仍较为理想，吸力面马赫数峰值不超过 1.1，峰值后平稳过渡到亚声区，避免了激波产生。另外，在叶型前半段维持的"平顶式"分布更长，更有利于层流附面层的保持，峰值后气流速度变化梯度小，平缓扩散到尾缘。

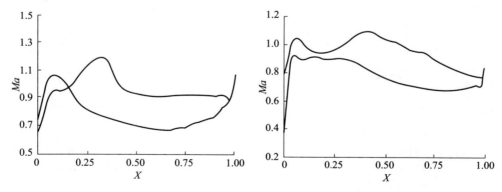

图 6.54　高度 20km、进口马赫数 0.82、进气角 50°时，N-01 叶型表面马赫数分布

图 6.55　高度 20km、进口马赫数 0.82、进气角 50°时，N-02 叶型表面马赫数分布

第6章 高负荷压气机气动设计策略及其高空性能

综上所述，针对高负荷、低损失、抗分离叶型的设计策略，文献［110］给出如下的认知：

（1）高空低雷诺数流动对叶型性能有较大的影响，设计时必须予以考虑，其中以有效控制叶型吸力表面边界层的发展是关键。通常认为，在叶型前半段尽量维持较长的层流边界层，控制峰值不要过高，在峰值后的后半段，控制好气流的扩散程度，避免较大的逆压梯度，使气流不产生分离。当分离无法避免时，要将分离尽量推迟至叶型尾缘附近，这样便能够有效地降低叶型损失。

（2）在进行叶型反问题设计时，如给定叶型表面马赫数分布，在叶型前半段应该维持一段"平顶式"分布，这将有利于层流边界层的流动；另外，注意将吸力面马赫数峰值控制在 1.2 以下，峰值后应该维持均匀的气流扩散，这样便能够在一定程度上抑制或推迟分离的发生，有效地改善叶型的高空性能。

第 7 章

HL/UHL 涡轮设计策略以及 LPT 边界层流动控制技术

涡轮作为航空发动机核心机的关键部件之一，为了获得更高的性能，其热负荷和机械负荷一直在不断提高。以大涵道比涡扇发动机为例，目前涡轮前温度已达到 1800K，转速已超过 15000r/min；并且为了使燃气在很短距离内膨胀做功，高压涡轮还处于强压力梯度和强温度梯度中。在如此恶劣的工作环境下，其寿命要求达到 1 万～2 万 h，这就对高压涡轮的设计提出了很高的要求。在气动设计方面，高负荷和超高负荷一直是近 20 年来高压涡轮以及低压涡轮气动设计的热点与方向。下面，首先阐述高负荷（High Lift，HL）和超高负荷（Ultra High Lift，UHL）叶型的基本评价参数与指标。以低压涡轮（Low-Pressure Turbine，LPT）为例，传统的低压涡轮的 Zweifel 数（简写为 Zw）小于 1.0，而高负荷叶型 Zw 大于 1 并且小于 1.2（例如 T106 叶型，其 Zw 为 1.04）；另外，将 Zw 大于 1.2 的叶型称为超高负荷叶型（如 Pratt &Whittney 设计的 PACK-D 叶型 Zw 为 1.36，PACK-E 叶型 Zw 为 1.54，PACK-F 叶型 Zw 为 1.74）。通常，表征叶栅气动负荷的 Zweifel 数定义为

$$Zw = 2\frac{\tilde{t}}{b_x}\cos^2\beta_2\left(\frac{W_{x1}}{W_{x2}}\tan\beta_1 + \tan\beta_2\right) \tag{7.1}$$

式中：$\tilde{t}$、b_x 分别为栅距和轴向弦长；β_1、β_2 是叶栅的进口和出口气流与轴线的夹角，即 β_1、β_2 分别为进、出口的气流角；W_{x1}、W_{x2} 分别为进、出口气流沿轴向的分速度。

本章着重讨论高负荷及超高负荷涡轮叶型设计中的一些基本策略以及深入研究不同 Re、不同来流湍流度和不同尾迹扫掠频率下的高负荷与超高负荷低压涡轮边界层的流动分离与转捩过程的机理，从而为进一步提高涡轮的整体性能，有效地完善涡轮内部的流动控制技术提供理论支持。

7.1 高负荷涡轮气动设计的一般策略及关键技术

2003 年，AIAA 提出的可承担的先进涡轮发动机（Versatile Affordable Advanced Turbine Engines，VAATE）计划明确提出通用性核心技术是一个重要的研究方向。通用核心技术是指研制能满足从战斗机、运输机到导弹和无人机的全部推进系统所要求的通用核心机技术，它是实现降低成本、缩短发动机研制周期的

有力措施。通用核心机研究的目标是通过高剩余功率、高燃烧效率、耐用设计、高效与宽流量范围去保证其必要的多功能性。因此，发展通用核心机涡轮部件的设计意义重大。国内，江和甫、王永明、邹正平等也相继提出发展核心机及其派生发动机的发展思路。另外，邹正平教授还提出了通用核心机涡轮部件气动设计的准则，首次定义了涡轮的气动通用性函数 $\widetilde{T}$ 以及某个转速下通用性函数分量 $\widetilde{T}_m$ 的概念。

涡轮机的气动设计总是由低维（一维与二维）到高维（三维以及考虑非定常效应的时空四维）空间。通常，人们总认为低维气动设计简单、对经验的依赖性强，其实，低维设计极为重要，而且对物理问题在本质上的认识要求很高，这是由于低维气动设计可以抓住叶轮机内部最主要的物理本质，并且在很大程度上决定了叶轮机的性能水平，因此，这个环节至今仍是当今世界各航空发动机公司的核心技术之一。对于高负荷涡轮的气动设计，通常可概括为如下五个方面：

（1）进行一维气动分析，完成各级叶中截面上的速度三角形，进而生成涡轮子午面形状。

（2）从二维层面出发，选取合理的扭向规律以获得涡轮级不同叶高截面处的速度三角形，并通过 S_2 反问题计算，获得涡轮各叶片排关键的气动参数，进而按照叶片排进出口气动参数进行不同叶高截面上的叶栅造型，并用 S_1 流面正问题数值计算检验叶型设计的合理性。

（3）充分利用弯、掠和扭等积叠方式，合理组织通道的内部流动，利用 S_2 流面正问题或准三维数值方法获得涡轮部件的总体性能和参数分布，并进行初步的流场分析和诊断。

（4）如果对性能参数不满意，则要通过精细化设计手段，对设计进行完善以改善涡轮的性能。

（5）在设计结果满足设计要求的前提下，对涡轮进行全三维的 N-S 方程求解。图 7.1 给出了高负荷涡轮气动设计的总框图。

需要指出的是，涡轮部件的气动设计是一个反复优化迭代的过程，低维的参数选取直接影响高维的设计结果，而高维的设计结果也能反馈并指导低维优化设计。另外，对于低维分析的准确性还与其采用的涡轮气动损失模型的精度密切相关，也与长期积累下来的气动损失模型和数据库直接关联。以下分 6 个小问题，详细研究涡轮部件气动设计中的关键技术。

7.1.1 一维平均中径方法以及 Smith 效率关联式

涡轮一维气动方案设计的主要任务是，根据航空发动机的总体方案对涡轮部件提出的设计点性能要求和各种边界条件、约束条件等，确定涡轮子午流道、涡轮级数以及各级的速度三角形等关键参数（图 7.1）。通常，性能要求包括涡轮设计点流量、膨胀比、效率和功率等；边界条件应包括设计点涡轮转子的转速、

第三篇 发动机核心部件高负荷高空性能研究

涡轮进口气流的总温、总压、气流角、冷却气参数等；约束条件应包括部件的轴向和径向尺寸、出口气流角和马赫数等约束条件；另外，还要对结构强度和重量等提出要求。在确定了涡轮功分配的前提下，各级涡轮的速度三角形可以由流量系数 φ、反力度 Ω、级负荷系数（又称载荷系数）ψ、轴向速度比 K_a、进出口中径比 $\overline{D}_m$，这五个无量纲参数确定。

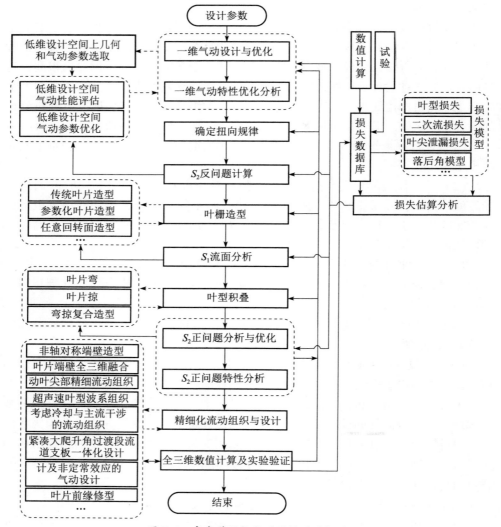

图 7.1 高负荷涡轮气动设计的总框图

图 7.2 给出了涡轮典型速度三角形的示意图。

由基元级基本参数关系以及上述 φ、Ω、ψ、K_a 和 $\overline{D}_m$ 五个无量纲参数可得

第7章 HL/UHL 涡轮设计策略以及 LPT 边界层流动控制技术

$$\tan\beta_1 = \cfrac{1}{\cfrac{1}{\tan\alpha_1} - \cfrac{1}{K_a\varphi}} = \cfrac{\varphi K_a}{\cfrac{\psi}{2} - \Omega} \tag{7.2}$$

$$\tan\beta_2 = \cfrac{1}{\cfrac{1}{\tan\alpha_2} + \cfrac{1}{\varphi}} = \cfrac{\varphi}{\cfrac{\psi}{2} - (1-\Omega) + \overline{D}_m} \tag{7.3}$$

$$\tan\alpha_1 = \cfrac{\varphi K_a}{\cfrac{\psi}{2} + (1-\Omega)} \tag{7.4}$$

$$\tan\alpha_2 = \cfrac{\varphi}{\cfrac{\psi}{2} - (1-\Omega)} \tag{7.5}$$

$$\Delta V_u = \frac{V_{1a}}{\tan\alpha_1} + \frac{V_{2a}}{\tan\alpha_2} \tag{7.6}$$

$$\psi = \frac{U \cdot \Delta V_u}{U^2} = \varphi\left(\frac{K_a}{\tan\alpha_1} + \frac{1}{\tan\alpha_2}\right) \tag{7.7}$$

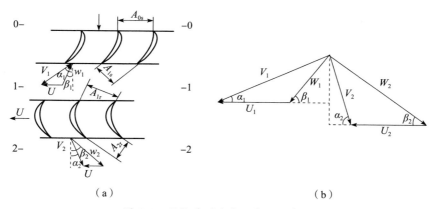

图 7.2 涡轮典型速度三角形示意图

令单位涡轮功（又称轮缘功）与单位流动损失功分别为 L_u、L_f，导叶和动叶的速度损失系数分别为 ξ_s、ξ_γ，于是单级涡轮的效率为

$$\eta_T = \frac{L_u}{L_u + L_f} = \frac{U \times \Delta V_u}{U \times \Delta V_u + \left(\frac{1}{\xi_s^2} - 1\right)\frac{V_1^2}{2} + \left(\frac{1}{\xi_\gamma^2} - 1\right)\frac{W_2^2}{2}} \tag{7.8}$$

η_T 又称为涡轮等熵滞止效率（或总对总效率），利用式（7.2）~式（7.7），式（7.8）可写为

$$\eta_\text{T} = \frac{1-\dfrac{T_{t2}}{T_{t0}}}{1-\left(\dfrac{p_{t2}}{p_{t0}}\right)^{\frac{\gamma-1}{\gamma}}} = \frac{2\psi\eta_\delta}{f(\varphi,\psi,\Omega,K_a,\overline{D}_m,\xi_\gamma,\xi_s)} \quad (7.9)$$

式中：η_δ 为叶尖泄漏损失效率；ξ_γ、ξ_s 分别为动叶和导叶的速度损失系数；函数 $f(\varphi,\psi,\Omega,K_a,\overline{D}_m,\xi_\gamma,\xi_s)$ 的表达式为

$$\begin{aligned}f(\varphi,\psi,\Omega,K_a,\overline{D}_m,\xi_\gamma,\xi_s) = & \varphi^2\left[\left(\frac{1}{\xi_\gamma^2}-1\right)+K_a^2\left(\frac{1}{\xi_s^2}-1\right)\right]+\frac{\psi^2}{4}\left(\frac{1}{\xi_\gamma^2}+\frac{1}{\xi_s^2}-2\right)\\ & +\psi\left\{(1-\Omega)\left(\frac{1}{\xi_s^2}-1\right)+\left[\overline{D}_m-(1-\Omega)\right]\left(\frac{1}{\xi_\gamma^2}-1\right)+2\right\}\\ & +\left[\overline{D}_m-(1-\Omega)\right]^2\left(\frac{1}{\xi_\gamma^2}-1\right)+(1-\Omega)^2\left(\frac{1}{\xi_s^2}-1\right)\end{aligned}$$
$$(7.10)$$

文献［52］给出了 Smith 获得的数据点以及效率曲线，图 7.3 给出了涡轮效

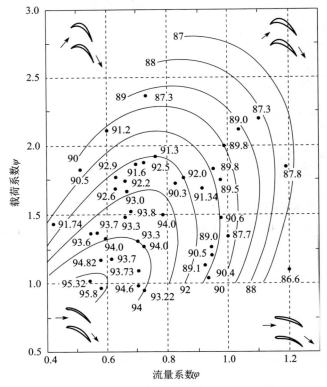

图 7.3　涡轮效率随 ψ 和 φ 变化的 Smith 图

率随 ψ 和 φ 变化的 Smith 图。该图是在汇集大量航空燃气轮机测量数据的基础上所得到的效率关联图，应该说明的是，所有试验级的轴向速度均保持不变，反力度 Ω 为 $0.2\sim0.6$，叶片展弦比较大，为 $3\sim4$。文献 [53] 进行了验证性试验，结果表明，Smith 图在涡轮的初步设计中具有实用性。

7.1.2 低维设计空间多级涡轮气动参数的筛选

这里仅扼要讨论两个算例：一个是单级涡轮，另一个是两级涡轮。对涡轮性能的评估，采用在涡轮一维平均中径上利用一维欧拉方程并结合体积力进行，参数筛选采用正交试验或均匀设计法[111-112]。

1. 单级涡轮

取载荷系数 ψ、流量系数 φ、反力度 Ω、轴向速度比 K_a 和进出口中径比 $\overline{D}_m$，这 5 个无量纲参数作为正交试验或均匀设计法中的 5 个因素，每个因素取 13 个水平，如果进行完全的试验可形成 $13^5=371293$ 个样本，显然工作量太大。为此，选用正交试验法或均匀试验法进行。表 7.1 给出了单级涡轮样本信息，表 7.2 给出了单级涡轮极差分析结果，由表 7.2 可知，ψ 对效率 η_T 的影响程度最高，其次是 φ 和 Ω，而 K_a 与 $\overline{D}_m$ 对 η_T 的极差值比 ψ 小一个数量级。因此，在以下分析中重点考虑 ψ、φ 和 Ω 的选取。

表 7.1 单级涡轮样本信息

参数	最小值	最大值	水平数
载荷系数 ψ	0.70	3.10	13
流量系数 φ	0.42	1.28	13
反力度 Ω	0.17	0.53	13
轴向速度比 K_a	0.70	1.30	13
进出口中径比 $\overline{D}_m$	0.82	1.18	13

表 7.2 单级涡轮极差分析结果

	载荷系数 ψ	流量系数 φ	反力度 Ω	轴向速度比 K_a	进出口中径比 $\overline{D}_m$
效率极差 $\eta_{EDA}/\%$	5.42	1.84	1.42	0.50	0.43

2. 两级涡轮

对两级涡轮问题，这时可只考虑 7 个参数，即一个功分配系数 L_D 以及各级涡轮的载荷系数 ψ、流量系数 φ 和反力度 Ω。每个参数也取 13 个水平，如进行完全的试验，可形成 $13^7=62748517$ 个样本，其样本量为单级涡轮的 169 倍。因此，选用正交设计或均匀试验法安排试验，然后进行极差分析。表 7.3 给出了两级涡轮极差的分析结果。由该表可知，ψ、φ 和 Ω 是影响两级涡轮效率的三个主要因素。随着现代高负荷低压涡轮级数的进一步发展，在设计中不仅要考虑 ψ、

φ 和 Ω，而且必须考虑升力系数（也可以用环量系数 C_o 代替）和叶片工作时雷诺数等方面的影响，对于这方面的研究，可参考文献 [113-114] 等。另外，在计算中，损失模型也是非常重要的。常用的损失模型有 Denton，Coull 和 Hodson，Ainley 和 Mathieson，Dunham 和 Came，Kacker 和 Okapuu，Craig 和 Cox，以及 Traupel 等，将这些模型的预测能力和精度进行比较，可以初步得到如下结论：

表 7.3 两级涡轮极差分析结果

	第一级			第二级			L_D
	ψ	φ	Ω	ψ	φ	Ω	
效率极差 η_{EDA}/%	2.27	0.35	0.27	1.22	0.58	0.51	0.31

（1）在叶型损失预测方面，Coull 和 Hodson 损失模型具有良好的预测能力与精度。

（2）在二次流损失预测方面，Craig 和 Cox 以及 Traupel 损失模型相对表现更佳[115]。

7.1.3 涡轮气动设计参数对通用性函数的影响规律分析

令涡轮性能的通用性函数为 $\widetilde{T}$；流量系数、反力度、载荷系数和轴向速度比分别为 φ、Ω、ψ 和 K_a。文献 [115-116] 中指出：

（1）$\widetilde{T}$ 仅是 Ω、ψ 和 K_a 的函数；而 φ 是用来确定设计点在涡轮效率曲线上的位置，与 $\widetilde{T}$ 无关，即

$$\widetilde{T} = f_1(\Omega, \psi, K_a) \tag{7.11a}$$

（2）在文献 [115] 中，为描述 $\widetilde{T}$ 还引进了四个因子，即效率因子 E_m、导数因子 D_m、流量因子 M_m 和转速因子 R_m，这四个因子的详细说明这里不再给出，于是有

$$\widetilde{T} = \frac{\sum_{m=1}^{n}(N_m \widetilde{T}_m)}{\sum_{m=1}^{n} N_m} \tag{7.11b}$$

其中，N_m 为百分比转速；$\widetilde{T}_m$ 表示 N_m 转速下通用性函数分量 $\widetilde{T}_m$，即

$$\widetilde{T}_m = a_1 E_m^{k_1} + a_2 D_m^{k_2} + a_3 M_m^{k_3} + a_4 R_m^{k_4} \tag{7.11c}$$

这里 k_1，k_2，k_3，k_4 为 N_m 转速下的转速因子；而 a_1，a_2，a_3，a_4 为加权系数。另外，这里还给出 φ、ψ、Ω、K_a 的取值范围：

$$\begin{cases} \varphi \in [0.05, 2] \\ \psi \in [1.56, 2.5] \\ \Omega \in [0.24, 0.53] \\ K_a \in [0.65, 0.9] \end{cases} \tag{7.12a}$$

第7章 HL/UHL 涡轮设计策略以及 LPT 边界层流动控制技术

（3）通常，涡轮部件设计参数选择时，存在一个气动性能较好的区域，主要集中在：

$$\begin{cases} \Omega = 0.35 \sim 0.45 \\ \psi = 1.65 \sim 1.9 \\ K_a = 0.55 \sim 0.65 \end{cases} \quad (7.12b)$$

并以此为中心向其他方向递减，并且与叶片的展弦比有关。对于以上几点，这里从零维、一维、二维和三维的不同层面略作说明：借助于式（7.8）以及通用性函数 $\tilde{T}$ 的概念，图 7.4 给出了反力度 Ω 对涡轮效率 η_T 和通用性函数 $\tilde{T}$ 的影响曲线。

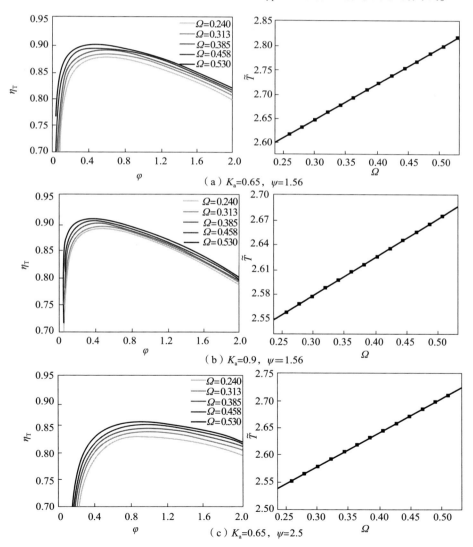

(a) $K_a = 0.65$, $\psi = 1.56$

(b) $K_a = 0.9$, $\psi = 1.56$

(c) $K_a = 0.65$, $\psi = 2.5$

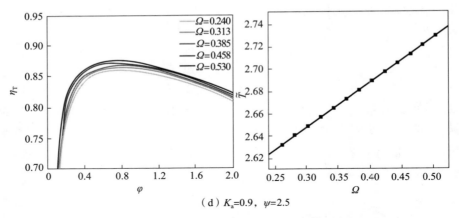

(d) $K_a=0.9$,$\psi=2.5$

图 7.4 反力度 Ω 对涡轮效率 η_T 和通用函数 $\widetilde{T}$ 的影响曲线

从图 7.4(a)~(d) 可以看出：当 $\Omega\in[0.24,0.53]$ 时，随着反力度 Ω 的增大，效率曲线基本上是向上平移；另外，对于 $\widetilde{T}$，在此区间中呈现出单调递增的趋势。此外，比较图 7.4(a)、(b)、(c)、(d) 中的 η_T 变化，当 $\Omega=0.53$ 时，最大效率点是按图 7.4(b)、(a)、(d)、(c) 的秩序依次减小的，即效率因子 E_n 依次减小；而曲线的平滑程度即导数因子 D_n 的变化规律是图 7.4(c)、(d)、(a)、(b)。因此，需要综合考虑 E_n 和 D_n 的影响。

图 7.5 给出了轴向速度比 K_a 对涡轮效率 η_T 和通用性函数 $\widetilde{T}$ 的影响曲线。在图 7.5(a)、(b)、(c) 和 (d) 中，其左侧的图为效率曲线，右侧的图为通用性函数曲线。由左侧图可以看到，在 $K_a\in[0.65,0.9]$ 时，随着轴向速度比 K_a 的增大，效率曲线 η_T 的最大值逐渐增大，但与此同时效率曲线变得更"陡"。另外，由图 7.5(d) 可以看出，必定存在一个最佳的轴向速度比 K_a 使得涡轮的通用性函数取得最大值。

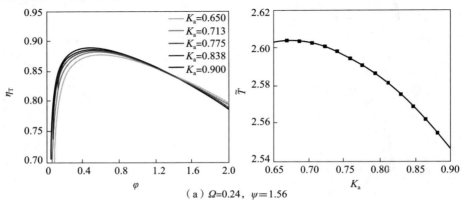

(a) $\Omega=0.24$,$\psi=1.56$

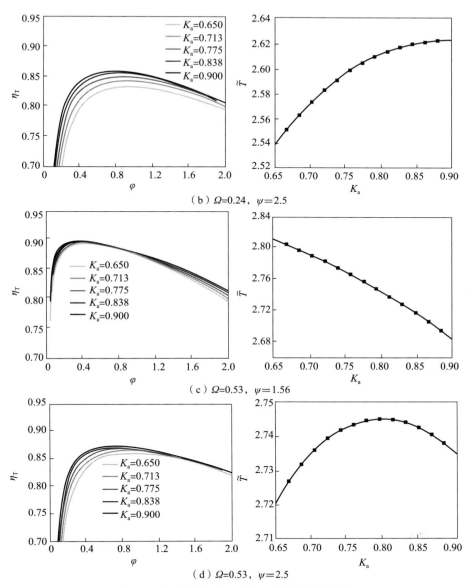

图7.5 轴向速度比K_a对η_T和$\widetilde{T}$的影响曲线

图7.6给出了当$\alpha_1=20°$，$\alpha_2=90°$时，几个轴向速度比的效率曲线。由该图可看出，在兼顾了效率值的大小以及效率曲线平滑的情况下，K_a的值应在0.6~0.8间时效率曲线最佳、通用性最好，即最佳轴向速度比应为0.7左右。

图 7.7 给出了载荷系数 ψ 对涡轮效率 η_T 和通用性函数的影响曲线。类似地，在图 7.7（a）、（b）、（c）和（d）中，其中左侧图为效率曲线，右侧为通用性函数曲线。从左侧图中可以看出，在 $\psi \in [1.56, 2.5]$ 时，随着载荷系数的增大，效率曲线的最大值在逐渐减小，但与此同时效率曲线变得更平滑，因此在轴向速度比和反力度一定的条件下存在一个最佳的载荷系数，使得涡轮具有最佳的通用性。另外，由右侧图还可以看到，当 $\psi \in [1.56, 2.5]$ 时，通用性最佳值呈现在 $\psi = 1.7$ 附近（当 $K_a = 0.65$，$\Omega = 0.53$ 时）。

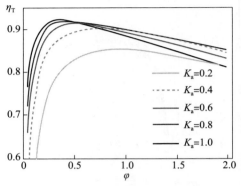

图 7.6　几种轴向速度比 K_a 时的效率 η_T 曲线（$\alpha_1 = 20°$，$\alpha_2 = 90°$）

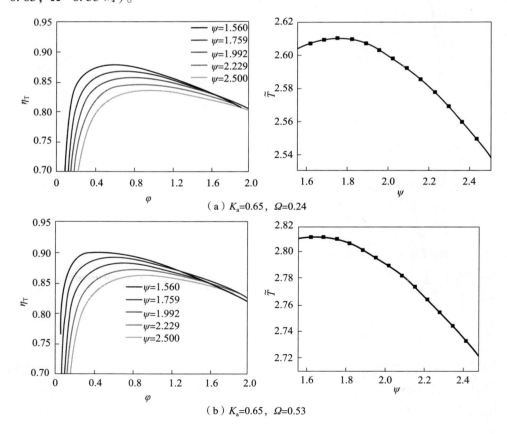

（a）$K_a = 0.65$，$\Omega = 0.24$

（b）$K_a = 0.65$，$\Omega = 0.53$

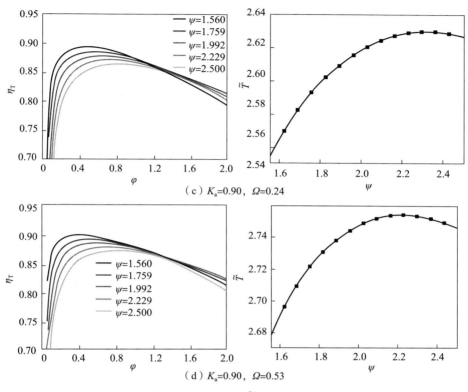

(c) $K_a=0.90, \Omega=0.24$

(d) $K_a=0.90, \Omega=0.53$

图 7.7　ψ 对 η_T 和 $\tilde{T}$ 的影响曲线

表 7.4 给出了这 8 个涡轮的通用性函数分量和设计点参数值。比较一维计算 100% 转速时，通用性分量的散点分布发现，通用性最佳值在 $\Omega=0.38$，$\psi=1.6$，$K_a=0.6$ 附近，并且以此为中心向其他方向递减。

表 7.4　8 个涡轮的通用性函数分量和设计点参数

编号	通用性	效率	流量/(kg/s)	膨胀比	反力度	载荷系数	轴向速比	流量系数
Z9	0.263	0.8536	3.96	3.93	0.403	1.421	0.521	0.487
S3	0.245	0.855	26.35	4.18	0.379	1.554	0.61	0.485
S2	0.244	0.8612	28.22	4.26	0.380	1.631	0.569	0.547
Z14	0.215	0.8365	4.33	3.49	0.394	1.633	0.516	0.674
S15	0.208	0.8491	4.37	3.60	0.389	1.634	0.648	0.734
S11	0.197	0.8913	15.43	2.56	0.340	1.909	0.744	0.738
Z13	0.180	0.8455	2.53	2.68	0.392	1.411	0.799	0.635
S12	0.167	0.8638	5.36	2.45	0.376	1.866	0.75	0.864

表 7.5 给出了不同转速下各个涡轮的通用性函数分量以及采用加权平均后所得到的通用性函数的最终值。

表 7.5 不同转速下各个涡轮的通用性函数分量和通用性最终值

编号	通用性结果			
转速（n/n_d）	80%	90%	100%	最终值
S2	0.2	0.203	0.23	0.212
S3	0.191	0.203	0.231	0.21
Z9	0.149	0.214	0.246	0.207
S11	0.161	0.18	0.188	0.177
Z14	0.138	0.157	0.203	0.168
S15	0.153	0.147	0.197	0.167
S12	0.15	0.157	0.159	0.156
Z13	0.13	0.153	0.171	0.153

比较表 7.4 与表 7.5 可以发现：不同转速下所得到的通用性函数分量的数值是不同的。比较一维计算结果得到的通用性函数与反力度、载荷系数、轴向速度比关系的散点图，最佳区域集中在 $\varOmega=0.38$，$\psi=1.6$，$K_a=0.6$ 附近是一个重要特点。

表 7.6 给出了这 10 个涡轮的设计参数和通用性函数分量的值。分析二维计算得到的 100% 转速通用性分量的散点图可知：通用性最佳值集中在 $\varOmega=0.35\sim0.45$，$\psi=1.65\sim1.9$，$K_a=0.55\sim0.6$ 的区域内，并以其为中心向其他方向递减。

表 7.6 10 个涡轮的通用性函数分量和设计点参数

编号	通用性	效率	流量/(kg/s)	膨胀比	反力度	载荷系数	轴向速比	流量系数
S2	0.291	0.8813	27.06	4.31	0.389	1.924	0.590	1.272
S3	0.284	0.8745	26.37	4.28	0.459	1.783	0.582	1.208
Z9	0.275	0.8690	3.79	4.00	0.406	1.686	0.55	1.069
Z8	0.243	0.8515	4.46	3.47	0.520	1.84	0.526	1.821
Z4	0.243	0.8347	4.40	3.59	0.527	1.884	0.512	1.856
Z7	0.234	0.9079	4.43	2.47	0.261	1.468	0.664	1.089
Z5	0.228	0.8478	4.42	3.60	0.493	1.910	0.538	1.822
Z10	0.222	0.8889	6.68	2.32	0.434	2.100	0.726	2.159
S6	0.203	0.8623	5.49	2.56	0.454	1.999	0.705	1.797
Z1	0.188	0.8551	2.19	2.03	0.495	1.404	0.654	2.021

表 7.7 给出了二维与三维计算所得到的通用性函数分量值。从表 7.7 中可以

发现,虽然二维与三维计算出的通用性函数分量值不同,但总值趋势是基本相同的。另外,分析100%转速时三维计算得到的通用性分量的散点分布可知,通用性最佳值大都集中在 $\Omega = 0.35 \sim 0.45$, $\psi = 1.65 \sim 1.9$, $K_a = 0.55 \sim 0.6$ 附近,并且以此为中心向其他方向递减,这个特点也与一维计算类似。

表 7.7 二维与三维计算获得的通用性函数分量值对比

	Z1	S2	S3	Z4	Z5	S6	Z8	Z9	Z10
二维	0.188	0.291	0.284	0.243	0.228	0.203	0.243	0.275	0.222
三维	0.221	0.311	0.293	0.220	0.226	0.194	0.222	0.258	0.212

7.1.4 沿径向和轴向不同加载方式对涡轮性能的影响

选用动叶片数为63、导叶数为35的某涡轮部件,该部件涡轮原始叶型的设计参数如表 7.8 所列。

表 7.8 涡轮原始叶型的设计参数

	导叶			动叶		
	叶根	叶中	叶尖	叶根	叶中	叶尖
进口构造角/(°)	90	90	90	39.29	37.39	41.19
出口构造角/(°)	12.9	12.85	12.8	24.7	23.5	22.3
喉道面积/mm²	10.46	10.92	11.39	10.6	10.91	10.94
安装角/(°)	38	37	36	68	61	53.5
前缘楔形角/(°)	30	31	32	14.5	11.5	8
尾缘楔形角/(°)	8	9	10	7.5	3	2
尾缘弯折角/(°)	15	15.1	15.2	15.4	15.3	15.2
前缘半径/mm	2.4	2.5	2.6	1.5	1.25	1.1
尾缘半径/mm	0.6	0.6	0.6	0.6	0.55	0.5
轴向弦长/mm	36.61	37.30	37.91	30.14	26.54	24
稠度	1.32	1.31	130	1.36	1.19	1.11

在此基础上,分别改动了导叶的扭向规律和动叶的轴向负荷分布规律,形成了导叶正扭、导叶反扭、动叶前加载和动叶后加载的相应叶型,表 7.9 给出了相关叶型的造型参数,表中没有给出的造型参数与表 7.8 相同。这里正扭指叶片从根到尖出口构造角减小,反扭则从根部到尖构造角增大;正扭与反扭的扭转角均为 4°。

表 7.9 相关叶型的造型参数

导叶	叶根		叶中		叶尖	
	正扭	反扭	正扭	反扭	正扭	反扭
进口构造角/(°)	90	90	90	90	90	90
出口构造角/(°)	14.9	10.9	12.85	12.85	10.8	14.8
叶型安装角/(°)	38	37.5	37	37	35.5	36.5
前缘楔形角/(°)	30	30	31	31	32	32
尾缘楔形角/(°)	8	8	9	9	10	10
尾缘弯折角/(°)	15	15	15.1	15.1	15.2	15.2
喉道面积/mm^2	11.93	8.98	10.92	10.92	9.76	13
导叶	前加载	后加载	前加载	后加载	前加载	后加载
进口构造角/(°)	90	90	90	90	90	90
出口构造角/(°)	12.9	12.9	12.85	12.85	12.8	12.8
叶型安装角/(°)	38	38	37	37	36	36
前缘楔形角/(°)	30	30	31	31	32	32
尾缘楔形角/(°)	8	8	9	9	10	10
尾缘弯折角/(°)	15	15	15.1	15.1	15.2	15.2
喉道面积/mm^2	10.46	10.46	10.92	10.92	11.39	11.39
动叶	正扭	反扭	正扭	反扭	正扭	反扭
进口构造角/(°)	37.29	35.29	37.39	37.39	38.19	42.19
出口构造角/(°)	24.7	23.3	23	22.8	21.3	22.3
叶型安装角/(°)	66	68	61	59	53.5	51
前缘楔形角/(°)	13.5	13.5	10.75	10.75	8	8
尾缘楔形角/(°)	7.5	6.5	3.5	3.5	2	2
尾缘弯折角/(°)	15.4	15.4	15.3	15.3	15.2	15.2
喉道面积/mm^2	10.6	10.16	10.71	10.63	10.51	10.94
动叶	前加载	后加载	前加载	后加载	前加载	后加载
进口构造角/(°)	39.29	39.29	38.39	37.39	41.19	41.19
出口构造角/(°)	24.7	24.7	23.5	23.5	22.3	22.3
叶型安装角/(°)	53	68	47	61	47	53.5
前缘楔形角/(°)	16.5	14.5	12.5	11.5	7.5	8
尾缘楔形角/(°)	14.5	7.5	9.5	3	6.5	2
尾缘弯折角/(°)	8.4	15.4	8.3	15.3	8.2	15.2
喉道面积/mm^2	10.6	10.6	10.91	10.91	10.94	10.94

图 7.8 和图 7.9 分别给出了不同负荷分布时，涡轮效率和涡轮流量的三维数

第7章 HL/UHL 涡轮设计策略以及 LPT 边界层流动控制技术

值计算结果。在设计转速下，大膨胀比（膨胀比大于 4.2）与小膨胀比（膨胀比为 1.2~2.2）时，涡轮导叶负荷沿径向的分布（扭向规律）对涡轮级总体性能参数影响不大，因此对涡轮气动的通用性函数值也变化很小；涡轮动叶沿轴向的负荷分布规律（加载方式）对涡轮效率有较大的影响，因此对涡轮气动的通用性函数值也有较大变化，气动设计时应值得注意。

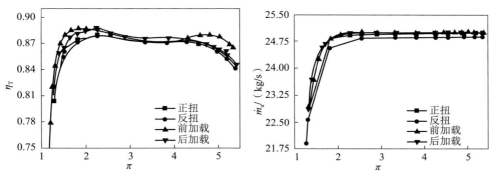

图 7.8 不同负荷分布时涡轮效率特性的三维数值计算结果

图 7.9 不同负荷分布时涡轮流量特性的三维数值计算结果

7.1.5 涡轮精细化流动组织与设计技术

随着高性能与高负荷涡轮设计的发展，涡轮的精细化流动的组织与设计技术得到了发动机工程与技术界的普遍重视，以下分五点略作概述。

1. 非轴对称端壁造型技术

传统的涡轮设计多采用轴对称端壁造型，非轴对称端壁造型设计的初衷是通过对轮毂进行曲面造型，从而改变通道端区的压强分布，使二次流强度减弱，达到控制二次流损失的目的。早在 1981 年 Kopper 等就探讨用非轴对称几何形状来控制与调节局部的流动结构，试验表明[117]流动损失降低了 17%。文献［118-119］将非轴对称端壁造型技术应用于某高功率涡轮级，其效率提高了 1%左右。另外图 7.10 给出了非轴对称端壁造型技术对损失沿径向分布的影响[120]，该技术已应用在 TRENT900 发动机的高负荷低压涡轮的设计上[121]。

2. 动叶叶尖部的精细流动组织

在涡轮中，旋转的动叶与静止的机匣之间存在着间隙，叶顶主流燃气在间隙处有泄漏流动和掺混损失，为了减少叶顶处间隙泄漏流量和降低流动损失，近年来对动叶叶尖流动问题进行了精细的组织。下面分别对带冠涡轮与不带冠涡轮进行扼要说明。对于带冠涡轮，文献［122］给出一种叶尖气流流动的组织方法，在剑桥大学的涡轮实验室进行试验证实：在设计状态时可提高效率 0.4%；对于不带冠涡轮，文献［123-124］给出另外两种叶尖流动的组织方式，可使效率提高 1.05%~1.2%。

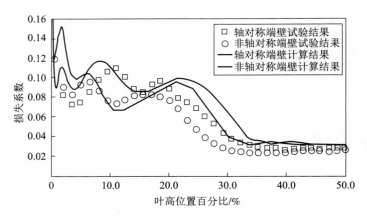

图 7.10 非轴对称端壁造型对损失沿径向分布的影响

3. 高负荷跨声速涡轮叶型间隙的精细化组织

随着计算流体力学和优化方法的发展,近年来,优化技术已用于超声速叶型波系精细化组织的领域,在高压涡轮和低压涡轮的气动设计中一直非常重视,高压涡轮中波系与边界层相互作用如图 7.11 所示;文献 [125] 采用遗传算法对高负荷跨声速涡轮叶型进行优化。叶型优化后在最大厚度位置以及叶型尾缘附近的压力面和吸力面型线都有了变化,如图 7.12 所示,在叶型压力面尾缘出现负曲率等,这些几何形状的变化使得原叶型的强内尾波被强度较弱的双激波结构所代替,并最终导致气动损失降低了 12%,同时落后角也相应减小。

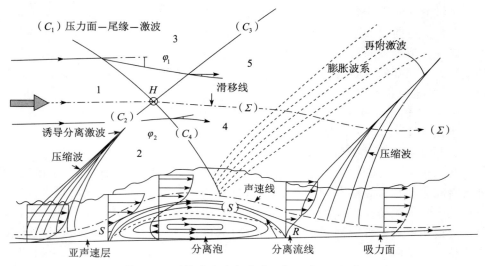

图 7.11 涡轮中激波与边界层相互作用的分析

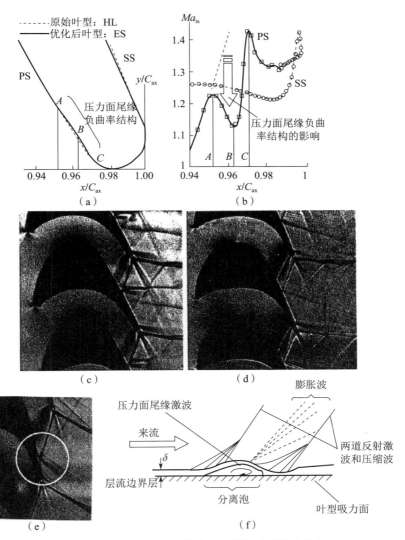

图 7.12 优化后涡轮尾缘型面与涡轮叶型波系结构

文献 [126-128] 还研究了上游转子动叶的激波结构对下游静子叶片排非定常作用力的影响,有效地减小了导叶出口静压的周向不均匀度以及气动损失。对于这方面上游尾迹扫掠下游叶排的研究,在 7.2 节和 7.3 节中将进行更详细的研究。

4. 考虑涡轮冷却与主流干涉效应的流动组织

对于气冷涡轮来讲,冷却气体与高温燃气之间会发生剧烈的动量、温度输运现象:冷气射流与主流燃气之间的卷吸、掺混所诱导出的涡对、马蹄涡、迎风涡、背风涡等涡系结构,这些结构会造成涡轮性能下降。文献 [129] 在气膜冷却孔的形成等方面做了大量研究，对提高冷却效果和降低流动损失上都产生了有益的作用。另外，文献［130-131］等还对端区封严气流与主流干涉效应的流动组织方面进行了细致的研究与分析，从而改善了涡轮端区的流动。

5. 紧凑过渡段流道支板的优化技术

随着涵道比的不断增大，势必导致高低压涡轮半径之差的增大，因此高压涡轮与低压涡轮之间的流道支板设计成为研究热点之一[132-133]。图 7.13 给出了高低压涡轮之间过渡段常用的几何描述术语与符号。表 7.10 给出了几种发动机和试验台过渡段的主要参数，这里 AR 为出口与进口的面积比，L_x/h_1 为长高比。在过渡段的气动设计参数中，AR、L_x/h_1 和 $\Delta R/L_x$ 是最重要的三个参数：面积比 AR 表征了过渡段进出口之间的压强差；长高比 L_x/h_1 表征过渡段的无量纲长度；径长比 $\Delta R/L_x$ 表征过渡段进出口爬升角的大小。

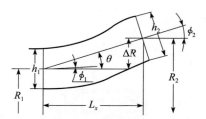

h_1—进口环面高度；ϕ_1—进口面倾角；
h_2—出口环面高度；ϕ_2—出口面倾角；
ΔR—径向尺寸差；L_x—轴向长度；θ—爬升角。

图 7.13 过渡段几何描述的相关符号

表 7.10 几种发动机和试验台过渡段的参数

发动机型号	AR	L_x/h_1	$\theta/(°)$
CF6-50	1.35	3.47	30
GE90	1.25	2.67	38
PW6000	1.27	2.05	35
Chalmers（AIDA C1）	1.30	2.03	30
Chalmers（AITEB-2）	1.30	2.03	30
Graz（AIDA C4）	1.50	2.02	32
Graz（AIDA C5）	1.50	1.67	40

图 7.14 给出了过渡段几何参数（包括面积比 AR、长高比 L_x/h_1 和爬升角 θ）与性能的关系曲线[134]。图 7.15 给出文献［135］优化前后过渡通道的形状，其优化效果非常明显，较原型的流动损失减小了约 25%。

文献［136-137］提出了带分流叶片的过渡段支板结构形式，其目的是进一步缩短轴向长度、减轻发动机重量，并且取得了大支板承力、小叶片

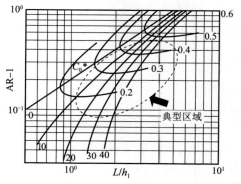

图 7.14 过渡段几何参数与性能的关系曲线

起整流作用的设计方案。相关研究表明,上述措施可以有效地削弱二次涡的强度,抑制角区分离,降低流动损失。

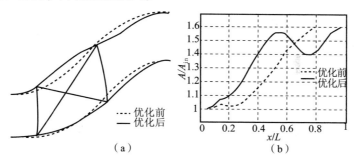

图 7.15 过渡段优化前后通道的形状与流通面积的变化

7.1.6 时序、热斑和寂静效应及其在气动设计中的应用

时序效应是指多排涡轮叶片中,由于上、下游转子叶片周向位置相对布局或上、下游静叶与动叶周向位置相对布局引起的性能变化。当上游叶片的尾迹打在下游叶片的前缘时,涡轮的气动效率增加,当上游叶片的尾迹打在叶片通道中间时,涡轮的气动效率下降,其主要原因是上游叶片尾迹固定作用在下游叶片的不同周向位置时,引起了下游叶片的边界层状态或尾迹与主流掺混状态的改变,使涡轮的气动性能、下游叶片排的气动激励和叶片表面换热等发生了改变[138]。文献[139]的研究表明,改变静子叶片周向相对位置可以使效率有 0.5% 的变化,而且这种变化是随径向位置的不同而变化,在叶中位置效率变化最大,可达 0.8%,如图 7.16 所示。另外,在图 7.16(c)中,符号 clp 是 clocking position 的缩写,指时序效应沿周向的无量纲位置。

热斑是指燃烧室出口产生的局部高温区,这种温度分布不均匀将直接影响着涡轮的性能。通常,尾迹可以看成"逆射流",在下游叶片通道有向吸力面堆积的趋势;而热斑正好相反,由于加热会使速度增大,因此可看成"正射流",在下游叶片通道有向压力面堆积的趋势。当尾迹与热斑在通道中相遇时,两者将相互抑制[140]。文献[141]对冷却气流进行了精细组织,使气冷气流输至热斑高温流体聚集的叶根压力面,实现了有效冷却。

寂静效应是指上游尾迹与下游叶片排吸力面边界层的相互作用,导致叶型损失发生了明显的变化。剑桥大学 Hodson 等在寂静效应的研究方面做出了杰出贡献,图 7.21 给出了不同尾迹通过频率 f_y 下,损失系数随雷诺数的变化曲线,图 7.22 给出了不同尾迹通过频率 f_y 下,尾缘边界层动量厚度随着尾迹通过周期的关系曲线。在高雷诺数时,由于分离泡小,损失主要由湍流边界层产生;增加尾迹通过频率会导致损失增加。在低雷诺数时,分离泡的尺寸增大,成为损失的主要来源;增大尾迹通过频率,分离泡受到抑制,导致损失下降。因此,设计时

尾迹通过频率 f_γ 的选择与边界层的状态密切关联。

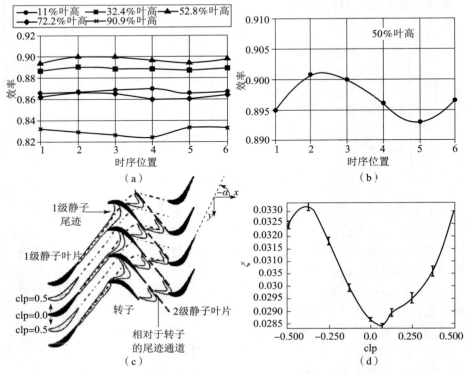

图 7.16 不同叶高处时序效应对涡轮效率的影响

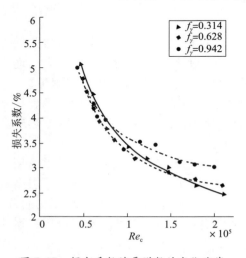

图 7.17 损失系数随雷诺数的变化曲线

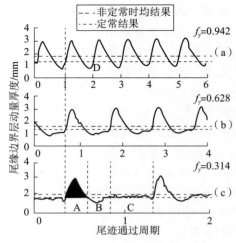

图 7.18 边界层动量厚度随尾迹通过周期的变化曲线

第7章 HL/UHL 涡轮设计策略以及 LPT 边界层流动控制技术

文献［142］给出了不同负荷下，叶片表面等熵马赫数的分布（如图7.23），它也表征了叶片表面负荷的分布。这里要说明的是，图7.19中高升力叶型和超高升力叶型都是利用了寂静效应的结果。在图7.19中，叶片表面等熵马赫数定义为

$$Ma_{is} = \sqrt{\frac{2}{\gamma-1}\left[\left(\frac{p_{t1}}{p}\right)^{\frac{\gamma-1}{\gamma}} - 1\right]}$$

(7.13)

式中：p_{t1} 为叶片排进口处的相对总压；γ 为叶片排进出口的比热比的平均值。

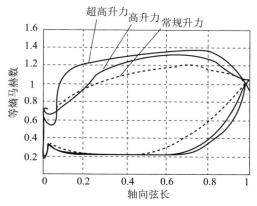

图7.19 不同负荷下，叶片表面等熵马赫数的分布

7.2 超高负荷低压涡轮边界层的基本特征及其研究进展

7.2.1 低压涡轮在几何尺度和气动热力学方面的基本特征

低压涡轮的任务及其工作环境决定了低压涡轮在几何尺寸和气动热力参数具有自己的特性。在几何尺度方面，与高压涡轮相比，尺寸较大，级数较多，质量较大。以大涵道比涡扇发动机为例，低压涡轮级数可多达5~7级，质量占发动机总质量的25%~30%。另外，因为进口燃气密度较高压涡轮大幅度降低，再加上低压涡轮出口马赫数有限制，出口马赫数通常为0.4~0.6，所以最终导致低压涡轮通道所需的流通面积大，叶片较长，具有较小的轮毂比和较大的展弦比（低压涡轮的展弦比通常为3∶1~7∶1）。对于高负荷低压涡轮的叶栅，气流转折角大，一般为100°~110°，甚至更高。综上所述，小轮毂比、大展弦比、大转折角和低收敛度是低压涡轮叶栅的主要几何特征。一方面，在气动热力方面已成为难点；另一方面，由于低压涡轮处于高压涡轮或者级间过渡段的后面，因此上游叶片尾迹、泄漏流、通道涡等二次流以及超高负荷高压涡轮动叶尾缘的燕尾波等的存在，使得低压涡轮进口的流动结构变得十分复杂。另外，通常要求低压涡轮沿着轴向出气，而出口叶片收敛度小，这使得流动不易组织。此外，在高空巡航状态时，低压涡轮叶片的工作雷诺数可降至 $(3~5)\times10^4$，远低于自模化雷诺数，尤其是低压涡轮出口级。因此，低雷诺数效应将成为影响低压涡轮性能和流通能力的重要因素之一[143-144]。

在低压涡轮中，叶型损失是最重要的气动损失源。文献［145］指出，在低压涡轮的叶型损失中，吸力面气动损失占叶型损失的60%，压力面约占20%，尾迹引起的掺混占16%，其余约占4%。因此，有效地控制边界层的状态，特别是

吸力面边界层状态,是低压涡轮叶型设计的重要关注方面之一。

7.2.2 HL和UHL低压涡轮边界层的研究进展

高负荷涡轮设计通常有两种途径:一种是不增加每级涡轮的叶片数,提高每个叶片的负荷,从而提高级负荷(如增大叶片弯角θ或提高流量系数φ),以达到减少级数的目的;另一种是保持涡轮级数和级负荷不变,通过提高每个叶片的负荷,减少叶片数从而减轻涡轮重量。在低雷诺数下,高负荷低压涡轮叶片扩散段由于逆压梯度较高,不可避免地出现层流分离泡。典型的分离泡结构,如图7.20所示[146]。

从分离点开始直至再附点之前的位置,压强沿流向基本保持不变,即出现了压强平台,该平台的出现成为判断流动是否分离以及分离起始位置的常用依据之一。在均匀定常来流条件下,低压

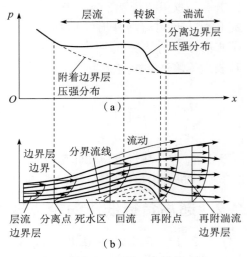

图7.20 典型层流分离泡的示意图

涡轮叶栅吸力面边界层转捩过程测得的表面热膜信号如图7.21所示[147],图中τ_w为壁面剪切力。由该图可以看出:在层流区域,流动稳定,热量交换也较稳定,因此热膜信号波动很小;转捩开始之后,边界内部出现随机产生的湍流斑,这些湍流斑使热量交换加强,于是热膜信号出现了与之相应的向上尖峰;在转捩后期,边界层内以湍流为主,偶尔也有层流的区域,所以热膜信号呈现出平均值较高,并且偶尔出现向下的尖峰;边界层转捩完成之后,在完全湍流区中热膜信号表现出高频特征。

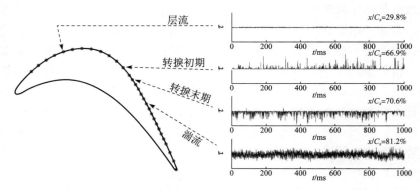

图7.21 低压涡轮吸力面边界层转捩过程及表面热膜信号

第 7 章　HL/UHL 涡轮设计策略以及 LPT 边界层流动控制技术

表 7.11 列出了 2000—2010 年间国际学者从事高负荷低压涡轮方面的一些研究工作，给出了所研究的负荷分布形式以及高负荷涡轮叶片的 Zw 数（多集中在 1.0~1.2），并且对比了采用不同负荷分布设计的优劣。文献［148］的试验结果表明，在上游尾迹扫掠下，尾迹诱导边界层转捩使得后加载叶型的速度峰值位置后移，从而减小了湍流边界层湿面积和叶型损失，具有更优的气动特性。无论是在均匀来流条件下，还是在周期性尾迹扫掠的作用下，其试验结果都无一例外表明前加载涡轮叶型的二维气动性能较后加载叶型更优。文献［153］认为，当边界层分离损失占据主导位置时，仅就二维流动叶型损失而言，前加载负荷分布较后加载分布更具有优势，但是前加载叶片端区的二次流损失更为严重[149-154]。

表 7.11　高负荷低压涡轮负荷分布相关设计的研究汇总

参考文献	Zw	均匀来流	上游尾迹	前加载优	后加载优
Howell(2001)[148]	1.21		★		★
Popovic(2006)[149]	1.36	★		★	
Zoric(2007)[150]	1.36	★		★	
Jochen(2008)[151]	1.2		★	★	
Prakash(2008)[152]	1.0~1.269	★		★	
Coull(2008)[153]	0.919~1.18		★	★	

图 7.22 给出了叶片通道内通常的二次流结构和环壁角区聚集的复杂涡系。随着流体在叶片前缘滞止，环形壁面的边界层内的涡量分解为两个涡，其中一个涡进入靠近压力面处的叶片通道，另一个涡则进入叶片的吸力面侧。起始于压力面侧的涡在横跨通道压力梯度作用下迅速扫掠至吸力面，形成了通道涡。另一个涡称为反向涡，黏附于吸力面的轮毂处。除了这些涡以外，端壁

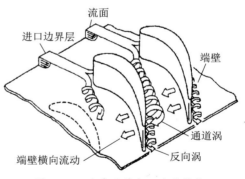

图 7.22　叶片通道内二次流结构

边界层内的流体也在压力梯度作用下从压力面扫掠到吸力面，其结果是在轮毂壁附近的吸力面上聚集了大量的高旋度流体。这些流体的存在增大了由于黏性剪切和掺混所造成的损失，并在叶片下游形成三维尾迹结构。对于端壁二次流损失问题，学术界已有大量文献发表，这里不再赘述。

随着航空发动机高推重比发展的需求，$Zw=1.2$ 的高负荷叶片已不能满足要求，文献［149，155］早在 2005 年已进行超高负荷低压涡轮叶片的研究。对于这类超高负荷的低压涡轮叶片，其吸力面上的逆压梯度更强，尤其是在高空低雷

第三篇　发动机核心部件高负荷高空性能研究

诺数工况，叶片吸力面可能出现非再附式分离，这将严重影响低压涡轮的气动性能。对于超高负荷低压涡轮叶型，要降低其叶型损失主要应该从两个方面入手：一方面为减小边界层内的熵增，需要尽量缩短湍流边界层湿面积，即要通过控制转捩过程来控制叶片表面边界层耗散系数的沿程分布；另一方面需要控制叶片吸力面扩散区内边界层的流动分离，以减小与分离相关的流动损失，这是控制超高负荷低压涡轮叶片叶型损失的关键。针对上述两个方面的考虑，目前常采取的解决策略有三种：一是通过改变叶片负荷分布来降低局部逆压力梯度；二是通过主动或被动控制来控制边界层的转捩过程；三是基于尾迹扫掠的超高负荷低压涡轮优化设计和流动控制。上述三种策略，各有优缺点和局限性，这里不再赘述。

对于 $Zw=1.4$ 的超高负荷涡轮叶片，边界层分离更大，流动控制更难，而且公开发表的文献很少。另外，在测试技术方面，由于超高负荷低压涡轮叶片弯角较大（>90°），传统的热线和压力探针测量难以实现。表面热膜由于频响高、同步性好的优势，在涡轮叶片边界层分离、转捩流动测量尤其是非定常气动环境下的流动测量中得到了成功应用。但是，以前表面热膜仅用于分离泡较"薄"的情况，对于超高负荷低压涡轮叶片吸力面出现较大分离甚至非再附式分离时能否用表面热膜捕捉到大尺度分离泡上方分离剪切层的流动信息，仍是一个需要通过试验才能确定的问题。

另外，以往有关负荷分布影响的研究多针对 $Zw<1.2$ 的中、高负荷的涡轮叶片，并且多限于均匀来流条件下进行研究[156]，且由于叶片负荷水平的差异，所得到的结论并不一致。因此，对于不同的应用背景和使用条件下，$Zw\approx1.4$ 的超高负荷低压涡轮叶片应采用何种负荷分布设计，一直是近10年国际学术界争相讨论的热点。此外，针对低 Re 条件下，超高负荷低压涡轮叶片边界层容易分离的问题，国际上采用主动与被动边界层控制的方法虽然已经达到了很好的效果，但真正用于工程的很少，其主要原因是许多主动和被动的流动控制方法增加了发动机设计的复杂性和重量，不易实现。大量的研究表明，发动机内固有的非定常尾迹可以激励转捩、抑制分离，利用叶排间的尾迹扫掠可以在不增加发动机重量和复杂性的基础上提升低压涡轮的性能，但关键问题是如何利用？对于不同气动环境和不同的负荷分布设计，尤其是低 Re 数超高负荷的条件下，尾迹扫掠提升涡轮性能的潜力有多大？如何发挥尾迹扫掠的最大潜力？而上述这些方面的工作仍处于探索阶段，很少有文献报道，鉴于工程设计的迫切需求，我们试图在7.3节~7.6节针对超高负荷低压涡轮边界层的流动控制问题进行分别进行相关的探讨：7.3节讨论均匀定常来流下，UHL-LPT 叶栅试验与边界层分析，着重讨论不同 Re、不同来流湍流度 Tu 以及叶型不同加载方式下，对超高负荷低压涡轮叶片边界层特性的影响；7.4节讨论尾迹扫掠下 UHL-LPT 叶栅试验与边界层演化机制，即探讨在真实级环境中尾迹扫掠情况下对超高负荷低压涡轮叶片边界层的影

响,着重讨论不同来流 Re、不同来流湍流度 Tu、不同尾迹扫掠频率 f、不同流量系数 φ 以及叶型不同加载方式下,涡轮叶片边界层的时空演化机制;7.5 节讨论尾迹扫掠与粗糙条带耦合作用下 LPT 边界层的控制技术;7.6 节讨论多级环境下的低压涡轮非定常流动以及边界层演化,着重讨论多排叶片间时序效应相互影响的问题。另外,作为航空发动机的重要部件之一的涡轮,还有很多重要方面值得低压涡轮气动设计时关注,如低压涡轮中叶冠内部的流动结构、泄漏流与主流间的相互作用、低压涡轮端区二次流流动等问题,它们也是气动设计时应当关注的一些难点,但因篇幅所限不再讨论。

7.3 均匀定常来流时 UHL-LPT 叶栅试验与边界层分析

随着航空发动机推重比的进一步提高,设计高效的超高负荷低压涡轮叶型,进而减少低压涡轮的级数和每级的叶片数,已成为航空发动机未来发展的必经之路。高负荷低压涡轮叶型的气流折转角较大,叶片吸力面边界层极容易分离。另外,在适当的条件下边界层转捩后再附着于叶片表面,形成分离泡,严重增加了气动损失,改变了流线方向,尤其在 20000m 高空时空气密度降低约海平面处的 1/14,雷诺数降低约 1 个数量级,这时分离区域的存在将会更加严重地影响发动机的高空性能。

目前,减弱或者消除低压涡轮叶片吸力面分离泡的手段主要有两种:一种改变叶型负荷分布,减弱叶片中后部的逆压梯度来抑制边界层分离;另一种是通过上游叶排尾迹的周期性扫掠或者改变表面粗糙度来激励边界层提前转捩。无论采用哪种途径来实现高负荷低压涡轮在低雷诺数状态下的稳定工作,都需要建立边界层分离和转捩的预测准则,而如何准确捕捉到边界层分离和转捩的位置,进而将其与叶型几何和流场参数关联起来已成为 HL-LPT 与 UHL-LPT 叶栅气动设计的一大难题。以下从两个方面进行分析:

(1) 流场计算方法的分析。

在流场分析方面,例如直接数值模拟(DNS)虽然可以对湍流流动中最大尺度涡和最小尺度涡(Kolmogorov 尺度)同时求解,然而要对最小尺度涡进行直接数值计算,必须要采用很小的时间与空间步长,直接数值模拟雷诺数在 10^4 量级的湍流,所需的三维网格数高达 10^9,显然所需计算机的容量很大,目前国际上开展的直接数值模拟只限于较低雷诺数和一些简单的几何边界问题。另外,S. B. Pope 也给出了 DNS 网格数 N_1、时间推进步数 N_2 与雷诺数间的关系:

$$N_1^3 \approx 4.4 Re_L^{9/4} \sim 0.06 Re_\lambda^{9/2} \qquad (7.14)$$

$$N_2 \approx 9.2 Re_\lambda^{3/2} \qquad (7.15)$$

式中:N_1 为一个方向的网格数;Re_L 为基于积分尺度的雷诺数;Re_λ 为基于泰勒微尺度的雷诺数。

第三篇 发动机核心部件高负荷高空性能研究

　　与 DNS 不同，（大涡模拟 LES）只分辨湍流中的大尺度脉动，并用亚格子模型去模化小尺度脉动对大尺度脉动的作用，因此与 DNS 相比，大大节省了计算资源，又可给出人们所关注的大尺度脉动结构。但大量的研究表明：对于转捩问题，使用 LES 预测的难度要比 DNS 大很多，其成功与否很大程度上取决于所使用的亚格子模型和数值方法。大涡模拟方法起源于 20 世纪 60 年代，从发展的历史上有两大研究观点：一种是物理的 LES(physical LES) 期望在计算中发挥亚格子模型自身的作用而尽量避免数值误差的影响；另一种是数值的 LES(numerical LES) 期望在较少关注求解细节的条件下获得合理的结果。目前，还没有能力对上述两类做法的优劣做出确定性的评判，通常认为物理的 LES 具有明确的物理含义，求解过程清晰，能较多地应用流动的机理研究；但在实际应用中，亚格子模型与数值误差的影响往往混在一起，也难以明确区分。数值的 LES 更多地依赖于经验，计算结果有一定的不确定性。总的来说，无论是物理的 LES、数值的 LES 还是两者的结合，都是有效的大涡模拟方法[157]，在处理工程流动复杂问题中也不乏有成功的案例，如对某直升机的发动机点火过程的模拟[158]。该发动机的燃烧室为环形，有 18 个燃油喷嘴和两个点火器，为了真实模拟点火过程，计算域覆盖了整个环形区域，取 1900 万网格单元，在包含 700 个处理器的并行机上完成计算，整个点火过程用 LES 方法花费了 160h。虽然 DNS 和 LES 方法能够细致地模拟出边界层转捩的全过程，但巨大的计算花费限制了它的应用范围。另外，对于工程问题，工程技术人员更关注转捩时的壁面摩擦、换热及流动损失等时均效应，这些参数更有工程意义。从工程实用的角度出发，RANS 方法在工程界一直获得广泛的应用。RANS 方法的可靠性主要取决于湍流模型，采用 RANS 方法、剪切应力运输（Shear-Stress Transport，SST）模型并耦合 Menter-Lantry 转捩模型[159-160] 已能够较好地预测 Z_w 载荷系数为 1.08 的高负荷涡轮叶型 PACKB 在设计状态下的边界层分离与转捩过程并进行了试验验证。此外，对于主燃烧室高空点火问题以及采用 LES 与火焰面模型耦合的高效算法在第 5 章有较简明的讨论。

　　（2）流场有效测试的分析。

　　传统的壁面静压测量方法可以大致判断边界层的分离和附着的位置，但不能预测边界层的转捩过程。表面热膜作为边界层特性的有效测量方法在 PACKB 叶型分离转捩的定常和非定常试验研究中获得了成功应用。另外，文献 [161] 还利用粒子图像测速（Particle Image Velocimetry，PIV）和热线测量了上游尾迹扫掠条件下尾迹与边界层的相互作用以及边界层的转捩特性。

　　综上所述，对于 Z_w 为 1 左右的高负荷低压涡轮叶型，无论在数值计算与试验测量上都能成功地完成数值预测与试验验证工作。随着航空发动机高推重比的不断追求，近 10 年来，高负荷和超高负荷叶型得到普遍重视（表 7.11），Z_w 高达 1.4 的超高负荷低压涡轮叶型设计已提到日程。下面将要讨论的试验装置、测

第7章 HL/UHL 涡轮设计策略以及 LPT 边界层流动控制技术

试系统、试验结果及边界层转捩分析是中国科学院工程热物理研究所朱俊强团队近10年来在超高负荷低压涡轮方面所进行的部分探索工作[162~171]。对于均匀定常来流下 UHL-LPT 边界层的时空演化以及边界层转捩问题将分别在 7.3.1 节~7.3.8 节中讨论。

7.3.1 试验装置与测试系统

均匀定常来流下,超高负荷低压涡轮叶栅的试验在中国科学院工程热物理研究所的低速叶栅试验台进行,如图 7.23 所示,试验台的自由来流马赫数小于 0.35,栅前来流湍流度 $Tu = 1.5\%$,试验段入口宽度 100mm,轴向速度密度比(Axial Velocity Density Ratio,AVDR)为 1.03。为了进行叶栅试验,准备了 PACKB、IET-LPTF 和 IET-LPTA 三种叶型,后两种是朱俊强团队自行设计的前加载和后加载超高负荷叶型,其 Zw 均为 1.4,这两种自行设计叶型的几何进气角和几何出气角均与 PACKB 叶型相同,展弦比为 2.13,叶型的气流转折角为 95°。表 7.12 给出了上述三种叶型的相关参数。

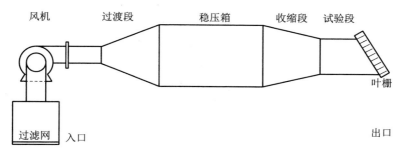

图 7.23 平面叶栅试验台

表 7.12 三种高负荷与超高负荷涡轮叶型的相关参数

叶型 参数	PACKB	IET-LPTA	IET-LPTF
弦长 C/mm	46.6	46.9	49.2
轴向弦长 C_x/mm	41.9	42.3	40.1
栅距 s/mm	37.1	46.8	44.3
叶高 h_c/mm	100	100	100
几何进气角 α_i/(°)	55.0	55	55
几何出气角 α_e/(°)	30.0	30	30
安装角 γ/(°)	64	64	54.6
Zw	1.08	1.4	1.4

由于上述涡轮叶片的弯角很大（高达95°），探针不易布置，并且一般的接触测量和非接触测量都很难准确监测到边界层流动信号的细微变化。表面热膜具有高频响、同步性好、热膜的厚度才50μm对流场扰动极小；另外，为了分析均匀来流条件下边界层的分离、转捩特性以及对叶栅气动特性的影响，还需要搭建压力数据采集系统以及动态数据采集平台等。此外，还要对表面热膜数据、压力测量数据等进行相应的数据处理。这里因篇幅所限，对测试系统不做详细讨论，感兴趣者可参见文献［162］等。

7.3.2 几种 UHL-LPT 叶栅典型工况的参数设置

通常，航空发动机低压涡轮基于叶片弦长和来流速度定义的 Re 对小型民用发动机巡航状态下低压涡轮约为 0.5×10^5，对大涵道比大推力涡轮风扇发动机在海平面起飞状态下低压涡轮约为 5×10^5。而对于高空长航时无人机，飞行高度接近20000m，其巡航状态下低压涡轮的 Re 降至 $(1\sim 2)\times 10^4$。此外，低压涡轮的湍流度也较低，一般为 $1\%\sim 5\%$。基于高空巡航状态下涡轮的气动环境，这里将试验与数值计算时所选用的来流条件确定如下：基于叶片轴向弦长的 Re 取 $(2.5\sim 1.5)\times 10^5$，来流湍流度 Tu 取 1.5% 和 4% 两种状态，试验与数值计算所研究的工况由表7.13 和表7.14 给出。

表 7.13 后加载超高负荷低压涡轮的典型工况

IET-LPTA	Re	$Tu/\%$	壁面静压测量	表面热膜测量	数值模拟
工况 1	35000	1.5		★	▲
工况 2	50000	1.5	■	★	▲
工况 3	75000	1.5	■	★	▲
工况 4	80000	1.5	■		▲
工况 5	100000	1.5	■	★	▲
工况 6	150000	1.5		★	▲
工况 7	35000	4			▲
工况 8	50000	4	■		▲
工况 9	75000	4	■		▲
工况 10	80000	4	■		▲
工况 11	100000	4	■		▲
工况 12	150000	4	■		▲

表 7.14 前加载超高负荷低压涡轮的典型工况

IET-LPTF	Re	$Tu/\%$	壁面静压测量	表面热膜测量	数值模拟
工况 1	25000	1.5	■		▲
工况 2	35000	1.5	■		▲

续表

IET-LPTF	Re	$Tu/\%$	壁面静压测量	表面热膜测量	数值模拟
工况 3	50000	1.5	■		▲
工况 4	80000	1.5	■		▲
工况 5	100000	1.5	■		▲
工况 6	150000	1.5	■		▲
工况 7	25000	4	■		▲
工况 8	35000	4	■		▲
工况 9	50000	4	■		▲
工况 10	80000	4	■		▲
工况 11	100000	4	■		▲
工况 12	150000	4	■		▲

显然，上面所列出的 24 个工况（表 7.13 和表 7.14 各有 12 个工况）涵盖面是十分广泛的。

7.3.3 定常与非定常数值计算的算例考核

1. 定常计算算例考核

数值模型的试验考核，重点在于耦合转捩模型的 RANS 方法预测分离泡的精度和捕捉转捩的能力。这里以后加载超高负荷低压涡轮叶型 IET-LPTA（$Zw = 1.4$）为例，计算均匀来流条件下叶片吸力面边界层流动参数，并与试验数据进行对比。

以 IET-LPTA 为例，计算域采用"HOH"型网格，叶片一周为"O"型网格，进口段和出口段采用"H"型网格，计算域进口距离叶片前缘 1.3 倍轴向弦长，计算域出口距离叶片尾缘 2.5 倍轴向弦长。为了捕捉低 Re 下边界层的分离和转捩流动，采用 SST 湍流模型并耦合 $\gamma\text{-}\widetilde{Re}_{\theta t}$ 转捩模型进行计算，此模型对近壁面网格要求很高，要求 $y^+ \leqslant 1$。在近壁面区的网格划分可以满足这一要求，第一层网格距离壁面 0.002mm，保证 $Re = 1.5 \times 10^5$ 时 $y^+ < 1$，且网格间距以 1.12 的比值沿壁面向法向递增。整个计算域的网格节点数为 168906（三层），叶型表面网格节点数为 320（二维）。

计算域进口给定来流速度大小、方向和湍流度，保证来流攻角和雷诺数；出口采取压力边界条件，给定平均静压；叶片表面给定绝热无滑移壁面边界条件；叶高方向两端壁给定欧拉壁面边界条件；栅距方向两边界设置为周期性边界条件。

N-S 方程中的对流项离散采用二阶精度的迎风格式。定义总残差 RMS 为全场流动参数变化的均方值，当全场的总残差下降到四个数量级以下时，可以认为迭代收敛，进出口流量之间的误差控制在 1.0% 之内。

图 7.24 给出了计算与试验结果的比较曲线，图中 C_p 曲线，其定义为

$$C_p = \frac{p_{t,in} - p_s}{p_{t,in} - p_{s,in}} \tag{7.16}$$

式中：p_s 为当地静压；$p_{t,in}$ 为入口总压；$p_{s,in}$ 为入口静压。

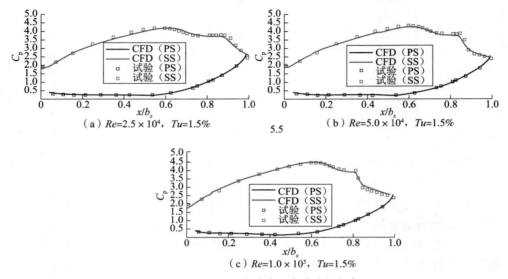

图 7.24　PACKB 叶型壁面载荷系数分布

图 7.24 中，横坐标表示无量纲轴向距离，0 为叶片前缘，1 表示尾缘，x 为距离叶片前缘的距离，b_x 为叶片轴向弦长。计算域进口的边界条件依据试验来流条件给定，基于叶片轴向弦长的进口来流雷诺数 Re 分别为 2.5×10^4、5.0×10^4、1.0×10^5，进口气流角为 35°，进口来流湍流度 $Tu=1.5\%$，出口给定平均静压 $p_{s,out}=101325\mathrm{Pa}$。从图 7.24 可以看出，对于 PACKB 叶型，在 Re 为 2.5×10^4、5.0×10^4、1.0×10^5 工况下，吸力面压升系数 C_p 非连续变化，均出现"平台"状分布，标志着吸力面分离泡的形成，静压突变结束的位置视为边界层的时均再附着点。对比试验数据和计算曲线可以看出，无论低 Re 下（$Re=2.5\times10^4$）出现"长分离泡"的情形，还是较高 Re（Re 为 5.0×10^4、1.0×10^5）下出现"短分离泡"的情形，耦合 γ-$Re_{\theta t}$ 转捩模型的 SST 湍流模型对分离泡大小和位置的预测均有较好的精度，满足工程计算的要求。

为了验证耦合 γ-$Re_{\theta t}$ 转捩模型的 RANS 方法对超高负荷低压涡轮叶片边界层分离、转捩流动的预测能力，这里首先通过壁面静压试验测量了后加载超高负荷涡轮叶型的壁面静压分布。图 7.25 给出了 IET-LPTA 叶片吸力面的壁面静压曲线，由于负荷的提升，使得叶片下游扩散区的逆压力梯度上升，边界层更容易分

离。在较低来流 Re 下（$Re=5.0\times10^4$），边界层分离后壁面静压保持水平，直至叶片尾缘压力并未恢复，此时叶片吸力面出现非再附式分离。随着 Re 的提高，壁面静压同样出现了"平台"状分布，表明分离剪切层再附，形成闭式分离泡。从图 7.25 可以看出，数值模拟结果与试验结果有较好的一致性，说明耦合 $\gamma\text{-}Re_{\theta t}$ 转捩模型的 SST 湍流模型对于超高负荷涡轮叶片边界层的分离、转捩流动同样具有较好的预测精度，能够准确捕捉时均分离和再附位置，即便对于边界层的非再附式分离，该模型也具有较好的预测能力。

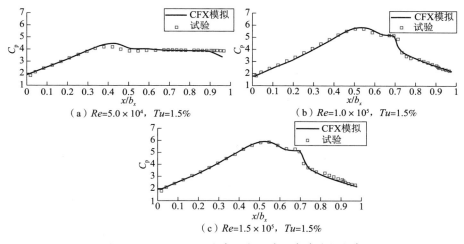

图 7.25　IET-LPTA 叶片吸力面壁面载荷系数分布

2. 非定常计算算例考核

通过定常来流的数值计算与试验验证了耦合 $\gamma\text{-}Re_{\theta t}$ 转捩模型的 RANS 方法可以较为精准地预测时均分离泡和定常流动转捩；然而，受上游尾迹的影响，涡轮通道中的流动表现出强非定常性。根据转捩机制的差异，叶轮机械中边界层的转捩过程包括自然（Natural）转捩、旁路（Bypass）转捩、分离流（Separated-flow）转捩、周期性非定常（Periodic-unsteady）转捩和逆向（Reversed）转捩五种模型[162]，那么 $\gamma\text{-}Re_{\theta t}$ 转捩模型能否捕捉高负荷及超高负荷低压涡轮通道中的非定常转捩过程呢？为此对 PACKB 叶型和 IET-LPTA 叶型进行算例考核，计算尾迹扫掠下，边界层的非定常流动特征。计算采用圆棒的平动来模拟上游尾迹的扫掠过程，计算中使用的几何模型和边界条件设置根据试验工况确定。基于叶片轴向弦长的雷诺数 $Re=5.0\times10^4$，进口来流湍流度 $Tu=0.4\%$，进口气流角为 35°，出口给定平均静压 $p_{s,\text{out}}=101325\text{Pa}$。圆棒直径 $d=1.56\text{mm}$，叶片轴向弦长 $b_x=75.5\text{mm}$，圆棒距离叶片前缘 $0.6b_x$，尾迹扫掠频率 $f=\dfrac{b_x/U_x}{S_b/U_b}=1.52$，式中 S_b 为棒间距，U_b 为棒扫掠速度，U_b 通过流量系数 ϕ 来确定，$\phi = U_x/U_b = 0.7$。

图 7.26 给出了尾迹扫掠 UHL-LPT 叶栅的试验装置示意图[163]，图 7.27 给出了非定常计算的计算域及网格划分。流体计算域分为平动域和静止域，平动域通过直圆棒来模拟上游叶排尾迹，静止域为所研究的超高负荷低压涡轮叶栅。圆棒和叶型一周均为"O"型网格拓扑，其外为"H"型网格拓扑。静止域采用"蝶形"网格。圆棒和叶片近壁面边界层网格依然保证 $y^+ \leqslant 1$，网格间距以 1.12 的比值沿壁面向法向递增。沿叶高方向网格节点布置 3 层，平动域的网格节点数为 34688，静止域的网格节点数为 173568。计算域进口距离圆棒 $33d$，其中 d 为圆棒直径。计算域出口距离叶片尾缘的轴向距离为 2 倍轴向弦长，圆棒距离叶片前缘 0.6 倍轴向弦长。

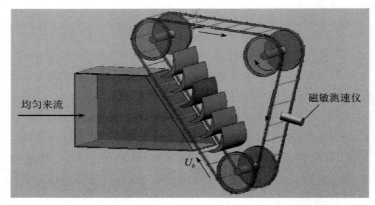

图 7.26 尾迹扫掠 UHL-LPT 叶栅的试验装置示意图

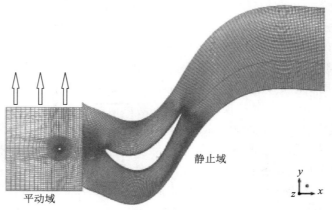

图 7.27 周期性非定常计算域及网格拓扑（IET-LPTA 叶型）

计算域进口给定来流速度大小、方向和湍流度；出口采用压力边界条件，给定平均静压；圆棒和叶片表面给定绝热无滑移壁面边界条件；叶高方向两端壁给定欧拉壁面边界条件；栅距方向设置周期性边界条件；平动域和静止域之间设定动静交接面边界条件；平动域的运动速度根据无量纲尾迹扫掠频率计算给出。

非定常计算要求给定定常初场，首先将两个计算域全设为静止域，计算收敛得到定常初场，之后给定平动域的运动速度进行非定常计算。为了尽量真实地模拟尾迹的湍流结构，时间步长的选取非常关键。本算例所有工况基于圆棒直径的 Re 为 500~6000，根据经典边界层理论计算得到圆棒后的卡门涡街频率，根据此频率设定最小的物理时间步长，保证计算频率为卡门涡街频率的 20 倍以上。N-S 方程时间项的离散采用二阶精度的向后欧拉差分（Second Order Backward Euler）格式。非定常计算每时间步长迭代 20 次计算，首先在定常初场的基础上计算推进若干尾迹扫掠周期（一般大于 10 个周期），直到进、出口及叶栅通道内流场出现明显的周期性，最后再推进一个周期，并输出瞬态结果，得到非定常最终计算结果。上述计算使用 8 核并行的计算服务器，每个非定常算例平均耗时 4 天。

将热膜测得的无量纲壁面剪切力与上述数值计算结果对比可以发现：尾迹的周期性扰动激励尾迹诱导转捩，使得叶片吸力面边界层出现周期性的波动，且分离泡周期性地消失和恢复。这里采用 $\gamma\text{-}Re_{\theta t}$ 转捩模型可以很好地捕捉到了尾迹诱导转捩过程和尾迹诱导产生的转捩条带，并且计算与测量的结果在整体趋势上相吻合。这说明 $\gamma\text{-}Re_{\theta t}$ 转捩模型能够模拟尾迹诱导转捩过程和分离泡的非定常变化，而且具有较高的精度。

因篇幅所限，对于均匀来流典型工况下 UHL-LPT 叶栅吸力面边界层的数值结果及与试验的比较，以下仅在 7.3.4 小节中给出部分结果，更详细的就不再给出。计算得到的时均压力恢复点的位置符合文献 [172] 给出的规律，分离与流动转捩过程也符合文献 [173] 的结论。

7.3.4 均匀来流下 UHL-LPT 叶栅吸力面边界层特性

为了定量地描述边界层转捩过程，引入了偏斜度的概念，它表征信号关于剪切应力平均值对称波动偏斜的程度。图 7.28 给出了 Re 分别为 5.0×10^4、1.5×10^5 工况下的 τ_{skew} 曲线。对于层流区，信号波动较小，没有出现偏斜，$\tau_{\text{skew}}\approx0$；当转捩起始出现正尖峰信号时，$\tau_{\text{skew}}>0$；转捩过程中 τ_{skew} 出现峰值（如 $Re=1.5\times10^5$，$x/b_x=66.9\%$），从表面热膜原始信号来看，τ_{skew} 峰值位置对应转捩前期大量湍斑生成的位置；当转捩接近尾声出现负尖峰信号时，$\tau_{\text{skew}}<0$；流动发展为全湍流后，热膜信号关于平均值对称波动，τ_{skew} 接近 0。从 τ_{skew} 曲线图可以看出，随着 Re 的增大，转捩区长度缩短，促使边界层更快地发展为湍流流态再附到叶片表面；表面热膜捕捉吸力面边界层转捩区的起始及终止位置具有很高的分辨度，在 $Re=5.0\times10^4$ 工况下即便出现开式分离不再附的情形，表面热膜也能捕捉到分离泡上方分离剪切层的转捩过程；在 $Re=5.0\times10^4$ 工况下，边界层虽然已

经发展为全湍流，但仍然没有再附，这说明分离剪切层是否能再附，不仅与转捩区长短有关，还与惯性力、黏性力以及流向逆压力梯度三者之间的平衡关系有关。因为雷诺数表征惯性力与黏性力的比值，在极低的 Re 下，惯性力很小，加之超高负荷带来较大的逆压力梯度，即便流动发展为全湍流，其动量也不足以抵抗高负荷带来的局部逆压力梯度。在这种条件下，流动转捩可以在一定程度上抑制分离，但不足以使分离自由剪切层再附，因而形成开式分离泡。

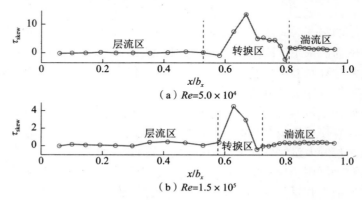

图 7.28　偏斜度曲线判断转捩（IET-LPTA 叶型，$Tu=1.5\%$）

对于超高负荷低压涡轮而言，吸力面边界层容易出现分离泡，因此转捩模式大多为分离流转捩，而根据转捩起始位置的不同，分离流转捩又可细分为转捩流动分离模型和层流分离模型，前者对应转捩起始位置位于边界层分离之前的情形，后者对应转捩起始位置位于边界层分离之后的情形。对比 C_p 曲线、τ_w 曲线给出的分离区间以及 τ_{skew} 曲线给出的转捩区间发现，超高负荷后加载低压涡轮叶型在较低的来流湍流度下，上述两种模型均可能出现：在高 Re（$Re=1.5\times10^5$）工况下，边界层分离后再附形成闭式分离泡，转捩起始位置（$x/b_x=58.1\%$）位于时均分离位置（$x/b_x=63.1\%$）之前，转捩模型为转捩流动分离模型，转捩结束位置（$x/b_x=72.5\%$）位于时均再附位置（$x/b_x=73.7\%$）之前导致边界层湍流再附；而在低 Re（$Re=5.0\times10^4$）下，吸力面出现开式分离泡，转捩起始位置（$x/b_x=52.9\%$）位于时均分离位置（$x/b_x=50.5\%$）之后，转捩过程发生在分离剪切层，转捩模型为层流分离模型。

为了更直观地对比转捩、分离区间以及分离泡厚度之间相对关系，图 7.29 给出了数值模拟得到的边界层位移厚度、动量厚度和形状因子曲线。

位移厚度、动量厚度的定义如下：

$$\delta^* = \int_0^{\delta_{99}} \left(1-\frac{\langle U\rangle}{\langle U_e\rangle}\right)\mathrm{d}\langle y\rangle \tag{7.17}$$

第 7 章 HL/UHL 涡轮设计策略以及 LPT 边界层流动控制技术

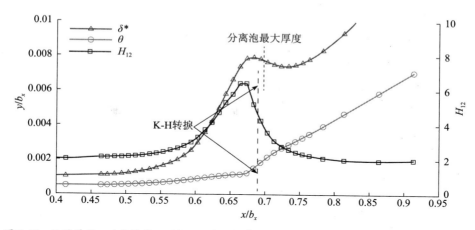

图 7.29 位移厚度、动量厚度、形状因子变化趋势（IET-LPTA 叶型，$Re=1.5\times10^5$，$Tu=1.5\%$）

$$\theta = \int_0^{\delta_{99}} \frac{\langle U \rangle}{\langle U_e \rangle}\left(1 - \frac{\langle U \rangle}{\langle U_e \rangle}\right) \mathrm{d}\langle y \rangle \tag{7.18}$$

式中：$\langle U \rangle$ 为垂直壁面法线的速度分量；$\langle U_e \rangle$ 为当地主流速度垂直壁面法线的速度分量；δ_{99} 为 99%当地主流速度处的边界层厚度。

位移厚度表示由于边界层的形成使外部流线移动的距离，对于分离流动，位移厚度直观地体现了分离泡的最大厚度和位置。由图 7.29 可以看出，分离泡最大厚度处，位移厚度局部出现极值。动量厚度表征由于壁面和边界层存在黏性导致黏性边界层相对与无黏边界层动量亏损的程度，因此，动量厚度可以近似反映边界层流动损失的大小。由图 7.29 也可以看出，在分离泡最大厚度位置之前 $x/b_x=67.3\%$ 处，动量厚度出现拐点。这表明，K-H 转捩突然放大，边界层流动迅速向湍流过渡，使得边界层的黏性损失和动量厚度突然增加，动量厚度转折的位置标志着转捩的主导不稳定机制由 T-S 黏性不稳定性转变为 K-H 无黏不稳定性。形状因子定义为位移厚度和动量厚度的比值，$H_{12}=\delta^*/\theta$。形状因子是表示边界层内速度型分布形状的参数：H_{12} 越小，表示速度剖面呈"凸"状分布，反之，呈"凹"状分布。形状因子越大，边界层越容易分离，试验研究结果表明，对于涡轮叶片，$H_{12}>3.5$ 时通常会发生边界层分离。图 7.29 中形状因子分布出现明显的峰值，峰值位置与动量厚度转折的位置同样有很好的对应关系。这是因为 H_{12} 最大值表示速度型分布最"凹"，即回流强度最大，而分离泡内的回流强度与分离泡上方转捩过程有关，因此转捩突然加强时，回流强度达到了极值，之后边界层迅速再附，回流受到抑制。H_{12} 峰值之后逐渐趋于平缓，表征速度型分布趋于饱满，整个边界层流动随着 K-H 转捩的发展过渡到全湍流。

上述分析表明，边界层转捩过程的快慢会影响分离泡的尺度、位置以及边界层的动量厚度和位移厚度,因而对边界层湍流度和黏性损失的影响也很突出。另外,将数值计算得到的时均湍流度云图与图 7.29 比较可以发现,高湍流区出现的位置与形状因子峰值位置(同时也是动量厚度拐点位置)一致,说明高湍流区的形成与分离泡内的回流区有关,边界层湍流度峰值与回流强度有关,因此吸力面湍流湿面积的大小可以通过 H_{12} 峰值位置(或动量厚度转折点位置)的前后进行比较,湍流度峰值可以通过 H_{12} 峰值的高度来衡量。边界层的黏性损失通常用边界层损失系数来衡量,其定义为

$$\xi = \frac{2\theta}{s \cdot \cos\beta_e} \tag{7.19}$$

式中:s 为栅距;β_e 为出口气流角。

式(7.19)表明在栅距一定的情况下,边界层的损失主要由边界层的动量厚度和出口气流角决定。边界层的动量厚度发展决定了湍流湿面积和湍流边界层厚度;另外,出口气流角越大,落后角越小,分离泡的尺度和厚度就会越小,虽然分离损失和叶片后的尾迹掺混损失有所降低,但是可能导致湍流湿面积的增加,有可能带来边界层黏性损失的增加。图 7.30 给出了动量厚度雷诺数 Re_θ 和边界层损失系数的变化趋势,随着 T-S 转捩的结束,Re_θ 和 ξ 出现拐点并迅速放大,湍流边界层的黏性损失远大于层流边界层,因此对于超高负荷涡轮叶片的气动设计要兼顾分离损失的减小和湍流黏性损失增加之间的平衡关系。

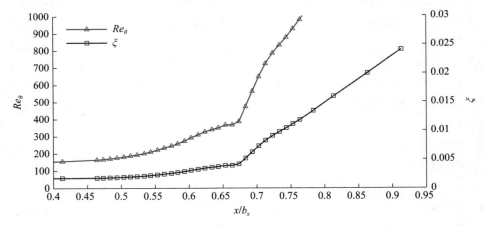

图 7.30 动量厚度雷诺数和边界层损失系数变化趋势(IET-LPTA 叶型,$Re = 1.5 \times 10^5$,$Tu = 1.5\%$)吸力面存在开式分离泡的分离与转捩流动

表面热膜的试验结果显示,超高负荷后加载涡轮叶片在极低的 $Re(Re = 1.5 \times 10^5)$ 下吸力面出现开式分离泡,分离点大幅前移,导致转捩起始位置位于时均分离之后,分离流转捩模型为层流分离转捩模型。层流分离转捩模型的不稳定机

制也包括 T-S 黏性不稳定性和 K-H 无黏不稳定性。与附着边界层转捩类似，黏性不稳定性同样可能触发分离剪切层转捩起始，转捩过程末期通常可以观测到湍斑的存在。

图 7.31 和图 7.32 给出了低 Re 下出现开式分离泡时的边界层特性参数分布，与高 Re 下出现闭式分离泡情形不同的是，时均分离位置和转捩的起始位置都明显向上游移动，吸力面出现开式大分离。这是由于来流 Re 极低，使得边界层的动量严重不足，边界层流动刚进入扩散区就被强大的逆压力梯度阻止，导致时均分离点大幅前移。边界层分离后，受主流的影响，扰动被放大，在分离剪切层进行流动转捩。由数值计算得到的间歇因子分布可知，由于出现开式大分离，T-S 转捩过程几乎消失，转捩过程的主导机制直接过渡到 K-H 无黏不稳定性，因而图 7.31 显示的动量厚度和位移厚度并没有出现明显的拐点。从形状因子曲线的发展趋势看，边界层分离后，形成很大的回流区，形状因子基本保持在较高的水平，直到 K-H 转捩结束才略有降低。分析计算得到的时均湍流度云图和损失系数曲线（图 7.32）可以发现，由于开式大分离的出现，分离泡内回流强度很高，导致分离泡内的湍流度和湍流边界层厚度均大幅上升。同时，由于 T-S 转捩的减弱和 K-H 转捩放大位置的提前，导致湍流湿面积也大幅增加。在这些因素的共同作用下，边界层黏性损失相对 $Re = 1.5 \times 10^5$ 的工况增加了近 5 倍。可见，对于后加载超高负荷低压涡轮的气动设计应避免开式大分离的出现，如果边界层分离后不再附，分离损失和湍流黏性损失都会大幅增加，流道处于堵塞状态。

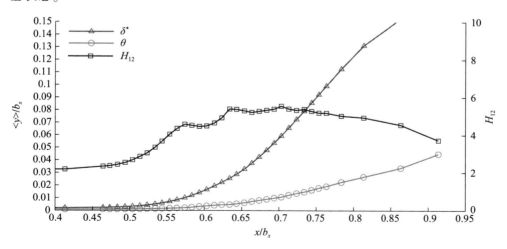

图 7.31 位移厚度、动量厚度、形状因子变化趋势（IET-LPTA 叶型，$Re = 5.0 \times 10^5$，$Tu = 1.5\%$）

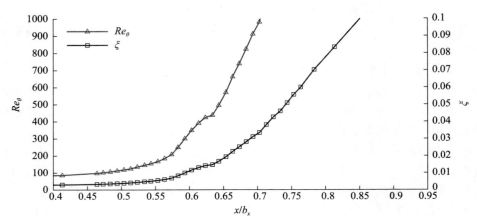

图 7.32 动量厚度雷诺数和边界层损失系数变化趋势
（IET-LPTA 叶型，$Re = 5.0 \times 10^5$，$Tu = 1.5\%$）

上面通过典型工况下的壁面参数测量和数值模拟，分析了超高负荷后加载涡轮叶型吸力面边界层流动出现的两种典型的流动状态，详细探讨了转捩模型的转变以及边界层损失的差异。从典型工况的流动分析不难发现，对于特定的叶型，Re 和均匀来流湍流度是影响边界层分离、转捩和损失的主要因素。因此，下面将比较不同来流 Re 和湍流度工况下的边界层流动特征，探索 Re、湍流度影响边界层发展的规律和物理机制。

7.3.5 不同 Re 对超高负荷低压涡轮叶片边界层特性影响

1. Re 对分离、转捩区间的影响

图 7.33 给出了来流湍流度 $Tu = 1.5\%$，不同 Re 下 IET-LPTA 叶型吸力面载荷系数分布曲线。

从图 7.33 可以看出：当 $Re < 7.5 \times 10^4$ 时，边界层分离后不再附，形成开式分离泡；当 $Re > 7.5 \times 10^4$ 时，为闭式分离泡。由前面典型工况的边界层流动分析可知，分离泡的存在使得吸力面扩散区载荷系数呈现"平台"状分布，分离泡前部为流速很低的"死水"区，后部为"回流"区，载荷系数中间转折点，对应为时均压力恢复点。Houtermans 等[172] 发现，其测量的分离泡所在区域载荷系数分布存在两种特征，即压力恢复位置前局部区域内的载荷系数分布呈现增大或减小的趋势，闭式分离泡根据这两种趋势可分为长分离泡和短分离泡两种，前一种分布特征（局部增大）对应长分离泡，后一分布特征（局部减小）对应短分离泡。从图 7.33 中可以看出，对于 IET-LPTA 叶型，在不同的 Re 下出现的闭式分离泡均为短分离泡。这里将图 7.33 中不同 Re 下分离泡的大小、位置和类型如表 7.15 所列。

第7章 HL/UHL 涡轮设计策略以及 LPT 边界层流动控制技术

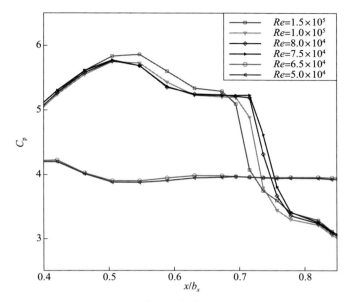

图 7.33 不同 Re 下吸力面载荷系数分布（IET-LPTA 叶型，$Tu=1.5\%$）

表 7.15 不同 Re 下的分离区域和分离泡类型

IET-LPTA	分离点 (x/b_x)	再附点 (x/b_x)	压力恢复点 (x/b_x)	分离泡长度 (L_b/b_x)	分离泡类型
$Re=5.0\times10^4$	50.5%	未再附	—	>49.5%	开式分离泡
$Re=6.5\times10^4$	50.5%	未再附	—	>49.5%	开式分离泡
$Re=7.5\times10^4$	58.9%	77.9%	71.6%	19.0%	短分离泡
$Re=8.0\times10^4$	58.9%	77.9%	71.6%	19.0%	短分离泡
$Re=1.0\times10^5$	58.9%	75.8%	69.4%	16.9%	短分离泡
$Re=1.5\times10^5$	63.1%	73.7%	67.3%	10.6%	短分离泡

从表 7.15 可以看出，随着 Re 的提高，分离泡尺度迅速减小，分离泡由开式分离泡变为闭式短分离泡。对于闭式分离泡，提高 Re 开始对时均分离位置影响不大，时均再附位置前移；当 $Re>1.0\times10^5$ 时，提高 Re 对分离和再附位置均有明显的作用，使得分离泡长度大幅缩短。同时还发现，随着 Re 的提高，压力恢复位置不断前移，这说明分离泡内的"回流"强度发生改变，"死水"区不断减小。

图 7.34 给出了热膜测得的不同 Re 下准壁面剪切应力的统计参数偏斜度曲线，图中用虚线标示出转捩区的起止位置，其中 Re 为 3.5×10^4、5.0×10^4 工况对应开式分离泡，其余工况吸力面出现闭式短分离泡。对于极低 Re 出现开式分离

泡的情形，随着 Re 的提高，转捩起始位置向下游推移，这是因为 Re 提高使得层流边界层的动量提高，边界层的变薄，不容易受到扰动发生流动转捩。图中箭头所示的 τ_{skew} 峰值表示有大量湍斑出现，标志转捩的初期阶段，一般对应间歇因子 $\Gamma \approx 0.25$。随着 Re 数提高，τ_{skew} 峰值位置同样向下游移动，说明提高 Re，分离的自由剪切层抵抗扰动的能力也会更强。对于开式分离，Re 虽然会影响分离流转捩的起始位置，但转捩结束的位置变化不大。对于较高 Re 出现闭式分离泡的情形，Re 对转捩区间的影响规律与开式分离情形类似，不同的是当 Re 超过某临界值时，转捩结束位置会迅速前移（如 $Re=1.5\times10^4$ 工况），使得转捩区间大幅

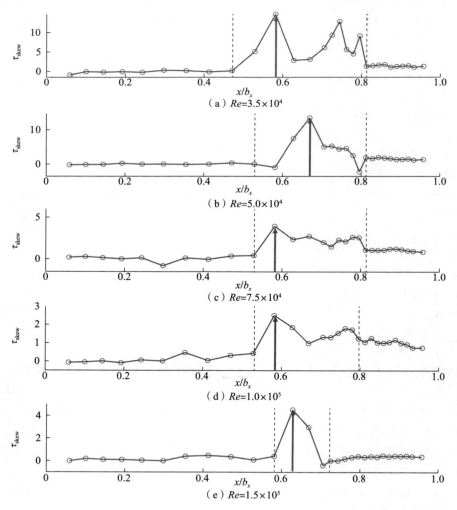

图 7.34 不同 Re 下吸力面壁面剪切力偏斜度曲线（IET-LPTA 叶型，$Tu=1.5\%$）

第7章 HL/UHL 涡轮设计策略以及 LPT 边界层流动控制技术

缩短，湍流区长度迅速增加。前面对典型工况（$Re = 1.5 \times 10^4$）的工况分析表明，分离流转捩过程是 T-S 转捩和 K-H 转捩的综合体现。对比不同 Re 下的 τ_{skew} 曲线可以发现，对于 Re 不大于 1.0×10^5 的工况，τ_{skew} 峰值后偏斜度并没有很快降到 0，而是有一段波动区域，说明在中低 Re 下，K-H 转捩的发展较为缓慢；而对于高 Re ($Re = 1.5 \times 10^5$) 的工况，τ_{skew} 峰值后没有出现明显的波动，说明 K-H 转捩区间大幅缩短，K-H 转捩的扰动放大率明显提高，同时由于分离泡很薄，T-S 转捩作用也显著增强，两方面的共同作用使得整个转捩区间被大幅压缩。

表 7.16 归纳了后加载叶型转捩区随 Re 的变化结果。从该表可以看出，对于 IET-LPTA 叶型，随着 Re 的降低，转捩区域有增大的趋势，由此导致边界层发展为全湍流的位置滞后，尤其在极低 Re ($Re < 5.0 \times 10^4$) 出现长分离泡的情况下，转捩区域几乎占整个吸力面长度的 1/3。因此，对于超高负荷低压涡轮叶型，转捩区域的变化对边界层分离和再附着过程有很大影响，转捩预测的准确与否，直接关系到边界层分离流动的预测精度。

表 7.16 不同 Re 下的转捩区域

IET-LPTA	转捩起始位置 (x/b_x)	转捩结束位置 (x/b_x)	τ_{skew} 峰值位置 (x/b_x)	转捩区长度 (L_t/b_x)
$Re = 3.5 \times 10^4$	47.1%	81.2%	58.1%	34.1%
$Re = 5.0 \times 10^4$	52.9%	81.2%	66.9%	28.3%
$Re = 7.5 \times 10^4$	52.9%	81.2%	58.1%	28.3%
$Re = 1.0 \times 10^5$	52.9%	79.6%	58.1%	26.7%
$Re = 1.5 \times 10^5$	58.1%	72.5%	62.8%	14.4%

根据表 7.15 和表 7.16 给出的数据，将不同 Re 下的转捩区间和分离区间画在一起（图 7.35）发现：对于闭式短分离泡，在边界层分离前就进入了转捩初期的发展阶段；τ_{skew} 峰值位置与分离泡的时均分离位置接近，说明湍斑大量形成于时均分离点附近；随 Re 的增加，分离泡尺度减小主要是"死水"区迅速缩小，回流区大小基本不变，但位置会向上游移动；当 $Re \leq 1.0 \times 10^5$ 时，转捩结束于时均再附点之后，发生转捩流动再附，当 $Re = 1.5 \times 10^5$ 时，转捩区间大幅缩短，转捩结束于时均再附点之前，发生湍流再附。而对于极低 Re 下出现开式分离泡的情形，转捩起始于时均分离点之后，发生分离流转捩，且 τ_{skew} 峰值距离分离点较远，湍斑由分离剪切层近壁面处的黏性不稳定性产生，同时由于主流动量过低，边界层即使完成流动转捩依然不能再附。以上对比说明 Re 不同，不但分离泡类型、转捩模式会发生转变，分离流动和再附流动的流态也会不同，将不同 Re 下的分离、再附流态和转捩类型总结如表 7.17 所列。

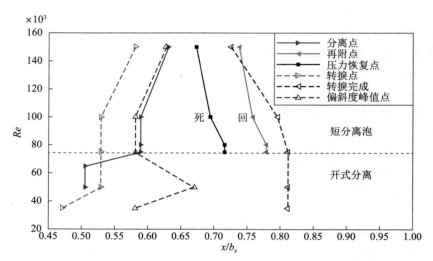

图 7.35 分离区间及转捩区间随 Re 的变化（IET-LPTA 叶型，$Tu=1.5\%$）

表 7.17 不同 Re 下的转捩模式（IET-LPTA 叶型，$Tu=1.5\%$）

Re	分离状态	再附状态	分离流转捩模型
3.5×10^4	层流分离	未再附	层流分离模型
5.0×10^4	层流分离	未再附	层流分离模型
7.5×10^4	转捩流动分离	转捩流动再附	转捩流动分离模型
8.0×10^4	转捩流动分离	转捩流动再附	转捩流动分离模型
1.0×10^5	转捩流动分离	转捩流动再附	转捩流动分离模型
1.5×10^5	转捩流动分离	湍流再附	转捩流动分离模型

2. Re 对分离、转捩机制及边界层损失的影响

分析高 $Re(Re=1.5\times10^5)$ 的转捩机制可以发现：吸力面存在闭式分离泡的流动转捩机制，包括 T-S 黏性不稳定性和 K-H 无黏不稳定性，而且动量厚度转折点之前 T-S 黏性不稳定性是主导机制，转折点之后 K-H 无黏不稳定性是主导机制。那么对于不同的 Re 工况，这两种转捩机制又是如何变化呢？

图 7.36 对比了不同 Re 下的间歇因子云图。由图可以看出，随着 Re 的增加 T-S 转捩过程变化不明显，转捩区间略向上游移动，而 K-H 转捩区间明显缩短，并且由不连续发展到较为连续。这说明 Re 的提高主要作用于 K-H 转捩。K-H 转捩过程的主要表现形式是大尺度涡的卷起与破碎导致边界层流动与主流的强烈掺混，因此随着 K-H 转捩的加强，边界层汲取了更多的主流能量，从而使得边界层流动更快地过渡到全湍流，边界层和分离泡的厚度均明显减小，从而分离泡内

的回流强度也随之减小。从时均湍流度云图（图 7.37）分析，湍流边界层的高湍流区和中心湍流度随 Re 的提高而减小；虽然时均再附位置明显提前，但由于 K-H 转捩突然放大的位置变化不大，湍流湿面积几乎不受 Re 的影响。

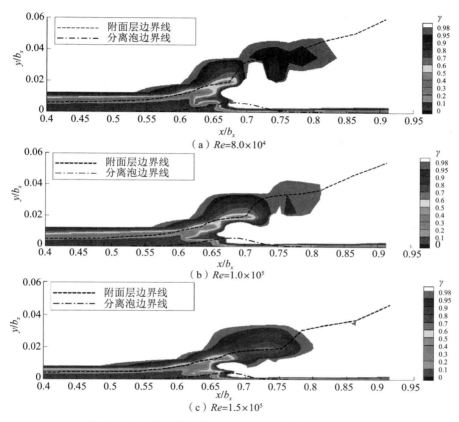

图 7.36　间歇因子云图（IET-LPTA 叶型，$Tu=1.5\%$）

图 7.38 给出了边界层位移厚度的变化。由图可以看出，随 Re 的提高，分离泡最大位移厚度明显减小，且最大厚度的位置逐渐向前移动。这说明，提高 Re 使得边界层再附位置显著前移，从而分离泡的尺度和厚度都逐渐减小。图 7.39 显示，随着 Re 的提高，动量厚度也明显降低，尤其是转折点之后湍流边界层的动量厚度减小幅度较大；但动量厚度转折点的位置变化不大，略向上游移动，表明湍流湿面积变化不大。从形状因子（图 7.40）的分布来看，随着 Re 的提高，形状因子峰值逐渐降低，分离泡内回流区强度减弱，从而分离泡内的黏性损失及湍流边界层的湍流度峰值也随之降低。此外，H_{12} 峰值前变化不大，峰值后 H_{12} 分布向上游移动也证明了 K-H 转捩区间随 Re 的提高而缩短，K-H 转捩明显加强。综合上述因素，边界层的黏性损失随 Re 的提高而降低（图 7.41）。

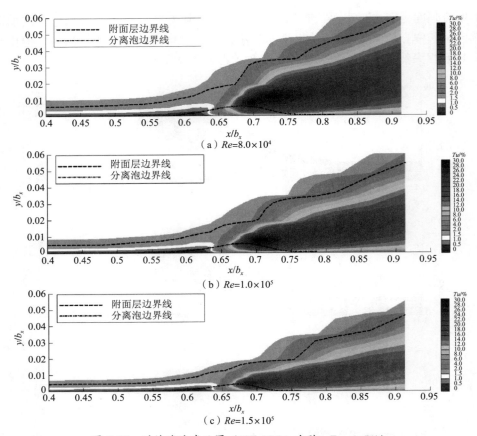

图 7.37 时均湍流度云图（IET-LPTA 叶型，$Tu=1.5\%$）

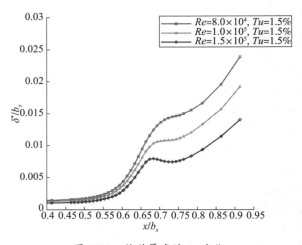

图 7.38 位移厚度随 Re 变化

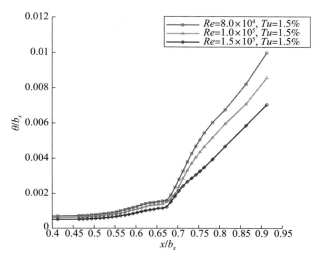

图 7.39 动量厚度随 Re 变化

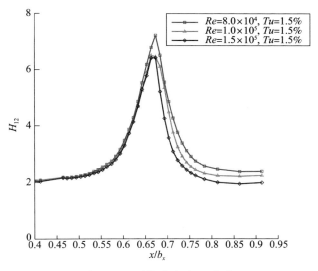

图 7.40 形状因子随 Re 变化

7.3.6 不同 Re 和湍流度 Tu 下超高负荷低压涡轮叶片的叶型损失机制

涡轮叶栅的气动特性通常用叶型损失系数来衡量,叶型损失包括边界层的分离损失、黏性耗散以及叶片下游尾迹与主流的掺混损失。前两小节的分析表明,来流 Re 和湍流度的提高都有抑制分离泡的作用,但作用机理不同:Re 通过加速转捩过程,使分离剪切层尽快再附来抑制分离泡;而湍流度则主要通过提前转捩起始位置,使时均分离点滞后来抑制分离泡。在所研究的 Re 和湍流度范围内,

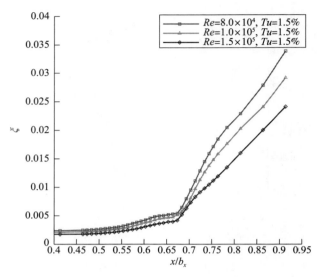

图 7.41 边界层损失随 Re 变化

无论是哪种作用，转捩完成后的湍流边界层厚度、湍流峰值强度和高湍流区均减小，说明提高来流 Re 和湍流度，不但可以有效抑制分离泡尺度，在一定范围内还可以减小湍流边界层的黏性耗散，同时分离泡的减小和湍流边界层厚度以及湍流度峰值的降低又使得叶片下游尾迹与主流的掺混损失下降。因此，提高 Re 和来流湍流度能够有效地减小叶型损失。图 7.42 给出了试验测量的叶型损失系数。由图可以看出，随着 Re 和湍流度的提高，叶型损失降到较低的水平。而低 Re 下，由于吸力面出现开式大分离，流道处于堵塞状态，叶型损失相对高 Re 的情形增大了 20~30 倍。同时由图还可以发现，对于相同的 Re，提高湍流度可以进一步减小叶型损失，尤其在较低的 Re 下，提高来流湍流度有可能使分离剪切层再附，分离泡由开式转变为闭式，从而使叶型损失大

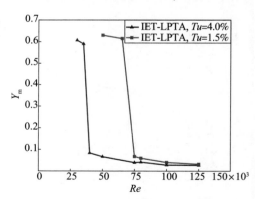

图 7.42 不同来流 Re 和湍流度下的叶型损失系数（IET-LPTA 叶型）

幅降低[174]。当分离泡尺度减小到一定程度时，继续提高来流 Re 和湍流度对减小叶型损失的作用效果逐渐减弱。

7.3.7 不同加载型式对超高负荷低压涡轮叶片边界层特性的影响

前面研究了来流 Re 和湍流度对后加载超高负荷涡轮叶片吸力面边界层特性的影响,而对于不同的叶型,由于负荷分布的差异,吸力面边界层的分离、转捩流动特性也会发生明显变化。从涡轮设计的角度讲,超高负荷涡轮叶片应该设计成何种叶型能够有效地抑制边界层的流动分离从而减小气动损失,目前仍是学术与工程界研究的热门课题。叶型负荷分布和上游尾迹扫掠对超高负荷涡轮叶片边界层流动特性的影响,正是下面要探讨的问题。

1. 负荷分布对边界层流动分离的影响

前加载叶型 IET-LPTF 和后加载叶型 IET-LPTA 是在 PACKB 叶型基础上通过降低稠度的方式将叶片负荷提高 26%后得到的一组叶型,这三套叶型具有相同的几何进气角和几何出气角。不同的负荷分布会产生不同的流向压力梯度使得边界层的速度线型发生变化,试验对 PACKB、IET-LPTA、IET-LPTF 三套涡轮叶片的吸力面静压分布进行了测量。图 7.43 为 $Re = 8.0 \times 10^4$,$Tu = 1.5\%$工况下三套叶型的载荷系数分布曲线。从图中可以看出,改型的两套叶型吸力面压力峰值分别位于 $x/b_x = 0.55$ 和 $x/b_x = 0.32$,较 PACKB 叶型均有前移。因此,IET-LPTA 和 IET-LPTF 叶型相对于基准叶型 PACKB 来说都属于前加载叶型。由于压力峰值前移,前加载叶型的加速区较短,扩散区相对较长,使得扩散区的逆压力梯度降低,因此前加载叶型边界层更不容易分离。试验结果显示,在设计来流 Re 下,IET-LPTA 和 PACKB 叶型在吸力面都出现了明显的分离泡,而 IET-LPTF 叶型吸力面的载荷系数曲线较为光滑,分离泡基本上被消除。下面讨论更低的 Re 下,前加载叶型吸力面的流动。

图 7.44 给出了不同 Re 下 IET-LPTF 叶片吸力面后部压力分布。由图可以看

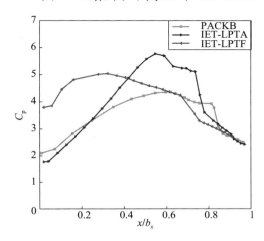 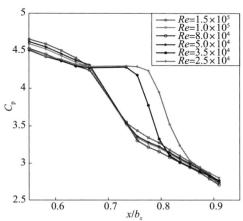

图 7.43 三种叶型吸力面载荷系数分布比较($Re = 8.0 \times 10^4$,$Tu = 1.5\%$)

图 7.44 IET-LPTF 叶片吸力面后部载荷系数分布($Tu = 1.5\%$)

出，当 $Re>5.0×10^4$ 时，吸力面后部的载荷系数曲线基本重合，没有出现分离泡，随着 Re 的下降，当 $Re<5.0×10^4$ 边界层的动量不足以克服逆压梯度时出现了闭式短分离泡。同时由图还发现，Re 的变化对时均分离点影响不大，Re 提高，时均再附位置向上游移动，分离泡减小，这与后加载叶型分离泡的变化趋势相同。对比图 7.44 和图 7.43 发现，前加载叶型边界层分离位置在 x/b_x = 64%位置之后，普遍晚于后加载叶型的分离位置，说明由于逆压力梯度降低，前加载叶型抵抗边界层分离的能力更强。

2. 负荷分布对边界层流动转捩的影响

图 7.45 为设计点来流环境下，数值模拟得到的不同负荷分布叶片边界层间歇因子云图。由图可见，由于前加载叶型吸力面扩散区的局部逆压力梯度相对较小，因此边界层不容易分离，时均分离位置向下游移动，导致边界层受到扰动发生流动转捩的位置延后，使得层流区拉长，湍流区相对变短。同时由图还发现，局部逆压力梯度较小时 T-S 和 K-H 转捩区间明显变长，说明前加载叶型边界层扰动能量增长率相对较低，转捩过程进行缓慢，导致湍流区长度进一步缩短。从时均湍流度云图（图 7.46）上也可以发现，前加载叶型的转捩区间较长，边界层湍流区明显滞后，湍流湿面积减小，湍流度峰值较低，且边界层厚度的放大速率相对较小，导致湍流边界层的厚度较"薄"，湍流边界层内的高湍流区宽度也相应被压缩，这些因素有利于降低边界层湍流区的黏性耗散。然而对于层流区，

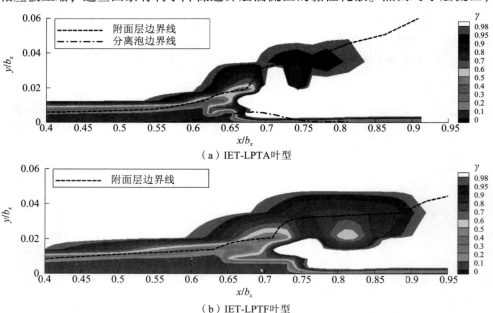

图 7.45 不同叶型吸力面边界层的间歇因子云图（$Re=8.0×10^4$，$Tu=1.5\%$）

第7章　HL/UHL 涡轮设计策略以及 LPT 边界层流动控制技术

由于前加载叶型吸力面较早进入扩散段，层流边界层的加速区较短，加速相对不足，使得层流边界层厚度和层流区黏性底层的厚度都明显增加；另外，分离和转捩位置滞后使得层流区又被拉长，导致前加载叶型层流边界层的黏性损失相对较高。因此，负荷分布的改变对边界层的发展和转捩过程的进展速度均有较大影响。

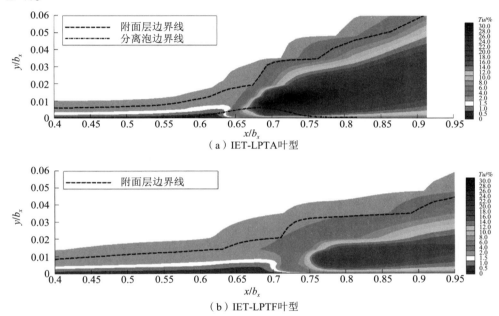

图 7.46　不同叶型吸力面边界层的时均湍流度云图（$Re=8.0\times10^4$，$Tu=1.5\%$）

前面分析了来流 Re 和湍流度对后加载叶型边界层厚度积分参数的影响，得到的结论是吸力面出现闭式分离泡时，提高 Re 和来流湍流度使得位移厚度峰值减小，峰值位置前移；Re 和来流湍流度对动量厚度拐点的位置影响不大，湍流湿面积变化不大；随着 Re 和来流湍流度的提高，形状因子峰值降低，分离泡内回流强度减弱；提高 Re 和来流湍流度，湍流边界层的动量厚度减小，同时分离泡后的湍流度峰值降低，边界层黏性耗散下降。图 7.47～图 7.50 给出了前、后加载两种叶型在不同来流 Re 和湍流度下边界层厚度积分参数的对比。从图中可以总结出以下几点异同：

从位移厚度曲线（图 7.47）看出，两种叶型的边界层位移厚度都随 Re 和湍流度的增加而减小，且峰值位置随 Re 和湍流度的提高均向上游移动。对比不同负荷分布叶型的位移厚度看出，前加载叶片的位移厚度峰值较小，峰值位置滞后，在较高的 Re 和湍流度下，前加载叶片边界层的位移厚度较为光滑，表明分离泡被消除。以上说明前加载叶型的分离泡尺度较小，厚度较"薄"，分离泡的位置靠后，因而分离损失也会较小。同时，从位移厚度曲线上依然可以看出边界层分离前，前加载叶型的边界层厚度较大，这与之前云图显示的结果一致。

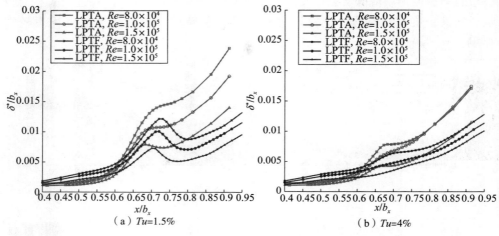

图 7.47　边界层位移厚度比较

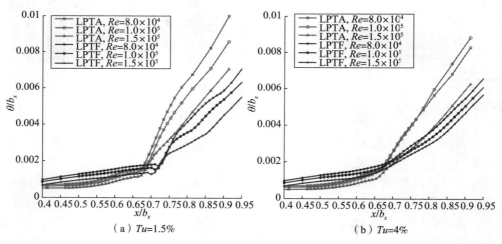

图 7.48　边界层动量厚度比较

从动量厚度曲线（图 7.48）看出，在较低的来流湍流度下（$Tu=1.5\%$），动量厚度曲线均出现转折点，但前加载叶型转折点的位置受 Re 的影响较大，随 Re 的提高明显向上游移动，而动量厚度曲线发生转折表示 K-H 转捩突然放大，转捩主导机制由 T-S 黏性不稳定性转变为 K-H 无黏不稳定性。对于前加载叶型，由于局部逆压力梯度较低，转捩区被拉长，T-S 转捩和 K-H 转捩过程更容易受到 Re 和湍流度的影响，而从折转点前移的现象来看，逆压力梯度减小使得主流对

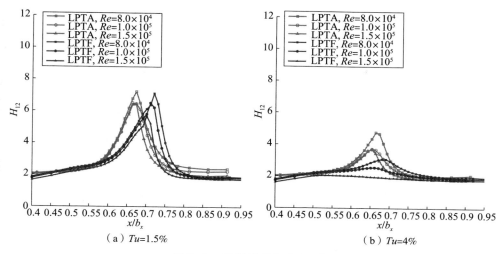

图 7.49 边界层形状因子比较

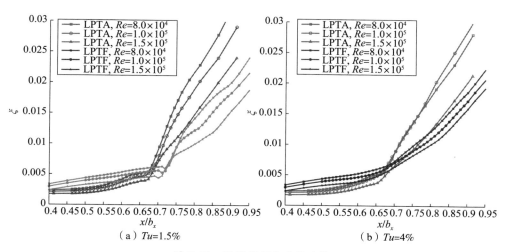

图 7.50 边界层损失系数比较

K-H 转捩的影响更大，导致 K-H 转捩突然放大的位置前移。折转点前移会导致湍流湿面积加长，但相对后加载叶型而言，前加载叶型的折转点依然滞后，也就是说虽然前加载叶型的湍流湿面积随 Re 的提高而加长，但仍然优于后加载叶型。而在较高的来流湍流度下（$Tu=4\%$），前加载叶型的 K-H 转捩区间大幅提前，动量厚度曲线不出现转折点，而后加载叶型边界层的转捩过程以旁路转捩的模式进行（图 7.51），此时两种叶型边界层流动转捩结束的位置基本相同，吸力面的分离泡均被消除，动量厚度曲线趋于一致。

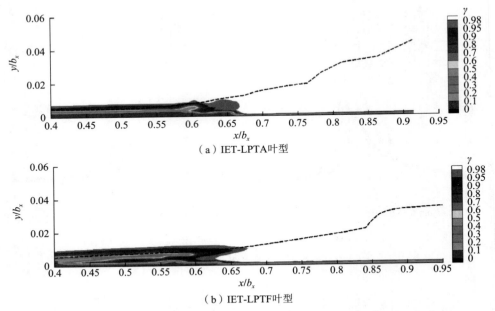

图 7.51　高来流湍流度下的间歇因子云图比较（$Re=1.5\times10^5$，$Tu=4\%$）

形状因子峰值表征分离泡内的回流强度，从图 7.49 可以看出前加载叶型的形状因子峰值低于后加载叶型，且随 Re 和湍流度的提高，峰值降低的幅度增加，在高来流湍流度下由于分离泡被消除，峰值抹平。形状因子峰值大幅降低使得湍流边界层的湍流度峰值降低，将导致更小的湍流损失。图 7.50 给出了两种叶型的边界层损失系数分布，综合上述各种影响因素的分析，前加载叶型边界层分离区和湍流区的黏性损失明显低于后加载叶型，而层流区边界层的黏性损失略高。对于超高负荷涡轮叶型，合适的负荷分布可以充分减小扩散区的逆压力梯度，既能有效抑制分离又不增加湍流黏性耗散。

3. 负荷分布对叶型损失的影响

以上分析了两种不同负荷分布的涡轮叶片吸力面边界层的分离和转捩流动特征和物理机制的差异，对于涡轮叶片而言，叶型损失包括边界层分离损失、黏性损失和尾迹掺混损失，其中吸力面边界层的分离损失约占叶型损失的 60%。下面分析考虑各种损失因素后去寻求综合气动性能更优的负荷分布。

图 7.52 给出了叶栅试验测量叶型

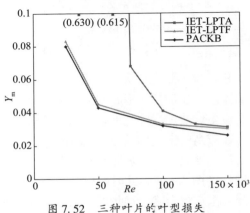

图 7.52　三种叶片的叶型损失

第 7 章　HL/UHL 涡轮设计策略以及 LPT 边界层流动控制技术

损失系数 Y_m 随 Re 的变化关系。对比三条曲线发现，对于三套高负荷涡轮叶栅，叶型损失都随 Re 的增加而降低，更高负荷的前加载叶型 IET-LPTF 与基本叶型 PACKB 的叶型损失曲线基本重合，而后加载叶型 IET-LPTA 在提高负荷的同时也加大了叶型损失。从上面的分析可知，IET-LPTF 由于采用前加载的形式，减小了流向逆压力梯度，从而有效地减小或消除了分离泡，减小了流动分离损失和分离泡的内部摩擦损失。另外转捩区间滞后缩短了湍流湿面积，减小了湍流边界层厚度，有效地降低了湍流区的黏性耗散；而湍流边界层厚度降低的同时，落后角也相应减小，因此掺混损失也会下降。这三方面的优势使得 IET-LPTF 叶型在增加负荷的同时保持了与基础叶型相当的叶型损失。对于后加载叶型 IET-LPTA 而言，由于分离泡没有得到有效的控制使得叶型损失有明显的上升。当 $Re<7.5\times10^4$ 时，边界层流动分离后并不再附，产生开式分离泡，叶栅通道处于堵塞状态，叶型损失大幅增加。当 $Re>7.5\times10^4$ 时，分离泡为"短分离泡"，Re 的提高同样减小了分离泡的大小，降低了叶型损失。当 Re 提升到一定程度后，叶型损失减小的幅度逐渐下降，单纯地提高雷诺数对减小叶型损失的效果是有限的。

上述基于超高负荷涡轮叶片的气动特性分析表明，在低湍流度、低 Re 状态下，叶型负荷的提高很可能导致二维气动性能的恶化，而采用前加载的负荷分布形式能够有效地提升高负荷涡轮的气动特性。虽然前加载涡轮叶片的二维气动特性较优，但关于超高负荷涡轮的三维流动特性研究表明，前加载涡轮叶片的二次流损失大幅增加，而后加载叶型的三维气动特性较好。如果能将后加载叶型边界层的转捩区间控制在合理的范围内，尽量抑制边界层的分离，那么超高负荷低压涡轮气动叶型气动设计应选择后加载负荷分布形式。因此，以下将重点讨论如何抑制后加载叶型的二维流动分离。

综上所述，由 7.3 节可以获得如下 3 点认知：

（1）提高涡轮负荷，吸力面边界层易于分离还会出现分离泡，在低 Re 和低 Tu 的气动环境下还可能出现开式大分离；提高 Re 可以加速转捩完成，使时均再附点向上游移动，并且还会有减小分离泡尺度和厚度的效果；但 Re 对边界层分离影响较小，随着 Re 的提高，湍流黏性耗散和叶型损失降低；提高来流湍流度可以激励转捩提前发生，使边界层的流动分离滞后，当 Re 不太高时，叶型损失和湍流黏性耗散均随湍流度的提高而降低，对于后加载叶型，中等来流湍流度就可能引发旁路转捩。

（2）负荷分布主要通过扩散区不同的逆压力梯度来影响边界层的流动分离和转捩。前加载叶型扩散区逆压力梯度较低，边界层抵抗分离的能力更强；同时，转捩区间向下游移动，K-H 转捩的扰动放大率降低，使得转捩区间相对更长，导致湍流湿面积、湍流黏性耗散及叶型损失减小，二维气动特性更优；在较

高来流 Re 和湍流度的气动环境下，前、后加载两套叶型的湍流黏性耗散和叶型损失趋于一致，考虑后加载负荷分布设计二次流损失相对较小的优势，如果能将边界层的转捩区间控制在合理的范围内，尽量抑制边界层的分离，那么超高负荷低压涡轮气动叶型气动设计选择后加载负荷分布形式可能是有益的。

(3) 基于耦合 γ-$\widetilde{Re}_{\theta t}$ 转捩模型的 RANS 方法能够捕捉到边界层分离转捩流动的主要特征，对于不同的分离流转捩问题均有较好的预测精度。

7.4 单级环境时 UHL-LPT 叶栅边界层演化及流动控制

基于均匀来流下超高负荷低压涡轮叶片边界层的分离和转捩特性的研究表明，在低 Re 和低湍流度的气动环境下，叶片吸力面容易发生流动分离，严重影响涡轮的二维气动特性，尤其是对于后加载叶型，如何抑制分离泡成为其气动设计成败的关键。然而，发动机内部流场并非均匀，具有强非定常性，上游尾迹会对边界层的分离和转捩过程产生周期性的影响。大量研究表明：对于 $Zw=1.0\sim1.2$ 的高负荷 LPT 叶片的边界层分离，借助于尾迹扫掠可以触发尾迹诱导转捩，有抑制边界层分离的作用；对于超高负荷涡轮叶片（$Zw=1.4$），其叶片吸力面会出现更大的局部逆压梯度和分离泡。上游尾迹能否充分抑制分离泡，对于不同负荷分布的涡轮叶片采用何种尾迹扫掠频率能够发挥非定常尾迹的最大潜力等问题，是目前超高负荷涡轮设计亟待攻克的难题，也是国际上普遍关注的热点问题。本节针对 $Zw=1.4$ 的 LPT 叶栅边界层的演化和控制进行研究。

7.4.1 尾迹扫掠下超高负荷低压涡轮叶片边界层的非定常表现

转静叶排之间的相对运动决定了燃气涡轮发动机中流动固有的非定常性，剑桥大学的 Hodson[175] 教授研究发现，尾迹呈现高湍流度和负向射流的双重特征，在涡轮通道中，尾迹发生拉伸和变形，尾迹两侧产生反旋对涡对边界层施加周期性的扰动，如图 7.53 所示。另外，图 7.54 给出了低压涡轮通道中，上游周期性扫过的尾迹与涡轮叶栅边界层相互作用的示意图。在尾迹的作用下，涡轮叶片吸力面边界层的分离、转捩流动也出现周期性的变化，即尾迹在叶片下游的某一位置开始对叶片吸力面的边界层产生影响，在边界层分离之前尾迹诱导边界层开始转捩，产生湍流条带（turbulent strip）。随着时空的推进，湍流条带延伸到分离泡，抑制了分离，湍流条带及转捩区（transitional strip）后伴随着寂静区（calmed region），进一步抑制分离泡，分离泡在尾迹之间间歇的出现与消失。基于尾迹作用的双重性，Hosdon 等纷纷开展相关的研究，试图利用尾迹的扰动作用来控制层流边界层的分离，都达到了较理想的效果。

第7章 HL/UHL 涡轮设计策略以及 LPT 边界层流动控制技术

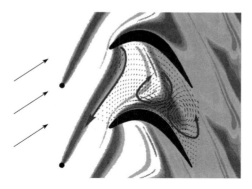
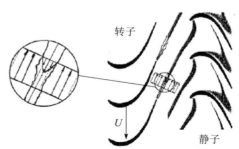

图 7.53 尾迹在涡轮通道中的输运　　图 7.54 尾迹扫掠与 LPT 叶栅边界层的相互作用示意图

试验已证实，对于 $Zw=1.0\sim1.2$ 的高负荷涡轮叶片，利用尾迹扫掠可以有效地抑制边界层的分离。随着叶片负荷的提高，扩散段会出现更强的局部逆压力梯度，导致更为严重的气动分离，那么对于 $Zw=1.4$ 的超高负荷低压涡轮叶片，尾迹扫掠是否能够充分抑制分离，下面对这个问题进行研究：首先，通过热膜试验观测分离较为严重的后加载超高负荷低压涡轮叶片 IET-LPTA 在尾迹扫掠下边界层的非定常分离、转捩过程。非定常尾迹通过平行于叶栅的等距圆棒平动来模拟，尾迹扫掠频率 f 通过改变圆棒平动速度来调整。试验取 $f=0.08$，采用较低的扫掠频率是为了尽量排除尾迹之间的相互干扰，便于研究单条尾迹与边界层作用的完整过程以及尾迹之间分离泡的恢复过程。试验前用热线测得叶栅进口的条件：$Re=1.0\times10^5$，来流湍流度 $Tu=1.5\%$。

1. 尾迹扫掠下边界层流动分离与再附过程

对于周期性非定常热膜试验，为了捕捉尾迹扫掠下边界层流动的非定常现象，采用锁相平均的方法处理试验数据，将 3 个尾迹扫掠周期作为一个采样周期，采集 256 个周期作锁相平均，采样频率为 50kHz。热膜采集的准壁面剪切力及其统计参数采用两种归一化方法处理得到：数据处理方法 1 得到的归一化参数记为 $\tilde{\tau}$、$\tilde{\tau}_{RMS}$、$\tilde{\tau}_{skew}$，数据处理方法 2 得到的归一化参数记为 $\langle\tilde{\tau}\rangle$、$\langle\tilde{\tau}\rangle_{RMS}$、$\langle\tilde{\tau}\rangle_{skew}$，具体数据处理方法可参见相关文献。

文献［163］的图 5 给出了无量纲准壁面剪切力的时空云图（IET-LPTA 叶型，$Re=1.0\times10^5$，$Tu=1.5\%$，流量系数 $\phi=11.2$，尾迹扫掠频率 $f=0.08$），其中在图 5(a) 中给出了数据处理方法 1 得到的准壁面剪切力平均值三维时空云图，这里 S/S_0 为无量纲吸力面弧长，t/T 为无量纲尾迹扫掠周期，$\tilde{\tau}$ 为无量纲准壁面剪切应力平均值。从叶片前缘到 $S/S_0=0.23$ 的位置，在顺压力梯度的作用下，边界层持续加速，使得准壁面剪切应力平均值 $\tilde{\tau}$ 持续上升，直到达到峰值。剪切力峰值之后（$0.23<S/S_0<0.38$）在局部逆压力梯度的作用下，边界层的速度梯

度下降，导致$\tilde{\tau}$下降，同时边界层的厚度增加。根据分离和再附的判定准则，分离位置准壁面剪切力为0，再附位置准壁面剪切力上升，图5(a)给出了分离点和再附点随时间的变化曲线。从该图可以看出，对于超高负荷低压涡轮叶型IET-LPTA，分离泡的长度几乎占整个吸力面弧长S_0的1/3，分离泡的尺度较大。在尾迹的扫掠作用下分离线、再附线和分离泡大小都出现了周期性的波动。在尾迹作用时刻，准壁面剪切力升高，在剪切力峰值之后的逆压力梯度段又出现了3个剪切力峰值SP_1、SP_2、SP_3，并且分离位置由$S/S_0=38\%$推迟到$S/S_0=43\%$，分离点后移约$5\%S_0$。在吸力面下游$S/S_0\approx0.67$附近，边界层再附，尾迹作用时刻再附点前移约$3\%S_0$，分离泡长度约减小24%。尾迹作用过后，准壁面剪切力下降，分离泡恢复。也就是说，尾迹扫掠在一定程度上确实有抑制分离、减小分离泡尺度的作用。

为了突出剪切力随尾迹扫掠的波动状态，将准壁面剪切力随时间做归一化处理，得到文献［163］中的图5(b)，图中清晰地反映了尾迹中心的运动轨迹和尾迹作用时空范围。边界层分离前，尾迹宽度较窄，尾迹斜率很小，尾迹的输运速度很高。边界层分离后，尾迹轨迹中断，并且发生相移，尾迹斜率增大，尾迹的输运速度降低。这是由于分离剪切层的动量和流速较低，使得尾迹发生弯曲。随后由于尾迹的强扰动作用激励了尾迹诱导转捩，分离剪切层不断从主流获取能量，边界层动量增加，使得尾迹中心的输运速度提高，尾迹轨迹发生弯曲，直至分离流再附。在此过程中，尾迹作用的时空范围呈楔状扩大。尾迹中心的平均输运速度记为$\overline{U_w}$，尾迹中心扫掠形成湍流条带，此区域剪切力值上升最多。湍流条带尾缘的输运速度为$0.57\overline{U_w}$，低于尾迹中心平均速度，使得湍流条带时空范围扩大。湍流条带之后是三角形的寂静区和尾迹诱导湍流区。由于寂静区尾缘的输运速度为$0.34\overline{U_w}$，低于湍流条带尾缘的输运速度，因此尾迹的作用范围呈楔状进一步扩大。对比图5(a)和(b)发现，随着尾迹的周期性扫掠，图5(a)中分离泡内准壁面剪切力值局部上升，尾迹扫掠形成的湍流条带区、尾迹诱导湍流区和寂静区有抑制分离，减小分离泡厚度的作用。

总之，尾迹的扫掠对分离泡的大小、厚度以及再附区域都产生了周期性的影响，而这种影响与尾迹的强扰动作用及边界层转捩过程密不可分，因此，下面对热膜测得的剪切力数据进行统计分析，探索尾迹抑制边界层分离的更深层原因。

2. 尾迹与边界层的相互作用及尾迹诱导转捩

尾迹对边界层的强扰动作用通过湍流度的相对大小来衡量，文献［163］的图6(a)给出了统计参数均方根云图，均方根表征边界层流动湍流度的大小，文献［163］的图6(b)将统计参数$\tilde{\tau}_{RMS}$随时间做归一化处理，它反映尾迹扫掠造

第7章 HL/UHL 涡轮设计策略以及 LPT 边界层流动控制技术

成湍流度的相对变化程度。从图 6(a) 中可以看出，从叶片前缘到 $S/S_0<0.38$ 的区域，尾迹之间的均方根 $\tilde{\tau}_{RMS}$ 很低，接近 0，此区域为层流区。在吸力面峰值 $S/S_0=0.23$ 之前，为顺压力梯度，边界层流动加速，边界层厚度较薄，虽然受到尾迹的强烈扰动，但扰动并不被放大，只是局部湍流度增加；吸力面峰值之后为逆压力梯度，边界层流动减速，动量降低，边界层厚度增加，边界层变得不稳定，在边界层分离之前 S/S_0 为 0.3~0.4，尾迹扰动被放大，湍流度明显上升。图 6(a) 中红色虚线圈住的部分为热膜捕捉到的尾迹负射流产生的反旋对涡，这与 Hodson[169] 描述的现象是吻合的。经过对比发现，反旋对涡出现的位置和尾迹作用区剪切力峰值位置重合，说明反旋对涡的存在加速了边界层低能流体与主流的掺混，使得变厚的低能边界层极易受到扰动的影响并从主流汲取大量能量，从而推迟了边界层的流动分离。边界层分离后，尾迹运动轨迹从 A 到 B 发生相移，如图 6(b) 所示，相移是由于边界层发生分离，尾迹中心输运速度突然降低，反旋对涡发生转向所致。由于尾迹中心的高湍流度特征，尾迹扫掠形成的湍流条带区及尾迹诱导转捩产生的再附湍流区湍流度都明显上升，湍流度上升和湍流区时空面积的扩大可能带来更大的黏性耗散。

尾迹的强烈扰动不但使湍流度上升，还会激励边界层流动转捩。边界层的转捩过程通过统计参数偏斜度进行判断，偏斜度表征标志转捩过程起始和结束的剪切力正向、负向尖峰信号出现的比率，偏斜度不为 0 的区域判定为转捩区。图 7.55 为数据处理方法 1 得到的准壁面剪切力偏斜度时空云图。从图中可以看

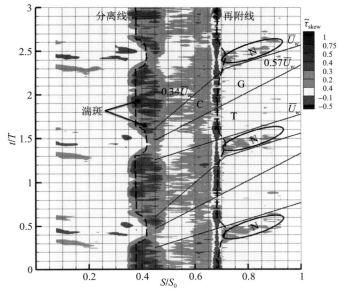

图 7.55 无量纲准壁面剪切力偏斜度时空云图

出，转捩过程主要集中在 S/S_0 为 0.35~0.7 的范围内。在层流区（S/S_0<0.38），边界层较薄，尾迹扰动不易被放大，并不发生转捩过程，$\tilde{\tau}_{skew}$≈0；边界层分离之后受尾迹扰动的影响，边界层变得极不稳定，在尾迹扫掠过后产生大量湍斑，发生强烈的转捩过程；在 S/S_0 = 0.67 附近，$\tilde{\tau}_{skew}$<0，标志转捩过程接近尾声，之后 $\tilde{\tau}_{skew}$≈0，转捩结束，边界层流动过渡为湍流并且再附。从图 7.55 中可以发现，在尾迹和尾迹之间的 N 区域，转捩过程结束滞后于尾迹诱导转捩，可能发生转捩流动再附，使得再附位置滞后，这说明尾迹扫掠能够激励转捩提前完成，使得再附位置前移，具有减小分离泡的作用。

综上所述，对于超高负荷低压涡轮叶栅产生较大分离的情形，尾迹的周期性扫掠同样有抑制边界层分离的作用：一方面，尾迹的高湍流度特性推迟了边界层的分离；另一方面，尾迹激励转捩过程提前完成使得再附位置前移，在较低扫掠频率（f=0.08）下分离泡尺度减小近 1/4。然而，尾迹扰动同样会导致湍流时空区域扩大、湍流度上升，有可能带来较大的黏性耗散。同时还可以看出，虽然尾迹能够抑制分离，但对于超高负荷低压涡轮叶片，尾迹并没有完全消除分离泡，这可能是尾迹扫掠频率较低的缘故。另外，在转捩模型和流场计算方面，耦合 γ-$Re_{\theta t}$ 转捩模型的 RANS 方法能够模拟尾迹诱导转捩过程和尾迹扫掠下边界层的非定常变化，捕捉到的边界层细节特征与热膜测量结果有较好的一致性，考虑热膜捕捉到的流场信息有限，且受尾迹模拟装置转速的限制，下面将通过数值模拟的方法进一步分析较高尾迹扫掠频率下尾迹与边界层相互作用的二维流动特征和非定常分离、转捩流动机制。

7.4.2 尾迹扫掠下超高负荷低压涡轮叶片边界层分离、转捩流动机制

图 7.56 为设计点 Re = 8.0×10^4，来流湍流度 Tu = 1.5%，流量系数 ϕ = 0.7，扫掠频率 f = 1.0 工况下，非定常计算得到的一个尾迹扫掠周期的六个时刻扰动速度场矢量和湍流度云图。扫掠频率定义为

$$f = \frac{b_x/U_x}{S_b/U_b} \tag{7.20}$$

式中：b_x 为轴向弦长；U_x 为来流轴向速度；S_b 为扰动棒间距；U_b 为扰动棒运动速度；b_x/U_x 表征尾迹在叶栅通道内的驻留时间；S_b/U_b 表征圆棒运动每产生一条尾迹需要的时间。

因此无量纲扫掠频率 f 表征任一时刻存在单个叶栅通道内的尾迹波数。从扫掠频率的定义式看，尾迹扫掠频率由尾迹的运动速度和尾迹间隔两方面因素决定。尾迹的相对运动速度通过流量系数 ϕ 来衡量，$\phi = U_x/U_b$。扰动速度 $\tilde{u}$、$\tilde{v}$ 定义为流场实时速度与时均速度的差，$\tilde{u} = u - \bar{u}$，$\tilde{v} = v - \bar{v}$。

第7章 HL/UHL 涡轮设计策略以及 LPT 边界层流动控制技术

由于尾迹区存在速度亏损，因此若以叶栅通道内主流的时均流场为参考系，则尾迹表现出指向尾迹源的"负射流"特征，如图 7.56 所示。

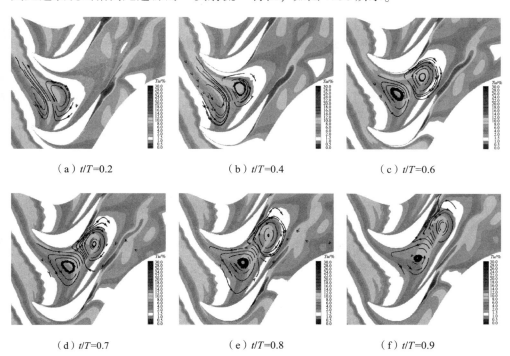

图 7.56 尾迹在叶栅通道内的传播（IET-LPTA 叶型，$Re=8.0\times10^4$，$Tu=1.5\%$，$\phi=0.7$，$f=1.28$）

扰动速度实质上表征了尾迹负射流的速度大小和方向，即每一时刻主流流场的速度亏损。从图 7.56 中还可以看出，尾迹除了负射流特征之外还表现出高湍流度特征，尾迹中心湍流度达到 12% 左右，会给边界层流场周期性地施加强烈的扰动。从尾迹在叶栅通道内的输运过程来看，在叶栅前缘附近，尾迹被叶片前缘切断后，由于叶栅通道中间流速大，靠近叶片前缘位置流速小，尾迹发生弯曲变形；弯曲的尾迹进入叶栅，由于近吸力面流速高于近压力面流速，近吸力面尾迹在通道内输运的更快，导致尾迹的再定向。从图 7.56 中可以清楚地看出，负射流朝向吸力面运动，最后撞击到吸力面上，形成吸力面附近的堆积，负射流的扰动使得尾迹中心下游表面附近的流动加速，上游区域流动减速。尾迹两侧形成两个反向旋转的旋流。

图 7.57 为尾迹扫掠周期的六个时刻速度场及扰动速度涡量云图，图中 $\tilde{\omega}$ 为扰动速度涡量。

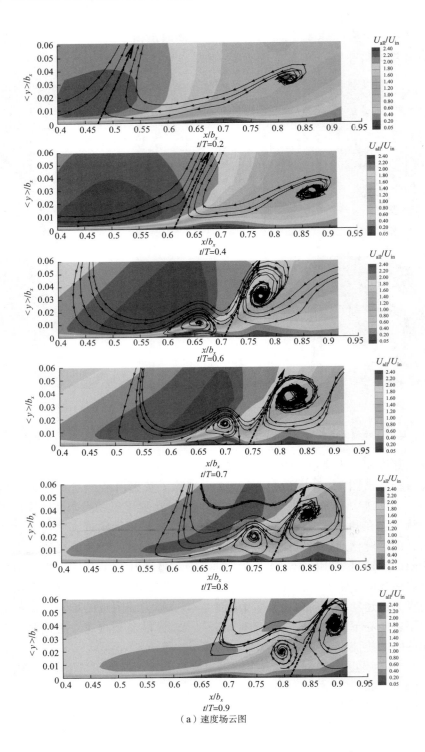

（a）速度场云图

第 7 章　HL/UHL 涡轮设计策略以及 LPT 边界层流动控制技术

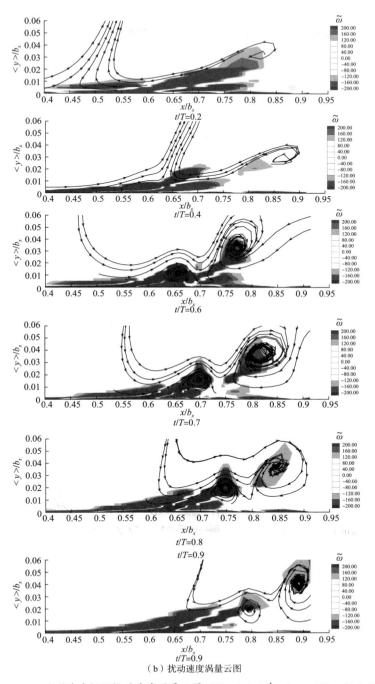

(b) 扰动速度涡量云图

图 7.57　IET-LPTA 叶型速度场及扰动速度涡量云图（$Re=8.0\times10^4$，$Tu=1.5\%$，$\phi=0.7$，$f=1.28$）

从速度场云图可以发现，随着尾迹的扫掠，吸力面分离泡的大小和厚度都发生了明显的变化，在 $t/T=0.2$ 时刻，分离泡处于两条尾迹之间，受上一条尾迹的影响，分离泡基本被消除，尚未恢复；随着尾迹向叶片下游的运动，尾迹负射流两侧的大尺度"对涡"与边界层产生强烈的扰动作用，若以主流流场为参考系，尾迹前端的涡流"阻碍"边界层流动（称为"逆向涡"），尾迹后端的涡流"加速"边界层流动（称为"顺向涡"）。在 $t/T=0.4$ 时刻，尾迹前方的逆向涡运动到分离泡的上方，使得边界层和分离泡的厚度增加，而尾迹中心及尾迹后方的顺向涡则进一步压低分离泡，将分离泡内的低速流团向叶片下游驱赶。当尾迹中心扫过分离泡最大厚度位置（$t/T=0.6$）时，在尾迹后方，顺向涡下方又衍生出小尺度的逆向涡，同时分离泡的长度被大幅压缩，厚度却突然增加，且分离泡内出现了明显的回流。从扰动速度涡量云图上看，尾迹中心后方的逆向涡虽然尺度小，但强度相对较高，使得边界层与主流之间进一步掺混。之后随着边界层流动向湍流的发展，边界层厚度增加，逆向涡被抬起，旋涡的尺度和强度逐渐减弱。在 $t/T=0.8$ 时刻之后，分离泡被消除，直至下一条尾迹到来，完成一个变化周期，这期间分离泡缓慢的恢复。从扰动速度涡量云图看，虽然尾迹的负射流产生了大尺度对涡，但尾迹主要通过逆向涡和之后衍生出的小尺度逆向涡对边界层施加扰动，使边界层流动与主流之间发生强烈的掺混和动量交换，从而很好地抑制了边界层的流动分离。

在尾迹周期性的扰动作用下，分离泡周期性地消失和恢复，然而边界层的流动损失除了和边界层分离有关之外，还和边界层的流动状态以及湍流耗散有关。

图7.58显示了一个周期内边界层的湍流度和间歇因子随尾迹扫掠的变化，这里 γ 表示间歇因子；$\langle y \rangle$ 代表垂直于叶片壁面的法向距离。

从图中可以发现，受尾迹扰动的影响，边界层的高湍流区发生明显的变化，在尾迹中心前后，逆向涡的存在使得边界层高湍流区明显扩大，且随着尾迹的扫掠向下游发展，尾迹后的逆向涡由于强度较大，导致分离泡最大厚度处的湍流度较高。随着尾迹向下游的发展，湍流边界层的厚度逐渐增加，而尾迹扫掠过后，到下一条尾迹扫掠之前，边界层的湍流度、湍流边界层厚度和湍流湿面积却呈现降低的趋势（如 $t/T=0.2$ 时刻），这可能是尾迹后的寂静区引起的，该区具有较为饱满的速度型和低脉动特征，因此，寂静区既有抑制分离的作用又不会带来湍流损失的增加[175]。从间歇因子云图来看，尾迹的扰动作用使得边界层厚度增加，变得极不稳定，在 $t/T=0.4$ 时刻，尾迹诱导分离的自由剪切层发生转捩，转捩启动后伴随着逆向涡的生成和运动，边界层与主流之间发生强烈的掺混[176]。在尾迹扫掠过后（$t/T=0.9$ 时刻）转捩区间缩短，边界层厚度逐渐降低，逐渐恢复到没有尾迹扰动时的状态。

第 7 章　HL/UHL 涡轮设计策略以及 LPT 边界层流动控制技术

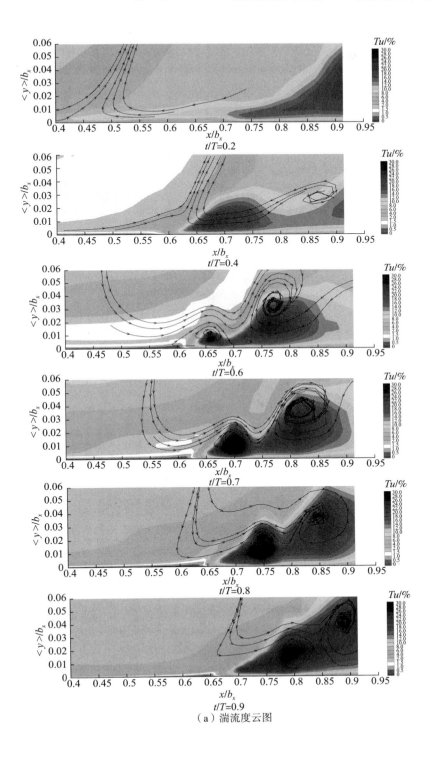

（a）湍流度云图

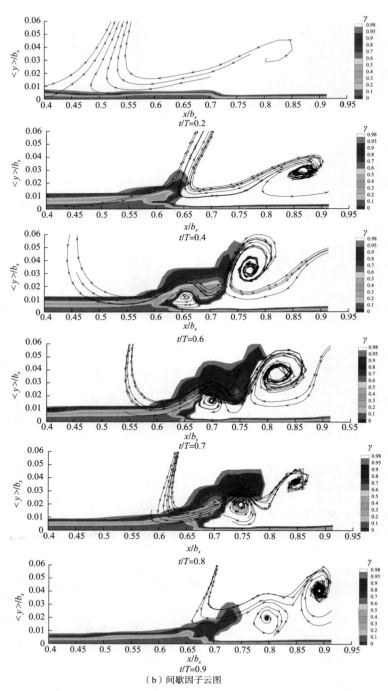

(b) 间歇因子云图

图 7.58 IET-LPTA 叶型湍流度及间歇因子云图 ($Re=8.0\times10^4$, $Tu=1.5\%$, $\phi=0.7$, $f=1.28$)

通过对尾迹扫掠不同时刻的流场分析，可以总结尾迹与边界层相互作用的四个主要特征：①尾迹的高湍流度特征对边界层施加强烈的扰动，从而激励尾迹诱导转捩，有抑制边界层分离的作用；②尾迹负射流带来的逆向涡在加强尾迹与主流掺混的同时，引起边界层更高的湍流度和更大的湍流湿面积；③尾迹后的寂静区在尾迹扫掠过后进一步抑制边界层的分离，同时降低湍流区的湿面积和湍流度；④尾迹之间，激励作用消失，分离泡逐渐恢复。由此可见，尾迹的双重性使其对边界层的作用也有双重的影响，下面分析在尾迹作用下，边界层的流动损失特性的发展状况。

另外，从边界层积分参数的时空云图中还可以显示分离泡长度和高度尺度随尾迹扫掠的周期性变化。$H_{12}>3.5$ 通常表示边界层有层流分离，从形状因子云图中可以看出：当高湍流度的尾迹通过时，分离泡被消除；同时，由于逆向涡的生成和发展，分离泡下游划出两条清晰的轨迹，受之影响，边界层的位移厚度和动量厚度也有局部提高，逆向涡的出现不仅对分离泡产生影响，而且与再附湍流区发生作用，使得局部逆压力梯度上升，边界层厚度瞬时增加。随着尾迹作用的减弱，分离泡逐渐恢复，直到下一条尾迹到来。从位移厚度和动量厚度云图来看，尾迹的高湍流度扰动触发尾迹诱导转捩（$x/b_x = 0.6$ 附近），使得边界层的动量厚度和位移厚度明显增加，随着转捩过程的进行，在叶片下游发展出三角形的湍流区。对照边界层损失系数时空云图可以看出，高湍流度尾迹的扫掠以及尾迹诱导转捩产生的湍流区有较高的黏性损失，而尾迹之后的寂静区在抑制分离的同时，保持了较低的黏性损失。以上说明，尾迹在周期性的抑制分离泡的同时还会带来边界层湍流损失的增加。因此，利用发动机内部流场固有的非定常尾迹控制边界层流动分离，提升涡轮气动特性的关键在于平衡两者之间的关系。

7.4.3 不同 Re 下尾迹扫掠对超高负荷低压涡轮叶片边界层特性的影响

上面分析了 $Re = 8.0 \times 10^4$，来流 $Tu = 1.5\%$，$\phi = 0.7$，$f = 1.28$ 工况下，尾迹与边界层的相互作用。如果保持来流湍流度、流量系数和尾迹扫掠频率不变，下面对比 Re 为 5.0×10^4 和 8.0×10^4 工况下，边界层的非定常特性，并且分析不同 Re 下，尾迹扫掠对边界层分离转捩及气动损失的影响。

首先利用数值模拟的方法得到的低 Re（$Re = 5.0 \times 10^4$）工况下，边界层积分参数云图。已有的数值模拟和试验测量可知，$Re = 5.0 \times 10^4$，$Tu = 1.5\%$ 时后加载叶型吸力面出现了开式大分离，边界层分离后不再附，导致叶型损失大幅增加。从 $Re = 5.0 \times 10^4$ 时的形状因子云图来看，尾迹扫掠下，分离区较定常来流条件下明显减小，边界层再附形成闭式分离泡。对比不同 Re 下的形状因子云图可以看出，随着 Re 的降低，H_{12} 峰值区域明显扩大。另外，尾迹扫掠下低 Re（$Re = 5.0 \times 10^4$）工况的分离泡尺度和厚度较大，尾迹扫掠可以周期性地抑制分离，但不能消除分离泡。由于分离泡没有被消除，厚度较大，其后的湍流边界层的位移厚度和动量厚度也较高，并且湍流湿面积扩大。而分离泡尺度增加，湍流湿面积本应减小，但从形状因子和位移厚度云图分析，尾迹负射流产生的逆向涡作用范围和强度相对增加，使得作用区域的位移厚度和动量厚度增加。这就表明，较低 Re 下，尾迹自身的高湍流度特征有可能带来更高的黏性损失，在其作用下，不但分离泡尺度的变化较小，湍流湿面积随尾迹扫掠的波动幅度降低，湍流边界层的黏性耗散反而增加。

图 7.59 对比了不同 Re，均匀来流和尾迹扫掠下的时均叶型损失系数 Y_m 和落后角。落后角能够反映分离泡的厚度及湍流边界层厚度的大小。随着 Re 的提高和主流动量的提升，涡轮叶片的气动特性明显改善，叶型损失和落后角大幅降低。在较低 Re 下，由于尾迹诱导边界层流动转捩，很好地抑制了分离泡使得分离流动再附，叶型损失和落后角较定常来流工况明显降低；在较高 Re 下，通过提高 Re 进一步减小分离泡的效果有限，而分离泡减小和高湍流度尾迹带来的湍流损失的增加使得叶型损失和落后角高于均匀来流情形。

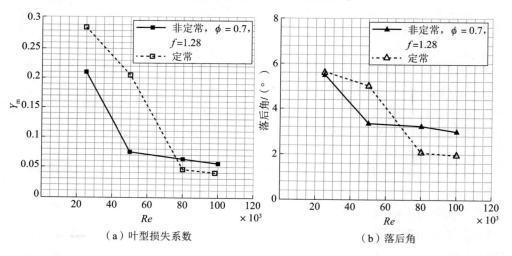

图 7.59　均匀来流及尾迹扫掠下的叶型损失系数和落后角（IET-LPTA 叶型，$Tu=1.5\%$）

7.4.4　不同尾迹扫掠频率 f 下超高负荷低压涡轮叶片边界层特性

由以上几小节的分析可知，尾迹的高湍流度扰动能够诱导分离剪切层转捩，从而周期性地抑制分离，说明对于超高负荷低压涡轮吸力面存在分离泡时，流道内固有的非定常尾迹有潜在的利用价值，而基于非定常尾迹的边界层分离流动控制的最终目标是探求如何将这种潜在的利用价值发挥到极限。而尾

第7章　HL/UHL 涡轮设计策略以及 LPT 边界层流动控制技术

迹与边界层的非定常作用和尾迹在涡轮通道内的输运过程紧密联系。从尾迹产生的控制参数来看，尾迹的输运特征主要取决于扫掠圆棒的间距和扫掠速度，表征这两个特征的无量纲参数分别为尾迹扫掠频率 f（式（7.20））和流量系数 ϕ。

尾迹扫掠频率表征任一时刻涡轮通道内驻留的尾迹波数。分析不同扫掠频率下的涡黏性系数云图可以发现：对于相同的流量系数（圆棒扫掠速度相同），单条尾迹的输运特征十分相似，而不同的扫掠棒间距使得尾迹在通道内的疏密程度明显改变。

比较相同来流 Re、湍流度 Tu 和流量系数 ϕ 下，而 f 分别为 2.56 和 1.28 的两个工况的边界层积分参数云图可以看出，在较高扫掠频率下，形状因子峰值不超过 3.0，表明分离泡被完全消除。从位移厚度和动量厚度云图看，扫掠频率提高使得尾迹的"楔形"作用区域的斜率大幅提升，导致尾迹作用范围的"重叠"，表明尾迹的作用时间更加持久，同时三角形的寂静区也明显扩大，从而充分地抑制了边界层的流动分离。对比典型工况（$f=1.28$）和在较高尾迹扫掠频率（$f=2.56$）下的无量纲壁面湍流度时空云图可以看出，随着扫掠频率的提高，在分离泡被充分抑制的同时，湍流湿面积和高湍流度区域明显增加，会带来更严重的黏性耗散。

图 7.60 给出了不同扫掠频率下叶型损失系数与落后角的变化曲线及时均值位置。

从图中可以看出，尾迹扫掠不但可以周期性地抑制分离泡，而且叶型损失系数与落后角也随之发生周期性波动。随扫掠频率的提高，叶型损失波动的幅值先增加后减小，这说明叶型损失和落后角的波动和分离泡大小的变化直接相关。在中、低扫掠频率下，尾迹较为稀疏，因此分离泡尺度变化较大，叶型损失系数和落后角的波动幅值也较高；高扫掠频率下，尾迹较为密集，分离泡还没来得及恢复就又被下一条尾迹抑制，因此高频扫掠下分离泡变化最小，尾迹抑制分离的效果最好，叶型损失和落后角的变化幅值减小，但高频扫掠下叶型损失幅值减小的幅度不如落后角的变化明显，这可能是尾迹诱导转捩产生的高湍流区以及湍流湿面积增加导致湍流黏性损失增加的缘故。从抑制分离泡的角度考虑，人们希望尾迹的扫掠频率越高越好。但从叶型损失系数和落后角的时均值（表 7.18）来看，高扫掠频率下的叶型损失反而较高。这是尾迹的双重性造成的，较高频率的尾迹扫掠在激励转捩抑制分离泡的同时，引起了更高的黏性耗散，反而在中等扫掠频率下，叶型损失和落后角最小。因此尾迹扫掠对叶型损失的影响也具有双重性。

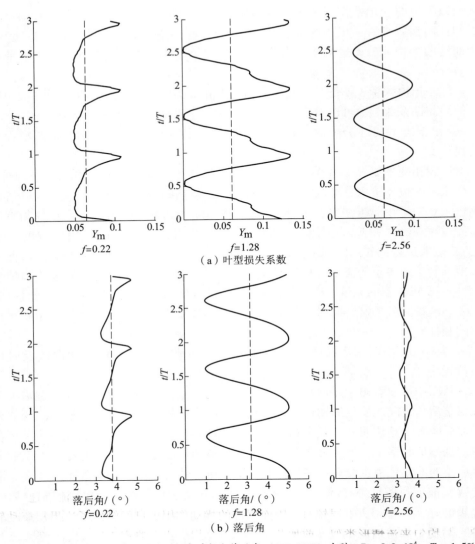

图 7.60 不同尾迹扫掠频率下的叶型损失系数和落后角（IET-LPTA 叶型，$Re=8.0\times10^4$，$Tu=1.5\%$）

表 7.18 不同扫掠频率下的叶型损失系数和落后角时均值
（IET-LPTA 叶型，$Re=8.0\times10^4$，$Tu=1.5\%$）

尾迹扫掠频率 f	叶型损失系数时均值	落后角时均值/(°)
0.22	0.064	3.829
1.28	0.061	3.246
2.56	0.062	3.415

第 7 章　HL/UHL 涡轮设计策略以及 LPT 边界层流动控制技术

7.4.5　尾迹扫掠下不同负荷分布的超高负荷低压涡轮叶片边界层特性

在均匀来流条件下，前后加载两种超高负荷低压涡轮边界层流动特性，结果表明：前加载叶型由于降低了局部逆压力梯度，吸力面分离泡尺度和厚度明显小于后加载叶型，在较高 Re 来流条件下，分离泡被完全消除，气动特性得到明显改善。下面讨论在尾迹扫掠下，不同负荷分布时涡轮叶片的非定常气动特性。

首先采用数值计算的方法计算出 IET-LPTF 叶型在 $Re=8.0\times10^{4}$，$Tu=1.5\%$，$\phi=0.7$，$f=1.28$ 工况时边界层积分参数的时空云图，并与 IET-LPTA 叶型在 $Re=8.0\times10^{4}$，$Tu=1.5\%$，$\phi=0.7$，$f=1.28$ 工况的边界层特性相比较，可以看出：前加载叶型边界层形状因子随尾迹的扫掠同样出现了明显的周期性波动，但形状因子峰值不超过 3.5，说明分离泡被完全抑制，只是在尾迹和尾迹之间形状因子略有增加，边界层厚度增大；尾迹负射流形成的逆向涡强度明显减弱，大尺度逆向涡在尾迹运动后期对边界层发展产生较弱的作用而小尺度逆向涡消失。对比边界层位移厚度和动量厚度可以看出，由于逆压力梯度降低，同时分离泡被完全消除，前加载叶型的边界层位移厚度和动量厚度均小于后加载叶型，且尾迹诱导转捩的起始位置大幅提前至 $x/b_x=0.4$ 附近，尾迹作用范围明显拉长，但尾迹诱导湍流区较"窄"，说明尾迹诱导湍流持续的时间较短。综合上述因素，虽然尾迹诱导转捩起始位置提前，使得尾迹诱导湍流湿面积增加，但尾迹诱导湍流持续的时间较短，因此从边界层损失系数来看，两种叶型的湍流损失基本相当。

图 7.61 为前加载叶型瞬时流量云图场云图，图中同时标示出了扰动速度的流线和尾迹负射流位置。从尾迹负射流的位置分析，图 7.61 与后加载叶型典型工况（图 7.57 和图 7.58）$t/T=0.7$ 时刻的相位基本一致。对比两组云图可以看出，由于前加载叶型分离泡被完全消除，尾迹负射流附近并没有出现小尺度、高强度的逆向涡，使得尾迹诱导湍流带的湍流度峰值明显降低。尾迹的运动导致尾迹两侧大尺度的对涡与边界层交替作用，充分地抑制了分离。对比间歇因子云图发现，前加载叶型叶片上游的边界层厚度较大，说明前加载叶型主流加速较低，使得叶片上游层流边界层较厚，因而尾迹的扰动作用更早的触发了边界层流动转捩，与均匀来流情形类似，前加载叶型层流区损失也会略高于后加载叶型。

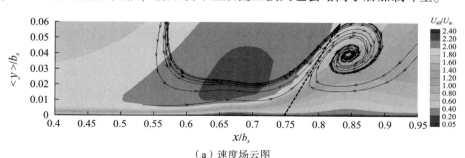

（a）速度场云图

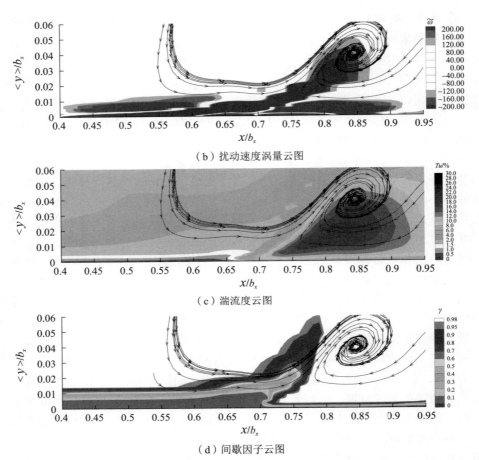

(b) 扰动速度涡量云图

(c) 湍流度云图

(d) 间歇因子云图

图 7.61　瞬时流场云图（IET-LPTF 叶型，$Re=8.0\times10^4$，$Tu=1.5\%$，$\phi=0.7$，$f=1.28$，$t/T=0.3$）

图 7.62 对比了相同进口来流条件下，前、后加载两套叶片的叶型损失系数和落后角，前加载叶型由于分离泡被消除，时均叶型损失大幅降低，叶型损失随尾迹扫掠的波动幅值降低，但湍流区加长使得尾迹扫掠引起湍流边界层厚度的更大的变化从而叶型损失出现明显波动。落后角曲线有相同的变化趋势，而落后角时均值降低表明前加载叶型湍流湿面积的增加并没有带来湍流边界层厚度的增加，尾迹掺混损失也随之降低。

上面分析了典型工况（$Re=8.0\times10^4$，$Tu=1.5\%$，$\phi=0.7$，$f=1.28$，$t/T=0.3$）两种不同负荷分布超高负荷低压涡轮叶片边界层的流动特性和气动损失，结果表明：前加载叶型由于局部逆压力梯度较低，在周期性尾迹扫掠下，分离泡被完全消除；由于不出现小尺度逆向涡，湍流边界层的湍流度峰值明显降低；前加载叶型层流边界层较厚，导致尾迹诱导转捩的起始位置相对于后加载叶型大幅提前，使得尾迹诱导湍流湿面积增加；虽然湍流湿面积增加，总体上分析，尾迹扫掠下前加载叶型的气动特性依然优于后加载叶型。

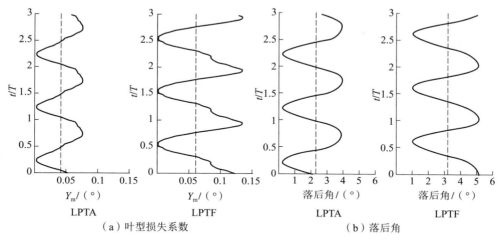

图 7.62 尾迹扫掠下负荷分布对叶型损失系数和落后角的影响
($Re = 8.0 \times 10^4$，$Tu = 1.5\%$，$\phi = 0.7$，$f = 1.28$)

另外，对于定常来流及尾迹扫掠下后加载叶型的气动特性，对比了尾迹扫掠时，相同进口来流条件下，负荷分布对边界层流动特性的影响，前面已有分析。保持尾迹扫掠频率和流量系数不变，图 7.63 给出了前、后加载两套叶型定常来流及尾迹扫掠下的叶型损失系数和落后角随来流 Re 的变化趋势，与后加载叶型不同，对于不同的 Re，前加载叶型在尾迹扫掠下的时均损失和落后角始终大于定常来流时的情形，这是因为前加载叶型由于逆压力梯度较小，本身就不容易分离，尾迹的扰动作用虽然能够更好地抑制分离甚至消除分离泡，但其作用没有更大的发挥空间；而负荷位置前移使得尾迹诱导转捩位置提前，由此带来湍流湿面积的增加使得湍流黏性损失和尾迹掺混损失上升，导致非定常尾迹扫掠下的叶型损失和落后角增加。同时，随着 Re 的增加，前加载叶片的叶型损失呈减小的趋势，而落后角基本保持不变，说明提高 Re，在一定范围内，分离泡厚度的减小和湍流边界层厚度的增加基本维持平衡关系，Re 对前加载叶型的二维气动特性影响较小。对于不同的来流 Re，无论是均匀来流工况还是周期性尾迹扫掠工况下，前加载叶型的气动特性都明显优于后加载叶型，尤其是在低 Re 条件下，随着 Re 的提升，两套叶型的损失趋于一致。从另一个角度讲，在较低的 $Re(Re<5.0\times10^4)$ 甚至极低 $Re(Re<2.5\times10^4)$ 下，前加载叶型虽然不能完全消除分离，但不会出现开式大分离，说明前加载叶型有更优的低 Re 特性。这里应该指出，这是仅仅从二维角度给出的分析结果，即单从超高负荷涡轮叶片的二维气动性能上分

析，前加载叶型的这种特性更有利于小型无人机的高空、低速（极低 Re）飞行。

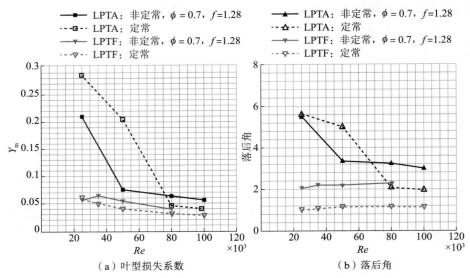

（a）叶型损失系数　　　　　　　　　（b）落后角

图 7.63　负荷分布对叶型损失系数和落后角的影响（$Tu=1.5\%$）

总之，超高负荷涡轮叶片由于吸力面更高的逆压力梯度，导致分离泡的尺度增加，分离泡位置大幅提前。采用前加载设计可以降低局部逆压力梯度，减小分离泡尺度并且使分离泡后移，叶型损失大幅降低，在 Re 较高时由于分离泡被完全消除，非定常尾迹扫掠不能使其气动性能进一步提升；在极低 Re 下吸力面出现分离泡时，前加载叶型能够更充分地发挥非定常尾迹抑制分离的作用，有更大的优化潜力和更优的二维气动特性。

综上所述，7.4 节系统地研究了尾迹扫掠下不同负荷分布的两套超高负荷低压涡轮叶片吸力面边界层的非定常特性，尾迹扫掠下边界层的分离、转捩流动机理和非定常损失机制，对比分析了来流 Re、湍流度 Tu、尾迹扫掠频率 f、流量系数 ϕ 和负荷分布对边界层非定常特性的影响，可以获得以下四点认知：

（1）尾迹表现出高湍流度、负射流的双重特征，负射流两侧形成大尺度对涡，尾迹主要通过逆向涡和之后衍生出的小尺度逆向涡对边界层施加扰动，使边界层流动与主流之间发生强烈的掺混和动量交换，激励尾迹诱导转捩提前发生，有周期性地抑制边界层分离的作用。尾迹负射流带来的逆向涡在加强尾迹与主流掺混的同时，引起边界层更高的湍流度和更大的湍流湿面积，即尾迹在抑制分离的同时会引起更高的湍流黏性耗散；尾迹后的寂静区在尾迹扫掠过后进一步抑制边界层的分离，同时降低湍流区的湿面积和湍流度；尾迹之间，激励作用消失，分离泡逐渐恢复；尾迹的双重特征对边界层气动特性的影响也具有双重性，利用发动机内部流场固有的非定常尾迹控制边界层流动分离，提升涡轮气动特性的关

第7章 HL/UHL 涡轮设计策略以及 LPT 边界层流动控制技术

键是平衡分离损失的减小和湍流黏性损失增加的关系。随着 Re 的提高，尾迹负射流产生的逆向涡作用范围和强度相对增加，叶型损失和落后角大幅降低，分离泡明显减小，甚至可以使均匀来流条件下的开式大分离再附，形成闭式分离泡，涡轮叶片的气动特性得到明显改善。在较低 Re 下，由于尾迹诱导边界层流动转捩，很好地抑制了分离泡使得分离流动再附，叶型损失和落后角较定常来流工况明显降低；而在较高 Re 下，通过提高 Re 进一步减小分离泡的效果有限，而分离泡减小和高湍流度尾迹带来的湍流损失的增加使得叶型损失和落后角高于均匀来流情形。

（2）对于后加载超高负荷低压涡轮叶栅产生较大分离的情形，尾迹的周期性扫掠可以有效地抑制边界层的分离；一方面，尾迹的高湍流度特性推迟了边界层的分离；另一方面，尾迹激励转捩过程提前完成使得再附位置前移，在较低扫掠频率（$f=0.08$）下分离泡尺度减小近 1/4。然而，尾迹扰动同样会导致湍流时空区域扩大、湍流度上升，带来较大的黏性耗散。对于不同负荷分布的涡轮叶片，前加载叶型由于局部逆压力梯度较低，在周期性尾迹扫掠下，分离泡尺度更小甚至被完全消除；同时不出现小尺度逆向涡，湍流边界层的湍流度峰值明显降低；前加载叶型层流边界层较厚，尾迹诱导转捩的起始位置相对于后加载叶型大幅提前，尾迹诱导湍流湿面积增加，虽然湍流湿面积增加，前加载叶型的气动特性依然优于后加载叶型，且有更优的低 Re 特性。

（3）提升主流湍流度对边界层的流动影响不大，分离泡的尺度及尾迹诱导转捩起始位置几乎不变，但主流湍流度的提升抑制了尾迹与尾迹之间分离泡的恢复过程，使得分离泡的厚度略有减小。流量系数影响单条尾迹自身的形状和湍流度特征，随着流量系数的提高（U_b 降低），单条尾迹的宽度减小，尾迹在叶片前部更容易被拉伸，使得尾迹与边界层的作用范围增加，尾迹负射流两侧的对涡强度以及尾迹中心湍流度降低。随着流量系数的提升，尾迹诱导转捩起始位置滞后，尾迹抑制分离的效果减弱，但在一定范围内，分离泡的尺度并不明显增加；另外，湍流湿面积和湍流边界层厚度的减小使得湍流黏性损失降低，流量系数对边界层特性的影响也具有双重性。

（4）不同的尾迹扫掠频率使得涡轮通道内的尾迹疏密发生变化，但不改变尾迹在通道内的输运特征；随着尾迹扫掠频率的提升，尾迹作用范围发生"重叠"，尾迹的作用时间更加持久，三角形的寂静区也明显扩大，更加充分地抑制了边界层的流动分离。在分离泡被充分抑制的同时，湍流湿面积和高湍流度区域明显增加，会带来更严重的黏性耗散。对于高负荷及超高负荷低压涡轮是否存在最优的扫掠频率和最优流量系数，关键在于吸力面是否存在分离泡；最优尾迹扫掠频率的大小取决于分离泡的尺度、厚度和位置，分离泡的位置越靠后，最优扫掠频率越高；负荷水平高低是影响分离泡尺度和位置的主要因素，也是影响最优尾迹扫掠频率的主要因素[177-178]；对于同等负荷水平的涡轮叶片，当分离泡的尺度和位置变化不大时，最优尾迹扫掠频率接近；后加载叶型的最优尾迹扫掠频率 $f_{opt}\approx 0.45$，最优流量系数 $\phi_{opt}\approx 2.0$，前加载叶型的最优控制参数与后加载叶型接近，负荷分布对最优扫掠频率的影响较小；在极低 Re 下吸力面出现分离泡时，前加载叶型能够更充分地发挥非定常尾迹抑制分离的作用，有更大的优化潜力和更优的二维气动特性。

7.5 尾迹扫掠 UHL-LPT 粗糙叶栅边界层演化与流动控制

7.5.1 UHL 叶型与粗糙条带设置以及试验装置

为了进行以下试验，这里自行设计了后加载超高负荷低压涡轮叶型 IET-LPTA$_1$，$Zw=1.36$，展弦比为 2.44，叶型的气流转折角为 95°，最大弯度出现在 47%SSL 处，其中 SSL 为叶型 IET-LPTA$_1$ 吸力面弧长，表 7.19 列出了 IET-LPTA$_1$ 叶型其他参数。

表 7.19 IET-LPTA$_1$ 叶型参数

叶型参数	IET-LPTA$_1$
弦长/mm	84.5
轴向弦长/mm	76.2
栅距/mm	84.2
叶高/mm	207
几何进气角/(°)	35
几何出气角/(°)	60
安装角/(°)	26
叶片数	7

表 7.20 列出了粗糙度类型，这里 Ra 表示砂纸的轮廓算术平均偏差。为了避免布置粗糙条带时造成吸力面表面出现台阶，在叶片表面加工了深度为 0.7mm 的槽道，槽道宽度分为三种：第一种（10%~49.5%）SSL，简称 S1；第二种（30%~49.5%）SSL，简称 S2；第三种（43.3%~49.5%）SSL，简称 S3。

表 7.20 粗糙度类型

粗糙度类型	Ra/μm	Ra/b	不确定度/%	简称
R1	20.91	2.49×10^{-4}	6.5	R1
R2	15.68	1.87×10^{-4}	5	R2
R3	8.82	1.05×10^{-4}	1.5	R3

注：b 为弦长。

第7章 HL/UHL 涡轮设计策略以及 LPT 边界层流动控制技术

表 7.21 列出了 9 种布置方案的数据与符号，其中包括每种方案的简称，及其对应的粗糙高度和布置位置。在对粗糙叶型试验时，与主叶片相邻的两个叶片也需要安装相同规格的粗糙叶片，以保证测试通道的压力梯度。

表 7.21 不同布置方案及名称

简称	布置位置/%SSL	$Ra/\mu m$	简称	布置位置/%SSL	$Ra/\mu m$
S1-R1	10~49.5	20.91	S1-R3	30~49.5	8.82
S1-R2	10~49.5	15.68	S1-R1	44.3~49.5	20.91
S1-R3	10~49.5	8.82	S1-R2	44.3~49.5	15.68
S1-R1	30~49.5	20.91	S1-R3	44.3~49.5	8.82
S1-R2	30~49.5	15.68			

尾迹生成机构由圆棒形辐条、转盘、电机组成，如文献 [166] 的图 1 所示。试验中的辐条用于模拟上游尾迹，辐条尾部使用铸工胶加固，并固定在转盘上。电机由变频器控制，转盘转速与变频器频率线性相关，最大转速为 33rad/s。

当辐条与叶栅对气流的阻力相同时，辐条的尾迹与叶片尾迹具有相同的结构[179-180]，因此所用辐条的叶型损失应当与叶型损失一致。根据试验测得叶型损失后，反推得出圆棒直径 d，圆棒的总压损失系数为

$$Y = C_d \frac{d}{S_b} Z \left[1-\left(0.25 C_d \frac{d}{S_b} Z - 1\right)(Z^2-1) \right] \quad (7.21)$$

式中：C_d 为圆棒的阻力系数，在研究 Re 范围内约为 1.05；S_b 为圆棒间距；Z 为圆棒出口相对气流角余弦的倒数。

为了模拟真实的尾迹特征，需调整圆棒和涡轮叶栅前缘的距离，使得圆棒模拟的尾迹宽度、速度亏损的幅值以及尾迹中心湍流度与真实流场匹配。为此，首先测试叶栅尾迹速度亏损及湍流度随距离的变化量，再根据 Funazaki[181] 给出的经验公式（7.22）和式（7.23）反推出辐条与叶栅的间距：

$$\frac{\Delta U}{U} = [1.95 + 0.015(x/d)]^{-1.915} \quad (7.22)$$

$$Tu_{w,max} = (857d/x)^{0.5} \quad (7.23)$$

式中：x 为下游测量平面与圆棒的距离。

由上述两式可得到距离叶栅前缘的 $x=0.6b_x$，辐条直径 $d=2.34$mm。

试验采用热线捕捉边界层流场的相关参数，图 7.64 中的黑色圆点是热线探针在光滑 IET-LPTA$_1$ 吸力面上的测点分布图，流向方向探测区域从 47%SSL 开始至尾缘前 94%SSL 截止，沿弧面共布置了 20 个测点，在法向方向测量高度为 14%栅距，为了捕捉边界层信息靠近壁面的测点步长较小，该步长沿着壁面法向以指数形式增长。图中 1 和 4 位置是探测的起始点与终止点，2 和 3 位置是试验

时对定常及非定常状态下光滑叶型测量过程中出现的最大分离泡的起始与再附位置，因此这个区域中布置了密集的测量点。

图 7.65 是热线探针测量粗糙 IET-LPTA$_1$ 吸力面边界层的测点分布图。图中位置 1 是粗糙条带的布置位置，粗糙条带的尾缘在 49.5% SSL 处，由于热线探针寻找壁面点需要壁面导电，因此上游首个探测点被迫后移至 50.8% SSL 处，沿弧面共布置了 17 个测点，直到 94% SSL 处结束，法向探测的距离依然为 14% 栅距。

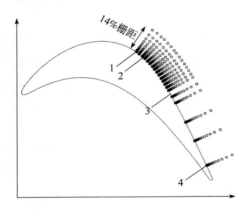 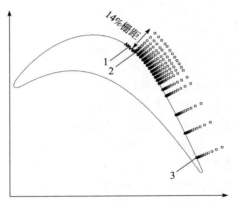

图 7.64　热线风速仪在光滑 IET-LPTA$_1$ 吸力面上的测点分布
1—47%SSL；2—分离点；3—再附点；4—94%SSL。

图 7.65　热线风速仪在粗糙 IET-LPTA$_1$ 吸力面上的测点分布
1—粗糙度条带；2—47%SSL；3—94%SSL。

7.5.2　定常来流流过光滑和粗糙叶型时边界层特性的比较

1. IET-LPTA$_1$ 光滑以及粗糙叶型的气动性能

由于大涵道比大推力涡扇发动机在海平面起飞状态时低压涡轮工作雷诺数约为 $5×10^5$；而对于在 $2×10^4$ m 高空巡航的无人机，因空气密度低、特征尺寸小，其工作雷诺数下降至 $(1～2)×10^4$。因此，这里研究的来流 Re 范围为 $(0.5～1.35)×10^5$，其中来流湍流度 Tu 为 $0.4\%～2.2\%$。

1) Re 和 Tu 对光滑叶型气动性能的影响

图 7.66 给出了 $Tu = 2.2\%$，$Re = (0.5～1.35)×10^5$ 范围内光滑叶片吸力面表面载荷系数的分布及其局部放大，图中的横坐标是用吸力面长度无量纲化后的吸力面流向位置，纵坐标是吸力面的载荷系数，其定义如下：

$$C_p = \frac{p_{t,in} - p_s}{\frac{1}{2}\rho U^2} \tag{7.24}$$

式中：$p_{t,in}$ 为叶栅进口处的总压；p_s 为当地静压；U 为叶栅进口气流速度。

第7章 HL/UHL 涡轮设计策略以及 LPT 边界层流动控制技术

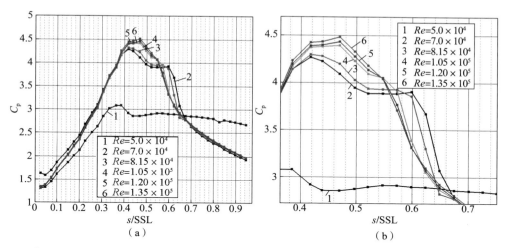

图 7.66　$Tu=2.2\%$，$Re=(0.5\sim1.35)\times10^5$ 定常状态下光滑叶型载荷系数（s 为弧长）

定常来流时，气流绕过 IET-LPTA$_1$ 叶型，图 7.66 给出了该叶型的气动特性。随着 Re 的增大，速度峰值点的位置不断向下游移动，如图 7.66（a）所示。这表明，在较高 Re 工况下，随着分离泡的变小，其对载荷系数分布的影响已经越来越局限在分离泡附近，速度分布不断向叶型的原始设计布局逼近。在图 7.66（b）中，当 $Re=7.0\times10^4$ 时，压力恢复位置的载荷系数比平台区上游的要大，文献［172，182-183］认为这是长分离泡出现的特征，而这里得到的 $Re=7.0\times10^4$ 分离泡的载荷系数分布刚好验证了这一结论。

表 7.22 列出了 $Tu=2.2\%$，$Re=(0.5\sim1.35)\times10^5$ 各来流条件下的分离泡相关数据。当 $Re=0.5\times10^5$ 时，边界层处于开式分离，当 $Re=1.35\times10^5$ 时，边界层分离现象并不明显，因此并未给出这两种工况分离信息。观察图中信息可以发现，随着 Re 的提高，分离起始点后移，再附点前移，分离泡长度下降，压力恢复点也相应向上游移动。另外，随着 Re 的提高，分离起始点后移的幅度比再附点前移的幅度要小。这是由于压力恢复点前移的幅度较大，造成转捩位置更靠近上游，导致分离流快速再附。

表 7.22　定常来流条件不同工况下的分离点、再附点及压力恢复点

工况	分离点 $s/\%\mathrm{SSL}$	再附点 $s/\%\mathrm{SSL}$	压力恢复点 $s/\%\mathrm{SSL}$
$Tu=2.2\%$，$Re=5.0\times10^4$	—	—	—
$Tu=2.2\%$，$Re=7.0\times10^4$	49.5	68.5	60
$Tu=2.2\%$，$Re=8.15\times10^4$	49.5	68.5	60
$Tu=2.2\%$，$Re=1.05\times10^5$	52	62	56

续表

工况	分离点 s/%SSL	再附点 s/%SSL	压力恢复点 s/%SSL
$Tu=2.2\%$, $Re=1.20\times10^5$	52	60	55
$Tu=2.2\%$, $Re=1.35\times10^5$	—	—	—

对 $Tu=2.2\%$ 时，各 Re 状态下的尾迹总压损失进行测量，结果如图 7.67 所示，图中符号 S_p 表示栅距。图中横坐标是三孔探针沿栅距的测量点，使用栅距进行无量纲化；纵坐标是探测点的总压损失，使用进口总压进行无量纲化。图中还标出了压力面（PS）与吸力面（SS）。基于图 7.66 中的分析可知，在 $Re=5.0\times10^4$ 时流动处于开式分离状态，这导致叶栅下游尾迹的幅值及宽度都很大，如图 7.67 中 $Re=5.0\times10^4$ 所示，叶栅下游整个通道都被尾迹所影响，表明开式分离极大地增加了增加了叶型损失，进而影响了气动性能。当 Re 增加至 7.0×10^4

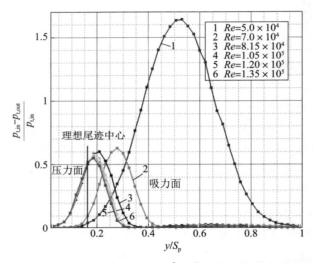

图 7.67 $Tu=2.2\%$，$Re=(0.5\sim1.35)\times10^5$ 定常状态下光滑叶型尾迹总压损失

时，边界层分离再附，尾迹宽度及幅值大幅减小，相应的叶型损失也大幅下降。随着 Re 继续增大，总压损失继续下降，并可以看到尾迹的中心点不断向压力面一侧移动，这是由于落后角随 Re 增大不断减小造成的，在理想状态下，出口气流角等于几何出口气流角，这时尾迹中心应当处于 16% 栅距的位置。

2）IET-LPTA$_1$ 粗糙叶型的气动性能

通过前面的分析发现：对于光滑叶型来讲，叶型损失随 Re 的降低而逐渐增加，在 $Re=5.0\times10^4$ 时，IET-LPTA$_1$ 处于开式分离状态，叶型损失高达参考叶型损失点（$Re=8.15\times10^4$）的 5 倍，如何通过控制吸力面分离泡来抑制超高负荷低压涡轮叶片在低 Re 下的叶型损失也成为迫切需要解决的问题。下面将通过在叶

第7章 HL/UHL 涡轮设计策略以及 LPT 边界层流动控制技术

片吸力面敷设粗糙条带的方式研究这一边界层被动控制方式。图 7.68 给出了 $Tu=2.2\%$ 时不同粗糙度被动控制方式对叶型损失的影响，并与光滑叶片进行了对比。

在图 7.68 对比的 10 种叶型中，叶型损失曲线的左端点位置 Re 对应该叶型出现开式分离的最大 Re。可以看出 S1-R1 及 S1-R2 的开式分离最大 Re 为 6.0×10^4，其他叶型的开式分离最大 Re 均为 7.0×10^4，这说明 S1-R1 及 S1-R2 两种粗糙条带对光滑叶型的开式分离最大 Re 具有延迟作用。光滑叶型与布置位置为 S3 的 3 种叶型的损失曲线随 Re 增加单调下降，其余叶型的损失曲线都呈"√"状分布，即存在一个最小叶型损失 Re 点。由于光滑叶型的损失主要包括分离损失及黏性耗散损失，随着 Re 的增加，转捩位置前移，湍流湿面积扩大，黏性耗散损失相应增加。"√"状的谷底对应的最小叶型损失 Re 点，可以认为是主导叶型损失的损失类型的变更点，该点左侧工况由分离损失主导，右侧则由摩擦损失主导。另外，将这 9 种粗糙叶型按布置位置分成 3 组，发现同一种布置位置的 3 种粗糙叶型的叶型损失曲线基本相似（除了 S1-R1），粗糙高度对同一布置位置的叶型损失的影响微弱，因此粗糙度的布置位置比粗糙高度对叶型损失的影响更大。

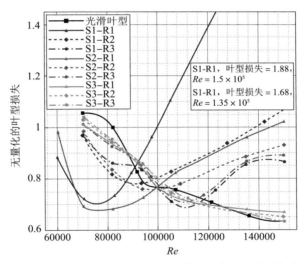

图 7.68 $Tu=2.2\%$ 时不同粗糙度布置方式时的叶型损失

综合考察这 9 种布置方案，以 S3 布置方式下的 3 种不同粗糙高度工况下的叶型损失随 Re 的增加而降低，这是由于速度峰值点后的边界层快速加厚，使得在该区域布置的最大粗糙高度条带 R1 也大部分浸没在边界层内而没有起到触发扰动的作用。因此 S3-R1、S3-R2、S3-R3 对叶型损失影响较小，但在一定程度上起到了降低分离损失的作用，在高 Re 时则增加了摩擦损失（如图 7.68 中 $Re>$

$1.28×10^5$ 的区域）。S2-R1 与 S2-R2 对延迟开式分离没有明显作用（如图 7.68，左边界仍为 $7.0×10^4$），但在高 Re 工况增加摩擦损失。S1-R1 及 S2-R1 可以延迟开式分离，但 S1-R1 在 $Re>1.05×10^5$ 时叶型损失急剧上升，这是由于在吸力面后部的湍流区再次出现了分离造成的，Mayle[174] 将这种分离称为湍流分离。综上所述，在 $Tu=2.2\%$ 均匀进气条件下，这里研究的所有粗糙度布置方案中，S2-R1 是效果最好的粗糙度布置方案。

2. IET-LPTA$_1$ 光滑叶型边界层流动的近壁速度脉动频谱分析

在本节所研究的定常状态中，虽然来流是稳定的，但边界层的流动是非定常的，特别是对于转捩过程，湍斑的形成、聚合与破碎都存在着较强的非定常特性[184]，因此欲获得更多的边界层流动信息，需要使用频率响应快、空间分辨率高的热线探针进行详细测量。这里将使用热线探针对 $Tu=2.2\%$，$Re=8.15×10^4$ 定常工况下光滑叶型的流场细节进行扫描测试，使用探针为 55P15 型边界层一维探针。图 7.69 是 5 个具有代表性的壁面原始速度信号的时间历程，图中标出了分离泡的位置及 5 个特征点与分离泡的相对位置，分离泡起始于 51%SSL，终止于 63%SSL。第一点 $s=47\%$SSL 位于分离泡上游，此时边界层为层流状态，速度信号平缓、稳定，微弱的波动源自于自由流湍流度；第二点 $s=54\%$SSL 位于分离起始点下游的死水区内，速度信号出现低频，低幅度的扰动，这种扰动是由死水区内气流速度较低，能量交换不活跃的特性造成的；第三点 $s=60\%$SSL 位于分离泡后部的回流区内，速度出现大幅度的扰动，速度信号扰动频率也相应上升，大

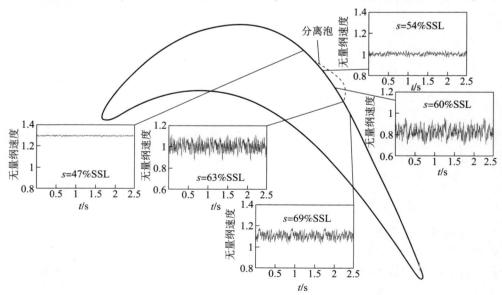

图 7.69　$Tu=2.2\%$，$Re=8.15×10^4$ 定常状态下光滑叶型吸力面法向 0.3mm 处不同流向位置原始速度

第 7 章　HL/UHL 涡轮设计策略以及 LPT 边界层流动控制技术

幅扰动的出现源自于脱落涡的形成，频率的提高是由于回流区气流流动趋于活跃，速度脉动加大造成的；第四点 $s=63\%\text{SSL}$ 位于分离泡再附点处，该处气流的扰动幅度与 $s=60\%\text{SSL}$ 处持平，但扰动频率有所提升，高频扰动的出现源自于边界层转捩，流动基本趋于湍流状态；第五点 $s=69\%\text{SSL}$ 位于分离泡下游，这个位置的速度扰动幅度减小，扰动频率提高，说明大尺度脱落涡已破碎成小尺度涡，转捩过程彻底结束，边界层流动进入全湍流状态。

为再现吸力面边界层内的详细流动过程，由 $Tu=2.2\%$，$Re=8.15\times10^4$ 定常来流工况下，光滑叶型吸力面速度云图可以看出：动量厚度在分离泡附近的局部峰值点通常对应着分离泡的最大厚度位置或者是压力恢复点，并且动量厚度局部峰值点与分离泡的最大厚度都出现在 $58\%\text{SSL}$ 附近，这与文献 [185] 的结论是一致的。对于涡轮叶片，$H_{12}>3.5$ 通常会发生边界层分离，并且由速度云图中还可以知道，通常将流动转捩分为自然转捩、旁路转捩、分离转捩、尾迹诱导转捩及逆向转捩。低压涡轮叶片吸力面不会出现逆向转捩，其他 4 种转捩在涡轮吸力面经常发生，每种转捩都有各自的不稳定诱发机制，不稳定机制主要包括 T-S 及 K-H 两种。表 7.23 给出了各转捩形式之间的关联。

表 7.23　T-S 不稳定性及 K-H 不稳定性与不同转捩形式间的关系

	自然转捩	旁路转捩	分离转捩	尾迹诱导转捩
T-S 不稳定性	●	○	⊙	○
K-H 不稳定性	●	●	●	●

注：⊙可能出现；○不会出现；●一定出现。

T-S 不稳定性是一种沿着流向发展的二维扰动波，它存在于自然转捩或是分离转捩中，在转捩的前期这种波就存在。Walker[186] 给出了预测 T-S 不稳定的经验公式：

$$f_{\text{T-S}}=\frac{3.2U_e^2}{2\pi\nu\left(\dfrac{U_e\delta^*}{\nu}\right)^{1.5}} \quad (7.25)$$

式中：ν 为运动黏度；δ^* 为初次出现 T-S 扰动时的位移厚度；U_e 为当地边界层边缘速度。

使用式（7.26）即

$$\frac{L}{\delta}\propto\left(\frac{2\pi\nu f_{\text{T-s}}}{U_e^2}\right)^{-1/6} \quad (7.26)$$

可预测 T-S 扰动频率前需要知道流场及边界层信息。

对于 K-H 扰动不稳定性，Volino[187] 给出了相应的扰动频率预测经验公式：

$$f_{\text{K-H}}=k\frac{U_e}{\delta} \quad (7.27)$$

式中：U_e 为当地剪切层边缘速度；δ 为当地边界层厚度；k 为经验系数，一般选取 1.0。

根据上面已知的 $Tu=2.2\%$，$Re=8.15\times10^4$ 时流场信息结合 T-S 不稳定性及 K-H 不稳定性的经验预测公式可以得出两种不稳定性的理论频率，如图 7.70 所示。横坐标为流向位置，左侧纵坐标为 T-S 不稳定性频率，右侧纵坐标是 K-H 不稳定性频率。随着流动向下游发展，剪切层厚度不断提高，在图 7.70 中两种不稳定性均呈现出下降的趋势。

频谱分析过程中的一个重要环节是误差处理，在式（7.25）中出现了剪切层厚度项，该项涉及速度沿壁面的积分，误差较大，同时各国学者对式（7.27）中 k 的选取也没有统一结论。式（7.25）中的 δ^* 为初次出现 T-S 扰动时的位移厚度，这个流向位置点有可能在 47%SSL 上游就已经出现，而试验无法探测到 47%SSL 之前的流向位置，这也可能带来预测结果的偏差。不过由图 7.70 可以看出，K-H 不稳定性及 T-S 不稳定性的预测频率相差一个数量级。因此去除电机振动，风扇叶片通过频率，回声扰动（特征频率为气流速度除以试验段长度）的干扰后，不难分辨两种不稳定性的频率。另外，文献［186-190］等也指出了类似偏差的存在。

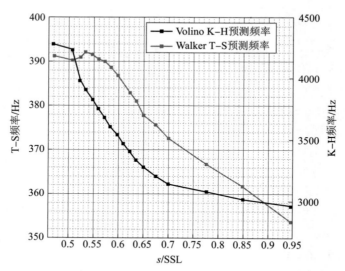

图 7.70　$Tu=2.2\%$，$Re=8.15\times10^4$ 时不同流向位置 T-S 及 K-H 不稳定性预测

此外，还对 $Tu=2.2\%$，$Re=8.15\times10^4$ 时光滑叶型在五个流向位置（即 47%SSL、54%SSL、60%SSL、63%SSL 和 69%SSL）的近壁速度脉动频谱进行分析，可以认为叶型 IET-LPTA$_1$ 在 $Tu=2.2\%$，$Re=8.15\times10^4$ 时的转捩是一种典型的分离流转捩，转捩过程以 K-H 不稳定性主导，同时伴随有 T-S 不稳定性的出现[191-193]。两

第7章 HL/UHL 涡轮设计策略以及 LPT 边界层流动控制技术

种不稳定性的测量频率与理论值基本一致,但总体偏小。在分离转捩开始后,观测到了与大尺度脱落涡相关的高扰动能脉动,但并未发现大尺度对涡存在的迹象。在该工况下转捩发生于分离泡最大厚度位置,因此分离损失依旧存在。

3. IET-LPTA$_1$ 粗糙叶型边界层流动的近壁速度脉动频谱

由 $Tu=2.2\%$,$Re=8.15\times 10^4$ 定常来流绕过 S2-R1 吸力面工况时的速度云图与速度脉动云图可以发现:在速度云图中没有看到出现在同工况光滑叶型 (51~63)%SSL 处的分离泡,同时局部高速区位置向下游移动,这是由于分离泡消失、压力梯度变化造成的。在粗糙条带尾缘的下游的近壁区出现了局部的低速流动,该低速区是由粗糙高度对流动的阻挡造成。

在速度脉动云图中出现的高速度扰动区——转捩区,可以推断它是一种旁路转捩。旁路转捩是一种附着边界层转捩——自然转捩的一种衍生形式,它的产生要求环境中存在强扰动,如高自由流湍流脉动、表面粗糙、噪声、振动及自由流非定常性等,这种扰动一般能够穿透边界层直接促使湍流斑形成而越过 T-S 波的形成、发展的过程。本工况中吸力面的 (30~49.5)%SSL 范围布置了粗糙条带且湍流度较高,速度脉动云图虽然不能显示整个流场,但从速度脉动云图中可以推断 50%SSL 附近的高速度脉动区应当起源于更上游的位置,并且一直沿壁面发展,种种迹象都表明这一转捩应当是一种旁路转捩。

分析 $Tu=2.2\%$,$Re=8.15\times 10^4$ 时 S2-R1 在 51%SSL 及 60%SSL 处的速度扰动频谱,如图 7.71 所示。在两个流向位置处都有明显的 K-H 不稳定性出现,但均未发现 T-S 不稳定性,随着流向位置的变化,高速度扰动区延壁面向空间自由流区发展,扰动区域逐渐扩大,扰动频谱中高能量扰动区也随之增大。通过频谱分析发现转捩过程中无 T-S 不稳定性,因此可以断定 S2-R1 的转捩是旁路转捩。

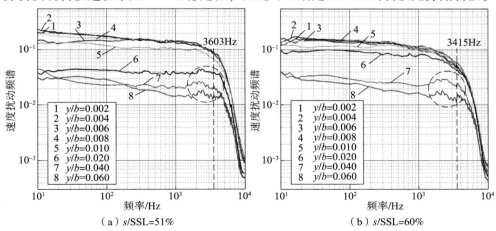

图 7.71 $Tu=2.2\%$,$Re=8.15\times 10^4$ 时 S2-R1 不同流向位置的速度扰动频谱

在定常来流状态下，使用 S2-R1 布置方式通过触发旁路转捩使转捩位置提前至分离点之前，从而彻底抑制了分离，消除了分离损失，这种激进的方式在低 Re 下可以获得较好的效果；但在高 Re 时，较早出现的转捩以及在速度峰值点前在层流流动中加入了粗糙条带引起的扰动，使得摩擦、耗散损失大幅增加。因此，S2-R1 这种兼顾扩大叶型 Re 工作范围又使高 Re 工况下损失不致过大的控制方式只适用于定常状态下 Re 不高的工况。

7.5.3 尾迹扫掠 UHL-LPT 光滑叶型时边界层特性的变化

这里采用在叶栅上游 $0.6b_x$ 处设置圆棒，气流扫掠圆棒产生尾迹，然后进入叶栅通道。也就是说，这里是用扫掠圆棒模拟真实发动机中上游叶片的尾迹效应，去研究周期性非定常尾迹扫掠下的边界层特性的发展变化，特别是对转捩的影响。

1. IET-LPTA$_1$ 光滑叶型的非定常基准工况

降低非定常流动损失的主要来源有两方面：第一，尾迹过后的湍流区促进边界层转捩，使得非定常流动转捩点提前，分离泡减小；第二，使湍流区过后的抑制区内分离泡无法生长，以使得分离损失进一步减小。在以上两方面因素共同作用下分离泡会发生较大的变化。图 7.72 是 $Tu = 2.2\%$, $f = 0.28$, $Re = 7.0 \times 10^4$ 与同工况定常来流状态时光滑叶型吸力面的载荷系数曲线对比，图中分离泡长度由定常状态下的 19%SSL 缩减至 15%SSL，分离点向下游移动 0.5%SSL，再附点大幅前移。同时，定常来流状态下通过压力曲线压力恢复点载荷系数的增加判断该工况下的分离泡属于长分离泡。另外，加入尾迹扫掠后，压力恢复点提前出现，转捩提前发生，分离泡演化为短分离泡。对于非定常工况由于分离减小，逆压梯度变化，速度峰值大幅升高，做功能力也相应提高，由此可见对于分离较大的工况，尾迹扫掠可以大幅提升叶型气动性能。下面以 $Tu = 2.2\%$, $f = 0.28$, $Re = 7.0 \times 10^4$ 作为 IET-LPTA$_1$ 叶型非定常研究的基准工况。

对于 $Tu = 2.2\%$, $f = 0.28$ 非定常工况与 $Tu = 2.2\%$ 定常状态下的光滑叶型的平均落后角及叶型损失的比较在图 7.73 中给出。在定常工况下 $Tu = 2.2\%$, $Re = 5.0 \times 10^4$ 叶片吸力面出现开式分离，因此叶型损失及落后角均处于较高量级，随着 Re 上升落后角与叶型损失均下降较快。对于非定常工况，时均叶型损失及时均平均落后角在整个 Re 试范围内均小于定常工况，这主要是由于分离损失主导了该 Re 范围内的叶型损失。当 $Re > 8.15 \times 10^4$ 后，非定常工况的落后角及叶型损失基本不再改变，且与定常工况逐渐接近，说明高 Re 工况，分离损失不断减小，来自尾迹扫掠的效益逐渐减小。

第 7 章　HL/UHL 涡轮设计策略以及 LPT 边界层流动控制技术

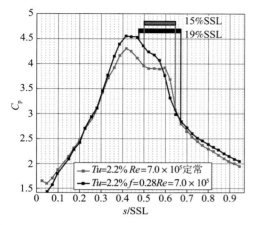

图 7.72　$Tu=2.2\%$，$f=0.28$，$Re=7.0\times10^4$ 与同工况定常状态光滑叶型吸力面载荷系数的对比

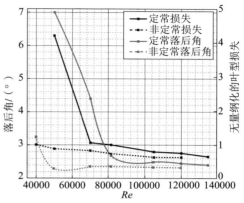

图 7.73　$Tu=2.2\%$，$f=0.28$ 与同工况定常状态下光滑叶型平均落后角、叶型损失对比

因篇幅所限，上游尾迹在叶栅动叶通道中输运的发展[194]以及上游尾迹对叶栅动叶吸力面边界层的相互作用过程的分析，这里就不再给出。下面仅以 $Re=7.0\times10^4$，$Tu=2.2\%$，$f=0.28$ 工况为基准工况，分别讨论 Re、Tu 及 f 对边界层发展所产生的影响。

1. Re 对光滑叶栅气动性能的影响

这里讨论在尾迹扫掠下，Re 对 UHL-LPT 叶栅气动性能的影响问题，选用的叶栅叶型为 IET-LPTA$_1$。

1）Re 对叶型气动性能的影响

通常情况下，在分离较大的低 Re 来流条件下，提高 Re 将减小分离，图 7.74 是在基准工况下提高 Re 至 9.35×10^4 后光滑叶型吸力面载荷系数与基准工况的比较，图中还给出了分离泡相对长度。当 Re 从 7.0×10^4 升高到 9.35×10^4，分离泡缩小了 33%，分离点向后推迟 2% 出现，再附点提前 3% 出现。速度峰值点也随 Re 增加而提高，从而增加了叶型的做功能力。

Re 提高后，分离泡的缩小势必会对叶型损失、尾迹与落后角产生影响。

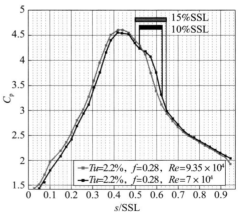

图 7.74　$Tu=2.2\%$，$f=0.28$，$Re=9.35\times10^4$ 与 $Re=7.0\times10^4$ 光滑叶型吸力面载荷系数的分布

图 7.75 给出了 $Tu=2.2\%$，$f=0.28$，光滑叶型在 $Re=(0.4\sim1.2)\times10^5$ 内平均落后角与叶型损失的分布。由图可以看出，无论是落后角还是叶型损失均随 Re 升高而降低；但降幅随 Re 的升高减小。分离损失从 $Re=1.05\times10^5$ 到 $Re=1.2\times10^5$ 降低很微弱，通过继续提高 Re 来降低叶型损失已没有潜力，这也说明 $Re=1.2\times10^5$ 处在分离损失与湍流损失的平衡点。

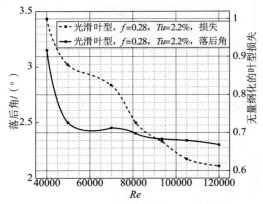

图 7.76 是 $Tu=2.2\%$，$f=0.28$，$Re=0.7\times10^5$ 与 $Re=9.35\times10^4$ 光滑叶型一个栅距内落后角、叶型损失对比。随着 Re 上升，落后角波动下降，尾迹内的总压损失也相应降低，在尾迹外的主流区内，两个 Re 的总压损失没有区别，在尾迹区内，吸力面及压力面的总压损失都相应减小，说明 IET-LPTA$_1$ 在 $Tu=2.2\%$，$f=0.28$，$Re=0.7\times10^5$ 吸力面及压力面均存在一定的分离，Re 提高后，分离降低，损失也相应降低。

图 7.75 $Tu=2.2\%$，$f=0.28$ 光滑叶型不同 Re 下平均落后角与叶型损失的分布

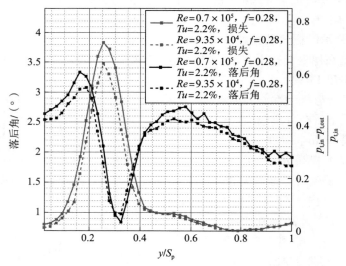

图 7.76 $Tu=2.2\%$，$f=0.28$，$Re=0.7\times10^5$ 与 $Re=9.35\times10^4$ 光滑叶型落后角、损失对比

2) Re 对边界层发展的影响

提高 Re 后尾迹对边界层的分离及转捩将产生何种影响呢？图 7.77 给出了 $Re=9.35\times10^4$，$Tu=2.2\%$，$f=0.28$ 时 3 个尾迹扫掠周期内原始速度曲线。在该

第7章 HL/UHL 涡轮设计策略以及 LPT 边界层流动控制技术

工况下时均分离在 52%SSL 出现，再附点提前至 62%，相比于低 Re 工况，分离点后移 2%SSL，再附点前移 3%SSL，由于分离泡大幅度减小，在 L-T 之间没有剧烈扰动，说明尾迹的负射流作用没有诱导出卷起涡。文献 [185] 认为，"在时间与空间上出现较晚的尾迹诱导转捩是卷起涡形成的必要条件"。这也可以从另一个角度理解：卷起涡是由尾迹与较厚的分离泡作用形成的，如果尾迹诱导的转捩出现较早，分离泡就会较小，也就不会形成卷起涡。

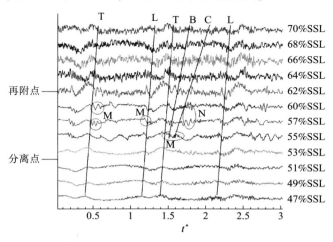

图 7.77 $Re = 9.35 \times 10^4$，$Tu = 2.2\%$，$f = 0.28$ 时 3 个尾迹扫掠周期内原始速度曲线

在第一个尾迹过后及第二个尾迹之前分别出现了尾迹后转捩及尾迹前转捩，没有出现尾迹后诱导转捩，那么在 Re 增加，分离减弱的环境下为什么反而出现了尾迹后诱导转捩？在不加入主、被动控制手段的前提下促使转捩前移的方法有两种，即增大不稳定扰动波初始能量或提高不稳定扰动波能量的增长率，促使不稳定扰动波尽快到达饱和状态。图 7.78 给出了 $f = 0.28$，$Tu = 2.2\%$，$Re = 0.7 \times 10^5$ 及 $Re = 9.35 \times 10^4$ 状态下部分时段内时均边界层边缘的速度扰动（时均区域选择去除尾迹中心 L-T 后的整个尾迹周期）。

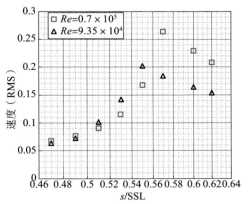

图 7.78 $Tu = 2.2\%$，$f = 0.28$，$Re = 0.7 \times 10^5$ 及 $Re = 9.35 \times 10^4$ 光滑叶型部分时段时均边界层边缘的速度扰动

在高 Re 来流条件下，扰动速度在 53%SSL 开始增加，在 55%SSL 达到峰值，相比低来流 Re 增长率明显提升，因此提高来流 Re，将提高边界

层不稳定性的增长率。结合这一分析，可以认为 $Re=9.35\times10^4$，$Tu=2.2\%$，$f=0.28$ 工况下的尾迹后诱导转捩正是由于高 Re 引起的快速增加的边界层不稳定性与尾迹湍流度扰动共同叠加形成的。

另外，由图 7.77 可以看出，在第二个尾迹过后 55%SSL 处出现的尾迹后诱导转捩强度较高，甚至渗入到抑制区内，使抑制区在流向长度的范围缩小；同时，这一位置比低 Re 工况（即 $Re=7.0\times10^4$，$f=0.28$，$Tu=2.2\%$）首次出现转捩的流向位置提前了 2%。在第二个尾迹的抑制区过后出现了较强的尾迹间转捩，这是中、高 Tu 环境下的都会出现的特征。

另外，由于 $Re=9.35\times10^4$，$f=0.28$，$Tu=2.2\%$ 工况下动量厚度和形状因子的时空图，分离区缩小，尾迹通过时均分离区时与分离泡基本没有接触，在 55%SSL 处出现的尾迹诱导转捩使湍流区及抑制区提前至 55%SSL 处，尾迹诱导转捩区扩大，尾迹诱导转捩区及抑制区的包围面积扩大。

尾迹诱导转捩区的扩大增加了湍流在叶片上的覆盖面积及作用时间，抑制区的扩大增加了低湍流及无分离状态的覆盖面积及作用时间，两者联合起来挤压了分离与自然转捩出现的时间与空间，最终使叶型损失比低 Re 工况下降 5.2%。在 $Tu=2.2\%$，$f=0.28$ 状态下，当 Re 由 0.7×10^5 提高至 9.35×10^4 时，虽然转捩加剧，湍流湿面积扩大；但分离区大幅缩小，总损失下降。说明在这两种工况下，分离损失主导了叶型损失。提高 Re 既可以降低边界层的分离，还可以减小湍流边界层的黏性耗散。对于后者可以用图 7.78 进行解释，这里将湍流的黏性耗散简单地用边界层处速度扰动随流向距离的累计来表示。在图 7.78 中，Re 增加后虽然高速度扰动点的出现提前，但扰动量的绝对值减小，且扰动峰值点下游的扰动量也相对较低，因此高 Re 工况速度扰动量与流向距离的积分明显小于低 Re 工况。继续提高 Re，转捩点还将前移，速度扰动量的绝对值继续减小，尾缘后的尾迹速度上升，尾迹与主流的掺混损失下降，所以 Re 对于边界层发展的影响是单向的，提高 Re 对吸力面的二维流动只会带来有利的影响。

2. 湍流度对尾迹扫掠时光滑叶栅气动性能的影响

下面讨论在尾迹扫掠下，湍流度 Tu 对 UHL-LPT 叶栅气动性能的影响问题，所选用的叶栅叶型仍是 IET-LPTA$_1$。

这里研究 $Tu=0.4\%$，$f=0.28$，$Re=0.7\times10^5$ 及 $Re=9.35\times10^4$ 时边界层的发展，并将这两种工况与 $Tu=2.2\%$ 时的对应状态进行对比。图 7.79 是 $f=0.28$，$Tu=2.2\%$ 及 $Tu=0.4\%$ 在 $Re=(0.4\sim1.2)\times10^5$ 时平均落后角及叶型损失的分布曲线。由图可见，在整个考察范围内由于上游尾迹的作用光滑叶型的吸力面均未发生开式分离，且随着 Re 上升落后角与叶型损失都呈下降趋势。湍流度的提高会造成黏性耗散增加也会使分离损失下降，当分离泡尺度较大时，提高 Tu 通常对降低分离损失的效果更明显。在本节研究的 Re 范围内，叶型损失处于单调下降的趋势说明分离泡尺度一直较大,提高湍流度始终发挥着正面作用。

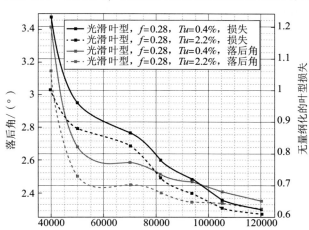

图 7.79 $f=0.28$,$Tu=2.2\%$ 及 $Tu=0.4\%$ 不同 Re 下平均落后角及叶型损失

1) 湍流度在低 Re 下对叶型气动性能和边界层发展的影响

图 7.80 给出了两种湍流度 Tu 下载荷系数的比较。通常,降低 Tu 会推迟尾迹间转捩起始点,减弱尾迹间转捩的强度,但对比两种 Tu 下的分离泡长度可以看出,在低 Re 下提高 Tu 并不能显著促进转捩,降低分离损失。

对于 $f=0.28$,$Re=7.0\times10^4$,$Tu=2.2\%$ 与 $Tu=0.4\%$ 光滑叶型落后角、叶型损失的对比曲线,这里就不再给出。总的变化趋势是:尾迹中的总压损失与落后角随 Tu 升高的变化趋势与随 Re 升高的变化趋势一致,都是总压损失下降,落后角波动减小。不同的是,在 $Re=7.0\times10^4$ 时提高 Tu,吸力面的总压损失并未减小,以损失峰值点为界,压力面的相应损失减小,这说明压力面的分离并未随 Tu 的提高而减小。

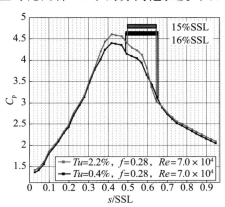

图 7.80 $f=0.28$,$Re=7.0\times10^4$,$Tu=2.2\%$ 与 $Tu=0.4\%$ 光滑叶型吸力面载荷系数对比

图 7.81 给出了 $Re=7.0\times10^4$,$Tu=0.4\%$,$f=0.28$ 时 3 个尾迹扫掠周期内原始速度,相对于基准工况,由于来流湍流度下降造成时均分离泡扩大,分离泡与尾迹负射流相互作用在更靠近上游的位置 55%SSL 处形成了卷起涡,卷起涡以 70%的速度向下游传播,造成动量厚度上升,增加边界层损失。沿时间轴观察 3

个尾迹发现在 3 个尾迹周期内的 4 个流向位置（55~62)%SLL 都稳定地出现了卷起涡，而 $Tu=2.2\%$ 时卷起涡的产生则比较随机，说明分离泡的大小直接影响了卷起涡的形成。由于 Tu 较低，观察区域只在 62%SSL 处出现了尾迹间转捩，尾迹后诱导转捩相对活跃，这与来流湍流度及背景湍流度相差较大有关。

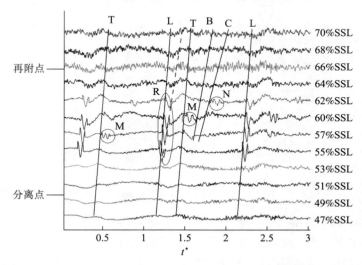

图 7.81　$Re=7.0\times10^4$，$Tu=0.4\%$，$f=0.28$ 时 3 个尾迹扫掠周期内原始速度曲线

2）湍流度对高 Re 下叶型气动性能和边界层发展的影响

图 7.82 给出了 $f=0.28$，$Re=9.35\times10^4$，$Tu=2.2\%$ 与 $Tu=0.4\%$ 光滑叶型载荷系数的比较曲线。由图可见，在高 Re 下降低 Tu 同样会扩大吸力面分离，降低载荷，减小叶型的做功能力。Tu 与 Re 都对边界层的分离与转捩存在影响，只是作用机理不同，当 Re 与 Tu 都不太高时，变动两者中的任意一个都会对分离泡产生较大影响。

图 7.83 给出了 $f=0.28$，$Re=9.35\times10^4$，$Tu=2.2\%$ 与 $Tu=0.4\%$ 光滑叶型落后角、叶型损失的比较，这里 S_p 代表栅距。由图可见，对比 $Re=7.0\times10^4$ 不同 Tu 对尾迹总压损失的影响发现在高 Re 下提高 Tu 同样可以减小压力面的分离，使得两种工况下的尾迹曲线更为"对称"。综合图 7.76 以及光滑叶型（两种 $Tu=2.2\%$ 与 0.4% 下）的落后角、尾迹的总压损失的分布，可以得出结论：在来流雷诺数较低的情况下吸力面分离严重，因此提高 Tu 或 Re 都可以减小吸力面的分离；压力面在低 Re 同样存在分离损失，但分离较弱，只有 Re 及 Tu 都达到一定阈值，即压力面分离前边界层速度扰动能量足以促进转捩提前时，才能使压力面分离减小，但压力面分离并不单独对 Tu 或 Re 敏感。

第 7 章　HL/UHL 涡轮设计策略以及 LPT 边界层流动控制技术

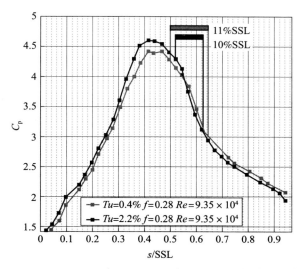

图 7.82　$f=0.28$，$Re=9.35\times10^4$，$Tu=2.2\%$ 与 $Tu=0.4\%$ 光滑叶型载荷系数对比

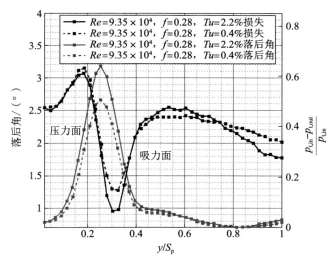

图 7.83　$f=0.28$，$Re=9.35\times10^4$，$Tu=2.2\%$ 与 $Tu=0.4\%$ 光滑叶型落后角、尾迹对比

3. 上游尾迹折合频率对边界层特性的影响

折合频率是上游尾迹在圆周向的通过频率与尾迹在轴向的通过频率之比，其表达式为

$$f=\frac{f_{\text{rod}}}{f_x} \tag{7.28}$$

式中：f_{rod} 为尾迹圆周向通过频率；f_x 为尾迹在轴向的通过频率。

折合频率还可以表示为

$$f = \frac{V_{\text{rod}} \cdot b_x}{V_x \cdot S_b} \quad (7.29)$$

式中：V_{rod} 为上游圆棒的圆周向速度，V_x 为尾迹的轴向速度（与主流的轴向速度相等）；b_x 为涡轮叶栅的轴向弦长；S_b 为相邻圆棒的间距。

是否存在一个最优的折合频率使得分离损失最小，在这一折合频率下既满足压气机与涡轮设计的要求又能实现发动机减重的目的呢？由于每一种叶型都存在自身的最优折合频率，但这一频率在同一种叶型不同的工况下（不同的来流湍流度 Tu 或不同 Re）都会产生变化，这些都给涡轮设计带来难度。

1）折合频率对叶型气动性能的影响

在基准工况的基础上，将折合频率提高至 0.45，研究高折合频率下的边界层发展特性，折合频率的提高是通过增加 V_{rod} 实现的，圆棒间距 S_b 与 V_x 均不变化。图 7.84 给出了两工况载荷系数的对比。由图可见，提高折合频率后速度峰值点并未提高，但尺寸分离泡明显缩小，约为提高前的 73%。

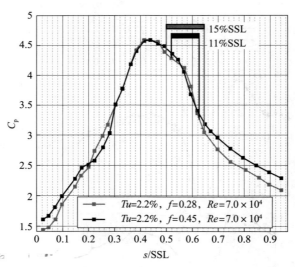

图 7.84　$Re=7.0×10^4$，$Tu=2.2\%$，$f=0.28$ 与 $f=0.45$ 光滑叶型载荷系数对比

图 7.85 给出了 $Re=7.0×10^4$，$Tu=2.2\%$，$f=0.28$ 与 $f=0.45$ 光滑叶型平均落后角、叶型损失对比。在 $Re<7.0×10^4$ 时，提高折合频率对降低叶型损失及落后角作用明显，随着 Re 继续增大，落后角与叶型损失曲线变化平缓，且两种折合频率间差异也越来越小。这说明在高 Re 下，分离减小，尾迹消除分离、降低损失的潜力逐渐消失，如果继续提高 Re 或是提高折合频率将暴露尾迹扫掠的负面性，即扩大了湍流湿面积，增加了耗散损失。

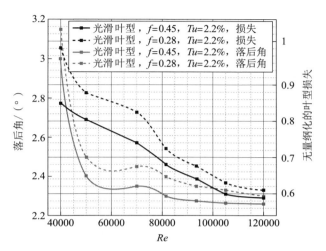

图 7.85　$Re=7.0×10^4$，$Tu=2.2\%$，$f=0.28$ 与 $f=0.45$ 光滑叶型平均落后角、叶型损失对比

图 7.86 给出了 $Re=7.0×10^4$，$Tu=2.2\%$，$f=0.28$ 与 $f=0.45$ 光滑叶型落后角、尾迹分布的比较。在图 7.120 中发现，提高折合频率与提高 Re 及 Tu 效果一样，它只是降低了总压损失，减小了落后角波动。通过高折合频率下的总压损失型看出，该工况的吸力面与压力面的分离均有所下降，这是由于 $Re=7.0×10^4$，$Tu=2.2\%$，$f=0.28$ 压力面边界层已经接近阈值，提高折合频率后达到阈值，尾迹的总压损失型双边对称下降。

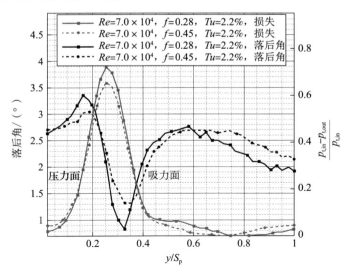

图 7.86　$Re=7.0×10^4$，$Tu=2.2\%$，$f=0.28$ 与 $f=0.45$ 光滑叶型落后角、尾迹对比

2) 折合频率对低 Re 下边界层发展的影响

图 7.87 给出了 $Re=7.0\times10^4$，$Tu=2.2\%$，$f=0.45$ 时 3 个尾迹扫掠周期内原始速度。由图可见，提高折合频率后，在轴向弦长及圆棒间距不变的情况下，流量系数有所改变，反映至原始速度图上，发现尾迹线 L、T 的变得更加倾斜，提高的比率刚好是两种工况下的流量系数之比 1.6，这种斜率变化在物理意义上的解释是尾迹通过叶栅通道的速度相对于尾迹通过圆棒间距的速度变慢。再观察尾迹宽度发现，原始速度的正弦型曲线的扰动跨度变长。这是由于上游圆棒转速度提高后，考察范围虽然都是 3 个周期，但考察范围的物理时间缩短了，而圆棒直径不变（决定了尾迹的物理宽度），尾迹通过叶栅通道的速度不变，在新的时间坐标下，尾迹就被拉长了。

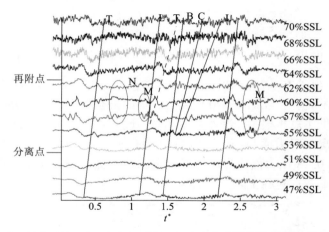

图 7.87　$Re=7.0\times10^4$，$Tu=2.2\%$，$f=0.45$ 时 3 个尾迹扫掠周期内原始速度曲线

在高折合频率下，分离减小，卷起涡偶尔出现。由于尾迹扫掠频率提高增加了尾迹通过事件本身的非定常性，尾迹后诱导转捩出现频繁，持续时间更长，另外，尾迹通过频率的提高使得上一次尾迹抑制区到下一次尾迹前缘间的物理时间减小，从而压缩了分离泡生长的时间，这两方面因素联合作用，最终减小了分离损失，但高频尾迹的介入也造成转捩提前，增加了湍流湿面积，湍流耗散损失上升。对比 $Re=7.0\times10^4$，$Tu=2.2\%$，$f=0.28$ 工况，提高折合频率削弱了卷起涡，诱导了强烈的尾迹后转捩，这种转捩在 $Re=7.0\times10^4$，$Tu=2.2\%$，$f=0.28$ 时是不存在的，并使转捩点提前至 55%SSL。可以认为在中等 Tu，低 Re 环境下提高折合频率诱导尾迹后转捩与提高 Re 形成尾迹后诱导转捩的机理是相似的，两者都是通过增加边界层内扰动速度的增长率来促进转捩。

3) 折合频率对高 Re 数下边界层发展的影响

图 7.88 给出了 $Re=9.35\times10^4$，$Tu=2.2\%$，$f=0.45$ 时原始速度曲线，在高

Re 下,由于分离的减小,卷起涡只在 57%SSL 位置出现,尾迹前转捩位置提前至 55%SSL,尾迹间转捩强度下降,但依然在靠近上游的位置出现。因此,提高 Re 后,尾迹间转捩主导边界层转捩的地位并有改变。

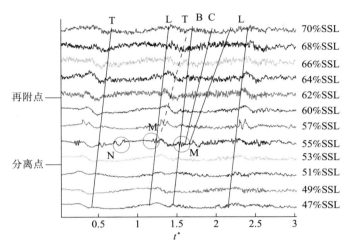

图 7.88　$Re=9.35\times10^4$,$Tu=2.2\%$,$f=0.45$ 时 3 个尾迹扫掠周期内原始速度曲线

表 7.24 给出了这里所研究的 6 个工况的边界层分离泡信息,与定常来流工况(表 7.22)对比可以看出:加入上游尾迹后,分离泡的长度随 Re、Tu 及 f 的提高而减小,同时分离起始点后移的幅度比再附点前移的幅度要小,这些分离特征与定常工况是一致的。导致这一相似性的原因是非定常状态下尾迹诱导转捩的起始位置与定常状态下的分离转捩起始点都处于分离起始点的下游,因此定常与非定常工况下的分离起始点随来流条件的变化不大,而再附点则大幅前移。

表 7.24　不同工况下的分离点、再附点及压力恢复点

工况	分离点 s/SSL/%	再附点 s/SSL/%	压力恢复点 s/SSL/%
$Tu=2.2\%$,$f=0.28$,$Re=7.0\times10^4$	50	65	57
$Tu=2.2\%$,$f=0.28$,$Re=9.35\times10^4$	52	62	54
$Tu=0.4\%$,$f=0.28$,$Re=7.0\times10^4$	49.5	65.5	57
$Tu=0.4\%$,$f=0.28$,$Re=9.35\times10^4$	52	63	56
$Tu=2.2\%$,$f=0.45$,$Re=7.0\times10^4$	52	63	55
$Tu=2.2\%$,$f=0.45$,$Re=9.35\times10^4$	52	61	55

表 7.25 给出了上面研究的 6 个工况下的各种转捩初次发生的位置。IET-LP-TA$_1$ 光滑叶型转捩过程可以归纳为如下规律:低 Tu 下,尾迹前转捩不易发生,低 Re 高 Tu 时,尾迹后诱导转捩不易发生,尾迹间转捩与分离转捩相关,因此这

种转捩在 6 个工况中均有出现。另外，转捩出现后分离迅速减小，每个工况都会有数个转捩同时出现，但只有最靠近上游出现的转捩才是主导叶型损失的主要因素，在上面研究的 6 个工况中尾迹诱导转捩总是出现在尾迹间转捩的上游或者至少同时出现，因此尾迹诱导转捩成为影响分离损失的主要因素，这也是加入尾迹扫掠后效益的来源点。

表 7.25 不同工况下各类型转捩初次发生位置

工况	尾迹前转捩 $s/SSL/\%$	尾迹后转捩 $s/SSL/\%$	尾迹间转捩 $s/SSL/\%$
$Tu=2.2\%$，$f=0.28$，$Re=7.0\times10^4$	57	—	62
$Tu=2.2\%$，$f=0.28$，$Re=9.35\times10^4$	57	55	57
$Tu=0.4\%$，$f=0.28$，$Re=7.0\times10^4$	—	57	62
$Tu=0.4\%$，$f=0.28$，$Re=9.35\times10^4$	—	57	60
$Tu=2.2\%$，$f=0.45$，$Re=7.0\times10^4$	57	55	57
$Tu=2.2\%$，$f=0.45$，$Re=9.35\times10^4$	55	55	55

7.5.4 尾迹扫掠粗糙叶栅时边界层的演化与控制

本节讨论尾迹与粗糙度耦合作用于 UHL-LPT 叶栅时，边界层的演化与流动控制问题。这里叶栅叶型仍选用 IET-LPTA$_1$ 叶型，它是一个高超负荷叶型，并且在吸力面布置有粗糙条带。

1. 粗糙度耦合上游尾迹控制方案的优化

在非定常来流条件下对比 9 种粗糙叶型的叶型损失，找出其中 3 种典型的布置方式，对这 3 种布置方式进行流场细节研究，最后确定在 $Tu=2.2\%$，$f=0.28$ 这一工况下控制效果为最佳。

1) 优化方案的初步筛选

对耦合控制手段的最优选取方法与定常来流下的粗糙叶型最优控制手段的选取方法类似，首先对比不同 Re 下的各耦合控制手段的叶型损失，图 7.89 给出了 $Tu=2.2\%$，$f=0.28$ 时 9 种粗糙叶型与光滑叶型的叶型损失，总体上看，使用粗糙度后，开式分离点的 Re 都有一定的延迟，但效果与定常状态相比明显下降。采用 S3 布置方式的叶型与光滑叶型的损失趋势接近，采用 S2 与 S1 布置方式的 6 种粗糙叶型的损失趋势类似，都呈"√"状分布，这与定常工况的损失分布（图 7.68）相似，区别在于"√"的谷底更靠近低 Re 方向，从 $Re=4.0\times10^4$ 开始，随着 Re 升高，分离损失在尾迹的作用下迅速降低，黏性耗散损失在较低的 Re 下就接替了分离损失，主导了叶型损失。同时，由于尾迹的作用，光滑叶型开式分离点的 Re 也延迟至 4.0×10^4。

结合定常工况与图 7.89 发现，加入尾迹后布置位置的影响仍然超过了粗糙高度的影响，S1-R1 在 $Re<7.0\times10^4$ 时对边界层的影响是正面的，随着 Re 增大，

第 7 章　HL/UHL 涡轮设计策略以及 LPT 边界层流动控制技术

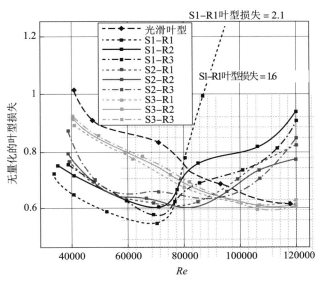

图 7.89　$Tu=2.2\%$，$f=0.28$ 叶型损失曲线

叶型损失迅速增加。其增大的原因可能是出现了湍流分离，这需要对流场细节进行研究才能确定。采用 S1 布置位置的另外两种粗糙度对流动的影响与使用 S2 布置方式的效果类似，采用 S3 布置方式的三种叶型以 S3-R1 效果最好。下面将选取 S1-R1、S2-R1、S3-R1 三个具有代表意义的叶型进行流场细节研究。研究范围包括三种叶型在 $Tu=2.2\%$，$Re=7.0\times10^4$ 及 $Re=9.35\times10^4$ 下的叶型时均气动性能及边界层流动特性。表 7.26 列出三种典型粗糙叶型与光滑叶型在两工况下边界层分离情况的对比。由于粗糙叶片没有设置静压孔，分离点与再附点通过计算出的分离流线得到，压力恢复点通过对应位移厚度局部峰值点得到。

表 7.26　$Tu=2.2\%$，$f=0.28$ 不同叶型在不同 Re 下的分离点、再附点及压力恢复点

工况	分离点 s/SSL/%	再附点 s/SSL/%	压力恢复点 s/SSL/%
$Tu=2.2\%$，$f=0.28$，$Re=7.0\times10^4$，光滑叶型	50	65	57
$Tu=2.2\%$，$f=0.28$，$Re=9.35\times10^4$，光滑叶型	52	62	54
$Tu=2.2\%$，$f=0.28$，$Re=7.0\times10^4$，S1-R1	52	56	—
$Tu=2.2\%$，$f=0.28$，$Re=9.35\times10^4$，S1-R1	湍流分离	湍流分离	湍流分离
$Tu=2.2\%$，$f=0.28$，$Re=7.0\times10^4$，S2-R1	52	59	55
$Tu=2.2\%$，$f=0.28$，$Re=9.35\times10^4$，S2-R1	52	58	54
$Tu=2.2\%$，$f=0.28$，$Re=7.0\times10^4$，S3-R1	50	62	55
$Tu=2.2\%$，$f=0.28$，$Re=9.35\times10^4$，S3-R1	52	59	54

图 7.90 与图 7.91 给出了 S1-R1、S2-R1、S3-R1 与光滑叶型在高、低 Re 下总压损失与落后角分布曲线的比较。除了 S1-R1 在高 Re 下尾迹与落后角出现较

大波动外，其他叶型的总压损失与落后角分布曲线基本相似，这是由于考察范围内的叶型损失变化不大造成的。

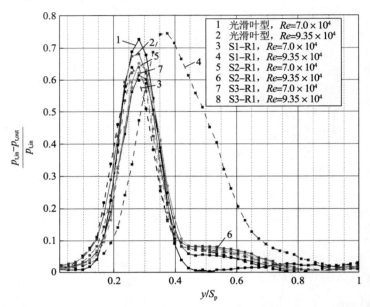

图 7.90　$Tu=2.2\%$，$f=0.28$，$Re=7.0\times10^4$ 及 $Re=9.35\times10^4$ 各叶型总压损失

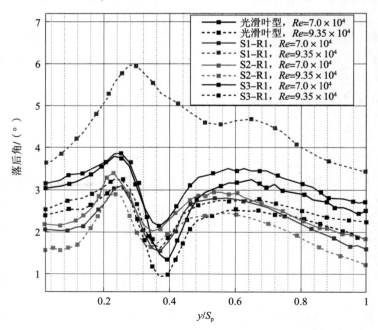

图 7.91　$Tu=2.2\%$，$f=0.28$，$Re=7.0\times10^4$ 及 $Re=9.35\times10^4$ 各叶型落后角

2) 优化方案一：S1-R1

以 S1-R1 为代表的 S1 系列粗糙度布置位置通常具有低 Re 下性能优异，高 Re 下性能衰减严重的特点。图 7.92 是 $Tu=2.2\%$，$f=0.28$，$Re=7.0\times10^4$ 叶型 S1-R1 原始速度线。在图中可以清晰分辨尾迹造成的正弦型原始速度扰动，但并无卷起涡出现。在 52%SSL 处出现了尾迹间转捩，下游还出现了尾迹诱导转捩，与光滑叶型对比，加入粗糙度后，尾迹间转捩及尾迹后诱导转捩出现的位置均大幅前移，且分离大幅减小，边界层这种巨大的变化与上游布置的粗糙条带相关。

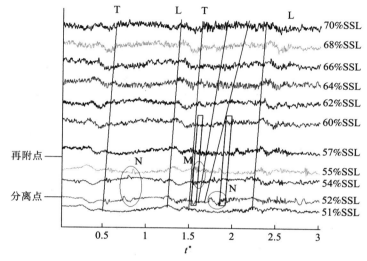

图 7.92　$Tu=2.2\%$，$f=0.28$，$Re=7.0\times10^4$ 叶型 S1-R1 原始速度曲线

对 52%SSL 这个尾迹通过周期进行频谱分析，分析结果如图 7.93 所示。速度扰动能量主要出现在 1000Hz 量级，在 100Hz 量级处也出现了一个小扰动。低频扰动的出现说明这个扫掠周期内存在 T-S 不稳定性，这种微弱的 T-S 不稳定性可能是由自然转捩或是分离转捩造成的，而在这种高湍流度环境下，自然转捩通常不会发生，因此这应该是微弱的分离转捩出现的标志。1000Hz 这个量级是 K-H 不稳定性的特征频率，并且频带宽度较大（1000~5000Hz），这可能是由于旁路转捩与分离转捩同时发生，相互叠加造成的结果，前者完全由粗糙度引起，粗糙度对后者只是起了加速作用。另外，通过频谱中微弱的 T-S 不稳定性可以看出，分离转捩处于从属地位而旁路转捩则处于主导地位，当 Re 继续加大后，流场将与图 7.71 相似，即分离转捩消失，旁路转捩将彻底主导整个转捩过程，边界层流动趋于恶化，叶型损失急剧增加。这里需要注意的是，尾迹诱导转捩虽然也是旁路转捩但与粗糙度直接触发的旁路转捩是有区别的。分析（52~60）%SSL 尾迹间及尾迹后边界层边缘处部分时间范围内的速度信号，使用的数据范围在

图 7.92 中用矩形框标出,结果如图 7.94 所示。由图 7.94 可以发现:在 52%SSL 处尾迹后没有转捩,因此速度脉动量远低于尾迹间区域;在 54%SSL 处,尾迹后与尾迹间均出现转捩,因此这两个位置的速度脉动量比较接近;继续向下游发展,尾迹后的速度脉动量迅速下降,而尾迹间的速度脉动量下降缓慢,因此可以认为尾迹后与尾迹间出现的两种旁路转捩的发展及结束后速度扰动能的不同变化趋势,造成了由这两种转捩模式主导的吸力面转捩过程的湍流损失的差异。

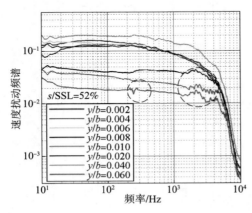 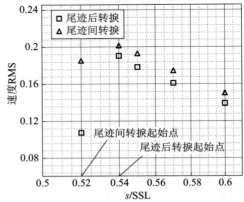

图 7.93 $Tu=2.2\%$,$f=0.28$,$Re=7.0\times10^4$ 叶型 S1-R1 在 52%SSL 处速度扰动频率谱

图 7.94 $Tu=2.2\%$,$f=0.28$,$Re=7.0\times10^4$ 光滑叶型与 S3-R1 部分时段的速度扰动

分析 $Tu=2.2\%$,$f=0.28$,$Re=7.0\times10^4$ 工况时叶型 S1-R1 的边界层整体参数可知,在 (52~56)%SSL 之间有微弱的分离,这是尾迹通过时没有形成卷起涡的原因,由于较早的转捩使得在尾缘处出现了较大的动量厚度,但 S1-R1 对分离的抑制使得其 $Re=7.0\times10^4$ 处成为考察范围内的最小叶型损失点。

虽然 S1-R1 在 $Re=7.0\times10^4$ 时表现较好,但随着 Re 的升高,叶型损失迅速增加,当 $Re=1.05\times10^5$ 时,叶型损失达到 1.6,该处产生了湍流分离,湍流分离一般发生在高 Re 环境,转捩发生较早,耗散强烈,转捩结束后叶型中后部的流体由于耗散而损失了大量动能,以至于不能抵抗逆压梯度而出现分离,这种分离由于发生于叶型中后部,因此不会再附,是一种开式分离。另外,由 $Tu=2.2\%$,$f=0.28$,$Re=1.05\times10^5$ 工况气流绕过 S1-R1 叶型,分析这时一个尾迹周期内的瞬时速度云图可知,在整个周期内,吸力面边界层始终处于开式分离状态。

综合高、低 Re 下 S1-R1 边界层特征发现,叶型损失的低点出现的过早,通常会造成叶型在高 Re 时受到更大的惩罚,造成被动控制方案未能覆盖全局而失败。这主要是由于在高 Re 环境下,粗糙度触发了转捩而不是促进转捩发生,转捩在粗糙条带尾缘甚至是粗糙条带覆盖范围内过早地出现,形成了较大的湍流湿面积甚至是湍流分离,使得叶型损失上升。而一个合理的粗糙度被动控制方案应当是在较大的 Re 范围内都可以降低叶型损失,这就要求粗糙度对转捩的影响方式是促进分离转捩或是尾迹诱导转捩,而不是直接触发旁路转捩。但在中等 Tu 环境下,尾迹间的分离转捩和旁路转捩很难拆分,两者通常同时发生,因此只能期望尾迹诱导转捩的提前发生来达到抑制分离的目的。

3) 优化方案二:S3-R1

耦合控制方案下的 S3-R1 叶型,其损失随 Re 的变化趋势与光滑叶型有些类似,但整体上降低了叶型损失。图 7.95 给出了 $Tu=2.2\%$,$f=0.28$,$Re=7.0\times10^4$ 叶型 S3-R1 原始速度线,在 55%SSL 处观察到了尾迹间转捩,与前面的 S1-R1 相比,由于粗糙度作用面积减小,分离泡扩大,在 55%SSL 还是出现了卷起涡。在 60%SSL 处出现了尾迹前转捩,这在同工况光滑叶型的原始速度线中也能观测到,对比光滑叶型,转捩提前了 2%SSL,这是由于粗糙度促进了转捩造成的,在 57%SSL 处发现了尾迹后诱导转捩,这在光滑叶型中是没有的。7.5.3 节中指出,在低 Re 下,尾迹诱导转捩产生的必要条件是尾迹中心湍流度远高于背景湍流度,而本工况背景湍流度已经处于较高水平,因此可以推断这里出现的诱导转捩应当与上游粗糙条带有关,其作用原理是粗糙条带对层流边界层施加扰动,增大了来流的不稳定性,造成了尾迹后诱导转捩的出现。另外,还认为在周期性来流条件下粗糙度诱导转捩的方式与提高来流湍流度 Tu 是相同的,但效果也是双面的。

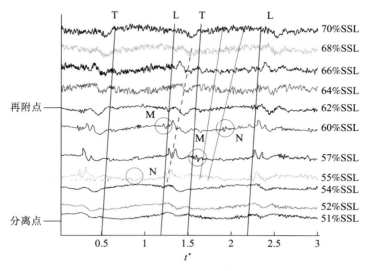

图 7.95 $Tu=2.2\%$,$f=0.28$,$Re=7.0\times10^4$ 叶型 S3-R1 原始速度曲线

图 7.96 给出了 $Tu=2.2\%$,$f=0.28$,$Re=7.0\times10^4$ 光滑叶型与 S3-R1 叶型的部分时段的均边界层边缘速度扰动的对比(时均区域选择去除尾迹中心 L-T 后的

整个尾迹周期）。由图 7.96 可以看出，在 55%SSL 之前叶型边界层虽然分离，但均处于层流流动的状态，只是在 55%SSL 处 S3-R1 叶型的速度扰动突然增加，而光滑叶型的速度扰动却增长的比较缓慢，在 57%SSL 处达到峰值。与图 7.96 和光滑叶型时相比可以发现，速度扰动沿流向的发展是相似的；同时，粗糙度及 Tu 都是通过增大来流转捩前的初始能量进而加速转捩。另外，粗糙度及 Tu 又使转捩处及转捩后的速度扰动下降（与光滑叶型相比），它们的作用都是双向的。其平衡关系可以理解为转捩前层流增加的湍流耗散与转捩后湍流区内减小的湍流耗散的大小关系，在设计被动控制方式时应尽量使前者小于后者，这样既减小了分离，又在增加湍流湿面积的前提下还减小了湍流耗散。

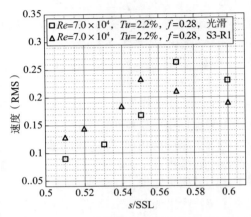

图 7.96　$Tu = 2.2\%$，$f = 0.28$，$Re = 7.0 \times 10^4$ 光滑叶型与 S3-R1 部分时段边界层边缘的速度扰动

另外，通过分析 $Tu = 2.2\%$，$f = 0.28$，$Re = 7.0 \times 10^4$，S3-R1 叶型边界层整体参数发现，S3-R1 的动量厚度比大面积粗糙度布置方式 S1-R1 有所增加。动量厚度的增加主要源自卷起涡的出现，但还是要小于光滑叶型的动量厚度，这得益于较早出现的尾迹间转捩抑制了尾迹间分离泡的发展。

图 7.97 给出了高 Re 时 S3-R1 叶型原始速度线。由图可见，Re 从 7.0×10^4 提高至 9.35×10^4 后，尾迹间转捩及尾迹后诱导转捩出现位置均向上游移动，分离泡的

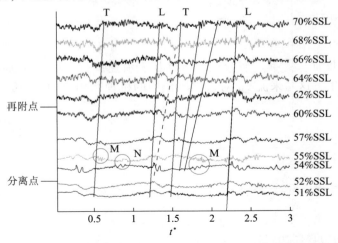

图 7.97　$Tu = 2.2\%$，$f = 0.28$，$Re = 9.35 \times 10^4$ 叶型 S3-R1 原始速度曲线

尺寸从 12%SSL 缩减至 7%SSL,分离泡的减小使得卷起涡也变得模糊。对 52%SSL 位置去除尾迹中心 L-T 后的整个尾迹周期进行频谱分析,发现同时存在 T-S 与 K-H 不稳定性,即分离转捩依然存在,旁路转捩没有完全主导整个转捩过程,说明该工况下的 S3-R1 处于较健康的状态。

因篇幅所限,这里省略了对优化方案三(即 S2-R1)的详细讨论,感兴趣者可参阅相关文献(例如 [168,169] 等)。

2. 尾迹与粗糙分布叶型耦合作用时边界层控制与几点认知

综合分析前面研究的 Tu 及折合频率对边界层的影响,S3-R1 叶型虽然在 $Tu=2.2\%$,$f=0.28$ 下的控制效果最好,但在低 Tu 或是低折合频率时 S3-R1 叶型都不是最优的布置方案。产生这种现象的原因是变化的 Tu 或折合频率对各种粗糙度布置方式的多种转捩形式(尾迹间转捩、尾迹前转捩、尾迹后转捩)的影响是不同的,在变化的 Tu 或折合频率下通常会造成转捩主导因素的变化,因此即使针对同一叶型,在不同工况下最优的尾迹耦合粗糙度的控制方式也需要重新设计,以适应这种变化。从另一个角度来说,很难找到一种控制方式可以保证在所有工况下的叶型性能都是最优的,这也是被动控制手段面临的共同问题。

在结束 7.5.4 节之时,对上述研究所获得的一些认知与规律略作小结:

(1) 在 $Tu=2.2\%$,$f=0.28$ 时,针对 IET-LPTA$_1$ 叶型最优的布置方案是 S3-R1 而不是定常状态下的 S2-R1,产生这一变化的原因是非定常模式下,要求最优的粗糙度被动控制方案对转捩的影响是促进分离转捩或者是尾迹诱导转捩而不是直接触发旁路转捩;在 $Tu=2.2\%$,$f=0.28$ 时,将尾迹诱导转捩提前至分离点前的设计理念在组合控制方式时是不可行的。这是因为在中等 Tu、低 f 下组合控制方式的尾迹间转捩总是出现在尾迹诱导转捩的上游。

(2) 在 $Tu=2.2\%$,$f=0.45$ 时,在大部分 Re 范围内,使用 S2-R1 叶型结合尾迹扫掠的方式可以使尾迹诱导转捩先于尾迹间转捩出现,从而减少了湍流耗散损失,使整个叶型损失下降。

(3) 粗糙度促进转捩的机理是通过增加来流速度扰动的初始能量,从而促使转捩提前发生,这与来流 Tu 对边界层作用的机理是相似的,因此它的效果是双向的;由于变化的 Tu 或折合频率对不同粗糙度下边界层的影响是不同的,因此很难找到一种控制方式可以保证在所有工况下的叶型性能都是最优的。

(4) 在非定常来流条件下,尾迹后与尾迹间出现的转捩都是旁路转捩,但由于两者的触发原因不同,造成两种转捩的发展及结束后速度扰动能的不同,最终造成这两种转捩主导的吸力面转捩过程的湍流损失上的差异。

(5) 变化 Tu 或折合频率对各种粗糙度布置方式能够产生多种转捩形式(尾迹间转捩、尾迹前转捩、尾迹后转捩),而且影响的规律也不同;另外,变化的 Tu 或折合频率下边界层流动通常还会造成转捩主导因素的变化,这种变化将会增加耦合控制方式在设计上的难度。

总之,高负荷和超高负荷低压涡轮叶型设计是航空发动机气动设计的关键问题之一[195],尤其是高空低 Re 工作时直接关系到低压涡轮的性能和航空发动机工作的安全性,7.5.4 节所进行的一系列探索,对提高超高负荷低压涡轮叶栅吸力面的边界层流动控制和提高低压涡轮的性能,尤其是高空性能是十分有益的。

7.6 多级环境时 UHL-LPT 非定常流动及多维时序效应

由于多级涡轮在试验台上进行详细测量难度很大、花费很高,而且进行多级涡轮内部的非定常计算需要较大的开销,因此使得多级涡轮内部非定常流动问题的研究进展缓慢。自 20 世纪 90 年代以来,随着计算机硬件和数值计算方法的发展以及试验测试能力的提高,多级涡轮内部的非定常流动问题已取得了许多重要成果。

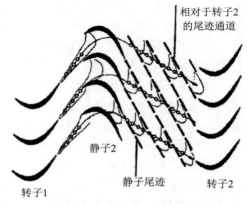

图 7.98 尾迹在多级涡轮内部的流动特征

图 7.98 给出了尾迹在多级涡轮内部的主要特征。由该图可以看到,第 1 级转子(转子 1)的尾迹被第二级静子(静子 2)切割为尾迹片段,同时在后面的通道内发生扭曲并改变传播方向。在第 2 级静子的下游,原本连续的第 1 级转子同一叶片的尾迹此时已不再连续,而是成为被第 2 级静子尾迹所分割的尾迹片段,与第 2 级静子的尾迹一起向下游传播。通常,两级转子的叶片数不同,所以第 1 级转子叶片的尾迹将从不同的周向位置进入第 2 级转子的通道,最终造成第 2 级转子叶片的尾迹在周向呈现出不均匀性,即发生 Beating 效应[196]。另外,在文献 [197] 中还给出了在某多级低压涡轮第 3 级出口截面上由于前面第 1 级和第 2 级转子尾迹片段共同作用的痕迹与结果。因此,在多级环境下低压涡轮内部的非定常流动是随着涡轮级数的增加变得更加复杂。

图 7.99 给出了某三级低压涡轮第 1 级转子出口附近的尾迹传输轨迹示意图和不同轴向位置探针获得的尾迹通过周期内的湍流强度的变化。由图可以看出,第 1 级转子尾迹内湍流度的强度在 5% 左右,第 1 级导叶的尾迹内在该截面处的湍流度则在 3.5% 的量级,而在尾迹通过的间隙,湍流度会下降到 1.5%。对于不同周向位置观测到的结果,湍流度强度的差别可能在 1% 左右[198]。图 7.99 中还显示出在这两个测量位置上,湍流强度在同一个周期内都改变了两次,这表明上有存在两排叶片的尾迹;此外,在对该涡轮第 3 级入口位置的测量结果中也观察

第7章 HL/UHL 涡轮设计策略以及 LPT 边界层流动控制技术

到了类似的现象。这些现象表明，这些相对静止叶排的尾迹同样会对下游叶排的流动产生非定常的影响。

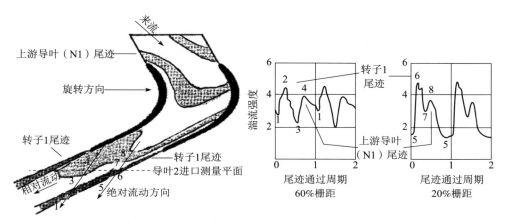

图 7.99 某三级低压涡轮第 1 级转子出口附近的尾迹传输轨迹示意图

在多级环境下，LPT 叶栅吸力面边界层的发展仍然是学术界关注的热点[199]。文献 [200-201] 等曾采用表面热膜技术对多级低压涡轮的吸力面边界层进行了详细的测量，测试结果证实：上游多排叶片尾迹会对下游叶片通道内的流动产生显著的影响。相关的研究还表明：当多级涡轮叶排相对周向位置变化时，部件气动效率的变化幅度可能达到 0.5% 左右。无论是在设计工况还是非设计工况，静子的时序效应（clocking effects）可能会使该涡轮的效率改变 0.3%，也这就是说时序效应是不可忽视的[202-204]。文献 [205] 对某低压涡轮部件的第 3 级、第 4 级和第 5 级的时序效应进行了考察，分别给出了单独调整涡轮第 4 级和第 5 级叶片排周向位置得到的涡轮部件的效率变化，如图 7.100 所示。单独调整涡轮第 4

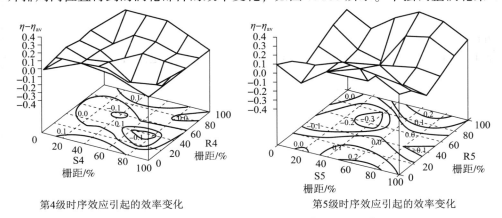

第4级时序效应引起的效率变化　　　　　第5级时序效应引起的效率变化

图 7.100 某低压涡轮部件的第 4 级和第 5 级的时序效应

级叶片的周向位置时，可使涡轮效率变化达 0.5%，单独调整涡轮第 5 级则涡轮效率变化达 0.6%，而如果同时调整第 4 级和第 5 级涡轮叶片的周向位置能够引起效率改变约为 6.8%，这表明多级涡轮中时序效应的影响不是简单叠加[205]。时序效应不仅对涡轮部件的总性能有影响，而且影响多级涡轮内部的边界层结构演化过程，感兴趣者可参见文献［206-208］。另外，在二维时序效应的研究的基础上，许多学者又相继采用数值计算或试验测量的手段对三维时序效应进行了研究，结果发现，时序效应同样会对叶尖泄露流动和端区二次流动的强度和演化规律产生了显著的影响，对此感兴趣者可参见文献［209-211］。

第四篇

发动机高空性能的数值计算与实时性能寻优技术

第 8 章
高空流场的几种典型算法以及实时寻优模型

8.1 叶轮机械中的两类坐标系以及两类基本方程组

在叶轮机械气动热力学分析与计算中，常选取两种坐标系：一种是绝对坐标系，又称惯性坐标系，在本小节中用 (ξ^1, ξ^2, ξ^3) 表示；令绝对坐标系中的任意曲线坐标系，其基矢量为 $(e_{\xi^1}, e_{\xi^2}, e_{\xi^3})$；作为特例，用 (r, θ, z) 代表绝对坐标系中的圆柱坐标系，其单位矢量为 (i_r, i_θ, i_z)。常用 (y^1, y^2, y^3) 代表绝对坐标系中的笛卡儿 (Descartes) 坐标系，其单位矢量为 (j_1, j_2, j_3)。

另一种是固连于动叶轮转轴上并与叶片一起旋转的相对坐标系，又称非惯性坐标系或称旋转坐标系，在本小节中，用 (η^1, η^2, η^3) 表示相对坐标系中的任意曲线坐标系，其基矢量为 $(e_{\eta^1}, e_{\eta^2}, e_{\eta^3})$。作为特例用 (r, φ, z) 代表相对坐标系中的圆柱坐标系，其单位矢量为 (i_r, i_φ, i_z)。用 (z^1, z^2, z^3) 代表相对坐标系中的笛卡儿坐标系，其单位矢量为 (k_1, k_2, k_3)。

为了更好地描述张量的相关计算规则[65-66,80,212-213]，在本小节中，用 (x^1, x^2, x^3) 表示任意曲线坐标系，其基矢量为 (e_1, e_2, e_3)，它的单位基矢量为 (u_1, u_2, u_3)；用 (x_1, x_2, x_3) 代表 (x^1, x^2, x^3) 的互易坐标系，其基矢量为 (e^1, e^2, e^3)，它的单位基矢量为 (u^1, u^2, u^3)。

在叶轮机械气动热力学中，总会遇到两类 Navier-Stokes 方程组：一类是绝对坐标系下的守恒型 N-S 方程组，如式 (8.15)；另一类是相对坐标系下的非守恒型 N-S 方程组，如式 (8.24)。这里必须强调的是方程组所采用的形式，对方程的离散求解关系很大，尤其是运动方程所选取的三个方向直接会影响方程组的守恒性质，同时也会影响方程组中方程的项数、影响方程离散求解的工作量[214-216]。

8.1.1 绝对坐标系下叶轮机械守恒型 Navier-Stokes 方程组

对于绝对运动方程，有

$$\frac{\partial \rho}{\partial t} + \nabla \cdot (\rho V) = 0 \tag{8.1}$$

$$\frac{\partial}{\partial t} V + (\nabla \times V) \times V = T \nabla S - \nabla H + \frac{1}{\rho} \nabla \cdot \mathbf{\Pi} \tag{8.2a}$$

或者
$$\frac{\partial}{\partial t}(\rho \boldsymbol{V}) + \nabla \cdot (\rho \boldsymbol{V}\boldsymbol{V}) = -\nabla p + \nabla \cdot \boldsymbol{\Pi} \tag{8.2b}$$

或者
$$\rho \frac{\mathrm{d}\boldsymbol{V}}{\mathrm{d}t} = \nabla \cdot \boldsymbol{\Pi} - \nabla p \tag{8.2c}$$

$$\frac{\mathrm{d}H}{\mathrm{d}t} = \dot{q} + \frac{1}{\rho}\frac{\partial}{\partial t}p + \frac{1}{\rho}\nabla \cdot (\boldsymbol{\Pi} \cdot \boldsymbol{V}) \tag{8.3a}$$

或者
$$\frac{\partial(\rho e_\mathrm{t})}{\partial t} + \nabla \cdot [(\rho e_\mathrm{t}+p)\boldsymbol{V}] = \nabla \cdot (\boldsymbol{\Pi} \cdot \boldsymbol{V}) - \nabla \cdot \boldsymbol{q} \tag{8.3b}$$

式中：$\boldsymbol{\Pi}$、$\boldsymbol{q}$ 分别为黏性应力张量和热流矢量；$\dot{q}$ 为外界对单位质量气体的传热率；e_t、H 分别为单位质量流体的广义内能和总焓，e_t 和 H 的表达式为

$$e_\mathrm{t} = e + \frac{1}{2}(\boldsymbol{V} \cdot \boldsymbol{V}) \tag{8.4}$$

$$H = h + \frac{1}{2}(\boldsymbol{V} \cdot \boldsymbol{V}) \tag{8.5}$$

其中：e、h 分别为单位质量流体所具有的热力学狭义内能和静焓。

在叶轮机械气动热力学中，常取式（8.1）、式（8.2a）和式（8.3a）便构成了描述气体绝对运动 N-S 方程组的一种形式；取式（8.1）、式（8.2b）和式（8.3b）便构成了描述气体绝对运动 N-S 方程组的另一种形式，也常称为 N-S 方程组的守恒形式。在计算流体力学中，上述两种形式均常使用[66,80]。

为了描写流动损失，吴仲华在三元流理论中引入熵 S 方程[64,217]：

$$\rho \frac{\mathrm{d}S}{\mathrm{d}t} = \frac{\Phi}{T} - \frac{\nabla \cdot \boldsymbol{q}}{T} \tag{8.6a}$$

或者
$$T\frac{\mathrm{d}S}{\mathrm{d}t} = \dot{q} + \frac{\Phi}{\rho} \tag{8.6b}$$

式中：Φ 为耗散函数。

$\boldsymbol{q}$ 与式（8.6b）中的 $\dot{q}$ 有如下关系：

$$\rho \dot{q} = -\nabla \cdot \boldsymbol{q} \tag{8.7}$$

并且有
$$\boldsymbol{q} = \boldsymbol{q}_\mathrm{C} + \boldsymbol{q}_\mathrm{W} + \boldsymbol{q}_\mathrm{D} + \boldsymbol{q}_\mathrm{R} \tag{8.8}$$

式中：$\boldsymbol{q}_\mathrm{C}$、$\boldsymbol{q}_\mathrm{W}$、$\boldsymbol{q}_\mathrm{D}$ 和 $\boldsymbol{q}_\mathrm{R}$ 分别为热传导、对流传热、扩散传热和热辐射传热所导致的热流矢量[218-220]。

例如，热流矢量 q_C 的表达式为[221-222]

$$q_C = -\lambda \nabla T \tag{8.9}$$

再如 q_R，它可用辐射强度 $I_\eta(\boldsymbol{r}, \boldsymbol{\Omega}, t)$ 的相关积分来描述，即[219]

$$\nabla \cdot \boldsymbol{q}_R = \int_0^\infty \int_{4\pi} \boldsymbol{\Omega} \cdot \nabla I_\eta(\boldsymbol{r},\boldsymbol{\Omega},t) \mathrm{d}\boldsymbol{\Omega}\mathrm{d}\eta \tag{8.10}$$

式中：η 为波数，这里 $\boldsymbol{\Omega}$ 为粒子运动方向上的单位矢量。

令

$$\boldsymbol{U} = \begin{bmatrix} \rho \\ \rho \boldsymbol{V} \\ \rho e_t \end{bmatrix} \tag{8.11}$$

$$\boldsymbol{E} = \begin{bmatrix} \rho \boldsymbol{V} \\ \rho \boldsymbol{V}\boldsymbol{V} + p\boldsymbol{I} - \boldsymbol{\Pi} \\ (\rho e_t + p)\boldsymbol{V} - \boldsymbol{V} \cdot \boldsymbol{\Pi} - \lambda \nabla T \end{bmatrix} = \boldsymbol{E}_1 + \boldsymbol{E}_2 \tag{8.12}$$

$$\boldsymbol{E}_1 = \begin{bmatrix} \rho \boldsymbol{V} \\ \rho u \boldsymbol{V} + p\boldsymbol{j}_1 \\ \rho v \boldsymbol{V} + p\boldsymbol{j}_2 \\ \rho w \boldsymbol{V} + p\boldsymbol{j}_3 \\ (\rho e_t + p)\boldsymbol{V} \end{bmatrix} \tag{8.13}$$

$$\boldsymbol{V} = u\boldsymbol{j}_1 + v\boldsymbol{j}_2 + w\boldsymbol{j}_3 \tag{8.14}$$

式中：$\boldsymbol{E}_1$、$\boldsymbol{E}_2$ 分别为无黏部分的通量和黏性部分的通量。

将式（8.1）、式（8.2b）和式（8.3b）所构成的 N-S 方程组写成积分型，即

$$\frac{\partial}{\partial t} \iiint_\tau \boldsymbol{U} \mathrm{d}\tau + \oiint_\sigma \boldsymbol{E} \cdot \boldsymbol{n} \mathrm{d}\sigma = 0 \tag{8.15}$$

8.1.2 相对坐标系下叶轮机械非守恒型 Navier-Stokes 方程组

在相对坐标系中，用 $\boldsymbol{\omega}$ 表示转动角速度矢量，用 ω 表示矢量 $\boldsymbol{\omega}$ 的模，用 $\boldsymbol{W}$ 与 $\boldsymbol{V}$ 分别为相对速度与绝对速度，并且有[64,80]

$$\boldsymbol{V} = \boldsymbol{W} + \boldsymbol{\omega} \times \boldsymbol{r} \tag{8.16}$$

引进吴仲华滞止转子焓（Total Rothalpy 或 Stagnation Rothalpy）I^* 的概念[64,80]，其表达式为

$$I^* = h + \frac{\boldsymbol{W} \cdot \boldsymbol{W}}{2} - \frac{(\omega r)^2}{2} \tag{8.17}$$

这时能量方程可写为[72,80]

$$\frac{\mathrm{d}_R I^*}{\mathrm{d}t} = \frac{1}{\rho} \frac{\partial_R p}{\partial t} + \dot{q} + \frac{1}{\rho} \nabla_R \cdot (\boldsymbol{\Pi} \cdot \boldsymbol{W}) \tag{8.18}$$

第四篇 发动机高空性能的数值计算与实时性能寻优技术

在 $\omega=\mathrm{const}$ 的非惯性相对坐标系中，连续方程和运动方程常写为[80]

$$\frac{\partial_R}{\partial t}\rho+\nabla_R\cdot(\rho\boldsymbol{W})=0 \tag{8.19}$$

$$\frac{\mathrm{d}_R\boldsymbol{W}}{\mathrm{d}t}+2\boldsymbol{\omega}\times\boldsymbol{W}+\boldsymbol{\omega}\times(\boldsymbol{\omega}\times\boldsymbol{r})=-\frac{1}{\rho}\nabla_R p+\frac{1}{\rho}\nabla_R\cdot\boldsymbol{\Pi} \tag{8.20a}$$

或者

$$\frac{\partial_R\boldsymbol{W}}{\partial t}-\boldsymbol{W}\times(\nabla_R\times\boldsymbol{V})=-\nabla_R I^*+T\nabla_R S+\frac{1}{\rho}\nabla_R\cdot\boldsymbol{\Pi} \tag{8.20b}$$

式中

$$\frac{\mathrm{d}_R\boldsymbol{W}}{\mathrm{d}t}=\frac{\partial_R\boldsymbol{W}}{\partial t}+\boldsymbol{W}\cdot\nabla_R\boldsymbol{W} \tag{8.21}$$

其中：$\frac{\partial_R}{\partial t}$ 为对相对观察者而言所观察到的关于时间的偏导数；∇_R 为在相对坐标系中进行 Hamilton（哈密顿）算子的计算。

另外，式（8.20a）和式（8.18）分别又可改写为

$$\frac{\partial_R(\rho\boldsymbol{V})}{\partial t}+\nabla_R\cdot(\rho\boldsymbol{W}\boldsymbol{V})=\nabla_R\cdot\boldsymbol{\pi}-\rho\boldsymbol{\omega}\times\boldsymbol{V} \tag{8.20c}$$

$$\frac{\partial_R e_t^*}{\partial t}+\nabla_R(e_t^*\boldsymbol{W})=\nabla_R\cdot(\boldsymbol{\pi}\cdot\boldsymbol{V})+\nabla_R\cdot(\lambda\nabla_R T) \tag{8.22}$$

式中：e_t^* 为在绝对坐标系中单位体积气体所具有的广义内能，它与式（8.4）所定义的 e_t 有如下关系，即

$$e_t^*=\rho e_t \tag{8.23}$$

在下文中，为便于书写，在不造成误会的地方均省略 $\frac{\partial_R}{\partial t}$ 和 ∇_R 中的"R"，于是由式（8.19）、式（8.20c）和式（8.22）所构成的相对坐标系下叶轮机械 Navier-Stokes 方程组写成积分型便为[215]

$$\frac{\partial}{\partial t}\iiint_\tau\begin{bmatrix}\rho\\\rho\boldsymbol{V}\\e_t^*\end{bmatrix}\mathrm{d}\tau+\oiint_\sigma\boldsymbol{n}\cdot\begin{bmatrix}\rho\boldsymbol{W}\\\rho\boldsymbol{W}\boldsymbol{V}-\boldsymbol{\pi}\\e_t^*\boldsymbol{W}-\boldsymbol{\pi}\cdot\boldsymbol{V}-\lambda\nabla T\end{bmatrix}\mathrm{d}\sigma=-\iiint_\tau\begin{bmatrix}0\\\rho\boldsymbol{\omega}\times\boldsymbol{V}\\0\end{bmatrix}\mathrm{d}\tau \tag{8.24}$$

式中：$\boldsymbol{\pi}$ 为应力张量，它与黏性应力张量 $\boldsymbol{\Pi}$ 关系为

$$\boldsymbol{\pi}=\boldsymbol{\Pi}-p\boldsymbol{I} \tag{8.25}$$

或者

$$\boldsymbol{\pi}=\mu[\nabla\boldsymbol{W}+(\nabla\boldsymbol{W})_C]-\left(p+\frac{2}{3}\mu\nabla\cdot\boldsymbol{W}\right)\boldsymbol{I} \tag{8.26}$$

第8章 高空流场的几种典型算法以及实时寻优模型

式中

$$W = W^1 k_1 + W^2 k_2 + W^3 k_3 \tag{8.27}$$

其中：W^1、W^2 和 W^3 为相对速度沿笛卡儿坐标系单位矢量 (k_1, k_2, k_3) 方向上的物理分速度。

在式 (8.26) 中，∇W 和 $(\nabla W)_C$ 均为二阶并矢张量，例如

$$\nabla W = e^i e^j \nabla_i w_j = e_i e_j \nabla^i w^j \tag{8.28}$$

$$(\nabla W)_C = e^j e^i \nabla_i w_j = e^i e^j \nabla_j w_i \tag{8.29}$$

$$\nabla^i = g^{ij} \nabla_j \tag{8.30}$$

式中：∇_i 为对坐标 x^i 的协变导数；e_i、e_j 分别为在曲线坐标系 (x^1, x^2, x^3) 中沿 x^i 的基矢量和沿 x^j 的基矢量；w_i、w^i 分别为 W 的协变分量和逆变分量。

在相对笛卡儿坐标系 (z^1, z^2, z^3) 下，式 (8.24) 可以方便地使用有限体积法进行方程组的离散求解，这里因篇幅所限不再赘述，感兴趣者可参见文献 [223-260] 等。对于上述所给出的参考文献，其中已经涉及 Nash-Pareto 策略、小波神经网络、人工智能与数据挖掘等技术，它丰富了传统 N-S 方程的求解领域与内涵。过去传统 N-S 方程的求解，多用差分法、有限体积法和有限元方法。但 Jameson 等将控制理论引入气动优化设计的问题，提出了著名的求解 N-S 方程伴随方法（见 8.5 节），使得气动优化的效率获得了较大幅度的提高，并且很快发展成一类很有潜力的新算法。另外，按照钱学森人-机-环境系统工程的观点[258]，航空发动机的设计、制造与维护属于复杂的系统工程，它所涉及的环境保护问题（如燃烧污染物排放）、安全问题、法律问题都引起了学术界普遍的重视[256,258-259]，因此将 Nash-Pareto 策略[254]、小波神经网络计算[255]、人工智能与数据挖掘技术[257] 引入人机系统和航空发动机性能计算以及 N-S 方程的数值优化，开展一些探索性工作，是非常必要的，它必将成为未来气动计算的一个重要方向。

在结束本小节讨论之前，这里扼要讨论在任意曲线坐标系中，选取 Navier-Stokes 方程组中运动方程（又称动量方程）在什么方向写出的重要性。对于这个问题，在文献 [80] 已给出了细致的分析，并给出了重要结论。所得的主要结论是：令 (x^1, x^2, x^3) 为贴体曲面坐标系，其基矢量为 (e_1, e_2, e_3)；令 (y^1, y^2, y^3) 为笛卡儿坐标系，其单位矢量为 (j_1, j_2, j_3) 时，将 Navier-Stokes 方程组中的动量方程沿 j_1, j_2, j_3 方向展开可以大大降低方程中的项数，大大节约计算量。考虑由式 (8.1)、式 (8.2b) 和式 (8.3b) 所构成的 Navier-Stokes 方程组，令 v^1、v^2、v^3 为速度 V 在 (x^1, x^2, x^3) 中的逆变分速。如果将 Navier-Stokes 方程组中的动量方程沿 e_1、e_2 和 e_3 方向展开，则可得如下弱守恒形式的 Navier-Stokes 方程组[214,216]：

$$\frac{\partial}{\partial t}\begin{bmatrix}\sqrt{g}\rho\\\sqrt{g}\rho v^1\\\sqrt{g}\rho v^2\\\sqrt{g}\rho v^3\\\sqrt{g}e_t^*\end{bmatrix}+\frac{\partial}{\partial x^j}\begin{bmatrix}\sqrt{g}\rho v^j\\\sqrt{g}(\rho v^j v^1+g^{1j}p)\\\sqrt{g}(\rho v^j v^2+g^{2j}p)\\\sqrt{g}(\rho v^j v^3+g^{3j}p)\\\sqrt{g}(e_t^*+p)v^j\end{bmatrix}-\frac{\partial}{\partial x^j}\begin{bmatrix}0\\B^{1j}\\B^{2j}\\B^{3j}\\B^{4j}\end{bmatrix}=\begin{bmatrix}0\\\widetilde{N}^1\\\widetilde{N}^2\\\widetilde{N}^3\\0\end{bmatrix} \quad (8.31)$$

式中：$\widetilde{N}^1$、$\widetilde{N}^2$ 和 $\widetilde{N}^3$ 的含义同文献 [216] 中的式（1.14）。在这三个符号中含有大量的 Christoffel 记号 Γ^i_{jk}，它们的计算较为复杂；B^{1j}、B^{2j}、B^{3j} 和 B^{4j} 分别定义为

$$\begin{cases}B^{1j}\equiv\mu\sqrt{g}\left(\nabla^j v^1+\frac{1}{3}g^{1j}\nabla\cdot\mathbf{V}\right)\\B^{2j}\equiv\mu\sqrt{g}\left(\nabla^j v^2+\frac{1}{3}g^{2j}\nabla\cdot\mathbf{V}\right)\\B^{3j}\equiv\mu\sqrt{g}\left(\nabla^j v^3+\frac{1}{3}g^{3j}\nabla\cdot\mathbf{V}\right)\\B^{4j}\equiv\sqrt{g}\left(\mu\widetilde{M}^j+\lambda g^{ij}\frac{\partial T}{\partial x^i}\right)\end{cases} \quad (8.32)$$

其中：算子 ∇^j 为逆变导数；g 定义为

$$g=\begin{vmatrix}g_{11}&g_{12}&g_{13}\\g_{21}&g_{22}&g_{23}\\g_{31}&g_{32}&g_{33}\end{vmatrix} \quad (8.33)$$

如果将动量方程在 $\mathbf{j}_1$、$\mathbf{j}_2$、$\mathbf{j}_3$（笛卡儿坐标系 y^1、y^2、y^3 的单位基矢量）方向上展开，且速度 $\mathbf{V}$ 可表示为

$$\mathbf{V}=u\mathbf{j}_1+v\mathbf{j}_2+w\mathbf{j}_3 \quad (8.34)$$

时，同样考虑由式（8.1）、式（8.2b）和式（8.3b）所构成的 Navier-Stokes 方程组，且选取同样的（x^1，x^2，x^3）贴体曲线坐标系，于是可得到如下守恒的 Navier-Stokes 方程组[80,214,216]：

$$\frac{\partial}{\partial t}\begin{bmatrix}\sqrt{g}\rho\\\sqrt{g}\rho u\\\sqrt{g}\rho v\\\sqrt{g}\rho w\\\sqrt{g}e_t^*\end{bmatrix}+\frac{\partial}{\partial x^j}\begin{bmatrix}\sqrt{g}\rho v^j\\\sqrt{g}\left(\rho v^j u+g^{ij}p\frac{\partial y^1}{\partial x^j}\right)\\\sqrt{g}\left(\rho v^j v+g^{ij}p\frac{\partial y^2}{\partial x^j}\right)\\\sqrt{g}\left(\rho v^j w+g^{ij}p\frac{\partial y^3}{\partial x^j}\right)\\\sqrt{g}(e_t^*+p)v^j\end{bmatrix}-\frac{\partial}{\partial x^j}\begin{bmatrix}0\\\mu\sqrt{g}N^{1j}\\\mu\sqrt{g}N^{2j}\\\mu\sqrt{g}N^{3j}\\\sqrt{g}\left(\mu M^j+\lambda g^{ij}\frac{\partial T}{\partial x^i}\right)\end{bmatrix}=0 \quad (8.35)$$

式中：M^j、N^{1j}、N^{2j} 和 N^{3j} 的含义同文献 [80]。

显然，式（8.31）和式（8.35）有两个重大差别：①虽然它们都取了同样的贴体曲线坐标系，但前者为弱守恒型，后者为守恒型；②前者的动量方程分别是沿 e_1、e_2、e_3 方向，而后者则沿 j_1、j_2、j_3 方向。30 余年的数值计算表明[80,212-214,261]：使用这两种形式的方程组所编制的源程序，曾完成过大量的叶轮机流场计算的算例，采用式（8.35）时，不但计算量大大少于式（8.31），而且所占内存前者少于后者。

8.2 可压缩流的数值方法概述及其相关的关键技术

8.2.1 计算流体力学在可压缩流动中的一些进展

可压缩气体动力学的数值计算，是在计算流体力学（Computational Fluid Dynamics，CFD）的基础上发展的。以可压缩流为例，CFD 依次经历了 1971 年 Murman 和 Cole 提出的跨声速小扰动方程解法，1974 年 Jameson 提出的全位势方程解法，以及 1978 年 Beam 和 Warming 提出的求解 Euler 方程的隐式近似因式分解格式、MacCormack 格式，1981 年 Steger 和 Warming 提出矢通量分裂格式，1982 年 van Leer 改进格式、Roe 的通量差分分裂格式，1983 年 Harten 提出的 TVD（Total Variation Diminishing）格式等。

20 世纪 80 年代以后，在黏性项的处理和 N-S 方程组求解方面，出现了以 Jameson 为代表的有限体积法和以 MacCormack 为代表的多步显隐格式，这标志着计算流体力学进入了求解 Navier-Stokes 方程的初级阶段。在中国科学院力学研究所卞荫贵教授率领的团队用 FORTRAN 语言编制了高速进气道三维流场 Euler 和 Navier-Stokes 方程的源程序，并且成功地在当时小型计算机（"286 计算机"加"加速版"）上完成了大题目，计算了三维流场[226-227]。

在这个阶段，计算流体力学的各类方法都发展得很快：在空间离散方面，如以 Harten 为代表的 TVD 格式、WENO 格式、紧致格式、强紧致高精度格式[252-253]、Runge-Kutta 间断 Galerkin 有限元方法以及文献 [16，18] 提出的小波多分辨分析方法等；在时间积分方面，Runge-Kutta 显式推进方法和双时间步（dual-time stepping）方法也广泛用于定常计算和非定常流场的计算问题中。

8.2.2 可压缩湍流模拟的 RANS、LES、DES 和 DNS 方法

基于雷诺平均 Navier-Stokes（RANS）方程的数值方法早在 20 世纪 70—80 年代就有了一些发展，到 20 世纪末已逐渐趋于成熟。在这期间，许许多多的学者都参与了对工程湍流模型的发展与验证[262]，尤其是 Spalart 和 Allmaras、Menter、Wilcox、Durbin 等所开展的工作最有代表性。随着算法上的完善和计算机硬件水平的提高，RANS 模拟已成为当今流体工程领域中使用广泛且廉价的分析手段。

目前，国际上开展湍流数值模拟的方法主要有湍流的直接数值模拟（DNS）、

第四篇　发动机高空性能的数值计算与实时性能寻优技术

大涡模拟（LES）、分离涡模拟（DES）和雷诺平均方程（RANS）模拟。DNS虽然在揭示湍流流动机理方面有重大的意义，但由于它需要的计算量非常大，至少在未来几十年里DNS方法对大多数工程问题都将是无能为力的；LES方法是介于DNS和RANS之间的湍流方法，其基本思想是通过对N-S方程作过滤波运算，在物理空间中使流场量分解为可分辨尺度量（"大涡"）和亚滤波尺度量（"小涡"）。对于可分辨尺度量的运动，可以通过大涡数值模拟的控制方程组直接数值求解；而小尺度（即亚滤波尺度量）的湍流脉动的质量、动量和能量的输运及其对可分辨尺度量（又称大尺度量）运动的作用则可用亚格子尺度模型（又称亚滤波尺度模型）的方法，使得可分辨尺度量的运动方程封闭。由于亚格子尺度模型是针对具有较多普适性的小尺度运动，这就使得构造普适的亚格子尺度模型成为可能。另外，也正是由于采用了亚格子尺度模型，才使得LES方法的计算量较DNS方法要少得多。LES方法是20世纪60年代Smagorinsky提出的。直到现在，Smagorinsky模型仍被学术与工程界广泛应用。另外，1980年Bardina等提出了相似性模型，相似性模型应力与真实的亚格子尺度应力之间的相关性高达80%，而且该模型可以模拟反级串效应。但这个模型也有缺点，它产生的耗散不足。1991年，Germano提出了动态模型，该模型是利用不同尺度流动结构的相似性，在计算中动态地求出Smagorinsky模型的模型常数，这使得该模型在实际湍流计算中获得了很大成功。

湍流脉动具有多尺度的性质，高 Re 湍流包含很宽的尺度范围，大涡模拟方法就是借助于过滤技术在物理空间中将大尺度脉动与其余的小尺度脉动分离，即通过对湍流运动的过滤将湍流分解为可解尺度湍流（包含大尺度脉动）与不可解尺度湍流运动（包含所有小尺度脉动）。一般来讲，LES方法能获得比RANS方法更为精确的结果，但LES的计算量要比RANS大得多。LES特别适用于有分离的非平衡复杂湍流，而RANS多用于平衡湍流（湍动能生成等于湍动能的耗散）或者接近平衡的湍流区域。在高速飞行器的外部绕流和航空发动机的内部流程中，并非处处是非平衡的复杂湍流流动，因此发展将RANS与LES相互组合杂交的方法是非常需要的。

通常，RANS与LES组合杂交方法可分为两大类：一类为全局组合杂交方法（global hybrid RANS/LES），它要对RANS/LES的界面进行连续处理，即不需要专门在界面处进行湍流脉动的重构，因此也称为弱耦合方法（weak RANS/LES coupling）；另一类是分区组合方法（zonal hybrid RANS/LES），它要在界面上重构湍流脉动，因此称为强耦合方法（strong RANS/LES coupling）。在目前工程计算中，第一类方法应用较广，以下讨论的分离涡模型（Detached Eddy Simulation，DES）便属于全局组合杂交方法的一种。分离涡模型方法的基本思想是用统一的涡黏输运方程（例如选取1992年P. R. Spalart和S. R. Allmaras提出的S-A涡黏模式），以网格分辨尺度去区分 RANS 和 LES 的计算模式。这里，为突出 DES 方法的基本要点，又不使叙述过于烦长，于是给出了如下形式的流动控制方程组：

$$\frac{\partial \bar{u}_i}{\partial t} + \frac{\partial \bar{u}_i \bar{u}_j}{\partial x_j} = -\frac{\partial \bar{p}}{\partial x_i} + \frac{1}{Re}\frac{\partial^2 \bar{u}_i}{\partial x_j \partial x_j} + \frac{\partial \bar{\tau}_{ij}}{\partial x_j} \qquad (8.36)$$

$$\frac{\partial \bar{u}_i}{\partial x_i} = 0 \qquad (8.37)$$

$$\bar{\tau}_{ij} - \frac{2}{3}\bar{\tau}_{kk}\delta_{ij} = 2\nu_t \bar{s}_{ij} \qquad (8.38)$$

$$\bar{s}_{ij} = \frac{1}{2}\left(\frac{\partial \bar{u}_i}{\partial x_j} + \frac{\partial \bar{u}_j}{\partial x_i}\right) \qquad (8.39)$$

涡黏系数方程采用 Spalart-Allmaras 模式（也可以参见文献 [239] 中的式 (3)）：

$$\frac{\partial \nu^*}{\partial t} + u_j\frac{\partial \nu^*}{\partial x_j} = c_{b1}s_1\nu^* - c_{w1}f_w\left(\frac{\nu^*}{d^*}\right)^2 + \frac{1}{\sigma}\left\{\frac{\partial}{\partial x_j}\left[(\nu+\nu^*)\frac{\partial \nu^*}{\partial x_j}\right] + c_{b2}\left(\frac{\partial \nu^*}{\partial x_j}\frac{\partial \nu^*}{\partial x_j}\right)\right\}$$

$$(8.40)$$

显然，上述流动控制方程组与 Spalart-Allmaras 模式是针对不可压缩湍流流动而言的，对于可压缩湍流流动，则式 (8.40) 可改写为

$$\frac{d(\rho\nu^*)}{dt} = c_{b1}\rho s_1\nu^* - c_{w1}\rho f_w\left(\frac{\nu^*}{d^*}\right)^2 + \frac{1}{\sigma}\left\{\frac{\partial}{\partial x_j}\left[(\mu+\rho\nu^*)\frac{\partial \nu^*}{\partial x_j}\right] + c_{b2}\rho\left(\frac{\partial \nu^*}{\partial x_j}\frac{\partial \nu^*}{\partial x_j}\right)\right\}$$

$$(8.41)$$

式中：μ 为分子黏性系数。

上述几式中符号 f_w、s_1 等的表达式为

$$f_w = g\left(\frac{1+c_{w3}^6}{g^6+c_{w3}^6}\right)^{\frac{1}{6}}, \quad g = r + c_{w2}(r^6 - r) \qquad (8.42)$$

$$\nu_t = \nu^* f_{v1}, \quad f_{v1} = \frac{\vartheta^3}{\vartheta^3 + c_{v1}^3}, \quad \vartheta = \frac{\nu^*}{\nu}, \quad f_{v3} = 1 \qquad (8.43)$$

$$r = \frac{\nu^*}{s_1 k_1^2 (d^*)^2}, \quad s_1 = f_{v3}\sqrt{2\Omega_{ij}\Omega_{ij}} + \frac{\nu^*}{k_1^2(d^*)^2}f_{v2} \qquad (8.44)$$

$$f_{v2} = 1 - \frac{\vartheta}{1+\vartheta f_{v1}}, \quad \Omega_{ij} = \frac{1}{2}\left(\frac{\partial \bar{u}_i}{\partial x_j} + \frac{\partial \bar{u}_j}{\partial x_i}\right) \qquad (8.45)$$

对于 (8.44) 中的 s_1 量，也可以进一步引入其他的修正表达式，于是可得到相应修正的 Spalart-Allmaras 模型。在式 (8.40)~式 (8.45) 中，系数 c_{b1}、σ、c_{b2}、k_1、c_{w1}、c_{w2}、c_{w3}、c_{v1} 分别为

$$c_{b1} = 0.1355, \quad \sigma = \frac{2}{3}, \quad c_{b2} = 0.622, \quad k_1 = 0.41 \qquad (8.46)$$

$$c_{w2} = 0.3, \quad c_{w3} = 2.0, \quad c_{w1} = \frac{c_{b1}}{k_1^2} + \frac{(1+c_{b2})}{\sigma}, \quad c_{v1} = 7.1 \tag{8.47}$$

在式（8.41）中，d^* 是 RANS 与 LES 的分辨尺度，由下式定义

$$d^* = \min(d_{\text{RANS}}, d_{\text{LES}}) \tag{8.48}$$

$$d_{\text{RANS}} = Y, \quad d_{\text{LES}} = c_{\text{DES}} \Delta \tag{8.49}$$

式中：Y 为网格点与壁面间的垂直距离；Δ 为网格尺度，对于非均匀网格，则有

$$\Delta = \max(\Delta x, \Delta y, \Delta z) \tag{8.50}$$

系数 $c_{\text{DES}} = 0.65$。值得注意的是：RANS 与 LES 的分辨尺度 d^* 是非常重要的一个参数，如何合理地定义它，一直是近年来 RANS 与 LES 组合杂交方法研究的核心问题之一，其中美国的 P. R. Spalart 团队、法国的 P. Sagaut 团队等在这方面都做了大量的非常细致的研究工作。文献［239］采纳了 Spalart 团队在 2008 年提出的 Improved DDES 方法中的分辨尺度，并成功地提出了将全场 RANS 与局部 DES 分析相结合，产生了一个高效率的工程新算法，计算了第一代载人飞船 Mercury、第二代载人飞船 Gemimi、人类第一枚成功到达火星上空的 Fire-II 探测器、具有丰富风洞试验数据（来流 Ma 从 0.5 变到 2.86）的 NASA 巡航导弹、具有高升阻比的乘波体（Waverider）以及具有大容积效率与高升阻比的通用航空飞行器（Common Aero Vehicle，CAV）6 种国际上著名飞行器的外部流场，完成上述 6 个典型飞行器的 63 个工况的数值计算。计算结果表明：这样获得的数值结果（其中包括气动力和气动热）与相关风洞试验数据或飞行测量数据较贴近并且流场的计算效率较高，因此全场 RANS 计算与局部 DES 分析相结合的算法是流场计算与工程设计分析中值得推荐的快速方法。对于分辨尺度的选取，这里式（8.48）仅仅给出了一种选择方式，它可以有多种方式，关于这个问题目前仍然处于探索中。

8.3 雷诺应力张量与亚格子应力张量的数学表达

8.3.1 基于 Favre 平均的可压缩湍流方程组

为简单起见，在笛卡儿坐标系中给出如下形式以瞬态量表达的 Navier-Stokes 方程组：

$$\frac{\partial \rho}{\partial t} + \frac{\partial (\rho u_j)}{\partial x_j} = 0 \tag{8.51}$$

$$\frac{\partial (\rho u_i)}{\partial t} + \frac{\partial (\rho u_i u_j)}{\partial x_j} = -\frac{\partial p}{\partial x_i} + \frac{\partial \tau_{ij}}{\partial x_j} \tag{8.52}$$

$$\frac{\partial (\rho e)}{\partial t} + \frac{\partial (e \rho u_j)}{\partial x_j} = \frac{\partial}{\partial x_j} \left(\lambda \frac{\partial T}{\partial x_j} \right) - p \frac{\partial u_j}{\partial x_j} + \Phi \tag{8.53}$$

式中：ρ、u_i 分别为气体的密度与分速度；e、T、λ 分别为气体内能、温度、气

体的导热系数；τ_{ij} 为黏性应力张量的分量；Φ 为黏性耗散函数；p 为压强。e、p、τ_{ij}、Φ 表达式分别为

$$e = c_v T \tag{8.54}$$

$$p = \rho R T \tag{8.55}$$

$$\tau_{ij} = \mu\left(\frac{\partial u_i}{\partial x_j} + \frac{\partial u_j}{\partial x_i}\right) - \frac{2}{3}\mu \frac{\partial u_k}{\partial x_k}\delta_{ij} \tag{8.56}$$

$$\Phi = \tau_{ij} \frac{\partial u_i}{\partial x_j} \tag{8.57}$$

这里采用了爱因斯坦（Einstein）求和约定。在式（8.56）中，速度梯度张量可分解为应变率张量 $\boldsymbol{S}$ 与旋转率张量 $\boldsymbol{R}$ 之和，其分量表达式为

$$\frac{\partial u_i}{\partial x_j} = S_{ij} + R_{ij} \tag{8.58}$$

$$S_{ij} = \frac{1}{2}\left(\frac{\partial u_i}{\partial x_j} + \frac{\partial u_j}{\partial x_i}\right) \tag{8.59}$$

$$R_{ij} = \frac{1}{2}\left(\frac{\partial u_i}{\partial x_j} - \frac{\partial u_j}{\partial x_i}\right) \tag{8.60}$$

将方程式（8.51）~式（8.53）中各个变量采用系综平均法分解，并定义如下一个行向量

$$\boldsymbol{f} = \bar{\boldsymbol{f}} + \boldsymbol{f}' \tag{8.61}$$

式中

$$\boldsymbol{f} = [\rho, u_i, p, e, T, \tau_{ij}, \Phi] \tag{8.62}$$

$$\bar{\boldsymbol{f}} = [\bar{\rho}, \bar{u_i}, \bar{p}, \bar{e}, \bar{T}, \bar{\tau_{ij}}, \bar{\Phi}] \tag{8.63}$$

$$\boldsymbol{f}' = [\rho', u_i', p', e', T', \tau_{ij}', \Phi'] \tag{8.64}$$

将式（8.51）~式（8.53）进行密度加权平均，并注意到各态遍历定理（时间平稳态过程中随机量的系综平均等于随机过程的时间平均，也就是说这时的系综平均与雷诺时间平均相等），于是得到密度加权平均的方程组

$$\frac{\partial \bar{\rho}}{\partial t} + \frac{\partial}{\partial x_j}(\bar{\rho}\,\widetilde{u}_j) = 0 \tag{8.65}$$

$$\frac{\partial}{\partial t}(\bar{\rho}\,\widetilde{u}_i) + \frac{\partial}{\partial x_j}(\bar{\rho}\,\widetilde{u}_i\widetilde{u}_j) = -\frac{\partial \bar{p}}{\partial x_i} + \frac{\partial}{\partial x_j}(\overline{\tau_{ij}} - \overline{\rho u_i'' u_j''}) \tag{8.66}$$

$$\frac{\partial}{\partial t}(\bar{\rho}\,\widetilde{e}^*) + \frac{\partial}{\partial x_j}(\bar{\rho}\,\widetilde{u}_j H) = \frac{\partial}{\partial x_j}\left[-(q_{lj}+q_{Tj}) + \overline{\tau_{ij} u_i''} - \frac{1}{2}\overline{\rho u_i'' u_i'' u_j''}\right] + \frac{\partial}{\partial x_j}[\widetilde{u}_i(\overline{\tau_{ij}} - \overline{\rho u_i'' u_j''})] \tag{8.67}$$

另外，式（8.67）又可写为

$$\frac{\partial}{\partial t}(\bar{\rho}\,\widetilde{h}_0) + \frac{\partial}{\partial x_j}(\bar{\rho}\,\widetilde{u}_j\widetilde{h}_0) = \frac{\partial \bar{p}}{\partial t} - \frac{\partial}{\partial x_j}(\bar{q}_j + \overline{\rho u_j'' h''}) + \frac{\partial}{\partial x_j}\left(\widetilde{u}_i\,\bar{\tau}_{ij} + \overline{u_i''\tau_{ij}}\right. \\ \left. - \frac{1}{2}\overline{\rho u_j''}\frac{\overline{\rho u_i'' u_i''}}{\bar{\rho}} - \widetilde{u}_i\overline{\rho u_i'' u_j''} - \frac{1}{2}\overline{\rho u_i'' u_i'' u_j''}\right) \quad (8.68)$$

在式（8.67）、式（8.68）中，变量 e^*、$\widetilde{h}_0$、k 以及层流热流 q_{Lj} 与湍流热流 q_{Tj} 的定义式分别为

$$e^* \equiv \widetilde{e} + \frac{1}{2}\widetilde{u}_i\widetilde{u}_i + k \quad (8.69)$$

$$\widetilde{h}_0 \equiv \widetilde{h} + \frac{1}{2}\widetilde{u}_i\widetilde{u}_i + \frac{1}{2}\frac{\overline{\rho u_i'' u_i''}}{\bar{\rho}} \quad (8.70)$$

$$k \equiv \frac{1}{2}\frac{\overline{\rho u_i'' u_i''}}{\bar{\rho}} \quad (8.71)$$

$$q_{Lj} = \lambda\frac{\partial \widetilde{T}}{\partial x_j}, \quad q_{Tj} = \overline{\rho u_j'' h''} \quad (8.72)$$

另外，总焓 h_0 与静焓 h 以及热流矢量 $\boldsymbol{q}$ 分别为

$$h_0 \equiv h + \frac{1}{2}u_i u_i \quad (8.73)$$

$$\boldsymbol{q} = -\lambda\nabla T, \quad h \equiv e + \frac{p}{\rho} \quad (8.74)$$

在本小节中若没有特殊说明，则上标"—"表示雷诺平均，上标"~"表示密度加权平均（Favre 平均）。这里要特别指出的是，在高超声速飞行器外流流动和航空发动机内流流动中，压强脉动以及密度脉动都很大，可压缩效应直接影响着湍流的衰减时间，而且当脉动速度的散度足够大时，湍流的耗散不再与湍流的生成平衡。这种情况下在边界层流动中，至少在近壁区，流动特征被某种局部 Ma（例如摩擦 Ma）所控制，因此在马尔可夫假设下湍流场的特征尺度分析对于高超声速飞行器的外流边界层和航空发动机复杂内流边界层的流动就不再适用。毫无疑问，在这种情况下湍流边界层流动中出现湍流脉动量所表征的内在压缩性效应及其对转捩和湍流特征的影响，应该是人们必须要弄清楚的主要问题之一。另外，以飞行器绕流为例，对于高超声速钝体绕流问题，来流的小扰动与弓形激波的干扰对边界层流动的感受性以及转捩特征都有很强的影响。对于可压缩流动，将扰动波分为声波、熵波和涡波时，DNS 的数值计算表明：来流扰动波与弓形激波干扰在激波后仍然会形成声波、熵波和涡波这三种模态。此外，在边界层中，感受到的主要是压力扰动波（声波扰动），更为重要的是这时边界层内感受到的涡波扰动要比声波扰动小一个量级，所感受到的熵波扰动更小，它要比声波

扰动小四五个量级，显然这一结果对深刻理解这类边界层的流动问题是有益的。在这类流动中，壁面温度条件对边界层流动的稳定性也有重大的影响。DNS 的数值计算表明：在冷壁和绝热壁条件下，边界层有不同的稳定性机制，它将直接影响边界层转捩位置的正确确定。因此，如何快速有效地预测这类边界层的转捩问题仍是有待深入研究的课题之一，它直接会影响气动力与气动热的正确预测、以及航天器的热防护设计问题[219-220]，所以对于这个问题的研究格外重要。

8.3.2 可压缩湍流的大涡数值模拟及其控制方程组

可压缩湍流的大涡数值模拟控制方程可以将式（8.51）~式（8.53）进行密度加权过滤（Favre 过滤）得到，其表达式为

$$\frac{\partial \hat{\rho}}{\partial t}+\frac{\partial}{\partial x_j}(\hat{\rho}\widehat{u}_j)=0 \quad (8.75)$$

$$\frac{\partial}{\partial t}(\hat{\rho}\widehat{u}_i)+\frac{\partial}{\partial x_j}(\hat{\rho}\widehat{u}_i\widehat{u}_j)=-\frac{\partial}{\partial x_i}\hat{p}+\frac{\partial}{\partial x_j}(\tau_{ij}^*+\tau_{ij}^s)+\frac{\partial}{\partial x_j}(\hat{\tau}_{ij}-\tau_{ij}^*) \quad (8.76)$$

$$\frac{\partial\left(\hat{\rho}\widehat{e}+\frac{1}{2}\hat{\rho}\widehat{u}_i\widehat{u}_i\right)}{\partial t}+\frac{\partial\left[\left(\hat{\rho}\widehat{e}+\frac{1}{2}\hat{\rho}\widehat{u}_i\widehat{u}_i+\hat{p}\right)\widehat{u}_j\right]}{\partial x_j}=\frac{\partial(\tau_{ij}^*\widehat{u}_i)}{\partial x_j}+\frac{\partial q_j^*}{\partial x_j}+B^* \quad (8.77)$$

式（8.75）~式（8.77）中：上标"^"表示大涡模拟方法中的过滤运算；上标"~"表示密度加权过滤运算（Favre 过滤运算）；τ_{ij}^s 为亚格子应力张量分量；τ_{ij}^* 是以密度加权过滤后的速度、温度为参数的分子黏性所对应的黏性应力张量分量，$\hat{\tau}_{ij}$ 为过滤后的分子黏性所对应的黏性应力张量分量，它们的具体表达式为

$$\tau_{ij}^s=\hat{\rho}(\widehat{u}_i\widehat{u}_j-\widehat{u_iu_j}) \quad (8.78)$$

$$\tau_{ij}^*=\mu(\widehat{T})\left(\frac{\partial \widehat{u}_i}{\partial x_j}+\frac{\partial \widehat{u}_j}{\partial x_i}\right) \quad (8.79)$$

$$\hat{\tau}_{ij}=\mu(\widehat{T})\left(\frac{\partial \hat{u}_i}{\partial x_j}+\frac{\partial \hat{u}_j}{\partial x_j}\right) \quad (8.80)$$

在式（8.77）中 q_j^* 与 B^* 的表达式分别为

$$q_j^*=-\lambda(\widehat{T})\frac{\partial \widehat{T}}{\partial x_j} \quad (8.81)$$

$$B^*=-b_1-b_2-b_3+b_4+b_5+b_6 \quad (8.82)$$

其中

$$b_1=-\widehat{u}_i\frac{\partial \tau_{ij}^s}{\partial x_j} \quad (8.83)$$

$$b_2=\frac{\partial}{\partial x_j}(\hat{c}_j-\hat{e}\widehat{u}_j), \quad c_j\equiv eu_j \quad (8.84)$$

$$b_3 = \hat{a} - \hat{p}\frac{\partial \widehat{u_j}}{\partial x_j}, \quad a \equiv p\frac{\partial u_j}{\partial x_j} \tag{8.85}$$

$$b_4 = \hat{m} - \hat{\tau}_{ij}\frac{\partial \widehat{u_i}}{\partial x_j}, \quad m \equiv \tau_{ij}\frac{\partial u_i}{\partial x_j} \tag{8.86}$$

$$b_5 = \frac{\partial}{\partial x_j}(\hat{\tau}_{ij}\widehat{u_i} - \tau_{ij}^* \widehat{u_i}) \tag{8.87}$$

$$b_6 = \frac{\partial}{\partial x_j}(\hat{q}_j - q_j^*) \tag{8.88}$$

由式（8.83）~式（8.88）可知，除了式（8.83）中的 b_1 不需要附加模式外，其余五个式中的 $b_2 \sim b_6$ 都需要附加亚格子模式。另外，大涡模拟的方程组还可以整理为式（8.89）~式（8.93）的形式。在笛卡儿坐标系下，针对可压缩湍流给出 Favre 过滤后的连续方程、动量方程以及几种形式的能量方程：

$$\frac{\partial \hat{\rho}}{\partial t} + \frac{\partial}{\partial x_j}(\hat{\rho}\widehat{u_j}) = 0 \tag{8.89}$$

$$\frac{\partial}{\partial t}(\hat{\rho}\widehat{u_i}) + \frac{\partial}{\partial x_j}(\hat{\rho}\widehat{u_i}\widehat{u_j} + \hat{p}\delta_{ij} - \hat{\tau}_{ij}) = \frac{\partial}{\partial x_j}\tau_{ij}^s \tag{8.90}$$

$$\frac{\partial(\hat{\rho}\hat{e})}{\partial t} + \frac{\partial(\hat{\rho}\widehat{u_j}\hat{e})}{\partial x_j} + \frac{\partial}{\partial x_j}\hat{q}_j + \hat{p}\hat{s}_{kk} - \hat{\tau}_{ij}\hat{s}_{ij} = -c_v\frac{\partial Q_j}{\partial x_j} - \Pi_d + \varepsilon_v \tag{8.91}$$

$$\frac{\partial(\hat{\rho}\hat{h})}{\partial t} + \frac{\partial(\hat{\rho}\widehat{u_j}\hat{h})}{\partial x_j} + \frac{\partial}{\partial x_j}\hat{q}_j - \frac{\partial \hat{p}}{\partial t} - \widehat{u_j}\frac{\partial \hat{p}}{\partial x_j} - \hat{\tau}_{ij}\hat{s}_{ij} = -c_v\frac{\partial Q_j}{\partial x_j} - \Pi_d + \varepsilon_v \tag{8.92}$$

$$\frac{\partial(\hat{\rho}\hat{E})}{\partial t} + \frac{\partial[(\hat{\rho}\hat{E}+\hat{p})\widehat{u_j} + \widehat{q_j} - \hat{\tau}_{ij}\widehat{u_i}]}{\partial x_j} = -\frac{\partial}{\partial x_j}\left(\gamma c_v Q_j + \frac{1}{2}J_j - D_j\right) \tag{8.93}$$

式中

$$\hat{\tau}_{ij} = 2\hat{\mu}\hat{s}_{ij} - \frac{2}{3}\hat{\mu}\delta_{ij}\hat{s}_{kk}, \quad \hat{q}_j = -\hat{\lambda}\frac{\partial}{\partial x_j}\hat{T} \tag{8.94}$$

$$\tau_{ij}^s = \hat{\rho}(\widehat{u_i u_j} - \widehat{u_i}\widehat{u_j}) \tag{8.95}$$

$$Q_j = \hat{\rho}(\widehat{m_j} - \widehat{u_j}\hat{T}), \quad m_j = u_j T \tag{8.96}$$

$$\Pi_d = \hat{n}_{kk} - \hat{p}\hat{s}_{kk}, \quad n_{kk} = ps_{kk} \tag{8.97}$$

$$\varepsilon_v = \hat{b} - \hat{\tau}_{ij}\hat{s}_{ij}, \quad b = \tau_{ij}s_{ij} \tag{8.98}$$

$$J_j = \hat{\rho}(\hat{a}_j - \widehat{u_j}\widehat{u_k u_k}), \quad a_j = u_j u_k u_k \tag{8.99}$$

$$D_j = \hat{c}_j - \hat{\tau}_{ij}\widehat{u_i}, \quad c_j = \tau_{ij}u_i \tag{8.100}$$

$$h = e + \frac{p}{\rho}, \quad E = e + \frac{1}{2}u_i u_i, \quad e = c_v T \tag{8.101}$$

$$s_{ij} = \frac{1}{2}\left(\frac{\partial u_i}{\partial x_j} + \frac{\partial u_j}{\partial x_i}\right) \tag{8.102}$$

以上是可压缩湍流大涡模拟方法的主要方程。对于上述动量方程以及能量方程的右端项都需要引进湍流模型。显然，可压缩湍流的大涡数值模拟要比不可压缩湍流的大涡模拟困难得多。另外还应该指出的是，如果令 $u(\boldsymbol{x},t)$ 代表湍流运动的瞬时速度，则 $\hat{u}(\boldsymbol{x},t)$ 表示过滤后的大尺度速度；$\bar{u}(\boldsymbol{x},t)$ 是系综平均速度，而 $u'(\boldsymbol{x},t)=u(\boldsymbol{x},t)-\bar{u}(\boldsymbol{x},t)$ 表示包含所有尺度的脉动速度的量，其中 $u(\boldsymbol{x},t)-\hat{u}(\boldsymbol{x},t)$ 代表 $u'(\boldsymbol{x},t)$ 中的大尺度脉动的量。另外，雷诺应力张量 $\boldsymbol{\tau}_{\text{RANS}}$ 与亚格子应力张量 $\boldsymbol{\tau}_{\text{SGS}}$（在密度加权过滤运算下，它的分量表达式为式（8.78）中的 τ_{ij}^s）并矢张量的表达式分别为

$$\boldsymbol{\tau}_{\text{RANS}} = -\overline{\rho \boldsymbol{u}'' \boldsymbol{u}''} \tag{8.103}$$

$$\boldsymbol{\tau}_{\text{SGS}} = \hat{\rho}(\widehat{\boldsymbol{u}\boldsymbol{u}} - \widehat{\boldsymbol{u}}\widehat{\boldsymbol{u}}) \tag{8.104}$$

显然，上面两个应力张量的物理含义大不相同。因此，弄清 RANS 中雷诺平均与 LES 中的过滤运算（又称滤波操作）以及 $\boldsymbol{\tau}_{\text{RANS}}$ 与 $\boldsymbol{\tau}_{\text{SGS}}$ 这几个重要概念是十分必要的。

8.4 流动转捩问题以及 RANS 和 LCTM 的耦合求解

20 多年来，各航空航天强国都非常重视高推重比、低耗油率航空涡扇发动机和变循环发动机的研制，非常重视临近空间（near space）高超声速飞行器两类动力即 TBCC（Turbine Based Combined Cycle）和 RBCC（Rocket Based Combined Cycle）的研制与完善工作。在先进的航空发动机内流和高超声速飞行器外流的流动问题中，其流场十分复杂，而且普遍存在流动的失稳、转捩现象。随着高超声速飞行器和航空发动机性能越来越高，借助于流场的分析、完成气动问题的精细化设计已成为新一代飞行器设计和航空发动机设计的重要手段。特别是航空发动机在高空低雷诺数环境下工作时，边界层流动转捩问题便显得格外重要。能否准确地预测出复杂流场的涡旋结构和流场的特性是直接影响实现精细化设计的重要基础，而边界层的转捩及其对摩擦阻力、流动分离以及分离点位置等所产生的重大影响，已成为气动精细设计中一个极为重要的问题。特别是在中等雷诺数范围，这时层流区域和湍流区域具有相同的量级，使用全层流或全湍流的计算方法都会导致很大的计算误差，在这种情况下也就更加凸显了转捩计算的重要性。

在流动转捩问题的研究中，各国学者开展了大量的研究工作并提出了多个转捩模型，德国 F. R. Menter 团队提出与发展的 LCTM（Local Correlation-based Transition Model）在众多的转捩模型中表现十分突出，它是一类非常优秀的转捩模型，并且可以十分方便地融入现代 CFD 的程序中。在该模型中，转捩动量厚度雷诺数 $Re_{\theta t}$（下面简记为 R_t）的值在边界层外由当地自由流湍流度 Tu、流向压力梯度参数 λ_θ 等参数所构成的经验关联函数得到，在边界层内的值则通过 $\widehat{Re}_{\theta t}$

的输运方程获得，这里 $\hat{Re}_{\theta t}$ 是为区别于边界层外由经验关联函数得到的 $Re_{\theta t}$ 而给出的符号，在下面将 $\hat{Re}_{\theta t}$ 简记为 $\hat{R}_t$；另外，在转捩模拟中，还采用了间歇因子 γ 的输运方程。该方程右端的生成项 P_γ 是关于转捩区长度的调节函数 F_{length}（下面简记为 F_1）、启动 P_γ 的 F_{onset} 函数、应变率的模 S 和间歇因子 γ 的函数，这里 F_l 与转捩起始位置的判断直接相关。

在 γ 输运方程中，该方程右端的破坏/再层流化（destruction/relaminarization）项 E_γ 是涡量的模 Ω、间歇因子 γ 以及 F_{turb} 的函数。此外，在完成 γ-$\hat{R}_t$ 转捩计算中，还引入了涡量雷诺数 Re_Ω，并注意到流动接近分离时 Re_Ω 和动量厚度雷诺数 Re_θ 之间的密切关系式，这时可以用 Re_Ω 代替 Re_θ，于是 Re_Ω 和 $\hat{R}_t$ 一起便构成了"当地转捩"的判据。F. R. Menter 团队还在 SST（Shear-Stress-Transport）k-ω 湍流模式的基础上加入了 γ-$\hat{R}_t$ 转捩模型以及相关的经验关联公式的一系列做法，因此便构成了 RANS 和 LCTM 耦合的总体框架，它代表了国际上当前转捩模型发展的主流方向。RANS 和 LCTM 耦合的基本运算步骤：①利用前一个时间步的平均场以及间歇因子 γ 值，由 $\hat{R}_t$ 输运方程求得 $\hat{R}_t$；②由间歇因子 γ 输运方程（含 $\hat{R}_t$ 的影响）求解本时间步的 γ；③通过有效黏性系数 μ_{eff} 影响平均场。毫无疑问，$\hat{R}_t$ 的输运方程是连接经验关联公式和间歇因子 γ 输运方程的纽带，这种处理方式可以避免了对于平均场的积分。RANS 和 LCTM 耦合求解的总体框架，反映了 Menter 团队的重要特色。

8.4.1 转捩机制的复杂性

在航空发动机内流和绕飞行器外部的流动中，转捩过程通常会受到来流湍流度、来流马赫数、压力梯度、压气机/涡轮叶片的几何翼型或飞行器外部形状等因素的影响。例如，飞机在高空飞行时，来流湍流度较低（通常小于 0.1%），层流中的 TS（Tollmien-Schlichting）波或横流不稳定波的非线性指数增长将导致湍斑的出现，之后流动便会迅速发展为完全湍流状态，这种过程称为自然转捩或横流转捩；而在叶轮机械中来流湍流度较高（通常大于 1%），这时边界层的扰动不再服从指数规律，这类转捩称为旁路（bypass）转捩。另外，逆压梯度会导致层流边界层与壁面分离，从而引发分离流转捩；反之，顺压梯度还会导致湍流边界层的再层流化。总之，流动转捩的机制十分复杂，至今对它的物理机理缺乏深刻的了解，尚无有能够统一描述不同类型转捩过程的物理模型。

8.4.2 预测转捩的两类研究方法

从工程实用的角度出发，目前流动转捩的预测方法大致可分为两类：一类是基于线性稳定性理论（Linear Stability Theory，LST）的 e^N 方法；另一类是基于雷诺平均的湍流/转捩模型方法。基于稳定性理论的方法是通过对平均流场的分析，计算层流中扰动的发展。但由于典型的扰动方程抛物化（Parabolized Stability

Equation，PSE）方法和线性稳定理论方法难与现代 CFD 程序相融合，直接数值模拟（DNS）和大涡模拟（LES）又受到计算机发展水平的限制，因此只能用于简单流场的模拟。从便于工程实用的角度来看，半经验的 e^N 方法是最常用的转捩预测方法。另外，对于湍流/转捩模型的方法，由于该理论抓住了转捩过程的统计特性，计算周期短而且对计算条件的要求也较低，因此这类方法也是十分有效的。

在转捩过程中，流动在一段时间内是湍流的，而在另一段时间内是非湍流或层流的，这种在同一空间位置的湍流和层流交替变化的现象称为间歇现象。学界普遍认为，湍流模式理论是以雷诺平均方程及相关的雷诺应力输运方程为基础，依靠理论、物理认知和工程经验相结合，通过引入一系列合理的数学、物理模型和假设，建立起湍流平均量封闭方程组的理论体系，并且还将充分发展的湍流流动看作是转捩过程的延续。此外，将间歇因子与湍流模式相耦合，发展间歇因子的输运方程已经成为学术界同仁们的共识。

目前，国内外学术界对湍流/转捩模型的研究大致可归纳成三个方向：①低雷诺数湍流模型及其修正形式；②考虑间歇性的转捩模型；③基于当地变量的 $\gamma\text{-}Re_{\theta t}$ 转捩模型。为节省篇幅，以下仅讨论最后这个研究方向。

8.4.3 RANS 和 LCTM 耦合的总体框架

令上标"~"代表 Favre 平均量，"—"代表时间平均。另外，R_t 代表转捩动量厚度雷诺数；$\hat{R}_t$ 代表转捩动量厚度雷诺数的当地量；F_1 和 R_c 分别代表转捩区长度的调节函数和临界动量厚度雷诺数。在笛卡儿坐标系中，对于可压缩流，引入 Favre 平均并且注意对 $\widetilde{u_i''u_j''}$、$\widetilde{u_i''T''}$、$\widetilde{u_i''\tau_{ij}^{'(l)}}$ 和 $\widetilde{u_i''u_i''u_j''}$ 等未知关联项进行模化与封闭，最后可得到可压缩流的 RANS 方程组为

$$\frac{\partial \bar{\rho}}{\partial t} + \frac{\partial}{\partial x_i}(\bar{\rho}\,\widetilde{u}_i) = 0 \quad (8.105)$$

$$\frac{\partial}{\partial t}(\bar{\rho}\,\widetilde{u}_i) + \frac{\partial}{\partial x_j}(\bar{\rho}\,\widetilde{u}_i\,\widetilde{u}_j) = -\frac{\partial}{\partial x_i}\bar{p} + \frac{\partial}{\partial x_i}\left[2(\mu_1+\mu_{\text{eff}})\left(\widetilde{S}_{ij}-\frac{1}{3}\delta_{ij}\,\widetilde{S}_{kk}\right)\right] \quad (8.106)$$

$$\frac{\partial}{\partial t}(\bar{\rho}\,\widetilde{E}) + \frac{\partial}{\partial x_j}[\bar{\rho}\,\widetilde{u}_j(\widetilde{E}+\bar{p}/\bar{\rho})] = \frac{\partial}{\partial x_j}\left[2\widetilde{u}_i(\mu_1+\mu_{\text{eff}})\left(\widetilde{S}_{ij}-\frac{1}{3}\delta_{ij}\,\widetilde{S}_{kk}\right) + c_p\left(\frac{\mu_1}{Pr}+\frac{\mu_{\text{eff}}}{Pr_t}\right)\frac{\partial \widetilde{T}}{\partial x_j}\right] \quad (8.107)$$

式中：S_{ij} 为应变量张量 S 的分量；E 为单位质量气体所具有的广义内能；μ_1 为分子黏性系数；μ_{eff} 为有效黏性系数；Pr 为普朗特数。

如采用 Warren 和 Hassan 的假设，则 μ_{eff} 的表达式为

$$\mu_{\text{eff}} = (1-\gamma)\mu_{\text{nt}} + \gamma\mu_t \quad (8.108)$$

式中：μ_t 为湍流黏性系数；μ_{nt} 表示不稳定扰动波对有效黏性系数的贡献；γ 为间歇因子。

对 μ_t 的模化可采用 SST (Shear Stress Transport) 湍流模型；模化 μ_{nt} 时，可假设它与湍流脉动是相似的，其具体表达式这里不再给出。湍动能 k 的输运方程为

$$\frac{\partial}{\partial t}(\bar{\rho}k)+\frac{\partial}{\partial x_j}(k\bar{\rho}\widetilde{u}_j)=D_k-\varepsilon-\widetilde{u_i''u_j''}\frac{\partial \widetilde{u}_i}{\partial x_j} \quad (8.109)$$

式中：D_k、ε 分别为 k 方程中的破坏（destruction）项和耗散项。

另外，式 (8.109) 右端最后一项代表 k 方程的生成项即 P_k，它又可表达为

$$P_k=2\mu_{\text{eff}}(\widetilde{S}_{ij}\widetilde{S}_{ij}-\frac{1}{3}\widetilde{S}_{kk}\widetilde{S}_{mm})+\frac{2}{3}\widetilde{S}_{kk}\bar{\rho}k \quad (8.110)$$

k 方程的 D_k 可写为

$$D_k=\frac{\partial}{\partial x_j}\left[(\mu_l+\mu_{\text{eff}})\frac{\partial k}{\partial x_j}\right] \quad (8.111)$$

比耗散率 ω 的方程为

$$\frac{\partial}{\partial t}(\bar{\rho}\omega)+\frac{\partial}{\partial x_j}(\omega\bar{\rho}\widetilde{u}_j)=\frac{\partial}{\partial x_j}\left[(\mu_l+\sigma_\omega\mu_{\text{eff}})\frac{\partial \omega}{\partial x_j}\right]+P_\omega-D_\omega+cd_\omega \quad (8.112)$$

式中：P_ω 为 ω 的生成项；D_ω 和 d_ω 的含义可参见文献 [262]。

间歇因子 γ 的输运方程为

$$\frac{\partial}{\partial t}(\bar{\rho}\gamma)+\frac{\partial}{\partial x_j}(\gamma\bar{\rho}\widetilde{u}_j)=\frac{\partial}{\partial x_j}\left[(\mu_l+\mu_{\text{eff}})\frac{\partial \gamma}{\partial x_j}\right]+P_\gamma-E_\gamma \quad (8.113)$$

式中：P_γ 为 γ 方程的生成项。P_γ 和 E_γ 的表达式分别为

$$P_\gamma=P_{\gamma 1}+P_{\gamma 2} \quad (8.114)$$

$$E_\gamma=E_{\gamma 1}+E_{\gamma 2} \quad (8.115)$$

$$P_{\gamma 1}=F_1 c_{a1}\bar{\rho}\widetilde{S}[\gamma F_{\text{onset}}]^{0.5}(1-c_{e1}\gamma) \quad (8.116)$$

式中：函数 F_{onset} 用于启动 γ 输运方程的生成项 P_γ，它与 R_c 密切相关。另外，如果 $\hat{R}_t$ 代表当地转捩动量厚度雷诺数，则 R_c 为 $\hat{R}_t$ 的经验关联函数，它可以表示为

$$R_c=f_1(\hat{R}_t) \quad (8.117)$$

此外，如果 F_1 代表转捩区长度的调节函数，则它是关于当地转捩动量厚度雷诺数 $\hat{R}_t$ 的经验关联函数，即

$$F_1=f_2(\hat{R}_t) \quad (8.118)$$

因篇幅所限，函数 $f_1(\hat{R}_t)$、$f_2(\hat{R}_t)$ 和 F_{onset} 的表达式这里不再给出，感兴趣者可参考 2009 年 R. B. Langtry 和 F. R. Menter 在 AIAA 学报上发表的文章。

为了使读者能够从宏观上了解式 (8.117) 和式 (8.118) 这两个基于大量试验数据归纳整理的经验关系式，图 8.1 和图 8.2 分别给出了根据平板吹风试验整理出的两幅拟合曲线图。毫无疑问，离开大量的风洞吹风试验数据是无法归纳与整理出上述经验关联关系的。

第8章 高空流场的几种典型算法以及实时寻优模型

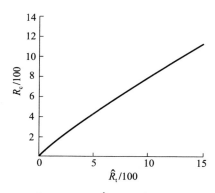

图 8.1 R_c—$\hat{R}_t$ 经验关联曲线

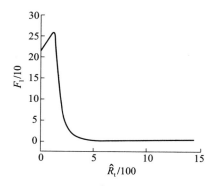

图 8.2 F_1—$\hat{R}_t$ 经验关联曲线

由边界层理论，转捩动量厚度雷诺数 R_t 是边界层外自由湍流度 Tu、流向压力梯度参数 λ_θ 等的函数。对于关联函数 R_t，Langtry 和 Menter 建议为

$$R_t = \left(1173.51 - 589.428 Tu + \frac{0.2196}{Tu^2}\right) F(\lambda_\theta), \quad Tu \leqslant 1.3 \quad (8.119)$$

$$R_t = 331.50(Tu - 0.5658)^{-0.671} F(\lambda_\theta), \quad Tu > 1.3 \quad (8.120)$$

上述两式中：$F(\lambda_\theta)$ 为压力梯度的影响函数；R_t 为用当地的湍流度 Tu 和压力梯度参数 λ_θ 计算的，λ_θ 的定义式为

$$\lambda_\theta = \frac{\rho \theta^2}{\mu} \frac{dU}{ds} \quad (8.121)$$

式中：θ、s 和 U 分别为动量厚度、流线的弧长和当地的速度。

值得注意的是，使用式 (8.120) 只能计算边界层之外的 R_t 值，边界层之内的 $\hat{R}_t$ 要通过求解关于 $\hat{R}_t$ 的输运方程得到。$\hat{R}_t$ 的输运方程为

$$\frac{\partial}{\partial t}(\bar{\rho}\hat{R}_t) + \frac{\partial}{\partial x_j}(\bar{\rho}\tilde{u}_j\hat{R}_t) = P_{\theta t} + \frac{\partial}{\partial x_j}\left[\sigma_{\theta t}(\mu_l + \mu_t)\frac{\partial}{\partial x_j}\hat{R}_t\right] \quad (8.122)$$

式中

$$P_{\theta t} = c_{\theta t} \frac{\rho}{t_1}(R_t - \hat{R}_t)(1 - F_{\theta t}) \quad (8.123)$$

其中

$$t_1 = \frac{500\mu}{\rho U^2} \quad (8.124)$$

其中：U 为当地速度。

同样，为节约篇幅，$F_{\theta t}$ 的表达式这里也不再给出，可参见文献 [159-160]。

应指出，$\hat{R}_t$ 是间歇因子 γ 的输运方程中实际使用的当地转捩动量厚度雷诺数，因此经验关联函数 F_1 和 R_c 都是关于 $\hat{R}_t$ 的函数，即式 (8.117) 和式 (8.118)。另外，转捩模型只是获得了间歇因子 γ，还需要与湍流模型联合才能

够模拟转捩过程。以 SST 湍流模型为例，这里简要说明用间歇因子 γ 修正 k 方程中生成项、破坏项的有关细节。用 γ 修正 k 方程后，这时 k 方程变为

$$\frac{\partial}{\partial t}(\bar{\rho}k) + \frac{\partial}{\partial x_j}(k\bar{\rho}\widetilde{u}_j) = \frac{\partial}{\partial x_j}\left[(\mu_l + \sigma_k \mu_t)\frac{\partial k}{\partial x_j}\right] + \hat{P}_k - \hat{D}_k \quad (8.125)$$

$$\hat{P}_k = \gamma_{\text{eff}} P_k \quad (8.126)$$

$$\hat{D}_k = \min(1, \max(\gamma_{\text{eff}}, 0.1))D_k \quad (8.127)$$

$$\gamma_{\text{eff}} = \max(\gamma, \gamma_{\text{sep}}) \quad (8.128)$$

在上述式中：P_k、D_k 为 SST 模型中原来的生成项与破坏项；γ_{sep} 为与流动分离相关的间歇因子，因篇幅所限，γ_{sep} 的表达式不再给出。

8.4.4 RANS 和 LCTM 的耦合求解

RANS 和 LCTM 耦合求解的总体框架是建立在 RANS 方程组、湍流模型（例如 SST k-ω 湍流模型）和 γ-$\hat{R}_t$ 转捩模型相互耦合的基础上，其求解的基本框架如图 8.3 所示。从德国 F. R. Menter 团队和美国 Boeing 公司 R. B. Langtry 团队所给出的大量算例上看，对高性能叶轮机和先进的飞行器进行气动的精细设计时，采用 RANS 和 LCTM 耦合求解的总体框架是必要的。另外，由图 8.3 所给出的求解基本框架还可以看出：在求解 γ 输运方程和 $\hat{R}_t$ 输运方程的过程中，基于大量试验的经验关联关系式（8.117）和式（8.118）起到了重要作用。正因如此，航空发动机部件的吹风试验是获得航空发动机部件先进气动设计的基础，风洞试验和航空发动机台架试车是进行航空发动机气动设计的必要的环节和基础性设备，因此这些装置与设备的建设是应该大力加强、发展与完善的。

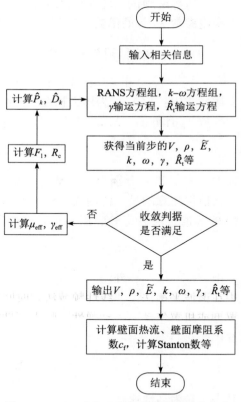

图 8.3 RANS 和 LCTM 耦合求解的基本框架

8.5 Jameson 的连续型或离散型伴随算法

20 世纪 70 年代，正当国际计算流体界开展吴仲华的两类流面（S_1 和 S_2）计

算[263]以及进行三维 Euler 与 N-S 方程直接求解时[261,264],伴随方法(the adjoint method)出现了。伴随方法由剑桥大学应用数学与理论物理系的 Pironneau 于 1973 年率先提出,他开创了应用控制理论进行形状优化设计方面的研究工作,但当时他局限于 Stokes 流动即由椭圆型偏微分方程支配的系统[265-266]。1988 年,Jameson 将这一理论推广并应用到由双曲型方程支配的系统,在空气动力学领域去探讨形状的优化设计,他提出了基于控制理论的气动设计优化方法[267]。随后的 20~30 年,在 Jameson、Giles、Nielsen 和 Reuther 等众多学者们的努力下,已经先后完成了对跨声速全速势方程、Euler 方程、Navier-Stokes 方程的伴随方法建模工作。在外流方面,伴随方法已在单纯翼型、翼身组合体以及全机设计优化、减阻优化、超声速飞行中的降噪等方面得到了广泛应用。文献[268]曾对整机在 3 个工况点(飞行马赫数分别为 0.81、0.82、0.83)和保持升力系数不变(升力系数分别为 0.35、0.30、0.25)的前提下进行优化。优化后阻力系数分别由 1.00257、1.00000、1.08731 下降到 0.85413、0.77915、0.76863,从而证实了伴随方法优异的设计能力。

近 10 年来,将伴随方法与非定常流场分析相结合进行非定常优化设计已成为国际学术界的一个热点方向。文献[269]基于时间精确的二维欧拉方程推导出时变伴随方程,在保持时均升力系数不变的前提下进行伴随优化,使得 RAE 2822 翼型的时均激波阻力系数下降 57%,从而显示了非定常优化的潜力。文献[270]利用 McMullen 的非线性频域法成功地完成了对机翼的三维非定常优化,取得了阻力系数降低 5.65% 的好效果。另外,注意到时间精确谱方法可在窄频谱内高效的计算周期性流动,文献[271]则将谱方法与离散型伴随方法相结合对直升机旋翼进行优化,优化后使推力增大了 7%,扭矩下降了 2%。此外,在多学科耦合优化方面,文献[272]发展了一种通用的伴随优化算法去研究翼型颤振问题,推出了由非定常流-固耦合方程组导出的伴随方程,实施优化后成功抑制了颤振。总之,在外流非定常伴随优化领域,从计算效率和稳定性来看,主要集中在谐波平衡法、非线性频域法和时间精确谱方法等方面开展工作,并且在改善翼型或机翼气动、气动弹性、噪声等性能中伴随方法发挥了重要作用。

在内流方面,在 Iollo A、Liu F(刘锋)、He L(何力)等努力下,伴随方法正逐渐由单叶排无黏流、单叶排黏性流朝着多叶片排的方向拓展,而建立恰当的伴随场叶排间界面处理方法是解决伴随方法由单排叶片向多排叶片拓展的关键。Denton、Adamczyk、Rhie 等在如何处理叶片排间界面上做出过重大贡献,实现了转子/静叶排定常解连算,其中 Denton 的掺混界面方法应用的较为广泛。类似于流动控制方程引入流动排间掺混界面(flow inter-row mixing plane)封闭流场(flow field)求解,如果在伴随方程引入伴随排间掺混界面(adjoint inter-row mixing plane)封闭伴随场(adjoint field)求解,则可实现基于伴随方法的多级叶轮

第四篇　发动机高空性能的数值计算与实时性能寻优技术

机的敏感性分析。基于上述想法，文献［273-274］提出了伴随场排间掺混界面方法，并且以四级轴流压气机为例实现了多叶片排定常气动优化设计。该算例选取 1023 个设计变量，在单机上仅耗时 11 天，进行 29 个优化循环后获得了收敛解，其设计点绝热效率提高了 2.47%。在这个过程中，伴随法总计算量仅相当于计算 58 次 N-S 方程，而如果采用有限差分的梯度法则需计算 29667 次 N-S 方程。此外，文献［275］利用伴随方法以进、出口质量流量和压比为约束条件，对两级涡旋以进出口熵增为优化设计的目标函数并给定目标压力分布进行反问题设计。经过 40 次循环后，便成功地消除了第一级转子流场的流动分离。2009 年，何力教授团队还将伴随方法与非线性谐波方法相结合对单排叶轮机的气动弹性设计优化问题进行了研究，以 NASA 67 号转子为例，在不降低气动性能的前提下进行改型设计[276]，改型后增强了叶片气动阻尼，叶片强迫响应降低了 25%。

综上所述，伴随方法在外流与内流方面均获得了很大进展，取得了一系列重要应用成果。正是由于伴随方法应用前景十分宽广，因此欧盟第七框架计划已经在 2009 年 2 月至 2012 年 1 月安排 Flow Head 项目，发展基于伴随方法的快速梯度优化算法。另外，欧盟第七框架计划 2012 年 11 月至 2016 年 12 月在 about FLOW 项目中系统地开展稳健性伴随方法的前瞻研究与工程开发、应用，最大限度地发挥整体优势，推动伴随方法应用于气动形状的精细设计。

8.5.1　伴随方法的基本思想及其分类

伴随方法的基本思想是通过拉格朗日乘子把流动控制方程（如定常 N-S 方程）作为一组约束引入目标函数中，把由一组设计变量确定的物体外形作为控制函数。在要求目标函数的变分与流动变量变分无关的前提下，推出了关于拉格朗日乘子（或称伴随变量）的定常伴随方程。针对微分方程控制的优化问题，伴随方法只需求解一套控制方程及一套规模相同的伴随方程就能够求出目标函数对任意参数的导数，从而实现计算量与设计变量数目近乎无关。换句话说，只需求解一套流动控制方程的定常解和一套规模与控制方程相同的伴随方程的定常解，就可以计算出目标函数在设计变量空间中的梯度，从而得到设计变量组的新值，即修改一次物体形状，完成了优化过程的一个循环周期，反复上述运算直到目标函数达到极值为止。这里一个循环的计算量仅相当于 2 倍的流动控制方程（例 Euler 或者 N-S 方程）的计算量，例如文献［275］优化两级涡轮，经过 40 个循环后第一级转子的流动分离便消除，这时采用伴随方法所花费的计算量仅相当于计算 80 次的 N-S 方程。显然，伴随方法与普通梯度方法相比，它极大地降低了计算的花费[277-283]。另外，如果把给定压强分布作为目标函数，使用伴随方法也可以获得通常所讲的反问题解，它可以实现正问题优化与反问题解的完美统一。

伴随方程及其边界条件是伴随方法的核心。由于流动控制方程的高度非线性，人们在处理伴随方法时提出了两大类方法：一类是连续型伴随方法（Continuous Adjoint Method，CAM），如图 8.4 所示；另一类是离散型伴随方法（Discrete Adjoint Method，DAM），如图 8.5 所示。连续型伴随方法首先线性化高度非线性的流动控制方程（如 RANS 方程），再由偏微分形式的线性化流动控制方程直接推出偏微分形式的伴随方法及其边界条件；然后采用数值离散方法将偏微分形式的伴随方程及边界离散。

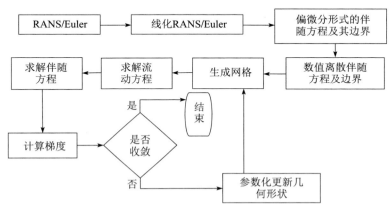

图 8.4　连续型伴随方法的主要流程

离散型伴随方法首先离散非线性化的偏微形式的流动控制方程，再对离散形式的流动控制方程进行线性化；然后由离散形式线性化的流动控制方程直接推出离散形式的伴随方程及其边界条件。

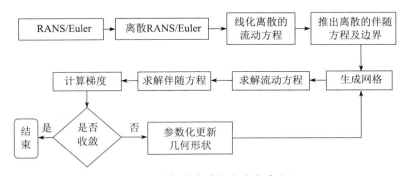

图 8.5　离散型伴随方法的主要流程

8.5.2　相对圆柱坐标系下的 N-S 方程组以及雅可比矩阵

叶轮机械中，N-S 方程组常写为[80]

$$\frac{\partial_R \rho}{\partial t} + \nabla_R \cdot (\rho \boldsymbol{W}) = 0 \tag{8.129}$$

$$\frac{\mathrm{d}_R \boldsymbol{W}}{\mathrm{d}t} + 2\boldsymbol{\omega} \times \boldsymbol{W} - (\omega)^2 \boldsymbol{r} + \left(\boldsymbol{r}\frac{\mathrm{d}_R \boldsymbol{\omega}}{\mathrm{d}t}\right)\boldsymbol{i}_\varphi = \frac{1}{\rho}(\nabla_R \cdot \boldsymbol{\tau} - \nabla_R \cdot (p\boldsymbol{I})) \quad (8.130)$$

$$\frac{\mathrm{d}_R}{\mathrm{d}t}I^* = \frac{1}{\rho}\frac{\partial_R p}{\partial t} + \dot{q} + \frac{1}{\rho}\nabla_R \cdot (\boldsymbol{\tau} \cdot \boldsymbol{W}) - \omega\rho r \cdot \boldsymbol{r}\dot{\omega} - r\rho\dot{\omega}(\boldsymbol{i}_\varphi \cdot \boldsymbol{W}) \quad (8.131)$$

式（8.129）～（8.131）中，$\frac{\partial_R}{\partial t}$ 表示在相对（即转动）坐标下对时间求偏导数；算子 ∇_R 的含义同文献 [80]；为了便于下文的书写，在不容易造成误解的地方均将 $\frac{\partial_R}{\partial t}$ 和 ∇_R 的下角标 "R" 略去。另外，式（8.130）中，$\boldsymbol{I}$ 代表单位张量。这里还应指出，在式（8.129）和式（8.131）中，已经考虑了旋转角度的变化，式中 $\dot{\omega} = \partial\omega/\partial t$，并注意到

$$(\omega)^2 \boldsymbol{r} = \nabla \frac{(\omega r)^2}{2} \quad (8.132)$$

$$\rho\dot{q} = \nabla \cdot (\lambda \nabla T) \quad (8.133)$$

在式（8.131）中，I^* 为单位质量气体所具有的吴仲华相对滞止转子焓；如果令单位体积气体的相对滞止转子焓为 I_0，则有

$$I_0 = \rho I^* \quad (8.134)$$

另外，由状态方程可得

$$p = \frac{\gamma - 1}{\gamma}\left[I_0 - \frac{1}{2}\rho \boldsymbol{W} \cdot \boldsymbol{W} + \frac{1}{2}\rho(\omega r)^2\right] \quad (8.135)$$

引入并矢张量 $\boldsymbol{WW}$ 后，式（8.130）可变为

$$\frac{\partial(\rho \boldsymbol{W})}{\partial t} + \nabla \cdot (\rho \boldsymbol{WW} - \boldsymbol{\tau} + p\boldsymbol{I}) = 2\rho \boldsymbol{W} \times \boldsymbol{\omega} + (\omega)^2 \rho \boldsymbol{r} - \rho r\left(\frac{\mathrm{d}_R}{\mathrm{d}t}\omega\right)\boldsymbol{i}_\varphi \quad (8.136)$$

式中：$\boldsymbol{\tau}$ 为黏性应力张量。

值得注意的是，式（8.136）考虑了旋转角速度的变化。令 e_0 和 e^* 分别代表在相对坐标系中单位体积和单位质量气体具有的广义内能，即

$$e_0 = \rho\left(c_v T + \frac{1}{2}\boldsymbol{W} \cdot \boldsymbol{W}\right) = \rho e^* \quad (8.137)$$

$$e^* = c_v T + \frac{1}{2}\boldsymbol{W} \cdot \boldsymbol{W} \quad (8.138)$$

于是，式（8.131）可写为

$$\frac{\partial e_0}{\partial t} + \nabla \cdot [(e_0 + p)\boldsymbol{W} - \boldsymbol{\tau} \cdot \boldsymbol{W} - \lambda\nabla T] = \rho\frac{\partial}{\partial t}b_1 - \rho\omega r^2 \dot{\omega} - \rho r\dot{\omega}(\boldsymbol{W} \cdot \boldsymbol{i}_\varphi) \\ = \rho(\omega)^2(\boldsymbol{W} \cdot \boldsymbol{r}) - \rho r\dot{\omega}(\boldsymbol{W} \cdot \boldsymbol{i}_\varphi) \quad (8.139)$$

式中

第 8 章 高空流场的几种典型算法以及实时寻优模型

$$b_1 \equiv \frac{(\omega r)^2}{2} \tag{8.140}$$

令

$$\dot{\omega} \equiv \frac{\partial \omega}{\partial t} \tag{8.141}$$

如果仅考虑 $\omega = \text{const}$，则式（8.136）和式（8.139）分别变为

$$\frac{\partial}{\partial t}(\rho \boldsymbol{W}) + \nabla \cdot (\rho \boldsymbol{WW} - \boldsymbol{\tau} + p\boldsymbol{I}) = (\omega)^2 \rho \boldsymbol{r} - 2\rho \boldsymbol{\omega} \times \boldsymbol{W} \tag{8.142}$$

$$\frac{\partial e_0}{\partial t} + \nabla \cdot [(e_0 + p)\boldsymbol{W} - \boldsymbol{\tau} \cdot \boldsymbol{W} - \lambda \nabla T] = \rho(\omega)^2 (\boldsymbol{W} \cdot \boldsymbol{r}) \tag{8.143}$$

式中：$\boldsymbol{\tau}$ 为黏性应力张量。

在 $\omega = \text{const}$ 时，由式（8.129）、式（8.142）和式（8.143）构成的叶轮机械 N-S 方程组为[80]

$$\frac{\partial}{\partial t}\begin{bmatrix} \rho \\ \rho \boldsymbol{W} \\ e_0 \end{bmatrix} + \nabla \cdot \begin{bmatrix} \rho \boldsymbol{W} \\ \rho \boldsymbol{WW} - \boldsymbol{\tau} + p\boldsymbol{I} \\ (e_0 + p)\boldsymbol{W} - \boldsymbol{\tau} \cdot \boldsymbol{W} - \lambda \nabla T \end{bmatrix} = \begin{bmatrix} 0 \\ \boldsymbol{Q}_1 \\ Q_2 \end{bmatrix} \tag{8.144}$$

式中

$$\boldsymbol{Q}_1 = \rho(\omega)^2 \boldsymbol{r} + 2\rho \boldsymbol{W} \times \boldsymbol{\omega} \tag{8.145}$$

$$Q_2 = \rho(\omega)^2 \boldsymbol{r} \cdot \boldsymbol{W} \tag{8.146}$$

注意到

$$\boldsymbol{V} = \boldsymbol{W} + \boldsymbol{\omega} \times \boldsymbol{r} \tag{8.147}$$

$$V_r = W_r, \quad V_\theta = W_\varphi + \omega r, \quad V_z = W_z \tag{8.148}$$

$$\theta = \varphi + \omega t \tag{8.149}$$

于是，式（8.144）可以写为[213]

$$\frac{\partial}{\partial t}\begin{bmatrix} \rho \\ \rho \boldsymbol{V} \\ e_t^* \end{bmatrix} + \nabla \cdot \begin{bmatrix} \rho \boldsymbol{W} \\ \rho \boldsymbol{WV} - \boldsymbol{\tau} + p\boldsymbol{I} \\ e_t^* \boldsymbol{W} + p\boldsymbol{V} - \boldsymbol{\tau} \cdot \boldsymbol{V} - \lambda \nabla T \end{bmatrix} = \begin{bmatrix} 0 \\ \boldsymbol{Q}_3 \\ 0 \end{bmatrix} \tag{8.150}$$

式中

$$\boldsymbol{Q}_3 = -\rho \boldsymbol{\omega} \times \boldsymbol{V}$$

$$e_t^* = \rho\left(c_v T + \frac{1}{2}\boldsymbol{V} \cdot \boldsymbol{V}\right)$$

其中：e_t^* 为在绝对坐标系中单位体积气体具有的广义内能。

在通常情况下，有

$$\nabla \cdot (p\boldsymbol{V}) = \nabla \cdot (p\boldsymbol{W}) + \omega \frac{\partial p}{\partial \varphi} \tag{8.151}$$

只有在省略上式等号右端第二项时,能量方程才可以近似为

$$\frac{\partial e_t^*}{\partial t}+\nabla\cdot[(e_t^*+p)\boldsymbol{W}-\boldsymbol{\tau}\cdot\boldsymbol{V}-\lambda\nabla T]=0 \quad (8.152)$$

借助于式(8.152),则式(8.150)可写为

$$\frac{\partial}{\partial t}\begin{bmatrix}\rho\\\rho\boldsymbol{V}\\e_t^*\end{bmatrix}+\nabla\cdot\begin{bmatrix}\rho\boldsymbol{W}\\\rho\boldsymbol{WV}-\boldsymbol{\tau}+p\boldsymbol{I}\\(e_t^*+p)\boldsymbol{W}-\boldsymbol{\tau}\cdot\boldsymbol{V}-\lambda\nabla T\end{bmatrix}=\begin{bmatrix}0\\\boldsymbol{Q}_3\\0\end{bmatrix} \quad (8.153)$$

取相对柱坐标系(r, φ, z),令 $\boldsymbol{i}_r$、$\boldsymbol{i}_\varphi$ 和 $\boldsymbol{i}_z$ 分别为沿 r、φ 和 z 方向的单位矢量,z 为转轴,坐标系固定于叶轮上绕 z 作等角速度 ω 转动,并使用 φ 角的增加方向与叶轮旋转方向一致。令

$$\boldsymbol{W}=W_r\boldsymbol{i}_r+W_\varphi\boldsymbol{i}_\varphi+W_z\boldsymbol{i}_z\equiv w_1\boldsymbol{i}_r+w_2\boldsymbol{i}_\varphi+w_3\boldsymbol{i}_z \quad (8.154)$$

$$\boldsymbol{U}^*=r[\rho,\rho w_1,r\rho w_2,\rho w_3,I_0-p]^T \quad (8.155)$$

式中:$I_0=\rho I^*$,这里 I^* 的定义同式(8.134)。

在式(8.154)和式(8.155)的约定下,式(8.150)可写为[80]

$$\frac{\partial \boldsymbol{U}^*}{\partial t}+\frac{\partial(\boldsymbol{E}^*-\boldsymbol{E}_v^*)}{\partial r}+\frac{\partial(\boldsymbol{F}^*-\boldsymbol{F}_v^*)}{r\partial\varphi}+\frac{\partial(\boldsymbol{G}^*-\boldsymbol{G}_v^*)}{\partial z}=\boldsymbol{N}_2^* \quad (8.156)$$

式中

$$[\boldsymbol{E}^*,\boldsymbol{F}^*,\boldsymbol{G}^*]=r\begin{bmatrix}\rho w_1 & \rho w_2 & \rho w_3\\\rho w_1^2+p & \rho w_2 w_1 & \rho w_3 w_1\\r\rho w_1 w_2 & r(\rho w_2^2+p) & r\rho w_3 w_2\\\rho w_1 w_3 & \rho w_2 w_3 & \rho w_3^2+p\\\rho w_1 I^* & \rho w_2 I^* & \rho w_3 I^*\end{bmatrix} \quad (8.157)$$

$$[\boldsymbol{E}_v^*,\boldsymbol{F}_v^*,\boldsymbol{G}_v^*]=r\begin{bmatrix}0 & 0 & 0\\\tau_{rr} & \tau_{r\varphi} & \tau_{rz}\\r\tau_{\varphi r} & r\tau_{\varphi\varphi} & r\tau_{\varphi z}\\\tau_{zr} & \tau_{z\varphi} & \tau_{zz}\\a_1 & a_2 & a_3\end{bmatrix} \quad (8.158)$$

$$\begin{bmatrix}a_1\\a_2\\a_3\end{bmatrix}=\begin{bmatrix}\tau_{rr} & \tau_{r\varphi} & \tau_{rz} & \lambda\dfrac{\partial T}{\partial r}\\\tau_{\varphi r} & \tau_{\varphi\varphi} & \tau_{\varphi z} & \lambda\dfrac{\partial T}{r\partial\varphi}\\\tau_{zr} & \tau_{z\varphi} & \tau_{zz} & \lambda\dfrac{\partial T}{\partial Z}\end{bmatrix}\begin{bmatrix}w_1\\w_2\\w_3\\1\end{bmatrix} \quad (8.159)$$

$$N_2^* = \begin{bmatrix} 0 \\ \rho(w_2+\omega r)^2+p-\tau_{\varphi\varphi} \\ -2\rho\omega r^2 w_1 \\ 0 \\ 0 \end{bmatrix} \quad (8.160)$$

$$I^* = \frac{r}{r-1}\frac{p}{\rho} + \frac{1}{2}\boldsymbol{W}\cdot\boldsymbol{W} - \frac{1}{2}(\omega r)^2 \quad (8.161)$$

如果令

$$\boldsymbol{U} = [\rho, \rho\boldsymbol{V}, e_t^*]^T \quad (8.162)$$

或者

$$\boldsymbol{U} = [\rho, \rho V_r, r\rho V_\theta, \rho V_z, e_t^*]^T \quad (8.163)$$

则式 (8.153) 又可写为

$$\frac{\partial \boldsymbol{U}}{\partial t} + \frac{\partial [r(\boldsymbol{E}-\boldsymbol{E}_v)]}{r\partial r} + \frac{\partial (\boldsymbol{F}-\boldsymbol{F}_v)}{r\partial \varphi} + \frac{\partial (\boldsymbol{G}-\boldsymbol{G}_v)}{\partial Z} = \boldsymbol{S} \quad (8.164)$$

式中

$$[\boldsymbol{E},\boldsymbol{F},\boldsymbol{G}] = \begin{bmatrix} \rho W_r & \rho W_\varphi & \rho W_z \\ \rho V_r W_r + p & \rho V_\theta W_r & \rho V_z W_r \\ r\rho V_r W_\varphi & r(\rho V_\theta W_\varphi + p) & r\rho V_z W_\varphi \\ \rho V_r W_z & \rho V_\theta W_z & \rho V_z W_z + p \\ (e_t^*+p)W_r & (e_t^*+p)W_\varphi + r\omega p & (e_t^*+p)W_z \end{bmatrix} \quad (8.165)$$

$$\boldsymbol{S} = [0, (\rho V_\theta^2+p)/r, 0, 0, 0]^T \quad (8.166)$$

$$e_t^* = \rho\left(c_v T + \frac{1}{2}\boldsymbol{V}\cdot\boldsymbol{V}\right) \quad (8.167)$$

$$W_r = V_r, \quad W_z = V_z \quad (8.168)$$

$$W_\varphi = V_\theta - \omega r \quad (8.169)$$

这里 (r, φ, z) 和 (r, θ, z) 分别为相对坐标系和绝对坐标系。另外，为了下面便于讨论伴随方法，这里将式 (8.165) 和式 (8.167) 整理成如下形式[80,216]：

$$[\boldsymbol{E},\boldsymbol{F},\boldsymbol{G}] = \begin{bmatrix} \rho V_r & \rho(V_\theta-\omega r) & \rho V_z \\ \rho V_r^2+p & \rho V_\theta V_r & \rho V_z V_r \\ r\rho V_r(V_\theta-\omega r) & r\rho V_\theta(V_\theta-\omega r)+rp & r\rho V_z(V_\theta-\omega r) \\ \rho V_r V_z & \rho V_\theta V_z & \rho V_z^2+p \\ (e+p)V_r & (e+p)(V_\theta-\omega r)+r\omega p & (e+p)V_z \end{bmatrix} \quad (8.170)$$

$$e_t^* = \rho\left[c_v T + \frac{1}{2}(V_r^2 + V_\theta^2 + V_z^2)\right] = \frac{p}{\gamma - 1} + \frac{1}{2}\rho(V_r^2 + V_\theta^2 + V_z^2) \qquad (8.171)$$

黏性通量 E_v, F_v, G_v 的表达式为

$$[E_v, F_v, G_v] = \begin{bmatrix} 0 & 0 & 0 \\ \tau_{rr} & \tau_{r\varphi} & \tau_{rz} \\ r\tau_{\varphi r} & r\tau_{\varphi\varphi} & r\tau_{\varphi z} \\ \tau_{zr} & \tau_{z\varphi} & \tau_{zz} \\ a_1 & a_2 & a_3 \end{bmatrix} \qquad (8.172)$$

$$[a_1, a_2, a_3] = \begin{bmatrix} \tau_{rr} & \tau_{r\varphi} & \tau_{rz} & \lambda\dfrac{\partial T}{\partial r} \\ \tau_{\varphi r} & \tau_{\varphi\varphi} & \tau_{\varphi z} & \lambda\dfrac{\partial T}{r\partial \varphi} \\ \tau_{zr} & \tau_{z\varphi} & \tau_{zz} & \lambda\dfrac{\partial T}{\partial Z} \end{bmatrix}\begin{bmatrix} V_r \\ V_\theta \\ V_z \\ 1 \end{bmatrix} \qquad (8.173)$$

$$\tau_{rr} = 2\mu\frac{\partial V_r}{\partial r} - \frac{2}{3}\mu \nabla \cdot \boldsymbol{V} \qquad (8.174)$$

$$\tau_{\varphi\varphi} = 2\mu\left(\frac{\partial V_\theta}{r\partial \varphi} + \frac{V_r}{r}\right) - \frac{2}{3}\mu \nabla \cdot \boldsymbol{V} \qquad (8.175)$$

$$\tau_{zz} = 2\mu\frac{\partial V_z}{\partial z} - \frac{2}{3}\mu \nabla \cdot \boldsymbol{V} \qquad (8.176)$$

$$\tau_{r\varphi} = \tau_{\varphi r} = \mu\left(\frac{\partial V_r}{r\partial \varphi} + \frac{\partial V_\theta}{\partial r} - \frac{V_\theta}{r}\right) \qquad (8.177)$$

$$\tau_{rz} = \tau_{zr} = \mu\left(\frac{\partial V_r}{\partial z} + \frac{\partial V_z}{\partial r}\right) \qquad (8.178)$$

$$\tau_{z\varphi} = \tau_{\varphi z} = \mu\left(\frac{\partial V_z}{r\partial \varphi} + \frac{\partial V_\theta}{\partial z}\right) \qquad (8.179)$$

$$\nabla \cdot \boldsymbol{V} = \frac{\partial(rV_r)}{r\partial r} + \frac{\partial V_\theta}{r\partial \varphi} + \frac{\partial V_z}{\partial z} \qquad (8.180)$$

式（8.162）~式（8.164）、式（8.166）、式（8.170）~式（8.180）给出了叶轮机械中讨论伴随方法时使用的流动控制方程的完整形式，而式（8.164）是流动控制的基本方程组。显然，对流通量 $\boldsymbol{E}$、$\boldsymbol{F}$、$\boldsymbol{G}$ 是关于守恒流动变量 $\boldsymbol{U} = [\rho, \rho\boldsymbol{V}, e_t^*]^T$ 的一次齐次函数，即

$$\boldsymbol{A} = \frac{\partial \boldsymbol{E}}{\partial \boldsymbol{U}}, \quad \boldsymbol{B} = \frac{\partial \boldsymbol{F}}{\partial \boldsymbol{U}}, \quad \boldsymbol{C} = \frac{\partial \boldsymbol{G}}{\partial \boldsymbol{U}} \qquad (8.181)$$

令 U_r、U_φ、U_z 分别定义为

$$U_r \equiv \frac{\partial(rU)}{r\partial r}, \quad U_\varphi \equiv \frac{\partial U}{r\partial \varphi}, \quad U_z \equiv \frac{\partial U}{\partial z} \tag{8.182}$$

因此，黏性通量 E_v、F_v、G_v 是关于 U、U_r、U_φ 和 U_z 的函数。令

$$G_r \equiv E_v, G_\varphi \equiv F_v, G_z \equiv G_v \tag{8.183}$$

于是，有

$$D_{ij} = \frac{\partial G_i}{\partial U_j}(i,j=r,\varphi,z) \tag{8.184}$$

或者

$$[D_{ij}] = D_{ij} = \frac{\partial(G_r, G_\varphi, G_z)}{\partial(U_r, U_\varphi, U_z)} = \frac{\partial(E_v, F_v, G_v)}{\partial(U_r, U_\varphi, U_z)} \tag{8.185}$$

式中：D_{ij} 为 15×15 阶矩阵。

另外，还有

$$A_v = \frac{\partial E_v}{\partial U}, \quad B_v = \frac{\partial F_v}{\partial U}, \quad C_v = \frac{\partial G_v}{\partial U} \tag{8.186}$$

8.5.3 伴随方法的基本原理

为便于下文的讨论以及书写，在本节讨论伴随方法原理的过程中特约定对矢量、张量和矩阵都不用黑体。假设优化的目标函数 I 是守恒流动变量 U 和设计变量 α 的函数，即

$$I = I(U, \alpha) \tag{8.187}$$

式中

$$U = [\rho, \rho V_r, r\rho V_\theta, \rho V_z, e]^T \tag{8.188}$$

$$\alpha = [\alpha_1, \alpha_2, \cdots, \alpha_n]^T \tag{8.189}$$

其中：符号 e 为式（8.163）中 e_t^* 的简略写法（以下同）；n 为设计变量的数目。

而描述流动的偏微分方程组（如 Euler 或 N-S 方程）统一表示为

$$N(U, \alpha) = 0 \tag{8.190}$$

于是，优化问题可描述为

$$\begin{cases} \max \text{ or } \min I(U, \alpha) \\ \text{s. t. } N(U, \alpha) = 0 \end{cases} \tag{8.191}$$

在一般的基于梯度的优化方法中，通常要计算目标函数对于设计变量的梯度，即

$$\frac{dI}{d\alpha} = \frac{\partial I}{\partial \alpha} + \frac{\partial I}{\partial U}\frac{\partial U}{\partial \alpha} \tag{8.192}$$

式中：$\dfrac{\partial U}{\partial \alpha}$ 为流动敏感性。

当设计变量数目较多时,此项的计算需要消耗较多的时间。伴随方法则不同,它利用拉格朗日乘子 λ 将线化的流动控制方程

$$\frac{\partial N}{\partial \alpha} + \frac{\partial N}{\partial U} \frac{\partial U}{\partial \alpha} = 0 \tag{8.193}$$

引入式(8.192)中,并整理,可得

$$\frac{dI}{d\alpha} = \frac{\partial I}{\partial \alpha} + \frac{\partial I}{\partial U} \frac{\partial U}{\partial \alpha} - \lambda^T \left(\frac{\partial N}{\partial \alpha} + \frac{\partial N}{\partial U} \frac{\partial U}{\partial \alpha} \right) = \frac{\partial I}{\partial \alpha} - \lambda^T \frac{\partial N}{\partial \alpha} + \left(\frac{\partial I}{\partial U} - \lambda^T \frac{\partial N}{\partial U} \right) \frac{\partial U}{\partial \alpha} \tag{8.194}$$

令

$$\frac{\partial I}{\partial U} - \lambda^T \frac{\partial N}{\partial U} = 0 \tag{8.195}$$

式(8.195)称为伴随方程,它与线化流动控制方程式(8.193)性质相似。借助于式(8.195),则最终的目标函数梯度为

$$\frac{dI}{d\alpha} = \frac{\partial I}{\partial \alpha} - \lambda^T \frac{\partial N}{\partial \alpha} \tag{8.196}$$

考察式(8.195)和式(8.196)可知,对于在任意数目的设计变量,都可以通过求解式(8.195)得到伴随变量 λ,进而利用式(8.196)得到最终梯度。换句话说,最终敏感性表达式(8.196)不再依赖于 $\frac{\partial U}{\partial \alpha}$,伴随变量 λ 由式(8.195)求得。$\frac{\partial N}{\partial \alpha_i}(i=1\sim n)$ 的计算量相当于由设计变量 α_i 施加小扰动 $\delta\alpha_i$ 后重新生成一次计算域网格,并完成一个数值迭代步,因而 n 个设计变量需要 n 次网格生成和 n 个迭代步,这与求解流动控制方程常要迭代数千步相比,计算量并不大。

8.5.4 黏性伴随方程以及黏性伴随边界条件

为便于下文讨论,引入如下符号与运算法则。首先定义

$$\widetilde{(\ )} = \left[\frac{\partial(\ )}{\partial \alpha} \right]_{\text{flow}} \tag{8.197}$$

$$\widehat{(\ )} = \left[\frac{\partial(\ )}{\partial \alpha} \right]_{\text{geom}} \tag{8.198}$$

上述式中:上标"~"表示括号项中流动相关量对设计变量求偏导数,并且此时与几何相关的量保持不变;上标"^"表示括号项中几何相关量对设计变量求偏导数,并且此时与流动相关的量保持不变。令 U 和 U^* 分别代表守恒流动变量和原始变量,于是括号项对设计变量的全导数为

$$\frac{d(\ )}{d\alpha} = \left[\frac{\partial(\ )}{\partial \alpha} \right]_{\text{flow}} + \left[\frac{\partial(\ )}{\partial \alpha} \right]_{\text{geom}} = \frac{\partial(\ )}{\partial U^*} \frac{\partial U^*}{\partial \alpha} + \left[\frac{\partial(\ )}{\partial \alpha} \right]_{\text{geom}} = \frac{\partial(\ )}{\partial U^*} \widetilde{U}^* + \widehat{(\ )} \tag{8.199}$$

第8章 高空流场的几种典型算法以及实时寻优模型

并且 U 和 U^* 之间存在着如下变换关系：

$$\begin{cases} \widetilde{U} = \dfrac{\partial U}{\partial U^*} \widetilde{U}^* = P \, \widetilde{U}^* = \dfrac{\partial U}{\partial \alpha} \\ P = \dfrac{\partial U}{\partial U^*} \end{cases} \quad (8.200)$$

$$\begin{cases} U = [\rho, \rho V_r, r\rho V_\theta, e]^{\mathrm{T}} \\ U^* = [p, V_r, V_\theta, V_z, T]^{\mathrm{T}} \end{cases} \quad (8.201)$$

引入一般目标函数 $I(U^*, \alpha)$ 有如下组成形式：

$$I = \iint_{\partial\Omega} M(U^*, \alpha) \, \mathrm{d}\alpha \quad (8.202)$$

于是目标函数与设计变量的初始敏感性为

$$\begin{aligned}\dfrac{\mathrm{d}I}{\mathrm{d}\alpha} &= \oiint_{\partial\Omega} \dfrac{\partial M}{\partial U^*} \dfrac{\partial U^*}{\partial \alpha} \mathrm{d}\sigma + \left[\oiint_{\partial\Omega} \dfrac{\partial M}{\partial \alpha} \mathrm{d}\sigma + \oiint_{\partial\Omega} M \dfrac{\partial (\mathrm{d}\sigma)}{\partial \alpha} \right] \\ &= \oiint_{\partial\Omega} \dfrac{\partial M}{\partial U^*} \widetilde{U}^* \, \mathrm{d}\sigma + \oiint_{\partial\Omega} \hat{M} \mathrm{d}\sigma + \oiint_{\partial\Omega} M \widehat{\mathrm{d}\sigma}\end{aligned} \quad (8.203)$$

另外，在下面推导中，常用分部积分算子和奥高公式，其表达式如下：

$$\iiint_\Omega \nabla \cdot (\phi a) \, \mathrm{d}\Omega = \iiint_\Omega \phi \nabla \cdot a \, \mathrm{d}\Omega + \iiint_\Omega a \cdot \nabla \phi \, \mathrm{d}\Omega \quad (8.204)$$

写成

$$\iiint_\Omega \nabla \cdot (\phi a) \, \mathrm{d}\Omega = \oiint_{\partial\Omega} \phi a \cdot n \, \mathrm{d}\sigma \quad (8.205)$$

式（8.204）和式（8.205）中的 n 和 a 均为矢量（因本节采用矢量与矩阵的符号均不用黑体的约定，因此这里矢量 n 和 a 仍形式上写成白体）。如果考虑定常 N-S 方程，并注意到本小节矢量与矩阵的符号不用黑体的约定，则式（8.164）写为

$$N(U, \alpha) = \dfrac{\partial [r(E - E_v)]}{r \partial r} + \dfrac{\partial (F - F_v)}{r \partial \varphi} + \dfrac{\partial (G - G_v)}{\partial z} - S = 0 \quad (8.206)$$

将式（8.206）线化后写为

$$\begin{aligned}&\dfrac{\partial}{r\partial r}[r(A\,\widetilde{U} - A_v^*\,\widetilde{U}^* - D_{rr}^*\,\widetilde{U}_r^* - D_{r\varphi}^*\,\widetilde{U}_\varphi^* - D_{rz}^*\,\widetilde{U}_z^*)] \\ &+ \dfrac{\partial}{r\partial \varphi}(B\,\widetilde{U} - B_v^*\,\widetilde{U}^* - D_{\varphi r}^*\,\widetilde{U}_r^* - D_{\varphi\varphi}^*\,\widetilde{U}_\varphi^* - D_{\varphi z}^*\,\widetilde{U}_z^*) \\ &+ \dfrac{\partial}{\partial z}(C\,\widetilde{U} - C_v^*\,\widetilde{U}^* - D_{zr}^*\,\widetilde{U}_r^* - D_{z\varphi}^*\,\widetilde{U}_\varphi^* - D_{zz}^*\,\widetilde{U}_z^*) - D\,\widetilde{U} - f = 0\end{aligned} \quad (8.207)$$

式中

$$D_{ij}^* = \frac{\partial G_i}{\partial U_j^*} \quad (i,j = r,\varphi,z) \tag{8.208}$$

其中：G_i 的定义同式 (8.183)。

式 (8.208) 写成矩阵项为

$$[D_{ij}^*] = \frac{\partial (E_v, F_v, G_v)}{\partial (U_r^*, U_\varphi^*, U_z^*)} \tag{8.209}$$

$$A_v^* = \frac{\partial E_v}{\partial U^*}, \quad B_v^* = \frac{\partial F_v}{\partial U^*}, \quad C_v^* = \frac{\partial G_v}{\partial U^*} \tag{8.210}$$

$$D = \frac{\partial S}{\partial U}, \quad f = -\frac{\partial N}{\partial \alpha} = -\hat{N} \tag{8.211}$$

$$\widetilde{U}^* = \frac{\partial U^*}{\partial \alpha} \tag{8.212}$$

式 (8.211) 中，f 表示定常 N-S 方程中几何相关量对设计变量求偏导数的负值。注意到

$$\widetilde{E} = A\widetilde{U}, \quad \widetilde{F} = B\widetilde{U}, \quad \widetilde{G} = C\widetilde{U}, \quad \widetilde{S} = D\widetilde{U} \tag{8.213}$$

$$\widetilde{E}_v = A_v^* \widetilde{U}^* + D_{rr}^* \widetilde{U}_r^* + D_{r\varphi}^* \widetilde{U}_\varphi^* + D_{rz}^* \widetilde{U}_z^* \tag{8.214}$$

$$\widetilde{F}_v = B_v^* \widetilde{U}^* + D_{\varphi r}^* \widetilde{U}_r^* + D_{\varphi\varphi}^* \widetilde{U}_\varphi^* + D_{\varphi z}^* \widetilde{U}_z^* \tag{8.215}$$

$$\widetilde{G}_v = C_v^* \widetilde{U}^* + D_{zr}^* \widetilde{U}_r^* + D_{z\varphi}^* \widetilde{U}_\varphi^* + D_{zz}^* \widetilde{U}_z^* \tag{8.216}$$

借助于式 (8.213)~式 (8.216)，则式 (8.207) 可写为

$$\frac{\partial}{r\partial r}[r(\widetilde{E} - \widetilde{E}_v)] + \frac{\partial}{r\partial \varphi}(\widetilde{F} - \widetilde{F}_v) + \frac{\partial}{\partial z}(\widetilde{G} - \widetilde{G}_v) - \widetilde{S} - f = 0 \tag{8.217}$$

线性流动控制方程式 (8.217) 两端同乘以伴随变量 λ，其中 λ_1、λ_2、λ_3、λ_4 和 λ_5 分别对应着连续方程、径向动量方程、周向动量方程、轴向动量方程和能量方程，得

$$\lambda^T \left\{ \frac{\partial}{r\partial r}[r(\widetilde{E} - \widetilde{E}_v)] + \frac{\partial}{r\partial \varphi}(\widetilde{F} - \widetilde{F}_v) + \frac{\partial}{\partial z}(\widetilde{G} - \widetilde{G}_v) - \widetilde{S} - f \right\} = 0 \tag{8.218}$$

式中

$$\lambda^T = [\lambda_1, \lambda_2, \lambda_3, \lambda_4, \lambda_5] \tag{8.219}$$

式 (8.218) 是一个标量方程。如果采用有限体积法进行求解，这里要对其在整个计算域 Ω 上积分，可得

$$\iiint_\Omega \lambda^T \left\{ \frac{\partial}{r\partial r}[r(\widetilde{E} - \widetilde{E}_v)] + \frac{\partial}{r\partial \varphi}(\widetilde{F} - \widetilde{F}_v) + \frac{\partial}{\partial z}(\widetilde{G} - \widetilde{G}_v) - \widetilde{S} - f \right\} d\Omega = 0 \tag{8.220}$$

注意利用分部积分和奥高公式对式 (8.220) 的左端进行变换，而后将变换后的式子两端乘以 -1，再代入式 (8.203) 的右端，整理后可得

$$\frac{\mathrm{d}I}{\mathrm{d}\alpha} = \oiint_{\partial\Omega} \frac{\partial M}{\partial\alpha}\mathrm{d}\sigma + \oiint_{\partial\Omega} M\frac{\partial(\mathrm{d}\sigma)}{\partial\alpha} + \oiint_{\partial\Omega} \lambda^{\mathrm{T}} f \mathrm{d}\Omega + Q_1(\widetilde{U}) - Q_2(\widetilde{U}) \quad (8.221)$$

式中

$$Q_1(\widetilde{U}) = \iiint_{\Omega} \left\{ \frac{\partial\lambda^{\mathrm{T}}}{\partial r}(A - A_v^* P^{-1}) + \frac{\partial\lambda^{\mathrm{T}}}{r\partial\varphi}(B - B_v^* P^{-1}) + \frac{\partial\lambda^{\mathrm{T}}}{\partial Z}(C - C_v^* P^{-1}) \right.$$
$$+ \lambda^{\mathrm{T}} D + \frac{\partial}{r\partial r}\left[r\left(\frac{\partial\lambda^{\mathrm{T}}}{\partial r} D_{rr}^* + \frac{\partial\lambda^{\mathrm{T}}}{r\partial\varphi} D_{r\varphi}^* + \frac{\partial\lambda^{\mathrm{T}}}{\partial Z} D_{rz}^* \right) \right] P^{-1}$$
$$+ \frac{\partial}{r\partial\varphi}\left(\frac{\partial\lambda^{\mathrm{T}}}{\partial r} D_{\varphi\gamma}^* + \frac{\partial\lambda^{\mathrm{T}}}{r\partial\varphi} D_{\varphi\varphi}^* + \frac{\partial\lambda^{\mathrm{T}}}{\partial Z} D_{\varphi z}^* \right) P^{-1}$$
$$\left. + \frac{\partial}{\partial z}\left(\frac{\partial\lambda^{\mathrm{T}}}{\partial r} D_{zr}^* + \frac{\partial\lambda^{\mathrm{T}}}{r\partial\varphi} D_{z\varphi}^* + \frac{\partial\lambda^{\mathrm{T}}}{\partial Z} D_{zz}^* \right) P^{-1} \right\} \widetilde{U} \mathrm{d}\Omega \quad (8.222)$$

$$Q_2(\widetilde{U}) = \oiint_{\partial\Omega} \left\{ \lambda^{\mathrm{T}}(\widetilde{E} - \widetilde{E}_v) n_r + \lambda^{\mathrm{T}}(\widetilde{F} - \widetilde{F}_v) n_\varphi + \lambda^{\mathrm{T}}(\widetilde{G} - \widetilde{G}_v) n_z \right.$$
$$+ \left(\frac{\partial\lambda^{\mathrm{T}}}{\partial r} D_{rr}^* + \frac{\partial\lambda^{\mathrm{T}}}{r\partial\varphi} D_{r\varphi}^* + \frac{\partial\lambda^{\mathrm{T}}}{\partial Z} D_{rz}^* \right) n_r P^{-1} \widetilde{U}$$
$$+ \left(\frac{\partial\lambda^{\mathrm{T}}}{\partial r} D_{\varphi r}^* + \frac{\partial\lambda^{\mathrm{T}}}{r\partial\varphi} D_{\varphi\varphi}^* + \frac{\partial\lambda^{\mathrm{T}}}{\partial Z} D_{\varphi z}^* \right) n_\varphi P^{-1} \widetilde{U}$$
$$\left. + \left(\frac{\partial\lambda^{\mathrm{T}}}{\partial r} D_{zr}^* + \frac{\partial\lambda^{\mathrm{T}}}{r\partial\varphi} D_{z\varphi}^* + \frac{\partial\lambda^{\mathrm{T}}}{\partial Z} D_{zz}^* \right) n_z P^{-1} \widetilde{U} - \frac{\partial M}{\partial U}\widetilde{U} \right\} \mathrm{d}\sigma \quad (8.223)$$

这里 P^{-1} 为矩阵 P 的逆，P 为 5×5 的矩阵，它的定义同式（8.200）；另外，(n_r, n_φ, n_z) 构成了计算域边界 $\partial\Omega$ 的单位外法矢量。值得注意的是，式（8.221）右端含有关于 $\widetilde{U}$ 的 Q_1 与 Q_2 项，由式（8.221）直接去计算敏感性成本太高。如果要求 $\frac{\mathrm{d}I}{\mathrm{d}\alpha}$ 不再依赖于 $\widetilde{U}$，则必须要求下面两式成立，即

$$Q_1(\widetilde{U}) = 0 \quad (8.224)$$
$$Q_2(\widetilde{U}) = 0 \quad (8.225)$$

借助于式（8.224），该式的左端是一个关于计算域 Ω 的体积分，令其被积函数 $\widetilde{U}$ 前面的系数等于零，则推出一般形式的黏性伴随方程，即

$$(A - A_v)^{\mathrm{T}}\frac{\partial\lambda}{\partial r} + (B - B_v)^{\mathrm{T}}\frac{\partial\lambda}{r\partial\varphi} + (C - C_v)^{\mathrm{T}}\frac{\partial\lambda}{\partial z} + D^{\mathrm{T}}\lambda + (P^{-1})^{\mathrm{T}}\left[\frac{\partial(rD_r)}{r\partial r} + \frac{\partial D_\varphi}{r\partial\varphi} + \frac{\partial D_z}{\partial z} \right]^{\mathrm{T}} = 0$$
$$(8.226)$$

式中

$$A_v = A_v^* P^{-1}, \quad B_v = B_v^* P^{-1}, \quad C_v = C_v^* P^{-1} \quad (8.227)$$

$$D_r = \frac{\partial\lambda^{\mathrm{T}}}{\partial r} D_{rr}^* + \frac{\partial\lambda^{\mathrm{T}}}{r\partial\varphi} D_{r\varphi}^* + \frac{\partial\lambda^{\mathrm{T}}}{\partial Z} D_{rz}^* \quad (8.228)$$

$$D_\varphi = \frac{\partial \lambda^T}{\partial r} D_{\varphi r}^* + \frac{\partial \lambda^T}{r \partial \varphi} D_{\varphi \varphi}^* + \frac{\partial \lambda^T}{\partial Z} D_{\varphi z}^* \quad (8.229)$$

$$D_z = \frac{\partial \lambda^T}{\partial r} D_{zr}^* + \frac{\partial \lambda^T}{r \partial \varphi} D_{z\varphi}^* + \frac{\partial \lambda^T}{\partial Z} D_{zz}^* \quad (8.230)$$

对于无黏流动问题，则无黏伴随方程为

$$A^T \frac{\partial \lambda}{\partial r} + B^T \frac{\partial \lambda}{r \partial \varphi} + C^T \frac{\partial \lambda}{\partial z} + D^T \lambda = 0 \quad (8.231)$$

式（8.225）可整理为

$$\oint_{\partial \Omega} \left(\lambda^T \widetilde{Q}_n - \lambda^T \widetilde{Q}_{vn} + D_n \widetilde{U}^* - \frac{\partial M}{\partial U^*} \widetilde{U}^* \right) d\sigma = 0 \quad (8.232)$$

式中：Q_n、Q_{vn} 和 D_n 为沿外法矢方向上的流动通量、流动黏性通量和伴随黏性通量，其定义式为

$$Q_n = n_r E + n_\varphi F + n_z G \quad (8.233)$$

$$Q_{vn} = n_r E_v + n_\varphi F_v + n_z G_v \quad (8.234)$$

$$D_n = n_r D_r + n_\varphi D_\varphi + n_z D_z \quad (8.235)$$

式（8.232）左端项是一个关于计算机域边界 $\partial \Omega$ 的面积分。对于单叶片通道，通常包含四类边界条件，即进口、出口、固壁和周期边界。在周期边界上，若对应的伴随变量值相等，则该面积分项自动抵消。在进口、出口和固壁边界上，若式（8.232）中左端项被积函数为零，则有可能保证式（8.232）成立，于是假定

$$\lambda^T \widetilde{Q}_n - \lambda^T \widetilde{Q}_{vn} + D_n \widetilde{U}^* - \frac{\partial M}{\partial U^*} \widetilde{U}^* = 0 \quad (8.236)$$

（1）进口边界。

数值求解流动控制方程式（8.206）时，施加流动进口条件一般都忽略进口黏性。类似地，忽略式（8.236）中的流动黏性通量 Q_{vn} 和伴随黏性通量 D_n；同时，在采用简单 H 型网格时，进口垂直于轴向，则外法线方向为 $n_r = 0$，$n_\varphi = 0$，$n_z = -1$，于是式（8.236）简化为

$$\lambda^T \widetilde{G} + \frac{\partial M}{\partial U^*} \widetilde{U}^* = 0 \quad (8.237)$$

对于流动控制方程式（8.206），边界条件个数一般由特征速度决定，亚声速进口处有四个特征速度为正值（特征信息从外向计算域 Ω 内传播），第五个特征速度为负值（特征信息从计算域 Ω 向外传播）。因而一般给定总温、总压和气流方向角，静压 p 则是从计算域内推。可以认为在进口处只有静压 p 是独立变量，其他流动变量都可以看作是 p 的函数。于是利用小扰动方法可得

$$\lambda^T \widetilde{G} = \lambda^T \frac{\partial G}{\partial p} \widetilde{p} \quad (8.238)$$

第 8 章　高空流场的几种典型算法以及实时寻优模型

$$\frac{\partial M}{\partial U^*}\widetilde{U}^* = \frac{\partial M}{\partial p}\widetilde{p} \qquad (8.239)$$

将式（8.238）和式（8.239）代入式（8.237）后，可得

$$\lambda^{\mathrm{T}}\frac{\partial G}{\partial p} + \frac{\partial M}{\partial p} = 0 \qquad (8.240)$$

由于推导伴随进口边界条件时忽略了流动黏性，因而上述伴随进口边界条件自然也适用于无黏流动。

（2）出口边界。

类似地，忽略式（8.236）中的伴随黏性通量 D_n 和流动黏性通量 Q_{vn}，同时取出口处外法线方向 $n_r=0$，$n_\varphi=0$，$n_z=+1$，于是式（8.236）可化简为

$$\lambda^{\mathrm{T}}\widetilde{G} - \frac{\partial M}{\partial U^*}\widetilde{U}^* = 0 \qquad (8.241)$$

对于流动控制方程式（8.206），亚声速出口处有四个特征速度为正值（特征信息从计算域 Ω 向外传播），第五个特征速度为负值（特征信息从外向计算域 Ω 内传播），因此通常是给定根部静压 p，由径向平衡方程计算展向其他位置的静压，而另外四个初始流动变量 V_r、V_θ、V_z、ρ（或者 T）则从计算域 Ω 内推。由此可认为 V_r、V_θ、V_z、ρ 是独立变量，静压 p 是常数，其他流动变量可看作是它们的函数。此外，同样可以利用下扰动方法可获得亚声速出口时的伴随边界条件：

$$\lambda^{\mathrm{T}}\frac{\partial G}{\partial \vartheta} - \frac{\partial M}{\partial \vartheta} = 0, \quad \vartheta = \rho、V_r、V_\theta、V_z \qquad (8.242)$$

由于上述推导出口边界伴随条件时忽略了流动黏性，因此上述出口边界的伴随条件也适用于无黏流动。

（3）固壁边界。

流体在固体边界处无法向穿透速度，即

$$V_n = n_r V_r + n_\varphi (V_\theta - \omega r) + n_z V_z = 0 \qquad (8.243)$$

另外，流动通量 Q_n 简化为

$$Q_n = \begin{bmatrix} 0 \\ pn_r \\ rpn_\varphi \\ pn_z \\ r\omega n_\varphi p \end{bmatrix} \qquad (8.244)$$

于是有

$$\lambda^{\mathrm{T}}\widetilde{Q}_n = (\lambda_2 n_r + \lambda_3 r n_\varphi + \lambda_4 n_z + \lambda_5 r\omega n_\varphi)\widetilde{p} \qquad (8.245)$$

将式（8.245）代入式（8.236），得到初步简化的伴随固壁边界条件为

$$(\lambda_2 n_r + \lambda_3 rn_\varphi + \lambda_4 n_z + \lambda_5 \omega rn_\varphi)\tilde{p} - \lambda^T \tilde{Q}_{vn} + D_n \tilde{U}^* - \frac{\partial M}{\partial U^*}\tilde{U}^* = 0 \quad (8.246)$$

如果是无黏流动，则由小扰动方法去简化式（8.246），可得

$$(\lambda_2 n_r + \lambda_3 rn_\varphi + \lambda_4 n_z + \lambda_5 \omega rn_\varphi) - \frac{\partial M}{\partial p} = 0 \quad (8.247)$$

最后讨论最终敏感性的表达式。由于为使式（8.221）不再依赖于 $\tilde{U}$，因此假设 $Q_1(\tilde{U})$ 和 $Q_2(\tilde{U})$ 等于零。由 $Q_1(\tilde{U})=0$ 导出一般形式的黏性伴随方程式（8.226）。由 $Q_2(\tilde{U})=0$ 导出了亚声速进口伴随边界条件式（8.240）、亚声速出口伴随边界条件式（8.242）以及初步的固壁伴随边界条件式（8.246）。由此便又得到了最终敏感性表达式，即

$$\frac{dI}{d\alpha} = \oiint_{\partial \Omega} \frac{\partial M}{\partial \alpha} d\sigma + \oiint_{\partial \Omega} M \frac{\partial (d\sigma)}{\partial \alpha} + \iiint_\Omega \lambda^T f d\Omega \quad (8.248)$$

在式（8.248）中，伴随变量可由伴随方程式（8.226）并结合伴随边界条件（式（8.240）、式（8.242）和式（8.246））封闭求解。一旦流动控制方程式（8.206）和伴随方程式（8.226）数值求解收敛，便可通过式（8.248）计算敏感性。

8.6 高空环境下近壁面网格设计的控制技术

航空发动机的基本原理[284-285]中指出，飞行器在高空低雷诺数下飞行时，其发动机的性能将要变差。从现代计算流体力学的角度来看，为了较精确地计算飞机在高空、低温、低雷诺数飞行时发动机内流场的流动，这时对计算域中网格设计的质量提出了更高的要求，尤其是为了获取较精确的壁面热流密度，对近壁面法向第一层网格高度提出了更加苛刻的限制。以下分两个小问题讨论。

8.6.1 壁面 y^+ 函数的控制准则

边界层理论壁面 y^+ 函数的定义为[38]

$$y^+ = \frac{\rho_w u_\tau n_w}{\mu_w} \quad (8.249)$$

式中：ρ_w、u_τ 分别为壁面处气体的密度和壁面切应力速度；n_w 为近壁面法向第一层网格的高度；μ_w 为壁面处气体的动力黏性系数。

在边界层理论中，湍流边界层分为内层和外层。如果令 δ 代表边界层厚度，则内层的尺度粗略的可认为

$$0 \leq \frac{y}{\delta} \leq 0.2, 0 \leq \frac{u}{U_e} \leq 0.7 (\text{内层}) \quad (8.250)$$

式中：y 为离壁面的距离；U_e 为边界层外缘处势流的速度。

内层通常又分三层：黏性底层（粗略地为 $0 \leqslant y^+ \leqslant 5$）；过渡层（又称缓冲层，粗略地为 $5 \leqslant y^+ \leqslant 40$）；对数律层（$y \leqslant 0.2\delta$）。外层分两层：尾迹律层（粗略地为 $0.2\delta \leqslant y \leqslant 0.4\delta$）；黏性顶层（粗略地为 $y \geqslant 0.4\delta$）。内层与外层相比薄得多，其厚度约占边界层平均总厚度的 $10\% \sim 20\%$。此外，由于边界层的主要问题是表面摩擦与换热，因此内层研究显得更为重要。

因为不同湍流模型所采用涡黏性的速度尺度和参考长度估算方法各不相同，因此在进行流场的数值计算时，对近壁面 y^+ 函数值也提出了不同的要求。例如，二方程 $k\text{-}\varepsilon$ 湍流模型对 y^+ 的要求是 $y^+ \in [40, 200]$，而一方程 SA（Spalar-Allmaras）湍流模型则要求 $y^+ < 5$。由壁面 y^+ 函数的计算公式（8.249）可知，壁面 y^+ 函数值的确定与发动机涡轮或压气机叶片壁面上的相关气动参数有密切关系，然而在数值计算前这些参数是未知的，因此该准则的可靠性受人为数值计算经验的影响较大，在实际应用中受到一定的限制。

8.6.2 网格雷诺数方法

1. 壁面网格雷诺数方法

壁面网格雷诺数的计算公式为

$$Re_{\text{cw}} = \frac{\rho_{\text{w}} a_{\text{w}} n_{\text{w}}}{\mu_{\text{w}}} \tag{8.251}$$

式中：a_{w} 为壁面处的气体声速；其他参数含义同式（8.249）。

许多文献的研究表明，当 $Re_{\text{cw}} < 3$ 时，可以获得较高精度的热流密度分布。同样地，压气机或涡轮叶片壁面上的相关气动参数在数值计算之前并不能容易获取。

2. 自由来流网格雷诺数方法

自由来流网格雷诺数的计算公式为

$$Re_{\text{cf}} = \frac{\rho_\infty v_\infty n_{\text{w}}}{\mu_\infty} \tag{8.252}$$

式中：ρ_∞、v_∞ 分别为自由来流密度和自由来流速度；μ_∞ 为自由来流动力黏性系数；n_{w} 的含义同式（8.249）。

令 Re_∞ 代表单位长度自由来流雷诺数，于是 Re_∞ 为

$$Re_\infty = \frac{\rho_\infty v_\infty}{\mu_\infty} \tag{8.253}$$

由式（8.252）与式（8.253）中得到 n_{w} 为

$$n_{\text{w}} = \frac{Re_{\text{cf}}}{Re_\infty} \tag{8.254}$$

通常设定 $Re_{cf}=1$，于是式（8.254）可写为

$$n_w = \frac{1}{Re_\infty} \tag{8.255}$$

采用自由来流网格雷诺数方法，由式（8.255）得到近壁面法向第一层网格高度 n_w 的值，这时 n_w 仅与自由来流速度、密度和气体的动力黏性系数有关。因此，数值计算前很容易得到 n_w 的值。但是，由于该方法只考虑了自由来流参数的影响，并没有考虑压气机或涡轮叶片壁面上的相关气动参数的影响，因此存在一些不足。例如，相同自由来流条件下，低温冷壁面和高温热壁面条件下数值计算获得的热流密度精度往往存在差异，试验与计算实践都表明，在这种情况下使用式（8.255）决定近壁面法向第一层网格高度 n_w 的做法并不是常有效的。

8.6.3 考虑分子平均自由程的近壁面网格控制法

沿壁面法向考虑表面积为 dS 的流层面，令 f 为流层面 dS 上的黏性力，z 轴垂直于流层面，u 为气体的流速，于是由动量方程可得

$$f = -\mu \frac{du}{dz} dS \tag{8.256}$$

式中流体的动力黏性系数 μ 由分子运动理论给出，其表达式为

$$\mu = \frac{1}{3}\rho\lambda\bar{v} \tag{8.257}$$

式中：λ 为分子平均自由程；气体密度 ρ 与分子运动平均速率 $\bar{v}$ 分别为

$$\lambda = \frac{kT}{p\pi d^2 \sqrt{2}} \tag{8.258}$$

$$\rho = mn \tag{8.259}$$

$$\bar{v} = \sqrt{\frac{8kT}{\pi m}} = \sqrt{\frac{8RT}{\pi M}} \tag{8.260}$$

其中：k、R 分别为玻耳兹曼常量与普适常量；m、M 分别为气体分子的质量与摩尔质量。

在壁面处，则有

$$\mu_w = \frac{1}{3}\rho_w\lambda_w\bar{v}_w \tag{8.261}$$

$$\bar{v}_w = \sqrt{\frac{8RT_w}{\pi M}} \tag{8.262}$$

$$a_w = \sqrt{\gamma \frac{R}{M} T_w} \tag{8.263}$$

式中：a_w 为壁面处的声速；γ 为气体的比热比。

第 8 章 高空流场的几种典型算法以及实时寻优模型

将式（8.261）~式（8.263）代入式（8.251），可得

$$n_w = \frac{1}{3}\lambda_w Re_{cw}\sqrt{\frac{8}{\gamma\pi}} \quad (8.264)$$

为了获得壁面较高精度的壁面热流密度，因此 Re_{cw} 通常取为 3 左右，于是这时（8.264）式可近似为

$$n_w \approx \lambda_w \sqrt{\frac{8}{\gamma\pi}} \quad (8.265)$$

通常情况下

$$\sqrt{\frac{8}{\gamma\pi}} > 1 \quad (8.266)$$

于是有

$$n_w > \lambda_w \quad (8.267)$$

这在物理概念上也是十分合理的。式（8.265）给出了考虑气体分子平均自由程的近壁面法向第一层网格高度 n_w 的计算公式。大量的工程计算表明，使用它去设计近壁面法向第一层网格高度，能够较好地完成航空与航天飞行器以及叶轮机械压气机/涡轮流场的壁面热流密度计算问题。

8.7 考虑雷诺数修正的发动机高空性能计算与分析

当发动机在高空低马赫数工作时，雷诺数处于非自模区，使得压气机和涡轮叶片型面上流动恶化，效率降低，发动机的性能下降。另外，压气机的喘振裕度下降，发动机性能降低，严重时还可能会导致发动机空中停车。Wassell 方法[81]是在汇总了一系列不同级数的压气机试验件的试验数据的基础上，建立的一个半经验的雷诺数效应的修正方法，下面先简要讨论该方法的要点。

8.7.1 Wassell 半经验方法

1. 对效率的修正

令 η_p 代表压气机的多变效率，Re_b 代表以叶片平均弦长为长度的雷诺数，于是 η_p 与 Re_b 间有如下经验关系：

$$1 - \eta_p = k_1(Re_b)^{-a_1 a_2} \quad (8.268)$$

式中：k_1、a_1 和 a_2 均为常数。

$a_1 = f_1(V/\sqrt{T})$，该函数关系式可由图 8.6 表达，它是一条经验曲线。这里 $V/\sqrt{T}$ 为

$$\frac{V}{\sqrt{T}} = \frac{V_{am}^2 + \left[\frac{1}{2}U_m\left(1 + \frac{c_p\Delta T_t}{U_m^2 N'}\right)\right]^2}{T_{t1} + \frac{1}{2}\Delta T_t} \times \frac{U}{U_d} \quad (8.269)$$

式中：U 为转子叶片的速度；U_d 为转子叶片的设计速度；T_{t1} 为压气机进口处的总温；ΔT_t 为压气机总温升；U_m 为中间级转子平均直径处的叶片速度；V_{am} 为由流量导出的气流的平均轴向速度；N' 为压气机的级数。

利用 $V/\sqrt{T}$ 值，由图 8.6 可查出 a_1 值。

令 l_{st} 代表单级压气机的轴向长度，N' 仍代表压气机的级数，h_{s1}、h_{s2} 分别代表第一级转子进口的环高与最末级转子进口的环高，于是式（8.268）中的 a_2 可由 $f_2(l/h)$ 表示，即

$$a_2 = f_2(l/h) \quad (8.270)$$

式中

$$l = l_{st} \times \frac{N'}{N' - 0.5} \quad (8.271)$$

$$h = \frac{1}{2}(h_{s1} - h_{s2}) \quad (8.272)$$

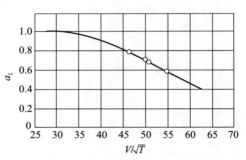

图 8.6　修正指数 a_1 随 $V/\sqrt{T}$ 的变化曲线

图 8.7 给出了由式（8.270）决定的经验曲线。

另外，在某试验点处，测出其等熵效率 η_c 以及雷诺数 Re_b 后，等熵效率 η_c 与多变效率 η_p 之间的关系式为

$$\eta_c = \frac{(\pi_{tc})^{\frac{\gamma-1}{\gamma}} - 1}{(\pi_{tc})^{\frac{\gamma-1}{\gamma \eta_p}} - 1} \quad (8.273)$$

式中：η_p 为多变效率。

于是，式（8.268）中的系数 k_1 为

$$k_1 = \frac{1 - \eta_p}{(Re_b)^{-a_1 a_2}} \quad (8.274)$$

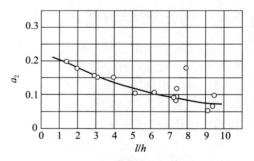

图 8.7　修正指数 a_2 随 l/h 的变化曲线

2. 对流量的修正

首先定义影响压气机流量的雷诺数

$$Re_2 = \frac{\rho x_1 V_1}{\mu} \quad (8.275)$$

式中：x_1 为由第 1 级转子叶片中经前缘到叶片喉部的距离。

令 $\dot{m}_a$ 代表压气机的流量，它与 Re_2 的关系可近似表达为

$$\frac{\tilde{t}}{x_1} \cdot \frac{\dot{m}_a - \dot{m}_a^*}{\dot{m}_a^*} = f_3(Re_2) \quad (8.276)$$

式中：$\tilde{t}$ 为第 1 级转子叶片平均半径处喉道的宽度；$\dot{m}_a^*$ 为 $Re_2 = 10^5$ 条件时通过压气机的流量。

图 8.8 给出了 $f_3(Re_2)$ 这条经验曲线。

3. 对喘振点压比的修正

令影响压气机喘振点压比的雷诺数 Re_3 为

$$Re_3 = \frac{\rho h_{s1} V_A}{\mu} \tag{8.277}$$

式中：V_A 为压气机进口气流的平均轴向速度；h_{s1} 的含义同式（8.272）。

令 π_S 代表压气机喘振点的压比，它与 Re_3 的经验关系可用 $f_4(Re_3)$ 表示，即

$$\frac{\pi_S - \pi_S^*}{\pi_S^*} = f_4(Re_3) \tag{8.278}$$

式中：π_S^* 为 $Re_3 = 10^5$ 时压气机的喘振点压比。

图 8.9 给出了 $f_4(Re_3)$ 这条经验曲线。

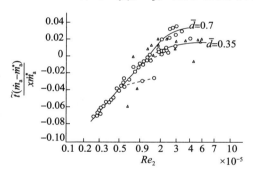
图 8.8 经验函数 $f_3(Re_2)$ 随 Re 的变化曲线

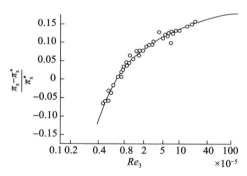
图 8.9 经验函数 $f_4(Re_3)$ 随 Re 的变化曲线

4. 对增压比的修正

采用相似等功原理，对压气机增压比进行修正，即在非自模区内，当雷诺数从 Re_a 下降到 Re_b 时，点 a 移动到点 b（图 8.10），在折合流量和通道阻力不变的条件下，认为 a 点和 b 点的压气机功不变，即

$$L_c = \left(\frac{\pi_c^{\frac{\gamma-1}{\gamma}} - 1}{\eta_c}\right)_a = \left(\frac{\pi_c^{\frac{\gamma-1}{\gamma}} - 1}{\eta_c}\right)_b \tag{8.279}$$

如果已知 a 点的 η_c 和 π_c 值，并且由压气机的效率修正公式（8.273）可以得到 b 点的 η_c 值，于是由式（8.279）便得到了 b 点的

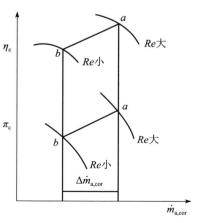
图 8.10 压气机增压比修正

π_c 值。

8.7.2 高空低 Re 下评估压气机性能的两种方法及结果的比较

算例选用文献 [286] 中所研究的某型风扇并分别采用 8.7.1 节讨论的 Wassell 半经验方法（以下简称 Wassell 方法）和 8.8 节中将要详细讨论的 RANS 与基于经验关系式的边界层转捩方法（以下简称 RANS-Menter 方法或 RANS-M 方法）进行计算并将计算结果进行比较。表 8.1 给出了两种评估方法计算结果的比较。

表 8.1 两种评估方法计算的结果比较

设计点	Wassell 方法		RANS-M 方法	
	地面标准状态	20km, $Ma=0.6$	地面标准状态	20km, $Ma=0.6$
进口叶弦 Re	10.6×10^5	0.99×10^5	9.7×10^5	0.89×10^5
折合流量	46.315	44.641	45.795	45.073
绝热效率/%	85.54	77.98	86.81	78.25
压比	1.470	1.416	1.470	1.415
喘振裕度	12.38（试验值）	4.31	22.21	24.21

在表 8.1 中，"地面标准状态"指标准大气条件，飞行 $Ma=0.0$ 时的工作状态，而 "20km, $Ma=0.6$" 是指 20km 的高度、以 $Ma=0.6$ 飞行时的工作状态；在 "Wassell 方法"中，"地面标准状态"的性能参数取自该型风扇的设计点参数，而对应的 "20km, $Ma=0.6$" 的参数则是由 Wassell 方法计算得到的；在 "RANS-M 方法"中列出的性能参数则是根据三维的数值计算获得的特性曲线。从表 8.1 中可以看出，在 "20km, $Ma=0.6$" 状态下，风扇/压气机部件的进口叶弦 Re 基本上比 "地面标准状态"下降约一个量级，其主要原因是气流密度的降低。另外，分析表中的结果可以看出：地面状态的三维计算结果同试验数据基本符合（但湍流裕度相差较大），其计算结果总体上比较可信；但是高空飞行条件下的三维数值结果尚无对应的试验数据进行考核。对比两种方法的流量、压比及效率，可以看出两种评估方法所反映出的雷诺效应比较一致，因此可以认为 Wassell 半经验方法可以作为评估风扇/压气机部件雷诺数效应的辅助手段之一。至于 RANS-M 方法的校核，在 8.8 节将会给出一系列有试验结果的压气机算例去证实方法的有效性。

两种评估方法对风扇喘振裕度的计算结果相差很大，这其中 Wassell 方法的经验性太强，其适用性受到局限，再加上 Wassell 方法当时参考的压气机试验件均是 20 世纪 40—50 年代英、美的产品，而其对现代高性能跨声速风扇/压气机部件的参考价值还有待进一步确认，因此其评估精度受到影响；对于三维数值方法（例如这里的 RANS-M 方法），它的收敛能力很好（见第 8.8 节给出的相关曲线),并且常以流量、压比等性能参数的变化幅值作为收敛依据,而未能直接分析流场的结构特征,因此其对喘振点的判断不很准确。

两种评估方法的计算结果都表明,风扇部件在高空低速飞行条件下的效率衰减相当严重,而流量和压比的衰减次之,因此深入探讨风扇的高空性能和高空雷诺数对风扇/压气机部件的性能影响问题十分重要。

8.7.3 雷诺数对涡轮特性的影响

与压气机相类似,飞到高度增加时,涡轮中气流的 Re 减小,涡轮损失增大,效率降低。Re 在自行模化区域内涡轮效率的差别较小(不超过 3%~5%)。对于轴流涡轮机,临界 Re 通常小于 2×10^5。

1. 对涡轮效率的修正

定义影响涡轮效率的雷诺数 Re_{T1} 为

$$Re_{T1} = \frac{\dot{m}_T b_T}{\mu A} \tag{8.280}$$

式中:$\dot{m}_T$、b_T 分别为流过涡轮的燃气质量流量和涡轮工作叶片的平均弦长;A 为涡轮面积;μ 为按燃气平均温度计算的燃气动力黏性系数。

对于涡轮效率的修正,可以用如下经验函数表达式:

$$\frac{\eta_T}{\eta_T^*} = f_5(Re_{T1}) \tag{8.281}$$

式中:η_T^* 为 $Re_{T1} = 2\times10^5$ 时压气机的涡轮效率。

$f_5(Re_{T1})$ 这条经验曲线可由图 8.11 给出。

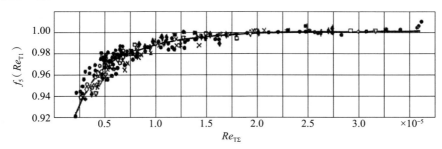

图 8.11 涡轮效率的修正曲线

2. 对流量的修正

定义影响涡轮流量的雷诺数为

$$Re_{T2} = \frac{\dot{m}_{T,C} b_{T,C}}{\mu A_C} \tag{8.282}$$

式中:$\dot{m}_{T,C}$、$b_{T,C}$ 分别为流过涡轮的燃气质量流量和导向器叶片的弦长;A_C 为导向器的最小截面积;μ 的含义与式(8.280)相同。

引入涡轮相似流量参数 $\widetilde{B_T}$，其定义为

$$\widetilde{B_T} = \frac{\dot{m}_T \sqrt{T_{t4}}}{p_{t4}} \tag{8.283}$$

式中：p_{t4}、T_{t4} 分别为涡轮的总压和总温。

因此，可以采用下式对涡轮流量进行修正，即

$$\frac{\widetilde{B_T} - \widetilde{B_T^*}}{\mu A_C} = f_6(Re_{T2}) \tag{8.284}$$

式中：$\widetilde{B_T^*}$ 为 $Re_{T2} = 2.5 \times 10^5$ 时涡轮相似流量参数。

另外，经验函数 $f_6(Re_{T2})$ 由图 8.12 给出。

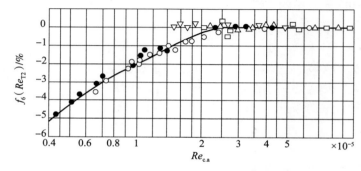

图 8.12　经验函数 $f_6(Re_{T2})$ 随 Re 的变化曲线

关于雷诺数对涡轮特性的修正问题，文献 [5] 中有更详细的论述，可供感兴趣者参考。

8.7.4　高空低雷诺数对发动机性能影响的计算

1. 计算总框图以及相关算例分析

在高空飞行中，雷诺数效应严重损害了发动机的性能，本小节前面已经分别给出了雷诺数对压气机与涡轮性能影响的修正方法。图 8.13 给出了雷诺数对发动机性能影响总的计算框图，图中用数字①~⑤标出了对发动机主要部件必须要进行雷诺数修正的五个地方。

文献 [287] 成功完成了高空低雷诺数对某 A 型小型风扇发动机性能的数值计算，定量地分析了低雷诺数对该小型大涵道比涡扇发动机性能的影响。这里计算的某 A 型发动机是专门为支线客机设计的大涵道比涡扇发动机，其设计飞行高度小于 15km（飞行高度通常在 12km 以下）。该发动机涵道比约为 5，总增压比约为 20，空气流量约为 120kg/s。其主要结构：一级风扇加多级增压级（低压压气机），多级轴流高压压气机，单级气冷高压涡轮，三级低压涡轮。图 8.14 给出

第8章 高空流场的几种典型算法以及实时寻优模型

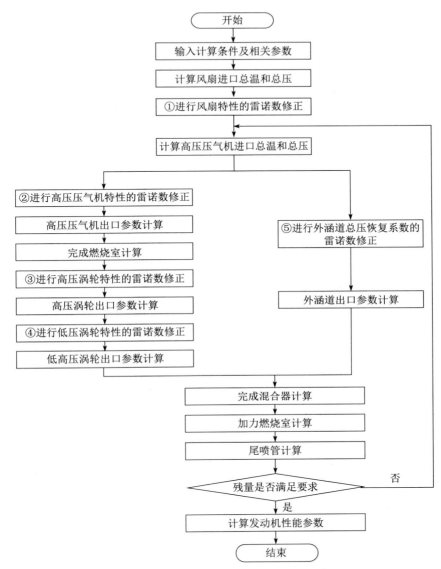

图 8.13 雷诺数对发动机性能影响总的计算框图

了 80% 最大连续工况下 A 型发动机推力与耗油率的高度速度特性（飞行高度分别取 6km、8km、11km、12km 和 13.5km），图中黑实线为研制方所提供的数据，黑方块或黑三角为文献 [287] 完成的计算结果。

图 8.15 分别给出了飞行马赫数 Ma 为 0.75、0.80 和 0.85 时的节流特性，图中黑实线为研制方所提供的数据，空心方块或空心三角为文献 [287] 完成的计算结果。

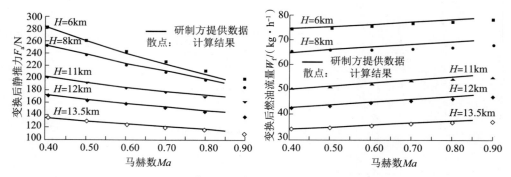

图 8.14　某小型涡扇发动机高度—速度特性

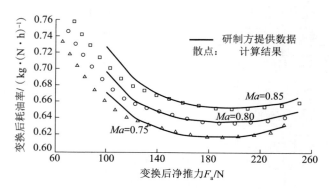

图 8.15　某小型涡扇发动机的节流特性

从图 8.14 和图 8.15 的图中可以清楚地看出，文献［287］所完成的数值计算能够反映某 A 型发动机在设计所使用范围内的性能特点。另外，在此计算的基础上可以开展低雷诺数效应对该 A 型发动机性能影响的量化分析。

2. 低雷诺数对某 A 型发动机性能的影响

这里所讨论的某 A 型发动机，研制方提供的主控制规律是控制 T_{45} 温度和限制高、低压转子的最大转速[287]。图 8.16（a）给出了不考虑雷诺数对发动机以及各部件（包括风扇、低压压气机、高压压气机、低压涡轮和高压涡轮）影响的条件下，某 A 型发动机在飞行马赫数 $Ma=0.6$ 工况时各部件进口雷诺数随飞行高度（11~20km）的变化曲线。由图可以看出，随着飞行高度的增加，各部件的进口雷诺数都相应的减小。图 8.16（b）给出了不考虑雷诺数对发动机以及各部件影响的条件下，在飞行高度 $H=20$km、飞行马赫数 $Ma=0.6$ 时发动机各部件进口雷诺数随高压转子转速的变化曲线。由图 8.16 可知，风扇进口的雷诺数最大，其次为高压压气机、高压涡轮和低压压气机（相当），低压涡轮进口的雷诺数最小。

第8章 高空流场的几种典型算法以及实时寻优模型

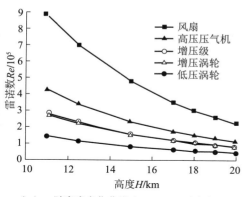
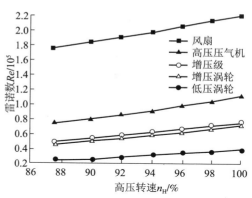

(a) Re随高度变化曲线（Ma=0.6，不考虑Re的影响，发动机工作状态类似）

(b) Re随发动机工作状态变化曲线（H=20km，Ma=0.6，发动机节流，不考虑Re的影响）

图8.16 某A型发动机各部件进口雷诺数随飞行高度、高压转速的变化

另外，随着飞行高度的增加，如果考虑雷诺数的影响，在发动机共同工作的条件下，各部件的特性以及匹配关系都会发生变化，见表8.2～表8.10。

表8.2 不考虑部件低 Re 效应的总体参数计算结果

总体参数	N_L/%	N_H/%	T_4/K	涵道比	净推力/N	耗油率/(kg·(N·h)$^{-1}$)
数值	100	99.14	1314.3	4.323	2371.8	0.05802

表8.3 考虑所有部件低 Re 效应的总体参数计算结果

总体参数	N_L/%	N_H/%	T_4/K	涵道比	净推力/N	耗油率/(kg·(N·h)$^{-1}$)
数值	93.52	96.69	1379.3	5.411	1975.6	0.06121

表8.4 不考虑部件低 Re 效应的部件参数计算结果

参数	增压级	高压压气机	高压涡轮	低压涡轮
Re	7.1×10^4	11.0×10^4	6.72×10^4	3.54×10^4

表8.5 考虑所有部件低 Re 效应的部件参数计算结果

参数	增压级	高压压气机	高压涡轮	低压涡轮
Re	6.4340×10^4	9.2930×10^4	5.101×10^4	2.6650×10^4
效率修正系数	0.9390	0.9588	0.9742	0.9494
压比修正系数	0.9515	0.9457	—	—
流量修正系数	0.8849	0.9329	0.9583	0.9378

表 8.6 考虑所有部件低 Re 效应的总体参数计算结果（压气机导叶可调）

总体参数	$N_L/\%$	$N_H/\%$	T_4/K	涵道比	净推力/N	耗油率/$(kg \cdot (N \cdot h)^{-1})$
数值	95.38	97.35	1381.8	5.169	2102.4	0.06069

表 8.7 考虑所有部件低 Re 效应的部件参数计算结果（压气机导叶可调）

参数	增压级	高压压气机	高压涡轮	低压涡轮
Re	6.6160×10^4	9.5120×10^4	5.3870×10^4	2.8160×10^4
效率修正系数	0.9423	0.9786	0.9764	0.9513
压比修正系数	0.9536	0.9716	—	—
流量修正系数	0.8942	0.9540	0.9603	0.9393

表 8.8 考虑增压级+低压涡轮低 Re 效应的总体参数计算结果

总体参数	$N_L/\%$	$N_H/\%$	T_4/K	涵道比	净推力/N	耗油率/$(kg \cdot (N \cdot h)^{-1})$
数值	98.37	97.46	1381.0	4.821	2294.0	0.06013

表 8.9 考虑增压级+低压涡轮低 Re 效应的部件参数计算结果

参数	增压级	高压压气机	高压涡轮	低压涡轮
Re	6.9050×10^4	9.72×10^4	5.86×10^4	3.06×10^4
效率修正系数	0.9474	1.0	1.0	0.9542
压比修正系数	0.9570	1.0	—	—
流量修正系数	0.9087	1.0	1.0	0.9416

表 8.10 不同部件的低雷诺数效应对发动机性能的影响

部件	Re	效率修正系数	压比修正系数	流量修正系数	$N_L/\%$	T_4/K	F_n/N	耗油率/$(kg \cdot (N \cdot h)^{-1})$
增压级	7.1×10^4	0.9485	0.9579	0.911	100	1373	23.910	0.05897
高压压气机	11.0×10^4	0.9651	0.9550	0.946	100	1350	23.960	0.05887
高压涡轮	6.7×10^4	0.9850	—	0.968	100	1320	23.730	0.05808
低压涡轮	3.4×10^4	0.9582	—	0.945	100	1350	23.160	0.05948
不考虑 Re 效应					100	1314	23.718	0.05802

由表 8.2~表 8.10 的计算，可以归纳出如下 3 点初步认知：

(1) 低 Re 效应可以导致发动机部件的效率、流通能力等参数的变化；Re 对流通能力的影响将导致进入内涵道的气体减少，为了保持给定的低压转子转速

N_L,必须提高涡轮前温度。

(2) 低 Re 效应对增压级的影响最大,其次为低压涡轮和压气机,对高压涡轮的影响相对最小。考虑 Re 效应与不考虑 Re 相比(表8.2和表8.3),燃烧室出口温度增加了65K,推力下降16.7%,由于涵道比相应地由4.323增至5.411,对部件效率的下降起到了一定的补偿作用,因此耗油率只上升了5.5%。这就是说,受低 Re 的影响,部件之间将会重新匹配工作,而涵道比的增大对耗油率增加有一定的补偿作用。

(3) 比较导叶可调且考虑低 Re 效应(表8.6)、不考虑低 Re 效应且不调导叶(表8.2)以及考虑低 Re 效应但不调导叶(表8.3),可以发现:调导叶是有收益的,并且考虑所有部件的低 Re 效应是很有必要的。

总之,在发动机整机环境下,增压级和低压涡轮的进口叶弦雷诺数相对较低,因此受飞行高度和飞行速度的影响也就更大。在发动机共同工作条件的作用下,各部件的匹配关系将发生变化,除了部件效率的降低之外,部件的流通能力的衰减也导致发动机性能的降低。涡轮前温度的限制将使发动机转子转速下降,导致低雷诺数效应的加剧,从而使得发动机性能进一步降低,推力迅速减小;但发动机涵道比的增加,在一定程度上减小了因发动机部件性能衰退而引发的耗油率增加的趋势。

8.8 压气机三维算法校核及高空流场计算

本节主要讨论四个问题:①给出了8.7节中所介绍的 RANS-M 方法主要细节;②对算法进行校核,并与国际上公认的两个有试验结果的算例进行比较;③多级压气机三维数值计算以及与试验数据的比较;④在高空低雷诺数的条件下,完成对某风扇的三维流场数值计算。

8.8.1 RANS-M 方法以及与其他湍流模型的比较

RANS-M 方法是 RANS 与基于经验关联式的边界层转捩方法相耦合而获得的一种数值方法,这个方法在8.4节已讨论过。由于这个方法将 RANS 与 LCTM(Local Correlation-based Transition Model)相融合,因此又称 RANS 和 LCTM 的耦合解法。RANS-M 方法主要涉及七个微分方程,分别为连续方程、运动方程、能量方程、湍动能 k 方程、比耗散率 ω 方程(或者湍动能耗散率 ε 方程)、间歇因子 γ 的输运方程和当地转捩动量厚度雷诺数 $\hat{R}_t$(即 $\widetilde{Re}_{\theta t}$ 的简写形式)的输运方程。另外,RANS-M 方法还涉及三个重要的半经验关联曲线:①R_c-$\hat{R}_t$ 经验关联曲线(这里 R_c 是 $Re_{\theta c}$ 的简写形式);②R_t 与湍流度 Tu、压力梯度影响函数 $F(\lambda_\theta)$ 之间的半经验关系(这里 R_t 是 $Re_{\theta t}$ 的简写);③F_1-$\hat{R}_t$ 经验关联曲线。这里 R_c 和 F_1 的含义见7.4节,这里不再赘述。此外,在 $\hat{R}_t$ 的输运方程右端源项 $P_{\theta t}$ 中,还含有函数 $F_{\theta t}$,在 Menter 方法中,$F_{\theta t}$ 函数也含有许多经验系数,引入 $F_{\theta t}$ 的目的是保证有效间歇因子的作用只发生在边界层内。正是由于RANS-M方法涉及上述七个微分方程和诸多半经验关系与开关函数,因此,国外许多文献中也常称RANS-M方法为γ-$\widetilde{Re}_{\theta t}$-SST方法,这里为SST(Shear-Stress Transport)模型。通常,SST模型是一种分区模型:在近壁区表现为Wilcox的k-ω模型,在边界层边缘和自由剪切层表现为k-ε模型。Menter发展SST模型的初衷也是为了保留k-ω模型对近壁区流动具有较好的模拟性能,和k-ε模型对自由剪切流具有较好的模拟能力,也就是说在近壁区采用k-ω模型,在边界层外采用k-ε模型。在7.4节中详细讲述了γ-$\widetilde{Re}_{\theta t}$与SST的相互耦合过程,这里不再赘述。

近年来,湍流模型广为发展,例如:基于混合长理论的零方程模型,BL(Baldwin-Lomax)模型,它是两层模型(边界层内层的van Driest模型和外层的尾迹模型);BB(Baldwin-Barth)模型和SA(Spalart-Allmaras)模型,它们属于一方程模型;k-ε模型、k-ω模型以及Menter的数值分区湍流SST模型,它们属于两方程模型;γ-$\widetilde{Re}_{\theta t}$-SST应属于四方程模型,它是一类模拟边界层转捩问题的有效方法。

8.8.2 两个典型压气机转子算例及其与试验的比较

1. NASA Rotor 37 流场计算与分析

1)算例说明与网格设计

NASA Rotor 37(简称R37)是20世纪70年代由NASA Glenn研究中心设计的发动机核心机的压气机验证部件[288],1992年6月至1993年4月,用激光测速仪和探针对没有进口导叶和出口静子的一个孤立的转子进行了详细测量,并命名为Rotor 37[289]。基本设计参数见表8.11。1994年ASME/IGTI国际汽轮机分会将Rotor 37作为盲题对叶轮机械CFD程序进行测试比赛,国际上许多著名科学家和学者如Denton、Hah、Dawes等进行参赛,当时全世界仅有11个单位报名参赛,其中美国5个、英国2个、瑞士2个、意大利1个、中国1个(陈乃兴和黄伟光代表的中国科学院工程热物理研究所,也是国内唯一提交给ASME报告的研究单位)。Denton教授在1994年ASME专题报告会和1996年ISAIF大会上介绍参赛计算结果时,高度评价了陈乃兴和黄伟光计算与试验测量较为吻合,并且认为他们的数值计算程序为世界十大优秀程序之一。

表8.11 Rotor 37转子的基本设计参数

参数名称	参数值	参数名称	参数值
叶片数	36	叶根入口相对马赫数	1.13
设计转速/(r/min)	17188.7	叶尖入口相对马赫数	1.48
设计流量/(kg/s)	20.19	展弦比	1.19
设计压比	2.106	进口轮毂比	0.7

续表

参数名称	参数值	参数名称	参数值
叶尖切向速度/(m/s)	454.14	叶尖稠度	1.29
叶尖间隙高度/mm	0.356	进口外径/mm	513.384
环面迎风流量/(kg/(s·m²))	191.34	叶中弦长/mm	56

整个计算域共有进口边界和出口边界、固壁边界和周期性边界四类边界（图 8.17）。边界条件的给法：进口给定总压 101325.0Pa、总温 288.15K，来流的绝对速度方向为轴向，湍流度为 0.03，轴向的速度由外推得到；出口处首先给定轮毂处的静压值，然后利用简单径向平衡方程给出出口截面静压的径向分布，其他参数则外推；壁面边界采用无滑移绝热条件。主流通道的网格点数为 157×65×53（轴向×径向×周向），其中轴向有 73 个网格点位于叶片通道内，叶片前后分别有 41 个、45 个网格点；叶尖间隙的网格点数为 79×9×13（轴向×径向×周向），总网格数约为 55 万个，近壁区网格都进行了加密处理，从而保证所有壁面第一层网格线的 y^+<5。图 8.18 给出了相应的生成网格。

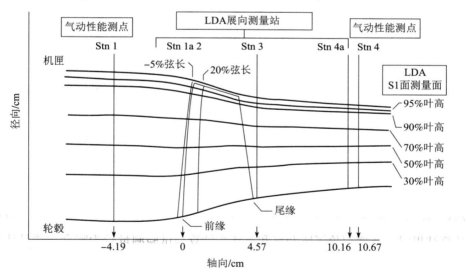

图 8.17 Rotor 37 计算域及流场测量位置

2）性能的计算以及几种湍流模型的对比分析

表 8.12 给出了 Rotor 37 的计算和试验堵塞流量的对比。由表可以看到，无论采用混合长度（ML）模型还是 SA 模型，计算结果都在试验误差范围之内，而采用 SA 模型的结果更接近试验值。

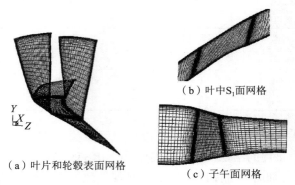

图 8.18　Rotor 37 计算网格

表 8.12　Rotor 37 转子计算和试验堵塞流量对比

	试验	Denton SA	Denton ML
堵塞流量/(kg/s)	20.93±0.14	20.87	20.81
相对误差/%	—	-0.29	-0.57

由于堵塞流量不同，为便于分析，图 8.19 给出的工作特性流量已分别用试验和计算的堵塞流量进行了无量纲化。由图中可以看出，无论是压比流量特性还是效率流量特性，采用 SA 模型计算的结果都明显优于 ML 模型，其中在近最高效率点和近失速点处，SA 模型比 ML 模型结果分别有 1.8% 和 1.5% 的改进。

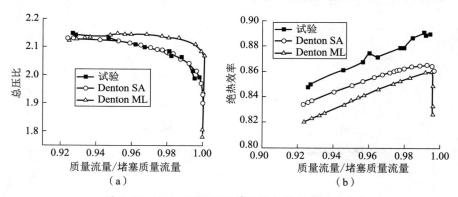

图 8.19　Rotor 37 转子计算结果与试验值的对比

图 8.20 给出了 Rotor 37 在 98% 堵点流量下不同叶高处相对马赫数等值线图，并与试验结果进行了对比。随着跨声速转子负荷的提高以及其内部激波与边界层相互作用的增强，与 ML 模型相比，SA 模型计算精度的提高更为明显。对于压力流量特性，SA 模型的计算与试验结果基本吻合，而 ML 模型的计算偏差较大；对于效率特性，SA 模型比 ML 模型有 1.5% 左右的提高，与试验结果更为接近。另外，

在流场细节以及典型参数沿径向分布的预测能力上,SA 模型也明显地优于 ML 模型。

上面比较了零方程模型与一方程模型的计算结果,下面比较一方程模型与两方程模型的计算结果,这里两方程模型选取 k-ε、k-ω 和 SST 模型。图 8.21 在 100% 设计转速下给出了几种湍流模型对 Rotor 37 特性的计算结果与试验数据的比较。数据用试验堵点流量进行了流量的无量纲化处理,试验测得的堵点流量为 (20.93 ± 0.14) kg/s。这几种湍流模型计算的设计转速下的堵点流量基本一致,总体来说,与试验值相差不到 1%。对于总压比的特性计算与试验结果吻合得都可以,其中 k-ω 模型的结果吻合得最好,其次是 SST 模型,SA 模型计算的不如前两种模型。对于效率特性计算与试验结果的比较,其中 SST 模型较为接近试验值,其次分别是 k-ω 模型、k-ε 模型,而效率最低的是 SA 模型。可以发现:这几种模型在高流量时效率的偏差较大,到了低流量时偏差变小。

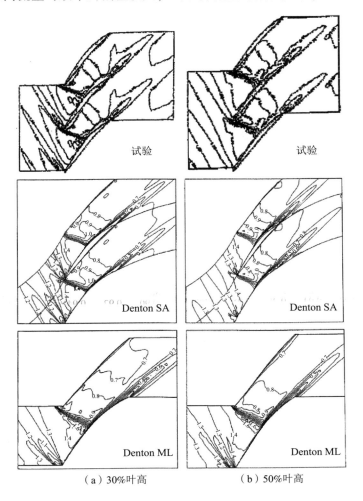

(a) 30% 叶高　　　　　　(b) 50% 叶高

第四篇 发动机高空性能的数值计算与实时性能寻优技术

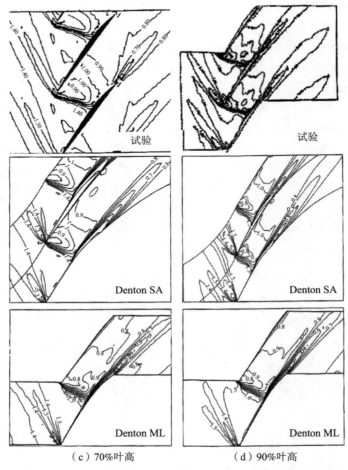

（c）70%叶高　　　　　　　　　（d）90%叶高

图 8.20　Rotor 37 在 98%堵点流量下不同叶高处相对马赫数等值线图计算结果与试验结果的对比

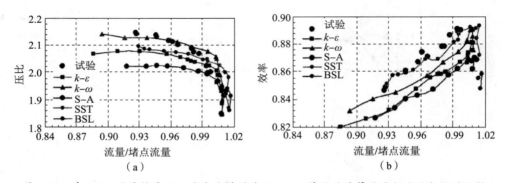

图 8.21　在 100%设计转速下几种湍流模型对 Rotor 37 特性的计算结果与试验数据的比较

第 8 章 高空流场的几种典型算法以及实时寻优模型

图 8.22 给出了 98%堵点流量时流场计算与试验在 30%、50%、70%和 90%

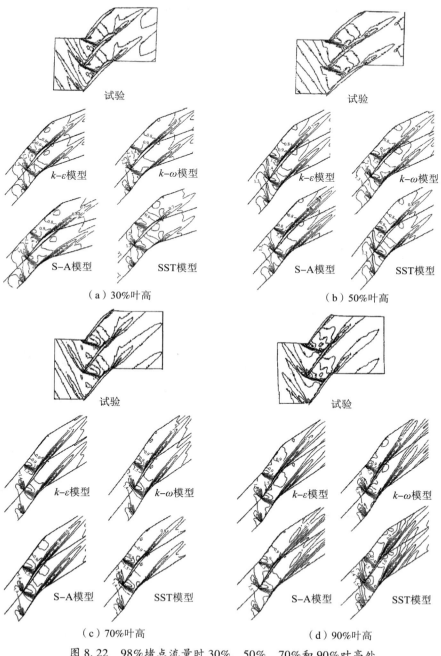

(a) 30%叶高 (b) 50%叶高

(c) 70%叶高 (d) 90%叶高

图 8.22　98%堵点流量时 30%、50%、70%和 90%叶高处
相对马赫数等值线图计算与试验结果对比

叶高处相对马赫数等值线图。对比不同叶高处等马赫数线的分布图可以看出，这几种模型的计算结果与试验都较吻合，激波出现的位置也与试验一致，只是计算捕捉的激波较宽。如果较细致地观察流场结构，SST 模型略接近于试验，其激波后的边界层最薄，叶片尾迹也最窄，而其他模型计算的尾迹较试验明显偏长。

为了进一步比较流场细节，图 8.23 给出了 98%堵点流量下轮毂与吸力面角区的三维流线图。从轮毂和吸力面构成的角区处的三维流线可以看到，这几个模型还是有很大差别，相比来讲，SST 模型和 k-ω 模型更接近实际，而且与文献 [290] 的角区模拟与分析较吻合。

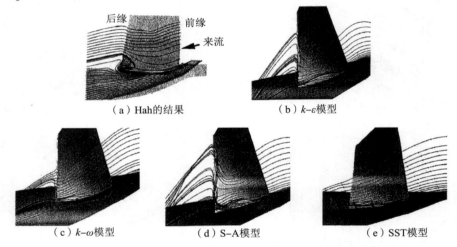

图 8.23　98%堵点流量下轮毂与吸力面角区的三维流线图对比

为了进一步比较非设计工况下各种湍流模型对叶轮机性能计算的能力，下面仍以 Rotor 37 为例分别对 60%和 80%设计转速下的特性进行了计算，如图 8.24 所示。在低转速下，k-ε 模型、k-ω 模型和 SA 模型计算得到的总压比与试验吻合得较好，SST 模型的计算结果略微偏高，但对效率的计算，SST 模型预估的相对较准确，在 80%转速下基本上与试验吻合在一起；在 60%转速下，其他几个湍流模型误差较大。

图 8.25 给出了 60%设计转速工况下不同湍流模型计算的出口总温、总压径向分布与试验数据的对比。总体来讲，几种湍流模型与试验数据都吻合的不错，相比 100%设计转速下，模型之间的差异有所减小，这可能与中低转速下叶片负荷降低、流场中剪切作用不是太强有关系。SST 模型计算出的总压比分布偏大，但同时 SST 模型计算出的总温也最高，这样综合二者使得绝热效率恰好与试验吻合得较好。

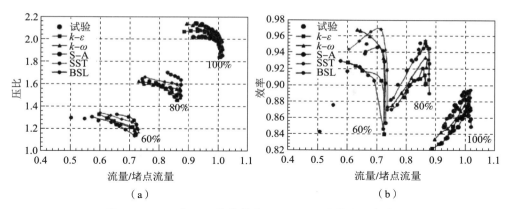

图 8.24　60%和 80%设计转速下 Rotor 37 的特性曲线对比

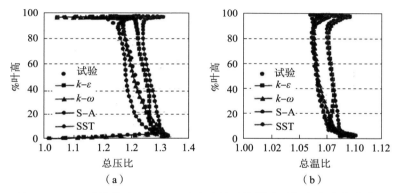

图 8.25　60%设计转速工况下不同湍流模型计算结果与试验结果的对比

综上所述，上面对 Rotor 37 用 ML 模型、SA 模型、k-ε 模型、k-ω 模型和 SST 模型进行了多种转速下的特性计算，并与试验数据进行了详细的对比分析。在特性计算方面，k-ω 模型对总压比特性的计算相对来讲它与试验吻合得最好，SST 模型对效率特性的计算相对于其他模型来讲，它与试验吻合得最好；在对流场特性细节的捕捉方面，上面几种一方程和二方程湍流模型与试验吻合得都不错；在对激波边界层的模拟和尾迹的模拟方面，SST 模型和 k-ω 模型更加接近于试验观测值；在对各个参数径向分布的计算上，虽然在数值上各个模型与试验都有一定差异，但参数的分布规律基本上与试验都保持着较高的相似性，这点对于数值计算来讲是至关重要的[291]。

在结束对 Rotor 37 算例讨论之前，还有两点是大家所关注的：①三维流场计算时，相关参数的收敛曲线如何？②如何由三维计算所求出的气动参数获取发动机的总体性能参数？

3) 流场迭代的收敛曲线

三维流场的数值迭代计算,需要给定流场的初场。初场只需给定进出口静压,再由绝热等熵条件下的滞止参数和静参数间的关系以及流量守恒定律,便可以得到一个较好的平均流场。在数值迭代计算中,一个好的初场对收敛迭代次数影响很大。在计算得到了一个流场解后,改变反压,从所得到的流场解出发进行计算。流场的收敛标准为残差下降四个数量级,进出口流量残差小于0.1%。图8.26给出了近最高效率工况点时在直接给定进出口静压之后确定的初场的情况下速度残差、进出口流量、绝热效率和总压比的收敛曲线。

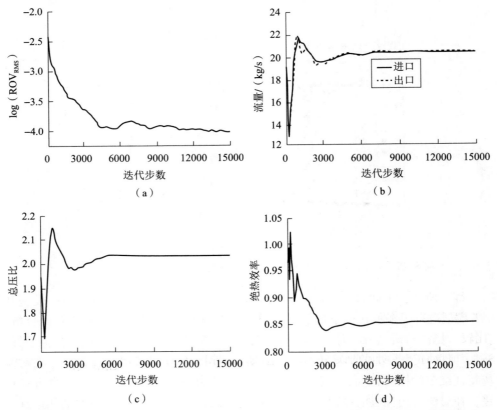

图8.26 Rotor 37转子近最高效率点计算速度残差、流量、总压比和绝热效率收敛曲线

4) 三维计算时发动机总体性能参数的确定

三维流场计算中,如何确定发动机性能的参数,是发动机性能评价时最为关注的。对于总压,通常采用能量平均加权的方法,而其他流场变量则采用流量加权平均,它们的表达式分别为

$$\overline{p_t} = \left[\frac{\sum_{k=1}^{N} (p_{t,k})^{\frac{\gamma-1}{\gamma}} \rho_k v_{x,k} (\Delta A)_{x,k}}{\sum_{k=1}^{N} \rho_k v_{x,k} (\Delta A)_{x,k}} \right]^{\frac{\gamma}{\gamma-1}} \tag{8.285}$$

$$\overline{q} = \frac{\sum_{k=1}^{N} q_k \rho_k v_{x,k} (\Delta A)_{x,k}}{\sum_{k=1}^{N} \rho_k v_{x,k} (\Delta A)_{x,k}} \tag{8.286}$$

式中：v_x 为沿轴向 x 的分速度；$(\Delta A)_x$ 为面积 ΔA 沿轴向 x 的投影；q 可以代表总温 T_t 或者周向分速 v_θ 等流场变量。

绝热效率的表达式为

$$\overline{\eta} = \frac{\left(\dfrac{\overline{p}_{t,\text{out}}}{\overline{p}_{t,\text{in}}}\right)^{\frac{\gamma-1}{\gamma}} - 1}{\dfrac{\overline{T}_{t,\text{out}}}{\overline{T}_{t,\text{in}}} - 1} \tag{8.287}$$

下面继续对流场的计算结果做进一步分析：

图 8.27 分别给出 Rotor 37 在 98%堵塞流量下吸力面边界层内的静压分布和极限流线图，图 8.28 分别给出在 98%堵塞流量下六个轴向弦长位置处法向截面（又称 S_3 面）上的等马赫线分布图，图 8.29 分别给出了 98%堵塞流量下、第 4 测量站处（图 8.17）计算得到的周向平均总压、总温、绝热效率、绝对气流角、切向速度与叶尖速度之比和静压的展向分布与试验数据的比较。总体来讲，计算结果与试验值符合得较好，但也有一些明显的误差，对于造成误差原因的分析，这里因篇幅所限不做讨论。

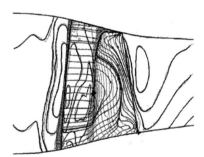

图 8.27 Rotor 37 在 98%堵塞流量下吸力面静压分布和极限流线图

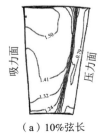

（a）10%弦长

（b）30%弦长

（c）50%弦长

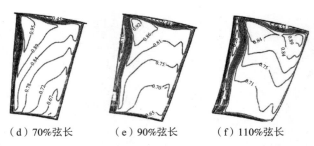

(d) 70%弦长　　(e) 90%弦长　　(f) 110%弦长

图 8.28　在98%堵塞流量下六个轴向弦长位置处法向截面上的等马赫线分布图

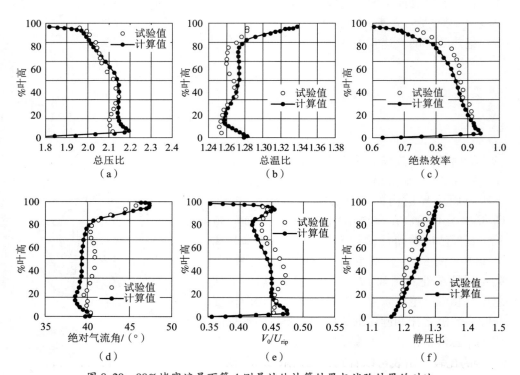

图 8.29　98%堵塞流量下第 4 测量站处计算结果与试验结果的对比

2. NASA Rotor 67 流场计算与分析

1）算例说明与网格设计

NASA Rotor 67（简称 R67）是 20 世纪 70 年代由 NASA Glenn 研究中心设计的双级风扇的第一级转子，早在 1992 年左右就对该转子进行过三维数值计算[292-293]。另外，还在 NASA Lewis 单级轴流压气机试验台上进行了激光测速以及气动参数的测量[294]，表 8.13 给出了该转子设计的基本参数，图 8.30 给出了 Rotor 67 流场测量的位置。Rotor 67 流场的计算域取为：进口与出口的 x 分别为

−100mm 与 180mm 处，叶片在−13.74mm~93.65mm，主流道的网格点数为 157×81×53（轴向×径向×周向），其中在叶片区轴向有 73 个网格点，叶片前后分别有 41 个与 45 个网格点；叶尖间隙区的网格点数为 73×17×21（轴向×径向×周向）；计算域总网格点约 70 万个，近壁网格进行了加密处理，从而保证所有近壁面第一条网格线的 y^+<5。图 8.31 给出了叶片表面及轮毂壁面的网格和子午面网格。

表 8.13 Rotor 67 转子的基本参数

参数名称		参数值
叶片数		22
设计转速/(r/min)		16043
设计流量/(kg/s)		33.25
设计压比		1.63
叶尖速度/(m/s)		429
设计转速下的叶尖间隙高度/cm		0.061
叶尖入口相对马赫数		1.38
叶根入口相对马赫数		0.72
展弦比（平均叶片高度/叶根轴向弦长）		1.56
叶中弦长/mm		93
稠度	叶根	3.11
	叶尖	1.29
叶尖直径/cm	进口	51.4
	出口	48.5
轮毂比	进口	0.375
	出口	0.478

2）性能计算的结果对比与分析

表 8.14 给出了 Rotor 67 的计算和试验堵塞流量的比较。由表可以看到，无论采用 ML 模型或者 SA 模型，计算结果都比试验值低，而采用 SA 模型的结果更接近试验值。采用 SA 模型时，得到的堵塞流量与试验值的相对误差约为 0.71%。对于 SA 湍流模型，文献［295］中给出了在内流方面更多的应用，可供感兴趣者参考。图 8.32 给出了近最高效率点工况下计算的速度残差、进出口流量比、绝热效率和总压比的收敛曲线。

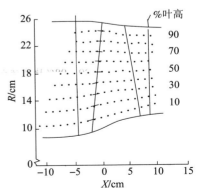

图 8.30 Rotor 67 转子计算域及流场测量位置

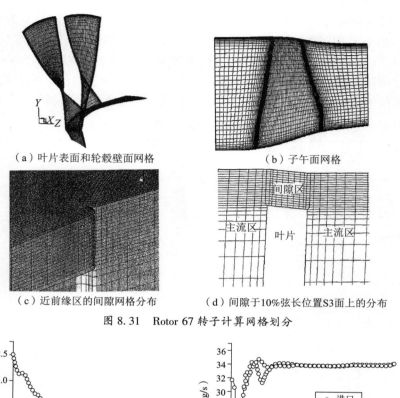

图 8.31　Rotor 67 转子计算网格划分

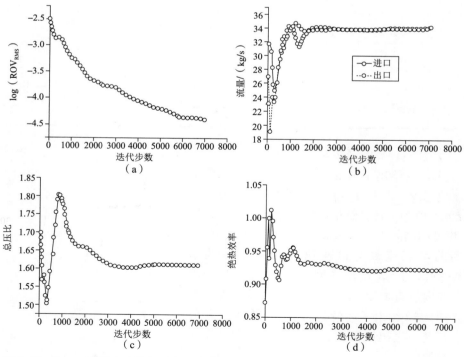

图 8.32　Rotor 67 转子近最大效率点计算速度残差、流量、总压比和绝热效率收敛曲线

图 8.33 给出了 100% 设计转速下 Rotor 67 的特性,其中横坐标是以试验堵塞流量作为参考的百分比流量,试验得到的堵塞流量为 (34.96±0.14) kg/s。由图 8.33 可以看出,计算得到的堵塞流量比试验值偏大,其中 k-ε 模型偏大 2% 左右,k-ω 模型、SA 模型、SST 模型偏大 3% 左右;对于总压比特性计算,几个湍流模型所得结果基本上与试验相当;对于效率特性计算,SST 模型相对于其他模型,它与试验值吻合得最好,尤其是效率的峰值点,基本上与试验相当。

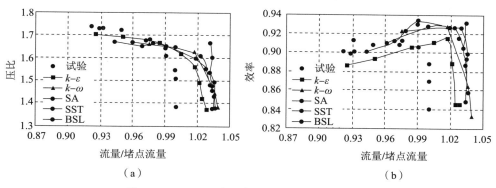

图 8.33 100% 设计转速下 Rotor 67 的特性曲线

图 8.34 分别给出了近最高效率点(又称近效率峰值点)和失速点工况下在第 2 个测量站处(图 8.30)周向平均总压、总温和绝对气流角沿叶高方向的分布。由图可知,在近效率峰值点处,总压与总温沿叶高的分布与试验基本吻合,各种湍流模型之间差异不大,仅是在近机匣与轮毂固壁两端的边界层内,有较明显的差异;对于气流角的模拟,几种模型的计算与实测略有差异,在 80% 叶高处最大偏离有 3°左右。对于近失速点状态的模拟,k-ε 模型较其他模型更接近试验值。尽管各种湍流模型的结果与实测值都存在着偏差,但从整体上看各模型的模拟结果基本反映了各参数的分布规律。

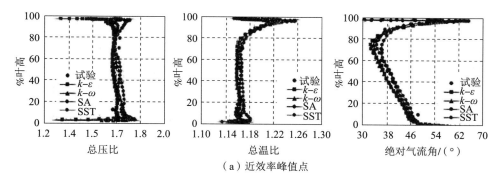

(a) 近效率峰值点

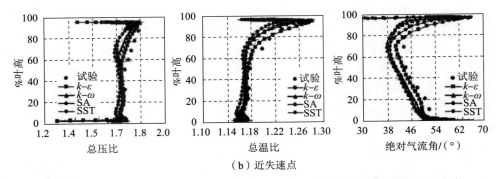

(b) 近失速点

图 8.34　近最高效率点和失速点工况下第 2 测量站处流场参数沿叶高方向的分布

图 8.35 给出了几种湍流模型在某计算机服务器上计算耗时的比较，纵坐标表示最大残差均方根的对数值，横坐标为 CPU 的工作时间。由该图可以看出，在计算达到同样的收敛标准所耗时间上，两方程模型比一方程模型略占优势；另外，从残差振荡幅度的角度看，SST 模型的计算稳定性更好。

3）流场结构计算结果的比较与分析

图 8.36 和图 8.37 分别给出了峰值

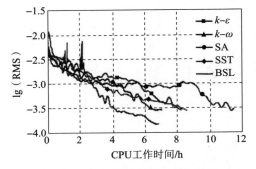

图 8.35　几种湍流模型耗时的比较

效率工况与近失速工况时不同叶高处相对等马赫线图的比较，以及采用不同湍流模型时的计算结果。由图 8.36 可以看出，直观地讲对激波结构和位置的模拟，几种湍流模型与试验结果基本吻合。在近轮毂 30% 叶高处，前缘吸力面出现局部超声区，经过一系列的弱压缩波后气流变为亚声速流，基本上这几种模型对压缩波的模拟是较为一致的，与试验也较吻合。在 70% 叶高处，试验测得叶片后缘发出一道 "λ" 结构的弓形激波并落在叶片吸力面 50% 弦长位置处，在其后紧跟着有一道通道激波，对此 $k\text{-}\varepsilon$ 模型和 SST 模型模拟的结果与试验更为接近。在 90% 叶高处，通道激波和弓形激波被推到了一起，对此 $k\text{-}\varepsilon$ 模型、$k\text{-}\omega$ 模型和 SST 模型都模拟出了这种现象。由图 8.37 可以看出，在近轮毂 30% 叶高处，几种湍流模型的计算基本上一致，与试验吻合较好。在 70% 叶高处，近失速点的弓形激波和通道激波就已经基本合为一体，并在叶片前缘形成了一道脱体激波，对此 $k\text{-}\varepsilon$、SA 和 SST 模型的计算与试验符合得都很好。在 90% 叶高处，$k\text{-}\varepsilon$、SA 和 SST 模型计算的通道激波基本上都垂直于叶片吸力面，而 $k\text{-}\omega$ 模型计算的激波与叶片吸力面的法向存在 10° 左右的夹角。

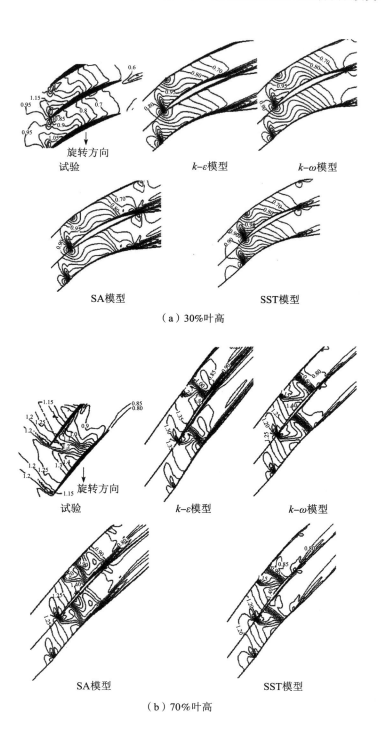

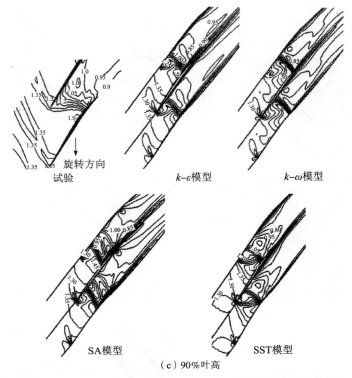

(c) 90%叶高

图 8.36 峰值效率工况时不同叶高处相对等马赫线图的比较

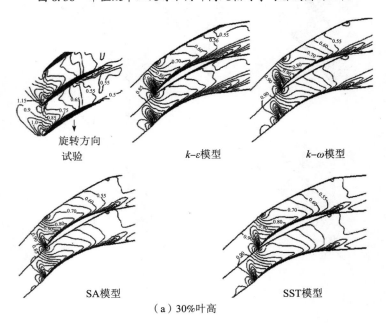

(a) 30%叶高

第 8 章 高空流场的几种典型算法以及实时寻优模型

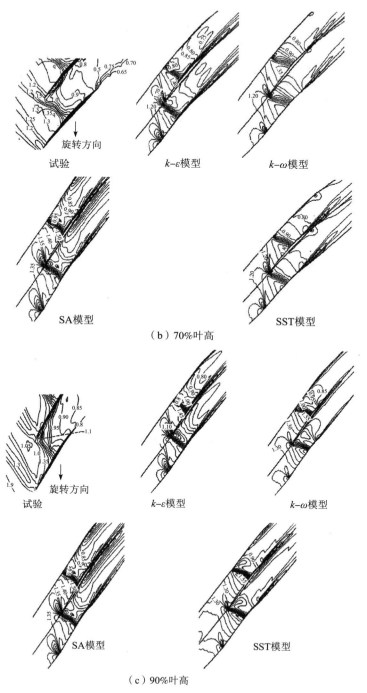

图 8.37 近失速工况时不同叶高处相对等马赫线图的比较

图 8.38 给出了近失速点工况在 5 个轴向位置处法向截面上的总压等值线分布图。由图可以看出，在 20%轴向弦长处，约 25%叶高的吸力面附近出现了一个低总压区，它应该是叶背前缘分离的结果。随后向下游发展，此低总压区逐渐沿叶背向上迁移，在到达 120%弦长截面时约位于 50%叶该位置处。另外，从 80%轴向弦长开始，向上迁移的低总压流团看上去有离开叶背的趋势。

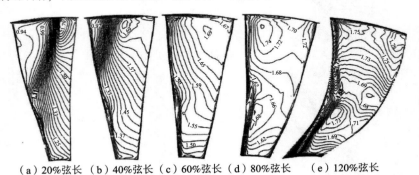

（a）20%弦长　（b）40%弦长　（c）60%弦长　（d）80%弦长　（e）120%弦长

图 8.38　Rotor 67 转子近失速点工况下不同轴向位置处法向截面上的总压等值线分布（每个图的左边为吸力面，右边为压力面）

图 8.39 分别给出了近最高效率点工况和近失速点工况时叶片吸力面静压等值线的分布以及极限流线的分布图。由图可知，在近最高效率点工况时，吸力面上的激波明显地呈"λ"形。边界层内的径向潜流主要发生在接近尾缘的部分区域，以及约 70%叶高以上的激波波后区域，在此之前，则基本上无有径向潜流。在近失速点工作状态下，激波前移，吸力面上激波约在 25%叶高处到达前缘。吸力面边界层内的径向潜流与近最高效率点工况的情况有明显不同：存在激波的叶高位置处在波后出现径向潜流，这与近最高效率工况类似，但在 25%叶高以下，流动在叶背前缘附近出现了分离泡，径向潜流则从分离区一直持续到尾缘，这种现象是近最高效率工况下没有的。分离泡的出现对应于流量减小所造成的攻角增大。此外，由图 8.39 还可以看出：①在近最高效率工况时，约 70%叶高以上的

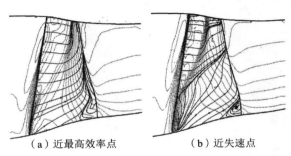

（a）近最高效率点　　　　　　　（b）近失速点

图 8.39　Rotor 67 转子吸力面压力分布及极限流线图

激波后出现了分离，而近失速点工况却没有出现分离；②在近最高效率工况和近失速工况时，叶根/吸力面角区都有分离存在，这与文献［296-297］中的结果是一致的。另外，压气机转子尖区间隙的流动也十分重要，这里因篇幅所限，本节未作讨论，感兴趣者可以参见文献［298］等。

8.8.3 多级压气机三维计算以及与试验值的比较

1. 性能计算及分析

压气机在级数较多时，进行全三维黏性流场计算是有一定难度的，尤其是当工况偏离设计点状态较多，叶片处于大的正攻角或者大的负攻角、分离区增大时，流场的计算往往需要很长时间，甚至根本无法获得收敛解。这里选用了文献［299］中的某四级风扇算例，扼要说明使用三维数值方法计算多级压气机流场时所呈现出的一些特点与规律，这对指导压气机的气动设计十分有益。

图 8.40 给出了使用两种方法（文献［299］中的方法与 NUMECA 商用软件）

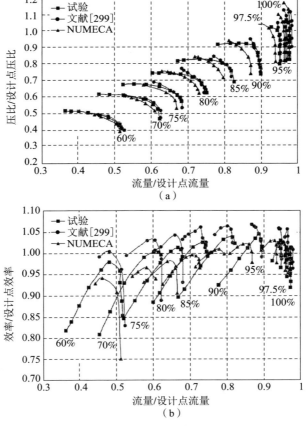

图 8.40　四级风扇特性曲线的计算结果与试验结果对比

第四篇　发动机高空性能的数值计算与实时性能寻优技术

计算获得的四级风扇（为便于下文叙述，将其简称为 FA1）特性曲线图，并与试验数据进行了比较。为便于下文的讨论，这里将上述两种方法分别称为方法 1（文献 [299]）与方法 2（NUMECA）。在图 8.40 中，黑方块代表试验值，黑圆点和黑三角分别代表使用方法 1 和方法 2 所获得的数值结果。图中的所有参数均进行了归一化处理，即流量、压比和效率均是与设计点的流量、压比和效率的比值。表 8.14 给出了四级风扇计算时所取的网格（采用了 H 型的网格），方法 1 采用的是 RANS 加 k-ε 湍流模型再加上壁面函数的一类研究方法，它在转子与静子交界面的处理方面采用的是多块法，即首先保证界面质量、周向动量、能量的通量守恒，其次尽可能保证界面的无反射性和较小的熵增；在此基础上结合 Holmes 方法[300]对掺混面方法进行了改进。由图 8.35 可以看出：在压比特性线方面，方法 1 得到的压比特性线与试验结果非常接近；相比方法 2 的结果，在各个转速（60%、70%、75%、80%、85%、90%、95%和100%）下方法 1 计算的压比的精度都相对较高；在效率特性曲线方面，两种方法与试验值相比误差较大，计算结果普遍偏高，方法 1 在最高效率点工况时能相差 4%，但总体反映的趋势上与试验接近；对于方法 2，计算得到的效率普遍偏低，但与试验值偏离的幅度与方法 1 基本相当。整个工况的最高效率点，两种方法均出现在 90%设计转速时在此工况为发动机的巡航状态，这对节约油耗有益。

表 8.14　四级风扇计算网格划分

	转子 1	静子 1	转子 2	静子 2
网格分布 （轴向×径向×周向）	81×31×25	73×31×25	73×31×25	73×31×25
	转子 3	静子 3	转子 4	静子 4
网格分布 （轴向×径向×周向）	73×31×25	73×31×25	73×31×25	81×31×25

从特性线图还可以看出，在高转速时，流量的变化范围很小，特性线非常陡，压比特性线一直处在上升的趋势；到了中低转速时，流量变化范围较大。在使用方法 1 完成算例计算时还发现：靠近失速点工况计算很难收敛，尤其是低转速情况时，收敛效果非常差，因此这样计算所获得的流量裕度明显地会低于试验值，使用方法 2 也有同样的感觉。目前，三维定常计算判定失速边界主要还是以计算崩溃发散作为失速的准则，这样做有时可得到比较接近实际的结果，但大多数情况，这样得到的结果会有较大的误差。另外，流量裕度偏小还与计算时参用的掺混界面方法有关，由于掺混界面法引入了周向平均，这相当于加入了非物理的黏性，从而将运动扰动的幅度减少，压气机的级数越多，加入的这种非物理的

黏性也就越多,得到的计算流量变化就越小。多排叶栅采用掺混界面方法对计算所带来的影响,在级数较少时可以忽略,但当级数较多时,这种影响是不可忽视的。

综上所述,多级计算有四个难点:①大攻角难算;②接近失速时难算;③掺混界面方法在多级使用时要慎重;④计算多级时赋初始流场也很重要。

2. 100%设计转速下流场的计算与分析

图 8.41~图 8.43 分别给出了四级风扇在 100%设计转速下各叶片排出口无量

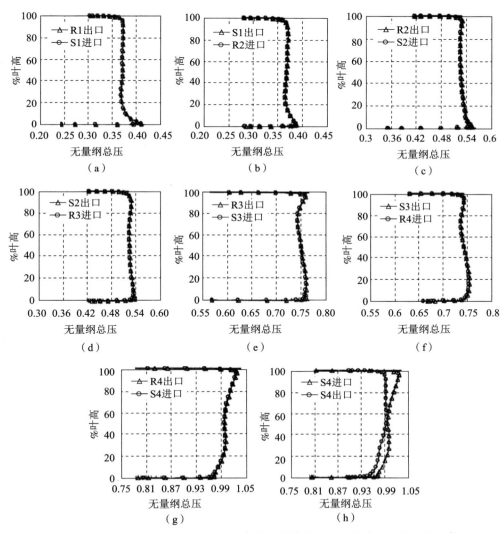

图 8.41　在 100%设计转速下四级风扇各叶片排出口无量纲总压沿径向的分布

纲总压、无量纲总温和绝对气流角沿径向的分布。由上述图中可以看到，各掺混界面前后，各参数的径向分布吻合得很好，基本上没有太明显的突跃出现。在第一级转子近叶根处，总压出现凹陷，说明第一级转子近根处的分离相对比较严重，但整个径向的总压变化较小；对于总温来讲，前两级的总温分布形状区别不大，仅在后两级的总温在叶片上半部的变化较明显；对于绝对气流角来讲，沿叶高基本上是轴向流出。

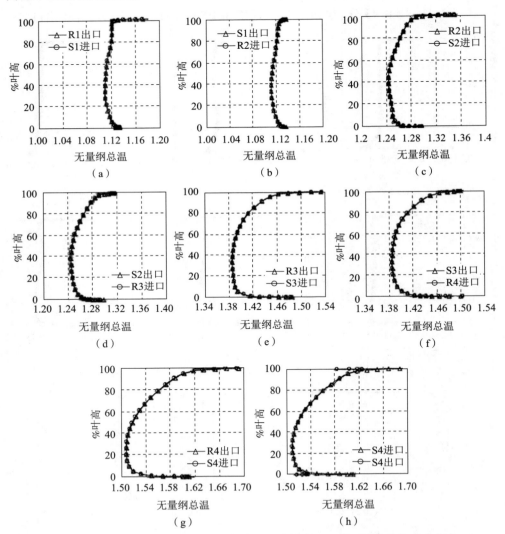

图 8.42 在100%设计转速下四级风扇各叶片排出口无量纲总温沿径向的分布

第 8 章 高空流场的几种典型算法以及实时寻优模型

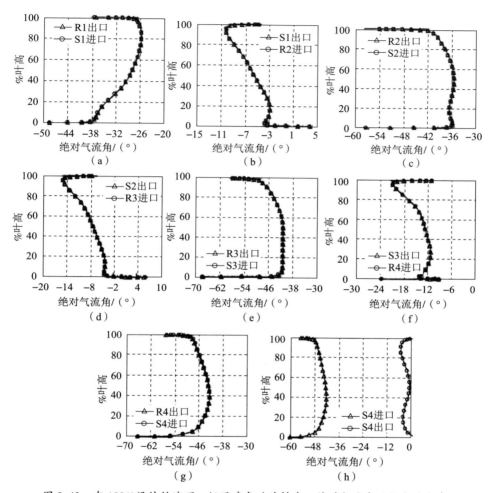

图 8.43 在 100%设计转速下四级风扇各叶片排出口绝对气流角沿径向的分布

图 8.44 给出了 100%设计转速下不同叶高处等马赫线的分布。由该图可以看出：从叶中开始第 1、2、3 级转子出现了正激波，到了叶尖就变得很强，最后一级转子中出现了比较弱的一道激波。第一级转子中的正激波位置靠近叶片尾缘位置，第 2 级和第 3 级转子的激波位置处于叶中偏后靠近尾缘，且激波与边界层作用并不明显，激波后并没有引起太大的分离，只是尾缘处有较小的分离存在。

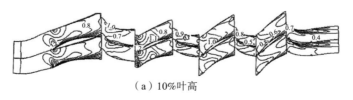

（a）10%叶高

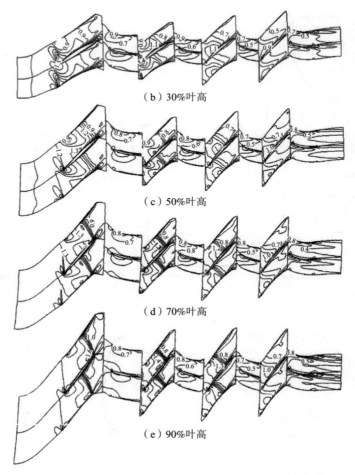

(b) 30%叶高

(c) 50%叶高

(d) 70%叶高

(e) 90%叶高

图 8.44　在100%设计转速下不同叶高处等马赫线的分布

图 8.45 给出了 100%设计转速下最后一排静子吸力面上的极限流线。由图可以看出，这时最后一排静子整个叶高位置上存在着分离，并且越靠近两端时分离区越大。而在低压比工况时，静子吸力面表面的流动状况非常好，随着压比的增加，流场首先在叶尖和叶根即叶片两端处开始出现分离，直到压比升高，分离出现在整个叶高。由此便不难推知：当数值计算靠近非稳定边界工况时，很可能是由于最后一排静子的复杂流场导致了计算稳定性的变差，使计算无法收敛。

图 8.45　在100%设计转速下最后一排静子吸力面上的极限流线

3. 非设计转速下流场的计算与分析

图 8.46 给出了 90%设计转速下不同叶高处等马赫线的分布。由图可以看出：与图 8.44 相比，90%设计转速下的通道激波强度要弱很多，第一级转子到了 70%叶高处才出现正激波，且激波位置比较接近 50%叶片弦长处；第二级到了 70%叶高出现激波且强度较弱，到了 90%叶高正激波强度加强，但仍然弱于第一级转子中的激波强度；第三级到 90%叶高才出现一道弱激波；而第四级转子中基本无激波出现，且超声区域很小。静子中的流动状态较好，最后一级静子并没有出现大的分离。

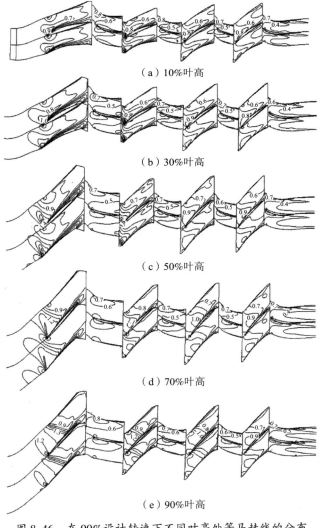

(a) 10%叶高

(b) 30%叶高

(c) 50%叶高

(d) 70%叶高

(e) 90%叶高

图 8.46　在 90%设计转速下不同叶高处等马赫线的分布

从图 8.47 也可看出，最后一排静子吸力面只是在近叶根和近叶尖靠叶片尾缘处才有分离出现，并且分离不严重。通道内比较大的分离出现在第一级转子中，从 10%叶高到 50%叶高分离区较大，而到了叶尖分离得到了控制。

图 8.48 分别给出了在 60%、70%、80%、90%和 100%设计转速下各级转子的绝热效率和静子的总压恢复系数沿径向的分布曲线。由该图可以看出：在低转速下，前面几级转子的效率和静子的总压恢复系数在叶尖部分存在较大的变化，基本上是陡然下降。在高转速下，最后一级静子的总压恢复系数沿着整个叶高的分布变化起伏较大，其他静子叶片在高转速下，总压恢复系数基本不变。上述变化趋势展示了一个重要现象，即压气机在偏离设计状态工作时，低转速下前面级的流动状态较差，不

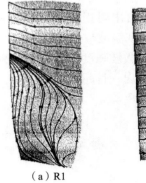

图 8.47 某四级风扇在 90%设计转速下第一级转子和最后一级静子吸力面极限流线

稳定工况往往发生在压气机的前面级，而到了高转速时则是压气机末级的流动状态较差，不稳定工况往往发生在压气机的后面级。因此，进行多级压气机的气动设计时，应该慎重考虑压气机的进口级和出口级，并且应有必要的处理措施。

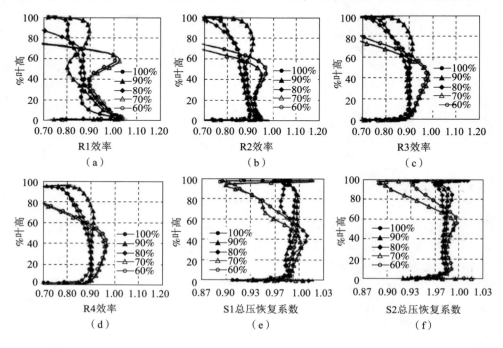

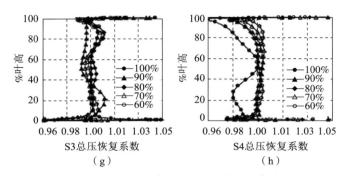

图 8.48 某四级风扇各叶片排的绝热效率（转子）、总压恢复系数（静子）的径向分布

8.8.4 高空低雷诺数下风扇/增压级气动设计的校核

在 8.8.2 节中，系统地计算与分析了 Rotor 37 和 Rotor 67 这两个国际上著名的压气机单转子算例；在 8.8.3 节又使用方法 1 和方法 2 系统地计算了多级压气机——四级风扇的三元流场，详细分析了多级压气机流场的气动特征，为多级压气机的气动设计奠定了理论上的基础。本节针对某风扇、增压级改型设计之后作三维流场的气动校核。对该风扇/增压级在 12km 高空，飞行马赫数为 0.6，折合转速分别为 100%、95% 工况，以及地面标准大气条件、折合转速分别为 80% 和 86.6%（以下简称 87%）工况时的特性，使用 8.8.3 节已校核过的方法 2 去完成三维数值计算获得相应的曲线特征。

1. 设计指标与设计思路

这里所讨论某风扇/增压级是用作高空长航时无人机的动力，设计点为：高度 $H=12{\rm km}$，飞行马赫数 $Ma=0.6$ 的飞行巡航状态，以及地面起飞 $H=0{\rm km}$、$Ma=0.0$ 的最大状态。设计思路是：风扇/增压级气动设计以二维设计为基础、以三维数值特征来验证和优化设计体系，其主要框如图 8.49 所示。设计分两个阶段，即初步阶段和详细设计阶段。在初步阶段，主要以工程需要为背景，确定满足发动机要求的压气机级数以及级压比和级效率的分配，确定单位迎风流量和质量流量，所采用的是流线曲率管流法；初步叶片选用则采用解析造型方法。详细设计阶段主要包括流线曲率通流计算、任意叶片造型、堵塞检查、三维流场数值分析与叶片优化和强度、振动、喘振验算等，并进行反复调试。最终还需要进行三维数值模拟进行失速裕度的计算，以及发动机特性线的计算。叶片叶型的造型设计主要依赖于中心 S_{zm} 流面的气动计算结果以及已有的经验或试验数据。在叶片造型方面 Wennerstrom 发展了很好的任意造型的方法[301-302]，可供感兴趣者参阅。

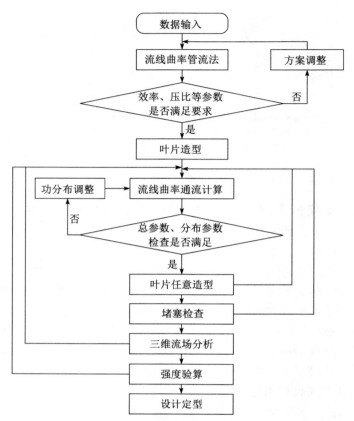

图 8.49 某风扇/增压级的优化设计体系框图

在设计过程中,为了使外涵道具有较高的效率和一定的失速裕度,风扇转子常设计成有一定的前掠。另外,由叶尖切线速度的限制,增压级的级压比不能设计得太高[303]。在叶片的"扭向规律"设计中,注意了去满足一些经验的设计准则,如转子叶尖 D 因子、静子叶根 D 因子、静子叶根进口马赫数、转子叶根出口相对气流角、转子叶尖子午速度比、转子静压分布特征、静子静压分布特征等。经过设计去调整与确定各转子内部、各静子内部环量 ($V_{\theta y}$) 沿流向和展向功大的分布。流向和展向功的分布直接影响气流角的分布。用 7.50 给出了风扇/增压级方案设计的流道图。表 8.15 给出了通流设计内外通道性能参数,图 8.51 给出了风扇进口与出口处相对马赫数沿展向的分布。注意表 8.15 的数据均是相对于设计点的对应参数,进行了无量纲化处理。此外,通流设计计算得到的各叶片排的 D 因子均小于 0.5,这说明设计中各叶片排的扩压能力均未达到一个高的状态。

第 8 章 高空流场的几种典型算法以及实时寻优模型

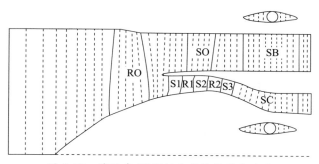

图 8.50 某风扇/增压级方案设计的流道图

表 8.15 风扇/增压级通流设计总性能的结果

	内涵（包括风扇的内涵和增压段）	外涵（包括风扇外涵部分和外涵静子）
物理流量	0.916	1.030
总压比	0.990	0.993
总绝热效率	0.975	1.011

2. 三维的计算结果与分析

三维计算共生成 147.754 万个网格，并用方法 2 计算，图 8.52 给出了风扇/增压级内涵的特性曲线，表 8.16 给出了内涵性能特性的需求与三维数值模拟的结果。图 8.52 中，C80、C87、C95 和 C100 分别代表转速为 80%、87%、95% 和 100% 时内涵的参数。设计的成功与否应取决于风扇/增压级设计需求的最大巡航状态和地面起飞状态是否匹配在高效区。从总体匹配的结果看，起飞

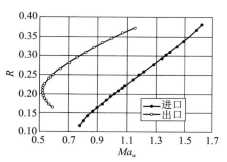

图 8.51 风扇进口与出口处相对马赫数沿展向的分布

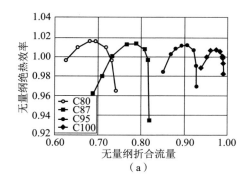

(a)

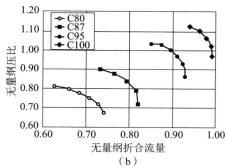

(b)

图 8.52 某风扇/增压级内涵的特性曲线

状态匹配的得很好,而巡航状态却匹配在低效率区,因此进一步设计工作时需要稍提高内涵的流速,使风扇/增压级与涡轮的匹配点达到高效率区[304]。

表 8.16 某风扇/增压级内涵性能特性需求与计算结果

		总体性能需求	设计结果
12km、$Ma=0.6$、100%折合转速	内涵物理流量	1	0.990
	内涵折合流量	1	0.990
	涵道比	1	1.031
	内涵压比	1	1.003
	内涵绝热效率	1	0.998
	峰值效率		1.008
	失速裕度	≥1	1.124
0km、$Ma=0$、86.6%折合转速	内涵物理流量	1	4.037
	内涵折合流量	1	1.037
	涵道比	1	0.998
	内涵压比	1	1.043
	内涵绝热效率	1	0.991
	峰值效率		0.997
	失速裕度	≥1	1.909

图 8.53 给出了外涵的折合流量与效率以及折合流量与压比的特性曲线图,表 8.17 给出了外涵特性需求与三维数值模拟的结果。图 8.53 中,B80、B87、B95 和 B100 分别代表80%、87%、95%和100%时外涵的参数。另外,表 8.16 中的数据均是相对于设计点的对应参数,做了无量纲化处理。由图 8.53 与表 8.17 可以看到:数值计算得到的峰值效率在87%以上的折合转速均高于早期给定的设计值;巡航状态100%折合转速的峰值效率达到设计点给定的要求的 1.02 倍,而95%折合转速的峰值效率高达 1.044 倍。

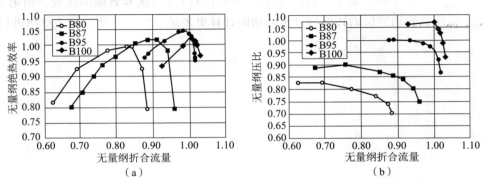

图 8.53 某风扇/增压级外涵折合流量与效率以及折合流量与压比的特性曲线

表 8.17　某风扇/增压级外涵性能特性需求与计算结果

		总体性能需求	设计结果
12km、$Ma=0.6$、100%折合转速	外涵物理流量	1	1.021
	外涵折合流量	1	1.021
	涵道比	1	1.031
	外涵压比	1	0.999
	外涵绝热效率	1	1.001
	峰值效率		1.020
	失速裕度	≥1	1.138
0km、$Ma=0$、86.6%折合转速	外涵物理流量	1	1.035
	外涵折合流量	1	1.035
	涵道比	1	0.998
	外涵压比	1	0.967
	外涵绝热效率	1	1.008
	峰值效率		1.008
	失速裕度	≥1	2.887

8.9　高压涡轮三维 CHT-AGSHT 算法的试验校核以及流场分析

本节着重讨论流/热耦合（CHT）与 AGSHT（Abu-Ghannam 和 Shaw 代数转捩模型（AGS）和高阶精度湍流（HT）模型相结合）杂交算法的校验问题。随着高性能发动机的发展，涡轮部件的性能研究格外引起设计者的关注。与压气机不同，涡轮部件是发动机热端部件，它的工作环境很恶劣、气动设计也要求极高。在第 7 章对 HL/UHL 低压涡轮边界层的基本特性与机理进行了系统的研究与分析，本节更多的是偏重于涡轮流场的三维计算以及与试验数据的比较，而第 7 章中低压涡轮边界层的转捩与分析问题的计算更多是二维。另外，第 7 章所进行的尾迹扫掠试验更多是气流绕过圆柱产生尾迹去扫掠下游的叶片排，而本节所进行的单级/多级涡轮流场是真实流动，因此对它进行三维流场计算难度会更大。此外，在传统的涡轮热端部件温度计算的方法中，往往先通过经验公式计算其热边界层条件，然后采用有限元方法计算温度场。随着 CFD 技术和计算机的飞速发展，如今多采用流/热耦合（共轭传热）方法进行全三维耦合计算。流/热耦合计算方法与 AGSHT 相结合，在计算域中同时包括流体域和固体域（如涡轮叶片），并且在流体域中求解 RANS 方程，在固体域中求解傅里叶热传导方程，然后在流-固交界面上交换温度和热流量的信息，因此这种方法涉及流动与传热的复杂过程，而且能够避免使用一些经验公式，使得求解的问题更加逼近实际物理现象且提高了计算效率。

本节采用了以试验为主、以三维算法为辅的研究策略。在选择算例时，采用先易后难，先对无内部冷却的瑞士 LISA 1.5 级轴流高压涡轮和无低压导叶的对转涡轮（一级高压涡轮级和一个低压涡轮转子，简称 1+1/2 对转涡轮）进行计算与分析，再对有内部气冷的 NASA Mark Ⅱ 高压涡轮叶片进行三维 CHT-AGSHT 算法的计算并与试验数据进行比较。因此，本节的算例有别于第 7 章（主要研究低压涡轮吸力面边界层的转捩与分离问题），这里选取的是单级或多级高压涡轮的流场，均属于三维定常或者非定常的计算，而且考虑了高压涡轮气冷叶片的换热以及吸力面与压力面边界层的转捩。另外，从数值方法的角度讲，这里采取了 CHT 基本计算（如 8.9.1 节中的 CHT 算法）和较高精度的代数湍流模型杂交融合算法（如 8.9.3 节的 CHT-AGSHT 方法），并且给出了几种湍流模型中模型参数的取值范围。本节最后还讨论不同湍流模型对涡轮流动与换热问题所产生的影响。

8.9.1 瑞士 LISA 高负荷涡轮的初步计算与校核分析

1. 三个方面的计算安排和边界条件的给法

选取瑞士联邦工学院的 LISA 1.5 级高负荷、低展弦比的 1.5 级轴流涡轮。该涡轮无冠，轮毂和机匣均为等半径设计，涡轮设计采取了内冷式高压燃气涡轮，因此叶片有较大的前缘半径和叶片厚度，转子叶尖间隙高度为 1% 叶高（0.68mm），第一级导叶、动叶和第二级导叶（下文分别简称为导叶 1、动叶 1 和导叶 2）的几何尺寸和气动参数见表 8.18，涡轮级设计参数见表 8.19，它属于亚声速流动的高压涡轮。

表 8.18 LISA 1.5 级轴流涡轮各叶片排几何和气动参数

参数	导叶 1	动叶 1	导叶 2
叶片数	36	54	36
叶高 H/mm	70	70	70
叶中弦长 C/mm	80.88	59.72	85.50
叶中轴向弦长 C_{ax}/mm	49.71	46.83	72.04
叶中节距 T/mm	63.7	42.5	63.7
叶中进口构造角/(°)	0.0	52.4	-35.4
叶中出口构造角/(°)	72.0	-66.6	66.0
展弦比 H/C	0.87	1.17	0.82
稠度 C/T	1.27	1.41	1.34
出口平均马赫数	0.54	0.50	0.48
雷诺数（基于叶中弦长和出口相对速度）	7.1×10^5	3.8×10^5	5.1×10^5

表 8.19　LISA 1.5 级轴流涡轮设计状态参数（试验测量结果）

1.5 级涡轮	
转子转速/(r/min)	2700
压比（1.5级，总对静）	1.60
进口温度/℃	55
进口总压/bar	1.4
流量/(kg/s)	11.70
功率/kW	292
轮毂/机匣直径/mm	660/800
第一级涡轮	
压比（第一级，总对总）	1.35
反力度	0.39
负荷系数（$\Delta h/U^2$）	2.26
流量系数（V_{ax}/U）	0.56

为便于对该涡轮级进行细致的数值模拟研究，这里主要进行了三方面的计算工作：①对 1.5 级涡轮进行非定常数值模拟，其目的是便于与非定常试验结果进行比较，验证计算结果的可靠性；②完成由动叶 1 与导叶 2 两排叶片组成计算域的非定常数值模拟，其目的是排除导叶 1 出口尾迹和二次流等对动叶 1 的非定常影响；③单独对动叶 1 的流场进行数值模拟，其目的是与②的时均结果比较，因此在进行③计算时，应使得③与①动叶 1 的进出口膨胀比相同。

为便于非定常计算，将 1.5 级涡轮级叶片数 36∶54∶36 简化为 2∶3∶2，即导叶 1、动叶 1 和导叶 2 分别有 2 个、3 个和 2 个通道。非定常计算时，动叶 1 经过两个静子通道的一个周期时间内设定 60 个物理时间步。计算网格布局如下：对于①计算来讲，如图 8.54（a）所示的三块计算网格（沿轴向、展向和周向）分别为 121×61×69、109×77×57 和 125×61×69，其中动叶 1 叶尖间隙的展向网格数为 17，在叶尖和机匣附近进行了加密，并且满足离壁面第一层网格线的 y^+ 值均小于 2；对于②计算来讲，如图 8.49（b）所示的两块计算网格（沿轴向、展向和周向）数分别为 125×81×57 和 125×61×69，动叶 1 叶尖间隙展向网格为 21；对③计算来讲，网格布局保持动叶 1 的进口段和动叶 1 的通道部分不变，只是将动叶 1 出口段向后适当延长。

进口边界给定总温、总压和气流角。对于①计算来讲，总温为 329.2K；轴向进气，总压的分布根据试验测得的进口边界层分布进行了一定的修正；出口给定界面平均静压值。对于②计算来讲，将①计算得到的非定常结果得到时间平

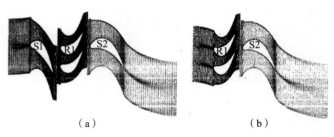

图 8.54 LISA 1.5 级轴流涡轮计算网格划分

均,取动叶 1 进口的绝对总温、总压和气流角的周向平均值作为新的进口边界条件,进口边界向上游延伸至距动叶 1 前缘为 1 倍轴向弦长的位置。对于③计算来讲,在②计算域的基础上,将动叶 1 出口边界向下游延伸至距动叶 1 尾缘约 1.5 倍轴向弦长位置;在计算过程中,调整出口背压,使得动叶 1 进出口膨胀比与②计算相同。上述①、②、③三个计算的进口湍流度均取为 5%,另外,交界面处理定常计算时采用掺混面方法,非定常计算时采用插值方法。非定常计算采用 1991 年 Jameson 提出的双重时间步 (dual-time stepping) 方法,即分两层推进,外推进沿物理时间方向,内层推进沿虚拟时间方向。当流场在虚拟时间方向上迭代至收敛时,就得到了当前物理时间步下的非定常流场解。由于计算沿物理时间是隐式推进,沿虚拟时间是显式推进,因此保证在时间精度的前提下,物理时间步可以取得较大。此外,在虚拟时间方向上进行显式推进求解时也可以使用在定常数值计算中已得到成功应用的加速算法,如多重网格法、当地时间步长法等,以此保证较高的计算效率。非定常计算时所采用的湍流模型为 SST 模型,求解主方程组为雷诺平均的 Navier-Stokes 方程组。

2. 瑞士 1.5 级高负荷涡轮计算与试验的比较

表 8.20 给出 1.5 级涡轮的非定常计算结果(总的性能参数)与试验的比较。由表可以看出,各叶片排进出口的参数与试验结果都吻合得较好。图 8.55 给出了导叶 1 上游进口马赫数周向平均值沿叶高的分布曲线(图中纵坐标 h/H 为叶高的无量纲值)。由图中可以看出,计算结果与试验值吻合较好。图 8.56 给出了导叶 1 出口(距离尾缘 15% 轴向弦长处)气流角周向平均值沿叶高的分布曲线。由图中可以看出,计算得到的气流角分布趋势与试验结果相似,仅在 80% 叶高以下的区域有偏差,差别均小于 2°。图 8.57 给出了动叶 1 出口处(距尾缘 15% 轴向弦长)相对气流角周向平均值沿叶高的分布曲线。由图中可以看出,在 0%~70% 叶高之间计算与试验值吻合得很好。这里还应指出,影响动叶 1 出口流场非定常的主要因素有导叶 1 出口的尾迹和二次涡等以及导叶 2 前缘的位势(potential flow)作用。对此,下面还会进一步讨论与分析。

第 8 章 高空流场的几种典型算法以及实时寻优模型

表 8.20 瑞士 1.5 级涡轮总体性能参数的非定常计算结果与试验的比较

	试验结果	计算结果
1.5 级涡轮总膨胀比（总对静）	1.6	1.6
第 1 级涡轮膨胀比（总对总）	1.353	1.352
流量/(kg/s)	11.7	11.78
第一级涡轮效率	0.91	0.906
进口温度/℃	55	55
导叶 1 出口相对马赫数	0.54	0.545
动叶 1 出口相对马赫数	0.50	0.50
导叶 2 出口相对马赫数	0.48	0.478

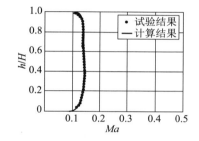

图 8.55 导叶 1 上游进口马赫数周向平均值沿叶高的分布曲线

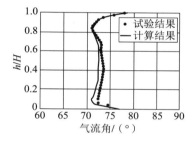

图 8.56 导叶 1 出口气流角周向平均值沿叶高的分布曲线

3. 导叶 2 位势作用对动叶 1 流场的影响

本小节将比较动叶 1 与导叶 2 的非定常计算（②计算，以下将这样得到的计算结果简称有导叶结果）和单独对动叶 1 进行非定常计算的结果（①计算，以下将这样得到的计算结果简称无导叶结果），去分析导叶 2 前缘的位势作用对动叶 1 出口端区损失的影响。表 8.21 给出了无导叶和有导叶计算结果总参数的比较。由表可以看出，两者在膨胀比相同的条件下，计算出的流量和效率基本相同（差别都小于

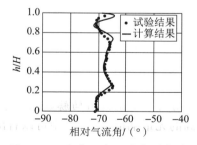

图 8.57 动叶 1 出口处相对气流角周向平均值沿叶高的分布曲线

0.1%），这表明导叶 2 的非定常位势作用对动叶 1 出口的总性能参数基本上没有影响。图 8.58 给出了无导叶和有导叶计算时动叶 1 的根、中、尖部表面静压分布，这里根、中、尖部分别指 10%、50% 和 90% 叶高处。由图可以看出，在无导叶与有导叶计算时，所得到的动叶 1 表面的压强分布几乎完全相同，这就说明导叶 2 的位势作用对动叶 1 表面压强分布（在时均时）没有影响。图 8.59 给出了

无导叶和有导叶计算时，所得到动叶 1 出口相对气流角 θ 和熵增 ΔS 时均结果的周向平均值沿叶高的分布曲线。由图中可以看出，导叶 2 的位势作用对动叶 1 出口时均结果的周向平均值分布也没有明显的影响。

表 8.21　无导叶和有导叶工况总参数计算结果的比较

参数	无导叶	有导叶
动叶进出口膨胀比	1.338	1.338
流量/(kg/s)	11.821	11.813
动叶效率	0.9319	0.9317

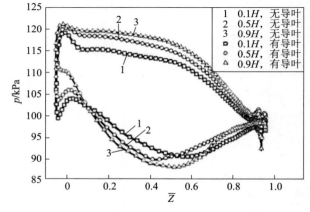

图 8.58　动叶 1 根、中、尖表面静压分布

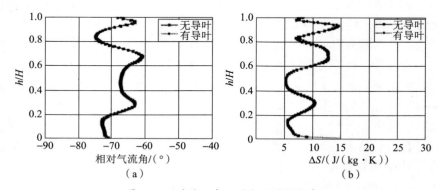

图 8.59　动叶 1 出口周向平均值分布

下面对有导叶非定常计算瞬时的结果进行分析。在图 8.54 和图 8.55 的时均结果分析时，得出了下游导叶 2 的位势作用没有明显改变动叶 1 出口时均结果总性能的结论。由于叶片排之间的相对运动，下游导叶的位势场会引起动叶出口通

第8章 高空流场的几种典型算法以及实时寻优模型

道涡和泄漏涡的分布随时间变化,也会导致动叶出口流动损失的非定常变化,从而影响不同瞬时涡轮部件性能的变化。因此,研究下游非定常位势场对动叶不同瞬时时刻流动的影响是非常必要的,并且具有十分重要的意义。图 8.60 给出了非定常结果在一个周期内动叶 1 表面静压最大值(瞬时)、最小值(瞬时)和时均值的分布曲线。由该图可以看出,受下游导叶非定常位势作用的影响,动叶表面静压分布存在着波动,但不同叶高位置的脉动量相差不多,其中动叶吸力面的脉动量比压力面略微大一些。可以发现:从动叶尾缘到前缘,位势作用的影响逐渐减弱,到动叶的前缘附近静压的脉动基本上消失。

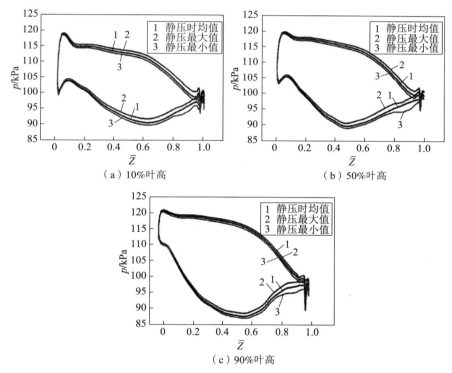

图 8.60 动叶 1 表面静压最大值、最小值和时均值的分布

用 8.61 给出了动叶 1 出口界面熵增 ΔS 和效率平均值随时间的变化曲线,图中给出了熵增以及效率的最大与最小值,其中熵增的最大与最小值之差占平均值的 27.8%,效率随时间的脉动量达到 2.65%。另外,分析动叶不同叶高位置的静压和熵增分布时空图可知:转子出口性能的周期性变化主要源自下游位势作用对转子端区二次流涡系的非定常影响。此外,上游尾迹的非定常效应使得涡轮出口通道涡的损失减少,气流角分布得到改善,这对提高涡轮端区流动性能有利;同时上游尾迹在通道的传播又产生了附加的非定常损失。总之,导叶 1 的尾迹和导

叶2的位势作用都会对动叶1的瞬时流动产生影响，全面地弄清楚其中的作用机理对进行高负荷涡轮的设计是十分必要的。

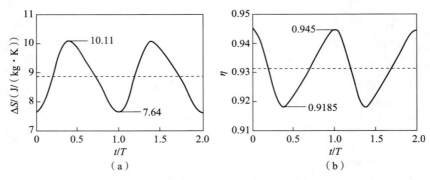

图8.61　动叶1出口截面熵增及效率平均值随时间的变化

8.9.2　某型1+1/2对转涡轮非定常计算与对转涡轮的流动特征

8.9.1节讨论的是亚声速的涡轮级，对于高负荷跨声速涡轮级内部的非定常流动与亚声速相比就更加复杂，这时往往会有导叶尾缘激波和动叶尾缘激波存在，它们都会对转子端区二次流产生影响，其中动叶尾缘激波对自身二次流损失的影响较小，而导叶尾缘激波的非定常作用引起了转子叶片前部产生强烈的非定常脉动，改变了通道中马蹄涡压力面分支的传播规律，从而影响转子通道涡的发展。下面以无低压导叶的对转涡轮为例，研究对转涡轮内部的非定常流动。

1. 算例说明与算法简述

算例选用无低压导叶的某型1+1/2对转涡轮（含高压静子、高压转子和低压转子），其叶片数分别为34、26和32，高压转子和低压转子转速分别为36000r/min和30000r/min，高压导叶、高压动叶和低压动叶出口雷诺数分别为$3.7×10^5$、$5.4×10^5$和$3.7×10^5$（该值是由出口相对速度和50%叶高处轴向弦长计算的）；高压动叶和低压动叶叶尖间隙均为0.3mm，分别占0.81%叶高和0.67%叶高。

为简化计算，非定常计算时将高压静子和转子的叶片数有34和36调整为32和24，这样计算域的叶片数就可简化为4:3:4，同时为使得叶片堵塞度的一致性，将高压导叶和动叶尺寸均按相应比例进行了缩放。数值方法采用有限体积法，时间离散采用四阶龙格-库塔法，湍流模型用SA模型。定常计算时，交界面采用掺混面方法；非定常计算仍采用双重时间步方法，交界面处理信息传递采用插值方法。非定常计算一个周期设定80个物理时间步。计算时，进口边界给定总温、总压和气流角，进口轴向进气，进口湍流度为5%，出口给定截面平均静压值；计算工质的热物性采取了由油气比计算变比热燃气模型的方法。计算网格总数约为345万，其中高压导叶25万，高压动叶30万，低压动叶38万。以

第 8 章 高空流场的几种典型算法以及实时寻优模型

高压动叶为例，轴向、展向和周向网格数为 133×53×43。图 8.62 给出了子午流道的示意图。同样，为满足湍流模型的要求，距离壁面的第一层网格的 y^+ 值均小于 2。

图 8.62 无低压导叶的 1+1/2 对转涡轮子午流道的示意图

2. 定常与非定常时均结果的比较

图 8.63 给出了非定常计算中流量的相比值随物理时间步的变化，图 8.64 给出了最后三个周期的流量时均结果总参数的比较。在保证定常结果和时均结果总膨胀比基本不变的条件下，时均结果的高压级膨胀比减小，低压段膨胀比增大，出功比减小；时均结果高压级功率增大，低压级功率减小，总效率约减小 0.44%；在时均结果与定常结果流量基本相同时，总功率减小 0.64%。总的来说，非定常时均结果比定常结果的性能略差（表 8.22）。

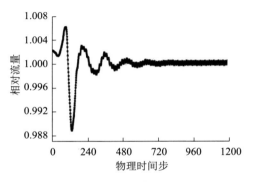

图 8.63 非定常计算中相对流量随物理时间步的变化

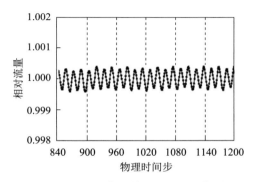

图 8.64 非定常计算后 3 个周期相对流量随物理时间步变化

表 8.22 定常和非定常时均结果总参数对比

算例		定常结果	非定常时均结果
膨胀比	高压级	1.9501	1.9304
	低压级	1.5602	1.5744
功率/kW	高压级	986.54	979.23
	低压级	604.81	601.98
效率	高压级	0.8988	0.9054
	低压级	0.9304	0.9084
总膨胀比		3.0424	3.0393
总功率/kW		1591.35	1581.21
总效率		0.9166	0.9122
出功比		1.631	1.627

图8.65给出了定常结果与非定常结果时各叶片排根部（10%叶高）、中部（50%叶高）和叶尖（90%叶高）处等熵马赫数的分布。

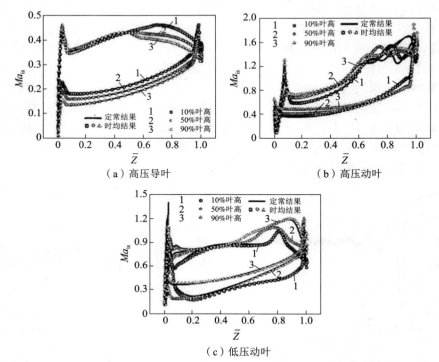

（a）高压导叶　（b）高压动叶　（c）低压动叶

图8.65　各叶片排根部、中部和叶尖处等熵马赫数分布的定常及非定常计算结果

等熵相对马赫数定义为

$$Ma_{is} = \sqrt{\frac{2}{\gamma-1}\left[\left(\frac{p_{ref}}{p}\right)^{\frac{\gamma-1}{\gamma}} - 1\right]} \quad (8.288)$$

式中：p为当地静压；p_{ref}为叶片排进口相应叶高处的相对总压值。

由图8.65可以看出，相对高压导叶时均结果与定常结果负荷的分布来讲，它们几乎完全相同，这说明非定常效应对高压导叶的负荷分布基本上没有影响。对于高压动叶大部区域负荷分布来讲，也没有变化，仅仅是在吸力面60%～100%轴向弦长区域内负荷分布才存在较明显的变化。在这一区域里存在着各种波系，流动也比较复杂，想要正确地捕到高压动叶流场中的复杂激波系，需要使用高精度、高分辨率的差分格式，要进行较精细的非定常流场计算。对于低压动叶负荷的分布来讲，它们受非定常效应的影响较小，仅仅在叶片的前部存在较小的变化。

图8.66给出了沿叶高各叶排出口相对马赫数周向平均值的分布。从该图可

以看出：高压导叶出口马赫数的周向分布，定常结果和时均结果几乎没有差别，这表明高压导叶出口马赫数的分布受非定常效应的影响很小。对于高压动叶来讲，图中已显示出非定常效应使得高压动叶出口的相对马赫数明显减小，这表明在非定常条件下，高压动叶中气流的膨胀加速能力下降，出口相对马赫数降低会引起下游低压动叶进口攻角的减小。对于低压动叶来讲，时均结果在叶根和叶尖附近相对马赫数变化较大，这说明端区二次流和叶尖泄漏流的非定常效应比较明显。

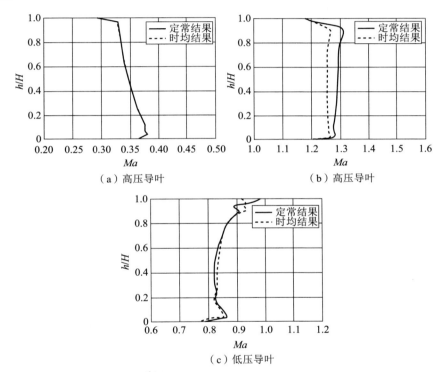

图 8.66　各叶排出口相对马赫数周向平均值沿叶高的分布

图 8.67 依次给出了高压导叶和高压动叶气流相对出气角及低压动叶气流绝对出气角的周向平均值沿叶高的分布曲线。图 8.68 给出了某型 1+1/2 对转涡轮叶型的示意图。图 8.69 给出了 1+1/2 对转涡轮的速度三角形的示意图，图中的角 α_4 就是图 8.67（b）中所讲的低压动叶气流的绝对出气角。由 8.67（a）可以看出，高压导叶的相对出气角在 20%~80% 高区域的分布比较均匀，高压导叶端壁附近的相对出气角分布表明存在着二次流，时均结果与定常结果的相对出气角分布几乎没有差别，这表明高压导叶的出气角几乎不受非定常作用的影响。

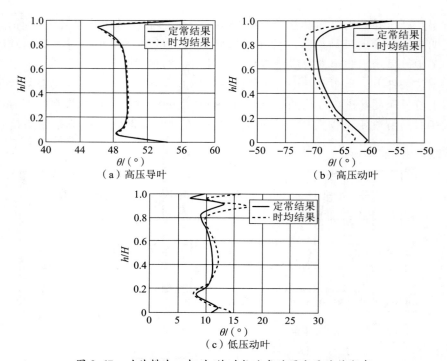

图 8.67　叶片排出口相对/绝对气流角的周向平均值分布

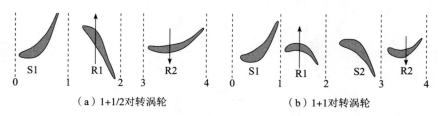

图 8.68　某型 1+1/2 对转涡轮叶型的示意图

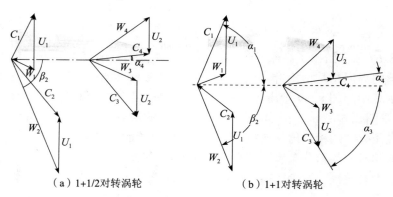

图 8.69　对转涡轮速度三角形示意图

第8章 高空流场的几种典型算法以及实时寻优模型

高压动叶气流相对出气角的分布表明,非定常效率使得沿着整个叶高的相对出气角绝对值增大,但是变化量不大,仅在2°左右。在对转涡轮设计中,希望低压动叶出口绝对气流角接近轴向,这里图8.69(b)给出了低压动叶气流经过出气角的周向平均值沿叶高的分布曲线,由图8.67(b)可以看出,低压动叶出气角并不是完全轴向,而是存在着较大的偏差,最大达到10°。另外,由在两端壁附近气流角的分布可以看出,有明显的通道涡和叶尖泄漏涡存在。此外,由时均结果与定常结果的比较可以看出,气流角分布变化较大,其中轮毂通道涡区域气流偏转程度减小,叶尖泄漏涡和机匣通道涡区域气流偏转程度明显增大。由三维流场非定常计算的数值结果,可以得到高压导叶、高压动叶以及低压动叶在非定常时均意义下叶片表面极限流线、静压分布,如图8.70、图8.71、图8.72所示。由图可以发现:①对于高压导叶(图8.70),压力面流动状态良好,极限流线基本平行于两端壁,没有二次流影响;吸力面大部分区域流动良好,上下端壁存在有较弱的二次流通道涡。②对于高压动叶(图8.71),可以看出,通道涡对吸力面和压力面影响都不大,吸力面和压力面叶尖区域的流线变化是由于叶尖间

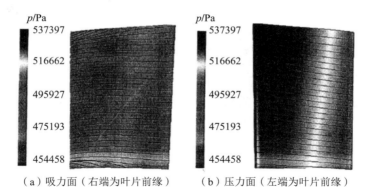

(a)吸力面(右端为叶片前缘)　　(b)压力面(左端为叶片前缘)

图8.70　高压导叶叶片表面极限流线和静压分布

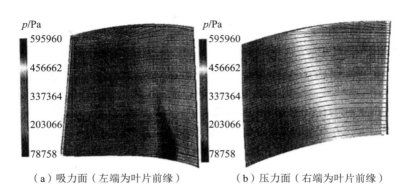

(a)吸力面(左端为叶片前缘)　　(b)压力面(右端为叶片前缘)

图8.71　高压动叶叶片表面极限流线和静压分布

隙泄漏流动引起的；另外，高压动叶出口处激波的外尾波分支反射波强度从叶根到叶尖逐渐减小的规律，也反映在吸力面尾缘附近的低压区结构上。③对于低压动叶（图8.72），由吸力面极限流线分布看出，轮毂端壁附近有明显的通道涡分布。由于轮毂流道的向下扩张，通道涡沿径向向叶中方向发展，到低压叶片出口处已经达到25%叶高；吸力面和压力面叶尖的流动，主要受叶尖间隙泄漏流的影响，吸力面表面极限流线有向叶中倾斜的趋势。

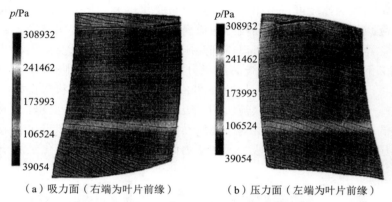

(a) 吸力面（右端为叶片前缘）　　(b) 压力面（左端为叶片前缘）

图8.72　低压动叶叶片表面极限流线和静压分布

3. 非定常流动的脉动分析

对于三维流场非定常计算的结果，如何进行分析是学术界与工程界十分重视的问题之一，上小节主要从时均的意义下通过与定常流动的结果相比较去发现1+1/2对转涡轮的一些重要特征。本小节重点分析某型1+1/2对转涡轮在不同时刻下非定常流动的特征问题。

图8.73~图8.75分别给出高压导叶、高压动叶和低压动叶在三个叶高截面（10%叶高（称为叶根）、50%叶高（称为叶中）和90叶高（称为叶尖））处等熵马赫数的分布曲线，图中实线为时均结果，虚线为一个周期内的最大值/最小值。

由图8.73可以看出，高压导叶的最大脉动的位置在吸力面中部至尾缘60%~100%轴向弦长范围，而整个压力面的脉动大小相对比较均匀，但都小于吸力面尾缘处的脉动大小，这是由于高压导叶尾缘受到高压动叶前缘较大的位势作用影响的缘故。

由图8.74可以看出，高压动叶表面负荷的非定常脉动主要集中在叶片吸力面的尾缘附近，其余位置的负荷非定常脉动都很小。原因有两个：①高压动叶从通道中部到出口处完全超声速状态，下游位势作用不能向上游传播；②上游高压导叶尾迹的负荷不是很大，且出口尾迹强度很小，因此上游尾迹和位势作用对高压动叶表面的非定常作用很小。高压动叶吸力面尾缘附近具有较强的非定常脉

第 8 章 高空流场的几种典型算法以及实时寻优模型

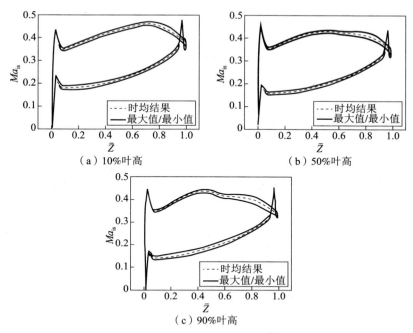

图 8.73 高压导叶表面等熵马赫数分布

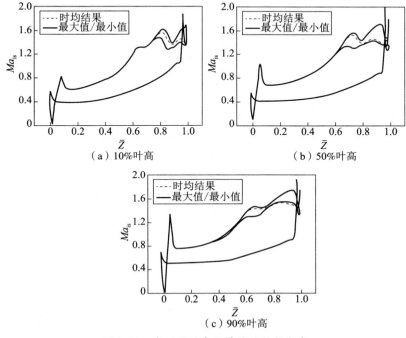

图 8.74 高压动叶表面等熵马赫数分布

动，主要是由于来自下游位势作用，下游压力场的变化改变了高压动叶出口条件，使得激波强度和位置均发生了变化。

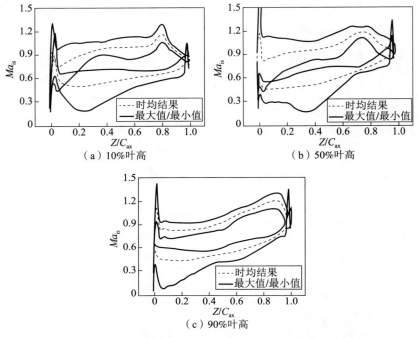

图 8.75　低压动叶表面等熵马赫数分布

由图 8.75 可以看出，与时均值相比，低压动叶吸力面和压力面负荷分布变化都很大，这表明低压动叶将受到很强的非定常作用力。造成如此强的非定常效应主要有三方面的原因：①高压动叶出口存在很强的激波，它的外尾波分支周期性的作用于低压动叶前缘，产生很强的非定常作用力；②由图 8.69 可知，高压动叶时典型的原加载负荷分布形式，尾缘处的负荷较大，因此对下游的位势作用较强，这种非定常效应引起低压动叶出口轮毂通道涡和叶尖泄漏涡结构发生了改变，其中轮毂通道涡强度增大，叶尖泄漏涡的强度减小，使泄漏涡的周向范围增大[305-306]；③由于高压动叶出口的尾迹较强，因此对低压动叶表面的非定常作用较大，较强的非定常的气动力会造成高低压涡轮瞬时功分配的变化，这也是设计者设计时必须要考虑的重要问题之一。

8.9.3　提高涡轮 CHT 算法精度的措施与策略

本节是立足于数值方法在精度上的改进和提高 8.9.1 节流/热耦合（Conjugate Heat Transfer，CHT）基本算法的精度，主要采取了三大措施：①针对涡轮叶片前缘高应变率区域易出现湍动能异常问题，构造了 P_k 限制器和 C_μ 限制器，

第 8 章 高空流场的几种典型算法以及实时寻优模型

从而有效地改善了叶片前缘高应变率区域湍动能过大的现象;②针对壁面强热流换热下叶片吸力面与压力面均出现转捩现象,构造了 CHT-AGSHT 算法,这里 AGSHT 是 k-ε & AGS 模型、k-ω SST & AGS 模型、SA & AGS 模型、低雷诺数 Chien k-ε & AGS 模型和 BL & AGS 模型等的统称。数值计算的校核表明,这类 CHT 与 AGSHT 两种算法的杂交与融合,对解决高温气冷涡轮的流动与换热问题十分有效;③针对湍流模型(如 SA 模型、k-ε 模型、k-ω SST 模型等)中的模化参数以及进出口边界条件、叶片表面(或壁面)粗糙度等参数,用数值计算的方法获得了这些参数的变化范围,这对有效地提高湍流模型的计算精度非常有益。为了较全面地阐述以上三大措施与策略,本节还利用国外已有试验数据的 Mark Ⅱ 涡轮算例对上述算法与相关的措施进行了十分严格地校核,并从 10 个方面对上述算法进行了深入的探讨。

1. Mark Ⅱ 气冷涡轮简介及边界条件的给定

1) Mark Ⅱ 气冷涡轮的算例简介

Mark Ⅱ 是 Allison 发动机公司设计的跨声速高压涡轮气冷叶栅,NASA Lewis 研究中心对该叶片进行过一系列的传热试验研究[307],该叶片有 10 个沿径向冷却的通道进行叶片冷却(图 8.76),表 8.23 和表 8.24 分别给出了 Mark Ⅱ 叶片的几何参数和内部冷却孔的几何参数。叶栅试验时,考虑了四个独立的参数对叶片表面换热的影响,并通过改变这些参数(表 8.25)而测试了一系列的试验数据,这四个参数分别为主流进口湍流度 Tu、主流出口马赫数 Ma、主流出口雷诺数 Re、壁温与主流燃气温度之比 T_w/T_g。

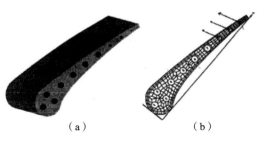

图 8.76 Mark Ⅱ 气冷涡轮叶片

表 8.23 Mark Ⅱ 叶片的叶型几何参数

参数名称	参数值Ⅱ
安装角/(°)	63.69
出口气流角/(°)	70.96
吼道宽度/cm	3.983
叶片高度/cm	7.62
叶片栅距/cm	12.974
吸力面弧长/cm	15.935
压力面弧长/cm	12.949

续表

参数名称	参数值Ⅱ
实际弦长/cm	13.622
轴向弦长/cm	6.855

表8.24 Mark Ⅱ叶片内部冷却孔几何参数

孔号	1	2	3	4	5	6	7	8	9	10
X/mm	11.26	13.94	22.64	28.06	35.25	42.65	48.98	54.55	59.63	63.70
Y/mm	114.6	102.0	108.2	91.61	76.95	62.43	47.24	32.78	20.11	8.60
直径/mm	6.30	6.30	6.30	6.30	6.30	6.30	6.30	3.10	3.10	1.98

表8.25 试验中各个参数的变化范围

Tu	Ma_e	Re	T_w/T_g
6.5%~8.3%	0.9~1.05	$(1.5~2.5) \times 10^6$	0.73~0.84

对于高压涡轮气冷叶栅来讲，叶片槽道内的流动十分复杂，存在着转捩、分离、激波以及激波与边界层之间的相互作用等流动现象，而且叶片表面的对流换热也非常复杂，采用不同的湍流模型对其流动及换热的预测差别较大。另外，叶片冷却孔内的流动实际上是简单的管流流动，流动和换热特性简单并且在基于大量试验数据的基础上已得到对流换热的准则关系。此外，采用不同的湍流模型对叶片冷却孔内的流动与换热差别不大。基于这一原因且为了减少计算量，在下面的讨论中采用准三维的数值模拟，即对冷却孔内的流动不进行计算，采用文献[307]中的对流换热准则关系换算出冷却孔壁面对流换热系数，冷却孔壁面给定对流换热边界条件。

在流体域，图8.77给出了几种划分网格的方式，叶栅通道多采用HOH型网格，叶片周围采用O型网格，进出口采用H型网格，冷却孔内采用蝶形网格。在固体域采用非结构网格，在固体域与流体域的交界面上网格是完全匹配的。由此可以看出，要完成涡轮的流/热耦合计算所需要的网格是巨大的。

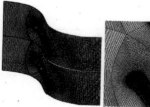 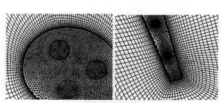

（a）网格拓扑结构及整体图　　　　　（b）前缘及尾缘放大图

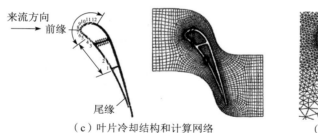
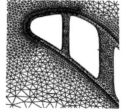

(c) 叶片冷却结构和计算网络　　　　　(d) 前缘网格分布

图 8.77　高压涡轮气冷叶栅几种划分网格的方式

2) 边界条件的给定

在文献 [307] 中，Hylton 进行了一系列试验，这些试验工况都以数字进行编号，为了方便引用原始信息，这里也采用 Hylton 给出的工况代码。在下面 Mark Ⅱ 涡轮的数值计算中，均选取第 4411 号工况进行研究。该工况下的主流边界条件见表 8.26。

表 8.26　第 4411 号工况主流边界条件

进口					出口		
总温/K	总压/Pa	湍流度	马赫数	雷诺数	静压/Pa	马赫数	雷诺数
784	342255	0.065	0.18	5.8E5	204560	0.89	1.98E6

另外，流体域和固体域的耦合交接面给定热耦合边界条件，冷却孔的壁面给定对流换热边界条件，流体域和固体域沿叶片径向的两端面设置为周期性边界条件。冷却孔采取对流换热边界条件。在 Hylton 的试验中，测了冷却孔进口和出口冷气的总温，并且还给出计算努塞尔数的公式：

$$Nu = 0.022 Cr Pr^{0.5} Re_D^{0.8} \qquad (8.289)$$

式中：Cr 为修正系数；Re_D 为基于冷却孔直径和出口速度的雷诺数；Pr 为普朗特数。

令 h、D 和 λ 分别代表对流换热系数、冷却孔直径和流体热导率，于是有

$$h = \frac{\lambda \times Nu}{D} \qquad (8.290)$$

因为 Cr、Re_D 和 D 已知，因此流体的物性参数 Pr 和 λ 便可确定。图 8.78 给出了标准大气压时干空气的 Pr 和 λ 随温度的变化曲线。由该图可以看出：Pr 随温度的升高先减小再增大，但变化幅值较小（0.67~0.73）。由于冷气温度和冷却孔壁面温度差别较大（约 150K），因此流体物性的变化较大。如何选取特征温度，进而确定物性参数显得十分重要。Pr 根据冷气温度和壁面温度的平均值确定，由于其他变化幅度很小，因此 Pr 取为定值 0.677；λ 值根据冷气进出口平均温度确定，而后再计算出对流换热系数。

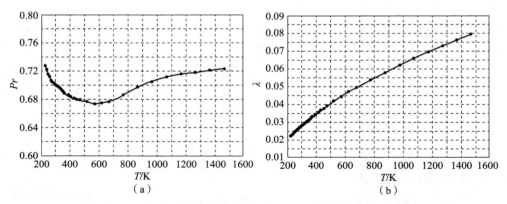

图 8.78 标准大气压时干空气的 Pr 和 λ 随温度的变化曲线

表 8.27 给出了第 4411 号工况，即 Mark Ⅱ 涡轮叶片 10 个冷却孔通道的边界条件。另外，Mark Ⅱ 叶片选用的材料为 ASTM310 不锈钢，其密度为 7900kg/m³，比热容为 585.2J/(kg·K)，叶片材料的热导率 λ 随温度 T 有如下关系[308]：

$$\lambda = 0.020176T + 6.811 \tag{8.291}$$

表 8.27 第 4411 号工况冷却通道边界条件

孔号	直径/cm	Cr	冷气平均温度/K	Re_D	Nu	传热系数 $h/(W/(m^2 \cdot K))$
1	0.630	1.118	337.97	243680	412.68	2013.22
2	0.630	1.118	328.38	243620	412.60	1969.88
3	0.630	1.118	333.73	239390	406.86	1966.17
4	0.630	1.118	340.79	245870	415.65	2040.29
5	0.630	1.118	320.33	246240	416.15	1949.97
6	0.630	1.118	317.39	242980	411.73	1915.86
7	0.630	1.118	329.23	242080	410.51	1963.73
8	0.310	1.056	361.32	149340	263.46	2744.47
9	0.310	1.056	346.88	91720	178.38	1803.09
10	0.198	1.025	416.23	91090	172.19	3110.33

2. 研究 AGS 与高阶湍流模型融合的必要性

在 8.4 节和 8.8 节中详细讨论过 RANS-Menter 方法。大量压气机的算例已显示，该方法具有较高的计算精度和较强的鲁棒性，是一种预测边界层转捩问题的好方法，而且用它预测无冷却的涡轮问题和有冷却孔的涡轮边界层问题时也都能给出较好的预测结果。既然如此，为什么本节又讨论 AGS 与高阶湍流（HT）模型融合呢？这主要是考虑计算效率的缘故。

随着美国综合高性能涡轮发动机技术（IHPTET，1988 年开始实施）计划、先进可承受通用涡轮发动机（VAATE，2003 年开始实施）计划和英法联合的先进军用发动机技术（AMET）计划的开展，涡轮进口温度在不断提高，表 7.28 给出了发达国家现役航空发动机涡轮进口燃气温度，第四代战斗机所用的推重比为 10 的发动机，涡轮进口温度已达到 1900～2000K，美国 VAATE 和欧洲 AMET 计划中的推重比为 15～20 发动机，涡轮进口温度已超过 2200K[309-310]。这样的高温已远超过了许多金属所能承受的温度。目前涡轮进口的温度正以每年平均提高 20℃ 的速度增加，但金属材料耐温程度仅以每年约 8℃ 的速度增加，在当前的技术条件下，大多数是依赖冷却技术的发展去弥补涡轮材料耐热性能的不足，因此涡轮叶片的冷却技术（如对流冷却、冲击冷却、气膜冷却、发散冷却、层板冷却等）获得了飞速发展。正是由于高压涡轮冷却技术的发展，使得涡轮叶栅数值计算时计算网格的布局密集而量大，在这种情况下如采用 RANS-Menter 方法预测高压涡轮叶栅边界层的流场和转捩要花费大量机时。这种方法计算时要求解七个微分方程，即连续方程、运动方程、能量方程、湍动能 k 方程、比耗散率 ω 方程、间歇因子 γ 方程和当地转捩动量厚度雷诺数 $\widetilde{Re}_{\theta t}$ 方程。

AGS 模型是一种代数转捩模型[311]，它的计算量比微分方程型少得多，而且很容易在原有的程序中增加这个转捩模型。另外，它与 BL 模型、SA 模型、k-ε 模型以及 k-ω SST 模型分别耦合后得到 BL & AGS 模型、SA & AGS 模型、k-ε & AGS 模型、k-ω SST & AGS 模型。综上所述，探讨与改进 AGS 模型是必要的。在下文的讨论中，AGS 与高阶湍流（HT）模型的杂交与融合算法简称为 AGSHT 算法。

1) BL & AGS 模型

BL 模型为零方程模型，没有湍流输运方程，因此 AGS 与 BL 两模型耦合比较简单，在 BL 代数湍流模型中，μ_t 为

$$\mu_t = \begin{cases} (\mu_t)_{\text{inner}}, & y \leqslant \bar{y} \\ (\mu_t)_{\text{outer}}, & y > \bar{y} \end{cases} \tag{8.292}$$

式中：y 为到壁面的垂直距离；$\bar{y}$ 为当 $(\mu_t)_{\text{inner}} = (\mu_t)_{\text{outer}}$ 时所处位置的 y 值。

这里将 BL 与 AGS 的耦合，就意味着将式（8.292）中的 μ_t 值乘以 AGS 转捩模型计算出的间歇因子 γ，得到有效的湍流黏性系数 $\mu_{t,\text{eff}}$，即

$$\mu_{t,\text{eff}} = \gamma \times \mu_t \tag{8.293}$$

2) SA & AGS 模型

SA 模型为一方程湍流模型，含有一个涡运动黏性系数 $\widetilde{\nu}$ 的输运方程，动力黏性系数 μ_t 与涡黏性系数 $\widetilde{\nu}$ 有如下关系：

$$\mu_t = \rho \widetilde{\nu} f_{v1} \tag{8.294}$$

式中：f_{v1} 的含义参见文献 [312]。

SA 模型中生成项含 $\widetilde{S}$，其表达式为

$$\widetilde{S} = S + \frac{\widetilde{\nu}}{k^2 d^2} f_{v2} \tag{8.295}$$

式中：S 为涡量的模，即

$$S = \sqrt{2\Omega_{ij}\Omega_{ij}}$$

其中

$$\Omega_{ij} = \frac{1}{2}\left(\frac{\partial u_i}{\partial x_j} - \frac{\partial u_j}{\partial x_i}\right) \tag{8.296}$$

将 SA 与 AGS 的耦合，意味着生成项中的 $\widetilde{S}$ 修改为

$$\widetilde{S} = \gamma \times \widetilde{S}_{\text{org}} = \gamma\left(S + \frac{\widetilde{\nu}}{k^2 d^2}f_{v2}\right) \tag{8.297}$$

式中：$\widetilde{S}_{\text{org}}$ 是式（8.295）中的 $\widetilde{S}$；湍流黏性系数的计算公式仍为式（8.294），不过，这时由式（8.4294）算出的值就是黏性系数 $\mu_{t,\text{eff}}$。

3）k-ε & AGS 模型

k-ε 模型为两方程模型，含有两个输运方程，湍流动力黏性系数为

$$\mu_t = C_\mu f_\mu \frac{\rho k^2}{\varepsilon} \tag{8.298}$$

式中：f_μ 的含义同文献［313-314］。

AGS 转捩模型与 k-ε 模型的耦合可有两种方式：①不改变 k-ε 模型的输运方程，仅仅用 μ_t 乘以间歇因子 γ 得到有效的湍流黏性系数 $\mu_{t,\text{eff}}$，其表达式如式（8.293）所示；而后在 N-S 方程的求解过程中使用该湍流有效黏性系数，这种方法简称为方法 A。②改变湍流输运方程，将 K 方程中的生成项 P_k 以及 ε 方程中的生成项 P_ε 分别写为[315]

$$P_k = \gamma \times P_{k,\text{org}} = \gamma \times \hat{\tau}_{i,j}S_{i,j} \tag{8.299}$$

$$P_\varepsilon = \gamma \times P_{\varepsilon,\text{org}} = \gamma \times \left(C_\varepsilon f_{\varepsilon 1}\frac{\varepsilon}{k}P_{k,\text{org}}\right) \tag{8.300}$$

另外，还将修正后的黏性系数 $\mu_{t,\text{eff}}$ 同时用到 N-S 方程和湍流输运方程中[315]。为方便讨论，上述方法简称方法 B。

4）k-ω SST & AGS 模型

k-ω SST 模型也是两方程模型[316-317]，它与 AGS 的耦合方法与 k-ε 模型的做法类同，也有两种方式：①改变 SST 模型的输运方程，将 μ_t 乘以间歇因子 γ 使得到有效湍流黏性系数 $\mu_{t,\text{eff}}$，在 k-ω SST 模型中，μ_t 的定义为

$$\mu_t = \frac{\alpha_1 \rho k}{\max(\alpha_1 \omega, f_2|\Omega_{ij}|)} \tag{8.301}$$

式中：α_1 的定义同文献［316］。

于是，$\mu_{t,\text{eff}}$ 定义为

$$\mu_{t,\text{eff}} = \gamma \times \mu_t \tag{8.302}$$

在 N-S 方程的求解过程中使用此有效湍流系数[318]。为便于叙述，这里将上面的方法简称为方法 C。②改变湍流输运方程，将 k 方程中的生成源 P_k 和 w 方程中的生成项 P_ω 分别写为

$$P_k = \gamma \times P_{k,\text{org}} = \gamma \, \hat{\tau}_{i,j} S_{i,j} \tag{8.303}$$

$$P_\omega = \gamma \times P_{\omega,\text{org}} = \gamma \frac{C_e \rho}{\mu_{t,\text{eff}}} P_{k,\text{org}} \tag{8.304}$$

同样，为方便讨论，上面方法简称为方法 D。

3. AGS 模型的基本框架以及边界层参数的计算

AGS 转捩模型是一种代数转捩模型，它是通过动量厚度雷诺数 Re_θ 的大小去判断流动是否发生了转捩，最后得出一个间歇因子 γ 的分布，由此将转捩的影响考虑进流动中。其主要四个步骤如下：

（1）给出临界动量厚度雷诺数：

$$Re_{\theta S} = 163 + \exp\left\{ F(\lambda_\theta) - \frac{F(\lambda_\theta)}{6.91} \tilde{\tau} \right\} \tag{8.305}$$

式中：λ_θ 为 Thwaites 压力梯度参数；$\tilde{\tau}$ 为与湍流度有关的量；函数 $F(\lambda_\theta)$ 与参数 λ_θ 的定义分别为

$$F(\lambda_\theta) = 6.91 + 12.75 \lambda_\theta + 63.64 \lambda_\theta^2, \quad \lambda_\theta < 0 \tag{8.306}$$

$$F(\lambda_\theta) = 6.91 + 2.48 \lambda_\theta - 12.27 \lambda_\theta^2, \quad \lambda_\theta > 0 \tag{8.307}$$

$$\lambda_\theta = \left(\frac{\theta^2}{\nu}\right)\left(\frac{\mathrm{d}U_\infty}{\mathrm{d}x}\right) \tag{8.308}$$

其中：θ 为动量厚度；ν 为运动黏性系数；U_∞ 为边界层外缘速度。

（2）从前缘开始逐点计算出 Re_θ 并判断该点处的 Re_θ 与 $Re_{\theta S}$ 的大小，如果该点的动量厚度雷诺数大于 $Re_{\theta S}$，则该点便为边界层的转捩点并记为 S 点（它到前缘的长度为 x_S）；而后再以 x_S 为长度计算出相应的长度雷诺数 Re_{xS}，即

$$Re_{xS} = \frac{x_S \times U_{\infty S}}{\nu} \tag{8.309}$$

（3）计算转捩区长度雷诺数，即

$$Re_L = 16.8 Re_{xS}^{0.8} \tag{8.310}$$

（4）由 Re_L 求出转捩区长度 L，它满足

$$Re_L = \frac{L \times U_{\infty L}}{\nu} \tag{8.311}$$

令转捩结束点为 E，于是

$$x_E = x_S + L \tag{8.312}$$

由上述给出 AGS 模型的基本框架和四个步骤中可以看出：AGS 模型主要基

于动量厚度雷诺数 Re_θ 进行相关判定与分析,因此要求准确地求出边界层的厚度 δ。在下面的讨论中,采用了奥地利 Sanz 教授的方法确定 δ 值,即

$$\delta = 1.2 y_{\text{half}} \tag{8.313}$$

先获得 $f(y)$ 的最大值 $f_{\max}$,再由 $\frac{1}{2}f_{\max}$ 反求出所对应的 y 值,并将它记作 y_{half}。这里函数 $f(y)$ 为

$$f(y) = y|\Omega_{ij}|\left[1-\exp\left(-\frac{y^+}{A^+}\right)\right] \tag{8.314}$$

式中:$A^+ = 26$;$|\Omega_{ij}|$ 为涡量的模;y 为到壁面的距离。

为便于分析壁面有强热流的边界层问题,考虑壁面有无强热流对边界内的温度和密度分布影响很大,对速度分布的影响较小,而表征边界层流态的主要参数是边界层内的速度分布,与边界层内的密度分布关系不大,因此边界层参数 δ^*、θ 和 H 分别为

$$\delta^* = \int_0^\delta \left(1-\frac{u}{u_e}\right)\mathrm{d}y \tag{8.315}$$

$$\theta = \int_0^\delta \frac{u}{u_e}\left(1-\frac{u}{u_e}\right)\mathrm{d}y \tag{8.316}$$

$$H = \frac{\delta^*}{\theta} \tag{8.317}$$

4. 湍动能异常限制器(C_μ 和 P_k)及其应用

在湍流模型的计算中有时会出现湍流变量为负值的情况,在实际中这种情况是不存在的。另外,还会出现非真实的过小耗散率,进而引起过大的湍流黏性系数。Menter 也发现[319]:在某些区域由于比耗散率 ω 过小,以至于很小的应变率计算误差就会使湍流黏性系数出现一个错误的峰值。因此,如何正确设置湍流变量限制器是湍流模型计算中应该关注的问题。此外,当中等强度的湍动能受到强应变变化率的影响时,采用两方程湍流模型会预测出过大的湍动能增长[320],因此湍动能异常限制器也是需要关注的。参照文献[321-322]的推导,湍流运动黏性系数 ν_k 和雷诺应力 $\overline{u_i'u_j'}$ 的模化表达式为

$$\nu_t = C_\mu u^2 T \tag{8.318}$$

$$\overline{u_i'u_j'} = -2\nu_t S_{ij} + \frac{2}{3}kS_{ij} \tag{8.319}$$

式中:u^2 为速度尺度;T 为湍流时间尺度;S_{ij} 为

$$S_{ij} = \frac{1}{2}\left(\frac{\partial u_i}{\partial x_j} + \frac{\partial u_j}{\partial x_i}\right) \tag{8.320}$$

第8章 高空流场的几种典型算法以及实时寻优模型

由式（8.318）和式（8.319）得湍流动能生成项为

$$P_k = 2\mu_t S_{ij} S_{ij} = 2\mu_t |S|^2$$

式中

$$|S| = \sqrt{S_{ij} S_{ij}} \tag{8.321}$$

另外，文献［321-322］还推出如下两组不等式：

$$T \leqslant \frac{1}{\sqrt{6}} \frac{1}{C_\mu u^2} \frac{k}{|S|} \tag{8.322}$$

$$P_k \leqslant \sqrt{\frac{2}{3}} K |S| \tag{8.323}$$

$$\nu_t \leqslant \frac{1}{\sqrt{6}} \frac{k}{|S|} \tag{8.324}$$

或者

$$T \leqslant \sqrt{\frac{2}{3}} \frac{1}{C_\mu u^2} \frac{k}{|S|} \tag{8.325}$$

$$P_k \leqslant \sqrt{\frac{8}{3}} K |S| \tag{8.326}$$

$$\nu_t \leqslant \sqrt{\frac{2}{3}} \frac{k}{|S|} \tag{8.327}$$

分析式（8.324）和式（8.327）可以发现：两个表达式只是在分子系数上有所不同，后者是前者的2倍，换而言之，前者给出的限制更为苛刻一些。

1）应用于 $k\text{-}\varepsilon$ 和 $k\text{-}\omega$ 模型

式（8.322）和式（8.325）既可以用于 $k\text{-}\omega$ 模型也可用于 $k\text{-}\varepsilon$ 模型。对于 $k\text{-}\omega$ 模型来说，式（8.322）和式（8.325）可以表示成一个时间尺度 T 的限制器，即

$$T = \min\left(\frac{1}{C_\mu \omega}, \frac{\alpha}{\sqrt{6} C_\mu |S|}\right) \tag{8.328}$$

式中：α 为可调整系数；C_μ 为 $k\text{-}\omega$ 模型中的系数 β^*。

对于 $k\text{-}\varepsilon$ 模型来说，式（8.322）和式（8.325）可以表示成一个时间尺度 T 的限制器，即

$$T = \min\left(\frac{k}{\varepsilon}, \frac{\alpha}{\sqrt{6} C_\mu |S|}\right) \tag{8.329}$$

式中：α 为可调整系数。

2）应用于 $k\text{-}\omega$ SST 模型

对于 $k\text{-}\omega$ SST 模型来说，湍流运动黏性系数可表示为

$$\nu_t = \min\left[\frac{k}{\omega}, \frac{\alpha_1 k}{f_2 \mid \Omega_{ij} \mid}\right] \tag{8.330}$$

式中：f_2、α_1 为原始的 k-ω SST 模型中的相关系数。

将式（8.330）转化为时间尺度 T 的限制器，即

$$T = \min\left(\frac{1}{C_\mu \omega}, \frac{\alpha_1}{C_\mu f_2 \mid \Omega_{ij} \mid}\right) \tag{8.331}$$

由式（8.331）可以看出，它已经包含了对时间尺度的限制。另外，在原始的 k-ω SST 模型中，Menter 对湍动能方程的生成项已经进行了限制，其限制器为[319]

$$P_k = \min(P_k, C_l D_k) \tag{8.332}$$

式中：$C_l = 20$；D_k 为湍动能方程的耗散项。

此外，在 k-ε 模型中，对 ν_t 和时间尺度 T 的限制器又可转化为对系数 C_μ 的限制器。

例如，式（8.329）可以转化为

$$C_\mu = \min\left(C_\mu^0, \frac{\alpha}{\sqrt{3}\,\tilde{S}}\right) \tag{8.333}$$

对于陈景仁提出的低雷诺数 Chien k-ε 模型来讲[323]，式（8.333）中：$C_\mu^0 = 0.09$，

$$\tilde{S} = \sqrt{2} \mid S \mid \frac{k}{\varepsilon} \tag{8.334}$$

3）应用于 Chien k-ε 模型

原始的 Chien k-ε 湍流模型中没有包含任何限制器，因此下面将本节研究的 C_μ^0 限制器和 P_k 限制器对该湍流模型进行改进。k-ε 湍流模型通常分为高雷诺数 k-ε 模型（文献 [324] 等）和低雷诺数 k-ε 模型（Chien k-ε 模型等）。高雷诺数 k-ε 模型在用于低雷诺数的近壁面区时，需要使用壁面函数进行求解；而 Chien k-ε 模型属于低雷诺数模型，是在高雷诺数 k-ε 模型的基础上考虑了近壁区的低雷诺数效应，加入了 f_μ 等衰减函数，使得模型可以一直积分到壁面。

零压力梯度平板边界层近壁面处 $\tilde{S}$ 的变化如图 8.79 所示。由图可以看出：随着 y^+ 的增大，在线性底层（$y^+ < 5$）中 $\tilde{S}$ 逐渐增大，在 $y^+ \approx 5$ 达到最大值；然后在过渡区（$5 < y^+ < 40$），$\tilde{S}$ 逐渐减小；最后在对数率层（$y^+ > 40$）时，$\tilde{S}$ 基本不变。

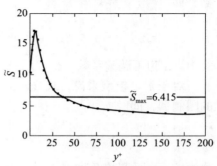

图 8.79 零压力梯度平板边界层近壁面处 $\tilde{S}$ 的变化

考虑了低雷诺数效应后,式(8.329)和式(8.333)可写为

$$T = \min\left(\frac{\kappa}{\varepsilon}, \frac{\alpha}{\sqrt{6}C_\mu f_\mu |S|}\right) \quad (8.335)$$

$$C_\mu = \min\left(f_\mu C_\mu^0, \frac{\alpha}{\sqrt{3}\widetilde{S}}\right) \quad (8.336)$$

相应地,$\widetilde{S}$ 的限制可写为

$$\widetilde{S} < \frac{1}{\sqrt{3}C_\mu f_\mu} \quad (8.337)$$

另外可以证明,当 $\alpha \geq 0.515$ 时,采用 C_μ 限制器不会影响壁面边界层近壁区的计算。对于 Chien k-ε 模型的修正,也采用了 Menter 在 k-ε 模型中提出的限制器,即

$$P_k = \min(P_k, C_l \rho \varepsilon) \quad (8.338)$$

式中:C_l 为可调系数。

对于均匀核心流动和薄剪切层来讲,$P_k/(\rho\varepsilon) \approx 1$;对于分离剪切层和尾迹来讲,$P_k/(\rho\varepsilon) < 1$;对于强剪切层流动,如横向注射,$P_k/(\rho\varepsilon)$ 值会更高。Menter 认为,对于复杂的流动,在剪切层内 $P_k/(\rho\varepsilon)$ 的最大值为 2 左右。对于零压力梯度平板湍流流动来讲,边界层内的流动于平衡态,湍流生成项耗散项处于平衡状态,因此 $P_k/(\rho\varepsilon)$ 值约为 1;于是,只要 $P_k/(\rho\varepsilon) > 1$ 时,则 C_l 的取值就不会对边界层速度剖面产生影响。

5. 用平板湍流基础流动问题验证 P_k 和 C_μ 两个限制器

算例选取零压力梯度的平板湍流流动的基础问题,湍流模型选用低雷诺数 Chien k-ε 模型并引入 P_k 限制器(由式(8.338)定义)和 C_μ 限制器(由式(8.336)定义)。下面分别探讨限制器参数 C_l 和 α 对计算结果的影响。

1)选取不同 C_l 值时的 P_k 限制器

对于形如式(8.338)的 P_k 限制器进行验证,采用不同的 C_l 值对平板湍流基础算例进行测试,C_l 值分别取 50、10、5 和 2。对 Chien k-ε 模型来讲,对生成项 P_k 的限制有两种方法,一种是对 k 方程和 ε 方程中的生成项 P_k 都进行限制,为便于讨论这里定义为方法 E;另一种是仅对 k 方程的生成项 P_k 进行限制,则将这种方法定义为方法 F。图 8.80 给出了采用两种限制方法,即方法 E 和方法 F 时不同 C_l 值计算出的速度剖面。由图可以看出,不同 C_l 值下,两种方法得出的结果几乎完全重合。这个结论是显而易见的,因对于零压力梯度的平板的湍流流动来讲,只要 C_l 值大于 1,则 C_l 的取值就计算结果没有影响。

2)选取不同 α 值时的 C_μ 限制器

下面验证形如式(8.336)的 C_μ 限制器,其中 α 分别取 1.0、0.6、0.515。

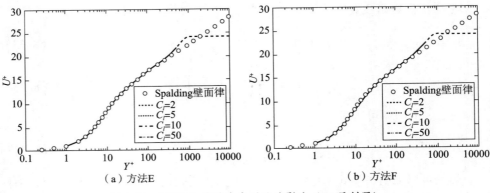

图 8.80　不同 C_l 值对速度剖面的影响（P_k 限制器）

图 8.81 给出了不使用和使用 C_μ 限制器且取不同 α 值时边界层内的湍动能 k 和湍流耗散率 ε 的分布。由图 8.81 可以看出，四种情况下计算出来的湍动能 k 和湍流耗散率 ε 的分布吻合得非常好。这表明，在 $\alpha > 0.515$ 时，α 的取值对计算结果无影响。

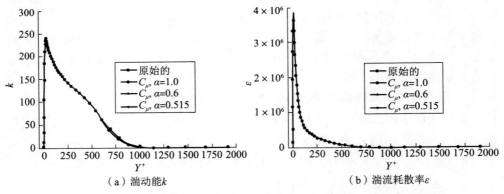

图 8.81　C_μ 限制器对边界层内的湍动能 k 和湍流耗散率 ε 的分布的影响

图 8.82 给出了使用和不使用 C_μ 限制器的且取不同 α 值时计算得到的边界层速度剖面，由图可以看出：四个结果几乎完全吻合，而且无论在线性底层、过渡层还是对数率层，四种结果都与 Spalding 壁面律吻合得很好，这表明这里 C_μ 限制器是正确的，同时也说明在 α 大于 0.515 时的取值对边界层的计算并无影响。

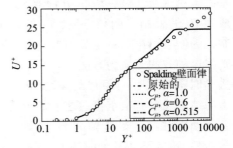

图 8.82　C_μ 限制器对不同 α 值时计算得到的边界层速度剖面的对比

第 8 章 高空流场的几种典型算法以及实时寻优模型

6. 用 Mark Ⅱ 涡轮流动与换热问题验证两个限制器

这里对 Mark Ⅱ 涡轮叶片的流动与换热问题进行计算，仍采用低雷诺数 Chien k-ε 湍流模型和不同的限制器，并以此来研究不同的限制器在改善湍动能异常现象方面的效果以及对流动和换热的影响。

1) P_k 限制器

这里对形如式 (8.338) 的 P_k 限制器进行计算，C_l 值分别取 50、10、5 和 2。对生成项 P_k 的限制方法有两种：一种是对 k 方程和 ε 方程中的生成项 P_k 都进行限制，即前面已经定义的方法 E；另一种是仅对 k 方程中的生成项 P_k 进行限制，即前面已经定义的方法 F。首先采用方法 E 进行计算。图 8.83 给出了不同 C_l 取值下叶片表面无量纲压力和无量纲温度的分布曲线。图中横轴为无量纲轴向弦长，即横向坐标 X 与轴向弦长 L 之比；纵向坐标为无量纲压力即叶压表面静压 p_s 与进口总压 p_t 之比；纵向坐标为叶片表面温度 T_w 与参考温度 811K 之比。此外，$X/L<0$ 代表叶片压力面，$X/L>0$ 代表叶片吸力面。由图 8.83 (a) 可以看出：当 C_l 取 50 和 10 时，计算出来的压力分布几乎无差别；当 C_l 取 5 时，压力分布仅在激波处有很小的差别；当 C_l 取 2 时，计算出的压力分布明显地偏离了真实值。这表明，C_l 不能取得太小，否则计算结果会失真。由图 8.83 (b) 可以看出：当 C_l 取 50 和 10 时，两种情况下温度分布差别很小；当 C_l 下降到 5 时，虽然压力分布曲线的变化很小，但温度分布发生了较大变化，变化集中在叶片前缘区域（应变率较大的区域），原以为前缘区域的温度会减小，而计算结果反而增大了，这可能是因为在本算例的流场中 $P_k/(\rho\varepsilon)$ 值一般为 5~10，所以只要 C_l 值大于 10，P_k 限制器基本上不会影响流场和温度场的计算。当 C_l 小于 10 时，P_k 限制器便对 k 方程和 ε 方程产生作用，影响了湍动能 k 和湍流耗散率 ε 的生成与耗散，从而影响了湍流量和湍流黏性系数的分布，使得边界层内的速度和速度分布产生了变化，叶片表面的对流传热系数也受到影响，从而导致叶片表面温度分布的变化。

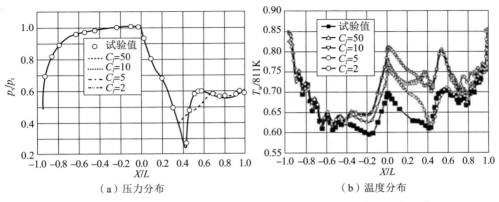

(a) 压力分布　　　　　　　　　　(b) 温度分布

图 8.83　不同 C_l 取值下叶片表面无量纲压力和无量纲温度的分布曲线

另外，从计算出的叶片前缘附近湍动能 k 的等值线分布和耗散率 ε 的等值线分布图中也可看出：随着 C_l 从 50 减小到 10 时减弱，叶片温度会相应地降低。但 C_l 从 10 减小到 5 时，叶片温度没有降低反而升高。原因是方法 E 中对方程的生成项 P_k 也进行了限制，在 C_l 过小的情况下，叶片前缘附近的耗散率 ε 被过分低估，致使主流燃气的湍流黏性系数和热导率没有减小反而会导致叶片温度升高。

下面采用方法 F 进行计算。图 8.84 给出了不同 C_l 值下叶片表面压力和温度分布曲线。由图 8.84（a）可知，C_l 分别取 50、10 和 5 时，计算出的压力分布几乎没有差别，即使 C_l 取为 2 时，压力分布在激波处也只有很小的变化。由图 8.84（b）可以看出，C_l 取 50 和 10 时，计算出的温度差别很小；当 C_l 当下降到 5 时，虽然压力分布基本上没有变化，但是在叶片前缘区域的温度降低了；当 C_l 当下降到 2 时，方法 F 这时对生成项 P_k 的限制作用更强，前缘区的温度继续降低，与试验值也更接近。另外，由方法 F 计算出的 k 值等值线分布图可知，随着 C_l 值的减小，叶片前缘湍动能的 k 值也不断减小。不同的是，因为没有对 ε 方程的生成项进行限制，所以计算出的 ε 值一直保持在一个合理范围内。随着值 k 的不断减小，主流高温燃气的湍流黏性系数和热导率也在不断减小，主流向叶片的换热作用不断减弱，因此叶片温度下降。

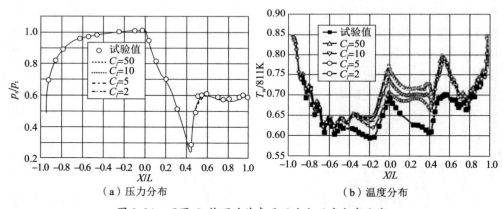

（a）压力分布　　　　　　　　　　（b）温度分布

图 8.84　不同 C_l 值下叶片表面压力和温度分布曲线

相对于方法 E 来讲，方法 F 的 C_l 可以取较小值而且不影响流场和温度场的正确计算，采用方法 F 既可以保证能有效改善叶片前缘高应变率区域湍动能过大和传热系数过高的问题，也保证了得到合理的流场分布，在下文 Chien k-ε 湍流模型叶片采用方法 F，即仅对 k 方程的生成项 P_k 进行限制。

2) C_μ 限制器

对于形如式（8.336）C_μ 限制器，其中 α 分别取 1.0、0.6、0.515，图 8.85

第 8 章 高空流场的几种典型算法以及实时寻优模型

给出了使用不同 α 值与不使用 C_μ 限制器时叶面无量纲温度的分布曲线,并且与试验值进行了比较。由压力分布图可以看出,系数 α 的取值对压力分布的影响很小:α 取 1.0 和 0.6 时的压力分布几乎与不使用限制器的结果完全吻合;α 取 0.515 时压力分布仅在激波处略有差别,所预测的激波位置略靠近上游。由温度分布可以看出:在叶片前缘存在湍动能异常现象,不使用限制器时,预测出的前缘温度明显地高于试验值,尤其是在前缘滞止点处。当使用限制器时,叶片前缘温度明显下降,并且随着系数 α 的减小而越来越接近试验值;然而在非前缘区域,使用限制器和不使用限制器计算出来的结果基本上吻合。温度分布表明:采用 C_μ 限制器是有效的,在前缘高度应变区域限制器发挥了作用,有效地降低了叶片表面的温度,而在应变率较小的区域,如叶片的后半段湍流区域,限制器对计算结果没有影响。

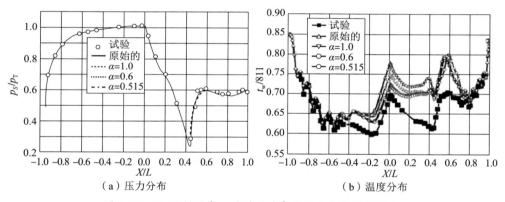

(a) 压力分布　　　　　　　　　(b) 温度分布

图 8.85　C_μ 限制器中 α 值对叶片表面压力和温度的影响

综上所述,采用式 (8.336) 和式 (8.338) 分别定义的 C_μ 和 P_k 限制器均能有效地改善 Chien $k\text{-}\varepsilon$ 模型在叶片前缘高应变率区域的湍动能异常现象,降低了叶片在前缘的换热系数和温度,使之更接近试验值,而且对非高应变率区域的结果没有影响。对于 P_k 限制器来讲,仅对湍动能 k 方程的生成项 P_k 使用限制器,可以降低限制器对 C_l 数的敏感性,从而得到较好较合理的计算结果;对于 C_μ 限制器来讲,α 的取值对计算结果有较大的影响,α 越小,C_μ 限制器的作用就越强,其改善强剪切区域的湍动能过大的作用也就更明显,只要 $\alpha>0.515$,α 的取值可以得到合理的计算结果。这里需要指出的是,虽然使用了限制器,但计算出的叶片前缘温度仍然高于试验值。其原因是,对 Mark Ⅱ 涡轮叶片来讲,它前缘区的流动实际上为层流,但在上述的计算时并没有预测出层流向湍流的转捩。换句话说,即使应用了限制器,计算预测出的前缘流动状态仍为湍流。当然,由于湍流的传热系数更高于层流,导致计算预测出的前缘温度高于试验值。

7. 用 AGSHT 算法计算 Mark Ⅱ 算例

早在 20 世纪 90 年代，国外学术界已对湍流转捩问题进行了系统研究，相关成果也用于工程设计及计算（如文献［325-326］等），在国内也着手涡轮冷却叶片的计算，文献［80，234-235］等系统地研究了涡轮气冷叶片的流动与换热问题，并分别进行了涡轮静子、涡轮转子以及整个涡轮级的三维 N-S 方程的数值求解。计算中发现[80]：在涡轮气冷叶片计算中，吸力面与压力面经常会有边界层转捩发生，它是高温涡轮流场计算中不可回避的关键问题之一。在 Mark Ⅱ 跨声速高压涡轮叶栅流场中，同样地存在着转捩现象，叶片前缘附近的流动为层流，随着边界层的发展在叶片吸力面和压力面均发生了转捩现象，如图 8.86 所示。为了便于计算，以滞止点为界，在叶片表面上设置了吸力面和压力面两个转捩区。

在没有讨论 AGS 模型在壁面有强烈热流情况下适用性分析之前，先介绍有关流/热耦合的基础概念、方法和策略。流体域和固体域的耦合就是要保证流固交界面上的温度和热流量连

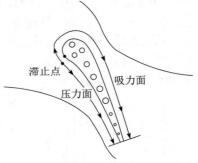

图 8.86 Mark Ⅱ 叶片表面流动转捩示意图

续，在计算迭代的过程中，流体域和固体域互相传递温度和热流量信息，直至交界面上的温度和热流量达到平衡，迭代收敛。一般讲，流/热耦合面有三种传递方式：①流体域向固体域传递边界热流量（即规定边界点上温度的梯度），固体域向流体传递边界温度，这里把这种传递方式定义为方式 A；②流体域向固体域传递边界温度，固体域向流体域传递边界热流量，这种方式定义为方式 B；③通过热流量的平衡得到一个公共的边界温度，这种方式定义为方式 C，对于这种 C 方式，对流体域所服从的 N-S 方程和固体域所服从的傅里叶热传导方程来讲均使用第一类边界条件，这对计算收敛性是有益的，在下文讨论中信息交界面采用方式 C。

在流/热耦合计算中，具体的耦合实施方法共分五步：①对流场先计算一定的步数（如 100 步）得到一个大致的初场；②将上一步得到的流体域耦合边界处的温度作为边界条件传递给固体域，并且让固体域温度场去完成迭代一步；③由上面两步获得的流体域与固体域耦合边界附近第一层网格的温度去计算出公共耦合边界上的温度，并将它作为边界条件分别传递给流体域和固体域；④流体域和固体域分别迭代计算一步，再次得到流体域和固体域耦合边界第一层网格的温度；⑤返回步骤③继续进行计算，如此循环直至计算收敛。

现在继续讨论采用 BL&AGS 模型在壁面有强热流情况下选用耦合（CHT 计算）与非耦合（如绝热壁面）方案时所得的结果，如图 8.87 所示。在图 8.87 中边界层的位移厚度 δ^*、动量厚度 θ、形状因子 H 分别为

第 8 章 高空流场的几种典型算法以及实时寻优模型

$$\delta^* = \int_0^\delta \left(1 - \frac{\rho u}{\rho_e u_e}\right) \mathrm{d}y \quad (8.339\mathrm{a})$$

$$\theta = \int_0^\delta \frac{\rho u}{\rho_e u_e}\left(1 - \frac{u}{u_e}\right) \mathrm{d}y \quad (8.339\mathrm{b})$$

$$H = \frac{\delta^*}{\theta} \quad (8.339\mathrm{c})$$

而图 8.88 中的 δ^*、θ 和 H 由式（8.315）~式（8.317）定义。分析图 8.87 和图 8.88 的计算结果可知，按照由式（8.315）~式（8.317）所定义的 δ^*、θ 和 H，更能够合理地描述边界层发展和流动的复杂流态。

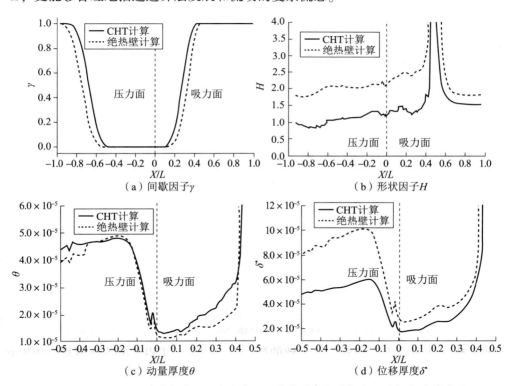

图 8.87 BL&AGS 模型在壁面强热流情况下边界层参数的耦合及非耦合计算结果

图 8.89 和图 8.90 分别给出沿叶片表面间歇因子 γ、边界层参数（δ^*、θ、H）、压力 p 以及温度 T 的分布曲线，这里边界层参数（δ^*、θ 和 H）是按式（8.315）~式（8.317）定义的。由图 8.85 所给出的应用 BL&AGS 模型与仅应用 BL 模型时所得到的计算结果以及与 Mark Ⅱ 涡轮算例试验值的比较可知，无论是在吸力面还是在压力面采用 BL&AGS 模型都比 BL 模型好。

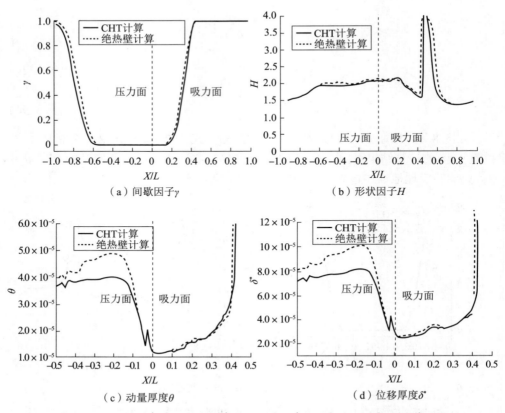

图 8.88 BL 模型在壁面强热流情况下边界层参数的耦合及非耦合计算结果

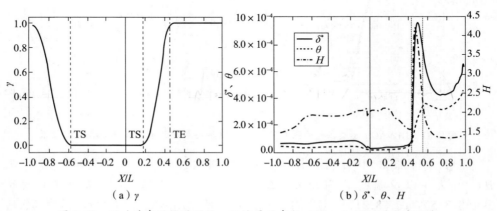

图 8.89 沿叶片表面间歇因子 γ 及边界层参数（δ^*、θ、H）的分布曲线

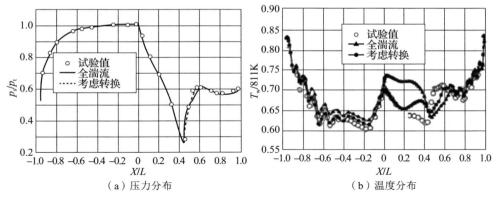

(a) 压力分布　　　　　　　　　(b) 温度分布

图 8.90　沿叶片表面压力 p 以及温度 T 的分布曲线

8. 湍流模型中的相关参数对 CHT 模拟结果的影响

1) 模型中进口涡黏系数 $\tilde{\nu}$ 的取值

Spalart-Allmaras 方程湍流方程是关于涡黏系数 $\tilde{\nu}$ 的输运方程，并且有

$$\mu_t = \rho \tilde{\nu} f_{v1} \tag{8.340}$$

式中：μ_t 为湍流黏性系数。

在进口边界 $\tilde{\nu}$ 的给定转化为给定进口湍流黏性系数与层流黏性系数的比值，即 $\hat{C}_V$ 值。因此，采用 SA&AGS 模型，$\hat{C}_V$ 分别取 0.1、1.0、5.0，对 Mark Ⅱ 涡轮完成流/热耦合计算，图 8.91 给出了不同 $\hat{C}_V$ 值下叶中截面处叶片表面压力和温度的分布曲线。由该图可以看到，无论是压力分布还是温度分布，三种不同 C_V 值时所得的计算结果都几乎重合，这表明不同的进口湍流系数（不同的进口边界处的 $\tilde{\nu}$ 值）对流动的影响非常小，因此对叶片表面对换热的影响也非常小。

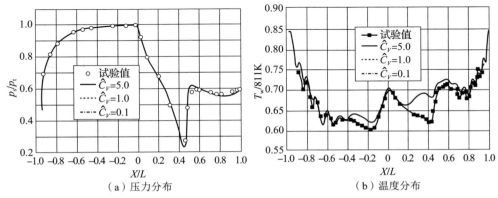

(a) 压力分布　　　　　　　　　(b) 温度分布

图 8.91　不同 $\hat{C}_V$ 值下叶中截面处叶片表面压力和温度的分布曲线

2) $k\text{-}\varepsilon$ & AGS 模型中进口湍流特征尺度 l_t 的取值

在 $k\text{-}\varepsilon$ 模型中,进口边界条件包含了进口湍流度 Tu 和湍流特征尺度 l_t 两个可变参数,通过这两个参数可以确定进口边界处的 k 和 ε 值。对于 $k\text{-}\varepsilon$ 模型来讲,进口的湍动能 k_0 和 ε_0 由下式给定[327]:

$$k_0 = \frac{3}{2}(Tu_\infty U_\infty)^2, \quad \varepsilon_0 = \frac{C_\mu k_0^{3/2}}{l_{t\infty}} \qquad (8.341)$$

式中:Tu_∞、$l_{t\infty}$ 分别为进口处的自由流湍流度和进口湍流的特征尺度;U_∞ 为进口气流速度。对于 $l_{t\infty}$ 值,文献 [328] 推荐取 0.1%~1%叶片高度或轴向弦长。这里 $l_{t\infty}$ 分别取 0.25%轴向弦长、0.5%轴向弦长和 1%轴向弦长,采用 $k\text{-}\varepsilon$ & AGS 模型进行计算。图 8.92 给出了不同 l_t 时叶中截面的表面压力和温度分布曲线。由图 8.92(a)可以看出,在不同的 l_t 下叶片表面的压力分布几乎重合,这说明进口湍流特征尺度的变化对流动压力计算结果影响很小。从图 8.92(b)可以看出,不同 l_t 下叶片表面温度分布虽然有相对明显的差别,但差别也很小。图 8.92(c)给出了 A 与 B 两个区域温度分布的局部放大图。由这两处的温度局部放大图可知,当 l_t=0.25%轴向弦长时得到的计算结果与试验值较接近。

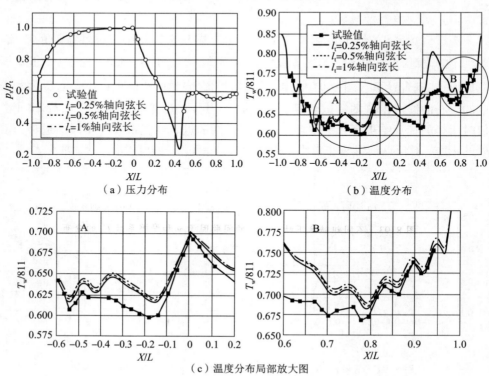

图 8.92 不同 l_t 时叶中截面的表面压力和温度分布曲线

第8章 高空流场的几种典型算法以及实时寻优模型

3) k-ω SST & AGS 模型中叶片表面粗糙度的影响

k-ω SST 模型可以参考壁面粗糙度的影响,它是通过对固壁边界条件来实现的。因壁面上的湍动能 $k=0$,而壁面上湍流的耗散效率 ω 不为零,对于光滑壁面,则有

$$\omega = \frac{12\mu_1}{\rho\beta_1(d_1)^2} \quad (8.342)$$

式中:d_1 为近壁面第一层网格到壁面的距离;β_1 为 k-ω SST 模型中的系数。

对于粗糙表面,则有

$$\omega = \frac{6\mu_1 N_r}{\rho\beta_1(d_1)^2} \quad (8.343)$$

式中:N_r 为粗糙度系数。

当 $N_r = 2$ 时,式(8.343)变为式(8.342)。图 8.93 给出了不同叶片表面粗糙度下,叶片表面的间歇因子 γ 和摩擦系数 C_f 的分布。从图 8.93(a)可以看出,不同粗糙度下,对间歇因子 γ 的分布是一样的。这是由于所给的粗糙度很小,因此对边界层的变化也很小。由图 8.93(b)可以看出,对于 C_f 来讲,N_r 的变化对叶片表面摩擦阻力系数的影响还是较明显的。

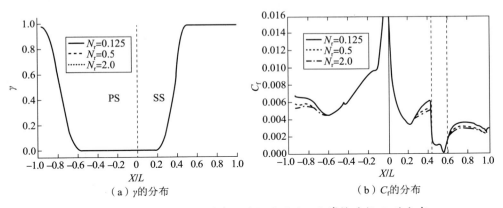

(a) γ 的分布　　(b) C_f 的分布

图 8.93　不同粗糙度下叶片表面的间歇因子 γ 和摩擦系数 C_f 的分布

图 8.94 分别给出了不同叶片表面粗糙度下叶片表面压力和温度的分布曲线。由图 8.94(a)可以看出,N_r 值对压力分布基本上没有影响。原因是叶片表面的压力分布主要由边界层外的湍流区所决定,当 N_r 值较小时,对边界层外的势流区影响较小。由图 8.94(b)可以看出,在叶片前缘的层流区域,温度分布基本没变;随着边界层由层流向湍流的转捩,越往下游越变化明显,这意味叶片表面的对流换热效果增强,叶片温度升高。

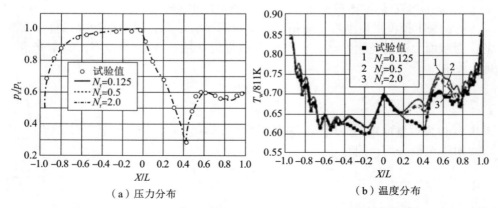

（a）压力分布　　　　　　　　　（b）温度分布

图 8.94　不同叶片表面粗糙度下叶片表面压力和温度的分布曲线

9. 层流 Pr_L 和湍流 Pr_T 对 CHT 结果的影响

层流普朗特数 Pr_L 反映了层流扩散动量能力与扩散热量能力之比，而湍流普朗特数 Pr_T 反映湍流扩散动量能力与扩散热量能力之比。在湍流的数值计算中，雷诺热流项的模化采用了雷诺比拟方法。对于层流普朗特数来说，不同流动对于不同温度、压力下，它的数值是不同的：对于液体的 Pr_L 来讲，它随温度变化显著；而对于气体来讲，它的 Pr_L 随温度变化很小，例如在 200~1600K 的范围内，Pr_L 在 0.67~0.73 之间变化，因此在下文计算中 Pr_L 取 0.708；在 Mark Ⅱ 算例中，主流温度为 500K~784K，取温度的平均值可得到平均的层流普朗特数 $Pr_L = 0.677$。

对于不同的湍流模型来讲，Pr_L 对计算结果的影响规律基本上是相同的，因此这里仅给出 SA&AGS 模型的计算结果，如图 8.95 所示。图中给出了 Pr_L 为 0.677 和 0.708 时叶片中截面的压力和温度的分布曲线。由图 8.95（a）可以看出，虽然两个 Pr_L 数相差了 4.6%，但两者的压力分布几乎无变化。由图 8.95（b）

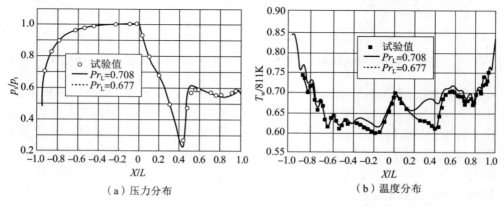

（a）压力分布　　　　　　　　　（b）温度分布

图 8.95　不同 Pr_L 值对 Mark Ⅱ 算例的 SA&AGS 模型计算结果的影响

可以看出,温度分布的变化也非常小。因此,在实际计算过程中,可以不考虑层流 Pr_L 随温度的变化,即 Pr_L 取为常数。

对于湍流流动来讲,Pr_T 的变化较复杂,文献[329]给出了用试验测定的管内 y^+ 不同区域的湍流普朗特数的值:

$$Pr_T = \begin{cases} 0.9, & y^+ > 30 \\ 越靠近壁面, Pr_T 值越大, & y^+ < 30 \\ 1.6, & y^+ = 10 \end{cases} \quad (8.344)$$

由式(8.344)可以看出,在边界层内 Pr_T 值变化较大。文献[330]给出了用 μ_t/μ_l 为变参表达 Pr_T 的关系式,即

$$Pr_T = \frac{1}{\kappa C} \quad (8.345a)$$

式中

$$\kappa C \equiv 0.5882 + 0.288 \frac{\mu_t}{\mu_l} - 0.0441 \left(\frac{\mu_t}{\mu_l}\right)^2 \left[1 - \exp\left(-\frac{5.165}{\frac{\mu_t}{\mu_l}}\right)\right] \quad (8.345b)$$

图 8.96 给出了采用 SA&AGS 模式计算 Mark Ⅱ 算例,取 $Pr_T = 1.0$ 和式(8.345a)给出 Pr_T 的两种情况下叶中截面的压力和温度分布曲线。由图 8.96(a)和(b)可以看出,无论是压力分布还是温度分布,上述两种情况下的计算结果几乎没有变化。正是由于层流普朗特数是一个物性参数,它本身随着温度的变化很小;而湍流普朗特数虽然变化很大,但它的变化主要集中在边界层的近壁区范围内,而该区域的流动和换热主要由分子黏性和热导率来决定。因此,湍流普朗特数的变化对流/热耦合的计算结果影响很小,在实际数值计算中,只需要把层流普朗特数和湍流普朗特数设置为常数即可。

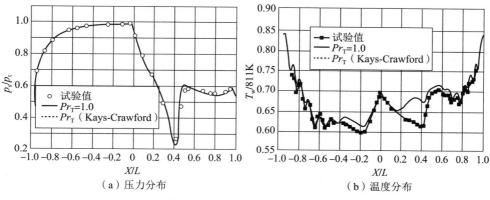

(a)压力分布 (b)温度分布

图 8.96 不同 Pr_T 值时对 Mark Ⅱ 算例采用 SA&AGS 模型的计算结果

10. 固壁热导率对流/热耦合时计算结果的影响

为了考察固体热导率对 CHT 计算结果的影响，对 Mark Ⅱ 叶片选择两个热导率：一个取 20.47（对应的叶片材料的温度在 677K），另一个考虑热导率随温度的变化按式（8.291）给出。计算时仍采用 SA&AGS 模型，图 8.97 给出了上述两种情况下得到的压力分布几乎无差别。从图 8.97（b）可以看到，固体热导率的变化对表面温度分布有较明显的影响，两者的温度相差最大可达 12K，因此在流/热耦合计算中考虑固体热导率随温度的变化是必要的。

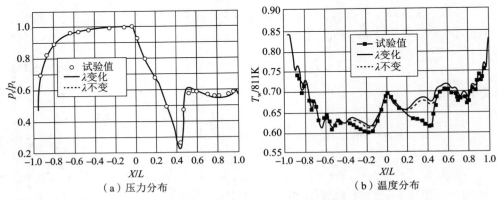

（a）压力分布　　　　　　　　　（b）温度分布

图 8.97　固体热导率对 CHT 计算结果的影响

8.9.4　不同湍流模型对涡轮 FHT 的影响与分析

本节采用经过 8.9.3 节改进的四种模型，即 BL&AGS、SA&AGS、$k\text{-}\varepsilon$ &AGS 和 $k\text{-}\omega$ SST 模型，并针对 Mark Ⅱ 涡轮叶片 4411 工况进行流/热耦合计算。计算时考虑固体热导率按照式（8.291）变化并且将层流普朗特数 Pr_L 与湍流普朗特数 Pr_T 均设置为常数。涡轮的流动与换热（FHT）是涡轮气动设计中认识与分析涡轮流动与换热机理的重要内容。

1. 涡轮叶栅通道中流动的分析

图 8.98 给出了采用上述四种模型计算得到的压力面和吸力面上叶片表面压强的分布曲线以及与试验值的比较，由该图可以看到四种模型都与试验值吻合的很好。在叶片吸力面（X/L 值大于 0 的区域）上，在 $X/L \approx 0.43$ 处压力有较大的梯度，对应着吸力面上的激波；除了在激波附近（$X/L \approx 0.4 \sim 0.6$）外，四种模型计算结果几乎都与试验值吻合得很好。在激波后的区域中，压力分布的试验值显示该区域有一个较小的压力平台，这说明激波后的边界层发生了较小的分离，$k\text{-}\varepsilon$ &AGS 模型很好地计算出了这一现象，它的结果与试验吻合最好。BL&AGS、$k\text{-}\varepsilon$ SST&AGS 也预测出了激波后边界层的分离，但是算出的分离区略微偏大，SA&AGS 模型没有算出激波后的分离现象。

2. 涡轮叶片吸力面与压力面的换热分析

图 8.99 给出了叶片表面的温度分布以及与试验值的比较，图中吸力面的 X/L 值为正，压力面的 X/L 值为负。由图 8.99 可以看出：对于压力面，四种湍流模型计算得到的温度分布均与试验值吻合较好；对于吸力面，在前缘部分（$X/L \approx [0, 0.2]$），四种模型计算结果与试验值吻合很好。之后边界层开始转捩，在 $X/L \approx [0.2, 0.43]$ 的区域，四种模型的结果与试验值均有较大的差别，这是由于 AGS 模型在激波存在时转捩模拟能力欠缺。相比而言，BL&AGS 和 k-ω SST&AGS 在这个区域的计算结果与试验值吻合得较好。在激波后（$X/L \approx [0.43, 0.7]$）区域，存在着激波与边界层相互作用。在这个区域里 k-ω &AGS 与试验值差别最大，SA&AGS 和 k-ω SST&AGS 的误差相对较小。

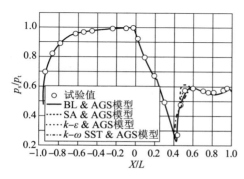

图 8.98 不同湍流模型（考虑转捩）计算的叶片表面压力分布

图 8.99 不同湍流模型（带转捩）计算的叶片表面温度分布对比

对于压力面，除了在 $X/L \approx [-0.4, -0.2]$ 区域上的温度分布略微有点差别之外，在其他区域四种模型计算的结果几乎相同，与试验值的差别也很小；在压力面，计算结果与试验值的最大误差为 2.5% 以内。总的来看，k-ω SST&AGS 的结果与试验值吻合得最好，其次是 SA&AGS 和 BL&AGS。对于 k-ω SST&AGS 来讲，它在吸力面上的温度与试验值的最大误差在 5% 以内，压力面在 2% 以内，应该讲该模型预测温度的能力还是比较好的。

图 8.100 对四种湍流模型计算的叶片表面传热系数的分布与试验值进行了比较。叶片表面传热系数定义为

$$H_t = \frac{Q_{w,f}}{T_g - T_{w,f}} = \frac{\lambda_{w,f} (\partial T / \partial n)_{w,f}}{T_g - T_{w,f}} \tag{8.346}$$

式中：T_g 为主流进口总温；$Q_{w,f}$ 为流体域壁面的热流量；n 代表法线方向。

令 H_{to} 为换热系数的参考值，对于 4411 号工况来讲，H_{to} 的单位为 W·m^2·K。由图 8.100 可以看出，在吸力面上的激波附近 $X/L \approx [0.2, 0.7]$ 区域内，由于存在流动转捩以及激波与边界层的相互作用，因此四种模型结果与试验值有相对

较大的误差，其中以 $k\text{-}\omega$ &AGS 模型的计算误差最大。在吸力面的其他区域，四种模型结果与试验值吻合较好。在压力面上，计算结果和试验值的吻合程度远比吸力面好，它们几乎全部落在试验值的误差带内。综合来看，$k\text{-}\omega$ SST&AGS 模型、SA&AGS 模型和 BL&AGS 模型的精度差不多，$k\text{-}\omega$ &AGS 模型较差一些。对于 $k\text{-}\omega$ SST&AGS 模型的计算结果，在压力面上最大误差为 5%（相对于参考传热系数 H_t 而言）左右，在吸力面上除了激波附近区域的最大误差达到 30% 以外，吸力面上其他区域的最大误差在 5% 以内。因篇幅所限，叶片传热计算方面更多的结果不再给出，感兴趣者可参见文献 [331]。

3. 叶片表面边界层的转捩以及分离与再附现象的分析

涡轮叶片表面边界层的转捩以及分离与再附现象的准确计算与预测，是涡轮气动设计中十分关键的技术之一，这里采用上面发展的四种湍流模型并且以 Mark Ⅱ 涡轮叶片 4411 工况为例，较深入研究了该工况下叶片边界层的发展以及对流动与换热特性的影响。图 8.101 给出了四种湍流模型下叶片吸力面边界层间歇因子 γ 的分布曲线。由该图可以看出，在叶片吸力面上 $X/L \approx 0.2$ 处转捩开始，在紧靠激波后的 $X/L \approx 0.45$ 处转捩结束；在压力面，由于雷诺数小且一直为顺压梯度，因此转捩位置靠后，在 $X/L \approx 0.59$ 处发生转捩，一直到压力面尾缘，转捩才基本结束。在吸力面上，不同的湍流模型所预测出的转捩起始和终止位置略有差别，BL&AGS 模型和 SA&AGS 模型预测的位置基本一样，$k\text{-}\omega$ SST&AGS 模型预测的位置略微靠后，$k\text{-}\omega$ &AGS 模型预测的位置更靠近下游，但不同模型之间的差别也仅在 2~3 个网格距离之内；而在压力面上不同湍流模型预测的转捩起始和终止位置几乎无差别。

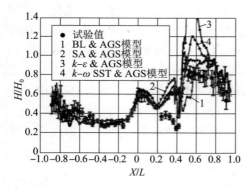

图 8.100　不同湍流模型（带转捩）计算的叶片表面传热系数分布对比

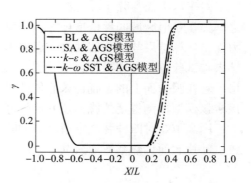

图 8.101　不同湍流模型（带转捩）计算的叶片吸力面和压力面的边界层间歇因子 γ 的分布

图 8.102 给出了位移厚度 δ^*、动量厚度 θ、形状因子 H、动量厚度雷诺数 Re_θ 的分布曲线。

第 8 章 高空流场的几种典型算法以及实时寻优模型

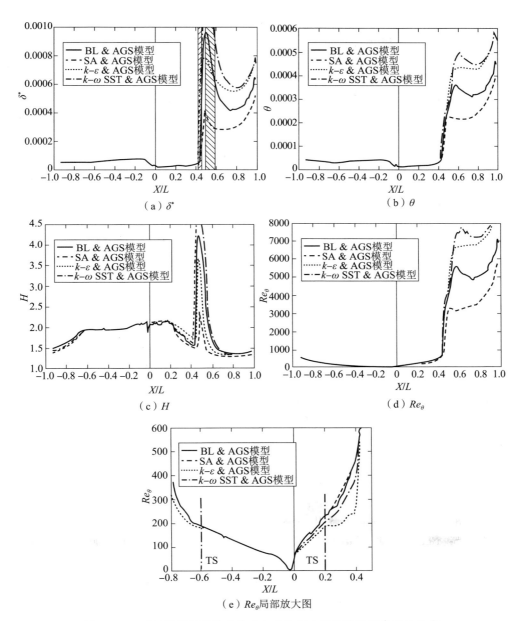

图 8.102 不同模型计算的叶片吸力面和压力面的边界层参数的分布

由图 8.102（a）可以看出：在压力面上，不同模型预测的位移厚度差别很小；在吸力面上，分离点之前，不同模型预测位移厚度的差别很小，从分离点开始，不同模型之间的差异逐渐增加，在分离区内的某一位置，δ^* 值达到最大，随后由于分离流的再附，不同模型预测位置的差别也逐渐减小。

图 8.102（b）的动量厚度分布曲线与 δ^* 分布曲线具有相似性，但与 δ^* 分布曲线不同的是，在分离区内，动量厚度 θ 基本上一直增大，在再附点附近达到极值。

图 8.102（c）给出形状因子 H 的分布曲线。由图可以看出，不同湍流模型计算出的形状因子，只是在吸力面上的分离区内有较大差别，在其他区域的差别则较小，在吸力面上，在 $X/L \approx [0, 0.2]$ 区域内，$H \approx 2.1$，这表明边界层处于层流状态，而后 H 值逐渐减小，这说明流动开始转捩，在 $X/L \approx 0.43$ 处时 H 值降到 1.5 左右，这说明边界层已经转捩成湍流，而后由于湍流边界层发生分离，H 值在分离区迅速增大，之后由于流动分离再附，H 值减小，最后转捩在 1.3 左右。在压力面，由于压力面雷诺数小且一直处于顺压梯度下，因此在很大弦长范围内的流动为层流状态，在 $X/L \approx [-0.6, 0]$ 区域内 H 值一直持续在 2 左右，在 $X/L < -0.6$ 后，H 值才逐渐减小，边界层开始转捩，在叶片尾缘处 H 值降到 1.5 左右，此时边界层才基本上转捩成湍流流动。

图 8.102（d）给出了 Re_θ 的分布曲线，其变化规律与图 8.102（b）的 θ 曲线一致，在分离区以及分离开附后的区域内，不同湍流模型计算的结果之间差别较大。

图 8.102（e）给出了 Re_θ 的局部放大图，图中的两条竖虚线分别代表压力面和吸力面的转捩起始位置。从图中可以看出：在吸力面 $X/L \approx [0, 0.2]$ 区域内，不同模型计算出的 Re_θ 有差别，BL&AGS 模型和 SA&AGS 模型的结果基本一致，而 k-ω SST&AGS 模型和 k-ω &AGS 模型的结果偏小；在压力面 $X/L \approx [-0.6, 0]$ 区域内，不同计算模型所得的计算结果基本上没有差别。从图 8.102（e）可以看出，压力面转捩起始位置的厚度雷诺数（称为转捩临界雷诺数，并记为 $Re_{\theta s}$）约为 168，而吸力面 $Re_{\theta s}$ 约为 172，吸力面上 $Re_{\theta s}$ 略高，是由于吸力面前缘附近流动中的顺压梯度比压力面大。

图 8.103（a）给出了压力 p 和动量厚度 θ 在吸力面与压力面的分布，图 8.103（b）给出了 δ^*、θ 和 H 的分布。图 8.103（a）和（b）是利用 k-ω SST&AGS 模型计算得到的结果。在图 8.103（a）和（b）中，竖虚线代表分离点和再附点的位置。在吸力面上，从前缘滞止点开始，在顺压梯度的作用下，θ 增加缓慢，在 $X/L \approx 0.43$ 处产生一道激波，在强逆压梯度作用下，流动出现分离，θ 也急剧增加，在再附点附近 θ 达到最大值，而后由于分离流的再附，θ 稍有减少，然后流动中又出现较弱的逆压梯度，再附湍流边界层的 θ 继续较快地增大直至叶片尾缘；在压力面上，因为流动始终处于顺压梯度下且没有发生分离，所以 θ 增长非常缓慢。

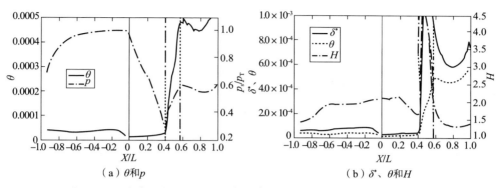

(a) θ和p (b) δ^*、θ和H

图 8.103 叶片吸力面和压力面各种参数的对比（k-ω SST&AGS 模型）

图 8.104 给出了采用不同湍流模型计算出的压力面和吸力面上摩擦系数 C_f 的分布图，图中的竖虚线代表了分离点和再附点的位置。

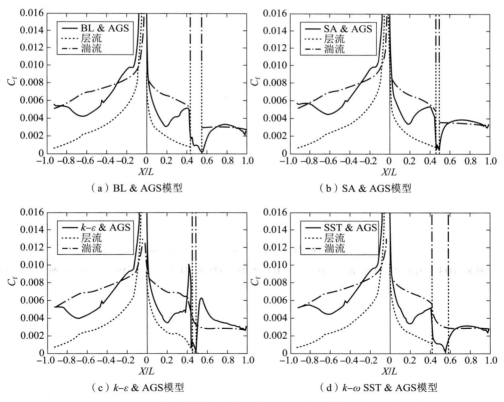

(a) BL & AGS 模型 (b) SA & AGS 模型

(c) k-ε & AGS 模型 (d) k-ω SST & AGS 模型

图 8.104 不同模型计算的叶片压力面和吸力面摩擦系数 C_f 的分布

其中 C_f 有如下经验公式确定[332-333]：

$$C_f = \begin{cases} 0.441/Re_\theta, & \text{层流} \\ 0.0258/Re_\theta^{1/4}, & \text{湍流} \end{cases} \quad (8.347)$$

这里要说明的是，式（8.347）是基于平板边界层获得的。由图 8.104 可以发现，在吸力面上，在转捩点 $X/L \approx 0.2$ 之前为层流边界层，计算出的 C_f 值与层流经验公式（8.347）更为接近；随着转捩的发生，C_f 值逐渐增高，并且由湍流模型计算出的结果逐渐与经验公式相靠近。在压力面上，在转捩点 $X/L \approx 0.6$ 前的层流区用湍流模型计算出的 C_f 比层流经验公式得到的值偏高；转捩开始后，C_f 值逐渐增加，在尾缘处转捩基本完成，并且用模型算出的 C_f 与经验公式相符。另外，对比四种湍流模型可以发现：除了分离区外，其他区域四种湍流模型预测出的 C_f 分布曲线相差不大。此外，在激波附近和分离再附点附近，使用 k-ω &AGS 模型算出的 C_f 值有些过冲，而采用 k-ω SST 模型计算时没有这种现象出现。

图 8.105 给出了采用 k-ω SST&AGS 模型计算得到的沿 Mark II 叶片表面不同位置处的速度剖面和温度剖面。

图 8.105（a）给出了吸力面上 8 个剖面和压力面上 5 个剖面的具体位置，其中 $S_2(X/L \approx 0.2)$ 处为吸力面的转捩起始点，$S_4(X/L \approx 0.42)$ 处为吸力面流动的分离点，$S_6(X/L \approx 0.56)$ 为吸力面的分离再附点；$P_2(X/L \approx -0.6)$ 处为压力面转捩起始点。沿每个位置作壁面的法线，然后将当地速度矢量分解一个沿切向的分速度 U_t，而 Y_n 为场点到壁面的垂直距离。

图 8.105（b）给出了吸力面各位置的切向速度剖面。由该图可以看到边界层流动状态的变化，在转捩起始点 S_2 前，流动未发生转捩，S_1 和 S_2 的速度型是典型的层流剖面；在 S_3 处边界层已经转捩，但尚未完全转捩成湍流，其速度剖面相比 S_1 和 S_2 剖面已发生了明显变化；到分离点 S_4 时流动基本转捩为湍流，此处的剖面相对于 S_1 和 S_2 的变化就更加明显；S_5 点位于分离区内，存在明显的回流；到 S_6 处流动分离再附；S_7 和 S_8 剖面属于再附的湍流边界层，它们是典型的湍流剖面。

图 8.105（c）给出了 S_7 点的速度剖面与湍流边界层 Spalding 壁面律的对比，由该图可以看到两者吻合得很好。

图 8.105（d）给出了压力面 5 个剖面处的速度剖面。由该图可清晰地看出从层流到湍流状态的演变过程：在 P_1 和 P_2 点，转捩尚未开始，速度剖面为层流剖面；随着流动进入转捩过程，从 P_3 点到 P_5 点，速度剖面越来越饱满，这说明边界层越来越靠近湍流状态。

图 8.105（e）给出了压力面不同位置处的温度剖面。从该图可以发现：由于 P_1 和 P_2 点均处于层流状态，它们的温度剖面基本相似；随着流动进入转捩过程，从 P_3 到 P_5 点，温度剖面也逐渐发生变化，壁面处的温度梯度越来越大，壁

第 8 章　高空流场的几种典型算法以及实时寻优模型

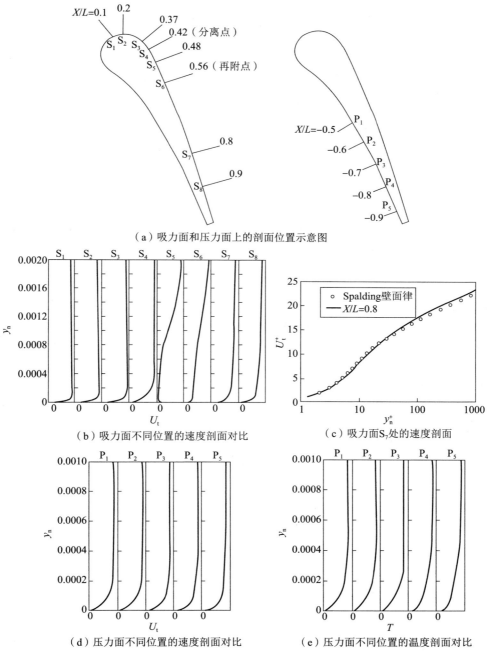

图 8.105　沿叶片表面不同位置的速度和温度剖面（$k\text{-}\omega$ SST&AGS 模型）

面上的热流率也越来越大,相应地,换热系数也越来越高,温度剖面的变化恰恰反映了湍流流动换热系数高于层流流动换热系数的物理特征[334]。

8.10 发动机性能仿真的建模与非线性稳态模型的构建

8.10.1 发动机性能仿真的几类模型

航空发动机性能仿真的建模问题一直是航空发动机性能研究领域中最为关注的课题之一。在发动机的使用和维修阶段,发动机性能仿真模型是发动机健康管理系统的重要组成部分,是有效地进行故障预测和健康管理(Prognostics and Health Management,PHM),以及保证发动机安全、可靠运行的重要手段。发动机性能的实时性,要求性能模型计算要在一个仿真周期(完成任何单一工作点计算所需要的时间)内完成,通常要求小于25ms。近20多年来,随着航空发动机装机飞行过程中的实时控制技术不断发展,对快速而准确获取航空发动机性能的问题提出了越来越高的要求。

通常,航空发动机性能建模可以有多种分类的方法:从描述发动机工作状态方面,可分为稳态和动态两种建模;从仿真周期方面考虑,分为实时模型和非实时模型;从模型的建立方法上,可以分为分析方法(从已知的基本物理规律,经过分析、演绎推导出数学模型)和总体方法(利用大量试验数据去构建与统计归纳出的设计参数和性能参数直接的经验关系式)。再如,从模型的复杂程度,又可划分为四类仿真模型:

第Ⅰ类仿真模型:它把整个发动机作为一个"黑盒子",模型中主要关注发动机的外在性能特征而不是发动机各部件之间匹配的物理本质,如图8.106所示。这类模型多用于飞行模拟器的航空发动机系统建模,对模型的实时性要求较高。

图 8.106 第Ⅰ类仿真模型

第Ⅱ类仿真模型:是将发动机的各部件(指进气道、压气机(风扇)、燃烧室、涡轮、加力燃烧室、尾喷管)之间必须满足的共同工作条件和给定的调节规律确定出发动机的共同工作点,得到发动机的性能参数。图8.107给出了单转子涡喷发动机第Ⅱ类仿真模型的示意图。另外,从维度的角度来看,第Ⅱ类仿真模型应属于零维仿真技术。

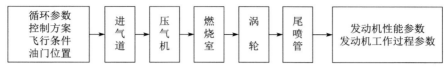

图 8.107 第 Ⅱ 类仿真模型

第Ⅲ类仿真模型：与第Ⅱ类仿真模型相比，相同点是发动机的性能参数和工作过程参数仍需要通过发动机各部件的共同工作条件来确定。不同点是各个部件的描述与表征不再通过预存的特性图，而是通过数学方法建立部件几何流道尺寸、设计参数和部件特性之间的函数关系。部件模型的建模方法可以是一维的，也可以是二维或三维的。例如，对压气机部件的建模可以用广义一维的中心流线法，可以用广义二维的 S_1 流面与 S_2 流面法，也可以用三维的欧拉方程或三维的 N-S 方程法。通常，部件模型建模的维数越高，需要提供的发动机几何流道的几何尺寸与相关数据也就越来越详细。

第Ⅳ类仿真模型：与第Ⅲ类仿真模型的最根本区别是它针对整体进行建模。按维数分析，对于这类模型也有一维、二维和三维之分。这里要指出的是，在第Ⅳ类仿真模型时采用一维或二维方法往往要依靠于部件的损失模型、旋转件的落后角模型以及其他的一些经验系数。如果第Ⅳ类仿真模型中采用三维方法，则会遇到计算量过大、计算时间过长、成本过高的问题。

在第Ⅳ类仿真模型中，NASA 推出的 NPSS 数值仿真平台应是一个较为成熟、较为实用的理想平台，它融合了流体力学、传热学、燃烧学、工程热力学、结构力学、材料力学、控制理论等多个学科领域，采取了能够自由缩放变维度仿真算法的多学科融合技术，深入描述与揭示了发动机内的复杂流动和各部件之间的相互关系，实现了发动机整机的详细仿真模拟，并且灵活自由地完成了低维计算与高维之间数据的传递和缩放功能。

8.10.2 构建非线性稳态变比热容性能模型及其步骤

本节以双转子混排加力涡扇发动机（图 8.108）为例，扼要说明部件法建模的主要步骤。

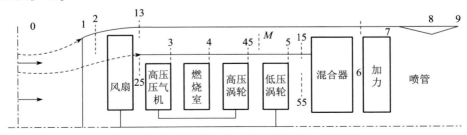

图 8.108 双转子混排加力涡扇发动机截面的符号标识

步骤1：进气道计算。

给定飞行高度 H、飞行马赫数 Ma_H，可确定大气环境的温度 $T_H(\text{K})$、压强 $p_H(\text{bar})$ 和大气环境密度 $\rho_H(\text{kg/m}^3)$。

当高度 $H \leqslant 11 \text{km}$ 时，有

$$p_H = 1.01325 \times \left[1 - \frac{H}{44.308}\right]^{5.2553} \tag{8.348}$$

$$T_H = 288.15 - 6.5 \times H \tag{8.349}$$

当高度 $H > 11 \text{km}$ 时，有

$$p_H = 0.22615 \times \exp\left(\frac{11-H}{6.338}\right) \tag{8.350}$$

$$T_H = 216.5 \tag{8.351}$$

密度为

$$\rho_H = \frac{10^5 p_H}{RT_H} \tag{8.352}$$

发动机飞行的速度 V_0，进气道进、出口总温 T_{t0}、T_{t1}，以及进气道进、出口总压 p_{t0}、p_{t1} 分别为

$$V_0 = Ma_H \times \sqrt{\gamma R T_H} \tag{8.353}$$

$$T_{t0} = T_H\left(1 + \frac{\gamma-1}{2}Ma_H^2\right) \tag{8.354}$$

$$T_{t1} = T_{t0} \tag{8.355}$$

$$p_{t0} = p_H\left(1 + \frac{\gamma-1}{2}Ma_H^2\right)^{\frac{\gamma}{\gamma-1}} \tag{8.356}$$

$$p_{t1} = \sigma_i p_{t0} \tag{8.357}$$

式中：σ_i 为进气道总压恢复系数。

σ_i 可有多种给出方法，这里仅给出如下两种方法：

方法1：

$$\sigma_i = \begin{cases} 1, & Ma_H \leqslant 1 \\ 1 - 0.075(Ma_H-1)^{1.35}, & Ma_H > 1 \end{cases} \tag{8.358}$$

方法2：

$$\sigma_i = \begin{cases} 0.97, & Ma_H \leqslant 1 \\ 0.97[(1-0.1(Ma_H-1)^{1.95})], & Ma_H > 1 \end{cases} \tag{8.359}$$

步骤2：压气机计算。

在步骤2至步骤9中，均采用变比热容法计算各部件出口的气流参数。按照混合气体比热容计算方法，气体的定压比热容为

第8章 高空流场的几种典型算法以及实时寻优模型

$$c_p = c_p(T, f_a) = \frac{1}{1+f_a}\left[\sum_{i=0}^{4} a_i T^i + \cdots\right] \quad (8.360)$$

式中：f_a 为油气比。这是式（8.360）的具体表达形式可参见文献［335-340］等。为了计算各部件中的压强、温度和功的变化，引入焓差 Δh 和比熵函数 $e(T)$，即

$$\Delta h = \int_{T_1}^{T_2} c_p \mathrm{d}T = \Delta h(T_2, T_1, f_a) \quad (8.361)$$

$$e(T) = \int_{T_1}^{T_{2ad}} c_p \frac{\mathrm{d}T}{T} = e(T_{2ad}, T_1, f_a) \quad (8.362)$$

式中：R 为气体常数，对空气来讲有 $R = 287 \mathrm{J}/(\mathrm{kg \cdot K})$；$R$ 的单位为 $\mathrm{J}/(\mathrm{kg \cdot K})$，其表达式为

$$R = \frac{8314}{\mu} \quad (8.363)$$

其中：μ 为平均分子量，对于空气则 $\mu = 28.97$（kg/kmol）。

风扇和压气机同属于旋转压缩部件，其部件算法相类似，这里仅以压气机部件为例说明。如果已知压气机进口参数 T_{t25}、p_{t25} 以及压气机的增压比 π_c 和效率 η_c。于是，压气机的实际焓差为

$$\Delta h_c = \frac{\Delta h(T_{t3ad}, T_{t25}, 0)}{\eta_c} \quad (8.364)$$

再由 $\Delta h_c = \Delta h(T_{t3}, T_{t25}, 0)$ 得到 T_{t3}。于是，压气机出口总压和功率分别为

$$p_{t3} = \pi_c p_{t25} \quad (8.365)$$

$$N_c = \dot{m}_{a25} \Delta h_c \quad (8.366)$$

步骤3：主燃烧室计算。

因为主燃烧室的总压恢复系数 σ_b 变化不大，所以在发动机性能计算时可近似取为定值（即设计值）。已知主燃烧室进口的总温 T_{t3} 和总压 p_{t3}，并给定出口总温 T_{t4} 和燃烧效率 η_b。由能量守恒方程可计算出所需的燃烧室油气比为

$$f_a' = \frac{\Delta h_a(T_{t4}, T_R) - \Delta h_a(T_{t3}, T_R)}{H_f \eta_b - \Delta h_b(T_{t4}, T_R)} \quad (8.367)$$

式中：Δh_a 为空气焓差（J/kg）；Δh_b 为纯燃气的焓差（J/kg）；T_R 为燃油进入燃烧室的温度（K）；H_f 为燃油低热值（J/kg）。

由于从高压压气机出口抽取了用于冷却涡轮的空气，因此进入燃烧室的空气量 $\dot{m}_{a3}$ 小于压气机进口的空气量 $\dot{m}_{a25}$，对应于内涵空气流量 $\dot{m}_{a3}$ 的油气比为

$$f_a = \frac{\dot{m}_f}{\dot{m}_{a3}} = f_a'(1 - \beta_{co}) \quad (8.368)$$

式中：β_{co} 为高压压气机出口抽取的涡轮冷却成空气量与压气机进口空气流量的比值。

主燃烧室出口的总压 p_{t4} 为

$$p_{t4} = \sigma_b p_{t3} \tag{8.369}$$

步骤4：涡轮计算。

由于高、低压涡轮的算法相同，因此下面以高压涡轮为例计算其出口气流的参数。已知高压涡轮进口 T_{t4}、p_{t4} 以及涡轮效率 η_T 和高压涡轮功 Δh_T，可求出高涡轮膨胀比 π_T 以及高压涡轮出口气流参数 T_{t45} 和 p_{t45}。首先，由 $\Delta h(T_{t4}, T_{t45}, f_{a4}) = \Delta h_T$ 求得 T_{t45}，然后求出等熵膨胀时的高压涡轮功 $\Delta h_{Tad} = \Delta h/\eta_T$，再由

$$\Delta h_{Tad} = \Delta h(T_{t4}, T_{t45ad}, f_{a4}) \tag{8.370}$$

求得 T_{t45ad} 值。

由比熵函数 $e(T)$ 求高压涡轮膨胀比为

$$\pi_T = \exp\left[\frac{e(T_{t4}, T_{t45ad}, f_{a4})}{R_g}\right] \tag{8.371}$$

式中：f_{a4} 为高压涡轮进口气流的油气比。

高压涡轮出口总压 p_{t45} 和高压涡轮功率 N_T 分别为

$$p_{t45} = p_{t4}/\pi_T \tag{8.372}$$

$$N_T = \dot{m}_g \Delta h_T \tag{8.373}$$

步骤5：涡轮冷却气流与主气流的混合计算。

高低压涡轮后的冷却气流均与主气流混合，混合时假设主气流的总压不变、而总温改变。这里以高压涡轮为例加以说明。令混合后的截面为 M，如图 8.108 所示。令混合后的总温为 T_{t45M}，它可由能量方程推出。在已知混合前主流的流量 $\dot{m}_{g45}$、温度 T_{t5}、冷却气流的流量 $\dot{m}_{aco}$、温度 T_{t3} 时，便可由下式求出 T_{t45M}：

$$\Delta h(T_{t45M}, 0, f_{a45}) = \frac{\beta_{co}\Delta h_a(T_{t3}, 0) + (1-\beta_{co}+f_{a45})\Delta h(T_{t45}, 0, f_{a45})}{1+f_{a45}} \tag{8.374}$$

式中：f_{a45} 为 45 截面的油气比。

步骤6：混合器外涵入口计算。

令 $\overline{\Delta p_{bp}}$ 为风扇外涵总压损失系数，于是混合器外涵入口总压为

$$p_{t15} = (1 - \overline{\Delta p_{bp}})p_{t2} \tag{8.375}$$

混合器外涵入口的总温 T_{t15} 与风扇出口的总温相同。

步骤7：混合器出口参数计算。

混合器中有两股能量不同、气体性质不同的气流相互掺混，并且两股气流的总温、总压、速度各不相同，尽管通过混合器后，两股气流也不可能完全掺混均匀，但工程应用中证实，在进行涡扇发动机特性计算时，应用动量方程、能量方程、连续方程对混合器出口参数进行估算具有一定的精度，能为工程设计提供参考数据。这里为了简化计算，假设：

第8章 高空流场的几种典型算法以及实时寻优模型

(1) 内、外涵两股气流平行地进入混合器,并且在进口截面各自均匀分布。
(2) 两股气流进入混合器时静压相等,即

$$p_{55} = p_{15} \tag{8.376}$$

(3) 气流在混合器出口截面上掺混均匀,气流参数均匀分布。另外,在混合器掺混的过程中,不考虑散热损失。
(4) 混合器为等截面混合器,因此有

$$A_5 = A_{15} + A_{55} = A_6 \tag{8.377}$$

由连续方程可以计算出混合室出口燃气流量 $\dot{m}_{g6}$,即

$$\dot{m}_{g6} = \dot{m}_{g55} + \dot{m}_{a15} \tag{8.378}$$

由能量方程,计算混合器出口气流总温 T_{t6},即

$$T_{t6} = \frac{1}{c_{pg}\dot{m}_{g6}}(\dot{m}_{g55}c_{pg}T_{t55} + \dot{m}_{a15}c_p T_{t15}) \tag{8.379}$$

在流体力学中,处理一维等截面管流问题是常引进冲量函数[212-213],有

$$(p+\rho V^2)A = \dot{m}Z(\lambda)\left[\frac{(1+\gamma)RT_t}{2\gamma}\right]^{1/2} \tag{8.380}$$

对于混合器问题,由动量守恒方恒可得

$$\dot{m}_{g6}Z(\lambda_6)\left[\frac{(1+\gamma)RT_{t6}}{2\gamma}\right]^{1/2} = \dot{m}_{g55}Z(\lambda_{55})\left[\frac{(1+\gamma)RT_{t55}}{2\gamma}\right]^{1/2} + \dot{m}_{g15}Z(\lambda_{15})\left[\frac{(1+\gamma)RT_{t15}}{2\gamma}\right]^{1/2} \tag{8.381}$$

另外,还有如下一些关系式

$$q(\lambda_{55}) = \frac{\dot{m}_{g55}\sqrt{T_{t55}}}{A_{t55}K_g p_{t55}} \tag{8.382}$$

$$K_g = \left(\frac{2}{\gamma_g+1}\right)^{\frac{\gamma_g+1}{2(\gamma_g-1)}}\left(\frac{\gamma_g}{R}\right)^{\frac{1}{2}} = \left[\frac{\gamma_g}{R}\left(\frac{2}{\gamma_g+1}\right)^{\frac{\gamma_g+1}{\gamma_g-1}}\right]^{\frac{1}{2}} \tag{8.383}$$

$$p_{55} = p_{15} = p_{t55}\pi(\lambda_{55}) \tag{8.384}$$

$$\frac{p_{15}}{p_{t15}} = \pi(\lambda_{15}) \tag{8.385}$$

$$p_{t6id} = \frac{Z(\lambda_{55}) + BZ(\lambda_{15})\sqrt{\dfrac{T_{t15}}{T_{15}}}}{(1+B)\sqrt{\dfrac{T_{t6}}{T_{t55}}}} \tag{8.386}$$

$$p_{t6} = \sigma_6 p_{t6id} \tag{8.387}$$

式中:B 为涵道比;$Z(\lambda)$ 为气体动力学冲量函数;σ_6 为混合器的总压恢复系

数,通常取 0.98;p_{t6id} 为未考虑掺混损失时混合器出口的总压。

在已知混合器内涵进口面积、外涵出口面积和混合器出口面积时,联立式(8.381)~式(8.387)可以得到混合器出口气流的总压 p_{t6}。

步骤8:加力燃烧室计算。

在已知加力燃烧室进口总温 T_{t6}、总压 p_{t6}、燃油温度 T_R、燃气流量 $\dot{m}_{g6}$、加力燃烧室燃烧效率 η_{ab} 以及主燃烧室的油气比 f_a 的情况下,如果要求加力燃烧室出口总温达到给定的 T_{t7} 时,则由加力燃烧室的能量方程便可以得到加力燃烧室的油气比 f_{aAB} 为

$$f_{aAB} = \frac{\Delta h_a(T_{t7}, T_R) + \Delta h_b(T_{t7}, T_R) f_a - (1 + f_a) \Delta h(T_{t6}, T_R, f_a)}{H_u \eta_{ab} - \Delta h_b(T_{t7}, T_R)} \quad (8.388)$$

式中:f_a 为油气比,它可由式(8.368)求出。

加力燃烧室出口的总压 p_{t7} 为

$$p_{t7} = \sigma_{ab} p_{t6} \quad (8.389)$$

式中:σ_{ab} 为加力燃烧室的总压恢复系数,且有

$$\sigma_{ab} = \sigma_{abD} \sigma_{abH} \quad (8.390)$$

其中:σ_{abD}、σ_{abH} 分别为流动损失引起的总压恢复系数和热阻损失引起的总压恢复系数。

步骤9:尾喷管出口参数的计算。

已知尾喷管进口的总压 p_{t7}、总温 T_{t7} 和大气环境的静压强 p_H 以及燃气流量 $\dot{m}_{g7}$ 和油气比 f_{a7}、喷管9截面的面积 A_9、飞机发动机的飞行速度 V_0、飞行高度 H 时,利用比熵函数式(8.391)可求出喷管等熵完全膨胀时喷管出口的静温 T_{9ad}:

$$e(T_{9ad}, T_{t7}, f_{a7}) = R_g \ln \frac{p_H}{p_{t7}} \quad (8.391)$$

喷管中的焓降为

$$\Delta h_{Nad} = \Delta h(T_{9ad}, T_{t7}, f_{a7}) \quad (8.392)$$

喷管等熵完全膨胀时喷管出口速度 V_{9ad} 为

$$V_{9ad} = \sqrt{2 \Delta h_{Nad}} \quad (8.393)$$

取喷管速度损失系数为 φ_{NZ}(通常取 0.98~0.99),则尾喷管出口速度为

$$V_9 = \varphi_{NZ} V_{9ad} \quad (8.394)$$

发动机的推力 F、单位推力 F_S 和耗油率 SFC 的计算式分别为

$$F = \dot{m}_{g7} V_9 - \dot{m}_a V_0 + (p_9 - p_H) A_9 \quad (8.395)$$

$$F_S = \frac{F}{\dot{m}_a} \quad (8.396)$$

$$SFC = \frac{3600 \dot{m}_{g7} f_{a7}}{F(1 + f_{a7})} \quad (8.397)$$

第8章 高空流场的几种典型算法以及实时寻优模型

尾喷管出口处的静压 p_9 和静温 T_9 的计算。假设喉部 8-8 截面的气流速度系数 $\lambda_8 = 1.0$；对于收敛喷管，$\lambda_9 = 1.0$；对于拉瓦尔喷管，则 λ_9 由如下方程确定：

$$q(\lambda_9) = \frac{A_8}{A_9} \tag{8.398}$$

由下式求得 p_9：

$$p_9 = \pi(\lambda_9) p_{t9} \tag{8.399}$$

并注意如果 $p_9 < p_H$，则修正 $p_9 = p_H$，而后由式（8.399）重新求出 λ_9 和 λ_8 值，最后再用总温与静温之间的关系

$$T_9 = \tau(\lambda_9) T_{t9} \tag{8.400}$$

确定出口处的静温值 T_9。

步骤 10：初值的试选以及匹配的检验。

在完成上述 9 个步骤的计算时，对于混合排放加力涡扇发动机来讲，除了选定的调节规律后，并且试选了 6 个参数的初值。这 6 个参数是风扇（低压压气机）的增压比 π_{CL}、高压压气机的增压比 π_{CH}、高压转子的相对换算转速 $\bar{n}_{Hcor}$、燃烧室出口总温 T_{t4}、高压涡轮进口换算流量 $\dot{m}_{4cor}$ 和低压涡轮进口换算流量 $\dot{m}_{45cor}$。这 6 个参数试取的初值是否合适、匹配，应由各部件之间必须满足的 6 个检验方程进行检验。这 6 个检验方程如下：

（1）风扇转子的功率平衡方程，即风扇的功率 N_f 应与低压涡轮的功率 N_{TL} 相等，其表达式为

$$\frac{\eta_{mL} N_{TL} - N_f}{N_f} = 0 \tag{8.401}$$

式中：η_{mL} 为低压转子的机械效率。

（2）高压转子的功率平衡方程，即高压压气机的功率 N_{CH} 应与高压涡轮的功率 N_{TH} 相等，其表达式为

$$\frac{\eta_{mH} N_{TH} - N_{CH}}{N_{CH}} = 0 \tag{8.402}$$

式中：η_{mH} 为高压转子的机械效率。

（3）高压涡轮进口的流量平衡，即高压涡轮进口计算的燃气流量 $\dot{m}_{g4}$ 应该与高压涡轮特性图上查得的燃气流量 $\dot{m}'_{g4}$ 相等，即

$$\frac{\dot{m}_{g4} - \dot{m}'_{g4}}{\dot{m}'_{g4}} = 0 \tag{8.403}$$

（4）低压涡轮进口的流量平衡，即低压涡轮进口计算的燃气流量 $\dot{m}_{g45}$ 应该与低压涡轮特性图上查得的燃气流量 $\dot{m}'_{g45}$ 相等，即

$$\frac{\dot{m}_{g45}-\dot{m}'_{g45}}{\dot{m}'_{g45}}=0 \qquad (8.404)$$

（5）混合器进口处内涵道静压 p_{55}、外涵道静压 p_{15} 应相等，即

$$\frac{p_{55}-p_{15}}{p_{55}}=0 \qquad (8.405)$$

（6）尾喷管面积平衡，即计算的尾喷管喉部面积 A_8 应与发动机实际的尾喷管面积 A_8' 相等，即

$$\frac{A_8-A_8'}{A_8'}=0 \qquad (8.406)$$

如果试选的参数恰好满足所有的检验方程，则表明这些试选的参数是发动机的匹配工作参数。但一般来讲，对于任意选取的初值，检验方程通常会出现残差量。为书写方便，令 x_1、x_2、x_3、x_4、x_5、x_6 分别代表试选的初值，令

$$\bm{x} = [x_1, x_2, x_3, x_4, x_5, x_6]^{\mathrm{T}} \qquad (8.407)$$

另外，令6个残差量方程分别为

$$\begin{cases} \dfrac{\eta_{mL} N_{TL} - N_f}{N_f} = z_1 \\[2mm] \dfrac{\eta_{mH} N_{TH} - N_{CH}}{N_{CH}} = z_2 \\[2mm] \dfrac{\dot{m}_{g4} - \dot{m}'_{g4}}{\dot{m}'_{g4}} = z_3 \\[2mm] \dfrac{\dot{m}_{g45} - \dot{m}'_{g45}}{\dot{m}'_{g45}} = z_4 \\[2mm] \dfrac{p_{55} - p_{15}}{p_{15}} = z_5 \\[2mm] \dfrac{A_8 - A_8'}{A_8'} = z_6 \end{cases} \qquad (8.408)$$

上述方程组简记为

$$\begin{cases} z_1 = f_1(x_1, x_2, x_3, x_4, x_5, x_6) \\ z_2 = f_2(x_1, x_2, x_3, x_4, x_5, x_6) \\ z_3 = f_3(x_1, x_2, x_3, x_4, x_5, x_6) \\ z_4 = f_4(x_1, x_2, x_3, x_4, x_5, x_6) \\ z_5 = f_5(x_1, x_2, x_3, x_4, x_5, x_6) \\ z_6 = f_6(x_1, x_2, x_3, x_4, x_5, x_6) \end{cases} \qquad (8.409)$$

第 8 章　高空流场的几种典型算法以及实时寻优模型

$$\boldsymbol{Z} = [z_1, z_2, z_3, z_4, z_5, z_6]^T \tag{8.410}$$

于是，式（8.409）可写为如下向量形式：

$$\boldsymbol{Z} = F(\boldsymbol{x}) \tag{8.411}$$

采用 Newton-Raphson 方法求解使 $\boldsymbol{Z} \to 0$ 的试取值 $\boldsymbol{x}$，即求解方程组 $F(\boldsymbol{x}) = 0$。假定已经进行了 k 次迭代，已求出第 k 次试取值 $\boldsymbol{x}^{(k)} = [x_1^{(k)}, x_2^{(k)}, x_3^{(k)}, x_4^{(k)}, x_5^{(k)}, x_6^{(k)}]^T$ 和残量 $\boldsymbol{z}^{(k)} = [z_1^{(k)}, z_2^{(k)}, z_3^{(k)}, z_4^{(k)}, z_5^{(k)}, z_6^{(k)}]^T$，则第 $k+1$ 次试取值 $\boldsymbol{x}^{(k+1)}$ 由下式决定：

$$\boldsymbol{x}^{(k+1)} = \boldsymbol{x}^{(k)} - \boldsymbol{A}^{-1} \cdot \boldsymbol{Z}^{(k)} \tag{8.412}$$

式中：$\boldsymbol{A}^{-1}$ 为 $\boldsymbol{A}$ 的逆矩阵，$\boldsymbol{A}$ 的表达式为

$$\boldsymbol{A} = \begin{bmatrix} \dfrac{\partial z_1}{\partial x_1} & \dfrac{\partial z_1}{\partial x_2} & \cdots & \dfrac{\partial z_1}{\partial x_6} \\ \dfrac{\partial z_2}{\partial x_1} & \dfrac{\partial z_2}{\partial x_2} & \cdots & \dfrac{\partial z_2}{\partial x_6} \\ \vdots & \vdots & & \vdots \\ \dfrac{\partial z_6}{\partial x_1} & \dfrac{\partial z_6}{\partial x_2} & \cdots & \dfrac{\partial z_6}{\partial x_6} \end{bmatrix} \tag{8.413}$$

以 $\boldsymbol{x}^{(k+1)}$ 作为 $k+1$ 次迭代的试取值重新进行计算，一直到残差 $|z_i| \leqslant \varepsilon$（$i=1$, 2, $\cdots$, 6）成立为止。这里 ε 常取 10^{-4}。一旦上述迭代完成，便得到发动机的共同工作点，进而得到发动机的推力、单位推力、耗油率以及其他性能参数。

8.11　不同精度模型间的数据传递及 Zooming 技术的实施方法

航空发动机的数值模拟模型可分为零维、一维、二维、准三维和三维。零维模型不需要发动机的详细几何参数且计算量也小，适合于发动机的方案评估和初步设计；但零维模型无法反映发动机部件内部的流动细节，如压气机转子和涡轮转子叶尖间隙、变几何部件调节时对发动机部件及整机流动所产生的影响。三维模型可以考虑轴向、径向和圆周方向尺度的部件特性，可以描述部件与整机流道之间的三维联系；但三维模型需要大量并相对精确的边界条件和初始条件的数据，而这些数据并不容易获取。另外，要进行航空发动机主流道的三维数值模拟，需要计算机具有每秒 10^{12} 次以上的计算速度，即使现在的计算能力能满足要求，但由于全三维计算所需的大量资源，在短期内进行整机全三维的数值模拟的确是不容易的，因此当前它很难作为航空发动机设计的常规研究手段。为了解决计算精度与计算资源之间的矛盾这一问题，美国 1989 年开始实施推进系统数值仿真（Numerical Propulsion System Simulation，NPSS）计划[341]。NPSS 计划的总体目标是整合零维、一维、二维、三维等多个层次及流体力学、传热、燃烧、结

第四篇　发动机高空性能的数值计算与实时性能寻优技术

构强度、材料、制造、控制及经济核算、安全等多个学科领域的相关成果，形成"数值试车台"，以便对航空发动机的性能、寿命和费用等进行高精度的数值模拟。

　　2000 年，J. K. Lytle 发表了 NPSS 模拟软件研究进展和综述性文章[342]。2008 年，NASA Glenn 研究中心公布了较为成熟的 NPSS 模拟软件的使用手册。该软件主要包括三个部分，即发动机应用模型、环境模拟模型和高性能计算平台。其中，发动机应用模型又可分为部件集成、多学科耦合和变精度分析三个模块。在变精度分析模块中，根据所研究问题复杂程度的不同，NPSS 软件将模拟模块又细分为 5 个层次：①发动机整机模拟模型；②发动机整机动态和控制模型；③发动机整机时间/空间平均模拟模型；④子系统或部件时间/空间平均模拟模型；⑤发动机部件三维非定常模拟模型。

　　为了进行多精度分析，NPSS 模拟软件开发了 4 种数值 Zooming 方法：①特性图替换方法（CFD in Place of Map）；②特性图修正方法（CFD to Update Map）；③部件嵌入方法（Cycle with CFD in It）；④二维或三维整机 Zooming 方法（One Dimensional to Two/Three Dimensional System Zooming）。其中，特性图替换方法指使用 CFD 模拟模型计算去获取部件在特定工况下的特性图，用以代替通用特性图进行发动机性能模拟；特性图修正方法指使用 CFD 模拟模型的计算结果对部件特性图进行修正，得到新的特性图，用于发动机的性能模拟；部件嵌入方法指直接使用部件的 CFD 模拟模型替换部件零维模拟模型进行发动机性能模拟；二维或三维整机数值 Zooming 方法指将发动机零维模拟结果用于发动机整机的二维或三维模拟。因此，基于层次结构及多种数值 Zooming 方法，NPSS 模拟软件中模拟模块的精度可以在零维、定常模拟到三维定常、非定常模拟之间的宽广范围内自由变化，在任意精度层次上对发动机整机与部件进行分析。

　　正是由于数值 Zooming 技术可以将基于高精度模型求解的部件特性用于较低精度的整机性能分析，在有限的计算资源下提高发动机整机模拟的精度，因此数值 Zooming 技术是实现航空发动机整机和部件高精度模拟的关键技术之一，它允许设计者和研究者在整机环境下研究部件或子系统的流动细节和复杂的流场结构，以及研究部件对整机性能的影响。另外，在修改某个部件的设计参数后，只需对该部件进行三维数值模拟，而发动机的其他部件仍需采用零维等较低精度模型进行模拟计算，这样就可以快速评估该部件设计参数对自身及总体性能参数的影响，提高了航空发动机数值模拟的精度，大大缩短了研制的周期，降低了研制的成本。

　　数值 Zooming 技术的作用是实现在不同精度层次之间数据的传递，其传递方法有弱耦合法、迭代耦合法和完全耦合法。例如，2007 年 A. Bala 等发表的文章[343]中所采用的数据传递方式属弱耦合，2000 年 G. Follem 等发表了有关数值传递迭代耦合方式方面的文章，2017 年 C. Klein 等发表的文章[344]中采用的数据传递方式属于完全耦合方法。相比弱耦合法和迭代耦合法，完全耦合法使用高精度的模拟模型直接代替低精度的模拟模型，在求解过程中不再涉及部件特性图。从形式上讲，这种方法更加简捷、直观；从理论上讲，这种方法可以得到完全收敛的数值结果。

2007 年，V. Pachidis 等发表的文章[345]详细比较了弱耦合、迭代耦合和完全耦合这三种方法，对风扇二维模型进行了数值 Zooming 技术的研究，建立了发动机多精度模拟模型，比较了数值传递采用不同方法时的风扇共同工作线之间的差异。研究结果表明：采用三种数据传递方法所得到的风扇共同工作线并无明显的区别。以 V. Pachidis 等所完成的算例表明：采用弱耦合法时，使用 41 个计算点构成了一个较为粗略的特性图，并使用该特性图计算获取风扇的共同工作线。上述过程总共完成了 41 次二维模拟计算，花费的时间约 80min；采用迭代耦合法，由 11 个收敛点得到风扇部件的共同工作线，要进行 116 次二维模拟计算，计算所花费的时间大约是弱耦合法的 3 倍。另外，计算中还发现，当计算点位置远离设计点时，计算点达到收敛所需的迭代次数急剧增多，而采用完全耦合法，由 11 个收敛点得到风扇的共同工作线花费的时间仅为 45min。V. Pahidis 等完成的上述算例初步表明：在计算速度方面完全耦合法表现了明显的优势。然而在其他研究者的相关研究中，并没有明确地给出数值 Zooming 方法在收敛速度和稳定性等方法的类似信息，也就是说，目前还无法判断上述三种数据传递方法孰优孰劣。因此，在进行航空发动机实际研制与分析时，要针对具体研究的型号以及可用的资源，选择相应数据传递的数值 Zooming 方法。

虽然数值 Zooming 技术和 NPSS 模拟软件已成功应用于航空发动机的多个研究领域，并已经带来了巨大的收益；但是，不同精度模型之间边界条件的数据传递方法及某一部件的数值 Zooming 对整机模拟精度所产生的影响，这些都需要部件、子系统及整机的试验数据去验证。从现阶段国际上公开发布的文献来看，只有 GE90 发动机整机高精度模拟方面的研究有较充足的试验数据支撑，因此开展更多型号航空发动机整机或部件试验，积累充足的试验数据，创建相应的数据库还是非常必要的。试验验证是检验数值模拟方法可行性与可靠性的主要手段。换句话说，现阶段航空发动机的设计与分析本质上仍应属于试验科学。

8.12 非线性动态性能模型的构建以及主要计算步骤

8.12.1 数值模型中使用的主要动态方程

在计算模型中，主要考虑主燃烧室、外涵道和加力燃烧室的容积效应以及转子的运动方程，对相关部件所采用如下主要动态方程。

1. 燃烧室容积中的能量方程

为方便起见，主燃烧室假定为等截面（$A = \text{const}$）、比定容热容 $c_V = \text{const}$，流量 $\dot{m} = \rho AC$，对主燃烧室写出能量方程（按一维处理，图 8.109）：

$$\frac{\partial}{\partial t}(\rho, c_V, T_t) = -\frac{\partial}{\partial x}(\rho, C, h_t) \quad (8.414)$$

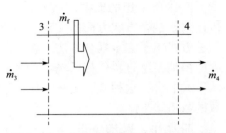

图 8.109 推导主燃烧室中的能量方程

于是（8.414）式可写为[9,285]

$$c_V\left(\rho\frac{\partial T_t}{\partial t} + T_t\frac{\partial \rho}{\partial t}\right) = \frac{\dot{m}_3 h_{t3} + \dot{m}_f H_f \eta_b + \dot{m}_f h_c - \dot{m}_4 h_{t4}}{A\Delta x} \quad (8.415)$$

式中：h_c 为燃油进入燃烧室时所带有的焓值。

如果令 V_b 代表主燃烧室的容积，则连续方程可写为

$$\frac{\partial \rho}{\partial t} = \frac{\dot{m}_3 + \dot{m}_f - \dot{m}_4}{V_b} \quad (8.416)$$

如果状态方程做如下近似

$$\rho = \frac{p}{RT} \approx \frac{p_{t4}}{RT_{t4}} \quad (8.417)$$

并且取

$$T_t = T_{t4}, \quad p_t = p_{t4} \quad (8.418)$$

则式（8.415）又可写为

$$\frac{dT_{t4}}{dt} = \frac{R_4 T_{t4}}{P_{t4} V_b c_V}\left[\dot{m}_f\left(H_u\eta_b + h_c - \frac{h_{t4}}{\gamma_4}\right) + \dot{m}_3\left(h_{t3} - \frac{h_{t4}}{\gamma_4}\right) - \dot{m}_4 h_{t4}\left(1 - \frac{1}{\gamma_4}\right)\right] \equiv D_1 \quad (8.419)$$

式中：γ_4 为图 8.109 中 4-4 截面处的比热比。

至此，便可得到主燃烧室出口总温 T_{t4} 随时间 t 的变化关系式：

$$T_{t4}^{(t+\Delta t)} = T_{t4}^{(t)} + \frac{dT_{t4}}{dt}\Delta t = T_{t4}^{(t)} + D_1\Delta t \quad (8.420)$$

式中：D_1 已由式（8.419）定义。

2. 燃烧室中的连续方程

假设主燃烧室中的参数仅依赖于进口和出口的参数。由连续方程

$$\frac{\partial \rho}{\partial t} = -\frac{\partial}{\partial x}(\rho C) \quad (8.421)$$

或者

$$\frac{\partial \rho}{\partial t} = -\frac{\partial}{A\partial x}(\rho AC) \quad (8.422)$$

式（8.421）和式（8.422）等号左边的偏微分表示微元容积中参数随时间

的变化，这里近似用出口截面的平均参数代替，于是式（8.421）可写为

$$\frac{\mathrm{d}\rho_4}{\mathrm{d}t} = -\frac{\dot{m}_4-\dot{m}_3}{V_\mathrm{b}} \tag{8.423}$$

利用式（8.417）后，式（8.423）可写为

$$\frac{\mathrm{d}p_{\mathrm{t}4}}{\mathrm{d}t} = \frac{R_4 T_{\mathrm{t}4}}{V_\mathrm{b}}(\dot{m}_3+\dot{m}_\mathrm{f}-\dot{m}_4) + \frac{p_{\mathrm{t}4}}{T_{\mathrm{t}4}}\frac{\mathrm{d}T_{\mathrm{t}4}}{\mathrm{d}t} \equiv D_2 \tag{8.424}$$

主燃烧室出口总压 $p_{\mathrm{t}4}$ 随时间 t 的关系式为

$$p_{\mathrm{t}4}^{(t+\Delta t)} = p_{\mathrm{t}4}^{(t)} + \frac{\mathrm{d}p_{\mathrm{t}4}}{\mathrm{d}t}\Delta t = p_{\mathrm{t}4}^{(t)} + D_2\Delta t \tag{8.425}$$

式中：D_2 已由式（8.424）定义。

3. 外涵道容积中的能量方程和连续方程

图 8.110 给出了外涵道的示意图。在以下讨论中，下标"Ⅰ"与"Ⅱ"分别表示"内涵道"与"外涵道"相应截面上的气流参数。在外涵道中，由于气流与外界无能量交换，因此如果与式（8.419）相比较，则设计供油量的有关项变为零。仿照式（8.419）的推导思路，并且以把参数的下注角做相应变更后，可得

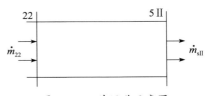

图 8.110 外涵道示意图

$$\frac{\mathrm{d}T_{\mathrm{t},5\mathrm{II}}}{\mathrm{d}t} = \frac{RT_{\mathrm{t},5\mathrm{II}}}{p_{\mathrm{t},5\mathrm{II}}V_\mathrm{F}c_V}\left[\dot{m}_{22}\left(h_{\mathrm{t}22}-\frac{h_{\mathrm{t},5\mathrm{II}}}{\gamma_{5\mathrm{II}}}\right) - \dot{m}_{5\mathrm{II}}h_{\mathrm{t},5\mathrm{II}}\left(1-\frac{1}{\gamma_{5\mathrm{II}}}\right)\right] \equiv D_3 \tag{8.426}$$

式中：V_F 为外涵道的容积；R 为空气的气体常数。

另外，在式（8.426）中，为便于书写将下标 5Ⅱ 简写为 52（以下同）；于是外涵道出口的总温 $T_{\mathrm{t},52}$ 随时间 t 的变化式为

$$T_{\mathrm{t},52}^{(t+\Delta t)} = T_{\mathrm{t},52}^{(t)} + D_3\Delta t \tag{8.427}$$

仿照式（8.424）的推导并且删去有关供油量的相关项，可得到外涵道容积中的连续方程为

$$\frac{\mathrm{d}p_{\mathrm{t},52}}{\mathrm{d}t} = \frac{RT_{\mathrm{t},52}}{V_\mathrm{F}}(\dot{m}_{22}-\dot{m}_{52}) + \frac{p_{\mathrm{t},52}}{T_{\mathrm{t},52}}\frac{\mathrm{d}T_{\mathrm{t},52}}{\mathrm{d}t} \equiv D_4 \tag{8.428}$$

$$p_{\mathrm{t},52}^{(t+\Delta t)} = p_{\mathrm{t},52}^{(t)} + D_4\Delta t \tag{8.429}$$

4. 混合室及加力燃烧室容积中的能量方程和连续方程

仿照主燃烧室容积中能量方程和连续方程的推导思路[7,9]，可得出混合室和加力燃烧室容积中的能量方程和连续方程

$$\frac{\mathrm{d}T_{\mathrm{t}7}}{\mathrm{d}t} = \frac{R_7 T_{\mathrm{t}7}}{V_\mathrm{M}p_{\mathrm{t}7}c_V}\left[\dot{m}_{\mathrm{f,ab}}\left(\eta_{\mathrm{ab}}H_\mathrm{u}+h_\mathrm{c}-\frac{h_{\mathrm{t}7}}{\gamma_7}\right) + \dot{m}_5\left(h_{\mathrm{t}5}-\frac{h_{\mathrm{t}7}}{\gamma_7}\right) - \dot{m}_7 h_{\mathrm{t}7}\left(1-\frac{1}{\gamma_7}\right)\right] \equiv D_5 \tag{8.430}$$

$$\frac{dp_{t7}}{dt} = \frac{R_7 T_{t7}}{V_M}(\dot{m}_5 + \dot{m}_{f,ab} - \dot{m}_7) + \frac{p_{t7}}{T_{t7}}\frac{dT_{t7}}{dt} \equiv D_6 \tag{8.431}$$

以及 7-7 截面处总温 T_{t7}、总压 p_{t7} 随时间的关系式

$$T_{t7}^{(t+\Delta t)} = T_{t7}^{(t)} + D_5 \Delta t \tag{8.432}$$

$$p_{t7}^{(t+\Delta t)} = p_{t7}^{(t)} + D_6 \Delta t \tag{8.433}$$

式中：V_M 为混合室和加力燃烧室的容积。

5. 转子的运动方程

常用 η_m 代表机械效率，转速 n 的单位为 r/min，且 $\omega = 2\pi n/60$ 时，单转子涡轮发动机的动力学方程可写为

$$\eta_m N_T - N_C = \left(\frac{\pi}{30}\right)^2 J \cdot n \frac{dn}{dt} \tag{8.434}$$

或者

$$\eta_m M_T - M_C = J \frac{d\omega}{dt} \tag{8.435}$$

或者

$$\frac{dn}{dt} = \frac{30}{\pi J}(\eta_m M_T - M_C) \tag{8.436}$$

式中：N_C、N_T 分别为压气机和涡轮的功率；M_C、M_T 分别为压气机和涡轮的扭矩；J 为转子的转动惯量；ω 为转子的角速度。

令涡轮的剩余功率为 ΔN_T，于是有

$$\Delta N_T \equiv \eta_m N_T - N_C \tag{8.437}$$

式中

$$N_C = \dot{m}_a L_C = \dot{m}_a c_p T_{t2}\left(\frac{e_C - 1}{\eta_C}\right) \tag{8.438}$$

$$N_T = \dot{m}_g L_T = \dot{m}_g c_{pg} T_{t4}\left(1 - \frac{1}{e_T}\right)\eta_T \tag{8.439}$$

$$e_C \equiv (\pi_C)^{\frac{\gamma-1}{\gamma}}, \quad e_T \equiv (\pi_T)^{\frac{\gamma_g-1}{\gamma_g}} \tag{8.440}$$

对于双转子发动机，式 (8.436) 相应地可写为

低压转子 $$\frac{dn_L}{dt} = \frac{30}{\pi J_L}(\eta_{mL} M_{TL} - M_{CL}) \equiv D_7 \tag{8.441}$$

高压转子 $$\frac{dn_H}{dt} = \frac{30}{\pi J_H}(\eta_{mH} M_{TH} - M_{CH}) \equiv D_8 \tag{8.442}$$

8.12.2 动态过程计算的主要步骤

步骤 1 进气道计算（属常规计算，略）。

第 8 章 高空流场的几种典型算法以及实时寻优模型

步骤 2 确定不同时刻低压转子和高压转子的转速：

$$n_{\mathrm{L}}^{(t+\Delta t)} = n_{\mathrm{L}}^{(t)} + D_7 \Delta t \tag{8.443}$$

$$n_{\mathrm{H}}^{(t+\Delta t)} = n_{\mathrm{H}}^{(t)} + D_8 \Delta t \tag{8.444}$$

式中：D_7 和 D_8 分别由式（8.441）和式（8.442）来定义。

步骤 3 根据容积室动态方程的计算结果计算下列参数（下文中，凡按常规方法计算的过程中均省略）：

(1) 高压压气机出口总压（略）。
(2) 风扇出口总压（略）。
(3) 混合室出口总压（略）。
(4) 如果将下标 5Ⅰ 和 5Ⅱ 分别简写为 51 和 52 时（以下相同），于是由自混合室内涵面积 A_{51} 和外涵面积 A_{52} 以及混合室总压恢复系数 σ_{m}，由下式计算出口总压 p_{t6}：

$$(A_{51}p_{t51} + A_{52}p_{t52})\sigma_{\mathrm{m}} = A_6 p_{t6} \tag{8.445}$$

步骤 4 计算风扇有关特性参数（略）。

步骤 5 计算压气机有关特性参数（略）。

步骤 6 燃烧室参数的计算：

(1) 燃烧室进口空气流量计算（略）；
(2) 燃烧效率和余气系数计算（略）；
(3) 燃烧室出口总温和总压分别为

$$T_{t4}^{(t+\Delta t)} = T_{t4}^{(t)} + D_1 \Delta t \tag{8.446}$$

$$p_{t4}^{(t+\Delta t)} = p_{t4}^{(t)} + D_2 \Delta t \tag{8.447}$$

式中：D_1 和 D_2 分别由式（8.419）和式（8.424）定义。

步骤 7 高压和低压涡轮特性参数的计算（略）。

步骤 8 外涵道参数的计算。

新时刻 5-2 截面处的总温为

$$T_{t52}^{(t+\Delta t)} = T_{t52}^{(t)} + D_3 \Delta t \tag{8.448}$$

式中：D_3 由式（8.426）定义。

新时刻 $p_{t,52}^{(t+\Delta t)}$ 为

$$p_{t,52}^{(t+\Delta t)} = p_{t,52}^{(t)} + D_4 \Delta t \tag{8.449}$$

式中：D_4 由式（8.428）定义。

步骤 9 混合室出口气流参数的计算（略）。

步骤 10 加力燃烧室特性的计算。

加力燃烧室参数的计算是指 6-7 截面间相关气动参数的计算，由于考虑了加力燃烧室的容积效应，于是新时刻出口的总温和总压分别为

$$T_{t7}^{(t+\Delta t)} = T_{t7}^{(t)} + D_5 \Delta t \tag{8.450}$$

$$p_{t7}^{(t+\Delta t)} = p_{t7}^{(t)} + D_6 \Delta t \tag{8.451}$$

式中：D_5、D_6 分别由式（8.430）和式（8.431）定义。

步骤 11 尾喷管特性的计算（略）。

步骤 12 发动机总体性能的计算（略）。

8.12.3 发动机加速与减速工作过程的概述以及数值模拟

为了使人们对航空发动机动态过程气动特性参数的变化有宏观的认识，这里给出单转子涡喷、双转子涡喷以及混排涡扇发动机从慢车状态到最大状态加速过程的数模拟结果。对于现代典型加力涡扇发动机，从慢车状态到最大状态的加速时间为7s左右，从慢车状态到中间状态的加速时间为3~5s。美国联邦航空管理局的适航条例要求：从慢车状态到95%最大推力状态的加速时间，在地面约为5s，在4500m高空约为8s。表8.28给出了典型加力涡扇发动机的加速时间。加速时间越短，表明飞机的机动性能越好。另外，发动机的减速性也是衡量发动机和飞机性能的重要指标之一，减速时间越短，飞机机动性能越好。美国联邦管理局对减速时间也有规定：当发动机从起飞推力状态减速到最小慢车时，推力减速75%所需的减速时间在4500m高度不超过7s；在地面，不超过4.5s。图8.111和图8.112分别给出了单转子和双转子涡喷发动机加速与减速过程的工作线。图8.113给出了双转子混排涡扇发动机高压转子和低压转子加速过程的工作线，图中还与稳态工况进行了比较。

表 8.28 典型加力涡扇发动机的加速时间

飞行高度/km	飞行马赫数	开始状态	终止状态	加速时间/s
地面	0	慢车	最大加力推力的95%	≤6
地面	0	慢车	中间状态推力的95%	≤5
空中	<8	慢车	中间状态推力的95%	≤5
空中	>8	慢车	中间状态推力的95%	≤8
整个飞行包线范围		中间状态	最大加力状态	≤3

由图8.111~图8.113可以看出：加速时，供油量增加，涡轮前温度上升，工作线移向喘振边界；减速时正好相反。对于双转子涡喷发动机和双转子涡扇发动机来讲，在过渡过程中，高压压气机加速工作线的走向与单转子相同；而低压压气机的工作和单转子不同，低压压气机共同工作线的走向不仅取决于涡轮前温度，而且与高低压转子的转差率（转差率定义为高低压转子转速的比值）密切相关[346]。

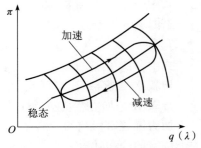

图 8.111 单转子涡喷发动机加速和减速工作线

第 8 章 高空流场的几种典型算法以及实时寻优模型

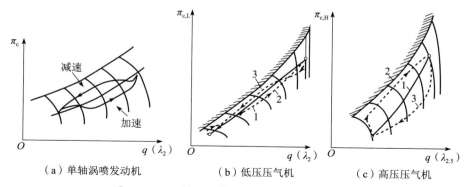

(a) 单轴涡喷发动机 (b) 低压压气机 (c) 高压压气机

图 8.112 双转子涡喷发动机加速和减速工作线

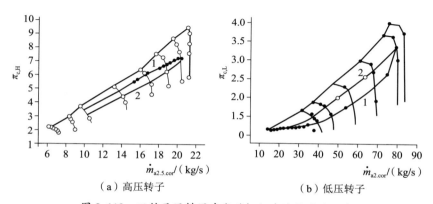

(a) 高压转子 (b) 低压转子

图 8.113 双转子混排涡扇发动机加速过程的过程线

图 8.114 给出了 $\bar{n}_H/\bar{n}_L$ 随 $\bar{n}_H$ 的变化曲线。在该图中，线 1、线 2 和线 3 分别代表稳态、加速和减速工况时双转子涡喷发动机转子 $\bar{n}_H/\bar{n}_L$ 随 $\bar{n}_H$ 的变化情况。图 8.115 给出了双转子涡扇发动机高低压相对物理转速随时间的变化曲线。图中曲线 1 代表低压转子，曲线 2 代表高压转子。由图中可以看出，地面慢车状态时，低压转子的相对物理转速大约为最大转速的 40%，而高压转子相对的物理转速为最大转速的 80% 以上。由该图还可以看出，在加速过程的最初阶段，物理转速的增加是十分缓慢的。图 8.116 给出了涡轮剩余功率 ΔN 随转速 $\bar{n}_L$ 的变化曲线。由该图可以看出，随着转速的逐渐变大，空气流量，压气机增压比和涡轮落压比的值变大，T_{t4} 增加，涡轮的剩余功率变大，转速和推力增加较快。但在接近最大转

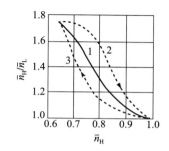

图 8.114 双转子涡喷发动机转子的 $\bar{n}_H/\bar{n}_L$ 随 $\bar{n}_H$ 的变化曲线

速时，正如图上所示，由于 T_{t4} 受到最大允许温度的限制，涡轮剩余功率的增大速度减慢，转速和推力的增长速度也都减慢。

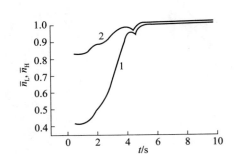

图 8.115 双转子涡扇发动机高、低压相对物理转速随时间的变化曲线

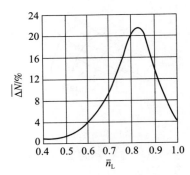

图 8.116 涡轮剩余功率随转速的变化曲线

8.13 航空发动机性能寻优策略和问题的描述

传统的航空发动机气动设计会保留很大的安全裕度，以保证发动机在全飞行包线内最恶劣的工作点时能安全稳定的运行[19,347]。正是这种设计理念决定了在非最恶劣工作点时发动机的性能未有全部发挥，这恰是本小节思考问题的切入点。航空发动机性能寻优控制（Performance Seeking Control，PSC）和高稳定性发动机控制（High Stability Engine Control，HISTEC）计划是美国国家航空航天局（NASA）在推行高综合的数字电子控制（Highly Integrated Digital Electronic Control，HIDEC）计划后期提出的几项新的科研方向。1981 年 NASA 在 F-15 飞机上配制 F100 的全权限数字电子发动机控制（DEEC 型）装置，并在 NASA Dryden 飞行研究中心进行试飞验证。试飞的成功促使美国空军下决心对 DEEC 装置进行全面开发，同时也促使了 20 世纪 80 年代中期和末期的一系列飞行研究项目的开展。于是 20 世纪 80 年代后期，NASA 开始在 F-15 飞机上进行 PSC 的飞行试验，这项试验至一直持续到 20 世纪 90 年代中期才结束。PSC 把 HIDEC 计划带进了一个发动机和飞机参数的机载实时自适应优化的新阶段。在这个计划的带动下，F22 飞机上装上了 F119 发动机数字控制装置，这就为发动机的自动控制模型提供了宝贵信息。另外，在对压气机喘振和旋转失速的研究方面，20 世纪 90 年代迎来了黄金时代，NASA 格伦研究中心开发了一台组合计算机仿真系统，用于从发动机喘振数据中提取多级轴流式压气机失速效应的特性数据。此外，自适应模型的卡尔曼滤波法也首次用于了喷气发动机的建模。上述研究工作都为 PSC 的发展和试飞验证铺平了道路。此外，HISTEC 计划又出现了新亮点，1997 年在 HISTEC 计划中开发了一个畸变容错控制系统并进行了飞行试验。HISTEC 计划是

第 8 章　高空流场的几种典型算法以及实时寻优模型

通过在发动机进口测量少量压力参数用以估算畸变值，根据机载的稳定性评定方法生成时变的喘振裕度需求指令，发动机控制器通过调整发动机控制量，达到包容进气畸变的目的。综上所述，航空发动机性能寻优控制在综合飞行/推进系统控制（IFPC）计划中肩负极重要的角色[348-349]。毫无疑问，上述几项研究计划代表了未来战斗机最先进的推进系统的控制方案。

HIDEC 计划是在不改变推进系统硬件的基础上，改变传统的推进系统控制规律来提高飞机的性能，如自适应喘振裕度控制（ADECS）。传统发动机的设计是保证在最恶劣进气条件下发动机能够稳定工作，并由此确定发动机的工作点和喘振裕度。自适应喘振裕度控制是将估算的进气畸变量存储在控制器中，根据实际飞行操纵，插值估算得到进气畸变量，确定出发动机喘振裕度和发动机稳定工作的最小喘振裕度控制指令，并通过发动机压比控制回路调节发动机的工作点，保证必需的喘振裕度。自适应喘振裕度控制策略在 NASA F-15 飞机单台发动机上做了试飞验证，试飞结果表明：飞机在水平加速和爬升性能有 7%~8% 的提高。自适应喘振裕度控制实质上是离线控制，其控制策略是预先排定在控制器上。由于各台发动机之间的差别等因素，因此控制系统属于非最优控制。为此，在自适应喘振裕度控制的基础上，又开发了一种在线优化的性能寻优控制（PSC）。

PSC 系统算法流程图如图 8.117 所示，由估值、模型化和优化三个部分组成。其中估值过程是对 5 个部件偏差参数（高、低压涡轮效率，风扇和高压压气机空气流量，高压涡轮面积变化）进行卡尔曼滤波估值。推进系统模型（CPSM）是通过实测发动机的参数去修正发动机模型，以便反映各台发动机之间的差异。飞行中的测量参数用于检查模型数据，并且直接输入卡尔曼滤波器和 CPSM。另外，用线性规划算法可确定在模型精度范围内和所规定的约束条件下的局部最佳值。在 CPSM 模型和线性规划优化之间迭代，最终可确定发动机的实际工作状态。通常，推进系统模型的优化目标常选取为推力最大，或者耗油率最低，或低压涡轮进口温度最低[350-351]。

最大推力模式以发动机推力最大为优化目标的一种性能寻优控制模式，它要求在保证发动机安全工作的前提下使得发动机推力最大。由于发动机在实际使用过程中面临着许多使用限制，如高低压转子最大转速限制、涡轮前最高温度限制、高压压气机出口最大总压限制、燃烧室贫/富油极限限制、高低压压气机最小喘振裕度限制等，因此推力最大模式的最优化问题可表述为

$$\max F \qquad (8.452)$$

$$\text{s.t.} \quad m_{\text{f,min}} < m_{\text{f}} < m_{\text{f,max}} \qquad (8.453a)$$

$$m_{\text{faf,min}} < m_{\text{faf}} < m_{\text{faf,max}} \qquad (8.453b)$$

$$A_{8,\text{min}} < A_8 < A_{8,\text{max}} \qquad (8.453c)$$

第四篇 发动机高空性能的数值计算与实时性能寻优技术

$$\alpha_{1,\min} < \alpha_1 < \alpha_{1,\max} \quad (8.453\text{d})$$

$$\alpha_{2,\min} < \alpha_2 < \alpha_{s,\max} \quad (8.453\text{e})$$

$$\bar{n}_{L,\min} < \bar{n}_L < \bar{n}_{L,\max} \quad (8.453\text{f})$$

$$\bar{n}_{H,\min} < \bar{n}_H < \bar{n}_{H,\max} \quad (8.453\text{g})$$

$$T_{t5,\min} < T_{t5} < T_{t5,\max} \quad (8.453\text{h})$$

$$\text{SMF}_{\min} < \text{SMF} \quad (8.453\text{i})$$

$$\text{SMHC}_{\min} < \text{SMHC} \quad (8.453\text{j})$$

$$p_{t3} < p_{t3,\max} \quad (8.453\text{k})$$

式中：F 为推力；m_f 为主燃烧室的供油量；m_{faf} 为加力燃烧室供油量；A_8 为尾喷管喷口临界截面积；α_1 为风扇进口导流叶片角度；α_2 为高压压气机进口导流叶片角度；$\bar{n}_L$ 为低压转速的无因次量；$\bar{n}_H$ 为高压压气机转速的无因次量；T_{t5} 为低压涡轮后燃气总温；SMF 为风扇喘振裕度；SMHC 为高压压气机的喘振裕度；p_{t3} 为高压压气机出口总压。

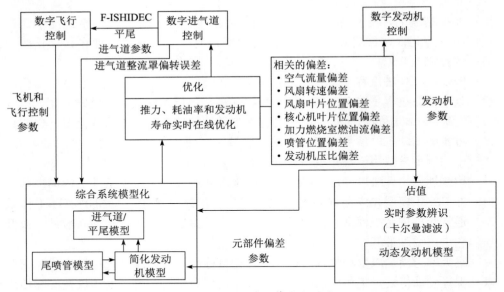

图 8.117 PSC 系统算法流程图

以混合排气涡扇为例，其特征截面编号如图 8.118 所示。

最小耗油率模式是指在保证发动机提供推力不变的前提下，通过改变发动机的控制参数实现耗油率最小。对于发动机的加力状态，其性能寻优算法的设计思想是：在保证发动机安全工作以及所提供的推力不变的前提下，通过减少加力燃烧室的供油量，增加主燃烧室的供油量，再配合其他控制参数的调节，以达到减少单位耗油率的目的。最小耗油率模式最优问题的表述为

第 8 章 高空流场的几种典型算法以及实时寻优模型

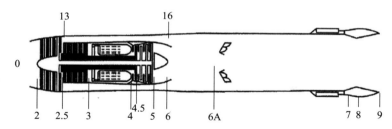

图 8.118 加力涡扇发动机特征面的示意图（以混排气为例）

$$\min \text{ sfc} \tag{8.454}$$

$$\text{s. t. } m_{f,\min} < m_f < m_{f,\max} \tag{8.455a}$$

$$m_{faf,\min} < m_{faf} < m_{faf,\max} \tag{8.455b}$$

$$A_{8,\min} < A_8 < A_{8,\max} \tag{8.455c}$$

$$\alpha_{1,\min} < \alpha_1 < \alpha_{1,\max} \tag{8.455d}$$

$$\alpha_{2,\min} < \alpha_2 < \alpha_{s,\max} \tag{8.455e}$$

$$\bar{n}_{L,\min} < \bar{n}_L < \bar{n}_{L,\max} \tag{8.455f}$$

$$\bar{n}_{H,\min} < \bar{n}_H < \bar{n}_{H,\max} \tag{8.455g}$$

$$T_{t5,\min} < T_{t5} < T_{t5,\max} \tag{8.455h}$$

$$\text{SMF}_{\min} < \text{SMF} \tag{8.455i}$$

$$\text{SMHC}_{\min} < \text{SMHC} \tag{8.455j}$$

$$p_{t3} < p_{t3,\max} \tag{8.455k}$$

$$F = \text{const} \tag{8.455l}$$

式中：sfc 为耗油率。

涡轮前温度对涡轮的寿命影响很大，最低涡轮前温度模式就在保证发动机提供推力不变的前提下，通过改变发动机的控制参数，以实现涡轮前温度最低，从而增加涡轮的使用寿命。最低涡轮前温度模式的最优问题表述为

$$\min T_{t5} \tag{8.456}$$

$$\text{s. t. } m_{f,\min} < m_f < m_{f,\max} \tag{8.457a}$$

$$m_{faf,\min} < m_{faf} < m_{faf,\max} \tag{8.457b}$$

$$A_{8,\min} < A_8 < A_{8,\max} \tag{8.457c}$$

$$\alpha_{1,\min} < \alpha_1 < \alpha_{1,\max} \tag{8.457d}$$

$$\alpha_{2,\min} < \alpha_2 < \alpha_{s,\max} \tag{8.457e}$$

$$\bar{n}_{L,\min} < \bar{n}_L < \bar{n}_{L,\max} \tag{8.457f}$$

$$\bar{n}_{H,\min} < \bar{n}_H < \bar{n}_{H,\max} \tag{8.457g}$$

$$\text{SMF}_{\min} < \text{SMF} \tag{8.457h}$$

$$\text{SMHC}_{\min} < \text{SMHC} \tag{8.457i}$$

第四篇 发动机高空性能的数值计算与实时性能寻优技术

$$p_{t3} < p_{t3,\max} \tag{8.457j}$$
$$F = \text{const} \tag{8.457k}$$

上述优化过程都在秒级时间内完成。在 NASA 和 Wright-Patterson 空军基地的空军研究实验室（AFRL）分别有 NASA 通用涡扇发动机模型 C-MAPSS[352] 和 AFRL 模型[353]，都能够高逼真度的对发动机的稳态和瞬态行为进行模拟。图 8.119 给出了带加力、双轴涡扇发动机整台动力学建模的框图，图中每一个计算框（无论是发动机各部件模块，还是容积）都代表了相应元素的集中参数系统。图中在相邻发动机部件之间插入了容积元件（这里共插入了七个），它可以允许质量和能量的存储。发动机在任何时刻，其部件必须满足共同工作的条件。发动机的工作过程主要取决于转子转动的动力学方程、容积部件温度、压力、流量的非稳态连续方程（即流量的连续、能量的守恒和状态方程）。如果不考虑容积元件，则图 8.119 的模型就变成一个稳态模型。文献 [354-359] 给出了整台发动机的动力学建模方面相关介绍，表 8.29 给出了采用不用简化算法进行发动机性能计算所需的时间[360]，所使用的计算机为 Pentium II 450；正是由于计算一个工作点的时间少于 24ms，于是保证了性能计算的实时性。图 8.120 给出了飞行高度 3km，飞行马赫数为 0.6 时飞机作加速过程中高、低压转子转速在实时与非实时模型下仿真结果的比较。

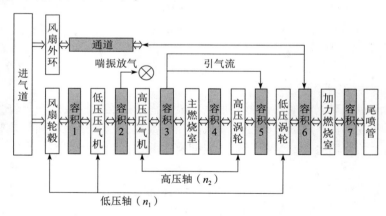

图 8.119 双转子加力涡扇发动机整台动力学建模框图

表 8.29 采用不同简化模型进行发动机性能计算所需的时间

计算方案	算法改进	平均变比热容	简化燃烧室	简化混合器	简化喷管	计算一次发动机流路所用平均时间/ms
非实时仿真模型 I						1.653
非实时仿真模型 II			√			1.525

第 8 章 高空流场的几种典型算法以及实时寻优模型

续表

算法改进 计算方案	平均 变比热容	简化 燃烧室	简化 混合器	简化 喷管	计算一次发动机流路 所用平均时间/ms
非实时仿真模型Ⅲ	√	√			1.457
非实时仿真模型Ⅳ	√	√	√		0.649
实时仿真模型	√	√	√	√	0.542

图 8.121 给出了简化的发动机控制系统原理图。借助于发动机瞬态模型可精确地实时确定发动机重要的性能参数，为发动机的实时控制提供必要的信息。为了验证 PSC 的有效性，NASA 于 1986 年 6 月在 F-15 飞机装上 PW1128 发动机进行了首次 PSC 的评价飞行试验。试验结果表明，发动机推力增加 12%，从 3.048km 爬升到 12.191km 爬升时间缩短了 14%。上述

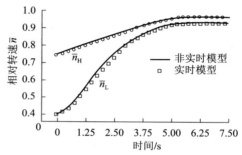

图 8.120 两种模型在加速过程中 N_L 与 N_H 仿真结果的比较（$H=3$km，$Ma=0.6$）

性能提高是在 F-15 两台发动机中仅有一台采用了自适应发动机控制系统的情况下取得的。1990 年，美国进行了 PSC 亚声速飞行验证，飞行试验表明：在亚声速飞行时，军用推力增加 15%，低压涡轮进口温度降低了 66.7℃，巡航状态的耗油率降低 2%。1992 年，又进行了 PSC 超声速飞行试验，在超声速下飞行，推力可增加 9%，耗油率降低 8%，涡轮温度降低 48K。另外，在现役飞机上 PSC 也有应用，2002 年 AIAA Paper 2002-6019 上报道在 X-35B 上的应用。此外，还在

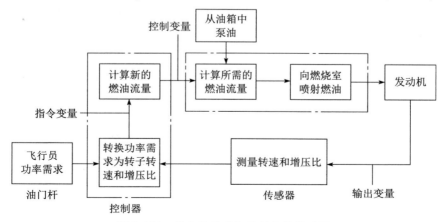

图 8.121 简化的发动机控制系统原理图

第四篇　发动机高空性能的数值计算与实时性能寻优技术

F-22 飞机装有 F119、F100-PW-229 等先进的发动机上投入使用，都表现出了良好的发展前景。

随着全权限数字电子控制（Full Authority Digital Electronic Control，简称 FADEC）技术和航空发动机状态监视和健康管理技术的发展，构建与提供给发动机全包线实时仿真数学模型已成为航空发动机总体性能设计部门的一项重要工作。目前，美英等技术先进国家在民用和军用发动机使用时均已广泛采用了状态监控技术。航空发动机 FADEC 系统是一种典型的复杂嵌入式实时控制系统，而基于 MBD（即 Model Based Design，可译作基于模型的设计）理念的 FADEC 系统，其研发的必要条件是拥有一种合适的实时仿真平台，而要保证仿真的实时性，必须对仿真计算的步长（即计算一个工作点的时间）有严格要求。根据经验，仿真步长一般取系统中最快环节最小时间常数的 5% 左右，例如航空发动机的转速对燃油流量响应的最小时间常数在 0.4s，那么可取仿真步长不大于 20ms；而在燃油调节器等执行机构小回路中最小时间常在 0.1s，那么这些小回路的仿真步长不大于 5ms；对于用于压气机主动控制的高频响执行机构，其带宽高达 500Hz，那么对应的仿真步长应在 30μs 以内。另外，精确的发动机全包线实时模型必须建立在精确、完整的部件特性的试验和丰富的发动机地面与高空台试车数据的基础上，结合发动机的运行数据，可以采用神经网络、深度学习等人工智能技术[257]，创建具有自动修正能力的自适应发动机实时模型，使其能够有效地克服发动机个体差异、性能退化甚至一定程度上的部件故障所导致的不确定因素对发动机性能建模可靠性所产生的影响。进一步完善发动机性能的实时仿真技术，是项非常重要的工作。

毫无疑问，把航空发动机本身设计的确定性多学科设计优化和不确定性多学科优化搞完善，再加上注意开展压气机喘振或失速的主动控制[361]、压气机或涡轮叶尖间隙的主动控制、燃烧不稳定的主动控制以及发动机在线的性能寻优控制，那么这样设计的航空发动机性能一定是最优的，它代表着未来航空发动机发展的主方向[362]。

后 记

在即将结束本书讨论之际,这里扼要介绍本书的四位作者以及朱俊强团队在航空发动机高负荷高效率压气机、高负荷和超高负荷涡轮以及多级旋流分级燃烧室设计方面所做出的创新性工作。本书的四位作者长期工作在科研或教学的第一线,都是研究员、博导或教授,具有很丰富的理论和工程实践经验,是学界的学术带头人。另外,朱俊强团队近年来在国内外杂志和国际燃气轮机会议上发表了大量学术论文[363-632]供感兴趣者参考。正是由于朱俊强团队以及他所率领的中国科学院工程热物理研究所继承和发扬了吴仲华先生为祖国航空发动机努力拼搏的求实创新精神,在工程热物理研究所蔡睿贤、徐建中、蒋洪德、金红光等几位院士的大力支持下,充分发挥大家的积极性、充分利用了所内已有的试验装置与设备以及中国科学院工程热物理研究所廊坊基地和青岛高空台的试验设备,在轻型动力以及航空发动机基础理论探讨方面为国家做出了重大贡献。2018年朱俊强团队荣获中国科学院杰出科技成就奖,2020年获国家科技进步二等奖,2021年1月国家国防科技工业局又为该团队颁发了国防科技工业突出贡献奖。此外,截止到2022年1月25日,朱俊强团队还荣获了如下四个重大奖项:①国防技术发明二等奖;②山东省科技进步一等奖;③军队科技进步一等奖;④中国科学院科技促进发展奖。总之,航空发动机的基础理论研究以及发动机地面台架试验、高空模拟试验、外场试飞试验在中国科学院工程热物理研究所员工的参与下紧张而有序地进行着,吴仲华先生亲自创建的中国科学院工程热物理研究所正在朝气蓬勃、奋勇向前。

参考文献

[1] Walsh P P, Fletcher P. Gas Turbine Performance [M]. Second Edition. Blackwell, 2004.

[2] Saravanamuttoo H I H, Rogers G T C, Cohen H, et al. Gas Turbine Theory [M]. Sixth Edition. Pearson, 2009.

[3] Бакулев В И, Сосунов В А, Чепкин В М. Теория, расчёт и проектирование авиационных двигателей и энергетических установок [M]. Учебник для вузов. 3-е изд. Москва：МАИ, 2003.

[4] Шляхтенко С М. Теория и расчёт воздушно-реактивных двигателей [M]. Учебник для вузов. Москва：Машиностроение, 1987.

[5] Литвинов Ю А, Боровик В О. Характеристики и эксплуатационные свойства авиационных турбореактивных двигателей [M]. Москва：Машиностроение, 1979.

[6] Mattingly J D, Heiser W H, Pratt D T. Aircraft Engine Design [M]. Reston, VA：AIAA Education, 2002.

[7] 西北工业大学, 南京航空学院, 北京航空学院. 航空燃气涡轮发动机原理 [M]. 北京：国防工业出版社, 1981.

[8] 彭泽琰, 杜声同, 郭秉衡. 航空燃气轮机原理：上册 [M]. 北京：国防工业出版社, 1989.

[9] 唐狄毅, 廉小纯. 航空燃气轮机原理：下册 [M]. 北京：国防工业出版社, 1990.

[10] 聂加耶夫, 费多洛夫. 航空燃气涡轮发动机原理：上、下册 [M]. 姜树明, 译. 北京：国防工业出版社, 1984.

[11] 王保国, 黄伟光, 朱俊强, 等. 人机系统中航空发动机性能的预测以及支持向量机技术 [C] //中国人类工效学学会. 2019年中国人类工效学学会全国会员代表大会暨庆祝学会成立30周年学术会议论文集. 西安：出版者不详, 2019.

[12] Mallat S A. Wavelet Tour of Signal Processing [M]. Second Edition. San Diego：Academic Press, 1999.

[13] Wang B G, Wu J H. Construction of Daubechies Wavelet and its Application in Shock Capturing [R]. Gyeong Ju：the 9th International Symposium on Experimental and Computational Aerothermodynaics of Internal Flow (ISAIF), 2009-3D-1, 2009.

[14] Meyer Y. Wavelets and Operators [M]. Cambridge：Cambridge University Press, 1992.

[15] 王保国, 徐燕骥, 安二, 等. 基于小波尺度函数的WSK-SV算法及其气动性能预测 [J]. 航空动力学报, 2011, 26 (10)：2161-2166.

[16] 王保国, 朱俊强. 高精度算法与小波多分辨分析 [M]. 北京：国防工业出版社, 2013.

[17] 王保国, 吴俊宏, 刘淑艳, 等. 流场特性预测的两类高效方法 [J]. 航空动力学报, 2010, 25 (8)：1763-1767.

[18] 王保国, 吴俊宏, 朱俊强. 基于小波奇异分析的流场计算方法及应用 [J]. 航空动力学报, 2010, 25 (12)：2728-2747.

[19] 斯捷金 Б С, 等. 喷气发动机原理：工作过程及特性 [M]. 秦鹏, 梅波, 等译. 北京：科学出版社, 1961.

[20] 伊诺捷姆采夫 H B. 航空燃气涡轮发动机原理和工作过程 [M]. 杨克立, 周倜武, 孙怀民, 等译. 北京：国防工业出版社, 1960.

[21] Mattingly J D. Elements of Gas Turbine Propulsion [M]. New York：McGraw-Hill, 1996.

[22] Cumpsty N. Jet Propulsion：A Simple Guide to the Aerodynamic and Thermodynamic Design and Performance

of Jet Engines [M]. Second Edition. Cambridge: Cambridge University Press, 2003.
[23] Wilson D G, Korakianitis T. The Design of High-Efficiency Turbomachinery and Gas Turbines [M]. Second Edition. New York: Prentice Hall, 1998.
[24] Bathie W. Fundamentals of Gas Turbines [M]. Second Edition. New York: John Wiley & Sons, Inc., 1995.
[25] Schobeiri M T. Turbomachinery Performance and Flow Physics [M]. New York: Springer Verlag, 2005.
[26] Flack, Ronald D. Fundamentals of Jet Propulsion with Applications [M]. Cambridge: Cambridge University Press, 2005.
[27] Kerrebrock J L. Aircraft Engines and Gas Turbine [M]. Second Edition. Cambridge, Massachusetts: MIT Press, 1992.
[28] 涡喷涡扇发动机性能的湿度修正规范: GJB 359—1987 [S]. 北京: 出版者不详, 1987.
[29] 涡喷涡扇发动机性能的温度修正规范: GJB 378—1987 [S]. 北京: 出版者不详, 1987.
[30] 涡喷涡扇发动机高空模拟试验性能修正规范: HB 6213—1989 [S]. 北京: 出版者不详, 1989.
[31] 刘大响, 叶培梁, 胡俊, 等. 航空燃气涡轮发动机稳定性设计与评定技术 [M]. 北京: 航空工业出版社, 2004.
[32] U. S. Dept. of Defense. Engine, aircraft, turbofan, general specification for military specification MIL-E-5007D (USAF) [R]. Wright-Patterson AFB, OH45433, 15 October 1973.
[33] 航空涡轮喷气和涡轮风扇发动机通用规范: GJB 214A—2010 [S]. 北京: 出版者不详, 2010.
[34] 航空涡轮螺桨和涡轮轴发动机通用规范: GJB 242—1987 [S]. 北京: 出版者不详, 1987.
[35] 刘大响. 试车环境对发动机性能的影响及修正方法 [M]. 北京: 航空工业出版社, 1989.
[36] 杜鹤龄. 航空发动机高空模拟 [M]. 北京: 国防工业出版社, 2002.
[37] 侯敏杰. 高空模拟试验技术 [M]. 北京: 航空工业出版社, 2014.
[38] Poinsot T, Veynante D. Theoretical and Numerical Combustion [M]. Philadelphia: R. T. Edwards, 2005.
[39] Pope S B. PDF Method for Turbulent Reacting Flows [J]. Progress in Energy and Combustion Science, 1985, 11 (2): 119-192.
[40] Yang Y, Pope S B, Chen J H. Empirical Low Dimensional Manifolds in Composition Space [J]. Combustion and Flame, 2013, 160 (10): 1967-1980.
[41] Peters N. Turbulent Combustion [M]. Cambridge: Cambridge University Press, 2000.
[42] 甘晓华. 航空燃气轮机燃油喷嘴技术 [M]. 北京: 国防工业出版社, 2006.
[43] Wang K X, Liu F Q, Xu G, et al. Experimental Investigation on Spark ignition of Linear Combustor at Low Pressure Conditions [J]. Journal of Power and Energy, 2020.
[44] 陈懋章. 黏性流体动力学基础 [M]. 北京: 高等教育出版社, 2002.
[45] 熊模友, 乐嘉陵, 黄渊, 等. 采用基于火焰面的燃烧模型研究部分预混燃烧 [J]. 推进技术, 2017, 38 (7): 1459-1467.
[46] 杨金虎, 刘富强, 朱俊强, 等. 部分预混湍流燃烧模型的本生火焰计算验证 [J]. 工程热物理学报, 2012, 33 (10): 1793-1797.
[47] 王凯兴, 刘富强, 徐纲, 等. 点火位置对中心分级燃烧室点火过程影响的研究 [J]. 推进技术, 2020, 41.
[48] 杨金虎, 刘存喜, 徐纲, 等. 分级燃烧室预燃级旋流组织对点火/熄火性能影响的试验研究 [J]. 推进技术, 2019, 40 (9): 2050-2059.
[49] 刘存喜, 刘富强, 徐纲, 等. 某型航空发动机用离心喷嘴燃油空间分布特性试验 [J]. 航空动力学报, 2013, 28 (4): 783-791.
[50] McKenzie A B. The Selection of Fan Blade Geometry for Optimum Efficiency [J]. Journal of Power and Energy, 1988, 202 (1): 39-44.
[51] Baghdadi S. Modeling Tip Clearance Effects in Multistage Axial Compressors [J]. Journal of Turbomachinery, 1996, 118 (4): 613-643.

参考文献

[52] Smith S F. A Simple Correlation of Turbine Efficiency [J]. Journal of the Royal Aeronautical Society, 1965, 69: 467-470.

[53] Kacker S C, Okapuu U. A Mean Line Prediction Method for Axial Flow Turbine Efficiency [J]. Journal of Engineering Power, Transactions of the American Society of Mechanical Engineers, 1982, 104 (1): 111-119.

[54] Hoheisel H, Seyb N J. The Boundary Layer Behavior of Highly Loaded Compressor Cascade at Transonic Flow Conditions [R]. Transonic and Supersonic Phenomena in Turbomachines, pp. 4.1~4.17, AGARD-CP-401, 1987.

[55] Sonada T, Yamaguchi Y, Arima T, et al. Advanced High Turning Compressor Airfoils for Low Reynolds Number Condition-Part I: Design and Optimization [R]. ASME Paper, 2003-GT-38458, 2003.

[56] Schreiber H A, Steinert W, Sonada T, et al. Advanced High Turning Compressor Airfoils for Low Reynolds Number Condition-Part II: Experimental and Numerical Analysis [R]. ASME Paper, 2003-GT-38477, 2003.

[57] Song B, Ng W F. Performance and Flow Characteristics of an Optimized Supercritical Compressor Stator Cascade [J]. Journal of Turbomachinery, 2006, 128 (3): 435-443.

[58] Gümmer V, Wenger U, Kau H P. Using Sweep and Dihedral to Control Three-Dimensional Flow in Transonic Stators of Axial Compressors [R]. ASME Paper, 2000-GT-0491, 2000.

[59] Yamaguchi N, et al. Secondary-Loss Reduction by Forward-Skewing of Axial Compressor Rotor Blading [R]. Proceedings of 1991 Yokohama International Gas Turbine Congress, 1991 (2): 61-68.

[60] Breugelmans F. Influence of Incidence Angle on the Secondary Flow in Compressor Cascade with Different Dihedral Distribution [R]. ISABE Paper, 85-7078, 1985.

[61] Shang E, Wang Z Q, Su J X. The Experimental Investigations on the Compressor Cascades with Leaned and Curved Blades [R]. ASME Paper, 1993-GT-50, 1993.

[62] 王仲奇, 苏杰先, 钟兢军. 弯曲叶片栅内减少能量损失机理研究的新进展 [J]. 工程热物理学报, 1994, 15 (2): 147-152.

[63] 吴仲华. 使用非正交曲线坐标和非正交速度分量的叶轮机械三元流动基本方程及其解法 [J]. 机械工程学报, 1979, 15 (1): 1-23.

[64] Wu C H. A General Theory of Three-Dimensional Flow in Subsonic or Supersonic Turbomachines of Axial, Radial and Mixed Flow Types [R]. NACA-TN-2604, 1952.

[65] Wu C H. A General Theory of Two and Three Dimensional Rotational Flow in Subsonic and Transonic Turbomachines [R]. NASA-CR-4496, 1993.

[66] 吴仲华论文选集编辑委员会. 吴仲华论文选集 [M]. 北京: 机械工业出版社, 2002.

[67] 王保国, 吴仲华. 含分流叶栅或串列叶栅的 S_1 流面上可压缩流动矩阵解 [J]. 工程热物理学报, 1984, 5 (1): 18-26.

[68] Wu C H, Wang B G. Matrix Solution of Compressible Flow on S_1 Surface Through a Turbomachine Blade Row With Splitter Vanes or Tandem Blades [J]. Transaction ASME Journal of Engineering for Gas Turbines and Power, 1984, 106 (2): 449-454.

[69] Wang B G. An Iterative Algorithm Between Stream Function and Density for Transonic Cascade Flow [J]. AIAA Journal of Propulsion and Power, 1986, 2 (3): 259-265.

[70] 吴文权, 刘翠娥. 使用非正交曲线坐标与速度分量 S_1 流面正问题流场矩阵解 [J]. 工程热物理学报, 1980, 1 (1): 17-27.

[71] 朱荣国. 使用非正交曲线坐标与速度分量 S_2 流面反问题流场线松弛解 [J]. 工程热物理学报, 1980, 1 (1): 28-35.

[72] 刘高联, 王甲升. 叶轮机械气体动力学基础 [M]. 北京: 机械工业出版社, 1980.

[73] 王仲奇. 透平机械三元流动计算及其数学和气动力学基础 [M]. 北京: 机械工业出版社, 1983.

[74] 李根深, 陈乃兴, 强国芳. 船用燃气轮机轴流式叶轮机械气动热力学（原理、设计与试验研究）: 上

册 [M]. 北京：国防工业出版社，1980.

[75] 吴仲华，吴文权，王保国，等. 给定激波模型的叶栅跨声流的计算 [J]. 工程热物理学报，1984，5 (3)：256-262.

[76] 吴仲华，华耀南，王保国，等. 跨声速叶栅流的激波捕获——分区计算法 [J]. 工程热物理学报，1986，7 (2)：112-119.

[77] 汪庆恒，吴文权，朱根兴，等. 轴流式压气机两类流面三元完全解 [J]. 工程热物理学报，1983，4 (4)：336-341.

[78] 王正明，陈宏冀，华耀南，等. DFVLR 压气机转子中跨声速流动的两类流面准三元迭代解 [J]. 工程热物理学报，1988，9 (1)：25-31.

[79] 赵晓路，秦立森，吴仲华. CAS 压气机转子中跨声速三元流动的 S_1/S_2 流面准三元迭代解 [J]. 工程热物理学报，1988，9 (2)：119-124.

[80] 王保国，黄虹宾. 叶轮机械跨声速及亚声速流场的计算方法 [M]. 北京：国防工业出版社，2000.

[81] Wassell A B. Reynolds Number Effects in Axial Compressors [J]. Journal of Engineering for Power, 1968, 90 (2): 149-156.

[82] Roberts W B. The Effect of Reynolds Number and Laminar Separation on Axial Cascade Performance [J]. Journal of Engineering for Power, 1975, 97 (2): 261-273.

[83] Citavy J, Norbury J F. The Effect of Reynolds Number and Turbulence Intensity on the Performance of a Compressor Cascade with Prescribed Velocity Distribution [J]. Journal of Mechanical Engineering Science, 1977, 19 (3): 93-100.

[84] Roberts W B. Axial Compressor Blade Optimization in the Low Reynolds Number Regime [J]. AIAA Journal, 1979, 17 (12): 1361-1367.

[85] Johnsen I A, Bullock R O. Aerodybamic Design of Axial-Flow Compressors [R]. NASA SP-36, 1965.

[86] 赵峰，桂幸民. 低雷诺数效应对某可控扩散叶型性能的影响 [J]. 航空动力学报，2006，21 (2)：285-289.

[87] 刘太秋，黄洪波，杜辉. 压气机低雷诺数叶型设计技术研究 [J]. 航空发动机，2006，32 (2)：26-30.

[88] 刘波，侯为民，项效镕. 高空低雷诺数二维抗分离叶型研究 [J]. 西北工业大学学报，2008，26 (6)：703-706.

[89] 凌代军，王晖，马昌友. 低雷诺数亚声速扩压平面叶栅试验 [J]. 航空动力学报，2013，28 (1)：171-179.

[90] Boese M, Fottner L. Effects of Riblets on the Loss Behavior of a Highly Loaded Compressor Cascade [R]. ASME Paper, 2002-GT-30438, 2002.

[91] 桂幸民，滕金芳，刘宝杰，等. 航空压气机气动热力学理论与应用 [M]. 上海：上海交通大学出版社，2014.

[92] Roberts W B. Calculation of Laminar Separation Bubbles and Their Effect on Airfoil Performance [J]. AIAA Journal, 1980, 18 (1): 25-31.

[93] Thwaites B. Approximate Calculation of the Laminar Boundary Layer [J]. The Aeronautical Quarterly, 1949, 1 (3): 245-280.

[94] Walker G J. Observations of Separated Laminar Flow on Axial Compressor Blading [R]. ASME Paper, 75-GT-63, 1975.

[95] Denton J D. Loss Mechanisms in Turbomachines [J]. Journal of Turbomachinery, 1993, 115 (4): 621-656.

[96] Suluksna K, Juntasaro E. Assessment of Intermittency Transport Equations for Modeling Transition in Boundary Layers Subjected to Freestream Turbulence [J]. International Journal of Heat and Fluid Flow, 2008, 29 (1): 48-61.

[97] Balje O E. A Study on Reynolds Number Effects in Turbomachines [J]. Journal of Engineering for Power,

参考文献

1964, 86 (3): 227-235.

[98] Syverud E, Bakken L E. The Impact of Surface Roughness on Axial Compressor Performance Deterioration [R]. ASME Paper, 2006-GT-90004, 2006.

[99] Bammert K, Woelk G U. The Influence of the Blading Surface Roughness on the Aerodynamic Behavior and Characteristic of an Axial Compressor [J]. Journal of Engineering for Power, 1980, 102 (2): 283-287.

[100] 蔡柳溪, 高松, 肖俊峰, 等. 壁面粗糙度对轴流压气机气动性能的影响 [J]. 西安交通大学学报, 2017, 51 (11): 36-42.

[101] 陈绍文, 张辰, 石慧, 等. 轴流压气机级内污垢沉积影响的数值研究 [J]. 推进技术, 2012, 33 (3): 377-383.

[102] Leipold R, Boese M, Fottner L. The Influence of Technical Surface Roughness Caused by Precision Forging on the Flow Around a Highly Loaded Compressor Cascade [J]. Journal of Turbomachinery, 2000, 122 (3): 416-424.

[103] Back S C, Jeong I C, Sohn J L, et al. Influence of Surface Roughness on the Performance of a Compressor Blade in a Linear Cascade: Experiment and Modeling [R]. ASME Paper, 2009-GT-59703, 2009.

[104] Ju H I, Ju H S, Hobson G V, et al. Effect of Leading Edge Roughness and Reynolds Number on Compressor Profile Loss [R]. ASME Paper, 2013-GT-95487, 2013.

[105] Kong D, Jeong H, Song S J. Effects of Surface Roughness on Evolutions of Loss and Deviation in a Linear Compressor Cascade [J]. Journal of Mechanical Science and Technology, 2017, 31 (11): 5329-5335.

[106] Mahallati A. Aerodynamics of a Low-Pressure Turbine Airfoil under Steady and Periodic Unsteady Conditions [D]. Ottawa: Carleton University, 2003.

[107] Koch C C, Smith L H. Loss Sources and Magnitudes in Axial-Flow Compressors [J]. Journal of Engineering for Power, 1976, 98 (3): 411-424.

[108] Schlichting H. Boundary Layer Theory [M]. New York: McGraw-Hill, 1979.

[109] Bullock R O. Critical High Lights in the Development of the Transonic Compressor [J]. Journal of Engineering for Power, 1961, 83 (3): 243-257.

[110] 刘波, 靳军, 南向宜, 等. 高空低雷诺数二维叶栅叶型优化设计研究 [J]. 燃气涡轮试验与研究, 2007, 20 (4): 1-6.

[111] 华罗庚. 优选法 [M]. 北京: 科学出版社, 1981.

[112] 方开泰. 均匀设计与均匀设计表 [M]. 北京: 科学出版社, 1994.

[113] Coull J D, Hodson H P. Blade Loading and its Application in the Mean-Line Design of Low Pressure Turbines [R]. ASME paper, 2011-GT-45238, 2011.

[114] Zhdanov I, Staudacher S, Falaleev S. An Advanced Usage of Meanline Loss Systems for Axial Turbine Design Optimization [R]. ASME paper, 2013-GT-94323, 2013.

[115] 邹正平, 王松涛, 刘火星, 等. 航空燃气轮机涡轮气体动力学: 流动机理及气动设计 [M]. 上海: 上海交通大学出版社, 2014.

[116] 付超, 邹正平, 刘火星, 等. 通用核心机涡轮气动设计准则 [J]. 推进技术, 2011, 32 (2): 165-174.

[117] Kopper F C, Milanot R, Vancot M. Experimental Investigation of Endwall Profiling in a Turbine Vane Cascade [J]. AIAA Journal, 1981, 19 (8): 1033-1040.

[118] Germain T, Nagel M, Raab I, et al. Improving Efficiency of a High Work Turbine Using Nonaxisymmetric Endwalls—Part I: Endwall Design and Performance [J]. Journal of Turbomachinery, 2010, 132 (2): 21007.

[119] Schüpbach P, Abhari R S, Rose M G, et al. Improving Efficiency of a High Work Turbine Using Nonaxisymmetric Endwalls—Part II: Time-Resolved Flow Physics [J]. Journal of Turbomachinery, 2010, 132 (2): 21008.

[120] Praisner T J, Allen-Bradley E, Grover E A, et al. Application of Nonaxisymmetric Endwall Contouring to

Conventional and High-lift Turbine Airfoils [J]. Journal of turbomacinery, 2013, 135 (6): 61006.
[121] González P, Lantero M, Olabarria V. Low Pressure Turbine Design for Rolls-Royce Trent 900 Turbofan [R]. ASME Paper, 2006-GT-90997, 2006.
[122] Rosic B, Denton J D. Control of Shroud Leakage Loss by Reducing Circumferential Mixing [J]. Journal of Turbomachinery, 2008, 130 (2): 851-859.
[123] Booth T C, Dodge P R, Hepworth H K. Rotor-Tip Leakage, Part I: Basic Methodology [R]. ASME Paper, 1981-GT-71, 1981.
[124] Patel K V. Research on a High Work Axial Gas Generator Turbine [R]. SAE Technical Paper, 1980.
[125] Sonoda T, Arima T, Olhofer M, et al. A Study of Advanced High-Loaded Transonic Turbine Airfoils [J]. Journal of Turbomachinery, 2004, 128 (4): 650-657.
[126] Joly M M, Verstraete T, Paniagua G. Differential Evolution Based Soft Optimization to Attenuate Vane-rotor Shock Interaction in High-Pressure Turbines [J]. Applied Soft Computing, 2013, 13 (4): 1882-1891.
[127] Joly M M, Verstraete T, Paniagua G. Attenuation of Vane Distortion in a Transonic Turbine Using Optimization Strategies: Part I—Methodology [R]. ASME Paper, 2010-GT-22370, 2010.
[128] Joly M M, Paniagua G, Verstraete T. Attenuation of Vane Distortion in a Transonic Turbine Using Optimization Strategies: Part II—Optimization [R]. ASME Paper, 2010-GT-22371, 2010.
[129] Bunker R S. The Effects of Manufacturing Tolerances on Gas Turbine Cooling [R]. ASME Paper, 2008-GT-50124, 2008.
[130] McLean C, Camci C, Glezer B. Mainstream Aerodynamic Effects Due to Wheelspace Coolant Injection in a High-Pressure Turebine Stage: Part I—Aerodynamic Measurements in the Stationary Frame [J]. Journal of Turbomachinery, 2001, 123 (4): 687-696.
[131] McLean C, Camci C, Glezer B. Mainstream Aerodynamic Effects Due to Wheelspace Coolant Injection in a High-Pressure Turebine Stage: Part II—Aerodynamic Measurements in the Rotational Frame [J]. Journal of Turbomachinery, 2001, 123 (4): 697-703.
[132] Göttlich E. Research on the Aerodynamics of Intermediate Turbine Diffusers [J]. Progress in Aerospace Sciences, 2011, 47 (4): 249-279.
[133] Axelsson L, Osso C A, Cadrecha D, et al. Design Performance Evaluation and Endwall Flow Structure Investigation of an S-Shaped Intermediate Turbine Duct [R]. ASME Paper, 2007-GT-27650, 2007.
[134] Couey P T, Mckeever C W, Malak M F, et al. Computational Study of Geometric Parameter Influence on Aggressive Inter-Turbine Duct Performance [R]. ASME Paper, 2010-GT-23604, 2010.
[135] Wallin F, Eriksson L, Nilsson M. Intermediate Turbine Duct Design and Optimization [R]. The 25th International Congress of the Aeronautical Sciences, 2006.
[136] Lavagnoli S, Yasa T, Paniagua G, et al. Aerodynamic Analysis of an Innovative Low Pressure Vane Placed in a S-Shaped Duct [R]. ASME Paper, 2010-GT-22546, 2010.
[137] Solano J P, Pinilla V, Paniagua G, et al. Aero-Thermal Investigation of a Multi-Splitter Axial Turbine [J]. International Journal of Heat and Fluid Flow, 2011, 32 (5): 1036-1046.
[138] Smith A M O. High Lift Aerodynamics [J]. Journal of Aircraft, 1975, 12 (6): 501-530.
[139] Huber F W, Johnson P D, Sharma O P, et al. Performance Improvement Through Indexing of Turbine Airfoils: Part 1—Experimental Investigation [J]. Journal of Turbomachinery, 1996, 118 (4): 630-635.
[140] He L, Menshikova V, Haller B R. Influence of Hot Streak Circumferential Length-Scale in Transonic Turbine Stage [R]. ASME Paper 2004-GT-53370, 2004.
[141] Ong J, Miller R J. Hot Streak and Vane Coolant Migration in a Downstream Rotor [J]. Journal of Turbomachinery, 2008, 134 (5): 1749-1760.
[142] Haselbach F, Schiffer H, Horsman M, et al. The Application of Ultra High Lift Blading in the BR715 LP Turbine [J]. Journal of Turbomachinery, 2002, 124 (3): 45-51.
[143] 邹正平, 叶建, 刘火星, 等. 低压涡轮内部流动及其气动设计研究进展 [J]. 力学进展, 2007, 37

参考文献

(4): 551-562.
- [144] 邹正平,周琨,王鹏,等.大涵道比涡扇发动机涡轮内部流动机理及气动设计技术研究进展[J].航空制造技术,2012,27(13): 49-54.
- [145] Curtis E M, Hodson H P, Banieghbal M R, et al. Development of Blade Profiles for Low-Pressure Turbine Applications [J]. Journal of Turbomachinery, 1997, 119 (3): 531-553.
- [146] Horton H P. Laminar Separation in Two and Three-dimensional Incompressible Flow [M]. London: University of London, 1968.
- [147] 李伟,朱俊强,李钢,等.基于表面热膜的超高负荷低压涡轮叶栅附面层特性[J].航空动力学报,2011,26(1): 115-121.
- [148] Howell R J, Ramesh O N, Hodson H P, et al. High Lift and Aft Loaded Profiles for Low Pressure Turebines [J]. Journal of Turbomachinery, 2001, 124 (2): 385-392.
- [149] Popovic I, Zhu J Q, Dai Wu, et al. Aerodynamics of a Family of Three Highly-Loaded Low-Pressure Turbine Airfoils: Measured Effects of Reynolds Number and Turbulence Intensity in Steady Flow [R]. ASME Paper, 2006-GT-91271, 2006.
- [150] Zoric T, Popovic I, Sjolander S A, et al. Comparative Investigation of Three Highly Loaded LP Turbine Airfoils: Part I—Measured Profile and Secondary Losses at Design Incidence [R]. ASME Paper, 2007-GT-27537, 2007.
- [151] Jochen Gier, Matthias Franke, Norbert Hübner, et al. Designing LP Turbines for Optimized Airfoil Lift [R]. ASME Paper, 2008-GT-51101, 2008.
- [152] Prakash C, Cherry D G, Shin H W, et al. Effect of Loading Level and Distribution on LPT Losses [R]. ASME Paper, 2008-GT-50052, 2008.
- [153] Coull J D, Thomas R L, Hodson H P. Velocity Distributions for Low Pressure Turbines [R]. ASME Paper, 2008-GT-50589, 2008.
- [154] Horlock J H. Axial Flow Turbines [M]. London: Butterworths, 1966.
- [155] Zhu J Q, Sjolander S A. Improved Profile Loss and Deviation Correlations for Axial Turbine Blade Rows [R]. ASME Paper, 2005-GT-69077, 2005.
- [156] Oates G C. Aircraft Propulsion System Technology and Design [M]. Washington, D. C.: AIAA Education, 1989.
- [157] Pope S B. Ten Questions Concerning the Large-Eddy Simulation of Turbulent Flows [J]. New Journal of Physics, 2004, 6 (35): 1-24.
- [158] Boileau M, Stafelbach G, Cuenot B, et al. LES of an Ignition Sequence in a Gas Turbine Engine [J]. Combustion and Flame, 2008, 154 (1-2): 2-22.
- [159] Menter F R, Langtry R B, Likki S R, et al. A Correlation-Based Transition Model Using Local Variables: Part I—Model Formulation [R]. ASME Paper, 2004-GT-53452, 2004.
- [160] Langtry R B, Menter F R, Likki S R, et al. A Correlation-Based Transition Model Using Local Variables: Part II—Test Cases and Industry Applications [R]. ASME Paper, 2004-GT-53454, 2004.
- [161] Zhang X F, Hodson H F. Effects of Reynolds Number and Freestream Turbulence Intensity on the Unsteady Boundary Layer Development on an Ultra-High-Lift Low Pressure Turbine Airfoil [J]. ASME Journal of Turbomachinery, 2010, 132 (1): 011016.
- [162] 张波,李伟,朱俊强,等.超高负荷低压涡轮叶型边界层被动控制[J].推进技术,2012,33(5): 747-753.
- [163] 李伟,张波,朱俊强,等.尾迹扫掠下超高负荷低压涡轮叶片附面层特性[J].航空动力学报,2012,27(1): 176-182.
- [164] Lu X G, Zhang Y F, Zhu J Q, et al. Effects of Periodic Wake on Boundary Layer Development on an Ultra-High-Lift Low Pressure Turbine Airfoil [J]. Journal of Power and energy, 2017, 231 (1): 25-38.
- [165] 张波,李伟,朱俊强,等.U型槽对高负荷涡轮叶片攻角特性影响[J].航空动力学报,2012,27

(7): 1503-1510.

[166] 孙爽, 雷志军, 朱俊强, 等. 超高负荷低压涡轮非定常特性试验 [J]. 航空动力学报, 2015, 30 (5): 1192-1199.

[167] 孙爽, 雷志军, 李伟, 等. 定常来流条件下低压涡轮附面层分离流动控制手段的试验研究 [J]. 推进技术, 2016, 37 (6): 1074-1083.

[168] 孙爽, 雷志军, 卢新根, 等. 基于表面粗糙度的超高负荷低压涡轮叶片附面层控制 [J]. 航空动力学报, 2016, 31 (4): 836-846.

[169] 孙爽, 雷志军, 朱俊强, 等. 粗糙度对超高负荷低压涡轮边界层影响 [J]. 推进技术, 2014, 35 (3): 347-355.

[170] 孙爽, 雷志军, 朱俊强, 等. 来流条件对超高负荷低压涡轮附面层非定常特性影响的试验研究 [J]. 推进技术, 2016, 37 (4): 653-661.

[171] 孙爽, 李伟, 朱俊强, 等. 来流湍流度对超高负荷低压涡轮附面层流动控制手段的影响 [J]. 航空动力学报, 2016, 31 (7): 1686-1694.

[172] Houtermans R, Coton T, Arts T. Aerodynamic Performance of a Very High Lift LP Turbine Blade with Emphasis on Separation Prediction [J]. ASME Journal of Turbomachinery, 2004, 126: 406-413.

[173] Rist U, Maucher U. Investigations of Time-Growing Instabilities in Laminar Separation Bubbles [J]. European Journal of Mechanics, 2002, 21 (5): 495-509.

[174] Mayle R E. The Role of Laminar-Turbulent Transition in Gas Turbine Engines [J]. ASME Journal of Turbomachinery, 1991, 113 (4): 509-536.

[175] Schulte V S, Hodson H P. Prediction of the Becalmed Region for LP Turbine Profile Design [R]. ASME Paper, 1997-GT-398, 1997.

[176] Howell R J, Hodson H P, Schulte V, et al. Boundary Layer Development in the BR710 and BR715 LP Turbines-The Implementation of High-Lift and Ultra-High-Lift Concepts [J]. ASME Journal of Turbomachinery, 2002, 124 (3): 385-392.

[177] Mahallati A, Mcauliffe B R, Sjolander S, et al. Aerodynamics of a Low-Pressure Turbine Airfoil at Low Reynolds Numbers-Part I: Steady Flow Measurements [J]. Journal of Turbomachinery, 2007, 135 (1): 11010-11010-9.

[178] Mahallati A, Sjolander S A. Aerodynamics of a Low-Pressure Turbine Airfoil at Low-Reynolds Numbers: Part 2—Blade-Wake Interaction [J]. Journal of Turbomachinery, 2007, 135 (1): 1011-1023.

[179] Phiel H, Herbst R. Transition Procedure of Instationary Boundary Layers [R]. ASME Paper, 1979-GT-128, 1979.

[180] Witting S, Schultz A, Dullenkopf K, et al. Effects of Free-Stream Turbulence and Wake Characteristics on Heat Transfer along a Cooled Gas Turbine Blade [R]. ASME Paper, 1988-GT-179, 1988.

[181] Funazaki K, Nobuaki T, Tanuma T. Effects of Periodic Wake Passing upon Aerodynamic Loss of a Turbine Cascade, Part I: Measurements of Wake-Affected Cascade Loss by Use of a Pneumatic Probe [R]. ASME Paper, 1999-GT-93, 1999.

[182] Volino R J. Separated Flow Transition under Simulated Low-Pressure Turbine Airfoil Conditions: Part 2-Turbulence Spectra [J]. ASME Journal of Turbomachinery, 2002, 124 (4): 656-664.

[183] Drazin P G. Hydrodynamic Stability [M]. Combrigde: Combrigde University Press, 2004.

[184] 童秉纲, 张炳暄, 崔尔杰. 非定常流与旋涡运动 [M]. 北京: 国防工业出版社, 1993.

[185] Zhang X F, Vera M, Hodson H P, et al. Separation and Transition Control on an After-Loaded Ultra-High-Lift LP Turbine Blade at Low Reynolds Numbers: Low-Speed Investigation [R]. ASME Paper, 2005-GT-68892, 2005.

[186] Hughes J D, Walker G J. Natural Transition Phenomena on an Axial Compressor Blade [R]. ASME Paper, 2000-GT-264, 2000.

[187] Volino, Ralph J. Separated Flow Transition Under Simulated Low-Pressure Turbine Airfoil Conditions-Part 1:

参考文献

Mean Flow and Turbulence Statistics [J]. Journal of Turbomachinery, 2002, 124 (4): 691-702.

[188] Graveline J R S, Sjolander S A. A Spectral Study of a Moderately Loaded LPT Airfoil: Part 1-Identifying Frequencies Affecting By-Pass Transition in The Free Shearlayer [R]. ASME Paper, 2012-GT-68100, 2012.

[189] Graveline S, Sjolander S. Spectral Analysis of Measurements of Separated Flow Transition on a Turbine Airfoil [R]. AIAA Paper, AIAA-2005-4769, 2005.

[190] Graveline J R S, Sjolander S A. A Spectral Study of a Moderately Loaded LPT Airfoil: Part 2-Effects of Turbulence Intensity and Reynolds Number on Frequencies Affecting Bypass Transition [R]. ASME Paper, 2012-GT-68101, 2012.

[191] Goldstein M E, Hultgren L S. Boundary-Layer Receptivity to Long-Wave Free-Stream Disturbances [J]. Annual Review of Fluid Mechanics, 1989, 21 (1): 137-166.

[192] Spalart P R, Strelets M K. Mechanisms of Transition and Heat Transfer in a Separation Bubble [J]. Journal of Fluid Mechanics, 2000, 403: 329-349.

[193] Estevadeordal J, Kleis S J. High-Resolution Measurements of Two-Dimensional Instabilities and Turbulence Transition in Plane Mixing Layers [J]. Experiments in Fluids, 1999, 27 (4): 378-390.

[194] Stieger R, Hodson H P. The Transition Mechanism of Highly-Loaded LP Turbine Blades [R]. ASME Paper, 2003-GT-38304, 2003.

[195] Praisner T J, Grover E A, Knezevici D C, et al. Toward the Expansion of Low-Pressure-Turbine Airfoil Design Space [R]. ASME Paper, 2008-GT-50898, 2008.

[196] Arndt N. Blade Row Interaction in a Multistage Low Pressure Turbine [R]. ASME Paper, 1991-GT-283, 1991.

[197] Halstead D E. Flowfield Unsteadiness and Turbulence in Multistage Low Pressure Turbines [R]. Proceedings of the Conference on Boundary Layer Transition in Turbomachines, Syracuse University, Minnowbrook, 1997.

[198] Halstead D E, Wisler D C, Okiishi T H, et al. Boundary Layer Development in Axial Compressors and Turbines: Part 1 of 4 Composite Picture [J]. Journal of Turbomachinery, 1997, 119 (1): 114-127.

[199] Hourmouziadis J. Aerodynamic Design of Low Pressure Turbines [R]. AGARD Lecture Series 167, 1989.

[200] Hodson H P, Huntsman I, Steele A B. An Investigation of Boundary Layer Development in a Multistage LP Turbine [J]. Journal of Turbomachinery, 1994, 116 (3): 375-383.

[201] Huber F W, Sharma O P, Gaddis S W, et al. Performance Improvement Through Indexing of Turbine Airfoils: Part 2—Experimental Investigation [J]. Journal of Turbomachinery, 1996, 118 (4): 636-642.

[202] Kusterer K, Moritz N, Bohn D, et al. Transient Numerical Investigation of Rotor Clocking in 1.5 Stage of an Axial Test Turbine with a Blade-to-Vane Ratio of 1.5 [R]. ASME Paper, 2000-GT-30436, 2000.

[203] Li H D, He L. Blade Count and Clocking Effects on Three Blade Row Interaction in a Transonic Turbine [J]. Journal of Turbomachinery, 2003, 125 (4): 632-640.

[204] Eulitz F, Engel K. Numerical Investigations of Wake Interactions in a Low Pressure Turbine and Its Influence on Loss Mechanisms [R]. ASME Paper, 1998-GT-563, 1998.

[205] Arnone A, Marconcini M, Pacciani R, et al. Numerical Investigation of Airfoil Clocking in a Three-Stage Low Pressure Turbine [J]. Journal of Turbomachinery, 2002, 124 (1): 61-68.

[206] Höhn W, Heinig K. Numerical and Experimental Investigation of Unsteady Flow Interaction in a Low Pressure Multistage Turbine [J]. Journal of Turbomachinery, 2000, 122 (4): 628-633.

[207] Nayeri C, Höhn W. Numerical Study of the Unsteady Blade Row Interaction in a Three-Stage Low Pressure Turbine [R]. ASME Paper, 2003-GT-38822, 2003.

[208] König S, Stoffel B. On the Applicability of Aspoked-Wheel Wake Generator for Clocking Investigations [J]. Journal of Turbomachinery, 2007, 129 (11): 1468-1477.

[209] Behr T, Porreca L, Mokulys T, et al. Multistage Aspects and Unsteady Effects of Stator and Rotor Clocking

in an Axial Turbine with Low Aspect Ratio Blading [J]. Journal of Turbomachinery, 2005, 128 (1): 11-22.

[210] Schennach O, Woisetschläger J, Fuchs A, et al. Experimental Investigations of Clocking in a One and a Half Stage Transonic Turbine Using Laser-Doppler Velocimetry and a Fast Response Aerodynamics Pressure Probe [J]. Journal of Turbomachinery, 2007, 129 (2): 372-381.

[211] Schennach O, Pecnik R, Paradiso B, et al. The Effect of Vane Clocking on the Unsteady Flowfield in a One and a Half Stage Transonic Turbine [J]. Journal of Turbomachinery, 2008, 130 (3): 202-209.

[212] 王保国, 蒋洪德, 马晖扬, 等. 工程流体力学: 上、下册 [M]. 北京: 科学出版社, 2011.

[213] 王保国, 刘淑艳, 黄伟光. 气体动力学 [M]. 北京: 北京理工大学出版社, 北京航空航天大学出版社, 西北工业大学出版社, 哈尔滨工业大学出版社, 哈尔滨工程大学出版社, 2005.

[214] 王保国. N-S 方程组的通用形式及近似因式分解 [J]. 应用数学和力学, 1988, 9 (2): 165-172.

[215] 王保国, 卞荫贵. 关于三维 Navier-Stokes 方程的黏性项计算 [J]. 空气动力学学报, 1994, 12 (4): 375-382.

[216] 王保国. 叶栅流基本方程组特征分析及矢通量分裂 [J]. 中国科学院研究生院学报, 1987, 4 (2): 54-65.

[217] 吴仲华. 静止与运动坐标下的气动热力学基本方程——黏性力的作用与黏性项的物理意义 [J]. 机械工程学报, 1965, 13 (4): 40-67.

[218] 卞荫贵, 徐立功. 气动热力学 [M]. 合肥: 中国科学技术大学出版社, 1997.

[219] 王保国, 黄伟光. 高超声速飞行中的辐射输运和磁流体力学 [M]. 北京: 科学出版社, 2018.

[220] 王保国, 黄伟光. 高超声速气动热力学 [M]. 北京: 科学出版社, 2014.

[221] 卞荫贵, 钟家康. 高温边界层传热 [M]. 北京: 科学出版社, 1986.

[222] 王保国, 刘淑艳, 朱俊强, 等. 传热学 [M]. 北京: 机械工业出版社, 2009.

[223] 王保国, 卞荫贵. 转动坐标系中三维跨声欧拉流的有限体积—TVD 格式 [J]. 空气动力学学报, 1992, 10 (4): 472-481.

[224] 王保国. 新的解跨音速 Euler 方程的隐式杂交方法 [J]. 航空学报, 1989, 10 (7): 309-315.

[225] 王保国, 刘秋生, 卞荫贵. 三维湍流高速进气道内外流场的高效高分辨率解 [J]. 空气动力学学报, 1996, 14 (2): 168-178.

[226] Wang B G, Bian Y G. A LU-TVD Finite Volume Scheme for Solving 3D Reynolds Averaged Navier-Stokes Equations of High Speed Inlet Flows [R]. First Asian Computational Fluid Dynamics Conference, Hong Kong: Hong Kong University Press, 1995, 3: 1055-1960.

[227] 王保国, 卞荫贵. 求解三维欧拉流的隐—显式格式及改进的三维 LU 算法 [J]. 计算物理, 1992, 9 (4): 423-425.

[228] 刘秋生, 王保国, 沈孟育. 改进的强隐式格式及其在三维 Euler 与 N-S 方程中的应用 [J]. 清华大学学报, 1996, 36 (3): 29-35.

[229] 王保国, 沈孟育. 高速黏性内流的高分辨率高精度迎风型杂交格式 [J]. 空气动力学学报, 1995, 13 (4): 365-373.

[230] Wang B G, Guo Y H, Liu Q S, et al. High-Order Accurate and High-Resolution Upwind Finite Volume Scheme for Solving Euler/Reynolds-Averaged Navier-Stokes Equations [J]. Acta Mechanica Sinica, 1998, 14: 10-17.

[231] Wang B G, Guo Y H, Shen M Y, et al. High-Order Accurate and High-Resolution Implicit Upwind Finite Volume Scheme for Solving Euler/ Reynolds-Averaged Navier-Stokes Equations [J]. Tsinghua Science and Technology, 2000, 5 (1): 47-53.

[232] 王保国, 刘淑艳, 姜国义, 等. 高阶格式及其在内外流场计算中的应用 [J]. 航空动力学报, 2008, 23 (1): 55-63.

[233] 王保国, 卞荫贵. 超声速和高超声速进气道的数值模拟 [J]. 力学进展, 1992, 22 (3): 318-323.

参考文献

[234] 王保国，李荣先，马智明，等．非结构网格下含冷却孔的涡轮转子三维流场计算［J］．航空动力学报，2001，16（3）：224-231.

[235] 王保国，李荣先，马智明，等．非结构网格生成方法的改进及气膜冷却三维静子流场的求解［J］．航空动力学报，2001，16（3）：232-237.

[236] 郭延虎，王保国，沈孟育．考虑顶隙的压气机单转子内三维跨音速黏性流场结构的数值模拟［J］．航空动力学报，1998，13（1）：13-18.

[237] 郭延虎，刘秋生，王保国，等．隐式多重网格法求解叶轮机械三维跨声速湍流流场［J］．空气动力学学报，1995，13（4）：468-473.

[238] 王保国，刘淑艳，杨英俊，等．非结构网格下涡轮级三维非定常 N-S 方程的数值解［J］．工程热物理学报，2004，25（6）：940-942.

[239] 王保国，郭洪福，孙拓，等．6 种典型飞行器的 RANS 计算及大分离区域的 DES 分析［J］．航空动力学报，2012，27（3）：481-495.

[240] 沈孟育，郭延虎，王保国，等．跨声速压气机转子中的三维湍流流场计算及涡系分析［J］．航空学报，1996，17（6）：719-722.

[241] 高歌，闫文辉，王保国，等．计算流体力学：典型算法与算例［M］．北京：机械工业出版社，2015.

[242] 王保国．跨声速主流与边界层迭代的稳定性分析与数值试验［J］．工程热物理学报，1989，10（4）：379-382.

[243] 王保国，陈乃兴．计算流体中一个改进的强隐式格式及迭代的收敛性［J］．计算物理，1989，6（4）：431-440.

[244] 王保国，李翔，黄伟光．激波后高温高速流场中的传热特征研究［J］．航空动力学报，2010，25（5）：963-980.

[245] 王保国，黄伟光，钱耕，等．再入飞行中 DSMC 与 Navier-Stokes 两种模型的计算与分析［J］．航空动力学报，2011，26（5）：961-976.

[246] 王保国，郭延虎，沈孟育．恢复函数的三点迎风紧致格式构造方法及应用［J］．计算物理，1997，14（4）：666-668.

[247] 吴俊宏，王保国．新型高分辨率格式及其在 CFD 的应用［J］．科技导报，2010，28（13）：42-48.

[248] 王保国，李翔．多工况下高超声速飞行器再入时流场的计算［J］．西安交通大学学报，2010，44（1）：71-76.

[249] 王保国，刘淑艳，姜国义．高超声速化学非平衡流动的数值计算［J］．气体物理：理论与应用，2007，2（2）：150-153.

[250] 张雅，刘淑艳，王保国．雷诺应力模型在三维湍流流场计算中的应用［J］．航空动力学报，2005，20（4）：572-576.

[251] 王保国，刘淑艳，闫为革，等．高精度强紧致三点格式的构造及边界条件的处理［J］．北京理工大学学报，2003，23（1）：13-18.

[252] 王保国，刘淑艳，潘美霞，等．强紧致六阶格式的构造及应用［J］．工程热物理学报，2003，24（5）：761-763.

[253] 王保国，刘淑艳，张雅，等．非结构网格下非定常流场的双时间步长加权 ENO-强紧致杂交高分辨率格式［J］．工程热物理学报，2005，26（6）：941-943.

[254] 王保国，刘淑艳，李翔，等．基于 Nash-Pareto 策略的两种改进算法及应用［J］．航空动力学报，2008，23（2）：374-382.

[255] 王保国，刘淑艳，钱耕，等．一种小波神经网络与遗传算法结合的优化方法［J］．航空动力学报，2008，23（11）：1953-1960.

[256] 王伟．从国际环境问题看软法与硬法的作用［J］．青岛理工大学学报，2012，33（5）：70-72.

[257] 王伟．人工智能和数据挖掘在人机工程 PHM 中的应用［J］．华北科技学院学报，2019，16（5）：

100-109.
[258] 王保国, 王伟, 徐燕骥. 人机系统方法学 [M]. 北京: 清华大学出版社, 2015.
[259] 王保国, 王伟, 黄伟光, 等. 民用航空涡扇发动机设计的法律及气动问题 [J]. 西安科技大学学报, 2016, 36 (5): 709-718.
[260] Wang B G, Chen N X. An Improved SIP Scheme for Numerical Solutions of Transonic Stream-Function Equation [J]. International Journal for Numerical Methods in Fluids, 1990, 10 (5): 591-602.
[261] Chen N X. Aerothermodynamics of Turbomachinery: Analysis and Design [M]. Singapore: John Wiley & Sons, 2010.
[262] Wilcox D C. Turbulence Modeling for CFD [M]. California: DCW Industries, 1998.
[263] Smith D J L. Computer Solutions of Wu's Equations for Compressible Flow Through Turbomachines [J]. Fluid Mechanics, Acoustics, and Design of Turbomachinery, NASA SP-304, 1974: 43-74.
[264] Wennerstrom A J, Puterbaugh S L. A Three-Dimensional Model for the Prediction of Shock Losses in Compressor Blade Rows [R]. ASME Paper, 1983-GT-216, 1983.
[265] Pironneau O. On Optimum Profiles in Stokes Flow [J]. Journal of Fluid Mechanics, 1973, 59 (1): 117-128.
[266] Pironneau O. On Optimum Design in Fluid Mechanics [J]. Journal of Fluid Mechanics, 1974, 64 (1): 97-110.
[267] Jameson O. Aerodynamic Design Via Control Theory [J]. Journal of Scientific Computing, 1988, 3 (3): 233-260.
[268] Giles M B, Pierce N A. An Introduction to the Adjoint Approach to Design [J]. Flow, Turbulence and Combustion, 2000, 65 (3): 393-415.
[269] Nadarajah S K, Jameson A. Optimal Control of Unsteady Flows Using a Time Accurate Method [R]. AIAA Paper, AIAA-2002-5436, 2002.
[270] Nadarajah S K, Mcmullen M S, Jameson A. Non-Linear Frequency Domain Based Optimum Shape Design for Unsteady Three-Dimensional Flows [R]. AIAA Paper, AIAA-2006-1052, 2006.
[271] Choi S, Potsdam M M, Lee K, et al. Helicopter Rotor Design Using a Time-Spectral and adjoint-based Method [R]. AIAA Paper, AIAA-2008-5810, 2008.
[272] Mani K, Mavripls D J. Adjoint-Based Sensitivity Formulation for Fully Coupled Unsteady Aeroelasticity Problems [J]. AIAA Journal, 2009, 47 (8): 192-195.
[273] Wang D X, He L. Adjoint Aerodynamic Design Optimization for Blades in Mutli-Stage Turbomachines: Part I—Methodology and Verification [J]. Journal of Turbomachinery, 2010, 132 (2): 21011.1-21011.14.
[274] Wang D X, He L, Li Y S, et al. Adjoint Aerodynamic Design Optimization for Blades in Mutli-Stage Turbomachines: Part II—Validation and Application [J]. Journal of Turbomachinery, 2010, 132 (2): 21012.1-21012.11.
[275] Wang D X, Li Y S. 3D Direct and Inverse Design Using N-S Equations and the Adjoint Method for Turbine Blades [R]. ASME Paper, 2010-GT-22049, 2010.
[276] Wang D X, He L. Concurrent Aerodynamic-Aeromechanic Design Optimization for Turbomachinery Blades Using Adjoint Method [R]. ASME Paper, 2009-GT-59240, 2009.
[277] Jameson A. Optimum Aerodynamic Design Using CFD and Control Theory [R]. AIAA Paper, AIAA-1995-1729, 1995.
[278] Jameson A. Aerodynamic Shape Optimization Using the Adjoint Method [M]. Brussels: von Karman Institute, 2003.
[279] Iollo A, Salas M D, Tasan S. Shape Optimization Govemed by the Euler Equations Using an Adjoint Method [R]. NASA-191666, 1993.
[280] Yang S, Liu F. Aerodynamic Design of Cascades by Using an Adjoint Equation Method [R]. AIAA Paper,

参考文献

AIAA-2003-1068,2003.

[281] Jameson A. Efficient Aerodynamics Shape Optimization [R]. AIAA Paper, AIAA-2004-4369, 2004.

[282] Jameson A, Sriram M L, Haimes B. Aerodynamic Shape Optimization of Complete Aircraft Configurations Using Unstructured Grids [R]. AIAA Paper, AIAA-2004-533, 2004.

[283] Hafez M. Computational Fluid Dynamics Review [M]. New York: John Wiley & Sons, 1995.

[284] 彭泽琰,刘刚,桂幸民,等.航空燃气轮机原理 [M]. 北京:国防工业出版社,2008.

[285] 廉小纯,吴虎.航空燃气轮机原理:下册 [M]. 北京:国防工业出版社,2001.

[286] 顾明皓,桂幸民.低雷诺数效应对某型风扇的性能影响及改进方案研究 [J]. 航空动力学报,2004, 19 (4): 438-443.

[287] 唐海龙,朱之丽,罗安阳,等.低 Re 数对某小型风扇发动机性能影响 [J]. 北京航空航天大学学报,2005, 31 (3): 303-306.

[288] Reid L, Moore R D. Design and Overall Performance of Four Highly Loaded, High-Speed Inlet Stages for an Advanced High-Pressure-Ratio Core Compressor [R]. NASA-TP-1337, 1978.

[289] Suder K L, Celestina M L. Experimental and Computational Investigation of the Tip Clearance Flow in a Transonic Axial Compressor Rotor [R]. ASME Paper, 1994-GT-365, 1994.

[290] Hah C, Loellbach J. Development of Hub Corner Stall and Its Influence on the Performance of Axial Compressor Blade Rows [R]. ASME Paper, 1997-GT-42, 1997.

[291] 尹松,金东海,桂幸民,等.湍流模式对压气机数值模拟精度的影响 [J]. 航空动力学报,2010, 25 (12): 2683-2689.

[292] Hah C, Reid L. A Viscous Flow Study of Shock-Boundary Layer Interaction, Radial Transport and Wake Development in a Transonic Compressor [J]. ASME Journal of Turbomachiner, 1992, 114 (2): 538-547.

[293] Jennions I K, Turner M G. Three-Dimensional Navier-Stokes Computations of Transonic Fan Flow Using an Explicit Flow Solver and an Implicit k-ε Solver [R]. ASME Paper, 1992-GT-309, 1992.

[294] Strazisar A J, Wood J R, Hthaway M D, et al. Laser Anemometer Measurement in a Transonic Axial-Flow Fan Rotor [R]. NASA-TP-2879, 1989.

[295] 宁方飞,徐力平. Spalart-Allmaras 湍流模型在内流流场数值模拟中的应用 [J]. 工程热物理学报,2001, 22 (3): 304-306.

[296] Turner M G, Jennions I K. An Investigation of Turbulence Modeling in Transonic Fans Including a Novel Implementation of an Implicit k-ε Turbulence Model [J]. Journal of Turbomachinery, 1993, 115 (2): 249-260.

[297] Arima T, Arima T, Sonoda T, et al. A Numerical Investigation of Transonic Axial Compressor Rotor Flow Using a Low Reynolds Number k-ε Turbulence Model [R]. ASME Paper, 1997-GT-82, 1997.

[298] 柳阳威,刘宝杰.湍流模型在压气机转子尖区流动模拟中的对比研究 [J]. 工程热物理学报,2008, 29 (3): 399-402.

[299] 尹松,金东海,桂幸民,等.某四级风扇特性计算的三维数值模拟 [J]. 航空动力学报,2010, 25 (6): 1366-1373.

[300] Holmes D G. Mixing Planes Revisited: A Stedy Mixing Plane Approach Designed to Combine High Levels of Conservation and Robustness [R]. ASME Paper, 2008-GT-51296, 2008.

[301] Wennerstrom A J, Frost G R. Design of a 1500ft/sec, Transonic, High-Through-Flow, Single-Stage Axial-Flow Compressor with Low Hub/Tip Ratio [R]. AFARL-TR-76-59, AD-B016386, 1976.

[302] Wennerstrom A J, Derse R D, Law C W. Investigation of a 1500ft/sec, Transonic, High-through-Flow, Single-Stage Axial-Flow Compressor with Low Hub/Tip Ratio [R] AFARL-TR-76-92, AD-B016506, 1976.

[303] 朱之丽,陈敏,唐海龙,等.航空燃气涡轮发动机工作原理及性能:第 2 版 [M]. 上海:上海交通大学出版社,2018.

[304] 桂幸民, 李晓娟. 基于低雷诺数条件的风扇/增压级气动设计 [J]. 燃气涡轮试验与研究, 2007, 20 (3): 18-22.
[305] 綦蕾, 刘火星, 周扬, 等. 1+1/2 对转涡轮非定常流动数值模拟 [J]. 航空动力学报, 2010, 25 (8): 1825-1835.
[306] 綦蕾, 潘向能, 邹正平, 等. 1+1/2 对转涡轮内部三维流动数值模拟 [J]. 航空科学技术, 2009 (4): 13-18.
[307] Hylton L D, Mihelc M S, Turner E R, et al. Analytical and Experiment Evaluation of the Heat Transfer Distribution over the Surface of Turbine Vane [R]. NASA-CR-168015, 1983.
[308] Luo J, Razinky E H. Conjugate Heat Transfer Analysis of a Cooled Turbine Vane Using the $v^2 f$ Turbulence Model [R]. ASME Paper, 2006-GT-91109, 2006.
[309] AIAA Position Paper. The Integrated High Performance Turbine Engine Technology (IHPTET) Initiative [R]. AIAA, August 1991.
[310] Han J C, Duffa S, Ekkad S V. Gas Turbine Heat Transfer and Cooling Technology [M]. New York: Taylor & Francis, 2000.
[311] Abu-Ghannam B J, Shaw R. Natural Transition of Boundary Layers—The Effect of Turbulence, Pressure Gradient, and Flow History [J]. Journal of Mechanical Engineering and Science, 1980, 22 (5): 213-228.
[312] Spalart P R, Allmaras S R. A One-Equation Turbulence Model for Aerodynamic Flows [R]. AIAA Paper, AIAA-92-0439, 1992.
[313] Jones W P, Launder B E. The Calculation of Low-Reynolds-Number Phenomena with a Two-Equation Model of Turbulence [J]. International Journal of Heat and Mass Transfer, 1993, 16 (6): 1119-1130.
[314] Launder B E, Sharma B I. Application of the Energy Dissipation Model of Turbulence to the Calculation of Flow Near a Spinning Disc [J]. Letters in Heat and Mass Transfer, 1974, 1 (2): 131-138.
[315] Vicedo J, Vilmin S, Dawes W N, et al. Intermittency Transport Modeling of Separated Flow Transition [J]. Journal of Turbomachinery, 2004, 126 (3): 424.
[316] Menter F R. Two-Equation Eddy-Viscosity Turbulence Models for Engineering Applications [J]. AIAA Journal, 1994, 32 (8): 1598-1605.
[317] Menter F R, Rumsey L C. Assessment of Two-Equation Turbulence Models for Transonic Flows [R]. AIAA Paper, AIAA-94-2343, 1994.
[318] Cutrone L, Palma P D, Pascazio G, et al. An Evaluation of Bypass Transition Models for Turbomachinery Flows [J]. Internal Journal of Heat and Fluid Flow, 2007, 28 (1): 161-177.
[319] Menter F R. Zonal Two-Equation $k-\omega$ Turbulence Model for Aerodynamic Flow [R]. AIAA Paper, AIAA-93-2906, 1993.
[320] Medic G, Durbin P A. Toward Improved Prediction of Heat Transfer on Turbine Blades [J] Journal of Turbomachinery, 2002, 124 (2): 187-192.
[321] Park C H, Park S O. On the limiters of two-equation turbulence models [J]. International Journal of Computational Fluid Dynamics, 2005, 19 (1): 79-86.
[322] Durbin P A. On the Stagnation Point Anomaly [J]. Internatial Journal of Heat and Fluid Flow, 1996, 17 (1): 89-90.
[323] Chien K Y. Predictions of Channel and Boundary-Layer Flows with a Low-Reynold-Number Turbulence Model [J]. AIAA Journal, 1982, 20 (1): 33-38.
[324] Shih T H, Lumley J L. Kolmogorov Behavior of Near-Wall Turbulence and Its Application in Turbulence Modeling [J]. Computation Fluid Dynamics, 1993, 1 (1): 43-56.
[325] Craft T J, Launder B E, Suga K. Predicition of Turbulent Transitional Phenomena with a Nonlinear Eddy-Viscosity Model [J]. International Journal of Heat and Fluid Flow, 1997, 18 (1): 15-28.
[326] Wilcox D. Turbulence and Transition Modeling for High-Speed Flows [R]. NASA-CR-191473, 1993.

参考文献

[327] Blazek J. Computational Fluid Dynamics Principles and Applications [M]. Oxford: Elsevier Science Ltd, 2001.

[328] Kunz R F, Lakshminarayana B. Explicit Navier-Stokes Computtion of Cascade Flows Using the k-epsilon Turbulence Model [J]. AIAA Journal, 1992, 30 (1): 13-22.

[329] Hishida M, Nagano Y, Tagawa M. Transport Processes of Heat and Momentum in the Wall Region of Turbulent Pipe Flow [C]. Proceedings of Eighth International Heat Transfer Conference. 1986, 3: 925-930.

[330] Kays W M, Crawford M E. Convective Heat and Mass Transfer [M]. Third Edition. New York: McGraw-Hill, 1993.

[331] Li Y, Zou Z P. A 3-D Preconditioning Conjugate Heat Transfer Solver and Validation [C]. Proceedings of the 3rd International Symposium on Jet Propulsion and Power Engineering, Nanjing, 2010-ISJPPE-2001.

[332] 陈懋章. 黏性流体动力学理论及紊流工程计算 [M]. 北京: 北京航空学院出版社, 1986.

[333] Greitzer E M, Tan C S, Graf M B. Internal Flow: Concepts and Applications [M]. Cambridge: Cambridge University Press, 2004.

[334] 戈登·C·奥兹. 航空发动机部件气动热力学 [M]. 金东海, 金捷, 桂幸民, 等译. 北京: 航空工业出版社, 2016.

[335] 吴仲华. 燃气的热力性质表 [M]. 北京: 科学出版社, 1959.

[336] 童凯生. 航空涡轮发动机性能变比热计算方法 [M]. 北京: 航空工业出版社, 1991.

[337] 杜声同, 严传俊. 航空燃气轮机燃烧与燃烧室 [M]. 西安: 西北工业大学出版社, 1995.

[338] 张斌全. 燃烧理论基础 [M]. 北京: 北京航空航天大学出版社, 1990.

[339] 黄勇, 林宇震, 樊未军, 等. 燃烧与燃烧室 [M]. 北京: 北京航空航天大学出版社, 2009.

[340] 范作民, 傅巽权. 热力过程计算与燃气表: 上、下卷 [M]. 北京: 国防工业出版社, 1987.

[341] Lytle J, Follen G, Naiman C, et al. Numerical Propulsion System Simulation Review [R]. NASA/TM-2002-211197, 2001.

[342] Lytle J K. The Numerical Propulsion System Simulation: an Overview [R]. NASA/TM-2000-209915, 2000.

[343] Bala A, Sethi V, Gatto E L, et al. Study of VSV Effects on Performance Via Integrated Aerodynamic Component Zooming Process [R]. AIAA Paper, AIAA-2007-5046, 2007.

[344] Klein C, Reitenbach S, Schoenweitz D, et al. A Fully Coupled Approach for the Integration of 3D-CFD Componet Simulation in Overall Engine Performance analysis [R]. ASME Paper, 2017-GT-63591, 2017.

[345] Pachidis V, Pilidis P, Texeira J, et al. A Comparison of Component Zooming Simulation Strategies Using Streamline Curvature [J]. Journal of Aerospace Engineering, 2007, 221 (1): 1-15.

[346] 廉筱纯, 吴虎. 航空发动机原理 [M]. 西安: 西北工业大学出版社, 2005.

[347] 斯捷金 Б С. 喷气发动机原理: 叶片机 [M]. 张惠民, 鲁启新, 尚义, 等译, 北京: 国防工业出版社, 1958.

[348] Sugiyama N. Performance Seeking Control of Regenerative Gas Turbine Engines [R]. ASME Paper, 2000-GT-38, 2000.

[349] Orme J, Schkolnik G. Flight Assessment of the Onboard Propulsion System Model for the Performance Seeking Control Algorithm on an F-15 Aircraft [R]. AIAA Paper, AIAA-95-2361, 1995.

[350] Mishler R, Wilkinson T. Emerging Airframe/Propulsion Integration Technologies at General Electric [R]. AIAA Paper, AIAA-92-3335, 1992.

[351] Chisholm J D. In-Flight Optimization of the Total Propulsion System [R]. AIAA Paper, AIAA-92-3744, 1992.

[352] Frederick D K, DeCastro J A, Litt J S. User's Guide for the Commercial Modular Aero-Propulsion System Simulation (C-MAPSS) [R]. NASA/TM-2007-215026, 2007.

[353] Mink G. Turbine Engine Dynamic Simulator-Final Report [R]. Air Force Research Lab. Rept. AFRL-PR-WP-TP-2005-3113, 2006.

[354] Evans A L, Follen G, Naiman C, et al. Numerical Propulsion System Simulation's National Cycle Program [R]. AIAA Paper, AIAA-98-3113, 1998.

[355] Parker K I, Guo T H. Development of a Turbofan Engine Simulation in a Graphical Simulation Environment [R]. NASA/TM-2003-212543, 2003.

[356] Mink G, Behbahani A. The AFRLICF Generic Gas Turbine Engine Model [R]. AIAA Paper, AIAA-2005-4538, 2005.

[357] Sobey A J, Suggs A M. Control of Aircraft and Missile Powerplants [M]. New York: Wiley, 1963.

[358] Kuliko G G, Thompson H A. Dynamic Modeling of Gas Turbines: Identification, Simulation, Condition, Monitoring and Optimal Control [M]. London: Springer-Verlag, 2004.

[359] Jaw L C, Mattingly J D. Aircraft Engine Controls: Design, System Analysis, and Health Monitoring [M]. American Institute of Aeronautics and Astronautics, 2009.

[360] 丛靖梅, 唐海龙, 张津. 面向对象的双轴混排加力涡扇发动机详细非线性实时仿真模型研究 [J]. 航空动力学报, 2002, 17 (1): 65-68.

[361] 孙晓峰, 孙大坤. 高速叶轮机流动稳定性 [M]. 北京: 国防工业出版社, 2018.

[362] 王保国, 黄伟光, 徐燕骥, 等. 航空涡扇发动机多目标多学科设计优化方法 [M]. 北京: 机械工业出版社, 2019.

[363] Sun S, Tan T R, Zhu J Q, et al. Influence of the Upstream Wakes on the Boundary Layer of a High-Lift Low-Pressure Turbine at Positive Incidence [J]. Journal of Aerospace Engineering, 2020, 33 (6).

[364] Wang R N, Du Q, Zhu J Q, et al. Influence of Secondary Sealing Flow on Performance of Turbine Axial Rim Seals [J]. Journal of Thermal Science, 2020, 29 (3): 840-851.

[365] Li Z L, Zhao S F, Zhu J Q, et al. Inducer/Exducer Matching Characteristics inside Tandem Impellers of a Highly Loaded Centrifugal Compressor [J]. Journal of Thermal Science, 2020, 29 (4): 928-944.

[366] Li Z L, Lu X G, Zhu J Q, et al. The Performance of a Centrifugal Compressor with a Tandem Impeller in Off-Design Conditions [J]. Proceedings of the Institution of Mechanical Engineers, 2020, 234 (2): 156-172.

[367] Qu X, Zhang Y F, Zhu J Q, et al. Unsteady Experimental and Numerical Investigation of Aerodynamic Performance in Ultra-High-Lift LPT [J]. Chinese Journal of Aeronautics, 2020, 33 (5): 1421-1432.

[368] Fu J L, Cao Y, Zhu J Q, et al. Investigation of the Conjugate Heat Transfer and Flow Field for a Flat Plate with Combined Film and Impingement Cooling [J]. Journal of Thermal Science, 2020, 29 (4).

[369] Qu X, Zhang Y F, Zhu J Q, et al. Unsteady Wakes-Secondary Flow Interactions in a High-Lift Low-Pressure Turbine Cascade [J]. Chinese Journal of Aeronautics, 2020, 168 (3): 135-148.

[370] Qu X, Zhang Y F, Zhu J Q, et al. Unsteady Influences of Blade Loading Distribution on Secondary Flow of Ultra-High-Lift LPT [J]. Aerospace Science and Technology, 2019, 96: 105550.

[371] Xu Q Z, Du Q, Zhu J Q, et al. Computational Study of Film Cooling and Flowfields on a Stepped Vane Endwall with a Row of Cylindrical Hole and Interrupted Slot Injections [J]. International Journal of Heat and Mass Transfer, 2019, 134: 796-806.

[372] Li G, Jiang X, Zhu J Q, et al. Combustion Control Using a Lobed Swirl Injector and a Plasma Swirler [J]. Applied Thermal Engineering, 2019, 152: 92-102.

[373] Qu X, Zhang Y F, Zhu J Q, et al. Effects of Periodic Wakes on the Endwall Secondary Flow in High-Lift Low-Pressure Turbine Cascades at Low Reynolds Numbers [J]. Proceedings of the Institution of Mechanical Engineers, 2019, 233 (1): 354-368.

[374] Qu X, Zhang Y F, Zhu J Q, et al. The Effect of Endwall Boundary Layer and Incoming Wakes on Secondary Flow in a High-Lift Low-Pressure Turbine Cascade at Low Reynolds Number [J]. Proceedings of the Institution of Mechanical Engineers, 2019, 233 (15): 5637-5649.

[375] Qu X, Zhang Y F, Zhu J Q, et al. Unsteady Effects of Periodic Wake Passing Frequency on Aerodynamic

参考文献

Performance of Ultra-High-Lift Low Pressure Turbine Cascades [J]. Physics of Fluids, 2019, 31 (9): 94102.

[376] Qu X, Zhang Y F, Zhu J Q, et al. Effect of Periodic Wakes and a Contoured Endwall on Secondary Flow in a High-Lift Low-Pressure Turbine Cascade at Low Reynolds Numbers [J]. Computers & Fluids, 2019, 190: 1-14.

[377] 王名扬, 赵胜丰, 朱俊强, 等. 低雷诺数下高亚声速压气机叶型流动损失机理研究 [J]. 推进技术, 2020, 41 (5): 1046-1054.

[378] 王奉明, 朱俊强, 徐纲. 基于整机试车的涡轮叶片高低循环复合疲劳试验技术 [J]. 航空动力学报, 2018, 33 (10): 48-55.

[379] 柴猛, 雷志军, 朱俊强, 等. 新型消旋波瓣混合器射流掺混机理研究 [J]. 推进技术, 2018, 39 (9): 51-59.

[380] 王奉明, 朱俊强, 陈博, 等. 水平起降 Ma4 高速飞机用涡轮冲压组合发动机研制关键技术难点解析及对策研究 [J]. 推进技术, 2018, 39 (10): 149-158.

[381] Wang Y, Han G, Zhu J Q, et al. The Influence of Wedge Diffuser Blade Number and Divergence Angle on the Performance of a High Pressure Ratio Centrifugal Compressor [J]. Journal of Thermal Science, 2018, 27 (1): 17-24.

[382] 李紫良, 柴猛, 朱俊强. 某超高负荷低压涡轮叶型气动性能分析 [J]. 工程热物理学报, 2018, 39 (12): 21-28.

[383] Li G, Zhang Q, Zhu J Q, et al. Leakage and Wear Characteristics of Finger Seal in Hot/Cold State for Aero-Engine [J]. Tribology International, 2018, 127: 209-218.

[384] Han G, Lu X G, Zhu J Q, et al. Investigation of Two Pipe Diffuser Configurations for a Compact Centrifugal Compressor [J]. Proceedings of the Institution of Mechanical Engineers, 2018, 232 (4): 716-728.

[385] 屈骁, 张燕峰, 卢新根, 等. 上游尾迹对高负荷低压涡轮非定常气动性能的影响 [J]. 工程热物理学报, 2019, 40 (9): 2004-2011.

[386] Huang E L, Zhao S F, Zhu J Q, et al. Numerical Investigation of the Bowed Stator Effects in a Transonic Fan at Low Reynolds Number [J]. Journal of Thermal Science, 2017, 26 (1): 25-29.

[387] 朱俊强, 屈骁, 张燕峰, 等. 高负荷低压涡轮内部非定常流动机理及其控制策略研究进展 [J]. 推进技术, 2017, 38 (10): 2186-2199.

[388] Mu Y, Wang C D, Zhu J Q, et al. Numerical Study of Effect of Compressor Swirling Flow on Combustor Design in a MTE [J]. Journal of Thermal Science, 2017, 26 (4): 63-68.

[389] 李紫根, 卢新根, 朱俊强, 等. 高压比离心压气机串列叶轮内部流动机理研究 [J]. 推进技术, 2017, 38 (10): 238-245.

[390] 张燕峰, 王晏根, 朱俊强, 等. 几何参数对紧凑涡轮过渡段内部流动机理影响研究 [J]. 工程热物理学报, 2017, 38 (7): 179-188.

[391] Sun S, Li W, Zhu J Q, et al. A Comparison of the Wake Effects Generated by the Biased Triangle Bar and Traditional Cylinder Bar to the Boundary Layer on Suction Surface of LPT Blade [J]. International Journal of Turbo and Jet Engines, 2017, 37 (2).

[392] Wang K X, Fan X J, Xu G, et al. Experimental Studies on the Fuel Spray Characteristics of Pressure-swirl Atomizer and Air-blast Atomizer [J]. Journal of Thermal Science, 2020.

[393] 韩建涛, 王晏根, 朱俊强, 等. 跨音速涡轮平面叶栅风洞收缩段设计方法研究 [J]. 燃气轮机技术, 2017, 30 (2): 17-22.

[394] Zhu J Q, Han G, Lu X G. Flow and Loss Mechanisms Within an Interturbine Duct [J]. Journal of Propulsion & Power, 2016, 32 (3): 1-9.

[395] 王奉明, 朱俊强, 徐纲. 航空发动机加速任务与等效应力试验方法研究 [J]. 燃气涡轮试验与研究, 2016, 29 (3): 1-6.

[396] Han G, Lu X G, Zhu J Q, et al. Study of Geometric Parameter Influence on Fishtail Pipe Diffuser Performance [C] // ASME Turbo Expo 2016: Turbomachinery Technical Conference and Exposition. 2016.

[397] Sun S, Lei Z J, Zhu J Q, et al. The Effect of FSTI to the Combined Separation Control Strategy of Surface Roughness with Upstream Wakes [C] // ASME Turbo Expo 2016: Turbomachinery Technical Conference and Exposition. 2016.

[398] Liu G, Du Q, Zhu J Q, et al. Numerical Investigation of Radial Inflow in the Impeller Rear Cavity with and without Baffle [J]. Science in China, 2016, 59 (3): 456-467.

[399] Yin J, Weng Y W, Zhu J Q. Numerical and Experimental Investigation on the Performance of Lean Burn Catalytic Combustion for Gas Turbine Application [J]. Journal of Thermal Science, 2015, 24 (2): 185-193.

[400] Yin J, Li M, Zhu J Q. Part-load Performance Characteristics of a Lean Burn Catalytic Combustion Gas Turbine System [J]. Journal of Thermal Science, 2013, 22 (2): 159-167.

[401] Liu Z, Wang P, Zhu J Q, et al. Effects of Rising Angle on Upstream Blades and Intermediate Turbine Duct [J]. Journal of Thermal Science, 2016, 25 (4): 3-11.

[402] Sun S, Lei Z J, Zhu J Q, et al. The Combined Effects of Surface Roughness with Upstream Wakes on the Boundary Layer Development of an Ultra-High-Lift LPT Blade [J]. International Journal of Turbo & Jet-Engines, 2017, 34 (1): 63-73.

[403] Du W H, Zhu J Q. Olivier Leonard. Dynamic Simulations of Post-Stall Performance in Multistage Axial Compressors [J]. Journal of Thermal Science, 2012, 21 (4): 311-321.

[404] 李钢, 李汉明, 朱俊强, 等. 介质阻挡放电等离子体发光特性的光谱分析 [J]. 航空动力学报, 2008, 23 (3): 490-496.

[405] Lei Z J, Zhang Y F, Zhu J Q, et al. Numerical Research on the Mixing Mechanism of Lobed Mixer with Inlet Swirl in Linear Radial Distribution [J]. Proceedings of the Institution of Mechanical Engineers, 2015, 229 (3): 280-297.

[406] Sun S, Lei Z J, Zhu J Q, et al. An Experimental Study of Separation Control on Ultra-Highly-Loaded Low Pressure Turbine Blade by Surface Roughness [J]. Journal of Thermal Science, 2015, 24 (3): 229-238.

[407] 康剑雄, 黄国平, 朱俊强, 等. 离心压气机失速模式及自循环机匣处理的作用机制 [J]. 航空动力学报, 2015, 30 (12): 2960-2969.

[408] Yang C W, Lu X G, Zhu J Q, et al. Numerical Investigation of a Cantilevered Compressor Stator at Varying Clearance Sizes [R]. ASME Paper 2015-GT-42124, 2015.

[409] Han G, Lu X G, Zhu J Q, et al. Study of a Highly Loaded Centrifugal Compressor With Pipe Diffuser at Design and Off-Design Operating Conditions [R]. ASME Paper 2015-GT-43426, 2015.

[410] Zhang Y F, Lu X G, Zhu J Q, et al. Parametric Studying of Low-Profile Vortex Generators Flow Control in an Aggressive Inter-Turbine Duct [J]. Proceedings of the Institution of Mechanical Engineers, 2015, 229 (8): 849-861.

[411] 阳诚武, 赵胜丰, 朱俊强, 等. 跨声速压气机多圆柱孔式处理机匣设计与扩稳机理研究 [J]. 推进技术, 2015, 36 (3): 385-391.

[412] Wang H S, Zhu J Q. Stream Surface Theory of Bird-like Flapping Flight [J]. Journal of Thermal Science, 2015, 24 (5): 417-426.

[413] 杨凌元, 李钢, 朱俊强, 等. 等离子体助燃旋流扩散火焰的光谱分析 [J]. 工程热物理学报, 2014, 35 (2): 396-400.

[414] 李钢, 李轶明, 朱俊强, 等. 介质阻挡放电等离子体对圆柱绕流尾迹区流场影响试验研究 [J]. 科技导报, 2008, 26 (2): 51-55.

[415] 同丹艳, 尹娟, 朱俊强. 中小型公务机用双轴涡扇发动机建模方法研究 [J]. 燃气轮机技术, 2014, 27 (3): 44-49.

参考文献

[416] 史家伟, 杜强, 朱俊强. 某小型涡扇发动机高压涡轮气动设计 [J]. 工程热物理学报, 2014, 35 (6): 1068-1074.

[417] Zhao S F, Lu X G, Zhu J Q, et al. Effects of Low Reynolds Number on Flow Stability of a Transonic Compressor [J]. Proceedings of the Institution of Mechanical Engineers, 2015, 229 (4): 601-611.

[418] 李钢, 聂超群, 朱俊强, 等. 介质阻挡放电等离子体对压气机叶栅性能影响的试验 [J]. 航空动力学报, 2008, 23 (3): 522-526.

[419] Li G, Xu Y J, Zhu J Q, et al. Low Speed Axial Compressor Stall Margin Improvement by Unsteady Plasma Actuation [J]. Journal of Thermal Science, 2014, 23 (2): 114-119.

[420] 王沛, 杜强, 朱俊强, 等. 涡轮转子榫结构单侧偏差对应力影响的分析 [J]. 燃气轮机技术, 2014, 27 (2): 23-28.

[421] 康剑雄, 黄国平, 朱俊强, 等. 离心压气机导风轮叶顶端壁引气扩稳研究 [J]. 航空动力学报, 2014, 29 (11): 2561-2569.

[422] 史家伟, 杜强, 朱俊强, 等. 离心压气机改型设计及扩压器前掠分析 [J]. 风机技术, 2014, 56 (4): 35-43.

[423] Zhu J Q, Liu Z W, Ma C B. Experimental Study on the Stall Flow for Different Geometric Parameters of Cascade [J]. Chinese Journal of Aeronautics, 1994, 7 (2): 102-109.

[424] Liu F Q, Zhang K Y, Zhu J Q, et al. Experimental Investigation on Ignition and Lean Blow-Out Performance of a Multi-Sector Centrally Staged Combustor [J]. Journal of Thermal Science, 2014, 23 (5): 480-485.

[425] Liu F Q, Zhang K Y, Zhu J Q, et al. Numerical and Experimental Investigation on Emission Performance of a Fuel Staged Combustor [J]. Science in China (Technological Sciences), 2014, 57 (10): 1941-1949.

[426] Yang C W, Zhao S F, Zhu J Q, et al. Investigation on Multiple Cylindrical Holes Casing Treatment for Transonic Axial Compressor Stability Enhancement [J]. Journal of Thermal Science, 2014, 23 (4): 346-353.

[427] 康剑雄, 黄国平, 朱俊强, 等. 离心压气机自循环机匣处理扩稳机理分析 [J]. 航空学报, 2014, 35 (12): 3264-3272.

[428] Liu J, Du Q, Zhu J Q, et al. Effects of Nozzle-Strut Integrated Design Conception on the Subsonic Turbine Stage Flowfield [J]. Journal of Thermal Science, 2014, 23 (5): 494-504.

[429] 韩戈, 卢新根, 朱俊强, 等. 喉部长度和扩张角对离心压气机管式扩压器影响研究 [J]. 推进技术, 2014, 35 (12): 1607-1614.

[430] 朱俊强, 刘志伟, 李军. 旋转失速状态下静子叶排的新认识 [J]. 航空动力学报, 1994, 9 (1): 19-23.

[431] 赵胜丰, 卢新根, 朱俊强. 雷诺数对跨声速压气机转子内部流动失稳触发机理的影响 [J]. 推进技术, 2013, 34 (1): 25-30.

[432] 苏尚美, 雷志军, 朱俊强, 等. 进口预旋条件下波瓣混合器强制掺混机理 [J]. 推进技术, 2013, 34 (2): 230-239.

[433] 黄恩亮, 康剑雄, 朱俊强, 等. 超紧凑S形进气道微喷气控制策略研究 [J]. 燃气轮机技术, 2013, 26 (3): 21-27.

[434] 岳巍, 雷志军, 朱俊强, 等. 波瓣混合器涡系结构及射流掺混机理的数值研究 [J]. 航空动力学报, 2013, 28 (2): 338-347.

[435] Zhang X F, Lu X G, Zhu J Q. Performance Improvements of a Subsonic Axial-Flow Compressor by Means of a Non-Axisymmetric Stator Hub End-Wall [J]. Journal of Thermal Science, 2013, 22 (6): 539-546.

[436] Du Q, Zhu J Q, Zhou M, et al. Computational Investigation of Blade Slotting on a High-Load Low-Pressure Turbine Profile at Various Reynolds Numbers: Part II—Optimization of Slotting Position [J]. Journal of Thermal Science, 2011, 20 (1): 21-25.

[437] Li G Q, Zhu J Q, Deng H W, et al. Experimental Investigation of Rotating Film Cooling Performance in a Low Speed 1. 5-Stage Turbine [J]. International Journal of Heat & Mass Transfer, 2013 (61): 18-27.

[438] 刘富强, 穆勇, 刘存喜, 等. 燃油分级对中心分级燃烧室 NO_x 排放的影响 [J]. 燃烧科学与技术, 2013, 19 (3): 254-260.

[439] 李钢, 杨凌元, 朱俊强, 等. 利用等离子体非定常射流实现单转子轴流压气机扩稳 [J]. 工程热物理学报, 2013, 34 (1): 50-54.

[440] 张燕峰, 楚武利, 卢新根. 进口总压畸变对亚声速轴流压气机流场影响数值研究 [J]. 西北工业大学学报, 2009, 27 (1): 12-17.

[441] 杨金虎, 刘富强, 朱俊强, 等. 基于层流小火焰和 beta-PDF 的预混燃烧模型 [J]. 航空动力学报, 2012, 27 (5): 1005-1014.

[442] 李钢, 李华, 朱俊强, 等. 俄罗斯等离子体点火和辅助燃烧研究进展 [J]. 科技导报, 2012, 30 (17): 66-72.

[443] 刘富强, 房爱兵, 朱俊强, 等. 回流环形燃烧室出口温度场的试验 [J]. 航空动力学报, 2012, 27 (1): 48-54.

[444] 李钢, 杨凌元, 朱俊强, 等. 等离子体激励频率对压气机扩稳效果的影响 [J]. 高压电技术, 2012, 38 (7): 1629-1635.

[445] 张波, 李伟, 朱俊强, 等. 变工况下超高负荷低压涡轮叶片边界层被动控制 [J]. 航空动力学报, 2012, 27 (12): 2805-2813.

[446] 刘富强, 穆勇, 朱俊强, 等. 双级旋流环形燃烧室流场的数值分析与试验研究 [J]. 中国电机工程学报, 2012, 32 (8): 28-36.

[447] 康剑雄, 杜强, 朱俊强, 等. 离心压气机自循环预旋喷气机匣处理的设计和验证 [J]. 航空动力学报, 2012, 27 (6): 1297-1302.

[448] 李军, 楚武利, 朱俊强, 等. 基于进气射流的压气机失速主动控制系统仿真 [J]. 应用力学学报, 1998, 15 (4): 12-16.

[449] 刘富强, 杨金虎, 朱俊强, 等. 燃油分级多点喷射低污染燃烧室的化学反应网络模型分析 [J]. 工程热物理学报, 2012, 33 (3): 537-541.

[450] Du Q, Zhu J Q. Numerical Investigation of Disc Heat Transfer with a Novel Fin-Like Structure [J]. Sience in China (Technological Sciences), 2012, 55 (4): 188-194.

[451] Du Q, Wang P, Zhu J Q, et al. Design Performance Evaluation and Vortex Structure Investigation of Different S-Shaped Intermediate Turbine Ducts [J]. Science in China (Technological Sciences), 2012, 55 (12): 3510-3520.

[452] Huang E L, Zhao S F, Zhu J Q, et al. Numerical Investigation of Centerline Curvature Effects on a Compact S-Shaped Intake [J]. Journal of Thermal Science, 2012, 21 (5): 413-419.

[453] 赵胜丰, 王毅, 朱俊强, 等. 周向槽调控轴流压气机非定常间隙泄漏流机理初探 [J]. 空气动力学报, 2011, 29 (4): 407-412.

[454] Du Q, Zhou M, Zhu J Q, et al. Computational Investigation of Blade Slotting on a High-load Low Pressure Turbine Profile at Various Reynolds Number, Part I: Blade Slotting Scheme [J]. Journal of Thermal Science, 2011, 20 (1): 21-25.

[455] 李钢, 徐燕骥, 朱俊强, 等. 等离子体旋流器调控燃烧的机理分析 [J]. 高电压技术, 2011, 37 (6): 1479-1485.

[456] 段冬霞, 崔玉峰, 朱俊强, 等. 某型涡扇发动机燃烧室三维数值模拟 [J]. 燃气轮机技术, 2011, 24 (3): 21-26.

[457] 王毅, 卢新根, 朱俊强, 等. 高负荷离心压气机扩压器叶片前缘结构分析 [J]. 推进技术, 2011, 32 (2): 175-181.

[458] 刘富强, 张栋芳, 朱俊强, 等. 某重型燃气轮机环形燃烧室的数值模拟 [J]. 燃气轮机技术,

参考文献

2011, 24 (1): 20-25.

[459] 吴吉昌, 卢新根, 朱俊强. 非轴对称端壁下高负荷压气机叶栅二次流动分析 [J]. 航空动力学报, 2011, 26 (6): 1362-1369.

[460] 李国庆, 朱俊强. 涡轮叶片压力面旋转气膜冷却数值模拟 [J]. 工程热物理学报, 2011, 32 (5): 835-838.

[461] 王毅, 赵胜丰, 朱俊强, 等. 高负荷离心压气机管式扩压器特点及机理分析 [J]. 航空动力学报, 2011, 26 (3): 649-655.

[462] 吴吉昌, 李成勤, 朱俊强. 七孔探针及其在叶栅二次流动测量中的应用 [J]. 航空动力学报, 2011, 26 (8): 1879-1886.

[463] 李钢, 邵卫卫, 朱俊强, 等. 利用等离子体旋流器调控旋流扩散火焰 [J]. 中国科学: 技术科学, 2011, 41 (8): 1084-1089.

[464] Li G, Shao W W, Zhu J Q, et al. Swirl Diffusion Flame Control by the Plasma Swirler [J]. Science in China (Technological Science), 2011 (54): 1820-1825.

[465] Zhao S F, Lu X G, Zhu J Q, et al. Investigation for the Effects of Circumferential Grooves on the Unsteadiness of Tip Clearance Flow to Enhance Compressor Flow Instability [R]. ASME paper, 2010-GT-22652, 2010.

[466] 杜强, 朱俊强, 温殿忠. 高负荷低压涡轮边界层转捩预测及其机理分析 [J]. 工程热物理学报, 2010, 31 (5): 761-764.

[467] 胡书珍, 张燕峰, 朱俊强, 等. 跨声速轴流压气机间隙泄漏流触发旋转失速 [J]. 推进技术, 2010, 31 (1): 47-51.

[468] Zhao S F, Luo J F, Zhu J Q, et al. Exploring the Intention of Using Aspirated Cascade to Replace Tandem Cascades [J]. Journal of Thermal Science, 2010, 19 (5): 390-396.

[469] 卢新根, 楚武利, 朱俊强, 等. 轴流压气机折线缝式机匣处理扩稳机理 [J]. 推进技术, 2006, 27 (6): 505-509.

[470] Zhang Y F, Lu X G, Zhu J Q, et al. Numerical Investigation of the Unsteady Tip Leakage Flow and Rotating Stall Inception in a Transonic Compressor [J]. Journal of Thermal Science, 2010, 19 (4): 310-317.

[471] Li Y H, Wu Y, Zhu J Q, et al. Control of the Corner Separation in a Compressor Cascade by Steady and Unsteady Plasma Aerodynamic Actuation [J]. Experiments in Fluids, 2010, 48 (6): 1015-1023.

[472] Hu S Z, Lu X G, Zhu J Q, et al. Numerical Investigation of a High-subsonic Axial-flow Compressor Rotor with Non-Axisymmetric Hub Endwall [J]. Journal of Thermal Science, 2010, 19 (1): 14-20.

[473] 卢家玲, 楚武利, 朱俊强, 等. 端壁造型在叶轮机械中的应用与发展 [J]. 热能动力工程, 2009, 24 (6): 687-691.

[474] 赵胜丰, 罗建枫, 朱俊强, 等. 吸附式叶栅代替串联叶栅气动可行性探索 [J]. 工程热物理学报, 2009, 30 (7): 1109-1112.

[475] 郭磊, 崔玉峰, 朱俊强, 等. 某型燃气轮机燃烧中低热值燃料随环境温度变化的控制规律分析 [J]. 工程热物理学报, 2009, 30 (4): 577-580.

[476] 张皓光, 楚武利, 卢新根, 等. 顶部喷气对高速轴流压气机性能及流场的影响 [J]. 推进技术, 2006, 27 (6): 501-504.

[477] Li G, Zhang Y F, Zhu J Q, et al. Measurement of Plasma Density Produced in Dielectric Barrier Discharge for Active Aerodynamic Control with Interferometer [J]. Chinese Physics Letters, 2009, 26 (10): 105202-1~105202-4.

[478] 吴云, 李应红, 朱俊强, 等. 等离子体气动激励抑制压气机叶栅角区流动分离的仿真与试验 [J]. 航空动力学报, 2009, 24 (4): 830-835.

[479] 胡书珍, 卢新根, 朱俊强, 等. 亚音速轴流压气机转子非轴对称轮毂端壁的数值研究 [J]. 工程热物理学报, 2009, 30 (3): 385-388.

[480] 楚武利,卢新根,吴艳辉.带周向槽机匣处理的压气机内部流动数值模拟与试验[J].航空动力学报,2006,21(1):100-105.

[481] 龚建波,朱俊强,张宏武,等.跨音速涡轮叶栅叶型损失预测[J].汽轮机技术,2009,51(2):81-84.

[482] Lu X G, Chu W L, Zhu J Q, et al. Numerical Investigations of the Coupled Flow Through a Subsonic Compressor Rotor and Axial Skewed Slot [J]. Journal of Turbomachiner, 2009, 131 (1): 11001-11008.

[483] 李钢,徐燕骥,朱俊强,等.利用介质阻挡放电等离子体控制压气机叶栅端壁二次流[J].中国科学(E辑),2009,39(11):1843-1849.

[484] Li G, Xu Y J, Zhu J Q, et al. Control of Endwall Secondary Flow in a Compressor Cascade with Dielectric Barrier Discharge Plasma Actuation [J]. Science in China (Thermal Science), 2009, 52 (12): 3715-3721.

[485] 李钢,李轶明,朱俊强,等.介质阻挡放电等离子体对近壁区流场的控制的试验研究[J].物理学报,2009,58(6):4026-4033.

[486] Li G, Li Y M, Zhu J Q, et al. Experimental Study of Near Wall Region Flow Control by Dielectric Barrier Discharge Plasma [J]. Acta Physica Sinica, 2009, 58 (6): 4026-4033.

[487] Guo L, Cui Y F, Zhu J Q, et al. System Performance Analysis and Control Strategy Study of Gas Turbine Burning Syngas Fuel with Variation of Ambient Temperature [J]. Journal of Engineering Thermophysics, 2009, 30 (4): 577-580.

[488] 李钢,聂超群,朱俊强,等.介质阻挡放电等离子体力学特性研究[J].科技导报,2008,26(5):51-55.

[489] 李钢,徐燕骥,朱俊强,等.低速风洞收缩段设计加工与流动数值模拟[J].科技导报,2008,26(23):27-29.

[490] Li G, Nie C Q, Zhu J Q, et al. Control Using Dielectric Barrier Discharge Plasma Actuators [J]. Plasma Science and Technology, 2008, 10 (5): 605-611.

[491] 李钢,聂超群,朱俊强,等.介质阻挡放电等离子体热效应对流场影响的研究[J].科技导报,2008,26(8):40-44.

[492] 李钢,徐燕骥,朱俊强,等.平面激光诱导荧光技术在交错电极介质阻挡放电等离子体研究中的初步应用[J].物理学报,2008,57(10):6444-6449.

[493] 李钢,李汉明,朱俊强,等.交错电极介质阻挡放电等离子体弦向特性的研究[J].光谱学与光谱分析,2008,28(10):2209-2213.

[494] 李钢,聂超群,朱俊强,等.介质阻挡放电等离子体流动控制技术的研究进展[J].科技导报,2008,26(4):87-91.

[495] 聂超群,李钢,朱俊强,等.介质阻挡放电等离子体流动控制的研究[J].中国科学(E辑),2008,38(11):1827-1835.

[496] 罗建枫,朱俊强,卢新根.吸附式跨声速压气机参数化设计研究[J].燃气轮机技术,2008,21(3):29-32.

[497] 吴艳辉,楚武利,卢新根.导叶厚度变化对压气机级的性能影响[J].推进技术,2005,26(5):425-429.

[498] 卢新根,朱俊强,楚武利.轴流压气机内部流动失稳及机匣处理扩稳机理探索[J].工程热物理学报,2008,29(10):1657-1662.

[499] 牛玉川,朱俊强,聂超群,等.吸附式亚声速压气机叶栅气动性能试验及分析[J].航空动力学报,2008,23(3):483-489.

[500] 王明杰,雷志军,朱俊强.压气机叶片附面层转捩的试验研究[J].工程热物理学报,2008,29(3):419-422.

[501] 雷志军,王明杰,朱俊强.低速压气机叶栅附面层分离的试验研究[J].工程热物理学报,2008,29(11):1839-1843.

参考文献

[502] Nie C Q, Li G, Zhu J Q, et al. Investigation of Dielectric Barrier Discharge Plasma Flow Control [J]. Science in China (Series E), 2008, 51 (7): 1064-1072.

[503] 李钢, 聂超群, 朱俊强, 等. 介质阻挡放电等离子体流动控制试验研究 [J]. 工程热物理学报, 2008, 29 (7): 1117-1120.

[504] 楚武利, 吴艳辉, 卢新根. 小型高速离心压气机级内部的三维流场分析 [J]. 应用力学学报, 2006, 23 (4): 551-515.

[505] Li G, Xu Y J, Zhu J Q, et al. Application of Planar Laser Induced Fluorescence in the Investigation of the Stagger Electrode Dielectric Barrier Discharge Plasma [J]. Acta Physica Sinica, 2008, 57 (10): 6444-6449.

[506] 耿少娟, 张宏武, 朱俊强, 等. 喷气对低速轴流压气机转子叶顶区域流动的影响 [J]. 工程热物理学报, 2007, 28 (3): 395-398.

[507] Nie C Q, Tong Z T, Zhu J Q, et al. Experimental Investigations of Micro Air Injection to Control Rotating Stall [J]. Journal of Thermal Science, 2007, 16 (1): 1-6.

[508] 吴艳辉, 楚武利, 卢新根. 间隙区域的流动结构对压气机气动性能的影响 [J]. 工程热物理学报, 2006, 27 (6): 950-952.

[509] 卢新根, 楚武利, 朱俊强. 定常微量喷气提高轴流压气机稳定工作裕度机理探讨 [J]. 西北工业大学学报, 2007, 25 (1): 17-21.

[510] Huang W G, Geng S J, Zhu J Q, et al. Numerical Simulation of Rotating Stall in a Centrifugal Compressor with Vaned Diffuser [J]. Journal of Thermal Science, 2007, 16 (2): 115-120.

[511] 葛正威, 葛治美, 朱俊强, 等. 吸附式跨声速压气机叶栅流场数值模拟 [J]. 航空动力学报, 2007, 22 (8): 1365-1370.

[512] 李钢, 黄卫兵, 朱俊强, 等. 平板附面层等离子体流动控制的数值模拟 [J]. 航空动力学报, 2007, 22 (12): 2073-2077.

[513] 卢新根, 楚武利, 朱俊强, 等. 轴向斜缝机匣处理与转子通道之间耦合流动分析 [J]. 工程热物理学报, 2006, 27 (2): 226-228.

[514] 卢新根, 楚武利, 朱俊强, 等. 轴流压气机机匣处理研究进展及评述 [J]. 力学进展, 2006, 36 (2): 222-230.

[515] 耿少娟, 朱俊强, 戴冀, 等. 叶尖微喷气影响低速离心压气机特性的数值分析 [J]. 工程热物理学报, 2006, 27 (3): 411-413.

[516] 党春宁, 楚武利, 朱俊强. 一种改进的涡轮叶片叶型损失预测模型 [J]. 流体机械, 2006, 32 (6): 22-25.

[517] 龚建波, 俞镔, 朱俊强, 等. 超音速涡轮叶栅气动性能试验及分析 [J]. 工程热物理学报, 2006, 27 (z1): 125-128.

[518] 邓向阳, 张宏武, 朱俊强, 等. 压气机非定常叶顶间隙流的数值模拟研究 [J]. 工程热物理学报, 2006, 27 (2): 229-231.

[519] 童志庭, 聂超群, 朱俊强, 等. 微喷气提高轴流压气机稳定性的研究 [J]. 工程热物理学报, 2006, 27 (z1): 121-124.

[520] Lu X G, Chu W L, Zhu J Q, et al. Numerical and Experimental Investigations of Steady Micro-Tip Injection on a Subsonic Axial-Flow Compressor Rotor [J]. International Journal of Rotating Machinery, 2006 (230): 1-11.

[521] 卢新根, 楚武利, 朱俊强, 等. 梯状间隙结构对轴流压气机影响的试验与数值模拟 [J]. 工程热物理学报, 2005, 26 (2): 234-236.

[522] 梁武昌, 楚武利, 朱俊强, 等. 非轴对称尖部间隙对轴流压气机性能影响的试验研究 [J]. 航空动力学报, 2004, 19 (2): 233-236.

[523] 卢新根, 楚武利, 朱俊强. 考虑间隙的压气机转子内部流动的数值模拟 [J]. 流体机械, 2004, 32 (5): 12-15.

[524] 王如根, 楚武利, 朱俊强. 梯状尖部间隙机匣处理对轴流压气机性能影响的试验研究 [J]. 西北工业大学学报, 2004, 22 (6): 811-815.

[525] 楚武利, 朱俊强. 轴流压气机前置扰流器结构参数的试验研究 [J]. 西北工业大学学报, 2003, 21 (2): 235-238.

[526] 吴艳辉, 朱俊强, 刘志伟. 空气分流器式前置扰流器的设计及试验研究 [J]. 应用力学学报, 2003, 20 (4): 75-79.

[527] 楚武利, 朱俊强. 变几何叶片对压气机特性影响的试验研究及分析 [J]. 应用力学学报, 2003, 20 (1): 78-81.

[528] 吴艳辉, 刘志伟, 朱俊强, 等. 轴流压缩系统失速可恢复性的预测 [J]. 航空动力学报, 2002, 17 (3): 323-326.

[529] 吴艳辉, 朱俊强, 刘志伟. 多级轴流压气机机匣处理级的探讨 [J]. 航空动力学报, 2002, 17 (5): 542-548.

[530] 吴艳辉, 朱俊强, 刘志伟. "前置凸台周向槽式" 机匣处理的设计和试验 [J]. 推进技术, 2002, 23 (6): 463-467.

[531] 楚武利, 朱俊强. 风速及风向对舰用燃气轮机进气流量的影响 [J]. 燃气轮机技术, 2000, 13 (1): 33-41.

[532] 楚武利, 朱俊强, 刘志伟. 折线斜缝式机匣处理的试验研究及机理分析 [J]. 航空动力学报, 1999, 14 (3): 270-274.

[533] 楚武利, 朱俊强. 舰船燃气轮机进口流场畸变的试验研究与分析 [J]. 燃气轮机技术, 1999, 26 (2): 20-25.

[534] 杜辉, 朱俊强, 楚武利, 等. "凹槽导流片式" 机匣处理的结构尺寸优化研究 [J]. 推进技术, 1998, 19 (1): 71-75.

[535] 朱俊强, 赵毅, 刘志伟. 斜沟槽型机匣处理的试验研究 [J]. 航空动力学报, 1998, 13 (1): 23-26.

[536] 朱俊强, 杜辉, 李军. 带机匣处理的轴流压气机过失速性能的研究 [J]. 航空学报, 1998, 19 (2): 211-215.

[537] 李军, 朱俊强, 刘红, 等. 轴流压气机反流状态的试验研究 [J]. 航空动力学报, 1998, 13 (2): 212-214.

[538] Xu G, Li J, Zhu J Q, et al. Simulation of Active Control of Rotating Stall in Axial Compressor [J]. Chinese Journal of Aeronautics, 1997, 10 (3): 58-62.

[539] 朱俊强, 刘志伟. 4 种不同型式机匣处理的试验研究及机理分析 [J]. 航空学报, 1997, 18 (5): 567-570.

[540] 李军, 徐纲, 朱俊强, 等. 轴流压气机失速初始扰动形式的试验研究 [J]. 航空动力学报, 1997, 12 (1): 17-20.

[541] 徐纲, 刘红, 朱俊强, 等. 一种适用于超跨音叶型的非设计点损失和落后角模型 [J]. 航空动力学报, 1996, 11 (1): 4-6.

[542] 丁可金, 楚武利, 卢新根, 等. 单级轴流压气机内部三维流动的数值模拟 [J]. 流体机械, 2005, 33 (8): 21-23.

[543] 朱俊强, 刘志伟, 马存宝. 几何参数对叶栅失速流场的影响 [J]. 航空学报, 1993, 14 (10): 449-454.

[544] 朱俊强, 刘志伟. 叶排间距影响旋转失速流场的试验研究 [J]. 西北工业大学学报, 1993, 11 (3): 243-248.

[545] 朱俊强, 刘志伟. 多级跨音轴流压气机失速边界的预测 [J]. 工程热物理学报, 1992, 13 (2): 26-31.

[546] 朱俊强, 刘志伟. 多级轴流压气机失速边界预估 [J]. 航空动力学报, 1991, 6 (1): 17-20.

[547] 朱俊强, 刘志伟. 可压流旋转失速起始的研究 [J]. 工程热物理学报, 1990, 11 (4): 43-46.

参考文献

[548] 刘志伟，朱俊强，王准生. 叶片排旋转失速性能的研究 [J]. 航空动力学报, 1988, 3（1）: 88-89.

[549] 朱俊强，刘志伟. 双叶排旋转失速起始的研究 [J]. 工程热物理学报, 1988, 9（3）: 218-223.

[550] Fan X J, Xu G, Liu C X, et al. Experimental Investigations of the Flow Field Structure and Interactions between Sectors of a Double-Swirl Low-Emission Combustor: Effects of Main Stage Swirl Intensity and Venturi Angle [J]. Journal of Thermal Science, 2020, 29（3）: 813-819.

[551] Fan X J, Liu C X, Xu G, et al. Experimental Investigations of the Spray Structure and Interactions between Sectors of a Double-Swirl Low-Emission Combustor [J]. Chinese Journal of Aeronautics, 2019, 33（2）: 589-597.

[552] Guo L, Li G, Xu G, et al. Optimization of Flow Matching Schemes for a Heavy Gas Turbine Burning Syngas [J]. Journal of Thermal Science, 2020, 29（3）: 1292-1299.

[553] Yang J H, Liu C X, Xu G, et al. Effect of the Swirl Intensity of Pilot Inner Swirler On the Combustion Stability of a Lean Staged Injector with a Prefilm Atomizer [J]. Journal of Engineering for Gas Turbines and Power, 2020, 142（8）.

[554] Fan X J, Liu C X, Xu G, et al. Experimental Investigations of Flow Field and Atomization Field Characteristics of Pre-Filming Air-Blast Atomizers [J]. Energies, 2019, 12（14）: 2800.

[555] 王于蓝，穆勇，徐纲，等. 涡轮级间燃油雾化特性数值研究 [J]. 推进技术, 2019, 40（4）: 825-834.

[556] 卢海涛，刘富强，徐纲，等. 正十二烷高温机理简化及验证 [J]. 物理化学学报, 2019, 35（5）: 486-495.

[557] Lu H T, Liu F Q, Xu G, et al. The Effect of Different Reaction Mechanisms on Combustion Simulation of a Reverse-Flow Combustor [J]. Journal of Thermal Science, 2019, 29（3）: 793-812.

[558] Lu H T, Liu F Q, Xu G, et al. Mechanism Reduction and Bunsen Burner Flame Verification of Methane [J]. Energies, 2018, 12（1）: 97.

[559] Liu C X, Liu F Q, Xu G, et al. Experimental Investigations of Spray Generated by a Pressure Swirl Atomizer [J]. Journal of the Energy Institute, 2019, 92（2）: 210-221.

[560] Liu C X, Liu F Q, Xu G, et al. Experimental Investigation of Spray and Combustion Performances of a Fuel-Staged Low Emission Combustor: Effects of Main Swirl Angle [J]. Journal of Engineering for Gas Turbines and Power, 2017, 139（12）: 121502.1~121502.10.

[561] 卢家玲，楚武利，卢新根. 周向槽和阶梯槽在提高轴流压气机稳定工作裕度中的综合利用 [J]. 机械设计与制造, 2007（9）: 118-120.

[562] Li G, Jiang X, Xu G, et al. Jet Flow and Premixed Jet Flame Control by Plasma Swirler [J]. Physics Letters A, 2017, 381（13）: 1158-1162.

[563] Liu C X, Liu F Q, Xu G, et al. Improvement on Ignition and Lean Blowout Performances of a Piloted Lean-Burn Combustor [J]. Proceedings of the Institution of Mechanical Engineers, 2016, 230（2）: 196-205.

[564] 陈浩，杨金虎，徐纲，等. 中心分级高温升燃烧室的油气掺混特性 [J]. 燃烧科学与技术, 2016, 22（5）: 464-469.

[565] Liu C X, Liu F Q, Xu G, et al. Investigations of the Effects of Spray Characteristics on the Flame Pattern and Combustion Stability of a Swirl-Cup Combustor [J]. Fuel, 2015, 139: 529-536.

[566] 毛艳辉，巩学梅，徐纲，等. 燃气轮机透平叶栅流道内液体射流特性 [J]. 中国电机工程学报, 2014, 34（5）: 808-813.

[567] Yang J H, Zhang K Y, Xu G, et al. Investigation of the Effect of Pilot Burner on Lean Blow Out Performance of a Staged Injector [J]. Journal of Thermal Science, 2014, 23（6）: 600-608.

[568] Liu C X, Liu F Q, Xu G, et al. Experimental Investigation of Performance of an Air Blast Atomizer by Planar Laser Sheet Imaging Technique [J]. Journal of Engineering for Gas Turbine and Power, 2014, 136（2）: 1-8.

[569] 毛艳辉，杨金虎，徐纲，等. 高温升燃烧室与双燃烧室发动机性能对比分析 [J]. 航空动力学报，2013，28（3）：673-680.

[570] 卢家玲，楚武利，卢新根. 单级轴流压气机周向槽与梯状间隙结构的对比 [J]. 热能动力工程，2007，22（4）：357-361.

[571] 张燕峰，楚武利，卢新根. 跨声速轴流压气机近失速状态的间隙泄漏流流动特性 [J]. 航空动力学报，2008，23（7）：1293-1298.

[572] 毛艳辉，刘存喜，徐纲，等. 级间燃烧室在航空发动机上应用分析 [J]. 航空动力学报，2012，27（3）：103-112.

[573] 邢双喜，房爱兵，徐纲，等. 合成气稀态预混燃烧器设计 [J]. 工程热物理学报，2012，33（6）：1061-1064.

[574] 毛艳辉，徐纲，房爱兵，等. 燃气轮机无焰燃烧技术的研究进展 [J]. 热能动力工程，2011，26（5）：501-506.

[575] 宋权斌，房爱兵，徐纲，等. 不同喷嘴结构合成气燃烧室动态特性的试验研究 [J]. 工程热物理学报，2011，32（6）：1053-1057.

[576] 胡宏斌，徐纲，房爱兵，等. 非平衡等离子体助燃低热值气体燃料 [J]. 工程热物理学报，2010，31（9）：1603-1606.

[577] Lv X, Cui Y F, Xu G, et al. Experimental Test on a Syngas Model Combustor With Flameless Technology [R]. ASME Paper, 2010-GT-23087, 2010.

[578] 崔玉峰，吕煊，徐纲，等. 无焰燃烧模型燃烧室动态特性分析 [J]. SCIENTIA SINICA Technologica，2010，40（9）：1044-1051.

[579] Hu H B, Xu G, Fang A B, et al. Non-Equilibrium Plasma Assisted Combustion of Low BTU Fuels [R]. ASME-Paper, 2010-GT-22053, 2010.

[580] 邢双喜，房爱兵，徐纲，等. 合成气自点火延迟特性分析 [J]. 燃气轮机技术，2010，23（2）：29-33.

[581] 杨小龙，崔玉峰，徐纲，等. 燃气轮机燃烧室化学反应器网络模型研究 [J]. 工程热物理学报，2009，30（9）：1585-1588.

[582] 龚建波，林峰，徐纲，等. 非绝热小燃机热力学模型分析 [J]. 工程热物理学报，2009，30（10）：1643-1647.

[583] Song Q B, Fang A B, Xu G, et al. Experimental Investigation of Thermoacoustic Oscillations in Syngas Premixed Multi-Swirler Model Combustors [R]. ASME Paper, 2009-GT-59882, 2009.

[584] Cui Y F, Lu X, Xu G, et al. Numerical Investigation of a Stagnation Point Reverse Flow Combustor [R]. ASME Paper, 2008-GT-50729, 2008.

[585] Song Q B, Fang A B, Xu G, et al. Dynamic and Flashback Characteristics of the Syngas Premixed Swirling Combustors [R]. ASME Paper, 2008-GT-50752, 2008.

[586] 雷宇，房爱兵，徐纲，等. 燃气轮机合成气燃烧室燃料气加湿试验研究 [J]. 工程热物理学报，2008，29（1）：163-166.

[587] 房爱兵，徐纲，聂超群，等. 燃气轮机合成气燃烧室中燃烧噪声的现场测试与分析 [J]. 工程热物理学报，2007，28（s2）：201-204.

[588] 刘泉，徐纲，房爱兵，等. 模型燃烧室水蒸气伴随稀释燃烧降低污染物排放的试验研究 [J]. 工程热物理学报，2007，28（4）：695-698.

[589] 徐纲，房爱兵，雷宇，等. 燃气轮机中热值合成气燃烧室改造技术——现场调试与考核 [J]. 工程热物理学报，2007，28（6）：1043-1046.

[590] 徐纲，俞镔，雷宇，等. 合成气燃气轮机燃烧室的试验研究 [J]. 中国电机工程学报，2006，26（17）：100-105.

[591] 崔玉峰，徐纲，黄伟光，等. 数值模拟在合成气燃气轮机燃烧室设计中的应用 [J]. 中国电机工程

参考文献

学报, 2006, 26 (16): 109-116.
[592] 田颖, 徐纲, 宋权斌, 等. 贫燃料预混燃烧的回火特性研究 [J]. 工程热物理学报, 2006, 27 (5): 871-874.
[593] 崔玉峰, 徐纲, 黄伟光, 等. 燃气轮机燃烧室进气孔流量系数的数值模拟 [J]. 航空动力学报, 2005, 20 (2): 192-196.
[594] 房爱兵, 王岳, 徐纲, 等. 燃气轮机燃烧室空气加湿燃烧的试验研究 [J]. 工程热物理学报, 2005, 26 (4): 713-713.
[595] 雷宇, 徐纲, 房爱兵, 等. 燃气轮机合成气燃烧室动态特性的试验研究 [J]. 工程热物理学报, 2005, 26 (6): 1057-1060.
[596] 卢新根, 楚武利, 张燕峰. 跨音速压气机间隙流与处理机匣相互作用分析 [J]. 西安交通大学学报, 2006, 40 (11): 1357-1360.
[597] 徐纲, 聂超群, 黄伟光, 等. 低速轴流压气机顶部微量喷气控制失速机理的数值模拟 [J]. 工程热物理学报, 2004, 25 (1): 37-40.
[598] 崔玉峰, 徐纲, 黄伟光. 后台阶喷氢加喷空气超音速燃烧数值模拟 [J]. 航空学报, 2004, 25 (2): 113-116.
[599] 陈涛, 徐纲, 徐燕骥, 等. 总压进口畸变与失速裕度相互关联非定常特征的数值模拟 [J]. 工程热物理学报, 2004, 25 (3): 399-401.
[600] Lei Y, Xu G, Fang A B, et al. Experimental study on the dynamic characteristics of a gas turbine combustor burning syn-gas [J]. Journal of Thermal Science, 2004, 13 (4): 376-381.
[601] Xu G, Nei C Q, Huang W G, et al. Nuerical Simulation of Micro Injection in a Low-Speed Axial Compressor [J]. Journal of Engineering Thermophysics, 2004, 25 (1): 37-40.
[602] Cui Y F, Xu G, Huang W G. Numerical Simulation on Supersonic Combustion over a Reward Facing Step with Transverse Hydrogen and Air Injection [J]. Acta Aeronauticaet Astronautica Sinica, 2004, 25 (2): 113-116.
[603] 徐纲, 聂超群, 黄伟光, 等. 燃气轮机燃烧室燃烧天然气和燃烧中低热值煤气的比较 [J]. 工程热物理学报, 2003, 24 (1): 141-144.
[604] 蒋康涛, 徐纲, 黄伟光, 等. 低速轴流压气机旋转失速的二维数值模拟 [J]. 工程热物理学报, 2003, 24 (6): 935-938.
[605] 程晓斌, 徐纲, 聂超群, 等. 小波方法分析小流量喷气影响两级低速轴流压气机失速特性的动态效果研究 [J]. 工程热物理学报, 2002, 23 (1): 31-34.
[606] 徐纲, 聂超群, 陈静宜, 等. 两级低速轴流压气机的喷气试验的非定常响应 [J]. 工程热物理学报, 2002, 23 (1): 27-30.
[607] Nie C Q, Xu G, Cheng X B, et al. Micro Air Injection and Its Unsteady Response in a Low-Speed Axial Compressor [J]. Journal of Turbomachinery, 2002, 124 (4): 343-352.
[608] 蒋康涛, 徐纲, 黄伟光, 等. 单级跨音压气机整圈三维动静叶干涉的数值模拟 [J]. 航空动力学报, 2002, 17 (5): 549-555.
[609] 徐纲, 吴淞涛, 蒋康涛, 等. 并行平台上的CFD通用界面标准—第二部分: CFD应用 [J]. 工程热物理学报, 2001, 22 (3): 310-312.
[610] 吴淞涛, 徐纲, 蒋康涛, 等. 并行平台上的CFD通用界面标准—第一部分: 标准的建立 [J]. 工程热物理学报, 2001, 22 (3): 307-309.
[611] 徐纲, 袁新, 叶大均. 采用高分辨率高精度格式求解跨音压气机转子内三维黏性流场 [J]. 工程热物理学报, 2001, 22 (1): 44-47.
[612] 徐纲, 袁新, 叶大均. 神经网络的非设计点损失落后角模型在流场诊断中的应用 [J]. 工程热物理学报, 1999, 20 (1): 49-52.
[613] 张宏武, 徐纲. 应用高分辨率迎风格式精确分析透平叶栅三维湍流流场 [J]. 工程热物理学报,

1999, 20（5）：553-557.
[614] 马宏伟, 叶大均, 徐纲, 等. 轴流压气机转子尖区三维紊流特性［J］. 工程热物理学报, 1999, 20（2）：166-170.
[615] 马宏伟, 蒋浩康, 徐纲, 等. 轴流压气机时尖泄漏涡的时均流动［J］. 工程热物理学报, 1998, 19（6）：681-686.
[616] Zhang Y J, Han G, Lu X G, et al. Effects of Unsteady Interaction on the Performance of an Ultra-High-Pressure-Ratio Centrifugal Compressor［J］. Aerospace Science and Technology, 2020, 105：106036.
[617] Huang S, Cheng J X, Lu X G, et al. Optimization Design of a 2.5 Stage Highly Loaded Axial Compressor with a Bezier Surface Modeling Method［J］. Applied Sciences, 2020, 10（11）：3860.
[618] Wang M Y, Li Z L, Lu X G, et al. Effects of Reynolds Number and Loading Distribution on the Aerodynamic Performance of a High Subsonic Compressor Airfoil［J］. Proceedings of the Institution of Mechanical Engineers, 2020, 234（8）：095765091989954.
[619] Dong X, Zhang Y J, Lu X G, et al. Effect of Tip Clearance on Aeroelastic Stability of a Wide-chord Fan Rotor［J］. Journal of Engineering for Gas Turbines and Power, 2020, 142（9）：91010-1~91010-11.
[620] Zhang Z Q, Zhang Y J, Lu X G, et al. Flow Mechanism between Purge Flow and Mainstream in Different Turbine Rim Seal Configurations［J］. Chinese Journal of Aeronautics, 2020, 33（8）：2162-2175.
[621] Wang M Y, Li Z L, Lu X G, et al. Large Eddy Simulation of the Separated Flow Transition on the Suction Surface of a High Subsonic Compressor airfoil［J］. Physics of Fluids, 2020, 32（3）.
[622] Yang C W, Han G, Lu X G, et al. Design and Test of a Novel Highly-Loaded Compressor［R］. ASME Paper 2019-GT-91181, 2019.
[623] 张英杰, 韩戈, 卢新根, 等. 高负荷离心压气机扩压器叶片前缘开槽流动机理研究［J］. 推进技术, 2020, 41（3）：84-90.
[624] Zhang Y J, Dong X, Lu X G, et al. Flow Control of Hub Corner Stall in a Highly Loaded Axial Compressor Cascade［J］. International Journal of Heat and Fluid Flow, 2019, 78：108434.
[625] Han G, Yang C W, Lu X G, et al. High-Pressure Ratio Centrifugal Compressor with Two Different Fishtail Pipe Diffuser Configurations［J］. Proceedings of the Institution of Mechanical Engineers Part A, 2018, 232（7）：785-798.
[626] 韩戈, 阳诚武, 卢新根, 等. 离心压气机管式扩压器研究进展及评述［J］. 航空学报, 2017, 38（9）：46-57.
[627] 刘存喜, 邢双喜, 徐纲, 等. 双油路离心喷嘴雾化特性试验［J］. 热能动力工程, 2013, 28（1）：33-37.
[628] 吴云, 李应红, 朱俊强, 等. 等离子体气动激励扩大低速轴流式压气机稳定性的试验［J］. 航空动力学报, 2007, 22（12）：2025-2030.
[629] 张学锋, 卢新根, 朱俊强, 等. 高压比离心压气机设计及试验验证［J］. 燃气轮机技术, 2014, 27（4）：31-36.
[630] 王沛, 朱俊强, 黄伟光. 间隙流触发压气机内部流动失稳机制及周向槽扩稳机理［J］. 航空动力学报, 2008, 23（6）：1067-1071.
[631] 朱俊强, 刘志伟. 多叶排旋转失速起始的研究［J］. 航空动力学报, 1993, 11（1）：29-33.
[632] 朱俊强, 黄国平, 雷志军. 航空发动机进排气系统气动热力学［M］. 上海：上海交通大学出版社, 2014.

内容简介

航空发动机高空性能分析与试验是动力能源及工程热物理学科中极富挑战性的前沿课题之一，全书分四篇共8章，内容包括典型航空发动机共同工作线模型方程的分析、影响高空稳态特性的几种因素以及高空台的试验研究、发动机核心部件高负荷高空性能研究、发动机高空性能的数值模拟与实时性能寻优技术。该书对指导我国航空发动机的理论计算及试验具有重要的学术意义，填补了国内航空发动机高空性能理论分析与试验方面的空白。

本书可作为航空航天动力工程以及燃气轮机相关专业工程技术人员进行产品设计时的指导用书，也可作为高等院校航空发动机和燃气轮机专业研究生以及高年级本科生的教学参考书。

High altitude performance analysis and test of aero-engine is one of the extremely challenging and cutting-edge research projects in the subject of power energy and engineering thermophysics. The book is divided into 4 sec tions and 8 chapters, including analysis on model equations of the common working line for the typical aeroengine, several factors influencing high-altitude steady state characteristics & experimental research on high-altitude rig, research of high-load and high-altitude performance of aero-engine major components and numerical calculation of engine high-altitude performance & real-time optimization technology. This book has important academic meaning for guiding the theoretical calculation and test of aeroengine in China, filling the gap of theoretical analysis and test of the high altitude performance of aeroengine.

This book can be used as a reference for professional technicians engaged in aerospace engineering and gas turbine related product design, and for postgraduates and senior undergraduates majoring in aeroengines and gas turbines.